*稀有金属冶金与材料工程丛书*

# 锆铪冶金

熊炳昆　温旺光
杨新民　李蕙媛
罗方承　张　伟
郭靖茂
**编著**

**北　京**
**冶金工业出版社**
2010

## 内 容 简 介

锆和铪是重要的战略材料，锆铪及其化合物广泛应用于国民经济、国防建设的许多领域，特别是在核工业和现代陶瓷领域中有十分重要的用途。

本书是《稀有金属冶金与材料工程丛书》之一，由锆铪冶金科研单位、企业等著名专家编写。本书详细阐述了锆铪的生产方法、锆英石精矿的处理、锆铪分离以及四氯化锆提纯，重点对镁热还原法和真空蒸馏制取海绵锆、致密锆的生产、铪冶金以及锆铪分析化学进行了讨论，并介绍了锆铪生产中的环保安全和工业卫生。

本书汇集了国内外最新的先进技术和生产经验，深入浅出地介绍了锆铪冶金原理和生产工艺，注重系统性和实用性，可供锆铪冶金生产技术人员、科研院所人员、大专院校冶金和材料相关专业师生参考。

**图书在版编目(CIP)数据**

锆铪冶金/熊炳昆等编著．—北京：冶金工业出版社，2002.12（2010.3 重印）(稀有金属冶金与材料工程丛书)

ISBN 978-7-5024-3101-3

Ⅰ．锆…　Ⅱ．熊…　Ⅲ．①锆—有色金属冶金　②铪—有色金属冶金　Ⅳ．TF841.4

中国版本图书馆 CIP 数据核字(2002)第 078555 号

出 版 人　曹胜利
地　　址　北京北河沿大街嵩祝院北巷 39 号，邮编 100009
电　　话　(010) 64027926　电子信箱　postmaster@ cnmip. com. cn
选题策划　杨传福　谭学余　责任编辑　李　梅　任崇信
美术编辑　王耀忠　责任校对　王贺兰　责任印制　李玉山
ISBN 978-7-5024-3101-3
北京百善印刷厂印刷；冶金工业出版社发行；各地新华书店经销
2002 年 12 月第 1 版，2010 年 3 月第 3 次印刷
850mm × 1168mm　1/32；18 印张；481 千字；553 页；2501-3500 册
**60.00** 元

**冶金工业出版社发行部　电话：(010)64044283　传真：(010)64027893**
**冶金书店　地址：北京东四西大街 46 号(100711)　电话：(010)65289081**
（本书如有印装质量问题，本社发行部负责退换）

# 出版者的话

稀有金属作为具有优异特性和特殊功能的新型材料，广泛应用于工业、农业和第三产业，特别是在高新技术领域中的应用，如在信息技术、生物技术、新能源技术、新材料技术、空间技术、海洋工程技术和超导技术等领域，稀有金属都显示出不可替代的作用。稀有金属材料工业既是高科技产业形成和发展的基础，同时也是国民经济可持续发展的支撑行业。稀有金属材料的生产、储存和应用已经成为一个国家先进性和综合国力的标志。

当前，高技术正处于迅速发展时期，材料是现代社会三大支柱之一，稀有金属的提取冶金与开发利用，作为现代新材料的研发基础，越来越受到人们的关注。我国稀有稀土金属资源丰富，综合利用价值高。有关专家指出，国家将重点发展有自主知识产权的、有明显资源优势和技术优势的、有良好市场前景的新材料，其中稀有稀土材料的丰富资源和优异性能使它成为我国具有优势的战略物资，是国家今后重点发展的新材料。但是，稀有稀土金属材料的基础研究和应用研究还很薄弱，还需要广大冶金、材料工作者做大量的科研和开发工作，并不断进行总结和推广，以提高我国在稀有金属冶金和材料工程方面的科技水平。为此，我社计划出版《稀有金属冶金与材料工程丛书》，组织我国稀有金属冶金与材料专家、学者，有针对性、系统性地对稀有金属的提取制备与分离技术、加工技术与材料应用方面的最新科研进展以及国外相关技术成果进行归纳总结和评价，拟分别陆续出版《锆铪冶金》、《锆铪及其化合物应用》、《钨钼冶金》、《钽铌冶金》等图书。《稀有金属冶金与材料工程丛书》力求做到技术先进，有实用性和针对性，实例具有代表性，层次结构科学、合理，语言通俗易懂。

本套丛书的组织出版工作，得到了北京有色金属研究总院、中南大学冶金科学与工程学院、中国有色金属学会稀有金属冶金学术委员会等单位的热情帮助，每一位参编人员及他们的同事和领导也给予了大力支持，在此表示衷心感谢。我们期望本丛书的出版发行能为广大读者提供高水平的技术和学术著作，同时也能进一步促进我国稀有金属冶金与材料科研水平的提高及其产业化进程。

# 序 一

锆铪是国民经济、国防建设重要的战略材料。党和政府历来十分重视锆铪的科研、生产和应用工作。早在建国初期，在周恩来总理主持制定的我国科学技术十二年发展规划纲要中，就包括了锆铪分离、锆铪提取冶金工艺的研究项目；在国民经济第二个五年计划中该项目被列为重点解决的任务。此后，先后由北京有色金属研究总院、北京矿冶研究总院、宝鸡有色金属加工厂和上海有色金属研究所等单位，组成我国第一支锆铪科研队伍，进行了从锆英砂采选—冶炼—合金加工方面的研究工作，完全依靠我国自己的力量和科技人员的智慧，研究成功从锆英砂采选经氯化处理、萃取分离、镁热还原、海绵锆(铪)加工成材到产品应用的锆铪冶炼加工流程。其中不乏有创新性的成就，如萃取分离锆铪工艺可以同时获得原子能级氧化锆和氧化铪，镁热还原法制取海绵锆的过程，可通过氩气分压控制以提高还原效率，以及锆铪的微量检测等。在此基础上，依据我国研究取得的成果，自行设计和建立了上海合利冶炼厂、遵义钛厂、锦州铁合金厂、水口山六厂、焦作化工总厂、宝鸡有色金属加工厂等一批可进行锆铪分离、生产海绵锆、铪和生产锆铪管、板、棒、丝材料的企业，为我国核工业的发展，为锆铪在有关行业中的推广应用，奠定了基础。本书作者亲自参加了我国锆铪材料的研究开发工作，对增强我国国力做出了贡献。

《锆铪冶金》和《锆铪及其化合物应用》两本书的出版，是我国锆铪事业发展的一个标志。衷心希望我国锆铪的科研、生产和推广应用工作更上一层楼，取得更大的成就。

中国工程院院士　李东英

2002年7月

# 序　二

在2001年5月召开的中国有色金属学会稀有金属冶金学术委员会钛锆铪学术交流会上，参加会议的许多长期从事锆铪研究、生产和推广应用的科技工作者和企业家，共同回顾了我国锆铪工业近半个世纪以来的发展历程，畅谈了在党和政府的领导关怀下，我国锆铪工业取得的成就和发展。大家一致认为，我国从20世纪50年代开始进行锆铪采选、冶炼、合金加工的研究和推广应用工作以来，经过不懈努力，已经实现了金属锆铪及其化合物的产业化，拥有一支具有一定水平的锆铪科研、设计队伍；建立了一批既可生产原子能级海绵锆、海绵铪和拥有先进加工装备的锆材加工企业，同时还在全国建起了多家锆铪化合物生产厂家，目前除可生产金属锆、铪、锆铪合金、锆铪粉末制品外，还能生产近50种锆铪的无机化合物和有机化合物，填补了国内生产的空白。由于加强了锆铪的推广应用工作，这些产品已被广泛用于我国的原子能、航空、航天、电子、轻工、纺织、化工、冶金、建材、生物、医药等行业。我国生产的氧氯化锆、氧化锆、碳酸锆和硝酸锆等产品还大量出口国外，在国际市场上占有较大份额。

有关锆铪冶金方面的学术和信息交流也取得了很多成果，到2001年已先后召开了9届全国性锆铪冶金学术交流会，交流发表论文报告近200篇。全国性的锆铪协作组、锆铪情报网也先后组织了大量活动，促进了我国锆铪工业的发展。根据冶金工业出版社编辑出版《稀有金属冶金与材料工程丛书》的建议，在北京有色金属研究总院的组织领导下，经过近两年的辛勤工作，《锆铪冶金》、《锆铪及其化合物应用》两本书即将正式出版，书此以志并表祝贺。

中国工程院院士
中国有色金属学会
稀有金属冶金学术委员会主任 张国成

2002年7月

# 前　言

《锆铪冶金》和《锆铪及其化合物应用》两本书，在北京有色金属研究总院的组织领导和支持关心下，在广州有色金属研究院、亚洲锆业（宜兴新兴锆业）、江西晶安高科、锦州铁合金集团有色冶炼厂的团结协作和大力支持下，经过一年多的共同努力，即将正式出版。

锆和铪是重要的战略材料。锆铪及其化合物广泛用于国民经济、国防建设的许多领域，特别是在核工业和现代陶瓷领域中具有十分重要的用途。两本书较系统地介绍了锆铪及其化合物的生产方法、基本原理及应用知识，有利于发展我国的锆铪事业，推动锆铪及其化合物的应用。编著者经过近两年的准备，收集、参阅了大量国外文献资料和专利，吸收了许多国外在锆铪及其化合物研究、生产和应用方面的实践经验及基础理论知识，并参考和整理了国内在锆铪冶金、锆铪化合物的制取和应用方面的研究报告、资料和书刊，总结了多年来我国在科研、生产和推广应用方面的成果和经验。其中，温旺光教授对涉及氯化、还原的热力学和动力学及我国首创的还原过程的氩气分压曲线控制法进行了计算；李蕙媛教授系统地概括和比较了国内外锆铪分离的工艺；国内锆铪方面的几位知名企业家——亚洲锆业（宜兴新兴锆业）董事局主席、中国有色金属学会理事、钛锆铪学术委员会委员杨新民高级工程师，江西晶安高科总经理、全国优秀青年企业家、钛锆铪学术委员会委员罗方承博士，锦州铁合金集团有色冶炼厂厂长、知名青年企业家、钛锆铪学术委员会委员张伟高级工程师，根据他们多年来在生产、研发中积累的经验，为两本书提供了宝贵的资料，并编写了部分章节；同时，还重点参考了国内的一些著作，如申泮文、车云霞先生编著的《无机化学·钛》分册，林振汉先生编著的《有色金属提取冶金·锆铪》分册，张景荣先生等编著的《元素地球化学》等著作，才使得这两本书比较系统、完整。

两本书分别由北京有色金属研究总院副总工程师邬安华教授、黄松涛教授、于金凤高级工程师、高国强高级工程师、张力高级工程师和何芬高级工程师审阅。中国材料协会、中国有色金属工业协会及其钛(锆铪)分会给予了宝贵的支持，谨致深切谢意。

由于两本书涉及的专业和基础知识十分广泛，编著者水平有限，书中漏误，请读者不吝指正。

编著者

2002 年 7 月

# 目　录

# 1 概 述

## 1.1 锆铪的发现和锆铪工业发展沿革

### 1.1.1 锆的发现[1]

锆和铪同属化学元素周期系的第Ⅳ族和第二、第三过渡系。

含锆的天然硅酸盐 $ZrSiO_4$ 称为锆石(Zircon)或风信子石(Hyacinth),它们广泛分布于自然界中。锆石、风信子石具有从橙色到红色的各种美丽颜色,常被认为属于宝石一类。据说 Zircon 一词来自阿拉伯文 zargun,即朱砂;也有说是来自波斯文 zargun,是金子的颜色;或说来自希腊文 hyacinth——百合花一词。亚洲的斯里兰卡和非洲的塞内加尔就是出产各种含锆矿石有名的地区。

化学家们很早就对锆石进行了分析,认为是含硅土、矾土、石灰和铁的氧化物。如 1777 年瑞典化学家柏格曼(Bergman)在分析了斯里兰卡产出的风信子石后指出,其中含氧化硅 25%❶、氧化铝 40%、氧化钙 20%、铁的氧化物 13%。

1789 年,马丁·克拉普罗斯(M. Klaproth)对锆石进行了研究。他把锆石和氢氧化钠共熔,用盐酸溶解冷却物,在溶液中添加碳酸钾,沉淀,过滤,并清洗沉淀物,再将沉淀物加硫酸煮沸,所得溶液蒸干,将残渣再与硫酸煮沸,然后滤去硅的氧化物。在滤液中检查钙、镁、铝的氧化物,均未发现锆。而在溶液中添加碳酸钾后出现沉淀,这个沉淀物不像氧化铝那样溶于碱液,也不像镁的氧化物那样和酸作用。克拉普罗斯认为这个沉淀物和以前所得到的氧化物都不一样,因此他认为自己有理由作出结论,这个沉淀物中含有一

---

❶ 质量分数,本书凡未经注明的百分数均为质量分数。

种未知的独特而简单的土。马丁提议称它为 Zirkonerde(锆土)——直到可能在其他矿物中发现,或者在拥有其他的性质后再提出适合的名称[2]。克拉普罗斯又分析了柏格曼曾经分析过的同一种矿石,得出含 Zirconerde 70%,其余是氧化硅 25.0%和铁的氧化物 0.5%,这是由于柏格曼把 Zirconerde 当作氧化铝和氧化钙计算。克拉普罗斯的发现随后又为其他一些化学家所证实。在 1897 年法国化学家德毛沃(Dermouval)和伏克林(Vauquelin)在研究另一种新矿石时,也证实了克拉普罗斯的分析是正确的,他们把得到的物质称为氧化锆(Zirconia),并叙述了一些制备方法和化合物的性质,于是 Zirkonerde 的存在被肯定下来,元素被命名为 Zirconium,符号被正式定为 Zr,我国后来将其称为锆。克拉普罗斯从锆的硅酸盐中发现它的化学分析操作方法,一直到今天仍是工业上提取锆的基础。硅石与氢氧化钠一起共熔,生成锆酸盐:

$$ZrSiO_4 + 4NaOH \xlongequal{} Na_2ZrO_3 + Na_2SiO_3 + 2H_2O$$

当时由于锆的提取十分困难,所以从它被发现起,很长时间都未制得金属锆。1808 年,美国化学家戴维(Ddiver)用电流分解锆的化合物制取锆未获成功。在 1924 年瑞典化学家贝齐里乌斯(Berzelius)将干燥的金属钠与锆氟酸钾($K_2ZrF_6$)混合,在密封的铁管中高温加热还原,才得到黑色的但不纯的锆:

$$K_2ZrF_6 + 4Na \xlongequal{} Zr + 4NaF + 2KF$$

贝齐里乌斯和他的同事们虽然对锆的性质进行了研究,但由于所得到的金属锆不纯,因而没有发现锆的可取性能。1865 年特鲁斯特(Troost)重复了贝齐里乌斯的研究,并进行了铝还原锆氟酸钾、钠镁还原四氯化锆、电解锆的氟化物等研究,但由于没有注意高温下锆与空气中的氧、氮亲和力甚大,而未获得性能较好的锆。

1910 年,莱里(Lely)和汉姆贝格(Hamburger)将钠与四氯化锆置于密闭的钢罐中在高温下进行反应,得到了少量具有金属性能的锆,因此,他是首次制得金属锆的科学家。1925 年马德(Mardar)和瑞契(Rich)在高温的密闭容器中用铝还原锆的氟化物,获得了纯度为 99%的具有金属性能的锆。在第一次世界大战期间,据说德国研究成功耐高温的锆钢,用于制造枪炮呈现极好性能,刺激了一些政府、公司和研究机构进行锆生产方法及合金的研究,但未取得进展。真正得到能够进行冷加工和在室温下有良好延展性能的金属锆,还是范·阿克尔和德·布尔(De Boer)根据 1910 年韦斯(Weise)所提出的方法,将卤化物热离解以制取纯锆:用热灯丝分解碘化锆,使锆沉积在灯丝上,所得的锆纯度很高,室温下具有很好的延展性,可以拉制成细丝或轧成薄板,由于发现了这种方法,使致密金属锆制取才成为可能。此后 1940 年,范·吉普林(Von Zeppelin)把镁屑、氯化钠和四氯化锆在高温下还原,也制得了可煅锆。

### 1.1.2 锆工业的发展[3]

A 美国锆工业的发展

美国是最早实现锆铪生产工业化的国家。随着金属锆的制取方法取得进展,锆优良的高温耐蚀性、高温加工性能和核性能逐步得到证实。这期间发生的一次重大事件,为锆和铪的工业化产生了奠基性的影响:1940 年卢森堡科学家克劳尔(W. J. Krool)用镁还原 $TiCl_4$ 制得了海绵钛,此法后来被用于锆的工业生产。美国抓住这一机遇,并成为实现锆工业化生产的前驱,使这一战略金属迅速为其经济和军事工业发展服务。因此,这里有必要介绍美国锆铪工业的发展历史以供借鉴。先是美国福特矿业公司(Foote Mineral Co.)开始研究利用碘热法生产晶体锆,但由于成本高,价格昂贵,1943 年该公司仅出售了 0.36kg 碘化法锆晶体棒,每公斤 1300 美元。1945 年,其产量达到 9.53kg,价格降至 694 美元/kg。至 1948 年,他们出售了约 40kg,价格在 270~470 美元/kg 之间。

与此同时,美国钛合金公司(Titanium Alloy Co.)与金属氢化物公司(Metal Hydrides Co.)也生产了一种金属锆粉,作吸气剂、金属添加剂和闪光灯用。截至1948年,已销售了数千公斤锆。

1944年,美国矿务局(United State Bureau of Mine)开始计划在俄勒冈州研究用俄勒冈海岸锆英砂及其他矿石的副产品锆英砂,大规模生产纯锆的方法。1945年1月,在美国矿务局所属西北电气研究试验站(Northwest Electrolycal-Development Experiment Station)由克劳尔领导,研究应用还原法生产延性钛的方法生产锆。这个方法获得成功后,工业生产锆才真正成为可能[4~6]。

1945年,该试验站首次制出90g锆金属。经过工艺与操作技术的改进,1945年11月,他们用真空电弧熔炼的锆锭轧成了第一块锆板。同年12月开始,该厂每周生产2~3kg锆金属,供化学、加工与熔炼研究之用。两年后,该试验站建立了一个周产27kg(年产1.5t)的试验工厂。后来,该厂共生产了2043kg海绵锆,其中1226kg经过熔炼加工成薄板材。

当时生产的锆都含有铪。美国麻省理工学院发现,锆的热中子吸收截面值有显著变化。橡树岭国家研究所证实了这种变化是由于锆中含有铪所引起的,如果除去铪,锆的热中子吸收截面则为$0.18\times10^{-28}m^2$(0.18b)。他们提出:

(1) 开发研究有效的工业化锆铪分离方法。

(2) 生产大量无铪锆。

(3) 建立加工锆部件或组件的成套工艺技术。

4年后,1949年4月美国阿贡研究所开始了核潜艇的建造研究。

1949年5月,橡树岭国家研究所Y-12工厂工业规模的锆铪分离工艺研究成功。

1950年5月,美国原子能委员会反应堆开发部长兼海军船舶局核推进部长杰克维尔(H. Rjekover)决定在美国海军舡鱼号核潜艇反应堆材料上使用锆,从而开始了大规模分离锆铪以制取无铪锆的工作。1951年,由于美国原子能委员会(U.S. Atomic Energy Commission)与美国海军船舶局(Bareau of Ships of Navy)合作,促进了锆工业的迅速发展。同年,美国矿务局阿尔巴尼研究所开始用 Y-12 工厂的工艺建设分离锆铪的工厂；同时杰克维尔决定用铪作为舰艇反应堆的控制棒。而在此之前，铪曾经被认为是有害的元素，从此却变为有用的物质，并成为要进行深入研究和增产的金属。

1952 年 4 月，美国矿务局所属工厂开始生产无铪锆，到 1954 年 12 月，共进行了 38 个月生产，共处理约 1043t $ZrCl_4$。美国原子能委员会和梅隆财团金刚砂公司签订了生产反应堆用锆，年交货量约 70t 的 5 年合同，并建立了子公司。

1954 年，美国国家铅公司建立了一家附属企业——美国锆金属公司（Zirconium Metals Corp. of America），用克劳尔法生产延性锆，但不生产反应堆级锆。

同年，第一只利用锆的原子能潜水艇 U.S.S. Nautilus 号完成了它的第一个旅程。同时，锆的很多其他的性质，如低中子捕获系数、高强度、易加工成型以及耐蚀性能等，不但证实它可用于原子能工业，并有很多其他用途，因此，锆受到更进一步的重视。

1955 年初，由于美国原子能委员会的建议，美国矿务局将阿尔巴尼的工厂停办，但保留一切设备，准备在必要时可以在 3 个月内恢复生产。下半年，锆用于原子能工业已得到进一步肯定。美国原子能委员会提出了由私营工厂在 5 年内交锆 908t，3 年内交货约 600t 的要求。到 1956 年，世界锆产量逐步上升。同时，美国原子能委员会与生产单位订立了 5 年内交货 4536t 反应堆级锆的合同，价值约为 7500 万美元。合同中，大部分锆用于海军原子能反应堆，小部分用于原子能委员会的民用反应堆。接受订货的单位有：国家蒸馏产品公司（National Distillers Products Corp.）、国家研究开发公司（National Research Corp.）与金刚砂金属公司。美国矿务局在阿尔巴尼的工厂也在 1955 年 8 月正式开工，年产 150t。该厂由华昌公司（Wah Chang Co.）接受进行生产。由于产量增大，用途扩大，成本降低，应用就更广。1956 年锆的价格急剧下降，当时市价由 26.4～30.8 美元/kg 下降至 13.2～15.4 美元/kg。

1957 年开始，美国锆的生产发展很快，预计可翻几番，由美国矿务局发表的综览指出，当时有30个从事这项工作的单位。肯帕铜业公司(Kenbcott Copper Corp.)在俄亥俄州克利夫兰建立了一座试验工厂。联邦俄勒冈冶金公司(U. S. Oregon Metallurgical Corp.)在俄勒冈建立一座工厂进行生产。阿勒黑尼-鲁德勒姆钢业公司(Allegheny-Ludlum Steel Corp.)也在纽约州瓦脱夫利特(Watervleet)的工厂中建立了2个熔炼炉，认为是当时世界上最大的熔炼高纯度锆的设备。

1957年11月华昌公司在俄勒冈州阿尔巴尼的工厂首先开动了它的投资500万美元，年产约325t的工厂。这个工厂与华昌公司在1956年开始生产的另一工厂年产约500t，其中约有150t是美国原子能委员会订货。这个工厂的设备，可以从锆英石砂通过锆铪分离，最终得到反应堆级与工业级锆，作为副产品也生产铪。

金刚砂金属公司自1953年在纽约州阿克隆建立约75t/a的工厂后，1957年末在西弗及尼亚州(West Virginia)帕克斯堡(Parkersburg)又开动了一个新的约600t/a的工厂。

1958年，马洛利-夏隆金属公司(Mallory Sharon Metal Corp.)在俄亥俄州阿斯塔布拉(Ashtabula)的工厂内，也建成一个约1000t/a的锆厂。哥伦比亚国家公司(Columbia-National)在佛罗里达州(Florida)本萨可拉(Pensacola)也建立了1个约750t/a的工厂。

1957年，锆铪的研究工作也有很大的发展。美国矿务局(Bureau of Mines, Department of Interior)由美国原子能委员会投资，制订了一个11万美元的研究计划，研究从不纯海绵锆、锆屑，以及锆合金中回收锆的方法，以达到工业上应用电解精炼的方法降低成本。

1958年，受美国原子能委员会订货的刺激，美国反应堆级海绵锆的年产量达到1265t。但是，到了年底，生产超过了需要，有些工厂生产缩减。阿克隆的第一个海绵锆工厂停办了，其总务部(General Service Administration, G. S. A)在阿尔巴尼所办的工厂也在完成了与原子能委员会订立的2年供应合同之后，停止了生产。这一年是生产反应堆级锆以来,第一年海绵锆的数量超过需要。这是因为1956年至1958年各生产单位根据美国原子能委员会的要求修建了许多锆厂而未考虑反应堆级锆的实际用量,使生产规模过大,招致了生产的过剩。当年,由于美国4个生产锆的工厂,生产能力达到年产2900t,已足够供应原子能工业的需要。

1958~1960年,美国金属锆的产量继续增加,根据工程采矿杂志报道,1958年海绵锆的产量为1250t,1959年为1350t,1960年为1423t。

1960年,由于锆产品销售上的困难,在美国克里夫兰市成立了美国锆业协会(U.S. Zirconium Assoc.),协调产品销售与订货,大部分厂家参加了这个协会。

1958~1960年,美国主要产锆公司的工作组织的特点是力图建立完整的生产工序,从氯化富集物到熔炼铸锭,最后产出轧件。

在1957年仅有阿克隆金刚砂金属公司的熔炼厂有锆的全部生产过程(包括冶炼工序在内),在1958年末至1959年初,4个主要产锆公司的熔炼厂内都有了完整的生产工序。1960年,华昌公司在阿尔巴尼的工厂内也组织了完整的生产工序——从富集物氯化至锆轧件的生产。这种完整的生产工序是建立了新公司而实现的。例如,1958年建立的马洛利-夏隆金属公司,由于获得了许多以前属于其他公司的工厂,其中有生产海绵锆和熔炼锭的工厂,有氯化锆富集物和生产电解锆的工厂和生产锆棒和锆丝的工厂。1960年该公司改变组织,更名活性金属公司(Reactive Metals Inc.)。

经过了1958年的工业衰退,1959年锆市场逐渐恢复。但生产数字仍比生产能力低。1959年,美国反应堆级海绵锆的生产能力仍为2900t。

1960年,美国锆的主要生产单位仍为金刚砂公司,哥伦比亚国家公司,活性金属公司与华昌公司。当时生产仍未开足,仅及其能力的一半,但加工企业却不断增加。例如:卡勒美脱·海克拉公司(Calamet & Hecla Inc.)的乌威林制管分公司(Wolverine Tube

Division）生产钛与锆的管材或棒材。

1961年，海绵锆的产量比1960年增加了14%，约1625t，主要生产单位仍为四大公司。该年，锆金属主要用于原子能方面，特别是用在海军船只上。例如，1961年年初，美国对北极星型（Polaris type）潜艇建设计划予以扩大与加速；4月份有一导弹艇U.S.S Bainbridge下了水，它是用2个加压水反应堆发电的，是第三艘下水的核反应堆舰只；另一航空母舰（aircraft carrier）用8只加压水反应堆发电，已经下水。据称，有一原子能舰队，包括60艘潜水艇，一艘巡洋舰，一艘航空母舰，与两艘驱逐舰，总共装备74个用锆的核反应堆。

在非原子能的应用上，美国在1961年取得了新的成就。有少量Zr用作高温合金的添加剂。根据西屋电气公司，杜邦公司（E. I. du Pont de Nemours &. Co.）与海因斯蒂赖脱公司（Haynes Stellite Co.）的报道，有几种合金都是以锆与铌为基的。这些合金既具有高温强度，低温加工性能，延展性又很好，并可在1000～1700℃高温下运转。华昌公司制备的Zr-Nb合金加工性能比其他Zr-Sn合金优异，并不需用Nb涂层。

1961年，活性金属公司在俄亥俄州买下勃利巨坡特黄铜公司（Bridgeport Brass Co.）的一制管厂，制取锆、钛、钽与铌管。联合碳化物公司（Union Carbide Corp.）所属林德公司（Linde Co.）生产了一种Zr 2%合金的球形金属粉末。金属氢化物公司（Metals Hydrides Inc.）开始生产锆晶体棒。美国锆公司研究成功一种锆的氧化物，可以在高温高压的条件下抗化学腐蚀，已在巨人导弹（Titan Missiles）上使用。20世纪60年代末期，受核工业和其他军事工业的影响和刺激，美国的锆铪生产工艺不断发展和改进，技术更加多元和完善，产能不断提高，产量增加，用量也以每年4%左右的速度增长，形成了完整的工业生产体系[7,8]。表1-1～表1-3列出了美国建立锆工业初期到20世纪70年代的产量、产能与价格和主要的锆生产厂家。此后，由于锆被列为战略物资，产量较少公布。但据法国赛佐司公司报道，西方国家每年消费大约4000t

锆的半成品,独联体和印度消耗约 1000t[9],美国仍是主要的产销大国和消费大国。在 1997 年,美国奥梅特钛公司与阿勒汉尼集团公司达成合并协议,成立奥梅特-华昌公司,这是世界上最大的锆铪生产公司,产品为锆和铪的系列产品,包括海绵锆、铪;锆和铪的铸锭、铸件、装配件、薄板、厚板等。

**表 1-1 美国锆工业化初期的产量与价格**

| 年份 | 反应堆级海绵锆/kg | 产量/t | 价格/美元 |
|---|---|---|---|
| 1948 | 454 | 0.45 | 300 |
| 1949 | 1362 | 1.36 | 150 |
| 1950 | 4540 | 4.6 | 110 |
| 1951 | 13166 | 13.2 | 50 |
| 1952 | 23154 | 23.1 | 40 |
| 1953 | 90800 | 90.7 | 12 |
| 1954 | 140740 | 140.6 | 13 |
| 1955 | 149820 | 149.7 | 13 |
| 1956 | 215650 | 215.4 | 13 |
| 1957 | 490320 | 457.1 | 11 |
| 1958 | 908000 | 907 | 8 |
| 1959 | 998800 | 990.7 | 7 |
| 1960 | 1292084 | 1380.3 | 6.25 |
| 1961 | 1475500 | 1473.9 | 6.25 |

**表 1-2 美国历年锆的产量**

| 年份 | 产量/t |
|---|---|
| 1965 | 706 |
| 1966 | 725 |
| 1967 | 1088 |
| 1968 | 1360 |

续表 1-2

| 年　份 | 产　量/t |
| --- | --- |
| 1969 | 1814 |
| 1970 | 2268 |
| 1971 | 870 |
| 1972 | 1000 |
| 1973 | 1230 |
| 1974 | 1360 |
| 1975 | 1500 |
| 1976 | 1630 |
| 1977 | 1800 |
| 1978 | 2000 |
| 1979 | 2400 |
| 1980 | 2600 |
| 1981 | 2200 |
| 1982 | 2200 |
| 2000 | 约 2500 |

注:20 世纪 70 年代初期,因军工需求锐减,锆产量下降。

**表 1-3　美国锆工业化初期生产海绵锆的主要公司**

| 公司名称 | 工厂所在地 | 年生产能力/$t \cdot a^{-1}$ | 主要产品 | 备　注 |
| --- | --- | --- | --- | --- |
| 马洛利-夏隆金属公司 | 俄亥俄州阿斯塔布拉市 | 900 | 致密金属锆、海绵锆、铪 | 1958 年投产,工厂投入成本 2500 万美元 |
| | 宾夕法尼亚州特拉福特市 | 450 | 金属锆及其合金 | |
| 哥伦比亚国家公司 | 佛罗里达州本萨可拉市 | 680 | 致密金属锆、海绵锆、铪 | 1958 年初投产,工厂投入成本 800 万美元 |

续表 1-3

| 公司名称 | 工厂所在地 | 年生产能力/$t\cdot a^{-1}$ | 主要产品 | 备注 |
| --- | --- | --- | --- | --- |
| 金刚砂金属公司 | 纽约州阿克隆市 | 150 | 致密金属锆、海绵锆、铪 | 1953 年投产，工厂投入成本 250 万美元 |
| | 西弗吉尼亚州帕克斯堡市 | 540 | 致密金属锆、海绵锆、铪 | 1957 年 10 月开工，工厂投入成本 750 万美元 |
| 华昌公司 | 俄勒冈州阿尔巴尼市 | 240 | 致密金属锆、海绵锆、铪 | 其中 150t 生产能力是借美国矿务局的设备，其余 90t/a 为工厂自建 |

注：1. 本表是由 30 多个生产企业中选出的，这些企业中不包括生产锆铁合金的企业，总生产能力达 3500t/a 左右；

2. 上述 4 个企业中，马洛利-夏隆金属公司已改名为活性金属公司；

3. 有报道华昌公司其产能已达 3500t/a[8]。

B 其他国家锆工业的发展

在美国发展锆工业的同时，前苏联、法国、德国、美国、日本、加拿大等国家也先后投入资金和人力，研发锆的生产方法，特别是锆铪分离方法，以求建立本国经济、廉价的原子能用锆及锆合金生产。日本石塚研究所发明了一种新的分步蒸馏锆铪分离方法，此法避开了溶剂萃取成本高昂的步骤，在 1953 年试验获得金属锆后，于 1957 年由东洋锆公司正式投产，并向美国交货。加拿大埃尔多拉采矿和冶金公司研制了一种制取反应堆级锆的新方法[10,11]，已制成核用锆合金，并建立了生产锆的埃尔多拉公司。法国先后建立了以熔盐蒸馏法分离锆铪的赛佐斯公司和波西尼·尤金公司。德国建立了迪高沙公司，英国建立了镁电子公司。日本建立了三井-石矶公司。前苏联也建立了用重结晶和磷酸三丁酯萃取方法分离锆铪的生产厂家。这些厂家的生产能力见表 1-4。这样，就形成了多个国家都可以生产锆铪的格局。

**表 1-4 一些国家的锆生产能力**

| 国别 | 日本 | 法国 | 意大利 | 英国 | 加拿大 |
|---|---|---|---|---|---|
| 厂家 | 东洋锆公司(三井)矿业公司 | 赛佐斯公司、尤金公司 | 锆联合公司 | 镁电子公司 | 埃尔多拉公司 |
| 产能/$t\cdot a^{-1}$ | 1000 | 1600 | 500 | 500 | 500 |

C 我国锆铪工业的发展

我国的锆铪工业是从20世纪60年代末开始起步的。在此之前经历了一个从无到有的研究开发阶段。50年代,在我国12年科技发展纲要中将锆铪的制备工艺研究列为重要规划项目。此后,北京有色金属研究总院研究了制取锆铪的工艺流程,包括锆英砂精矿的处理方法研究,如碱熔法、直接氯化法、碳化-氯化法,硅氟酸钾烧结法,并采用钙还原法制得金属锆粉;用镁还原 $ZrCl_4$ 取得成功,制得了我国第一批海绵锆。在分离方面研究了重结晶法、离子交换法。TBP-HCl-$HNO_3$ 体系萃取法分离锆铪,可以同时获得合格的核工业级 $ZrO_2$ 和 $HfO_2$,并制得原子能级海绵锆和海绵铪。北京有色金属研究总院根据研究获得的成果,建立了锆铪生产车间。上海合利冶炼厂同时也建立了锆生产线。北京有色金属研究总院与上海有色金属研究所共同研究开发 HCl-$HNO_3$ 体系萃取分离锆铪的工业装置获得成功,并在上海合利冶炼厂完成了工厂化生产。此后北京有色金属研究总院研究成功 $N_{235}$-$P_{204}$硫酸体系分离锆铪新工艺,其优点是矿石伴生放射性元素污染问题易于解决,废渣、废水便于处理,氯化过程中氯气消耗降低,分离过程中可克服“乳化”症结。此方法被我国最大的锆铪生产厂家锦州铁合金厂采用。这一期间,具有一定规模的原子能级锆和铪生产的遵义钛厂建成,北京有色金属熔炼厂、广州合金钢厂锆车间也相继建设。北京有色金属研究总院成功地用碘化法制取锆铪晶体棒,并先后与上海有色金属研究所、宝鸡有色金属加工厂、西北有色金属研究院等开发研究成功核工业和民用锆铪合金。同时锆铪的化学制品、粉末制品生产企业相继建立,使我国形成了具有自主知识产权的生产体系。表1-5列出了我国早期锆铪产品的生产厂家及产品概况。

**表1-5　我国锆铪生产厂家及产品概况**

| 厂家名称 | 建设规模及产品品种 |
| --- | --- |
| 遵义钛厂 | 100t/a级海绵锆,海绵铪 |
| 锦州铁合金厂 | 100t/a级海绵锆,海绵铪 |
| 上海红色(合利)冶炼厂 | 40t/a级海绵锆,1t海绵铪 |
| 北京有色金属熔炼厂 | 20t/a海绵锆,氧化铪 |
| 水口山矿务局六厂 | 氧化铪、氧化锆 |
| 上海皮革化工厂 | 氧化铪、氧化锆 |
| 焦作化工总厂 | 氧化铪、氧化锆 |

### 1.1.3　铪的发现和铪工业的发展

A　铪的发现

铪的发现与原子结构研究的成就密不可分。美国物理学家莫斯莱在1913年应用X射线光谱这一新的分析方法,发现元素的X射线光谱重要规律:各个元素X射线的波长非常有规律地随着它们的元素周期表中排列的顺序而递减,从而确定了元素在元素周期表中的顺序,称为原子序数。

在莫斯莱对元素的X射线进行研究后,确定在钡和钽之间应当有第16个元素存在。这时除了61号元素和72号元素外,其余14个元素都已经先后被发现,而且它们都属于目前的镧系元素,也就是稀土元素。那么,72号元素应当归属于稀土元素,还是和钛、锆同属于一族,当时多数化学家主张属于前者。这些化学家中有法国的乌拉宾,他是研究稀土元素的专家,并在1911年从镱土中分离出镥后,又分离出一个新的元素,把它命名为Cellium(镃),元素符号为Ct,认为就是72号元素。但Cellium在1914年经莫斯莱进行X射线分析后,没有发现相当于72号元素的谱线,而仅有属于镱和镥的谱线,表明Cellium是镱和镥的混合物。

在1921～1922年间,波尔根据量子论,提出电子在原子内处于不同能级分层排布的观点，确定了72号元素应当与它前面许多连续的稀土元素的性质不同，因为稀土元素自57号起至71号止，它们的原子结构随原子序数的增加，核外电子只配置在N层的$4f$亚层上，而属于更外层的电子数不变，且N层电子至71号元素即达到全充满，而72号元素新增的电子应配置在O层的$5d$亚层上，成为价电子。因此确定72号元素不属于稀土元素，而应当和钛以及锆同族。就是说，不应当从含稀土元素的矿物中去寻找它，而应当从含锆和钛的矿石中去寻找。这就指出了发现72号元素的途径。当时与波尔在一起工作的匈牙利化学家海维西和荷兰物理学家科斯特按照这个规律，在1923年对斯堪的那维亚的多种含锆矿石进行了X射线光谱分析，发现了这一元素。他们为了纪念这一元素发现的所在地——丹麦的首都哥本哈根，将这一新元素称为Hafnium，元素符号定为Hf，我国译成铪。因为哥本哈根的古代名称叫哈夫尼亚(Hafnia)。但是，至今在法国的化学书籍中，仍然坚持把它称为镶。同年海维西和科斯特研制出第一块"无铪"锆。在研制时，他们不断地降低锆中铪的成分，直至X射线难以检测出铪。此后海维西与杰珍(Jantzen)研制出了纯度为99%的铪金属试样[3]。

其实，在铪发现以前，不仅出现过Cellium，还出现过Norium、Jargonium、Nigrum、Euxenium等，它们都是从含锆的矿石中被检验出来的，可是都没有能得到证实。

B 铪工业的发展

铪的发现因较锆的发现晚百余年，它的性质也较晚才被人们认识，但铪工业的发展却几乎是与锆工业的发展同步，特别是研究发现锆和铪具有差异很大的热中子俘获截面后，铪在原子能工业上的用途也被确认。

1925年，德·布尔与范·阿克尔发表了提纯铪制造延性铪的方法，用碘化法制备铪。1930年，德·布尔与法斯特将二氧化铪用钙、镁与钠还原成金属，然后用碘化法制取延性铪。

自发现了铪以后，一直有人在研究锆铪的分离工艺，由于铪的镧系收缩，锆和铪分离较难。而锆矿中一般都含有2%铪，作为原子能反应堆的结构材料用的锆必须除铪以保证中子捕获截面达到0.18b。在1949年,美国约有10个单位在同时研究锆铪分离。其中有一个方法证明很有效,就是将铪从水溶液中萃取到有机溶剂甲基异丁基酮中。1950年这个方法正式在田纳西州橡树岭的Y-12工厂中应用,以除去锆中的铪。虽然设备复杂,但此法可以生产仅含0.01%铪的锆,并由美国保密了5年后才在公开文献中发表。

除了锆铪分离的研究以外,橡树岭国家研究所还试验在一钢制容器(压力釜)中用钙还原法制备以磅计算的延性金属铪。

1950年,美国海军原子能反应堆研究组(Naval Reactor Group)计算了铪的高共振中子截面(Resonance Neutron Cross Section),提高了利用铪作为控制棒材料的价值,阿迪纳国家研究所的研究结果也证实了这一点。同年决定利用无铪锆作为潜水艇诺梯勒斯号(Nautilus)的反应堆芯后,1951年又决定利用锆的生产余料氢氧化铪制备诺梯勒斯号反应堆芯的控制棒。自此,铪的生产提高到与锆生产同样重要的地位。同时,美国军事工业对铪的生产提出了要求,并采用了可实现工业化的锆铪分离方法。即使是这样,美国矿务局第一次生产的几磅金属铪纯度只有28%(其余的都是锆)。几个月后,他们才真正第一次以159kg 99%二氧化铪($HfO_2$)为原料,制成四氯化铪,用克劳尔镁还原法还原成海绵铪[12],开始了铪的工业生产。从1952年起海绵铪以吨的规模产出,表1-6列出了美国20世纪中期海绵铪的产量及价格。

**表1-6　美国20世纪50年代海绵铪的生产情况**

| 年　份 | 海绵铪产量/t | 价　格 |
|---|---|---|
| 1951 | 几公斤 | 22美元/g |
| 1952 | 2.7 | |
| 1953 | 3.7 | |
| 1957 | 20～25 | |
| 1958 | 23 | |
| 1959 | 30 | |
| 1960 | 35 | 88美元/kg |
| 1961 | | 88美元/kg |

经过真空电弧熔炼或碘化法处理，可获得铪晶体棒。表1-7列出了美国20世纪50年代铪晶体棒的产量和价格。

**表1-7 美国20世纪50年代的产量与价格**

| 年 份 | 铪晶体棒产量/kg | 产量/kg | 价格，美元/kg |
|---|---|---|---|
| 1952 | 1407 | 1406 | 204.8 |
| 1953 | 2270 | 2268 | 154.2 |
| 1954 | 3541 | 3538 | 116.7 |
| 1955 | 2225 | 2223 | 101.3 |
| 1956 | 3133 | 3130 | 125.6 |
| 1957 | 5766 | 5761 | 114.5 |
| 1958 | 8249 | 8246 | 88.1 |
| 1959 | 11350 | 11340 | 85.9 |

第一个利用铪作为控制棒的是美国爱达荷州阿尔可海军原子能反应堆试验基地的诺梯勒斯号原型反应堆（Nautilus Prototype Reactor）工厂的堆芯，反应堆在1953年5月31日开始发电。第二个利用铪控制棒的核反应堆芯是在诺梯勒斯潜水艇上，并且推动了它航行约96000km。由于铪控制棒试验结果满意，使铪被广泛的应用于反应堆特别是水冷反应堆上，如夕宾坡特加压水冷反应堆。

在阿尔巴尼的美国矿务局试验站，用液-液萃取过程得到的氧化铪，经氯化、镁还原成金属。这个方法原来是生产锆的方法，用于铪也很成功。但克劳尔法海绵铪中也含氧与杂质，必需经过碘热法提纯，所得的铪晶体棒可采用处理锆的方法熔炼与加工。后来真空自耗电极及电子束熔炼，成为制取可煅铪的主要方法。1951年，美国在试验室与半工业生产设备上生产了不足50kg的98%～99%的二氧化铪。1952年，阿尔巴尼工厂铪的生产量达2.7t。1953年，约为3.2t。1957年，美国海绵铪的生产量为20～25t。

1957年，在美国有将近20个企业从事铪及其化合物的生产，其中包括一些较大的公司如美国福特矿业公司、德雷瓦国际稀有金属公司(DeRewal International Rare Metals Co.)、金刚砂金属公司、美国工业化学公司(U.S. Industrial Chemical Co.)以及华昌公司所属的一些工厂。在这些工厂中,铪是作为处理锆精矿的副产品制取的。福特矿业公司利用矿务局生产的海绵铪生产碘化法铪晶体棒。德雷瓦国际稀有金属公司是生产铪与氧化铪的公司。此外还有许多公司生产铪的合金与化合物,如法蒙特化学公司(Fairmont Chem. Co., Newark N.J.)生产氧化铪;金属氢化物公司(Metal Hydrides, Inc., Beverly, Mass.)开发铪-镍合金;锆公司(Zirconinu Co., Flemington, N.J.)生产铪的氧氯化物;伯尔克公司(F. W. Berk & Co., Woodridge, N.J.)生产铪的氧化物。每年与锆生产的同时,约有2724kg铪产出,主要用于原子能工业作为控制棒使用。1957年,所有锆厂生产的铪,都由美国原子能委员会分配。1958年美国有7个用铪的原子能发电站,采用铪作控制棒。

1958年美国产海绵铪23t,价格55美元/kg。同年,美国原子能委员会提出了处理295.1t二氧化铪的计划。1959年,美国原子能委员会签订了一个处理550t尼日利亚的锆英石中所有铪的协定。尼日利亚的锆英石含铪5%(约比一般矿石中的铪含量高一倍,可得双倍利润)。

美国1959年产铪30t,1960年产铪35t。此后,日本、加拿大、前西德、前苏联、英国等国家也先后生产海绵铪。同时由于核工业的迅速发展,铪的产量和用量激增,表1-8和表1-9分别列出了1980年发达国家铪产量及生产能力,以及美国铪的用量[8]。

**表1-8　发达国家1980年前的铪生产能力及产量**

| 年　份 | 1970 | 1971 | 1972 | 1973 | 1974 | 1975 | 1976 | 1977 | 1978 | 1979 | 1980 |
|---|---|---|---|---|---|---|---|---|---|---|---|
| 生产能力 /$t \cdot a^{-1}$ | | | | | | | | | 70～100 | | 120～140 |
| 产　量 /$t \cdot a^{-1}$ | 31 | 29 | 36 | 37 | 38 | 33 | 27 | 32 | 36 | 41 | 50 |

表 1-9 美国 20 世纪 70 年代铪及反应堆上的用量

| 年 份 | 1970 | 1971 | 1972 | 1973 | 1974 | 1975 | 1976 | 1977 | 1978 | 1979 |
|---|---|---|---|---|---|---|---|---|---|---|
| 用量/t | 26 | 28 | 30 | 30 | 27 | 25 | 23 | 25 | 23 | 22 |

我国的铪工业也是与锆工业同步发展起来的。为了储备较多的 $HfO_2$ 原料，湖南水口山松柏六厂、上海皮革化工厂、焦作化工总厂等企业也在六七十年代建立了锆铪分离体系生产 $HfO_2$。

## 1.2 锆的物理性质

锆在门捷列夫周期表中位于钛和铪之间，根据 1960 年国际纯物理和应用物理学会以及 1961 年国际纯化学和应用化学学会确定，其相对原子质量为 91.22。致密的金属锆为黑灰色，有金属光泽，锆粉为深灰色接近黑色。

### 1.2.1 锆的电子结构和价键特性

锆的原子层结构与钛、铪相似，其原子序数为 40，分布于 5 个电子层，电子结构为[Kr]$4d^2 5s^2$，金属原子半径(包括)为 145pm。由于$(n-1)d^2 ns^2$ 电子结构所决定，像 Ti 一样，锆可以有氧化态为 2,3 和 4 价的化合物。特别是由于 $4d$ 层尚未被电子填满，有 2 个电子占据了 $4d$ 层的外层 $5s$，因此，$4d$ 层电子往往与 $5s$ 层电子一起构成化学键，使大多数锆化合物具有 4 价特性。由于 $4d$ 层电子参与组成化学键能比钛小、而比铪大，因此，锆化合物的稳定性也介于钛与铪之间。例如它们生成的低氧化态化合物比低氧化态钛更不稳定，容易被氧化和歧化。锆的低态卤化物 $MX_2$ 和 $MX_3$ 常是化学性质活泼的不挥发性固体，并且是聚合型的含卤桥的高分子物质，其中的金属原子一般是 6 配位的。对 M(Ⅳ)化合物来说，配位数可以是 6、7、8 和 9。配位数 4 的化合物很少见，即使是常见的四卤化物 $MX_4$，在固态中都是含卤桥的大分子化合物，在其中金属原子是 6 配位的。仅在蒸气状态中 $MX_4$ 才是正四面体型的单分子。还有一种情况是，当配体具有空间位阻和 π 酸性(反馈电子)时,才可能生成少数配位数为 4 的四面体化合物如 $M(BH_4)_4$,$MI_4$,M(烯丙基)$_4$,$M(NH_2)_4$ 等。而其 4d 层电子也可填满为 8 个。在锆化合物中,8 配位比较常见。

在与强 π-酸配体结合时,锆可以表现出不寻常的表观低氧化态 0,-Ⅰ和 -Ⅱ,例如 $Zr(bipy)_3$、$[Li(THF)_4]^+$、$[Zr(bipy)_3]^-$ 和 $[M(THF)_4]_2^+$、$[Zr(bipy)_3]^{2-}$,在后 3 个化合物中正是 6 配位的。

### 1.2.2 锆的核性能

锆最优异的核性能是其热中子吸收截面小,只有 $(0.18 \pm 0.02)$b ($1b = 10^{-28}m^2$/原子),比铁、镍、铜、钛等金属小得多,而与铝镁相近。锆的稳定同位素、天然丰度、相对原子质量和热中子俘获截面数据列于表 1-10。但即使将锆置于反应堆中照射后,也只有较低的放射性。$Zr^{90}$ 和 $Zr^{91}$ 在俘获中子后,会形成相应稳定的同位素 $Zr^{91}$ 和 $Zr^{92}$,即

$$Zr^{90} + {}_0n^1 = {}_{40}Zr^{91} + \gamma$$

**表 1-10 锆的核性能数据**

| 同位素 | 丰度/% | 相对原子质量 | 热中子俘获截面/$m^2$ |
|---|---|---|---|
| $Zr^{90}$ | 51.46 | 89.9043 | $0.1 \times 10^{-28}$ |
| $Zr^{91}$ | 11.23 | 90.9053 | $1.0 \times 10^{-28}$ |
| $Zr^{92}$ | 17.11 | 91.9046 | $0.2 \times 10^{-28}$ |
| $Zr^{94}$ | 17.40 | 93.9061 | $0.1 \times 10^{-28}$ |
| $Zr^{96}$ | 2.80 | 95.9082 | $0.1 \times 10^{-28}$ |
| 平均值 | | 91.22 | $0.18 \times 10^{-28}$ |

当 $Zr^{92}$、$Zr^{94}$ 与 $Zr^{96}$ 组成不稳定的 $Zr^{93}$、$Zr^{95}$ 与 $Zr^{97}$ 时,其半衰期分别为 500 万年、65 天和 17h。在 $Zr^{95}$、$Zr^{97}$ 的衰变时则产生 γ 射线。当自然锆中 $Zr^{92}$ 俘获一中子成为 $Zr^{93}$ 时,具有放射性的 $Zr^{93}$ 可按下式产生 β-衰变,其半衰期为 500 万年。

$$Zr^{93} = {}_{41}Zr^{93} + {}_{-1}\sigma^0$$

还可以从铀的裂变产物中分离出放射性同位素$^{98}Zr$($t_{1/2}=$ 65d,$\beta$-放射性),它可用于锆的示踪研究。

虽然锆$\left(Zr^{91}, I=\frac{5}{2}\right)$是有核自旋的稳定同位素,但它对于核磁共振研究似乎并不重要,但对低价化合物的电子自旋共振光谱研究却是重要的。已观察到锆没有穆斯堡尔效应。

### 1.2.3 锆的结晶构造与晶形

锆具有两个同质异形体 $\alpha$-锆和$\beta$-锆,在 862℃以下稳定的 $\alpha$-锆是由密排六方晶格构成,而在上述温度与熔点之间的 $\beta$-锆为体心正方晶系。$\alpha$-锆的结晶构造见图 1-1。

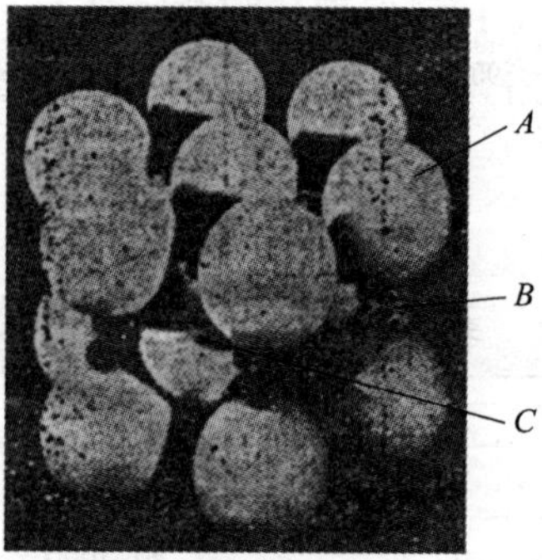


图 1-1 密排六方晶系($\alpha$)锆的间隙配置

*A*—锆原子;*B*—四方体间隙;*C*—八面体间隙

范·阿克尔于 1927 年提出了它们的晶格常数[13]:

α-锆:$a=(3.230\pm0.002)\times10^{-1}$nm

$c=(5.133\pm0.003)\times10^{-1}$nm

$c/a=1.58$

β-锆:$a=3.62\times10^{-1}$nm

文献[14]提出在 25℃下含铪少于 0.005%的 $\alpha$-锆为:

$a=3.23124\times10^{-1}$nm

$c = 5.14773 \times 10^{-1}$nm

$c/a = 1.59311$

此晶格常数随温度变化的关系是：

$a = 3.22612 + 1.6072 \times 10^{-5}T + 3.6940 \times 10^{-9}T^2$

$c = 5.14105 + 1.1532 \times 10^{-5}T + 3.6416 \times 10^{-8}T^2$

晶格间隙最短的近似距离为 $3.17885 \times 10^{-1}$nm，单一原子体积为 $23.2731 \times 10^{-1}$nm。

25℃含铪为1.2%的 $\alpha$-锆为：

$a = 3.23087 \times 10^{-1}$nm

$c = 5.14567 \times 10^{-1}$nm

$c/a = 1.59266$

此晶格常数随温度的变化：

$a = 3.22554 + 1.7337 \times 10^{-5}T + 1.763 \times 10^{-9}T^2$

$c = 5.13909 + 1.2470 \times 10^{-5}T + 3.2209 \times 10^{-8}T^2$

晶格间最短的近似距离为 $3.17789 \times 10^{-1}$nm，单一原子体积为 $23.2585 \times 10^{-1}$nm。

从 $\alpha \rightarrow \beta$ 的相变首先是由茨维克尔在测量锆的电阻时发现的，而后由沃格和多恩测定了相变温度为(862±5)℃。罗希尼等发表的数字亦为862℃。但是，这两种变态的晶格参数，均可因普通的杂质氧和铪的溶入而改变，因此，只有清除这两种元素或者作适当校正，才能得到精确的数值。

测量含少量氧的锆的晶格参数表明，在氧含量达2.5%(摩尔分数)时，$\alpha$-锆的 $a_0$ 与 $c_0$ 均以相同的比例成线性变化，因而 $c/a$ 比值保持不变。每1%(摩尔分数)的氧使 $a$ 与 $c$ 各增加约0.035%。依最小平方方程式处理数据，外推到零氧含量，其25℃的参数 $a_0 = 3.2323 \times 10^{-8}$ cm，$c_0 = 5.1477 \times 10^{-8}$ cm，$c/a = 1.5926$。这项研究工作所用的晶条锆含有的主要杂质为：0.014% Hf(摩尔分数)，0.046% Fe(摩尔分数)和0.484% C(摩尔分数)。铁与碳对晶格参数的影响尚不明确，然而，似乎大部分碳并非包含在固溶体内。铪对 $c/a$ 值的影响比钛大，虽然钛与锆的原子大小较铪与锆相差得很远。

曾精确测定了含有0.005%铪(摩尔分数)和1.2%铪(摩尔分数)的两种晶条锆试样的晶格参数值,结果表明,在20℃下,1.2%铪(摩尔分数)使 $c_0$ 从 $5.1475\times10^{-1}$nm 降低到 $5.1455\times10^{-1}$nm,但 $a_0$ 只从 $3.2311\times10^{-1}$nm 变到 $3.2308\times10^{-1}$nm。温度在600℃以内的晶格参数与温度的关系示于图1-2。

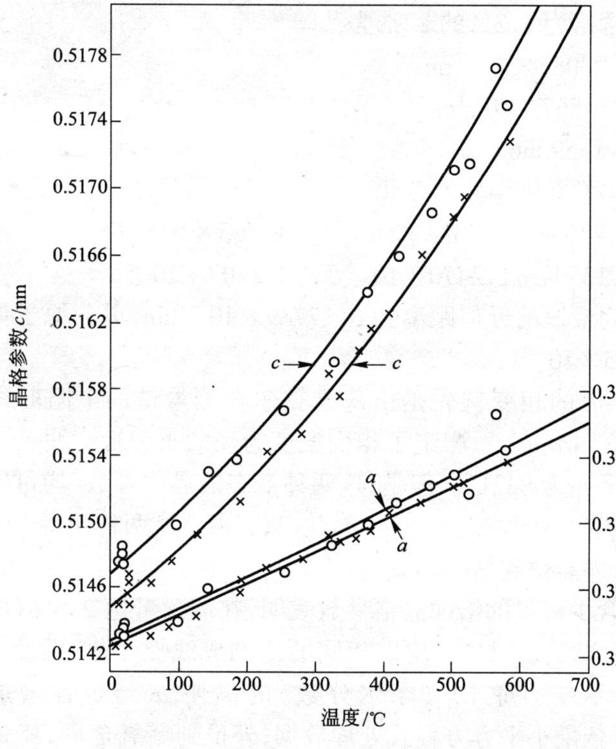


图1-2 两种含铪的锆的晶格参数与温度的关系
×—含有1.2%Hf(摩尔分数);○—含有小于0.005%Hf(摩尔分数)

上述研究工作对于保证晶格参数值有五位有效数字是否足够精确,还不很清楚,但测定的晶格参数随氧含量、铪含量及温度的变化,可能是够精确的,可以用来校正很仔细测量得的晶格参数值。图1-2给出了两种含铪锆的晶格参数与温度的关系。

$\beta$相晶格参数的测定精度比$\alpha$相低。在约870℃时,近似为$3.61\times10^{-1}$nm,在980℃时,$a_0=3.616\times10^{-1}$nm。鲁塞尔在Zr-4%铀合金的反衍射图上发现一条线,可视为在200～900℃整个温度范围内$\beta$-锆的体心立方线。曾经确定,在862℃的$a_0$为$3.609\times10^{-1}$nm,而在室温下是$3.545\times10^{-1}$nm。

应当注意到,$\alpha$-锆没有理想的密排结构,因为$c/a$小于1.633,因而只有六个距离为$3.1788\times10^{-1}$nm的最邻近的原子和距离为$3.2311\times10^{-1}$nm的另外六个邻原子(采用Russell的20℃数据)。在862℃下,这两个距离分别为$3.2083\times10^{-1}$nm和$3.2505\times10^{-1}$nm。$\beta$相在862℃时,最近的距离是$3.1255\times10^{-1}$nm,因此,$\beta$相在862℃时的原子间距约比六方相小2.6%。这个“原子尺寸”的缩小,系由于锆从$\alpha$相转变到$\beta$相发生了体积收缩所致。如果把原子视作刚性球体,则从密排六方结构转变到体立方结构,体积应该膨胀。通常,从高配位数的结构转变到低配位数的结构,观察到原子尺寸减小,即是“压缩比”。

在转变规律方面,贝格尔的研究结果表明,从$\alpha\rightarrow\beta$或$\beta\rightarrow\alpha$的相变过程中形成的$\alpha$-锆与$\beta$-锆晶格之间,具有位向关系。他用获得的晶条锆,在室温下进行研究,经X射线分析表明,六方晶格的基面与晶条锆上常发现的平面平行。由于常观察到的这些平面与锆条轴成四次或六次对称,可以认为:这些平面必定相当于在沉积温度下存在的体立方$\beta$的(110)面。只有(110)面能有四次和六次对称。还发现,基面内的$[11\bar{2}0]$方向平行于原始$\beta$晶体内的[111]方向;这[111]方向位于(110)面内。于是作出结论,$(0001)_\alpha \parallel (110)_\beta$,$[11\bar{2}0]_\alpha \parallel [111]_\beta$。这些结果非常令人信服,因为这使得六方晶格和体心立方晶体的密排晶面和方向互相平行。这显然意味着,在相变时只需要最少量的原子重行排列。虽然没有真正的理由去怀疑贝格尔的结论,但在$\beta$晶体位向存在的温度下直接进行X射线测定,是有裨益的。贝格尔位向关系表明,从一个$\beta$

晶粒可能形成12种 $\alpha$ 晶体位向，因为，每一 $\beta$ 晶粒有六个(110)面，每个面上有两个[111]方向。同样，在重行加热时，从每一 $\alpha$ 晶粒可能形成6种 $\beta$ 位向，某些 $\beta$ 晶粒可能对原始 $\beta$ 位向转动10°32′。随后重行加热通过相变时，终究造成无序位向。应用电子发射法，能直接观察在600～1100℃下多晶锆内晶体的形成。可得出结论，经 $\beta$-$\alpha$-$\beta$ 转变后，重新形成相同的 $\beta$ 晶体，同样，在每一次从 $\beta$ 相冷却后，魏氏 $\alpha$ 结构也相同。还有人提出，在一次转变循环后，母相内存在的位错迫使其回复到原始结构。直接的观察表明，贝格尔(Burgers)转变法则并不能以偶然的概率应用到各个(111)面和[$11\bar{2}0$]方向。$\alpha$ 轧制金属的结构在加热到 $\beta$ 相范围后，并无巨大的改变，这一事实支持着上述结论。根据对($10\bar{1}0$)极图的观察，发现在 $\alpha$ 态轧制的锆的再结晶织构，当重复加热到 $\beta$ 相(1000～1200℃)时得到了按贝格尔机理预示的极图；对(0002)极图的观察也发现，在一次循环加热到 $\beta$ 相后，发生按贝格尔机理预示的变化，但重复加热循环时，并未导致完全无序化。

从 $\beta$ 相转变成的 $\alpha$ 锆晶体，通常具有复杂的显微组织，并随冷却速度和复杂含量而变。这个现象是由于从 $\beta$ 晶体形成的 $\alpha$ 晶体不存在无序位向而趋向于形成伸长的“薄片”的直接结果。

已经确定，在 $\alpha$ 区上部慢冷或保温，即使氧或氮含量高达0.5%，也将得到具有光滑边界的等轴晶粒。

### 1.2.4 锆的密度

含2.5%铪的锆密度为6.52g/cm$^3$，无铪锆密度是(6.490±0.001)g/cm$^3$。据特里克的计算，各种不同方法制得的金属锆密度(g/cm$^3$)如下：

| | |
|---|---|
| 碘化法制得的纯锆 | 6.507 |
| 碘化法制得的低铪锆 | 6.504 |
| 金属热还原法制得的海绵锆 | 6.489 |
| 碘化法制得的高铪锆 | 6.574 |
| 石墨坩埚熔炼的金属热还原法锆 | 6.605 |

### 1.2.5 锆的热性质

A 熔点与沸点

锆的熔点,由于其纯度不同以及测定方法的不一,其数字也有所出入。在1930年由德·布尔等测定的数字为1857℃,在反应堆手册中为(1845±25)℃。其他一些学者的报告为(1852±2)℃。在1956年迪多夫发表的结晶锆的熔点是(1855±15)℃。含铪锆的熔点为(1830±40)℃[14]。

锆的沸点,因为其活性很大,而其沸点又很高,因而很难进行直接测定,其沸点一般是间接测得。资料[15]提出的数字为3600~3700℃。据布若维尔测定为3580℃,奎尔测得的是3577℃。

B 蒸汽压

根据Shinner等测定的结果,在1949~2050K间锆的蒸汽压(Pa)与温度的关系有如下式:

$$\lg p_{Zr}=(7.3351-2.415\times10^{-4}T-31066T^{-1})\times1.013\times10^{5}$$

对于固体与液体锆的蒸汽压(Pa),哈米尔诺夫进行了测定[16],其数值列于表1-11,也可用下式算出:

$$\lg p_{Zr}=\left(10.216-\frac{31066}{T}-24105T\right)\times133.3$$

此公式在1949~2050K区间基本与歇奈尔所提出的公式相符。

**表1-11 锆的蒸汽压**

| 温度/K | $p$/Pa | 温度/K | $p$/Pa |
|---|---|---|---|
| 1600 | $247.97\times10^{-10}$ | 2200 | $535.95\times10^{-5}$ |
| 1700 | $355.96\times10^{-9}$ | 2400 | $761.26\times10^{-4}$ |
| 1800 | $382.63\times10^{-8}$ | 2600 | $715.93\times10^{-3}$ |
| 1900 | $311.97\times10^{-7}$ | 2800 | $487.95\times10^{-2}$ |
| 2000 | $209.31\times10^{-6}$ | 3000 | $257.31\times10^{-1}$ |

C 相变热[17]

由 $\alpha\rightarrow\beta$-锆的相变热，在热容与温度的关系曲线中，于 860℃时有一转折点，即由 $\alpha$-锆转化为 $\beta$-锆的温度，其转化热为 2.93kJ/mol。1931 年沃格与托恩的数值为 2.95kJ/mol，与 1952 年罗希尼等提出的 2.926kJ/mol（相变温度 862℃）相接近。

曾用金相法和热膨胀测定法观察到在(862±5)℃有一急剧转变。许多研究者的随后观察都证实了 862℃是相变温度的“最佳值”。

锆发生相变实质上受到氧、氮和氢的影响。氧、氮、碳、铝、铪和锡提高了 $\alpha$ 相转变温度，而大多数的其他合金元素则降低 $\alpha$ 相转变温度。戴斯研究了溶质元素对锆的 $\alpha\rightarrow\beta$ 转变的影响，并列举了各种合金化元素的微分混合热($Q_B$)，作为测定一种溶质是提高或降低此转变的指示。

一些研究者观察到在极速急冷（每秒钟几千摄氏度）时，转变温度略有降低(10～15℃)，且随着锆在急冷前保持在 $\beta$ 相的温度与时间而发生极显著的反常的变化。增加杂质含量，会使在急冷时转变温度降低较多。

有关锆的相转变数据列于表 1-12。

**表 1-12 锆的相转变数据**

| 晶型变化($\alpha\rightarrow\beta$) | | 熔 融 | | 升 华 | 沸 腾 | |
|---|---|---|---|---|---|---|
| $t$/℃ | $\Delta H$/J·mol$^{-1}$ | $t$/℃ | $p$/MPa | $\Delta H$/J·mol$^{-1}$ | $t$/℃ | $\Delta H$/J·mol$^{-1}$ |
| 86.3±5 | 3935.6±209 | 1852±5 | $2.82\times10^{-4}$ | $5.86\times10^5$ ±6700 | 3700～4400 | $5.57\times10^5$～$5.95\times10^5$ |

D 溶解热与蒸发热

按布若维尔的测定，溶解热为 23.1kJ/mol，在 25℃下的蒸发热为 523kJ/mol。较为准确的是斯奈尔测定的结果：

$$\Delta H^{\circ}_{蒸发}=(594.8\pm1.46)\text{kJ/mol}$$

E 热容及其他热力学函数[18]

锆在 12～20K 温度范围内的原子热容有如下关系式，其数值见表 1-13。

$$c_p = (\gamma_T + 464T^3/\theta^3) \times 4.184 \quad (\text{单位}:J\cdot(mol\cdot K)^{-1})$$

式中，$\gamma_T$ 为原子热容常数，锆在低于 4K 时，$\gamma_T = 7.25 \times 10^{-4}$；$464T^3/\theta^3$ 为晶格热容。$\theta$ 为 Debye 温度，对于锆在低于 4K 时，$\theta = 310K$。

**表 1-13　锆的原子热容与温度的关系**

| $T$ | $c_p$ | $\theta$ | $T$ | $c_p$ | $\theta$ |
|---|---|---|---|---|---|
| 1.16 | 0.000856 | (310) | 10.90 | 0.0356 | 279 |
| 1.73 | 0.00136 | | 11.48 | 0.0404 | 280 |
| 2.49 | 0.00206 | | 12.15 | 0.0496 | 274 |
| 2.97 | 0.00252 | | 12.80 | 0.0579 | 271 |
| 3.52 | 0.00315 | | 13.85 | 0.0759 | 266 |
| 3.96 | 0.00371 | | 14.82 | 0.0899 | 268 |
| 4.88 | 0.00508 | 328 | 15.78 | 0.1121 | 264 |
| 5.80 | 0.00799 | 294 | 16.70 | 0.140 | 257 |
| 6.73 | 0.01036 | 297 | 17.95 | 0.177 | 254 |
| 7.65 | 0.0141 | 290 | 18.45 | 0.193 | 254 |
| 8.52 | 0.0189 | 284 | 19.65 | 0.236 | 251 |
| 9.42 | 0.0245 | 280 | 20.25 | 0.260 | 250 |
| 10.00 | 0.0284 | 280 | | | |

在 14～300K 之间，锆的质量热容及热力学函数见表 1-14。

**表 1-14　在不同温度下，锆的质量热容及其热力学函数**

| $T$/K | $c_p$ /J·(mol·K)$^{-1}$ | $c_p$ /J·(mol·K)$^{-1}$ | $S^\circ$ /J·(mol·K)$^{-1}$ | $H^\circ - H^\circ_0$ /J·(mol·K)$^{-1}$ | $(H^\circ - H^\circ_0)/T$ /J·(mol·K)$^{-1}$ | $-(F^\circ - H^\circ_0)/T$ /J·(mol·K)$^{-1}$ |
|---|---|---|---|---|---|---|
| 14 | | 0.336 | 0.126 | 1.29 | 0.092 | 0.033 |
| 25 | 2.023 | 2.046 | 0.707 | 13.22 | 0.527 | 0.180 |
| 50 | 9.134 | 9.255 | 4.251 | 150.6 | 3.012 | 1.254 |
| 75 | 15.104 | 15.10 | 9.205 | 461.1 | 6.146 | 3.054 |
| 100 | 18.819 | 18.660 | 14.067 | 885.8 | 8.857 | 5.209 |

续表 1-14

| $T$/K | $c_p$ /J·(mol·K)$^{-1}$ | $c_p$ /J·(mol·K)$^{-1}$ | $S^\ominus$ /J·(mol·K)$^{-1}$ | $H^\ominus - H_0^\ominus$ /J·(mol·K)$^{-1}$ | $(H^\ominus - H_0^\ominus)/T$ /J·(mol·K)$^{-1}$ | $-(F^\ominus - H_0^\ominus)/T$ /J·(mol·K)$^{-1}$ |
|---|---|---|---|---|---|---|
| 125 | 20.802 | 20.861 | 18.497 | 1382.8 | 11.062 | 7.431 |
| 150 | 22.196 | 22.131 | 22.422 | 1921.7 | 12.811 | 9.611 |
| 175 | 23.535 | 23.116 | 25.911 | 2488.6 | 14.221 | 11.694 |
| 200 | 24.062 | 23.811 | 29.045 | 3075.7 | 15.376 | 13.669 |
| 225 | | 24.377 | 31.886 | 3678.1 | 16.347 | 15.539 |
| 250 | | 24.761 | 34.476 | 4291.1 | 17.167 | 17.309 |
| 275 | | 25.024 | 36.848 | 4914.1 | 17.870 | 18.978 |
| 298.16 | | 25.154 | 38.878 | 5494.8 | 18.619 | 20.447 |
| 300 | | 25.163 | 39.032 | 5541.3 | 18.472 | 20.560 |

298～1400K 温度内的质量定压热容，考恩等给出了下面的温度关系式：

$\alpha$-锆：$c_p = 6.83 + 1.12 \times 10^{-3} T - 0.87 \times 10^5 T^{-2}$（298～1135K）

$\beta$-锆 $c_p = 7.27$(1135～1400K)

考恩等提出了 400～1400K 温度间的热焓与温度的关系式，数值见表 1-15。

**表 1-15 气态锆在不同温度下的热容**

| $T$/K | $c_p$ /J·(mol·K)$^{-1}$ | $T$/K | $c_p$ /J·(mol·K)$^{-1}$ | $T$/K | $c_p$ /J·(mol·K)$^{-1}$ |
|---|---|---|---|---|---|
| 10 | 20.78565 | 800 | 25.93373 | 2500 | 31.00110 |
| 100 | 21.00075 | 900 | 25.65976 | 3000 | 34.42960 |
| 200 | 23.99440 | 1000 | 25.60985 | 4000 | 35.56881 |
| 298.15 | 26.64246 | 1200 | 26.04866 | 5000 | 38.14013 |
| 400 | 27.66390 | 1400 | 26.89643 | 6000 | 39.44378 |
| 500 | 27.58892 | 1600 | 27.84537 | 7000 | 39.59298 |
| 600 | 27.04387 | 1800 | 28.72550 | 8000 | 38.95651 |
| 700 | 26.42275 | 2000 | 29.48381 | | |

$\alpha$-锆：$H_T^\ominus - H_{298.15}^\ominus = 6.83T + 0.56 \times 10^{-3} T^2 + 0.87 \times 10^5 T^{-1} - 2378$ (298～1135K)

$\beta$-锆：$H_T^\ominus - H_{298.15}^\ominus = 7.27T - 1163$ (1135～1400K)

F 自由能和熵

在400～1400K范围内推导出锆的 $-(F_T^\ominus - H_{298.15}^\ominus)/T$ 值，列于表1-16，在14～300K及在1949～2054K范围内的 $-(F^\ominus - H_0^\ominus)/T$ 值分别列于表1-14及表1-17。

**表1-16 锆在不同温度下的热焓、熵增量及自由能**

| $T$/K | $H_T^\ominus - H_{298.15}^\ominus$ /J·mol$^{-1}$ | $S_T^\ominus - S_{298.15}^\ominus$ /J·mol$^{-1}$ | $-(F_T^\ominus - H_{298.15}^\ominus)/T$ /J·mol$^{-1}$ |
|---|---|---|---|
| 400 | 2782 | 7.99 | 39.87 |
| 500 | 5648 | 14.39 | 41.92 |
| 600 | 8640 | 19.83 | 44.27 |
| 700 | 11715 | 24.60. | 46.69 |
| 800 | 14016 | 28.79 | 49.04 |
| 900 | 18054 | 32.55 | 51.38 |
| 1000 | 21317 | 35.98 | 53.47 |
| 1100 | 24643 | 39.16 | 55.56 |
| 1135($\alpha$) | 25815 | 40.21 | 56.27 |
| 1135($\beta$) | 29665 | 43.60 | 56.27 |
| 1200 | 31631 | 45.27 | 57.74 |
| 1300 | 34685 | 46.19 | 59.83 |
| 1400 | 37719 | 49.96 | 60.58 |

**表1-17 金属锆在1949～2054K之间的热力学函数**

| $T$/K | $-(G_T^\ominus - H_{298.15}^\ominus)/T_{固}$ /J·(mol·K)$^{-1}$ | $-(G_T^\ominus - H_{298.15}^\ominus)/T_{氮}$ /J·(mol·K)$^{-1}$ | $-R\ln p$ | $\Delta H_0^\ominus$ /J·mol$^{-1}$ |
|---|---|---|---|---|
| 1949 | 74.01 | 205.43 | 41.502①<br>41.504 | 594567<br>594584 |

续表 1-17

| $T$/K | $-(G_T^\circ-H_{298.15}^\circ)/T_{固}$ /J·(mol·K)$^{-1}$ | $-(G_T^\circ-H_{298.15}^\circ)/T_{氮}$ /J·(mol·K)$^{-1}$ | $-R\ln p$ | $\Delta H_0^\circ$ /J·mol$^{-1}$ |
|---|---|---|---|---|
| 1980 | 74.56 | 205.85 | 40.417<br>40.388 | 594789<br>594563 |
| 2007 | 75.06 | 206.21 | 39.571<br>39.624 | 595500<br>595948 |
| 2029 | 75.44 | 206.51 | 38.653<br>38.639 | 594073<br>593956 |
| 2049 | 75.81 | 206.76 | 38.109<br>38.073 | 595027<br>594718 |
| 2054 | 75.90 | 206.83 | 37.879<br>37.902 | 594467<br>594668 |

① 各温度的第一组数值是用收集与分析蒸发膜的方法得到的质量损失，再由此推导而得；第二组数据是直接测量试样的质量损失而得出。

锆在 298.15K 时的熵为(38.9±0.17)J/(mol·K)。表 1-14 与表 1-16 分别列出 14～300K 及 400～1400K 之间的数据。在 862℃的转变熵为 3.39J/(mol·K)。估计的熔化熵与蒸发熵分别为 9.62J/(mol·K)与 129.7J/(mol·K)。

G 热膨胀

拉塞尔依据 X 射线法测定了铪含量为 0.005%(摩尔分数)以下的纯 $\alpha$ 锆，以及含 1.2%铪(摩尔分数)的锆在 600℃时的真实线膨胀系数。其数据示于图 1-3 与图 1-4。供测量用的纯金属[<0.005%Hf(摩尔分数)]，其杂质总含量仅为 0.37%(摩尔分数)[其中氧为 0.073%(摩尔分数)]。这两种材料在 20℃时的性质列于表 1-18。根据这些数据可计算出 $\gamma=\dfrac{\alpha_v V_0}{\beta C_V}$ 中的常数 $\gamma$。式中，$\alpha_v$ 为体膨胀系数；$\beta$ 为等温可压缩性系数；$V_0$ 为零温、零压下的摩尔体积。得到的 $\gamma$ 值为 0.886，这与艾弗林所得的 0.89 一致，而[Hf]的长度随温度的变化，所得线膨胀系数为 $9.7\times10^{-6}$/℃。此值与 $21.2\times10^{-6}$/℃相差一倍以上，由于 X 射线测定

时只是依据了一条线的测量，因此在未获得更精确的数据之前，$\beta$ 锆的线膨胀系数的最佳值应为 $9.7\times10^{-6}$/℃。

**表 1-18 温度对低铪锆和高铪锆的性能影响(20℃)**

<table>
<tr><th colspan="3">性　质</th><th><0.005%Hf<br>(摩尔分数)</th><th>1.2%Hf<br>(摩尔分数)</th></tr>
<tr><td rowspan="4">膨胀系数</td><td rowspan="2">瞬时真实线膨胀系数/℃</td><td>($\alpha_c$)∥$c$ 轴</td><td>$6.39\times10^{-6}$</td><td>$6.09\times10^{-6}$</td></tr>
<tr><td>($\alpha_a$)⊥$c$ 轴</td><td>$5.64\times10^{-6}$</td><td>$5.69\times10^{-6}$</td></tr>
<tr><td colspan="2">无序位向的真实线膨胀系数($\bar{\alpha}$)/℃</td><td>$5.89\times10^{-6}$</td><td>$5.82\times10^{-6}$</td></tr>
<tr><td colspan="2">真实体膨胀系数($\alpha_v=3\bar{\alpha}$)/℃</td><td>$17.68\times10^{-6}$</td><td>$17.47\times10^{-6}$</td></tr>
<tr><td colspan="3">X 射线密度 $\rho$/g·cm$^{-3}$</td><td>6.490</td><td>6.566</td></tr>
<tr><td colspan="3">摩尔体积/cm$^3$·mol$^{-1}$</td><td>14.01</td><td>14.01</td></tr>
<tr><td colspan="2" rowspan="3">晶格参数/nm</td><td>$c$</td><td>0.514756</td><td>0.514551</td></tr>
<tr><td>$a$</td><td>0.323115</td><td>0.323078</td></tr>
<tr><td>$c/a$</td><td>0.159310</td><td>0.159265</td></tr>
<tr><td rowspan="5">上述值在0～600℃之间的变化如下：($T$—温度，K；$t$—温度，℃)</td><td colspan="2">$c$</td><td>$(5.14105+1.1532)\times10^{-5}T+3.6416\times10^{-8}T^2$</td><td>$(5.13909+1.2470)\times10^{-5}T+3.2209\times10^{-8}T^2$</td></tr>
<tr><td colspan="2">$a$</td><td>$(3.22612+1.6072)\times10^{-5}T+3.6940\times10^{-9}T^2$</td><td>$(3.22554+1.7337)\times10^{-5}T+1.7631\times10^{-9}T^2$</td></tr>
<tr><td colspan="2">$\alpha_c\left(\frac{1}{c}\times\frac{dc}{dT}\right)$</td><td>$(6.106+0.01398t)\times10^{-6}$(℃$^{-1}$)</td><td>$(5.844+0.01237t)\times10^{-6}$(℃$^{-1}$)</td></tr>
<tr><td colspan="2">$\alpha_a\left(\frac{1}{a}\times\frac{da}{dT}\right)$</td><td>$(5.599+0.002241t)\times10^{-6}$(℃$^{-1}$)</td><td>$(5.665+0.001053t)\times10^{-6}$(℃$^{-1}$)</td></tr>
<tr><td colspan="4">各向同性点($\alpha_c=\alpha_a$)　当 $\alpha_c=\alpha_a=5.592\times10^{-6}$/℃时为 236.4K</td></tr>
</table>

据报道，在 298～1143K 之间的平均线膨胀系数，沿 $a$ 轴为

$5.5\times10^{-6}$/K，沿 $c$ 轴为 $10.8\times10^{-6}$/K，其平均值为 $7.2\times10^{-6}$/K。在 25～300℃温度范围内，$\alpha_a=10.3\times10^{-6}$/℃，与大多数情况中观察到的数值为 2 小得多。在 Debye 温度以上，线膨胀系数随温度而增加的事实，能说明可压缩性系数随温度变化的情况。在低温下，线膨胀系数的降低（见图 1-4）与热容的改变有关。Debye 温度 $\theta$ 估计值为 280K。

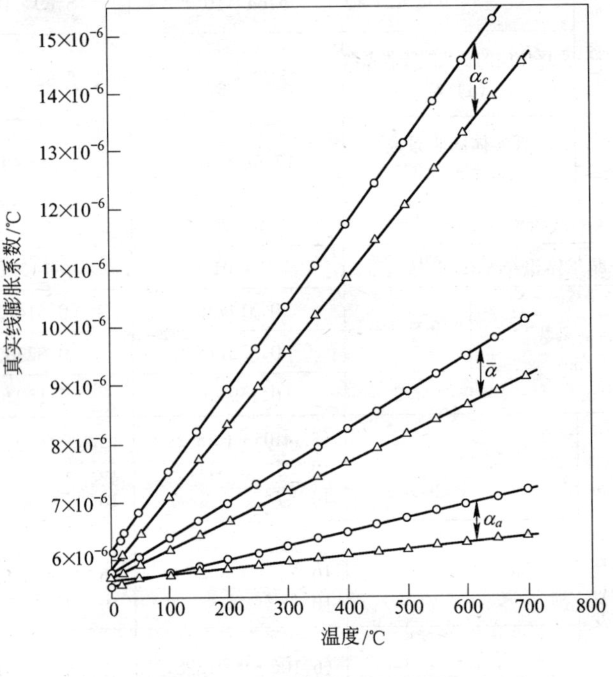


图 1-3　$\alpha$-锆的真实线膨胀系数与温度的关系
○—低铪锆[小于 0.005%铪(摩尔分数)]；
△—含 1.2%铪(摩尔分数)的锆；$\bar{\alpha}=(2\alpha_a+\alpha_c)/3$

当锆加热通过 $\alpha$-$\beta$ 转变温度时，则发生收缩，见图 1-5。

锆在 400～900℃范围内的线膨胀系数为 $21.2\times10^{-6}$/℃。在用 X 射线法测定比值时采用了铀-锆合金，这样，可以保留 $\beta$-锆。

由于纯锆的晶粒急剧长大,不可能测量在 600℃ 以上的 $\alpha$ 相的晶格参数。

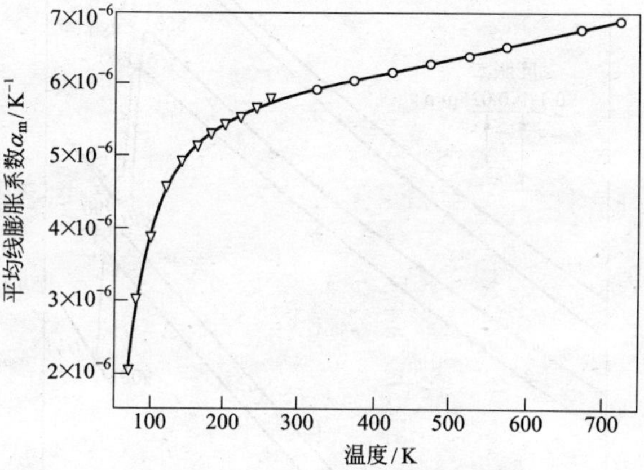


图 1-4 含有 1.2%铪(摩尔分数)的锆的平均线膨胀系数与温度的关系
○—拉塞尔的资料;▽—艾弗林的资料

除此以外,曾观察到纯锆与含有 1.5%钴或 3.5%铬的合金,它们的线膨胀系数实际上相同。因此可得出结论,线膨胀系数对杂质是不太敏感的。

因为锆具有密排六方晶体结构,所以其膨胀性质是各向异性的,先前测定的线膨胀系数值至今尚有较大的改变,也是合理的。从上面引用的数据可以看出,沿 $c$ 轴的线膨胀系数至少在高温下近乎为 $a$ 轴的一倍。因此,线膨胀系数必定与结晶位向有关,从而显著地取决于试样的冶金过程。米歇尔(McGeary)和勒斯特曼(Lustman)研究了热膨胀的各向异性,并将它与金属结构联系起来,因而他们能解释各个研究者所报道的关于不同加工材料相的测量数值。图 1-6 说明了再结晶的锆薄板在三个主要方向上的膨胀性,由于优先位向的原因,膨胀性的变化很大。由于这种材料的理想优先位向是由垂直于横向的轧制平面为 30°的 $c$ 轴组成,则可以说明观察到的膨胀性与位向的关系为:

$$\alpha_0 = (\alpha_c - \alpha_a)\cos^2\theta_0 + \alpha_a$$

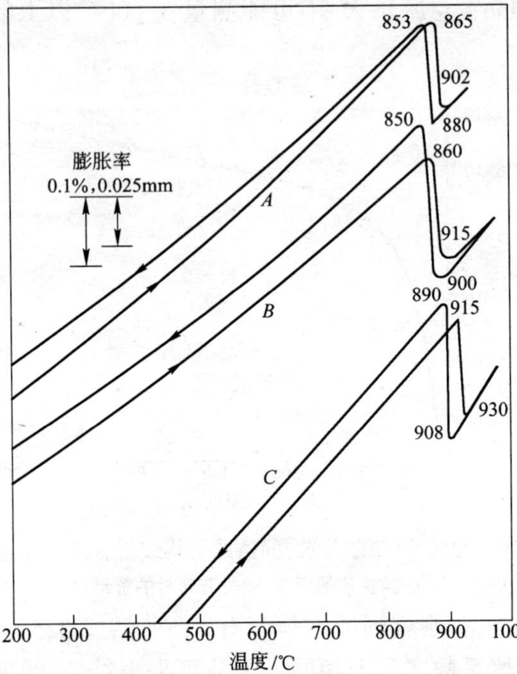


图 1-5 热膨胀曲线(加热与冷却的速度为 500℃/h)

*A*—美国西屋公司未经熔炼的Ⅰ级晶条锆;*B*—同样材料的另一个试样;*C*—该公司的纯锆的试样,在 1000℃氢内退火 50h

式中 $\alpha_0$——所讨论的方向上的膨胀性;

$\theta_0$——*c* 轴与测量方向之间的角度。

表 1-19 比较列出计算值与实验值。

**表 1-19 再结晶锆在 300℃时的线膨胀系数** (单位:$℃^{-1}$)

| 数 值 | 厚度方向 | 横 向 | 轧制方向 |
|---|---|---|---|
| 实验值 | $(8.6\pm0.4)\times10^{-6}$ | $(6.8\pm0.4)\times10^{-6}$ | $(5.5\pm0.4)\times10^{-6}$ |
| 计算值 | $8.665\times10^{-6}$ | $6.873\times10^{-6}$ | $5.979\times10^{-6}$ |

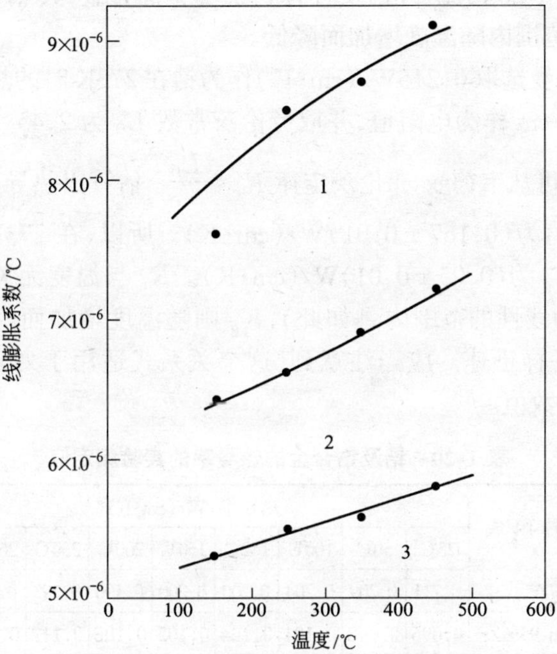


图 1-6 显著再结晶的锆薄板的线膨胀系数
1—厚度方向;2—横向;3—轧制方向

H 热导率和热传导系数

这一性质具有很大的工程意义,但很难精确测定。曾对纯锆及少数锆合金进行过一些直接测量。然而,大多数的热导率值是借助于 Wiedemann-Franz 从较易获得的电导率值推导出来的。

比恩等给出了纯锆和多种锆合金的热导率的实验测定值;并测定了更多锆合金的电阻率,从这些数据与列于表 1-20 的数据得到如下的热导率与电导率间的关系式(误差 ±5%):

$$K = 0.0308(\sigma - 0.00327)T + 0.0381$$

式中 $K$——热导率,W/(cm·K);

$\sigma$——电导率,μΩ·cm;

$T$——温度,K。

从表 1-20 可见，纯锆及含有 0.07%钽的合金，其热导率在 25～300℃范围内随温度增加而降低。

韦德曼选取 0.215W/(cm·℃)作为锆在 273K 时的热导率，40$\times10^{-6}\Omega\cdot$cm 作为电阻值，并取劳伦茨常数 $L_0$ 为 $2.45\times10^{-8}$W·Ω/K²，便可从韦德曼-弗伦茨定律 $K_e=\frac{L_0T}{\rho}$ 估算出热导率的电子分量，其值为(0.167±0.01)W/(cm·K)。所以，在 273K 的晶格热导率 $K_g$ 为(0.05±0.01)W/(cm·K)。$K_e$ 与温度无关(至少在 $d\rho/dT$ 为线性的范围内是如此)，$K_g$ 则随温度增加而降低，可能如 $1/T$ 一样迅速。应当注意到，这个关系式适用于列于表 1-20 的纯锆的数值。

**表 1-20 锆及锆合金的热导率的实验测定值**

| 试样① | 公称组成 | 热导率/W·(cm·K)⁻¹ | | | | | | | | |
|---|---|---|---|---|---|---|---|---|---|---|
| | | 25℃ | 50℃ | 100℃ | 142℃ | 150℃ | 200℃ | 250℃ | 260℃ | 300℃ |
| 1 | 100%Zr | 0.211 | 0.209 | 0.204 | 0.200 | 0.200 | 0.196 | 0.192 | 0.191 | 0.187 |
| 2 | 5%Sn、95%Zr | 0.096 | 0.098 | 0.101 | 0.104 | 0.105 | 0.108 | 0.112 | 0.112 | 0.116 |
| 3 | 3%U、97%Zr | 0.140 | 0.141 | 0.142 | 0.143 | 0.143 | 0.144 | 0.145 | 0.146 | 0.147 |
| 4 | 0.07%Ta、99.93%Zr | 0.189 | 0.183 | 0.184 | 0.182 | 0.181 | 0.178 | 0.175 | 0.174 | 0.171 |
| 5 | Zircaloy-2 | 0.146 | 0.144 | 0.141 | | 0.140 | 0.139 | 0.139 | | 0.140 |

①25℃的值是从实验曲线外推得到的。

还测定了纯度较低的锆试样在 7～40K 间的热导率，其关系式如下：

$$\frac{1}{K}=130\times10^{-5}T^2+\frac{76}{T}$$

根据这种类型的温度关系，可以推测出电子传导占优势的机理。而锆的热传导系数则随温度升高而下降，在 320℃时约为 0.185。

I 热容

锆在 25℃时的热容 $c_p$ 为 0.275J/(g·K)。所用的锆含有下列杂质(摩尔分数，%)：铪 0.025，铁 0.67，碳 0.15，氮 0.026，以及测出的其他 19 种元素的总量为 0.082。

曾用量热法测定了锆(99.5%)在 1.8～4.2K 低温范围内的热容。锆在这种温度下的热容方程式为

$$c_V = \left[6.92\times10^{-4}T + 464.5\left(\frac{T}{265}\right)^3\right]\times4.184\ (单位:J/(mol\cdot K))$$

式中,$T$ 为温度,K。第一项为热容的电子分量,第二项为晶格振动分量。热容的电子分量也能从超导性与温度的关系式推导出来。根据测量,试样的热容电子系数为 $1.49\times10^{-3}$J/(mol·K)和 $1.64\times10^{-3}$J/(mol·K)。

在 14～300K 之间测量得到数值相当恒定的 Debye 温度 $\theta$ 为 242K,而在 4.2K 温度以下测得的 $\theta$ 为 265K。这些值可与根据电阻测量确定的值 $\theta=288$K 作比较。根据热容及根据电阻所测量得到的数值不一定要相同,因为电阻只涉及一定的特殊晶格振动,而热容则考虑到一切的振动方式。除此以外,还发现 $\theta$ 随温度降低而略有增加。

### 1.2.6 锆的物理性质[19]

A 电阻率

如任何金属一样,锆的电阻率与其纯度及冶金过程有极大的关系。各种等级的锆在 20℃时的电阻率的典型数值如下:

| 锆的类别 | 电阻率/μΩ·cm |
|---|---|
| 高纯度晶条锆 | 44.1 |
| 机械加工过的晶条锆 | 45 |
| 镁还原法锆(熔炼并机械加工过的) | 54 |
| 镁还原并熔炼的冷拉锆丝 | 52.5 |
| 镁还原并熔炼的退火锆丝 | 50.5 |
| 纯度较低的镁还原法冷拉锆丝 | 60 |

德·布尔和法斯特报道过最优级无铪碘化法锆的电阻率值如下:

| | |
|---|---|
| 0℃时的电阻率/μΩ·cm | 41 |
| 电阻温度系数 $\alpha$/℃$^{-1}$ | $44\times10^{-4}$ |
| 电阻最大时的温度/K | 1150 |

电阻最小时的温度/K 1430

最大电阻/$\mu\Omega\cdot cm^{-1}$ 144

最小电阻/$\mu\Omega\cdot cm^{-1}$ 126

关于锆的电阻率的补充值,列于表1-21中。

**表1-21 典型晶条锆的电阻率**

| 试样处理条件 | 电阻率①/μΩ·cm | |
|---|---|---|
| | 25℃ | -195.8℃ |
| 从24.1mm冷锻细到4.8mm(无中间退火),而后在650℃退火1h | 43.74±0.08 | 7.14±0.03 |
| 从24.1mm冷锻细到7.9mm,在650℃退火,再冷锻细到4.8mm(压缩率为64%) | 44.63±0.16 | |
| 从24.1mm冷锻细到4.8mm,无中间退火(压缩率为96%) | 44.67±0.09 | 8.05±0.03 |

① 各数值为在每一条件下25个试样的最小平均值。材料先经过腐蚀试验,内含有0.04%Hf、约0.02%Fe、约0.04%C和0.002%N。在进一步处理前,在750℃下加热3h后挤压成25.4mm的棒。试样均为76.2mm长,试样彼此相距25.4~38.1mm。

对锆的电阻率与温度的函数关系的详细研究结果,见图1-7。

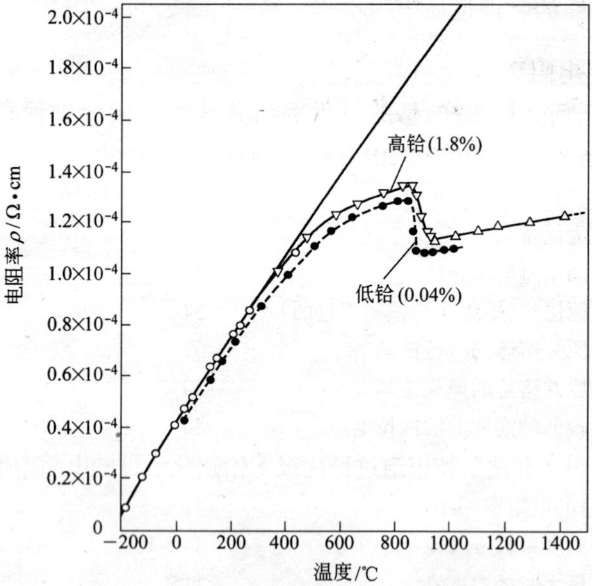


图1-7 高铪锆和低铪锆的电阻率曲线

电阻率与温度的关系曲线在 −186～200℃之间的斜度十分恒定。在 200℃以上,斜度平滑降低,而电阻率在接近 $\alpha\rightarrow\beta$ 转变温度时趋近一最大值。然后在 875～950℃之间下降到一最小值。在 950℃以上,再度以稳定的斜度(至少达 1400℃)逐渐上升,并在 400～850℃变圆滑,但其机理尚不清楚。

锻细冷加工对室温下的电阻率-温度曲线的斜度没有影响,但在面积收缩率 84%(见图 1-8)以后,电阻率增加 4%～6%。当这种锻细条随后在再结晶温度以上退火时,试样显出有较高的电阻率,比晶条锆刚制得状态的电阻率约大 2%。然而值得怀疑的是,在 500℃退火 1h 对于冷加工 84%的锆是否足够。

在 4.2～300K 的温度范围内,较高纯度晶条锆的电阻率研究结果列于表 1-22 与表 1-23。

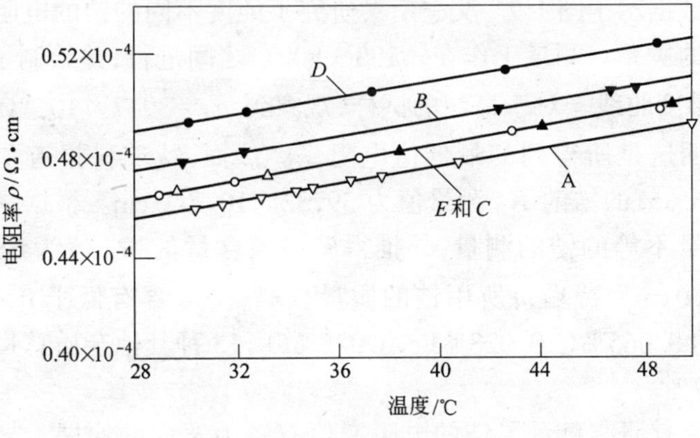


图 1-8 冷加工与退火对锆的电阻率的影响

*A*—晶条锆(试样 *A*),熔炼后就切削加工成 7.8mm 直径圆棒;
*B*—试样 *A* 从直径 7.8mm 冷锻细到 3.2mm(压缩率为 84%);
*C*—试样 *B* 在 500℃退火 1h;*D*—试样 *C* 从直径 3.2mm 冷锻细到 1.22mm(压缩棒 84%);*E*—试样 *D* 在 500℃退火 1h

表 1-22 高纯锆的电阻率

| 温 度/K | $\rho/\mu\Omega\cdot cm$ |
|---|---|
| 295.7 | 45.6 |
| 73.7 | 8.68 |
| 4.2 | 2.14 |

表 1-23 各温度下锆的电阻率与 0℃ 的电阻率之比①

| $T$/K | $R/R_0$ | $T$/K | $R/R_0$ |
|---|---|---|---|
| 300.3 | 1.1245 | 68.52 | 0.14076 |
| 273.2 | 1.0000 | 20.33 | 0.02514 |
| 77.50 | 0.17356 | 14.01 | 0.02279 |

①在 273.2K 时的电阻温度系数 $\alpha_0=45.9\times10^{-4}$/K,0℃时的绝对电阻未指出。

特瑞科测量了晶条锆的电阻率作为精细测定氧含量的函数,所得数据示于图 1-9。艾登斯泰研究了纯度不同的锆的电阻率与温度的关系。测量工作在 −183～800℃之间进行,并绘制了 $R_t/R_0$-温度曲线。对于最纯的试样,观察到 $\rho_0=39.7\times10^{-6}\Omega\cdot cm$,并说明这是所得到的最低值电阻率。然而,特瑞科报道了含有 0.026%氧的锆的 $R_0$ 测量值为 $39.32\times10^{-6}\Omega\cdot cm$。根据一系列氧含量不等的锆的测量,外推得到零氧含量的 $R_0$ 值为 $38.8\times10^{-6}\Omega\cdot cm$。特瑞科所用锆的质量极高,一般含有低于 0.028% Hf、约 0.065%C、0.028%Fe,0.025%$O_2$,13 种其他杂质总量低于 0.037%。

文献研究显示了锆的电阻率值有较为宽广的伸展。毫无疑问,这是由于所用材料的纯度和其原先冶金过程的不同所致。在许多情况下,尤其当在高温下进行测量时,极难使材料完全不被氧污染,而这样就会增加锆的电阻率。每一块锆试样的电阻率应当同这几种考虑到的附加变数一起加以研究。

B 电阻温度系数

锆的电阻温度系数 $\alpha$ 对杂质及金属元素极为敏感,锆的纯度

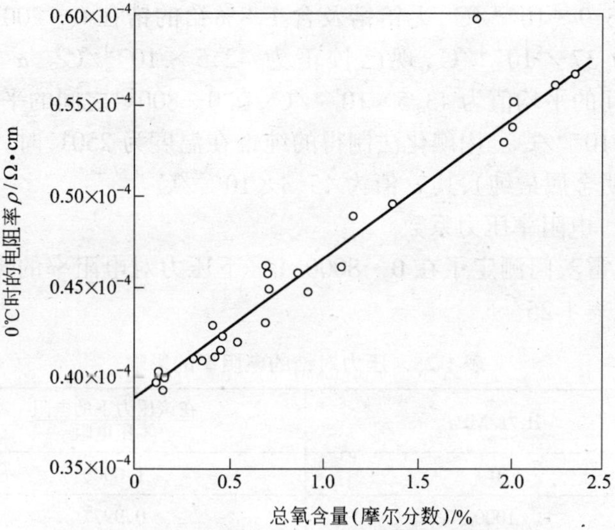


图 1-9　氧含量对碘化法锆电阻率的影响

越高，α 值越大，对于高纯无铪锆其 α 如下式：

$$\alpha = \frac{\rho_{100} - \rho_0}{100\rho_0} = 44 \times 10^{-4}/℃$$

含铪锆的 α 值变化见表 1-24。

**表 1-24　锆和铪的电阻温度系数 α 的变化**

| Hf/%(摩尔分数) | Zr/%(摩尔分数) | α |
|---|---|---|
| 100 | 0.0 | $44.0\times10^{-4}$ |
| 97.5 | 2.5 | $38.7\times10^{-4}$ |
| 62 | 38 | $36.0\times10^{-4}$ |
| 51 | 49 | $35.5\times10^{-4}$ |
| 0.5 | 99.5 | $43.5\times10^{-4}$ |
| 0.0 | 100 | $44.0\times10^{-4}$ |

在 25～260℃之间的 $\alpha$ 值为$(41.7\pm1.0)\times10^{-4}$/℃，0℃的 $\alpha$ 值为 $45.9\times10^{-4}$/℃，无铪锆及含 1.8%铪的锆在 0～200℃之间的值为 $37\times10^{-4}$/℃，现已校正为 $42.5\times10^{-4}$/℃。$\alpha$ 在 0～200℃间的平均值为 $43.5\times10^{-4}$/℃，在 0～800℃之间的平均值为 $29.3\times10^{-4}$/℃。用碘化法制得的纯锆在温度为 250℃时，数值最大(表明金属最纯)，其 $\alpha$ 值为 $45.3\times10^{-4}$/℃。

C　电阻率压力系数

布雷茨门测定了在 0～8000MPa 下压力对电阻率的影响，其数值见表 1-25。

**表 1-25　压力对锆的电阻率的影响**

| 压力/MPa | $\frac{\text{在该压力下的电阻}}{\text{零压电阻}}$ |
|---|---|
| 0 | 1.0000 |
| 1000 | 0.9977 |
| 2000 | 0.9954 |
| 3000 | 0.9933 |
| 4000 | 0.9914 |
| 5000 | 0.9894 |
| 6000 | 0.9874 |
| 7000 | 0.9856 |
| 8000 | 0.9836 |

D　电化当量

锆的正常价为 4，与其相应的电化学当量为 0.2363mm/C。

### 1.2.7　锆的磁学、光学性质

A　磁化率

金属锆的顺磁磁化率与温度的关系见图 1-10。从图中可以看出，当温度达到 1100℃时，锆的顺磁磁化率达到一平台。

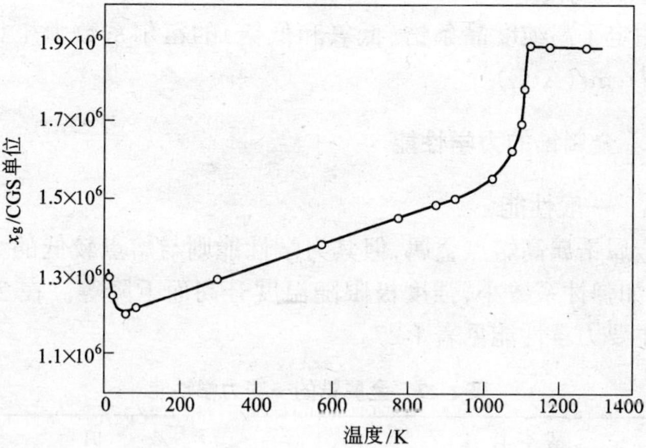


图 1-10 金属锆的顺磁磁化率与温度的关系

B 光学性质和热离子性质

锆的光学性质和电子性质见表 1-26。

**表 1-26 锆的光学性质和电子性质**

| $T$/K | 发光温度/T（$\lambda$=652nm） | 总辐射 /W·cm$^{-2}$ | 电子发射 /mA·cm$^{-2}$ |
|---|---|---|---|
| 1000 | 967 | 1.68 | |
| 1100 | 1059 | 2.27 | |
| 1200 | 1151 | 3.03 | |
| 1300 | 1242 | 4.06 | |
| 1400 | 1332 | 5.40 | |
| 1500 | 1423 | 7.20 | 0.02 |
| 1600 | 1513 | 10.0 | 0.18 |
| 1700 | 1602 | 13.4 | 1.30 |
| 1800 | 1691 | 17.5 | 8.4 |
| 1900 | 1779 | 22.2 | 40.5 |
| 2000 | 1866 | 28.0 | 160 |
| 2100 | 1952 | 34.5 | 520 |
| 2130 | 1980 | 36.5 | 720 |

C 霍尔效应

测定了高纯度晶条锆(低氧和低铪)的霍尔系数为 $+11.8\times10^{-3}$V·cm/(A·G)。

### 1.2.8 金属锆的力学性能

A 一般性能

金属锆属高熔点金属,但其力学性能则与熔点较低的金属很相似,如弹性系数小,强度极限随温度升高而下降等。在20℃下锆的主要力学性能见表1-27。

**表1-27 金属锆的一些力学性能**

| 基本特性 | 数值 |
|---|---|
| 弹性系数/kg·m$^{-2}$ | $9.82\times10^{10}$ |
| 硬度HB | 64～67 |
| 抗拉强度极限/Pa | $(2.3\sim2.5)\times10^{8}$ |
| 屈服极限/Pa | $2.1\times10^{8}$ |
| 杨氏模量/Pa | $9.39\times10^{8}$ |
| 泊松比 | 0.34 |
| 剪切模量/Pa | $3.48\times10^{10}$ |

B 中子辐照下锆的某些力学性能[20]

变形较大的金属锆在辐照条件下,其屈服极限有所降低,伸长率则有所提高。冷变形锆在积水通量为 $5\times10^{19}$n/cm$^2$ 下的数值见表1-28。而电弧炉精炼后的锆,在600℃退火1h,再经260℃辐照后,其屈服极限、强度极限均变化不大,见表1-29。

**表1-28 冷变形锆的一些力学性能**

| *T*/K | 屈服极限/MPa | | 抗拉强度极限/MPa | | 伸长率/% | |
|---|---|---|---|---|---|---|
| | 辐照前 | 辐照后 | 辐照前 | 辐照后 | 辐照前 | 辐照后 |
| 20 | 748 | 742 | 867 | 867 | 35 | 42 |
| 90 | 720 | 671 | 805 | 805 | 27 | 34 |
| 160 | 643 | 630 | 706 | 742 | 19 | 29 |
| 200 | 609 | 574 | 636 | 650 | 21 | 27 |

表 1-29 辐照后退火锆力学性能

| 快中子总通量 /n·cm$^{-2}$ | 屈服极限 /MPa | 强度极限 /MPa | 断面收缩率/% | 在 50mm 长度上的伸长率/% |
|---|---|---|---|---|
| 0 | 120 | 276 | 48 | 29 |
| $8\times10^{19}$ | 154 | 284 | 50 | 29 |
| $2.5\times10^{20}$ | 165 | 279 | 52 | 25 |

## 1.3 锆的化学性质

由于锆的外层电子排列为 $4s_2 4p^6 4d^2 5s^2$，化合价为 2、3、4 价，常见的为 4 价，锆的稳定性比钛弱而比铪强，是一强还原剂和稳定金属，但稳定性受其表面状态和杂质含量的影响。经熔炼或碘化后制得的致密锆非常稳定。镁还原获得的海绵锆，由于是多孔海绵状则较活泼。特别是锆粉，粒度越细，由于其比表面积越大，活性越高，易与气体、水发生反应。

### 1.3.1 锆在空气中的作用[21]

常温下金属锆在空气中极为稳定，与空气中的氧、氮完全不发生反应。致密锆则能长期保持其金属光泽。加热时锆强烈地吸收氧氮而形成稳定的化合物，并在表面生成氧化物保护层。这一原理常被用于镁还原——蒸馏结束后作为海绵锆的出炉安全措施之一而采用，但在较高温度下，锆的氧化膜会失去保护作用。当温度超过 800℃时，则迅速生成 $ZrO_2$。在静止状态下的空气中，锆的氧化速率为 $1.08\times10^{-2}$kg/(m$^2$·h)；950℃时为 $7.07\times10^{-2}$kg/(m$^2$·h)。锆在高温下除与氧氮形成稳定的化合物外，还可与 $CO_2$、$H_2O$ 气发生反应。表 1-30 列出了锆与空气中气体反应生成物的热力学数据。据此可算出其生成自由能标准值及自由能变化，见表 1-31。古伦森等给出了锆与 $O_2$、$H_2O$、$CO_2$、CO 和 $N_2$ 的反应式：式中下角(c)为晶态，下角(g)为气态：

$$Zr_{(c)} + O_{2(g)} \rightleftharpoons ZrO_{2(c)}$$

$$2Zr_{(c)}+CO_{2(g)}\rightleftharpoons ZrO_{2(c)}+ZrC_{(c)}$$

$$3Zr_{(c)}+2CO_{2(g)}\rightleftharpoons ZrO_{2(c)}+2ZrC_{(c)}$$

$$Zr_{(c)}+\frac{1}{2}N_{2(g)}\rightleftharpoons ZrN_{(c)}$$

$$Zr_{(c)}+2CO_{2(g)}\rightleftharpoons ZrO_{2(c)}+2CO_{(g)}$$

$$Zr_{(c)}+2H_2O_{(g)}\rightleftharpoons ZrO_{2(c)}+2H_{2(g)}$$

在低压下锆与氧、水蒸气等的反应温度见表 1-32。

**表 1-30 锆及锆化合物的一些热力学数据**

| 化合物 | $\Delta S^{\ominus}_{298.15}$ /J·(mol·℃)$^{-1}$ | 热含量/J·mol$^{-1}$或<br>热容量/J·(mol·℃)$^{-1}$ | $\Delta H^{\ominus}_{298.15}$ /kJ·mol$^{-1}$ | $\Delta G^{\ominus}_{298.15}$ /kJ·mol$^{-1}$ |
|---|---|---|---|---|
| $Zr_{(c)}$<br>$ZrO_{2(\alpha)(c)}$ | 38.8±0.33<br>50.7±0.33 | $c_p=(4.26+4.14\times10^{-3}T+0.56\times10^5T^{-2})\times4.18$<br>$\Delta H_T-\Delta H_{298.15}=(17.31T+0.51\times10^{-3}T^2+3.82\times10^5T^{-1}-6488)\times4.18$<br>(0.6%;298～1478K) | −1079.2 | −102.0 |
| $ZrO_{2(\beta)(c)}$<br>$ZrC_{(c)}$ | | $\Delta H_T-\Delta H_{298.15}=(17.50T-3920)\times4.18$<br>(0.3%;1478～1850K) | −149±41.8 | −174±41.8 |
| $ZrCl_{4(c)}$ | 186.0±2.1 | $\Delta H_T-\Delta H_{298.15}=(32.85+3.82\times10^5T^{-1}-11076)\times4.18$<br>(1.1%;298～550K) | −961.4 | −872.4 |
| $ZrN_{(c)}$ | 38.9±2.1 | $\Delta H_T-\Delta H_{298.15}=(11.48T+0.61\times10^{-3}T^2+2.00\times10^5T^{-1}-4148)\times4.18$<br>(0.4%;298～1700K) | −343.6 | −315.2 |
| $ZrH_{1.5(c)}$<br>(有锆存在) | | $c_p=2.25Zr$(估计值)$+\frac{3}{4}H_2\rightleftharpoons ZrH_{1.5}$ | −130.9<br>(外推值) | −103.3 |

图 1-11 列出了在 800～1500℃间锆的反应平衡数据。

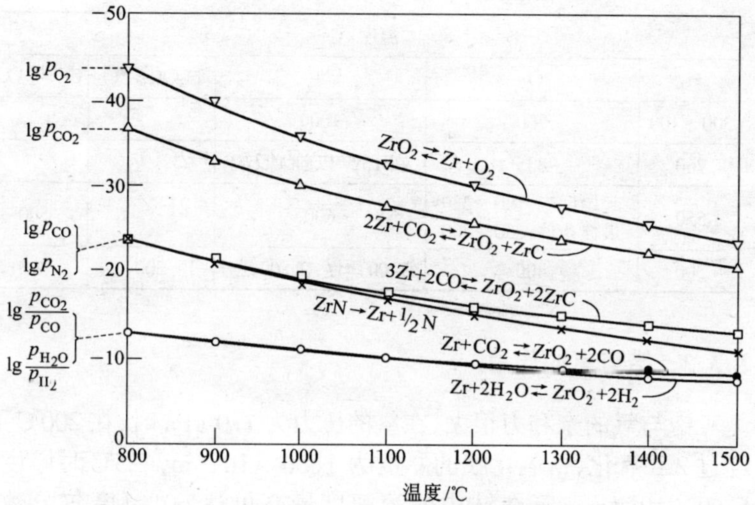


图 1-11 锆的各种反应的平衡计算曲线

**表 1-31 锆化合物的标准生成自由能与绝对温度的关系**

| 温度/K | $\Delta G^{\ominus}$/kJ·mol$^{-1}$ | | | |
|---|---|---|---|---|
| | $ZrO_{2(\alpha)(c)}$ | $ZrO_{2(\beta)(c)}$ | $ZrC_{(c)}$ | $ZrH_{1.5(c)}$ |
| 298.1 | −1023 | | −174 | −315 |
| 473.1 | −989 | | −190 | −299 |
| 673.1 | −953 | | −207 | −326 |
| 873.1 | −917 | | −224 | −263 |
| 1073.1 | −880 | | −242 | −245 |
| 1273.1 | −845 | | −259 | −228 |
| 1473.1 | −811 | | −276 | −211 |
| 1673.1 | | −688 | −294 | −195 |
| 1773.1 | | −754 | −302 | −183 |

注:同锆相接触。

表 1-32 低压下锆同气体反应的温度

| 温度/℃ | | | | |
|---|---|---|---|---|
| $H_2$ | $O_2$ | $N_2$ | $H_2O$(蒸汽) | CO 与 $CO_2$ |
| 300～400 | 700 | 1000 | | |
| 760 | 835 | 在 1527 以前无反应 | | |
| 550 | 起始反应:180～230<br>最佳条件:650～700 | 600 | | 500 |
| 300 | 400 | 在 400 缓慢,在 800 迅速 | 300 | 800 |

### 1.3.2 锆与氧的作用

锆与氧的亲和力很大,在氧的压力为 1.0 kPa 时,在 200℃下,经过 2 h 氧化,锆氧化膜的厚度为 $1.50\times10^{-8}$m,425℃时厚度为 $5.00\times10^{-7}$m。氧在锆中的溶解度最高可达 60%(摩尔分数)。氧的压力在 1.3～26.7 kPa 时,按抛物线方程计算的锆氧化活化能为 134 kJ/mol。锆与氧 400℃时迅速发生反应,在 650～700℃时可发生强烈反应,金属相可溶解 29%的(摩尔分数)氧而形成固溶体。但相对而言,锆在一定温度下具有良好的抗氧化性能,这是因为:

(1)锆的熔点高达 1852℃;

(2)锆的氧化物的熔点高达 2675℃左右,氧化物的挥发性低;

(3)氧化物的热力学稳定性高,分解压低;

(4)由于锆的氧化物与锆的比容之比大于 1,有可能连续形成氧化膜。

### 1.3.3 锆与氮的作用

锆与氮的反应速度较与氧的反应速度低,在 400～825℃范围内,锆与氮的反应速度随氧化膜厚度的增加而降低。锆在 400℃时开始与氮发生反应,强烈反应发生在 600～700℃之间,反应先生成 ZrN 固溶体,当锆中氮超过 20%(摩尔分数)时,即生成稳定的 ZrN 化合物。在 400～825℃范围内,锆吸收氮与时间的关系见

图 1-12。其反应速度则随氧化膜形成厚度的增加而降低，并遵守抛物线速度定律，见表 1-33。

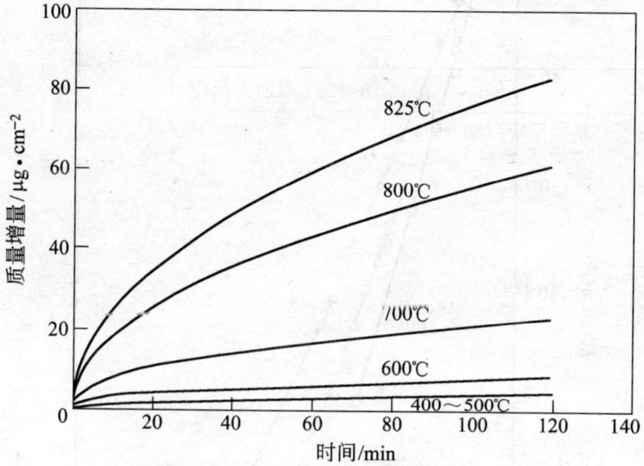


图 1-12　温度对锆与纯氮在 10.131kPa 压力下反应的影响

**表 1-33　锆与氮反应的抛物线稳定速度定律常数**

| 温度/℃ | 氮压力/kPa | *K* | 温度/℃ | 氮压力/kPa | *K* |
|---|---|---|---|---|---|
| 400 | 10 | $2.082\times10^{-15}$ | 920 | 9.3～6.66 | $1.1\times10^{-12}$ |
| 500 | 10 | $1.835\times10^{-15}$ | 928 | 9.3～6.66 | $1.1\times10^{-12}$ |
| 600 | 10 | $7.77\times10^{-15}$ | 968 | 6.66～4.0 | $2.0\times10^{-12}$ |
| 700 | 10 | $6.85\times10^{-14}$ | 989 | 6.66～4.0 | $2.7\times10^{-12}$ |
| 750 | 10 | $1.90\times10^{-13}$ | 998 | 6.66～4.0 | $4.0\times10^{-12}$ |
| 800 | 10 | $5.13\times10^{-13}$ | 998 | 6.66～4.0 | $3.1\times10^{-12}$ |
| 825 | 10 | $9.60\times10^{-13}$ | 1007 | 6.66～4.0 | $4.6\times10^{-12}$ |
| 862 | 2.66～1.33 | $2.0\times10^{-13}$ | 1007 | 6.66～4.0 | $4.0\times10^{-12}$ |
| 862 | 10.7～9.3 | $2.2\times10^{-13}$ | 1043 | 10.7～7.98 | $6.8\times10^{-12}$ |
| 890 | 10.7～8.6 | $5.1\times10^{-13}$ | 1043 | 2.66～1.33 | $6.9\times10^{-12}$ |

含铪较低的锆与氮的反应数据见图 1-13 和表 1-34。

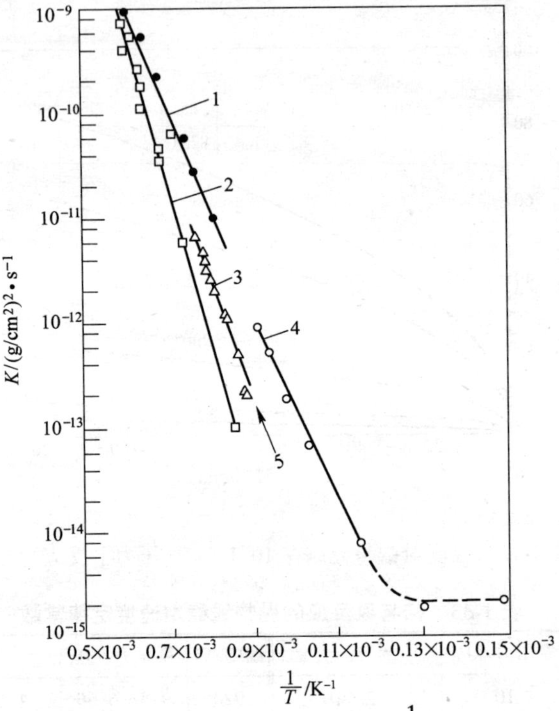


图 1-13 锆与氮反应的 $1\mathrm{g}K\sim\frac{1}{T}$ 曲线

○—400～825℃的数据；△—860～1045℃的数据；□—900～1400℃的数据(高铪锆)；●—900～1400℃的数据(低铪锆)；1—$E=200.8$kJ/mol(β相)；2—$E=280.3$kJ/mol(β相)；3—$E=217.6$kJ/mol(β相)；4—$E=164.0$kJ/mol(α相)；5—α-β相转变温度

**表 1-34 锆与氮反应的抛物线速度定律常数**

| 温度/℃ | $K\times10^5$ | | $K\times10^{12}$ | | 温度/℃ | $K\times10^5$ | | $K\times10^{12}$ | |
|---|---|---|---|---|---|---|---|---|---|
| | 2%Hf | 0.015%Hf | 2%Hf | 0.015%Hf | | 2%Hf | 0.015%Hf | 2%Hf | 0.015%Hf |
| 900 | 0.02 | | 0.10 | 10.0 | 1085 | | 11.3 | | |
| 975 | | 0.2 | | 27.0 | 1100 | 1.2 | | 6.0 | 60.0 |
| 1030 | | 5.4 | | 26.5 | 1140 | | 1.20 | | 205.0 |

续表 1-34

| 温度/℃ | $K\times10^5$ | | $K\times10^{12}$ | | 温度/℃ | $K\times10^5$ | | $K\times10^{12}$ | |
|---|---|---|---|---|---|---|---|---|---|
| | 2%Hf | 0.015%Hf | 2%Hf | 0.015%Hf | | 2%Hf | 0.015%Hf | 2%Hf | 0.015%Hf |
| 1195 | | 41.0 | | | 1350 | 111 | | 555 | |
| 1200 | 7.0 | | 35.0 | | 1400 | 85 | | 425 | |
| 1200 | 9 | | 45 | | 1400 | 141 | | 705 | |
| 1300 | 22 | | 110 | | 1420 | | 223 | | 1015 |
| 1300 | 22 | | 110 | | 1475 | | 720 | | 3600 |
| 1300 | 36 | | 180 | | 1530 | | 927 | | 4635 |
| 1300 | 54 | | 270 | | 1640 | | 2000 | | 10000 |
| 1303 | | 102 | | 510 | | | | | |

## 1.3.4　锆与氢的作用

金属锆极易吸收氢，溶解氢后的锆性质变脆。温度高于300℃时锆便与氢气大量发生反应，400℃时反应加快。氢在锆中生成氢的固溶体和氢化物，平衡相图见图 1-14。在真空中加热至

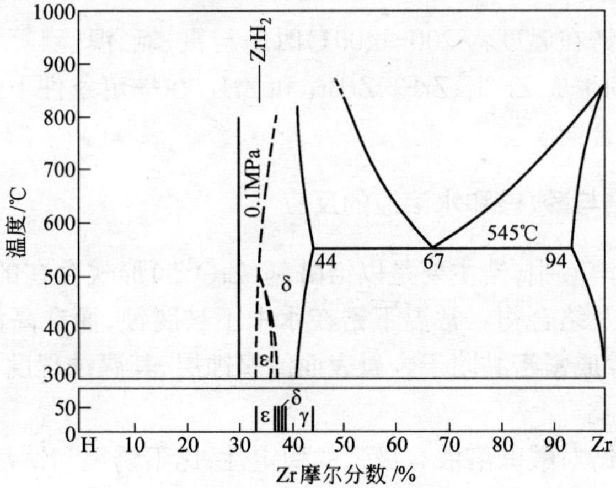


图 1-14　Zr-$H_2$ 系平衡相图

1000～1300℃时，可以完全除去锆中的氢，应用这一原理，可以通过“氢化法”制取锆粉。在温度 2100～2800K 和氢气压力 13.3kPa 下，氢在液态锆中溶解度服从西华特定律[22]：

$$c_{H_2} = k_{Zr}^{H} \cdot p_{H_2}^{\frac{1}{2}}$$

$$\lg k_{Zr}^{H} = \frac{2387}{T} - 3.163$$

式中 $p_{H_2}$——氢气压力，kPa；

$c_{H_2}$——氢气溶解度，%。

### 1.3.5 锆与 $CO_2$、CO 和水蒸气的反应

锆与 $CO_2$、CO 和水蒸气在高温下发生反应。文献[19]报道了锆与水蒸气、一氧化碳、二氧化碳在低压下反应的研究结果，锆与水蒸气在 300℃起反应，分别生成 $ZrH_4$、$ZrO_2$ 和 $ZrH_4$ 的混合物；锆与 $CO_2$、CO 在 800℃反应生成 $ZrO_2$ 和 ZrC。

### 1.3.6 锆与卤素的反应

致密锆在温度为 200～400℃时易与氟、氯、溴、碘等元素发生反应，分别生成 $ZrCl_4$、$ZrF_4$、$ZrBr_4$ 和 $ZrI_4$，在一定条件下也可以生成低价化合物。

### 1.3.7 锆与酸、碱和水溶液的反应

在水溶液中，锆主要是以锆酰基（$ZrO^{2+}$）形式存在的，易形成锆的复盐及络合物。常温下锆在水中不被腐蚀，而在高温下逐步被氧化，生成紧密黏附于金属表面的腐蚀层，其腐蚀程度与锆的纯度有关。

金属锆对酸碱溶液有极强的稳定性，比不锈钢和钛都优良，只有氢氟酸、浓硫酸和磷酸可破坏它。对表 1-35 中所列出的各种有机酸类和有机化合物进行了研究，除沸腾的二氯酯酸和三氯酯酸外，都不与锆发生反应。

**表 1-35 一些不与锆反应的有机酸和浓度**

| 有 机 酸 | 浓度/% | 有 机 酸 | 浓度/% |
|---|---|---|---|
| 甲 酸 | 10～90 | 乳 酸 | 10～85 |
| 醋 酸 | 5～99.5 | 单宁酸 | 25 |
| 一氯醋酸 | 100 | 草 酸 | 0.5～25 |
| 二氯醋酸 | 100 | 酒石酸 | 10～50 |
| 三氯醋酸 | 100 | 柠檬酸 | 10～50 |

本节已就金属锆的主要物理性能作了阐述，为便于查阅，表1-36列出了金属锆的基本物理性能。

**表 1-36 金属锆的基本物理性质**

| 基本特性 | | 数 值 |
|---|---|---|
| 原子序数 | | 40 |
| 相对原子质量 | | 91.22 |
| 原子(金属)半径/nm | | 0.159 |
| 原子(共价)半径/nm | | 0.1452 |
| 原子体积/$nm^3$ | | 0.01397 |
| 电离电势/J | 第一 | $(10.94\pm0.0096)\times10^{-19}$ |
| | 第二 | $(21.01\pm0.016)\times10^{-19}$ |
| | 第三 | $(39.68\pm0.016)\times10^{-19}$ |
| | 第四 | $(54.91\pm0.08)\times10^{-19}$ |
| | 晶型 $\alpha$ | 密堆六面体 |
| | 晶型 $\beta$ | 体心立方体 |
| 晶格常数/nm | $\alpha$ | 0.3232(α相)<br>0.3545(β相,25℃)<br>0.361(β相,870℃) |
| | $c$ | 0.5148(α相) |
| | $c/a$ | 0.1593(α相) |
| 密度/$g\cdot cm^{-3}$ | α相 | $6.490\pm0.001$ |
| | β相 | 6.40 |

续表 1-36

| 基本特性 | | | 数值 |
|---|---|---|---|
| 热线(膨)胀系数/$K^{-1}$ | α相 | 沿 $c$ 轴(0~600℃) | $(6.106+0.01398t)\times10^{-6}$ |
| | | 沿 $a$ 轴(0~600℃) | $(5.599+0.002241t)\times10^{-6}$ |
| | | 各向同性(0~600℃) | $(5.768+0.006154t)\times10^{-6}$ |
| β相 | | | $9.7\times10^{-6}$ |
| 导热系数(25℃)/$W\cdot(cm\cdot K)^{-1}$ | | | 3.70 |
| 电阻系数/Ω·cm | 25℃ | | $(38.8\sim44.0)\times10^{-6}$ |
| | 862℃($\alpha$) | | $129\times10^{-6}$ |
| | 862℃($\beta$) | | $110\times10^{-6}$ |
| 电阻压力系数($\frac{R}{R_0}$) | 0MPa | | 1.0000 |
| | 4000MPa | | 0.9914 |
| | 8000MPa | | 0.9834 |
| | 电子逸出功/J | | $6.56\times10^{-9}$ |
| 电化当量/$mg\cdot C^{-1}$(对四价金属) | | | 0.2363 |
| 霍耳系数/V·cm/(A·T) | | | $12.6\times10^{-9}$ |
| 超导转变温度/K | | | 0.546~0.68 |

## 1.4 铪的物理化学性质

### 1.4.1 铪的物理性质

A 原子结构和价键特性

铪在元素周期表中位于第四副族,在钛锆之后。原子序数为72,铪的相对原子质量根据 1954 年发表的数字为 178.6,后改为 178.50。1960 年国际纯物理和应用物理学会及 1961 年国际纯化学和应用化学学会修正为 178.49。金属原子半径(包林)为 144pm, +4 离子半径是 $M^{4+}$ 81pm。铪形成化合物主要为共价型。铪原子内部电子的排列是 $1s^22s^22p^6$、$3s^23p^63d^{10}$、$3s^24p^64d^{10}$、$4f^{14}5s^25p^6$、$5d^25f^06s^2$。由于其最外层电子($5d^25f^06s^2$)与锆的

($4d^2 4f^0 5s^2$)排列次序相同,这使铪的性质近似于锆。铪的原子价以四价为主,同时也有二价与三价存在。铪的离子化电位为7.3eV,欲排出内层(K.L.M)电子需消耗65.4~2.0 keV。

B 铪的核性能

铪与其他一些中子吸收截面大的元素(如硼、钇等)不一样,经过长期的辐照后,铪的中子俘获截面变化很少,这是因为其裂变生成的新同位素的俘获截面都比较高。由于铪的热中子俘获截面大大高于锆,铪成为核用锆的有害杂质。但另一方面,正是由于铪的高俘获截面,是完成为核反应堆控制热核反应的重要材料。铪的稳定同位素、天然丰度、相对原子质量和中子吸收截面的数据列于表1-37。铪还有10个人工放射同位素,其中主要为$^{135}$Hf,半衰期为70d和$^{181}$Hf半衰期45d,其反应为:

$$^{174}Hf + n = ^{175}Hf + \gamma$$
$$^{180}Hf + n = ^{181}Hf + \gamma$$

**表1-37 铪的核性能数据**

| 同 位 素 | 丰度/% | 相对原子质量 | 中子俘获截面 |
|---|---|---|---|
| $^{174}$Hf | 0.18 | 173.9403 | 400 |
| $^{176}$Hf | 5.20 | 175.9435 | <30 |
| $^{177}$Hf | 18.50 | 176.9435 | 370 |
| $^{178}$Hf | 27.15 | 177.9439 | 80 |
| $^{179}$Hf | 13.75 | 178.9460 | (0.2+65) |
| $^{180}$Hf | 35.24 | 179.9468 | 10 |

C 铪的结晶构造与晶形

铪有两个同质异形体,一为低温变体,另一为高温变体。低温变体在低温下是稳定的,为铪的主要晶形,它具有密排六方晶格,其晶格常数为$a = 3.20 \times 10^{-1}$nm,$c = 5.08 \times 10^{-1}$nm,另有报道为$a = 3.1946 \times 10^{-1}$nm,$c = 5.0512 \times 10^{-1}$nm。在有12个配位数时的原子半径为$1.55 \times 10^{-1}$nm。在(1960±100)℃时开始由密排六方晶系转化为体心立方晶系。

D 铪的密度、熔点和沸点

铪密度的计算值为 13.25g/cm³，在 20℃下的测定值是 13.09 或者是 13.29g/cm³。原子体积是 13.37cm³/mol。铪的熔点最初发表于 1925 年，是由茨威克尔测定的，其值为 2600℃，罗西尼 1950 年的数字为 2500℃，按 1951 年莱顿的测定为(2130±15)℃，1955 年汉菲的结果为 2130℃，1956 年德多夫测定的纯结晶铪的熔点是(2222±30)℃，1957 年发表的数值为 2150℃。铪的沸点是 5400℃。相转变数据列于表 1-38。

**表 1-38 铪的相转变数据** (单位:℃)

| 晶 型 | 转 变 (α-β) | 熔 融 | | 升 华 | | 沸 腾 | |
|---|---|---|---|---|---|---|---|
| 176.3 | 6698.9 | 2222 | 1.33 | 20934.0 | $6.01\times10^{5}$ | 4600 | $5.69\times10^{5}$ |
| ±70 | ±209.3 | ±20 | $\times10^{-2}$ | ±1256 | ±8374 | ±100 | ±14654 |

而铪在 2327℃时的熔解热为 25.1 kJ/mol，蒸发热为 648.5 kJ/mol，在 25℃时为 711.3 kJ/mol。

E 铪的蒸气压

比尔与茨威克尔分别在 1930 年和 1948 年提出了铪蒸汽压(单位：Pa)与温度的关系式：

$$\lg p_{\mathrm{Hf}}=\left(9.46-\frac{30200}{T}\right)\times133.3$$

赫斯米雅涅夫测得的结果比上式较低，其数值列于表 1-39。

**表 1-39 赫斯米雅涅夫测得的铪的蒸汽压**

| 温度/K | $p$/kPa | 温度/K | $p$/kPa |
|---|---|---|---|
| 1700 | $0.17\times10^{-10}$ | 1400 | $0.94\times10^{-5}$ |
| 1800 | $0.21\times10^{-9}$ | 2600 | $0.95\times10^{-4}$ |
| 1900 | $0.205\times10^{-8}$ | 2800 | $0.77\times10^{-3}$ |
| 2000 | $0.157\times10^{-7}$ | 3000 | $0.44\times10^{-2}$ |
| 2200 | $0.53\times10^{-6}$ | | |

文献[23]中提出的在不同温度下铪的蒸汽压,示于表1-40。

**表1-40　文献[23]提出的铪的蒸汽压**

| $T$/K | $p$/kPa | $T$/K | $p$/kPa |
|---|---|---|---|
| 298.15 | | 2800 | $8.66\times10^{-5}$ |
| 2100 | $4.66\times10^{-9}$ | 2900 | $2.33\times10^{-4}$ |
| 2200 | $2.84\times10^{-8}$ | 3000 | $5.77\times10^{-4}$ |
| 2300 | $1.52\times10^{-7}$ | 3070 | $10^{-3}$ |
| 2400 | $6.79\times10^{-7}$ | 3360 | $10^{-2}$ |
| 2495 | $2.53\times10^{-6}$ | 3720 | $10^{-1}$ |
| 2500 | $2.73\times10^{-6}$ | 4170 | 1.0 |
| 2600 | $9.32\times10^{-6}$ | 4740 | 10 |
| 2700 | $2.94\times10^{-5}$ | 5500 | $10^{2}$ |

文献[24]给出的Hf和Zr蒸汽压$p$(Pa)如下式:

$$\lg p = -\frac{a}{T} + b$$

按上式计算所得数据列于表1-41。

**表1-41　铪和锆的蒸汽压**

| 金　属 | $a$ | $b$ | 温度范围/K |
|---|---|---|---|
| Zr(固体) | 30810±240 | 1.950±0.080 | <2134 |
| Zr(液体) | 29940±240 | 1.541±0.08 | 2134～2550 |
| Hf(固体) | 31800±150 | 1.855±0.072 | 1940～2464 |
| Hf(液体) | 30400±240 | 1.034±0.085 | 2490～2550 |

F　铪的热容及其他热力学函数[18]

在1.2～20K温度范围内的热容(J/mol·K)有如下关系式与数值:

$$c_p = (\gamma_T + 464T^3/\theta^3)\times4.184$$

式中　$\gamma_T$——原子热容常数,对于铪在低于4K时,$\gamma=6.3\times$

$10^{-4}$；

$464T^3/\theta^3$——晶格热容；

$\theta$——Debye 温度，对于铪在低于 4K 时，$\theta=261$K。

在 25～100℃ 间铪的热容等于 26.2 J/mol，在 1827℃ 时为 25.2 J/mol。

铪的其他热力学函数见表 1-42～表 1-44。

**表 1-42　固体、液体铪的焓与熵**

| $T$/K | $H_T^\ominus-H_{298.15}^\ominus$ /kJ·mol$^{-1}$ | $S_T^\ominus$/ kJ·(mol·K)$^{-1}$ | $T$/K | $H_T^\ominus-H_{298.15}^\ominus$ /kJ·mol$^{-1}$ | $S_T^\ominus$/ kJ·(mol·K)$^{-1}$ |
|---|---|---|---|---|---|
| 298.15 | 0 | 0.045 | 1800 | 48.16 | 0.096 |
| 400 | 2.64 | 0.053 | 1900 | 49.49 | 0.098 |
| 500 | 5.27 | 0.059 | 2000 | 50.71 | 0.100 |
| 600 | 8.20 | 0.063 | 2100 | 54.14 | 0.102 |
| 700 | 10.67 | 0.068 | 2200 | 57.61 | 0.103 |
| 800 | 13.05 | 0.072 | 2300 | 61.13 | 0.105 |
| 900 | 16.28 | 0.075 | 2400 | 64.68 | 0.106 |
| 1000 | 19.16 | 0.078 | 2495 | 68.16 | 0.108 |
| 1100 | 22.09 | 0.081 | 2495 | 92.34 | 0.117 |
| 1200 | 25.06 | 0.084 | 2500 | 92.51 | 0.118 |
| 1300 | 28.07 | 0.086 | 2600 | 95.86 | 0.119 |
| 1400 | 31.17 | 0.088 | 2700 | 99.20 | 0.120 |
| 1500 | 34.31 | 0.090 | 2800 | 102.54 | 0.121 |
| 1600 | 37.49 | 0.093 | 2900 | 105.90 | 0.122 |
| 1700 | 40.71 | 0.095 | 3000 | 109.24 | 0.123 |

表 1-43 气体铪的焓与熵

| $T$/K | $H_T^\ominus - H_{298.15}^\ominus$ /kJ·mol$^{-1}$ | $S_T^\ominus$/ kJ·(mol·K)$^{-1}$ | $T$/K | $H_T^\ominus - H_{298.15}^\ominus$ /kJ·mol$^{-1}$ | $S_T^\ominus$/ kJ·(mol·K)$^{-1}$ |
|---|---|---|---|---|---|
| 298.15 | 0 | 0.187 | 1700 | 35.86 | 0.229 |
| 400 | 2.13 | 0.193 | 1800 | 38.88 | 0.230 |
| 500 | 4.22 | 0.198 | 1900 | 41.92 | 0.232 |
| 600 | 6.40 | 0.202 | 2000 | 44.94 | 0.234 |
| 700 | 8.66 | 0.205 | 2100 | 47.95 | 0.235 |
| 800 | 11.0 | 0.208 | 2200 | 51.00 | 0.237 |
| 900 | 13.47 | 0.211 | 2300 | 54.01 | 0.238 |
| 1000 | 16.02 | 0.214 | 2400 | 57.03 | 0.239 |
| 1100 | 18.66 | 0.216 | 2500 | 60.00 | 0.240 |
| 1200 | 21.38 | 0.219 | 2600 | 62.96 | 0.241 |
| 1300 | 24.18 | 0.221 | 2700 | 65.94 | 0.243 |
| 1400 | 27.03 | 0.223 | 2800 | 69.45 | 0.244 |
| 1500 | 29.96 | 0.225 | 2900 | 71.80 | 0.245 |
| 1600 | 32.89 | 0.227 | 3000 | 72.73 | 0.246 |

表 1-44 铪的热容

| 温度/℃ | 70 | 100 | 150 | 200 | 250 | 300 | 350 | 400 |
|---|---|---|---|---|---|---|---|---|
| 热容/J·(g·℃)$^{-1}$ | 0.1372 | 0.1494 | 0.1531 | 0.1598 | 0.1619 | 0.1656 | 0.1782 | 0.1799 |

G 铪的导热系数、线膨胀系数和电阻率[20]

测定了金属铪的导热系数和线膨胀系数，分别列于表 1-45～表 1-46。导热系数与温度的关系见图 1-15。

表 1-45 铪的导热系数

| 温度/℃ | 121.96 | 139.92 | 236.48 | 294.33 | 350.28 | 397.49 |
|---|---|---|---|---|---|---|
| 热容系数 /J·(S·cm·℃)$^{-1}$ | 0.2130 | 0.2527 | 0.2552 | 0.2954 | 0.3205 | 0.2971 |
| 温度/℃ | 50 | 100 | 200 | 300 | 400 | 500 |
| 导热系数 /W·(cm·℃)$^{-1}$ | 0.223 | 0.220 | 0.215 | 0.210 | 0.207 | 0.205 |

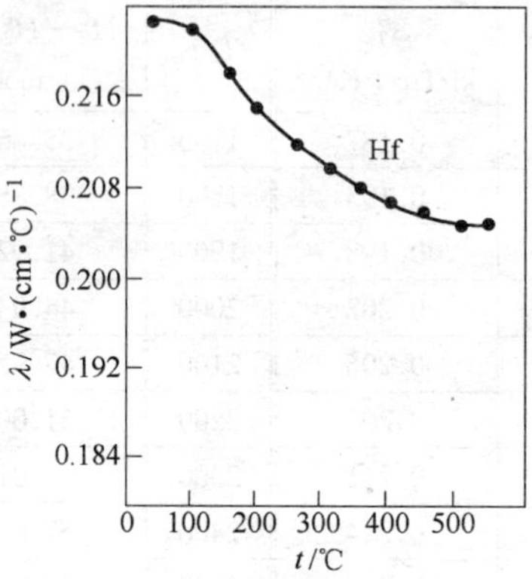


图 1-15 铪的导热系数与温度的关系

铪的线膨胀系数为 $5.9\times10^{-6}$/℃，铪管的线膨胀系数见表 1-46。

**表 1-46 铪管的平均线膨胀系数(误差小于 2%)**

| 温度/℃ | 50 | 100 | 150 | 200 | 250 | 300 | 400 | 450 |
|---|---|---|---|---|---|---|---|---|
| $\alpha_{Hf}\times10^{-6}$/℃ | 6.83 | 6.66 | 6.63 | 6.59 | 6.54 | 6.54 | 6.49 | 6.46 |

铪的电阻率(20℃)为 35.5μΩ·cm。

铪的电阻温度系数为(0～100℃)0.0044/℃。

H 铪的弹性模量(见表 1-47)

**表 1-47 不同温度下铪的弹性模量**

| 温度/℃ | 室温 | 100 | 200 | 300 | 400 |
|---|---|---|---|---|---|
| 弹性模量 $E$/MPa | 145000 | 141000 | 137000 | 132000 | 126000 |

铪的切变模量 $G$ 为 53000MPa。

铪的泊松比(室温)为 $\mu=0.367$。

I 金属铪的力学性能和辐照性能。

与锆一样，铪具有优良的加工性能，可以锻压、拉丝，但其可塑性同样受杂质含量的影响。表1-48列出了铪的力学性能。

**表1-48　金属铪的力学性能**

| 试验温度 | 性能 | | | | |
|---|---|---|---|---|---|
| | 试样处理状态 | $\sigma_b$/MPa | $\sigma_{0.2}$/MPa | $\delta$/% | $\psi$/% |
| 室温 | 950℃,1h | 5400 | 1800 | 12.0 | |
| 室温 | 900℃,1h | 5250 | 2000 | 23.5 | |
| 室温 | 850℃,1h | 4950 | 2300 | 23.0 | >36 |
| 室温 | 800℃,1h | 5700 | 3055 | 10.0 | |
| 320℃ | 退火状态 | >2800 | >1500 | >35 | >45 |

用于核反应堆的金属铪控制棒,必须在中子辐照下具有稳定性,不会产生影响正常工作的辐照损伤,在长期辐照后其物理价值损失最少。而铪除价格较高外,基本能满足这些要求。铪俘获中子产生(n,γ)核反应,而变成相对原子质量量更高的铪同位素。铪经中子辐照后的力学性能见表1-49。

**表1-49　铪在中子辐照前后的力学性能①**

| 条件 | | 试验温度 | 0.2%屈服极限/MPa | 极限抗张强度/MPa | 伸长率/% |
|---|---|---|---|---|---|
| 未辐照 | 退火 | 室温 | 321.7 | 377.2 | 0.1 |
| | 退火 | 600℉ | 190.4 | 291.8 | 25.4 |
| 辐照 | 退火 | 室温 | 300.1 | 454.0 | |
| | 退火 | 600℉ | 168.3 | 228.3 | |

① 此项条件为热轧,并要求在1600℉下退火后再进行辐照;所有试样都冲击在具有$1.27\times10^{-3}$m(0.05in)半径凹口的0.005m×0.005m×0.038m(0.2in×0.2in×1.5in)的小块上。

J　铪的耐腐蚀性能[20,21]

铪在酸性溶液中的耐蚀性能稍逊于锆,但铪也是一种耐蚀性能很好的金属。铪在无机酸溶液中的耐蚀性能见表1-50。铪微溶于王水,在溴酸、碘酸、高氯酸和磷酸等无机酸中相当稳定,但溶液(除碘酸外)中如果添加少量的氟化铵,则腐蚀速度会加快 。

表 1-50 铪在无机酸溶液中的耐蚀性能

| 腐蚀介质 | 浓度/% | 温度/℃ | 耐蚀性能 | 腐蚀速度/$\mu m \cdot a^{-1}$ |
|---|---|---|---|---|
| HCl | 10<br>37 | 35<br>35 | 优<br>优 | 8.9<br>33 |
| $H_2SO_4$ | 10<br>96.2 | 35<br>35 | 优<br>劣 | 8.9<br>溶解 |
| $HNO_3$ | 10<br>69.7<br>发烟 | 35<br>35<br>35 | 优<br>优<br>优 | 8.9<br>4.6<br>11 |
| $HCl$-$H_2SO_4$ | 1:1 | 35 | 优 | 12 |
| $HCl$-$HNO_3$ | 1:1 | 35 | 劣 | 3300 |
| $H_2SO_4$-$HNO_3$ | 1:1 | 劣 | 4800 | |
| HF | | | 劣 | 溶解 |

检测了在 14MPa 和(336±3)℃条件下铪管在水中的腐蚀性能,数据列于表 1-51。

表 1-51 铪管在高压水中的腐蚀数据

| 样品号 | 增重/$mm \cdot dm^{-2}$ | 试样表面情况 | | 结论 |
|---|---|---|---|---|
| | | 试验前 | 试验后 | |
| 1-1 | 2.9 | 光亮 | 干涉色 | 符合反应堆要求 |
| 1-2 | 3.3 | 光亮 | 干涉色 | 符合反应堆要求 |
| 1-3 | 3.4 | 光亮 | 干涉色 | 符合反应堆要求 |

在表 1-52 中,归纳了铪的主要物理性能数据。

### 1.4.2 铪的化学性质

铪与锆一样,其外层的 d 电子层未饱和,d 轨道的屏蔽作用较小,且锆、铪原子核中电荷数较大,对价电子有较大的吸收力,因此铪和锆是非成对弧电子的吸收体。已知在凝聚态下的铪和锆的化合物均为络合物,简单化合物仅在气态下存在,如四卤化物。而 4 价化合物最为稳定,2、3 价化合物也存在,但其稳定性较差。

**表 1-52 铪的主要物理性能**

| 名称 | | 数值 | 备注 | 名称 | | 数值 | 备注 |
|---|---|---|---|---|---|---|---|
| 原子序数 | | 72 | | 蒸汽压/Pa | 2140K | $101.3\times10^{-10}$ | |
| 相对原子质量 | | 178.49 | | 蒸汽压/Pa | 2280K | $101.3\times10^{-9}$ | |
| 密度(20℃)/g·cm$^{-3}$ | | 13.09±0.01<br>13.19 | 含 0.72%Zr<br>海绵铪 | 电阻丝/Ω·cm | | $32.4\times10^{-6}$ | 含 0.7%Zr |
| 熔点/℃ | | 2222±30 | 含 0.0080%Zr | 2.5℃电阻温度系数/℃$^{-1}$ | | 35.1 | |
| 沸点/℃<br>转变温度/℃<br>晶格常数/$10^{-1}$nm | | 3100<br>1760±35 | 外推到 0%Zr | (0~200℃)超导转变温度/K | | $44.3\times10^{-4}$<br>0.374±0.01 | 含 0.7%Zr<br>退火 Hf,含 0.9%Zr |
| α-Hf | $a_0$ | 3.1883 | 含 0.78%Zr | 电子发射/mA·cm$^{-2}$ | 1900K | 4.80 | |
| α-Hf | $c_0$ | 5.0422 | | 电子发射/mA·cm$^{-2}$ | 2000K | 26.20 | |
| α-Hf | $c/a$ | 1.5815 | | 电子发射/mA·cm$^{-2}$ | 2100K | 123 | |
| β-Hf$a_0$ | | 3.50 | | 电子发射/mA·cm$^{-2}$ | 2200K | 485 | |
| 线膨胀系数(20~200℃) | | $5.9\times10^{-6}$ | | 电子逸出功/eV | | 3.5 | |

续表 1-52

| 名 称 | 数 值 | 备 注 |
|---|---|---|
| 导热系数(50℃)/J·(cm·s·℃)$^{-1}$ | 0.228 | |
| 热容(20～100℃)/J·(g·℃)$^{-1}$ | 0.146 | |
| 焓/J·mol$^{-1}$ | 400K | 630 |
| | 600K | 1900 |
| 熵/J·(mol·K)$^{-1}$ | 298.15K | 45.6 |
| | 400K | 53.2 |
| | 600K | 64.1 |
| 熔化热/J·mol$^{-1}$ | 24.2 | |
| 蒸发潜热/J·mol$^{-1}$ | 301 | |

| 名 称 | 数 值 | 备 注 |
|---|---|---|
| 热中子吸收截面/m$^2$ | $(105\pm5)\times10^{-28}$ | |
| 巴霍尔系数/V·cm·(A·G)(室温) | $-0.16\times10^{-13}$ | |
| 磁化率/cm$^3$·g$^{-1}$ | 4.2K | $0.46\times10^{-6}$ |
| | 77K | $0.40\times10^{-6}$ |
| | 298K | $0.42\times10^{-6}$ |
| | 1670K | $0.57\times10^{-6}$ |
| 弹性模量/MPa | 室温 | 14000 |
| | 260℃ | 118000 |
| | 371℃ | 96800 |
| 泊松系数 | 0.328 | 退火 |
| 电化当量/mg·C$^{-1}$ | $35.1\times10^{-6}$ | |

氧原子是铪极好的配位原子,通过这种键合可使铪和锆与各种含氧酸、水、氧基、氢氧基形成种类繁多的络合物。对于同一配位体可能有不同形式的配位方式及不同的空间结构等。

水解是铪和锆络合反应的重要组成方式,它们对氧原子巨大的亲和力,使分子进入络合物的内层。由于各种含氧配位体与铪和锆键合能很接近,因此无论在酸溶液还是在碱溶液中均能发生水解反应,水解程度由络合物中 OH 基的数目确定。

水解也是铪、锆化合物聚合的主要原因,聚合的结果形成多核络合物。在多核络合物中,锆与锆、铪与铪或锆与铪的结合通过"氧桥","氢氧桥"进行,也可能通过电子得失与氮、磷、砷、硫发生键合[24]。

铪也有极强的吸气能力,置于空气中则会在其表面生成 $HfO_2$ 薄膜。铪在高温下的氧化速度很快。金属铪很容易与氟氢酸发生作用,即使是在浓度不高(1M)的时候,铪即转为四价的离子:

$$Hf + 4HF = HfF_4 + 2H_2$$

在王水中的溶解较差,在 $H_2SO_4$ 和 HCl 中又次之,在 $HNO_3$、$HClO_4$ 与一些有机酸中几乎不发生反应。在酸性溶液中,铪的抗腐蚀性能比锆稍差,而在碱性溶液里,如在 NaOH 溶液中,即使有 $H_2O_2$ 的存在也很稳定。铪与卤素在高温上可生成卤化铪,如与 $Cl_2$ 作用,则形成 $HfCl_4$。铪与氮,碳,硼等作用,相应生成 HfN、HfC 与 HfB($HfB_2$)等耐高温的难熔化合物。

铪在溶液中很易生成各种络合物。关于铪的各种络合物和铪的化合物的性质,将在本丛书的《锆铪及其化合物应用》一书中叙述。

## 参考文献

1 凌永乐编著.化学元素的发现.北京:科学出版社,1981

2 J. W. Mellor, A Comprechensive Treatise on Inorganic and Theoretical Chemsitry, 1960

3 郭观慈编著.美国锆铪工业,北京有色金属研究总院,1962

4 "Zirconium &. Zirconium Alloys", Symposium presented to Members of the ASM during the 8th Western Metal Congress &. Exposition, Los Angeles, March, Publ. by ASM, 1953
5 Trans Electrochem Soc, 91, 309, 1947
6 熊炳昆,俞毓秀.锆铪生产,北京有色金属研究总院编,内部资料,1971
7 Americal Metal Market, 1, 29, 1970
8 熊炳昆,郭靖茂,侯嵩寿.有色金属进展,锆铪,1984
9 稀有金属快报,2001
10 Chem Week, 100, 17, 53, 1967
11 Chem Engng, 74, 10, 84, 1967
12 D.E.Thomas &.E.T.Hayes, Metallurgy of Hafnium, 1960
13 G.D, Miller. Zirconium, 1957
14 R.B.Russell. Transaotion nof tmer, soc of AIME, 1954
15 B.Kopelman. Materials for Nuclear Reators, 1959
16 H.Несмелнов. Даволение пара химических злементов, АН СССР, 1961
17 B.Lustmar. The metallurgy of Zirconium, 1955
18 韩天佑.钛锆铪的氯化问题.北京有色金属研究总院,1964
19 B.勒斯特曼,F.凯尔兹著.俊友译.锆,下册.北京:中国工业出版社,1965
20 核反应堆用材料编写组.核反应堆用材料性能.北京:原子能出版社,1974
21 林振汉.有色金属提取冶金手册·锆铪.北京:冶金工业出版社,1999
22 L.C.Ming, *et al*., J.Appl.Phys, 1987, 3, 1332
23 D.E.Thomas, E.T.Hayes. The metallurgy of Hafnium, 1960
24 侯嵩寿,吕镇和等.稀有金属手册·锆铪.北京:冶金工业出版社,1992

# 2 锆铪的地球化学特征

## 2.1 锆和铪的地球化学特征

### 2.1.1 锆铪的“元素对”特征和矿物含量

文献[1～3]论述了锆铪的地球化学特性和成矿理论。指出，由于镧系收缩，锆铪的电子结构和物理化学性质相似(见表 2 1)，它们的地球化学参数相近，见表 2-2，因此它们的地球化学性质也十分相似，在自然化合物中都同时出现，形成密切相关的元素对。但由于锆与铪的地球化学参数仍有微小差别，它们的特性亦呈现出某种差异，因此，岩石及矿物中 Zr/Hf 比值可作为成岩、成矿条件的地球化学指示剂。目前，已知锆的独立矿物有近 40 种，主要是锆的氧化物(斜锆石)及硅酸盐，这些矿物中 $ZrO_2$ 含量变化很大，从 4%～99%。锆的硅酸盐矿物多见于碱性岩，特别是霞石正长岩，其中锆石则广泛分布于几乎所有类型的岩石中。至于锆的氧化物(斜锆石)则与超基性-碱性岩类中的碳酸岩有关，是在硅不足的条件下形成的。几乎所有的锆矿物都是内生的，仅锆铁硅石是异性石风化产物。

表 2-1 锆和铪的电子构型

| 电子层 | K | L | M | N | O | P |
|---|---|---|---|---|---|---|
| 主量子数 | 1 | 2 | 3 | 4 | 5 | 6 |
| 次量子数 | s | s p | s p d | s p d f | s p d f | s |
| 40 锆 Zr | 2 | 2 6 | 2 6 10 | 2 6 2 – | 2 | |
| 72 铪 Hf | 2 | 2 6 | 2 6 10 | 2 6 10 14 | 2 6 2 – | 2 |

**表 2-2 锆和铪的地球化学参数**

| 元素 | 原子序数 | 相对原子质量 | 原子体积 /$cm^3 \cdot mol^{-1}$ | 原子密度 /$g \cdot cm^{-3}$ | 熔点 /℃ | 沸点 /℃ | 电子构型 | 电负性 | 地壳丰度 /% | 地球化学电价 |
|---|---|---|---|---|---|---|---|---|---|---|
| Zr | 40 | 91.22 | 14.1 | 6.49 | 1852 | 3578 | $4d^2 5s^2$ | 1.5 | $1.65 \times 10^{-2}$ | (+3), +4 |
| Hf | 72 | 178.49 | 13.6 | 13.31 | 2150 | 5400 | $5d^2 6s^2$ | 1.4 | $3 \times 10^{-4}$ | +4 |

| 元素 | 原子半径 [$10^{-1}$nm (12 配位)] | 共价半径 ($10^{-1}$nm) | 离子半径 [$10^{-1}$nm (6 配位)] | 电离势 /eV | 还原电位/V | 离子电位 | EK 值 |
|---|---|---|---|---|---|---|---|
| Zr | 1.590 | 1.45 | 0.79(+4) | 6.84 | $ZrO_4 + 4H^1 + \rightarrow Zr_3$ −1.43 | 5.06 (+4) | 7.85 (+4) |
| Hf | 1.564 | 1.44 | 0.78(+4) | 7 | $HfO^{2+} + 2H^1 + \rightarrow Hf$, −1.68 | 5.13 (+4) | 7.81 (+4) |

地壳中大部分锆呈分散状态存在于多种矿物中，以 Nb、Ti 和 RE 矿物中含锆最高，其中烧绿石中锆的含量超过 4%。暗色矿物辉石、角闪石和云母对锆的分散有重要作用。碱性岩的霞石中 $ZrO_2$ 的最大含量可达 1.4%，钠铁闪石中为 0.73%，其中锆的含量升高与铁和碱有关。与辉石、角闪石相比，云母明显贫锆。锆也常存在于磁铁矿、钛磁铁矿、钛铁矿、金红石、榍石、钙钛矿和锡石中。浅色矿物长石、石英、霞石中含锆很低，一般不超过 $60 \times 10^{-6}$。富锆的霞石正长岩风化形成的高岭土和多水高岭土，含锆分别可达 0.31% 和 2.7%。

在自然界中一般没有铪的独立矿物，而是分散在锆矿物中。锆矿物中铪含量在 0.5%～3%，一般不超过 2%。但锆石的某些变种曲晶石、苗木石中含 $HfO_2$ 较高，个别可达 31%。尼弗斯(1974 年)等发现了天然铪矿物——铪石(Hafnon)，并提出命名标准，见表 2-3。

**表 2-3 不同含铪量的矿石名称**

| 矿 物 | 锆 石 | 铪锆石 | 锆铪石 | 铪 石 |
|---|---|---|---|---|
| $HfSiO_4$ 分子/% | 0～10 | 10～50 | 50～90 | 90～100 |

### 2.1.2 异质同象和类质同象置换特性

自然化合物中的锆经常与 Hf、Ti、Nb、Ta、Th、RE、Sn、Fe、Ca 等进行类质同象置换,因为这些元素的主要地球化学性质相近,见表 2-4。Zr 和 Hf 与 Ti、Th 等价类质同象,可与其他元素异价类质同象置换。同时,由于锆和铪的地球化学性质极为相似,而 Hf 的克拉克值只有锆的 1/50,所以铪主要以内潜同晶形式分散在锆矿物中,几乎不形成独立矿物,成为典型的分散元素,存在于所有的锆矿物中,即使锆成类质同象进入某些矿物中去,铪也随锆相应地进入该矿物。不含锆的矿物均不含铪,且铪的含量一般都低于锆。

**表 2-4 锆铪和相近元素的地球化学参数**

| 元 素 | Zr | Hf | Ti | Nb | Ta | Th | Y | TR |
|---|---|---|---|---|---|---|---|---|
| 电 荷 | 4 | 4 | 4 | 5 | 5 | 4 | 3 | 3~4 |
| 离子半径/nm | 0.082 | 0.082 | 0.064 | 0.066 | 0.066 | 0.095 | 0.089 | 0.08~0.102 |
| 配 位 数 | 6~8 | 6 | 6 | 6 | 6 | 6~8 | 6 | 6~8 |
| 离子电位 | 4.60 | 4.65 | 6.25 | 7.25 | 7.25 | 3.63 | 3.21 | 2.46~3.74 |
| 电离势/eV | 33.83 | 31.0 | 44.6 | 49.3 | 44.8 | 29.4 | 20.6 | 19.2 |
| 电负性/kJ·mol$^{-1}$ | 836 | 752 | 1087 | 1003 | 878 | 752 | 669 | 614 |

锆也经常存在于钛矿物(金红石、钛铁矿、榍石、钙钛矿)中,而钛也经常存在于锆矿物(锆石、异性石)中,并形成 Ti-Zr 共生矿物。在这些矿物中,元素的含量变化有相当大的范围,表明 Ti 与 Zr 的类质同象。研究结果表明,烧绿石、钙锆钛矿、榍石、钙钛矿经常可见 Zr 与 Ca 类质同象。榍石及钛石榴石中可能以 $Ca^{2+} + Ti^{4+} \leftarrow Zr^{4+} + (Mg、Fe)^{2+}$ 方式替换。Ca 被 Zr 替代而 Ti 被 Mg、Fe 替代。

锆石中常有 Y、Ce、Th、U 和 P 存在,这是因为 $ZrSiO_4$ 与

$YPO_4$、$ThSiO_4$ 等构造类质同象的缘故。同样可以推测 $CaF_2$-$ZrO_2$、$CaO_2$、$UO_2$、$ThO_2$ 之间的类质同象关系。Zr 存在于方钍石、方铈石和其它矿物中。斜锆石中有时也含有放射性元素。

磁铁矿、钛铁矿中锆显然与铁置换。霓石中 $NaFe^{3+}$ 为锆置换。辉石、角闪石中类质同象的方式为：$Ca^{2+} + Mg^{2+} + (Si^{4+}) \leftarrow Na^{1+} + Zr^{4+} + (Al, Fe)^{3+}$。此外，辉石中锆、铍含量有相关关系，还可能有这种方式：$Mg^{2+} + (Si^{4+}) \leftarrow Zr^{4+} + (Be^{2+})$。

铌铁矿、痕稀金矿中 Zr 与 Nb、Ta 类质同象，往往需要相应的其他阳离子或阴离子加入补偿电荷。由于许多铌钽矿物中存在 Fe、Ti、Th 等其他元素，锆也可与这些元素置换（如钠锆石含 $Nb_2O_5$ 1％以上，铌锆钠石含 $Nb_2O_5$ 达 15％～23％）。

戈德施密特曾观察到钪钇石（$Sc_2Si_2O_7$）通常含有百分之几的氧化锆和氧化铪的混合物。哈佛赛在挪威产的钪钇石中发现，铪的含量可能超过锆。虽然原始岩浆中锆原子可能较铪富集一些，而钪钇石的结晶格架俘获铪比俘获锆容易。

文献[3]指出，锆的类质同象现象，可从费尔斯曼的地球化学加以表示，即：

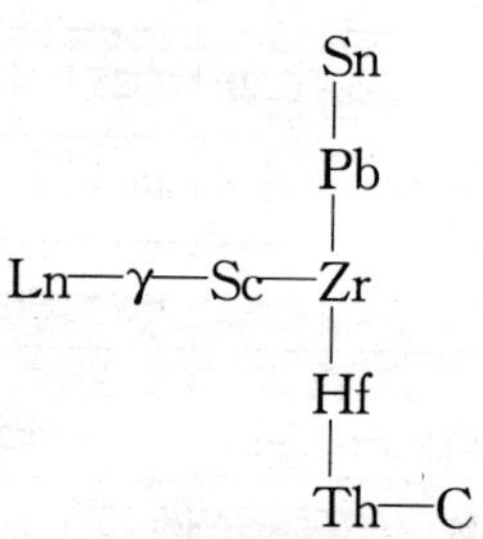


同时，锆也参与维尔纳茨基的类质同象系列，即：

$$\underbrace{Si、Ti、Zr、Mn、(Th)}_{II\ III}$$

它们只在变质作用及岩浆作用的条件下产生置换。费尔斯曼把下述四价元素组归入等价类质同象系列中：

| | Sn | Pb | Hf | Zr | Pr | Ce |
|---|---|---|---|---|---|---|
| Ri | 0.74 | 0.84 | 0.86 | 0.87 | 1.00 | 1.02 |

显然,位于类质同象星中垂直系列的元素,都具有等价类质同象的关系。

而异价类质同象系列,则位于类质同象星的水平系列中。例如钪异价类质同象地进入锆的矿物——锆英石、锆钍锆石、钪钇石中。至于维尔纳茨基的经验类质同象系列,则是$[ZrO_4]^{4-}$离子与其他络阴离子在构造上相似,使它们可能进行等构造类质同象。

在岩浆作用条件下,锆完全可以形成单独的矿物,而不产生类质同象的置换,但亦可以在某种程度上以内僭同晶的形式产生一些分散。

### 2.1.3 锆铪在陨石中的分布和在地壳中的丰度特点

进行地球化学研究时,锆石(晶形的标型特征)及其微量元素的含量可作为花岗岩是岩浆成因或交代成因的地球化学标志。锆石也是确定岩石形成时代 U-Th-Pb 法的良好样品。

锆的宇宙丰度用三种不同方法得出的结果相近,见表 2-5。采用 $C_{c_1}$(碳质球粒陨石)代表原始陨石物质而得出的锆原子宇宙丰度为 9~15($Si=10^6$)。第二种途径,按现代核合成的理论推测其宇宙丰度值为 15.6。第三种方法,测定太阳大气圈中锆的丰度为 12.6。由类似途径得出的铪的宇宙丰度分别为 0.15~0.16;0.15;0.4($Si=10^6$)。

塞泽和艾曼(1964 年)关于 Zr 在陨石中分布的资料见表 2-6,显示了锆的亲石性。Zr 在球粒陨石、铁陨石中的陨硫铁和铁陨石中的平均丰度分别为(35、6.4 和 1.4)$\times10^{-4}$%。但一些较早发表的资料数据可能偏高,近年来球粒陨石的资料表明,锆的丰度一般在(5~10)$\times10^{-4}$%范围。

陨石中 Zr 主要富集在单斜辉石中〔(111~110)$\times10^{-4}$%〕。

而橄榄石、直辉石、斜长石中含 Zr 一般均较低〔$(2\sim8)\times10^{-4}\%$〕。

**表 2-5 锆、铪的原子丰度($Si=10^6$)**

| 来 源 | 原子丰度 | |
|---|---|---|
| | Zr | Hf |
| 奥盖尔陨石 | 15 | 0.15 |
| 奥盖尔陨石 | 12 | |
| 奥盖尔陨石 | 9 | 0.16 |
| 理 论 的 | 15.6 | 0.15 |
| 太阳大气的 | 12.6 | 0.14 |

球粒陨石及无球粒陨石中铪的平均丰度及 Zr/Hf 比值见表 2-6。球粒陨石中 Hf 的丰度一般约为 $0.21\times10^{-4}\%$。Hf 在无球粒陨石中出现明显的分离,富钙无球粒陨石明显地高于贫钙无球粒陨石,前者为 $0.73\times10^{-4}\%$,后者仅为 $0.072\times10^{-4}\%$。

**表 2-6 锆和铪在各类陨石中的分布**

| 球粒陨石 | 类型 | Zr 含量范围/% | Hf (平均值)/% | Zr/Hf | 无球粒陨石 | 类型 | Zr 含量范围/% | Hf (平均值)/% | Zr/Hf |
|---|---|---|---|---|---|---|---|---|---|
| 碳质球粒陨石 | $C_{c_1}$ | 4~11 | 0.21 | 34 | 贫钙无球粒陨石: | | | 0.072 | 60 |
| 碳质球粒陨石 | $C_{c_2}$ | 5.2~13 | 0.21 | 41 | | | | | |
| 碳质球粒陨石 | $C_{c_3}$(CHL) | | 0.22 | 40 | 顽火辉石无球粒陨石 | Ac | 0.64~8 | | |
| 高铁组球粒陨石 | CH | 4~14 | 0.21 | 37 | 古铜辉石无球粒陨石 | Ab | 1.0~5.8 | | |
| 低铁组球粒陨石 | CL | 4.9~19 | 0.17 | 39 | | | | | |
| 低铁低金属组球粒陨石 | CLL | 5.2~13 | 0.20 | 41 | 橄辉无球粒陨石 | Aop | 3.9 | | |
| 顽火辉石球粒陨石 | Cc | 3.8~14 | 0.16 | 35 | 富钙无球粒陨石: | | | 0.73 | 47 |
| | | | | | 钙长辉长无球粒陨石 | Ap | 15~87 | | |
| | | | | | 古铜辉石钙长无球粒陨石 | Aor | 14~59 | | |
| | | | | | 钛辉无球粒陨石 | Aa | 100 | | |

玻璃陨石中锆的含量很高,一般变化于 $100\sim500\times10^{-4}\%$ 间。Hf 含量在 $4.2\sim10.9\times10^{-4}\%$之间。而 Zr/Hf 为 30~42,近

于球粒陨石。目前一般认为玻璃陨石是因彗星或陨石冲击大陆沉积岩形成的，例如澳大利亚玻璃陨石中锆的含量相似于由亨伯利亚杂砂岩产生的亨伯利玻璃。

把月球作为一整体，泰勒计算了丰度的结果，锆为 $24\times10^{-4}\%$，铪为 $0.54\times10^{-4}\%$，Zr/Hf 为 44。月岩中锆、铪的平均丰度及 Zr/Hf 比值见表 2-7。

**表 2-7 月岩中锆、铪的平均丰度及 Zr/Hf 比值**

| 月海玄武岩 | 样　品 | Zr/% | Hf/% | Zr/Hf | 高地岩石 | Zr/% | Hf/% | Zr/Hf |
|---|---|---|---|---|---|---|---|---|
| 绿玻璃 | Apollo 15 | $22\times10^{-4}$ | $0.42\times10^{-4}$ | 52 | 斜长辉长岩 | $11\times10^{-4}$ | $0.17\times10^{-4}$ | 65 |
| 橄榄玄武岩 | Apollo 12 | $110\times10^{-4}$ | $4.0\times10^{-4}$ | 28 | 辉长斜长岩 | $48\times10^{-4}$ | $1.4\times10^{-4}$ | 35 |
| 橄榄玄武岩 | Apollo 15 | $94\times10^{-4}$ | $2.0\times10^{-4}$ | 47 | 橄长岩 | $85\times10^{-4}$ | $1.5\times10^{-4}$ | 56 |
| 石英玄武岩 | Apollo 12 | $120\times10^{-4}$ | $4.2\times10^{-4}$ | 29 | 低 K 佛拉摩洛玄武岩 | $480\times10^{-4}$ | $9.8\times10^{-4}$ | 49 |
| 高 K 玄武岩 | Apollo 11 | $560\times10^{-4}$ | $19\times10^{-4}$ | 29 | 中 K 佛拉摩洛玄武岩 | $930\times10^{-4}$ | $17\times10^{-4}$ | 55 |
| 低 K 玄武岩 | Apollo 11 | $360\times10^{-4}$ | $11\times10^{-4}$ | 32 | | | | |
| 高 Ti 玄武岩 | Apollo 17 | $180\times10^{-4}$ | $5.7\times10^{-4}$ | 32 | | | | |
| 富 Al 玄武岩 | Apollo 12 | $200\times10^{-4}$ | $6.5\times10^{-4}$ | 31 | | | | |

锆在地壳中的克拉克值为 $160\times10^{-6}$，比铜、铅、锌、锡高很多。铪的含量很低，只有 $3\times10^{-6}$。Zr/Hf 约 50。黎彤计算了锆、铪在地球及其各层圈中的分布量，见表 2-8，虽然其数值较最近发表的要低，其变化规律有从地核到地壳丰度依次增高的特征。

**表 2-8 锆、铪在地球及其层圈中的丰度　（单位：%）**

| 原子序数 | 元　素 | 地　壳 | 上地幔 | 下地幔 | 地　核 | 地　球 |
|---|---|---|---|---|---|---|
| 40 | Zr | $160\times10^{-4}$ | $50\times10^{-4}$ | $30\times10^{-4}$ | $5\times10^{-4}$ | $28\times10^{-4}$ |
| 72 | Hf | $1.5\times10^{-4}$ | $0.3\times10^{-4}$ | $0.1\times10^{-4}$ | | $0.06\times10^{-4}$ |

文献[2]指出,锆在地壳中的重量克拉克值为0.02%,原子克拉克值为0.004%;铪的重量克拉克值为$3.2\times10^{-4}$%,原子克拉克值为$3\times10^{-5}$%,由于锆和铪的原子序数都为偶数,因此,其克拉克值都分别大于相邻的原子序数为奇数的元素,见表2-9。

**表2-9 锆铪和相邻元素的克拉克值**

| 元素 | 原子序数 | 重量克拉克值 | 原子克拉克值 |
|---|---|---|---|
| Y | 39 | 0.0028 | $6\times10^{-4}$ |
| Zr | 40 | 0.02 | 0.004 |
| Nb | 41 | 0.001 | $2\times10^{-4}$ |
| Lu | 71 | $1\times10^{-4}$ | $1\times10^{-5}$ |
| Hf | 72 | $3.2\times10^{-4}$ | $3\times10^{-5}$ |
| Ta | 73 | $2\times10^{-4}$ | $1.8\times10^{-5}$ |

## 2.2 内生作用阶段锆铪的地球化学特征[2]

在不同类型的火成岩中,锆的含量分布有从超基性→基性→酸性岩逐渐增高的趋势,以碱性岩的增长最为显著,见表2-10。而喷出岩中锆的含量则与其相应的深成岩类相似。据弗兰纳干(1973年)的资料,在各类岩浆中,锆、铪含量及Zr/Hf比值也表现出相似的规律,见表2-11。

**表2-10 各类岩浆岩中锆的含量** (单位:%)

| 深成岩 | Zr | 喷出岩 | Zr |
|---|---|---|---|
| 霞石正长岩 | $680\times10^{-4}$ | 响岩 | $600\times10^{-4}$ |
| 正长岩 | $310\times10^{-4}$ | 粗面岩 | $500\times10^{-4}$ |
| 花岗岩 | $170\times10^{-4}$ | 流纹岩 | $150\times10^{-4}$ |
| 花岗闪长岩及闪长岩 | $140\times10^{-4}$ | 安山岩 | $120\times10^{-4}$ |
| 辉长岩、斜长岩 | $110\times10^{-4}$ | 玄武岩 | $110\times10^{-4}$ |
| 辉石岩+橄榄岩 | $45\times10^{-4}$ | | |

**表 2-11 各类岩浆岩中锆、铪含量(%)及 Zr/Hf 比值**

| 岩 石 | 样 品 | Zr | Hf | Zr/Hf |
|---|---|---|---|---|
| 纯橄榄岩 | DTS-1<br>NIM-D | $3\times10^{-4}$<br>$50\times10^{-4}$ | $0.01\times10^{-4}$ | 300 |
| 橄榄岩 | PCC-1 | $7\times10^{-4}$ | $0.06\times10^{-4}$ | 117 |
| 辉石岩 | NIM-P | $20\times10^{-4}$ | | |
| 玄武岩 | BR<br>BM<br>JB-1<br>BCR-1 | $240\times10^{-4}$<br>$105\times10^{-4}$<br>$300\times10^{-4}$<br>$190\times10^{-4}$ | <br><br>$3.5\times10^{-4}$<br>$4.7\times10^{-4}$ | <br><br>86<br>40 |
| 辉绿岩 | W-1 | $105\times10^{-4}$ | $2.67\times10^{-4}$ | 39 |
| 安山岩 | AGV-1 | $225\times10^{-4}$ | $5.2\times10^{-4}$ | 43 |
| 花岗闪长岩 | GSP-1<br>JG-1 | $500\times10^{-4}$<br>$160\times10^{-4}$ | $15.9\times10^{-4}$<br>$3.5\times10^{-4}$ | 31<br>46 |
| 花岗岩 | G-1<br>G-2<br>GA<br>GR<br>GM<br>GH<br>NIM-G | $210\times10^{-4}$<br>$300\times10^{-4}$<br>$140\times10^{-4}$<br>$180\times10^{-4}$<br>$145\times10^{-4}$<br>$160\times10^{-4}$<br>$300\times10^{-4}$ | $5.2\times10^{-4}$<br>$7.35\times10^{-4}$<br><br><br>$4.7\times10^{-4}$<br><br>$12\times10^{-4}$ | 40<br>41<br><br><br>31<br><br>25 |
| 正长岩 | NIM-S<br>SY-1 | $30\times10^{-4}$<br>$3030\times10^{-4}$ | $0.6\times10^{-4}$ | 50 |

在岩浆作用过程中锆的地球化学活动有不同的途径，花岗岩系列岩浆结晶各阶段中的锆仅形成一种矿物锆石，伟晶及气成阶段生成的锆石为富含 Th、Hf 等变种曲晶石、水锆石等。晚期岩浆阶段呈异性石、铌锆钠石。伟晶及气成阶段为橙针钠钙石，钠锆石及锆英石。热液阶段出现斜锆石、隐晶锆石。

超基性岩中 Zr 含量很低。在橄榄石和直辉石为主的超基性岩中约为$(1\sim20)\times10^{-4}\%$，含量近于球粒陨石。辉石岩中含 Zr 为$(30\sim45)\times10^{-4}\%$。Zr 主要分散在辉石、角闪石、黑云母及石榴石中。

超基性碱性岩-碳酸岩杂岩中以 Zr 显著富集为特征。杂岩体的辉石岩中平均含锆 $200\times10^{-4}\%$，锆主要分散在辉石中；透辉石

中含 $ZrO_2$540×$10^{-4}$%；霓石变种含 $ZrO_2$ 可达0.84%。岩石中锆的平衡计算表明：70%～85%的锆分配在占岩石 55%～65%的辉石中。当辉石发育角闪石化、黑云母化、金云母化、碳酸盐化时，锆从辉石中释放出来，在晚期交代岩（碳酸岩、磷灰石-镁橄榄石-磁铁矿矿石）中富集，呈斜锆石、钛锆钍矿、锆石、水锆石等独立矿物出现。

切奥和弗莱斯彻指出，镁铁质岩石中锆的变化与岩石产出的构造位置有关。岛弧玄武岩中的锆（10～60）×$10^{-4}$%低于大洋玄武岩（120～300）×$10^{-4}$%。锆的分布与岩石成因有关，地幔成因的岩石含锆低。此外，熔融及结晶过程中，锆倾向富集在液体相。

碱性霞石正长岩最富锆，其中云霞正长岩含锆较钠质霞石正长岩低，后者含锆最高，一般1%，最高可达3%。除独立矿物异性石外，锆还分散到其他矿物如富钠的角闪石及辉石中。由于岩浆富碱及 $H_2O$、F、Cl 等挥发分，因此促使锆呈络合物[$ZrO_4$]$^{4-}$|$M_2$-[$ZrF_6$]、$Na_2$[$Zr(CO_3)_3$]形式在碱性溶液里，在较后的交代阶段富集。

铪在不同岩石中的分布情况与锆相似，由超基性岩到酸性岩增加，见表2-12。Zr/Hf 比值向岩浆演化的后期降低。超镁铁质岩石中铪的含量很低。基性岩中大陆玄武岩较洋壳拉斑玄武岩中 Hf 的含量略高（前者为3.3×$10^{-4}$%，Zr/Hf 为41；后者为2.8×$10^{-4}$%，Zr/Hf 为42）。海岛玄武岩较洋中脊拉斑玄武岩中 Hf 的含量高（海岛拉斑玄武岩—碱性玄武岩—霞石岩中 Hf 的含量增高），这种变化与地幔成分、大地构造环境、部分熔融的程度及分离结晶作用有关。分熔作用时铪优先进入液体相，因而铪富集在玄武岩的分异产物中。金伯利岩及有关的碳酸岩中的铪较超基性岩富，分别是8×$10^{-4}$%和10×$10^{-4}$%，Zr/Hf 比值为43。钙碱系列中性岩中岛弧安山岩和大陆闪长岩中铪的富集不明显，约为（2～4）×$10^{-4}$%。相反碱性玄武岩和拉斑玄武岩的分异产物粗面岩及花岗斑岩中含铪较高。花岗岩中铪较高（4×$10^{-4}$%），Zr/Hf 比值为39。钠质霞石正长岩中含铪最高，前苏联洛沃泽尔碱性岩中含铪$(25\sim480)\times10^{-4}\%$，向岩浆作用末期增加。

锆与铪的关系较其他任何元素对更为密切。Zr/Hf比值对于岩石的成因及其演化的地球化学研究具有一定意义。除岩石中Zr/Hf比值外，人们对于研究锆石中Zr/Hf比值有着更大的兴趣。

**表2-12 钙碱系列岩浆岩的锆石中Zr/Hf比值**

| 岩 石 | 辉长岩 | 闪长岩 | 花岗闪长岩 | 花岗岩 | 白岗岩 |
|---|---|---|---|---|---|
| Zr/Hf | 71 | 62 | 58 | 40 | 36 |

当从基性岩向酸性岩演化时，锆石中Zr/Hf比值逐渐减小，铪在岩浆演化晚期相对集中。随着岩浆岩碱性增高，锆石中Zr/Hf比值随之升高，见表2-13。

**表2-13 随着岩浆岩碱性增加锆石中Zr/Hf比值变化**

| 岩 石 | 花岗岩白岗岩 | 碱性花岗岩<br>碱性正长岩 | 云霞正长岩 | 钠质火成岩 |
|---|---|---|---|---|
| Zr/Hf | 36～46 | 30～68 | 51～73 | 74～153 |

碱性岩中Zr/Hf比在锆矿物及造岩矿物中的分离较钙碱性岩浆岩明显，这是由于铪比锆更显基性。锆为两性元素较铪易成络离子，在碱性条件下倾向于形成锆硅酸盐。而铪则易与其它碱金属阳离子一起进入暗色矿物。由于碱性岩锆矿物中锆、铪分异较酸性岩大一些，因此Zr/Hf比值增高。而整个岩石中Zr/Hf比值较锆矿物的比值要小。

在伟晶作用中，锆、铪能形成$M_2[RF_6]$络合物向气液中迁移。$Na_2[ZrF_6]$较$Na_2[HfF_6]$稳定，溶解度较大，所以作用早期锆较铪易于迁移，铪则残留富集。又因锆的比重较铪轻一倍，锆的浓度又大于铪，故伟晶岩早期矿物富锆，Zr/Hf比值大；晚期矿物则富铪，Zr/Hf比值降低。早期黑云母花岗伟晶岩中的锆石多为长柱状，含锆较高，Zr/Hf比可达54.7。随着交代作用的发育，挥发分及水的增加，铪的活动性增强，出现锆石的变种如水锆石、曲晶石、苗木石。这些矿物中锆的含量降低，Hf 及 U、Th、RE、Y、P 等成分相对增加，Zr/Hf 比值降低。交代型钠锂伟晶岩富铪，可以形成铪锆石及独立铪矿物铪石(Hafnan)，矿物含 $HfSiO_4$ 可达 90%。

岩浆岩由于自变质作用，蚀变岩石中熔蚀锆石较相应的未蚀变岩石中锆石的 Zr/Hf 比低。这是由于自变质作用时，$Na_2ZrF_6$ 较 $Na_2HfF_6$ 活动性大，Zr 易被淋滤带出，Hf 则相对残留富集，因此岩浆岩被交代的中心部分 Zr/Hf 比减小。带出的 Zr 在岩体边缘部分或溶液交代形成的钠长岩中沉淀。这样形成的再生锆石具很高的 Zr/Hf 比值(48～190)，Zr、Hf 表现出明显的分离。

在碱质交代作用中 Zr/Hf 比值的变化方面，K 交代比 Na 交代更明显。由于 $K_2[ZrF_6]$ 和 $K_2[Zr(CO_3)_3]$ 的稳定性大于相应的 Na 的络合物，因此锆的活动性更强，被交代带的锆矿物中 Zr/Hf 更低，而交代形成体锆矿物中 Zr/Hf 更高。

布特勒和桑姆普逊反对上述观点，认为氟与锆铪的络合物扩散的不同速率(扩散速率 $\alpha 1\ \sqrt{M}$)应产生富铪的氟化物液相体系。

极小部分锆可以留待高温热液阶段析出。高温锡石中有锆的存在。与碱性岩有关的热液矿脉中有很多稀有的锆硅酸盐矿物(如斜锆石、钠锆石、基性异性石等)，但数量很少，仅有矿物学意义。

对前苏联各个地区不同年代的花岗岩及与之共生的岩浆期后产物的研究表明[3]：在岩浆作用过程中，锆的地球化学活动可以有两种不同的形式：

(1)花岗岩浆。在早期结晶作用中，锆只形成一种矿物——锆英石($ZrSiO_4$)；

(2)碱性岩浆。霞石正长岩中，锆则可参加到各种复杂的锆矽酸盐内。

当花岗岩结晶时，它们从岩浆作用的早期开始析出，而富集作用却发生在较晚的时期。锆即属于这种典型的元素。

这些特点在费尔斯曼地球化学图解中可以得到清楚的阐述，见表 2-14。

**表 2-14 锆的地球化学解析**

<table>
<tr><th>A</th><th>B</th><th>C</th><th>D</th><th>E</th><th>F</th><th>G</th><th>H</th><th>J</th><th>K</th><th>L</th><th>岩浆类型</th></tr>
<tr><td>岩浆阶段</td><td colspan="2">晚期岩浆阶段</td><td colspan="4">气化阶段</td><td colspan="3">热液阶段</td><td>表生阶段</td><td rowspan="2">花岗岩浆</td></tr>
<tr><td></td><td colspan="2">锆英石</td><td colspan="3">含 Th、Hf 的锆英石</td><td></td><td></td><td></td><td></td><td>锆英石砂矿</td></tr>
<tr><td rowspan="2"></td><td colspan="2" rowspan="2">异性石<br>钶锆钠石</td><td colspan="2">…………<br>橙针钠钙石<br>钠锆石</td><td colspan="2">次生锆英石</td><td colspan="2" rowspan="2">斜锆石</td><td rowspan="2">隐晶锆石</td><td rowspan="2"></td><td rowspan="2">碱性岩浆</td></tr>
<tr><td colspan="4">钠锆石</td></tr>
</table>

表 2-14 表明，在酸性花岗岩岩浆结晶作用的各个阶段中，锆只形成一种矿物——锆英石，这时锆是同阶的阳离子 $Zr^{4+}$，含于正矽酸盐中，在花岗岩浆的正长岩中，锆的数量常要比花岗岩中大得多。

这种正长岩的伟晶岩亦常会转变为特殊的含锆类型伟晶岩。

在花岗伟晶岩中，锆析出的顺序可确定如下，这时锆英石是惟一的锆矿物：

地质相 *A*(至 *B* 相开始)：原生的褐色锆英石，具有长的垂直轴。

地质相 *C*(至 *D* 相开始)：曲晶石、水锆石，与铁锂云母及磷钇矿连生。

地质相 *F*(开始)：水锆石，呈微晶体，与钠长石共生。

在碱性岩浆中，锆可呈阳离子状态进入偏硅酸盐内，这些硅酸盐结晶构造的类型有下列特点：晶格中含有连接成环的 $SiO_4$ 四面体(环状阴离子根)。属于这类的矿物有：钠锆石、钛钠锆石、异性石。

在上述的硅酸盐中，锆的配位数均为 8，与它较大的离子半径相当。由于 $Zr^{4+}$ 与氧构成四配位，所以它在硅氧四面体中不能置换 $Si^{4+}$ (Ri＝0.39)，从这一观点出发，在过去认为是碱性岩浆特征的锆硅酸盐，显然是不正确的。在矿物的结晶构造中，锆通常是作

为阳离子分布在晶格中的阴离子根之间。在霞石正长岩型的碱性岩中,锆已确定的析出顺序如下:

地质相B-C:异性石型的锆硅酸盐,较少为锆英石,它可含在钠长石的变种中。

地质相F-G:由原生的锆硅酸盐变为钠锆石或锆英石(短柱状),与氟石、钠长石共生。

地质相I-K:形成斜锆石或非晶质的结核。

造成碱性环境的钙,是锆及地球化学性质与之相近的钛的沉淀剂。而花岗岩浆及其伟晶岩(当与石灰岩超接触反应时即发生钙的同化作用)中,锆的富集作用即与钙有关。同样在花岗岩类岩石的接触带中,若表现有明显的碳酸质混染作用时,亦可发现有锆的富集现象。

一些学者在研究了各种岩浆杂岩,主要是花岗岩类岩石、霞石正长岩及其伟晶岩,其中所含的锆英石及含锆矿物中,锆与铪的含量及其比值归纳出如下的结论:

(1)Zr/Hf比值的大小取决于3个主要因素:1)Zr/Hf的比值随着岩石碱性的增加而提高(如花岗岩为28~48;霞石正长岩为84~153),当岩石中出现的霞石增加时,比值的提高特别明显;2)在其他条件相等的情况下,锆比铪有较强的活动性;3)挥发组分(矿化剂)的存在能增加铪的活动性,且当其数量很多时,铪的活动性可接近于锆。

(2)锆英石中微粒的、类质同象的、内潜同晶的杂质,它们在质量上和数量上均与锆的伴生矿物有直接的关系。但这些杂质的含量与Zr/Hf比值大小之间的关系的规律尚未阐明。

(3)在岩浆的分异过程中,Zr:Hf比值的变化是有规律的,如辉长石中为71;白岗岩中为36;与白岗岩有关的热液矿脉中为29。

(4)存在于不同时代(华力西及元古代)白岗花岗岩中的锆英石,其中Zr/Hf的比值没有变化,均为36。

(5)在霞石碱性岩中,锆和铪都富集在分异作用的晚期,钠质火成岩较云霞正长岩能更富含锆和铪,但尚未观察到岩石中锆和铪的含量与碱金属(钠、钾)含量间有直接的数量关系。

在花岗岩类岩浆结晶过程中,当环境为酸性,且所含碱的数量很少时,锆就不会在早期及晚期结晶作用中完全沉淀下来,其中一部分会继续迁移到气化热液中去。这种作用可以下述例子说明:在锡石花岗伟晶岩建造、锡石-长石-石英建造、锡石-石英建造中锆均以典型类质同象杂质的形式存在于所有的锡石中,但仅以类质同象存在的锆其数量并不多。

在外贝加尔湖的锡矿床中,锡石是沉淀于弱碱性或中性的环境里,这种条件同样亦有利于锆的沉淀。费尔斯曼认为,在 pH 值不超过 4 时,锆可以存在于水溶液中。

在锡石-石英-硫化物建造及锡石-硫化物建造中的锡石不含锆;这里表现了锆具有亲岩性。

文献[2]论述内生作用阶段锆铪的地球化学特征,指出在含锆矿物中,如钠锆石、异性石、负异性石等,在成因上与碱性岩有关,而在花岗岩中还没有发现过这些矿物。碱性岩中含锆矿物的种类较多,化学组成也比较复杂,而且与 Na、Nb、Ti 等元素有密切的组合关系。

在周期表上,锆、铪与钛属于同一族的元素,其化学性质也彼此类似。但锆、铪与钛的矿物学性质则有显著的差别。根据 $Zr^{4+}$、$Hf^{4+}$ 的半径与氧离子半径的比值 $\left(\dfrac{r_{Zr^{4+}}}{r_{O^{2-}}}=\dfrac{0.87}{1.32}=0.66\right)$,锆、铪的配位数大于钛。钛一般为六配位,而锆、铪的配位数则介于 6 与 8 之间,由锆英石实测的结果,锆、铪的配位数大致为 7。配位数为 6 的钛不能形成简单的硅酸盐,而锆、铪的主要矿物为简单的硅酸盐。但在碱性岩中,锆、铪与钛同样可以形成复杂的硅酸盐(如异性石、钠锆石等),而且锆、铪与钛有密切的组合关系。

此外,在碱性岩中,有相当大量的锆分散于辉石及似长石类矿物,如钠辉石中,锆的含量可高达 5750g/t。在这些矿物中,部分的 Na 或 $Fe^{3+}$ 可能由锆所置换,查碱性岩中促使锆、铪分散的原因,除了岩浆的演化过程和分异程度以外,可能主要与贫硅有关。

虽然在一般超基性岩中,锆和铪不形成独立矿物,而在碱性超基性岩中,有时则形成斜锆石等矿物,这可能与碱性超基性岩中锆的含量较高有关。在火成岩的电价平衡方面,Zr 和 Hf 不如 $Nb^{5+}$、$Ta^{5+}$ 等奇数高价阳离子的作用明显,但富含锆和铪的火成岩,同时也往往富含 Na 和 K。

由于锆、铪本身的性质,在岩浆中锆和铪的转移可能存在自由离子和可溶性络合物两种形式。在 Na,K 含量高的介质条件下,锆、铪成可溶性络合物转移的可能性要更大一些。当有氟存在时,有可能形成 $Na_2ZrF_6$、$K_2ZrF_6$、$Na_2HfF_6$ 及 $K_2HfF_6$ 等络合物,并由于这些络合物的性质不完全相同,在一定的介质条件下引起锆和铪在某种程度上的分离。

但由于锆和铪的性质非常类似,在地质作用过程中这两种元素的分离是很不完全的。在碱性岩中相对地富于锆,而在花岗岩中相对地富于铪,因此碱性岩中的 Zr/Hf 比值一般都大于花岗岩中的 Zr/Hf 比值。花岗岩中铪的含量虽然较高,但也很少形成铪的独立矿物。目前仅知在某些花岗伟晶岩中,有时形成铪的含量较高而且铪的含量大于锆的一些特殊矿物(如钪钇石)。但这类矿物的产地很少,产量也很小,没有广泛的代表性。

从铪的克拉克值来看,约为钽的 1.6 倍,理论上铪的独立矿物应比钽多,而事实上恰恰相反。钽不仅可以形成钽铁矿、锰钽铁矿、细晶石、六方钽铝石、硼钽矿、锡钽矿、钽铋矿、钽稀金矿、褐钇钶矿及钽易解石等多种独立矿物,而且如细晶石和钽铁矿则可以富集为可供开采的矿床。关于这种现象的解释,主要可以从以下因素考虑:

(1)锆与铪所受的镧系压缩的影响大于铌与钽,因此锆与铪的性质也比铌与钽更为类似。在地质作用过程中,铌与钽虽然也经常共生,而不如锆和铪的共生关系更为密切;

(2)铪的克拉克值虽比 Ta 高,而 Hf/Zr 的比值则低于 Ta/Nb 的比值。尤其是原子克拉克的比值,铌仅约为钽的 11 倍,而锆为铪的133倍,这样便促使铪的独立矿物形成的可能性比钽显著降低。

根据对多数矿物的研究,发现所有含锆的矿物都含有铪,不含锆者,同时也不含铪。显然,成对元素中,假如其中的一种元素在数量上占绝对优势时,将使另外一种元素的独立矿物形成的可能性显著降低。在这种情况下,克拉克值的高低,反而没有决定性的意义。

锆和铪主要富集于岩浆演化的岩浆阶段,部分锆和铪富集于伟晶岩阶段和气成热液阶段。在某些花岗伟晶岩中,铪有相对的富集。例如产于花岗伟晶岩中的曲晶石,$HfO_2$ 的含量有时可高达10%以上。但在花岗岩或花岗伟晶岩中,铪相对含量比较高的矿物,结晶都比较晚。一般由花岗岩的早期岩相到晚期岩相,或由黑云母型花岗伟晶岩到白云母交代型伟晶岩,铪的含量有规律地依次增高,即 Zr/Hf 的比值依次降低。因此 Zr/Hf 比值的研究,可作为划分矿化阶段和考虑矿床成因时的一种参考。根据锆、铪矿物中产出最多、分布最广的锆英石的研究,其中 Zr/Hf 比值的变化很大,而这种变化与其成因之间具有密切的关系。产于碱性岩中的锆英石,Zr/Hf 比值最大,大多数在 60 与 70 之间,个别的锆英石,其中 Zr/Hf 比值可高达 200 左右。其次为产于花岗岩中的锆英石,Zr/Hf 比值多数在 30 与 40 之间,而产于花岗伟晶岩中的锆英石,其中 Zr/Hf 比值最低,大多数介于 3 与 20 之间。

碱性岩中,锆、铪矿物的种类繁多。而在花岗岩及花岗伟晶岩中,锆、铪矿物的种类很少,主要为锆英石及其变种,这些变种锆英石一般也仅限于花岗伟晶中,在花岗岩中比较少见。碱性岩与花岗岩在锆、铪矿物种类上产生上述差别的原因,主要受岩石化学特点的控制。碱性岩中锆、铪矿物的种类虽然较多,某些霞石正长岩和流霞正长岩也含有大量的异性石,但从总的分布来说,与花岗岩及花岗伟晶岩同样,仍以锆英石分布最广。这主要与 $Zr^{4+}$ 及 $Hf^{4+}$ 与 $[SiO_4]^{4-}$ 结合时,电价补偿关系比较简单、晶格也比较稳定有关。

在伟晶岩作用的过程中,锆和铪主要富集于黑云母型花岗伟晶岩中,一般只有当锆、铪的浓度很低或早期结晶的锆、铪矿物被交代时,在白云母型花岗伟晶岩中才有锆英石形成,其富集程度较差。

在霞石正长伟晶岩中,锆、铪主要形成锆英石,与黄绿石等共生,或形成异性石与钛铌钙铈矿等共生。另外一部分含锆英石的伟晶岩,在成因上与碱性正长岩有关。与花岗伟晶岩同样,锆、铪在碱性伟晶岩中一般富集程度较差,除了个别情况以外,工业意义不大。

在钠长石化及黑云母化花岗岩中,有时锆英石与钶铁矿、萤石等共生,产量不大,仅具有综合利用的价值。这种锆英石与岩浆阶段生成的锆英石比较,在晶形、大小、颜色、密度以及化学组成上都具有一定的特点。

在与碱性超基性岩有关的接触交代矿床中,锆、铪主要形成斜锆石,与黄绿石、钛铌钙铈矿、方钍石、磷灰石及金云母等矿物共生。斜锆石的产量不大,品位也较低。在碳酸岩中,斜锆石与黄绿石、铈钙钛矿等矿物共生,储量有时可达 10 万 t 以上,品位也较高,具有综合利用的价值。

与霞石正长岩有关的钠长岩中,锆和铪形成锆英石,共生的矿物有黄绿石、钛铁矿、磷灰石等。规模一般很大,锆英石的储量有时可达 100 万 t 以上,而品位较低。与正长岩有关的钠长岩中,锆、铪也主要形成锆英石,品位一般较低。

与花岗岩有关的热液矿床中,一般锆、铪矿物的富集程度较差。而与碱性岩有关的钠沸石岩及萤石脉中,有时产较多的锆英石。这表明在热液阶段,锆、铪的活动显著减弱,只有在富氟和钠的介质条件下,才有利于锆、铪的转移和富集。其他如 TR,Nb,Ta 及 Ti 等,在热液阶段的活动,也往往与钠和氟的作用有关。由于钠和氟的作用,不仅可以推迟 Zr,Hf,Ti,Nb,Ta 等析出的时间,而且在贫 Al 和富 Ca,$Fe^{2+}$,Mg 的情况下,有利于 Zr,Hf,Ti,Nb,Ta 等在岩浆残液中富集,结果在某些中温甚至于在低温热液矿床中,有时也有含这些元素的独立矿物出现。这些矿物的性状特殊,在矿物组合和化学组成上都各有特点,有时甚至形成新变种或新矿物。因此,在矿物化学上研究氧、氟等阴离子与 Na,K,Al 等阳离子的作用,对于稀有元素矿化过程的了解也有重要的意义。

## 2.3 表生作用阶段锆铪的地球化学特征

地壳岩石中很大一部分锆聚集在锆石中。因锆石的化学稳定性较高,故风化作用中它残留富集于风化剖面中。然而,在一定条件下锆石也被溶蚀。一般认为碱性条件下锆石最易溶解。赛泽纳认为:碱性及酸性水可以溶蚀锆石,锆石也可被有机酸溶液溶解。降低锆石稳定性的因素是它的变生状态、带状性、含包裹体、裂隙、细小的颗粒、存在一些腐蚀性黏土及有机物质。除锆石外,其他的锆硅酸盐及含锆矿物风化时,锆无疑将被释放出来。热带地区碱性异性霞石正长岩可形成富斜锆石 $ZrO_2$ 的风化壳。

土壤中锆的含量变化在 $30 \sim 2000 \times 10^{-4}\%$,平均为 $264 \times 10^{-4}\%$左右,它明显富集在红土及铝土矿中。由长英质和碱性火成岩形成的铝土矿含锆最高,来自碳酸盐类岩石的铝土矿含锆最低。

由于锆石溶解度小,$Zr^{4+}$离子即使在酸性介质中也易水解,形成 $ZrO_2 \cdot nH_2O$,$Zr(OH)_4$ 沉淀,因此天然水中锆的浓度很低。锆在水中的习性很复杂,强酸性水中(pH<4)它可呈 $Zr^{4+}$ 迁移。如 $CO_3^{2-}$ 浓度高时,可呈 $[Zr(CO_3)_3]^{2-}$ 迁移。在某些酸性泉水中锆以 $Ca(ZrO)_2[CO_3]_2$ 或 $ZrO[CO_3]_2^{2-}$ 络离子形式存在。一些作者如赛泽纳(1966 年)倾向于锆在溶液中呈锆酸络离子 $ZrO_3^{2-}$、$Zr_2O_5^{2-}$ 或 $ZrO_4^{4-}$。实验表明 $Zr^{4+}$ 成$[Zr_3(OH)_6Cl_3]^{3+}$聚合物存在于富锆的酸性溶液中。可是,这些条件在自然界不一定广泛存在。

锆在溶液中的迁移形式可能有:(1)锆石的机械破碎物;(2)因离子交换吸附或替代,锆被某些黏土矿物吸附,锆在黏土矿物中富集的近似值如下:高岭石中为 $80 \times 10^{-4}\%$、埃洛石中为 $13 \times 10^{-4}\%$、伊利石中为 $100 \times 10^{-4}\%$、蒙脱石中为 $140 \times 10^{-4}\%$;(3)

被溶解的锆易水解成氧化物、氢氧化物或磷酸盐胶体质点。海水中锆的主要化合物是 $Zr(OH)_4^0$,或者 $Zr(OH)_n^{4-n}$。

锆在天然水中的丰度一般分别为:海水中为 0.026~0.03mg/L,油田水中小于 10mg/L,泉水中为 350mg/L,湖水中为 2.61mg/L,前苏联五个煤矿水中的锆达 1.1mg/L。

锆在空气中的丰度为 0.12mg/L(澳大利亚),火山喷出气体中也有一定量的锆。

沉积物中锆的平均含量为 $155\times10^{-4}\%$ 或 $200\times10^{-4}\%$,其丰度近似 V、Rb、Sr。Zr 在各种沉积岩中的分布,如表 2-15。

**表 2-15 各种沉积岩及沉积物中 Zr 的含量** (单位:%)

| 岩石及沉积物 | 未分异沉积物 | 砂、砂岩、杂砂岩 | 泥质沉积及页岩 | 碳酸盐岩 | 蒸发岩 | 磷块岩 | 沉积铁矿 | 锰结核 | 深海黏土 |
|---|---|---|---|---|---|---|---|---|---|
| 变化范围 | $(188\sim264)\times10^{-4}$ | $(160\sim464)\times10^{-4}$ | $(130\sim283)\times10^{-4}$ | $(20\sim140)\times10^{-4}$ | $(0.4\sim29)\times10^{-4}$ | $(29\sim44)\times10^{-4}$ | $(80\sim174)\times10^{-4}$ | $(155\sim445)\times10^{-4}$ | $150\times10^{-4}$ |

锆在碎屑岩及砂中富集,化学沉积碳酸岩及蒸发岩中含锆极少,深海黏土与各种页岩相似。兰泽注意到不同地区海洋黏土中含锆量相似。深海黏土中平均为 $150\times10^{-4}\%$,大西洋中为 $130\times10^{-4}\%$,太平洋中为 $170\times10^{-4}\%$,锆含量与深海黏土胶体质点有关。锰结核中锆的含量很高,可能 Zr 的水解胶状产物存在于锰的结核中,有时被包在各种沉积自生铁锰矿物中。磷块岩中(氟碳磷灰石)富锆,可能是由于锆成 $[ZrO(PO_4)_2]^{4-}$ 形式迁移,其溶解度不大,分解后形成含锆磷块岩。

氧化锆常与许多稀有元素一起富集在煤灰中,$ZrO_2(+HfO_2)$ 的含量可高达 $(100\sim5000)\times10^{-4}\%$。石油、沥青中也有一定富集,为 $(50\sim2000)\times10^{-4}\%$。

大多数有机物仅含微量的锆,但某些海相有机物可有一定程度的聚集(如太平洋中的浮游生物高于 $5.8\times10^{-4}\%$,比海水高 $10^5$ 倍)。

对于锆铪元素的迁移和运动,洛谢夫作了详细的论述,指出在表生条件下,由于含锆岩石被破坏的结果,锆可以发生表生作用的迁移,锆的迁移共有两种方式,其迁移与原生含锆矿物的稳定性及在氧化带中锆的性状有关。

通常认为在整个地壳作用地质相中锆的迁移作用,实质上可归结为形成锆英石类型极稳定的化合物及复杂的锆硅酸盐。所以锆不能参与表生作用,亦不发生迁移,因此它在表生带中是不存在的;但资料表明,事实并非如此。当含锆英石的岩石破坏后,由于锆英石是很稳定的矿物,在氧化带中,它不会发生分解,只是因岩石的崩解而被分离出来,所以它可以沉积物迁移的道路中进行长距离的运动,在极其漫长的地质年代中,产生了多次迁移和再沉淀的作用;但在这个过程中它始终是以锆矿物的形式存在。这是锆迁移的一种方式。

锆的复杂硅酸盐,如异性石、纤维钠锆石、单斜钠锆石等,在风化作用的条件下,它们显然可以产生分解而析出二氧化锆,并形成稳晶质的及泉华状的物质,可称为“稳晶锆石”;在稳晶锆石中,二氧化锆与 $SiO_2$(达 15%)、$TiO_2$(达 1%)、$Fe_2O_3$(达 9%)和 $Al_2O_3$(达 4%)呈紧密的混合。显然这种形成物是经过水化物及胶体阶段的。

在风化带中由于复杂的锆硅酸盐被破坏,引起锆氢氧化物的形成,这种产物当 pH 值少于 4 时可以停留在水溶液中,见表 2-16。

**表 2-16 在各种 pH 值中主要金属的氢氧化物沉淀表**

| pH | 2 | 3 | 4 | 5 | 6 | 7 | 8 | 9 | 10 | >11 | >12 |
|---|---|---|---|---|---|---|---|---|---|---|---|
| 5 | Nb Ta | | | | | | | | | | |
| 4 | Si Ge | Ti W Mo | Zr | Th($Ce^{4+}$) | | | $V^{4+}$ | | | | |
| 3 | | $Fe^{3+}$ | | Ga Al $Mn^{3+}$ | Y | Sc | TR | | | | |
| 2 | | | | Be | | Fe Zn | Co Ni | Hg Mn | Cd | Mg Ca | |
| 1 | | | | | | | | | | | Sr Ba Na K |
| Ri | 0.39 0.44 | 0.64 0.68 | 0.87 | 0.62 0.57 0.70 | 1.06 | 0.83 0.83 0.83 | 0.82 0.78 | 1.12~0.91 | 1.03 | 0.78 1.06 | 1.27 1.43 |

续表 2-16

| pH | 2 | | 3 | | 4 | 5 | | | 6 | 7 | | | 8 | | 9 | 10 | >11 | | >12 | |
|---|---|---|---|---|---|---|---|---|---|---|---|---|---|---|---|---|---|---|---|---|
| ЭК | 13.6~8.0 | 10.5 | 8.4 | 8.5~5.15 | 7.8 | 5.4 | 5.25 | 4.5 | 3.96 | 4.6 | 2.12 | 2.2 | 2.1 | 2.1 | 2.1~1.95 | 2.00 | 2.10 | 1.75 | 1.5~0.5 | 1.3~0.3 |
| BЭК | 2.9~2.2 | 2.6 | 2.1 | 2.1~1.7 | 1.9 | 1.8 | 1.7 | 1.5 | 1.3 | 1.5 | 1.06 | 1.1 | 1.0 | 1.0 | 1.0~0.9 | 1.0 | 1.05 | 0.9 | 0.7~0.5 | 0.6~0.3 |
| 溶液的特点 | 酸性 | | 弱酸性 | | | | | | 中性 | | | | | | 碱性 | | | | | |
| 表生环境 | 北极 | | 亚热带溶液及泥炭水 | | | | | | 雨水、河水及海水 | | | | | | 沙漠 | | | | | |

而在表生条件下，pH 值为 4 的环境极少，由于 pH 值少于 4 是一种酸性的环境，这时锆的氢氧化物可以停留在水溶液中，并具有迁移的能力，但自然界中的这种环境很少；在大部分情况下，pH 值要大于 4，这时锆的氢氧化物则产生沉淀。所以在表生条件下，锆以第二种形式进行迁移的可能极为有限。

上述锆及其化合物在表生条件下的性状，自然可以说明它在沉积岩中的分布，在各种沉积物中锆的含量见表 2-17。

**表 2-17 沉积岩中的锆含量**

| 名称 | 页岩 | 砂岩 | 石灰岩及石云岩 | 黑色沥青质页岩 | 煤 灰 | 煤焦油及石油的残渣 | 磷块岩 | 铝土矿 |
|---|---|---|---|---|---|---|---|---|
| 含量/% | 0.012 | | | 0.001 | 0.01~0.5 | 0.005~0.2(?) | 0.001~0.1(?) | 0.1~0.2 |

虽然上述的分析材料尚不足以确定锆在沉积作用中的性状，但仍可归纳出某些结论：在陆源的沉积岩中，锆是分散的，其含量要低于重量克拉克值；在煤、煤焦油、石油中，锆能产生一定的富集，亦即在 pH 值小的条件下(酸性环境)，锆可以发生迁移，进而使锆产生一定的富集，虽然这种富集仅限于锆的层间再分布的范围内。

已知锆可以富集在铝土矿中，这时它是以二氧化物的形式存在，并与铁、铝的氢氧化物相混合，这些氢氧化物在红土型的风化条件下,正像锆一样,其活动性亦很低,见表 2-16。

在经过强烈冲刷作用的灰化土及红土的上层,难于风化的锆英石及含锆的复杂硅酸盐会产生某些富集的现象。关于土壤中锆的含量约为 $4\times10^{-2}\%$,亦即大于其在岩石中平均含量的 1.5~2 倍。维诺格拉多夫认为:在土壤中锆有这样高的含量,不仅仅是由于在土壤中锆的稳定化合物富集的结果,亦可能是没有足够精确地测定土壤中锆含量的缘故。在土壤剖面中锆的分布变化很少,在 A 层中不产生某些富集。在土壤中铪的含量尚未进行过直接的测定。

文献[2]对表生作用过程中锆铪地球化学特性也作了论述,指出在表生作用过程中,由于锆英石和斜锆石等矿物对于化学的和力学的抵抗力都较大,容易形成与霞石正长岩和花岗岩等有关的风化壳矿床砂矿矿床及其他沉积矿床。这类矿床的规模往往很大,伴生的有用矿物的种类较多(如独居石、钛铁矿、磷钇矿等),开采容易,因此具有重要的工业价值。砂矿中的主要含锆矿物为锆英石,而斜锆石较少。但如巴西的斜锆石砂矿,储量达 100 万 t 以上,品位也很高,在这种斜锆石中,$ZrO_2 = 71\% \sim 93\%$,$HfO_2 = 0.5 \sim 1.2\%$。在碱性超基性岩及碱性岩广泛出露的地区,有可能找到斜锆石的砂矿和风化壳矿床。

水解是风化过程中的重要作用之一。由于水为偶极分子,表面电荷分布不均匀,容易被带有电荷的离子所吸引。各种离子对于水分子吸引力的强弱,与其离子电位的大小有关,大致可以区别为下述三种情况:

(1)离子电位小于 3 的离子,如 $Li^{1+}$、$Na^{1+}$、$K^{1+}$、$Rb^{1+}$、$Cs^{1+}$ 等半径大而电荷低的离子,溶解于水而形成真溶液。但这些离子对于水分子仍有一定的吸引力,并由于吸引力大小不同,而影响这些离子在水溶液中的运动速度,吸引力大者运动速度较慢,吸引力小者运动速度较快。这主要与离子吸水后,由于离子体积的变化,在溶液中运动时所受的阻力的大小有关。

(2)中等离子电位的离子,在水溶液中形成水解物。

(3)离子电位很大的离子,在水溶液中易形成可溶性络合物,并有一定程度的解理,中性分子与离子(包括络离子在内)之间保持符合于一定的物理化学条件下的平衡关系。

锆、铪的离子电位为4.6,属于上述第二种情况,在水溶液中容易发生水解。由长期的风化作用,带入水溶液中的锆和铪,当与水分子接触时,水分子带正电的一端被排斥,而带负电的一端被$Zr^{4+}$及$Hf^{4+}$所吸引,而形成$Zr(OH)_4$及$Hf(OH)_4$。

溶液pH值的改变,对于锆、铪水解物的形成有一定的影响。如果以S表示$Zr(OH)_4$的溶解积,K表示水的离子化积,则:

$$S=[Zr]^{4+}+[OH]^{4-}$$

即 $$[Zr]^{4+}=S/[OH]^{4-}$$

$$K=[H]^{1+}+[OH]^{1+}$$

即 $$[OH]^{1-}=K/[H]^{1+}$$

故 $$[Zr]^{4+}=S/K/[H]^{1+}$$

在温度恒定时,溶解积和离子化积皆为常数。因此从上式中可以看出,当氢离子的浓度增加时,$Zr(OH)_4$的溶解度增大。即在酸性溶液中,对于锆、铪水解物的大量形成不利。在碱性岩地区的土壤中,锆、铪的含量有时较高,除了机械混入物以外,可能与异性石等风化后在土壤作用过程中生成锆、铪的水解物有关。这种水解物在一定的条件下经过脱水后,有可能转化为斜锆石。在某些磷块岩及铝土矿中,锆、铪的含量也较高,尤其在富含U,TR的磷块岩中,锆的储量相当大(10~50万t),品位也较高(1%~10%),与U和TR等一起具有综合利用的价值。这些矿床中的一部分Zr、Hf(以及TR和U)也可能与其水解作用有关。

## 2.4 变质作用中锆铪的地球化学特征

变质岩中锆以锆石出现,有残余及再生现象。锆石的晶形及U/Pb年龄是变质作用的物理化学条件及变质作用发生时代的原始记录。变质岩中的矿物(如单斜辉石、角闪石、石榴石、钛铁矿及榍石)可含一定量的锆。

锆在变质岩中的含量大约等于相应母岩的含量,片岩中约为 $150\times10^{-4}\%$,片麻岩中为 $176\times10^{-4}\%$,麻粒岩中为 $268\times10^{-4}\%$。泥质页岩在变质作用过程中,随变质作用的加深,锆无明显的变化。

## 2.5 锆铪矿床的成因类型

### 2.5.1 内生矿床

内生矿床包括:

(1)岩浆矿床。成因上与花岗岩类岩石有关。含钶铁矿花岗岩,富含副矿物的侵入岩。矿物有钶铁矿、锆英石、独居石。稀有元素组分有 Nb、Zr、Th,可以综合取得锆。通常可视为是规模巨大的有单独价值的矿床。

成因上与超基性碱性侵入体有关。钛铌钙铈矿暗霞正长岩和异性石霞石正长岩,岩浆岩富含钛铌钙铈矿、磷灰石、异性石和榍石,稀有元素组分有 Zr、Ce、Nb、Ta、Th、Ti。

(2)伟晶岩矿床。成因上与碱性、半碱性花岗岩类岩石及正长岩有关。含黄绿石、易解石的锆伟晶岩。长石伟晶岩,含黄绿石、锆英石、易解石、矽钛铈钇矿、矽钠钛石。稀有元素组分有 Zr、Nb、Ta。可视为陶瓷原料的矿床,可顺便取得少量的 Zr、Nb。

(3)气化热液矿床。成因上与碱盐花岗岩及碱性正长岩杂岩有关。产于铝硅盐岩石中的矿床,含稀土元素的钠长岩,矿物成分:褐钇钶矿、钇易解石、水锆石、黄绿石、黑稀金矿、矽铍钇矿、磷钇矿、钛铁矿、沥青铀矿。稀有元素组分:Zr、Nb、U、Th。

成因上与霞石正长岩杂岩有关。含黄绿石-含锆钠霞石正长岩和钠长岩。发育钠长岩带。矿物成分有锆英石、水锆石、黄绿石、钍石、方钙铅铋矿。稀有元素组分有 Zr、Nb、Th、Ce、La、Pr。

成因上与超基性碱性杂岩有关。含黄绿石碳酸岩。矿物成分:黄绿石、钶铁矿、铀钽钶矿、钶钙矿、磷灰石、钛铁矿、斜锆石、磁铁矿、独居石、氟碳铈矿。稀有元素组分有:Nb、Ta、Zr、Th、U。是有工业价值的巨型铌矿床,其综合取得锆的可能性正在研究。

(4)热液矿床。成因上与碱性及半碱性花岗岩、正长岩和正长辉石岩杂岩有关。含稀土元素的多金属矿床。石英-长石-绢云母矿体含多金属矿物,有方铅矿、闪锌矿、黄铁矿;稀有金属矿物:独居石、磷钇矿、钇氟碳钙铈矿、氟碳钙铈矿、水锆石、铁钍石。稀有元素组分有 In、Zr、Hf、Cd 等,是一种多金属及稀土元素的复合矿床。

### 2.5.2 外生矿床

外生矿床包括

(1)残积(风化壳)矿床。产于碱性岩石风化壳中的稀土元素矿床。在碱性岩上的风化壳,矿物成分有:水菱钇矿、镧石、纤钛铈铁矿、氟碳铈矿、磷钇镧矿、水磷铈矿、多水高岭土、蒙脱石、锰的氧化物和氢氧化物、铁的氢氧化物及少量的稳晶锆石。稀有元素组分有 Ce、Nb、Zr、Th。是一规模巨大的工业矿床,但对稀土元素很有远景。

(2)沉积碎屑矿床(砂矿)。滨海砂矿,含独居石、钛铁矿、金红石、锆英石滨海砂矿的特征矿物:独居石、钛铁矿、金红石、锆英石。稀有元素组分有 Ce、Th、Zr。是稀土、锆英石、金红石(钛)矿床的主要工业类型,有很大的储量。

### 2.5.3 变质矿床

沉积-变质矿床,元古代的铁质石英岩及石英砂岩。矿物成分有赤铁矿、金红石、锆英石。矿床储量大,但加工技术较为复杂。

### 2.5.4 中国锆矿床的成因类型

成因类型包括:

(1)气化热液类型。稀有元素石英脉矿床,产于花岗岩、千枚岩、板岩、石英岩中。通常这些石英脉含有工业价值的钨、铋、锡和铍。在这类矿床中,锆与其他分布广泛的稀有元素共生。

(2)伟晶岩矿床。中国东北辽宁地区的伟晶岩,大部分都有明显的带状构造。伟晶岩的矿物成分是复杂的,矿物有:锆英石、绿柱石、褐廉石、钶铁矿、独居石。

新疆阿尔泰地区的伟晶岩矿物有:锂辉石、锆英石、钽铌酸盐、绝榴石。

(3)砂矿类型。中国砂矿产地已发现的有数十处,多集中在华东、华南沿海,大部分砂矿中均含有一定数量的锆英石,与之共生的矿物有钛铁矿、金红石、独居石、钽铌酸盐、钍石和铂族矿物。

在新疆的砂矿中有含绿柱石、锆英石、金及铌、钽、锂、稀土、铂族等元素的矿物。但与酸性岩石有关的锆富集作用,无论早期岩浆矿床或伟晶岩矿床均应继续普查。

## 参考文献

1 张景荣等编著.元素地球化学,锆铪,北京:科学出版社,1986
2 郭承基.稀有元素矿物化学.北京:科学出版社,1965
3 H.A.洛谢夫.稀有元素地球化学.北京:科学出版社,1960
4 D.E.托马斯.Metallyrgy of Hafnium,Naval Reactors Dirision of Reactor Development USAEC,1960

# 3 锆铪生产方法概述

自从 20 世纪 40 年代卢森堡人克劳尔发明了镁还原四氯化钛的方法，并将其用于还原四氯化锆和四氯化铪，制得多孔状金属锆(铪)——海绵锆(铪)后，虽然在 20 世纪 50～60 年代有许多工艺和设备上的创新和改进，但至今克劳尔法制锆(铪)基本上仍是生产锆铪的传统方法。后来采用了 Na-Mg 混合还原的方法，但镁热法仍是从 $ZrCl_4$ 和 $HfCl_4$ 生产海绵锆(铪)的主要工艺路线。一般工业用锆，勿须除去锆中铪，铪不影响锆在使用时的机械性能和化学性能，称为工业级锆或有铪锆，锆中含铪一般为 1%～2%。作为原子能用锆，则必须分离除铪，使锆中铪含量不大于万分之一，所得锆即为无铪锆或称原子能级锆。原子能级锆的生产包括 4 个主要工艺流程：

(1)湿法或火法分解锆英石($ZrSiO_4$)制取锆盐和 $ZrCl_4$；

(2)锆铪分离制取 $ZrO_2$ 和 $HfO_2$；

(3)再次氯化 $ZrO_2$ 制取 $ZrCl_4$，经提纯后，用镁(或镁钠)还原—蒸馏制取海绵锆。

(4)由于海绵锆不能直接加工，尚需进行精炼纯化获得可煅锆再加工使用。

铪的生产方法与锆相似。

本章将就锆和铪的工业生产方法和工艺技术的进展作概括性阐述，而多种生产方法的详细论述将在以后各章中展开。

## 3.1 锆的工业生产方法概述[1～3]

国内外一些主要锆生产厂家的生产方法见表 3-1。

**表 3-1 国内外锆铪生产厂家及主要工艺**

| 国家 | 公司或工厂 | 分离用锆、铪原料 | 分离工艺 | 还原方法 |
|---|---|---|---|---|
| 美国 | 特尼达因-华昌公司 | $ZrCl_4$ | MIBK-HCNS | 镁法、改进的镁钠法 |
| | 西屋公司 | $ZrCl_4$ | MIBK-HCNS | 镁法、碘热法 |
| | 金刚砂公司 | $ZrCl_4$ | MIBK-HCNS | 镁法、改进的镁钠法 |
| | 工业化学公司 | $ZrCl_4$ | MIBK-HCNS | 改进的镁钠法 |
| | 哥伦比亚国家公司 | $ZrOCl_2$ | $TBP-HNO_3$ | 镁法、改进的镁钠法 |
| | 钛合金公司 | $ZrCl_4$ | MIBK-HCNS | 改进的镁钠法 |
| | 福特矿业公司 | $ZrCl_4$ | MIBK-HCNS | 镁法、碘热法 |
| | 基特拉特公司 | | | 钠还原法 |
| | 马洛利·夏隆公司 | $ZrCl_4$ | MIBK-HCNS | 钠还原法 |
| | 康乃脱公司 | $ZrCl_4$ | | 电解法① |
| 英国 | 镁电子公司 | $ZrOCl_2$ | MIBK-HCNS | 镁法 |
| 法国 | 赛佐司公司<br>波西尼·尤金公司 | $ZrCl_4$<br>$ZrCl_4$ | 熔盐精馏 | 镁法、改进的钠镁法 |
| 前西德 | 迪高沙公司 | | | 镁法 |
| 意大利 | 锆联合工业公司 | | | 镁法 |
| 日本 | 矿业公司 | $ZrCl_4$ | MIBK-HCNS<br>离子交换法② | 镁法 |
| | 三井金属公司 | $ZrCl_4$ | 蒸馏法③ | 镁法 |
| 加拿大 | 埃尔多拉核公司 | | TBP④ | 镁或钠法④ |
| 中国 | | $ZrOCl_2$ $ZrCl_4$ | P204-N235、TBP | 镁法 |
| 前苏联 | | $K_2ZrF_6$ $ZrCl_4$ | 分离结晶<br>MIBK-HCNS | 镁法 |
| 伊朗⑤ | | $ZrCl_4$ | $TBP-HNO_3$ | 镁法 |
| 印度 | | $ZrSi_4$ 碱熔浸出 | $N235-H_2SO_4$ | 镁法 |

①试验工厂；②已完成工业试验；③已完成工业试验；④据传曾拟与美国合建年产2268t 新海绵锆厂；⑤在建。

克劳尔把生产金属锆的基本方法分为以下几种，这些方法有的已实现工业生产，有的尚处于试验阶段，这几种方法是：

(1)用钠、钙或镁还原锆的氯化物；

(2)用钙、镁或铝还原 $ZrO_2$；

(3)用钠或铝还原 $K_2ZrF_6$；

(4)电解熔融锆的氯盐或氟盐；

(5)用钙或镁还原锆的氟化物；

(6)用碳或碳化物还原 $ZrO_2$；

(7)热分解锆的卤化物；

日本矿业公司的大塚毅矣曾在《日本矿业学会志》列出了锆的生产方法可供参考[4]，见表 3-2。

**表 3-2　文献[4]列出的锆生产方法**

| 目的 | | 方法 | |
|---|---|---|---|
| 杂质的分离 | Si 分离 | 碳化法① | $ZrSiO_4 + 4C \longrightarrow ZrC + SiO \longrightarrow 3CO$ |
| | | 高温分离法① | $ZrSiO_4 \longrightarrow ZrO_2 + SiO_2$ |
| | | 氯化法 | $ZrSiO_4 + 4C + 4Cl \longrightarrow ZrCl_4 + SiCl_4 + 4CO$ |
| | | 碱融法① | $ZrSiO_4 + 4NaOH \longrightarrow Na_2ZrO_3 + Na_2SiO_3 + 2H_2O$ |
| | | 氧氯化物法① | $ZrCl_4 + 9H_2O \longrightarrow ZrOCl_2 \cdot 8H_2O + 2HCl$ |
| | | 硫酸盐法① | $5ZrOCl_2 + 2H_2SO_4 10NH_4OH + 7H_2O \longrightarrow Zr_5O_8(SO_4)_2 \cdot 14H_2O + 10NH_4Cl$ |
| | Fe、Al、Ti 分离 | 升华精制法① | $TiCl_4$:136℃，$AlCl_3$:183℃，$ZrCl_4$:331℃，$FeCl_2$:1023℃ |
| | | 苯二甲酸法 | $ZrOCl_2 + 2C_6H_4(OH)(COOH) \longrightarrow ZrO[C_6H_4(OH)CO_2]_2 + 2HCl$ |
| | Hf 分离 | 溶剂萃取法(1)① | 甲基异丁酮-硫氰酸盐萃取法（MIBK-HCNS） |
| | | 溶剂萃取法(2)① | 磷酸三丁酯-硝酸萃取法（$TBP-HNO_3$） |
| | | 溶剂萃取法(3) | 异己酮 |
| | | 溶剂萃取法(4) | 乙腈-异戊醚 |
| | | 溶剂萃取法(5) | 环己酮-HCNS |
| | | 分步结晶法① | 利用 $K_2ZrF_6 \cdot K_2HfF_6$ 对水溶解度的差 |
| | | 部分选择还原法① | 对 $ZrCl_4HfCl_4$ 采用升华分离 |
| | | 分级沉淀法 | 磷酸盐，亚铁氰化物，水酸化物，砷酸过氧化物等 |

续表 3-2

| 目的 | | 方法 | |
| --- | --- | --- | --- |
| 杂质的分离 | Hf 分离 | 熔盐蒸馏法① | 在 NaCl-KCl 盐系中利用 $ZrCl_4$，$HfCl_4$ 分离系数差异而分离 |
| | | 熔融法 | 熔融于焦磷酸盐 |
| | | 蒸馏法(1) | $POCl_3$-$ZrCl_4$(或 $PCl_5$-$ZrCl_4$) |
| | | 蒸馏法(2) | 烃氧基 |
| | | 离子交换法(1) | 阳离子交换法 |
| | | 离子交换法(2) | 阴离子交换法 |
| | | 色层分离法(1) | 纸上色层分离法 |
| | | 色层分离法(2) | 硅胶吸附法 |
| 还原 | | Mg 还原法① | $ZrCl_4 + 2Mg \longrightarrow Zr + 2MgCl_2$ |
| | | Na 还原法① | $ZrCl_4 + 4Na \longrightarrow Zr + 4NaCl$ |
| | | Mg·Na 混合还原法① | $ZrCl_4 + 2Na + Mg \longrightarrow Zr + 2NaCl + MgCl_2$ |
| | | 电解法① | NaCl-$K_2ZrF_6$ 系，NaCl-$CaCl_2$-$K_2ZrF_6$-ZrO 系，$ZrCl_4$-NaCl-KCl-NaCl 系 |

①为工业规模应用的方法。

从工业生产来说，要求实现锆生产的连续化，以此来减少原辅材料和动力的消耗，降低成本，经济地生产出有延性的金属锆。20 世纪 50 年代末期美国成功地改进了锆的生产方法，其要点包括：将锆英砂的固定床氯化改为沸腾氯化，省去了耗电量大的碳化工序，有效回收了副产品硅。提纯和还原 $ZrCl_4$ 及海绵锆蒸馏的过程联合在一起，并在还原过程中排放氯化镁；利用镁和钠的混合物作还原剂等。从 $ZrSiO_4$ 到海绵锆，金属的回收率可达到 74% 左右，使产品成本大为降低。在表 3-1 中已列出的国外主要锆工厂所采用的方法中，以镁热和钠热还原工艺为主，这是美国生产海绵锆的主要工艺路线，描述如下[3]：在 $ZrSiO_4$ 精矿中加碳用电炉处理，除去大部分硅，制成锆的碳(氮)化合物，再将此化合物氯化成含 Hf 的粗 $ZrCl_4$(后来用沸腾氯化技术取代)，在该氯化物的水溶液中加入 $NH_4CNS$ 制成 $ZrO(CNS)_2$ 和 $HfO(CNS)_2$ 化合物，用甲基异丁基酮作为溶剂，萃取将99.7%左右的铪分离，从铪分离后的氯化物溶液得到 $Zr_5O_8(SO_4)_2 \cdot 14H_2O$ 结晶，分离铝之后成 $ZrO(OH)_2$，焙烧得低铪的 $ZrO_2$，加入碳再氯化成 $ZrCl_4$，提纯后用镁或镁、钠还原进行金属锆的生产。锆铪分离技术是锆铪生产的关键步骤，但由于 MIBK 水溶性高和闪燃点很低，溶剂本身易挥发和燃爆，且有2%可溶于水，而硫氰酸络合物可分解成硫化氢($H_2S$)、氢氰酸(HCN)和硫醇，使废水中含有高浓度的铵盐、氰化物和有机物，是生产和环保的隐患。为此，法国、加拿大和日本先后进行了锆铪分离新方法的研究。法国赛佐公司发展了在 NaCl-KCl熔浴中，温度为400℃下精馏分离 $ZrCl_4$ 和 $HfCl_4$ 的方法，成功地实现了产业化，成本比 MIBK 法低，是锆铪工业的重大进展。加拿大则提出了一种无废料锆铪分离技术，他们采用有机磷 Cyanex 925 的煤油溶液作萃取剂，在3.5M HCl 中进行锆铪分离，基本上可循环使用，在废水处理，化学原料消耗和溶剂再生方面可明显降低成本[5]。

我国开发研究成功的 N235 硫酸体系萃取分离工艺，具有生产效率高、设备材质易选择，成本较低，“三废”易解决等特点，已实现产业化。

文献[6]将锆的生产流程归纳为图3-1。

美国矿务局早期锆的生产流程见图3-2和图3-3，图3-2是美国矿务局 Y-12 工厂所采用的流程，原西德也采用了这一流程。图中将锆的生产工艺形象地表现出来。图3-3中的工艺包括：(1)锆英石的沸腾氯化；(2)萃取分离锆铪；(3)$ZrO_2$ 二次氯化；(4)$ZrCl_4$ 提纯；(5)$ZrCl_4$ 的还原和蒸馏制取海绵锆及海绵锆的破碎精整。

日本文献近期刊出的锆铪生产流程见图3-4。

文献[7,8]按锆英石的处理方法(火法和湿法)列出了锆的生产原则流程，见图3-5、图3-6。

文献[2]列出的我国采用的锆铪生产工艺流程，见图3-7和图3-8。

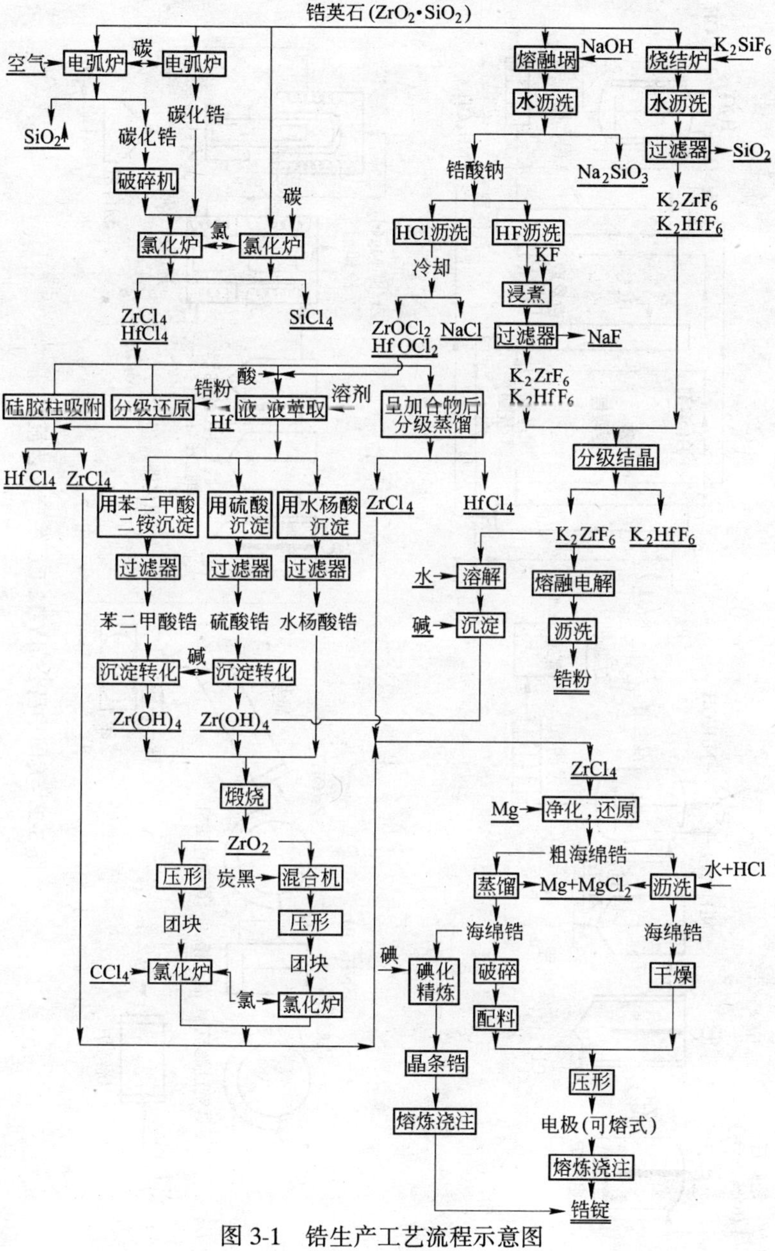


图 3-1 锆生产工艺流程示意图

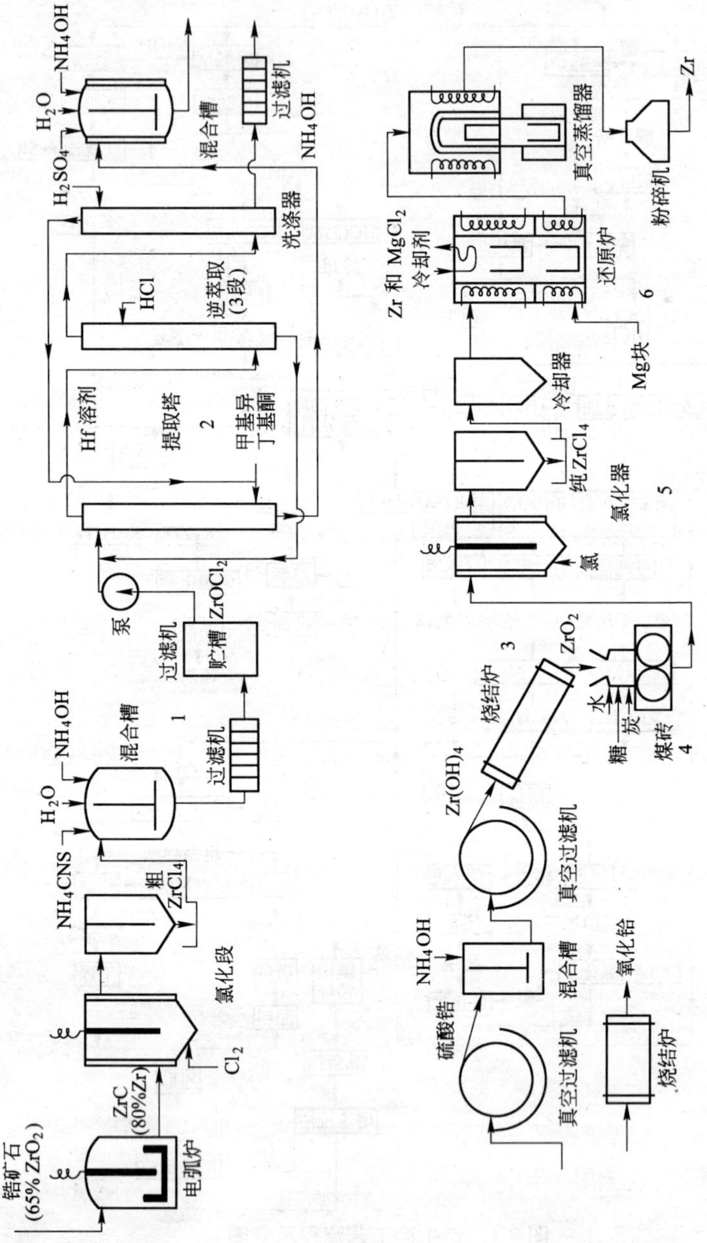


图 3-2　美国华昌公司Y-12工厂生产工艺流程图

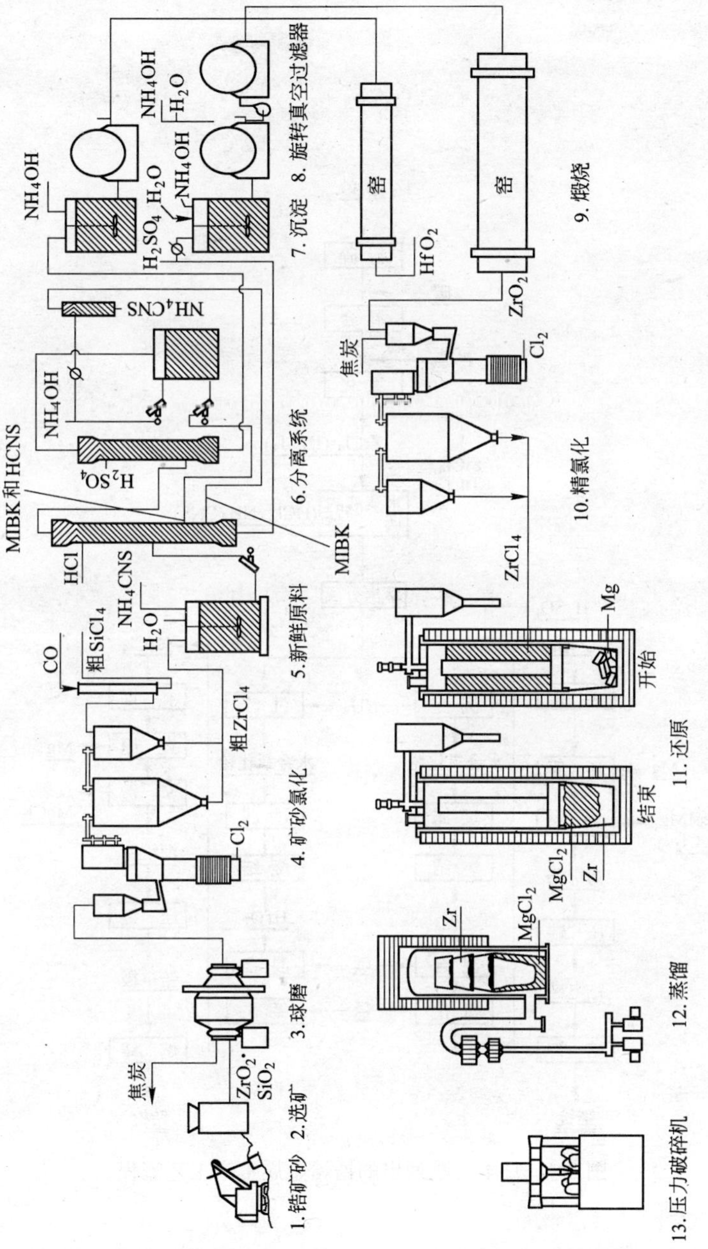


图 3-3 美国矿务局锆生产工艺流程示意图

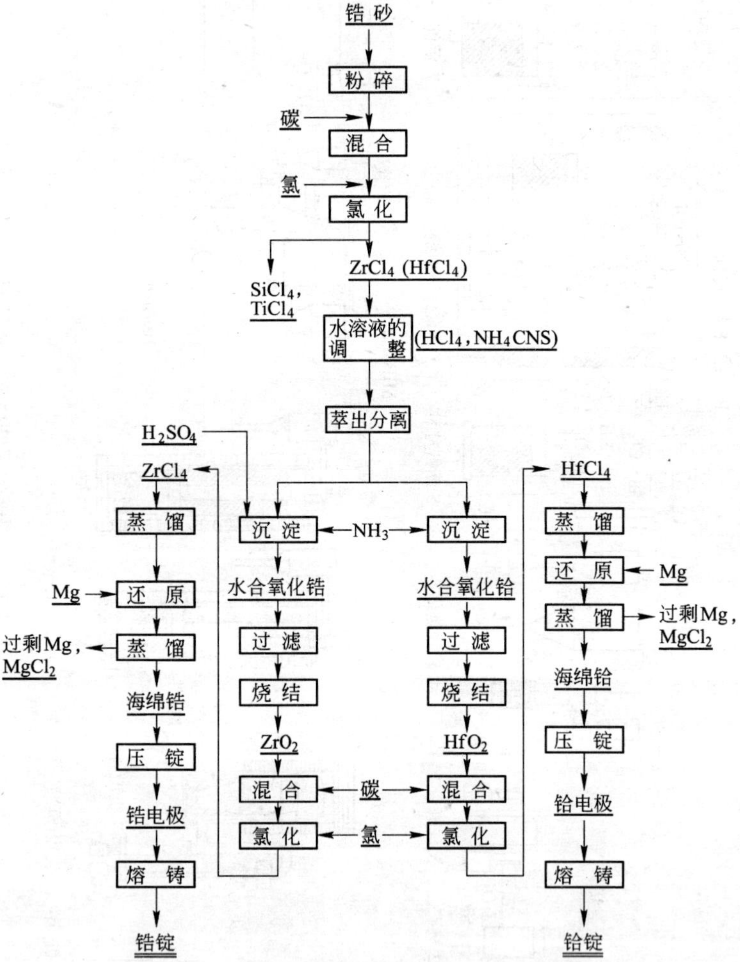


图 3-4　日本文献列出的锆铪金属生产工艺流程

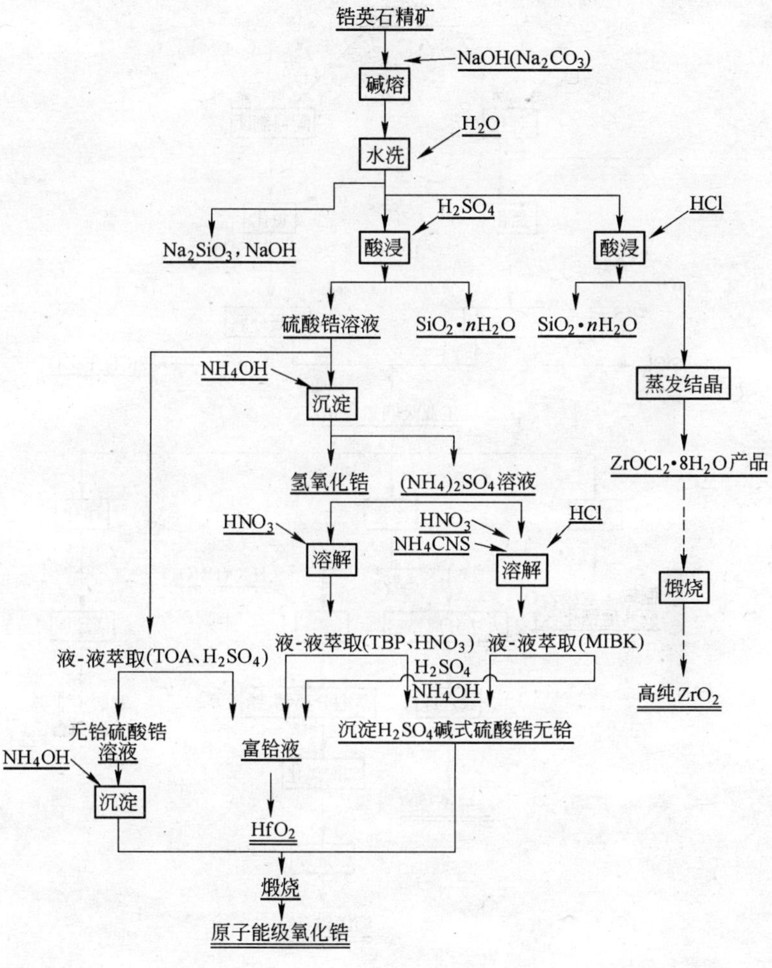


图 3-5 NaOH 或 $Na_2CO_3$ 分解锆英石制取锆化合物的原则流程

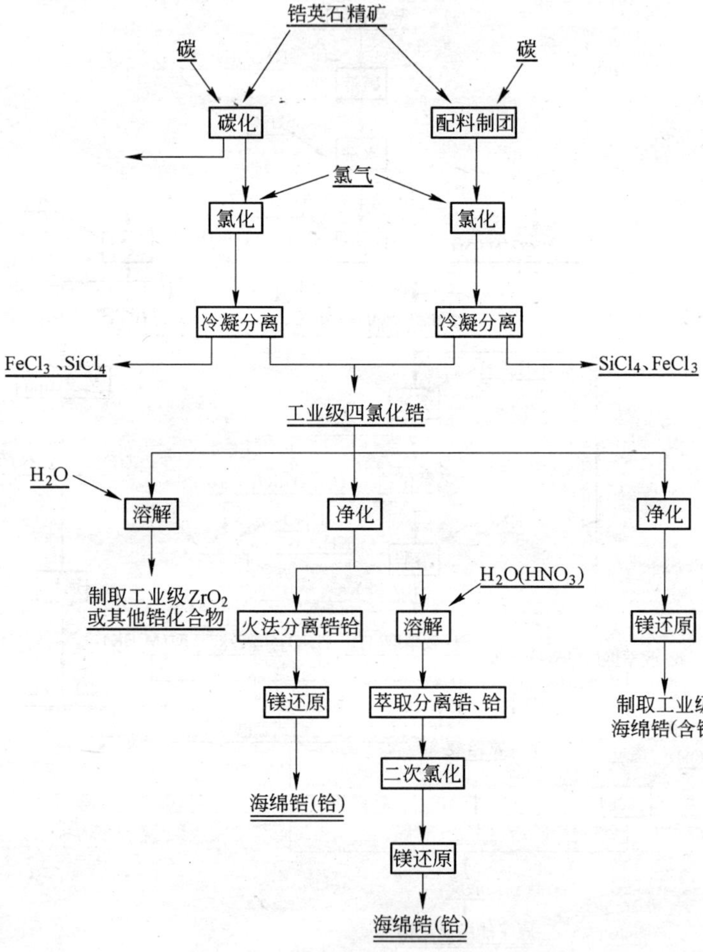


图 3-6 氯化法分解锆英石的原则流程

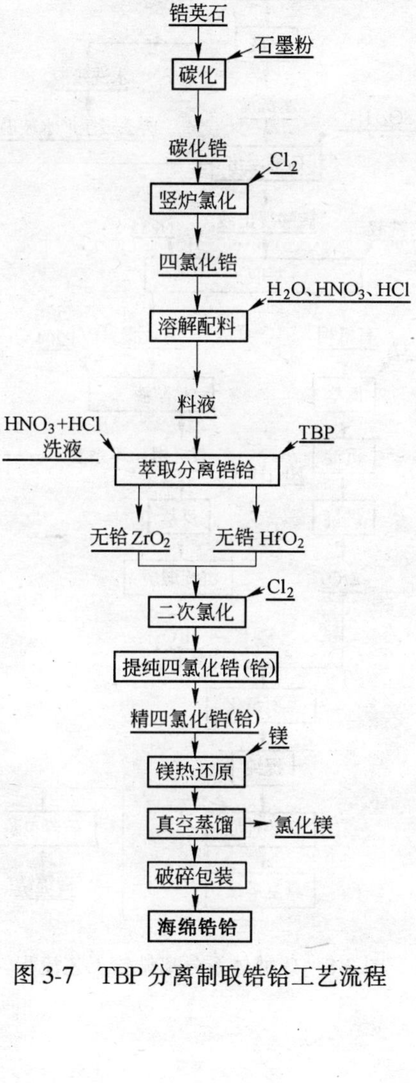


图 3-7 TBP 分离制取锆铪工艺流程

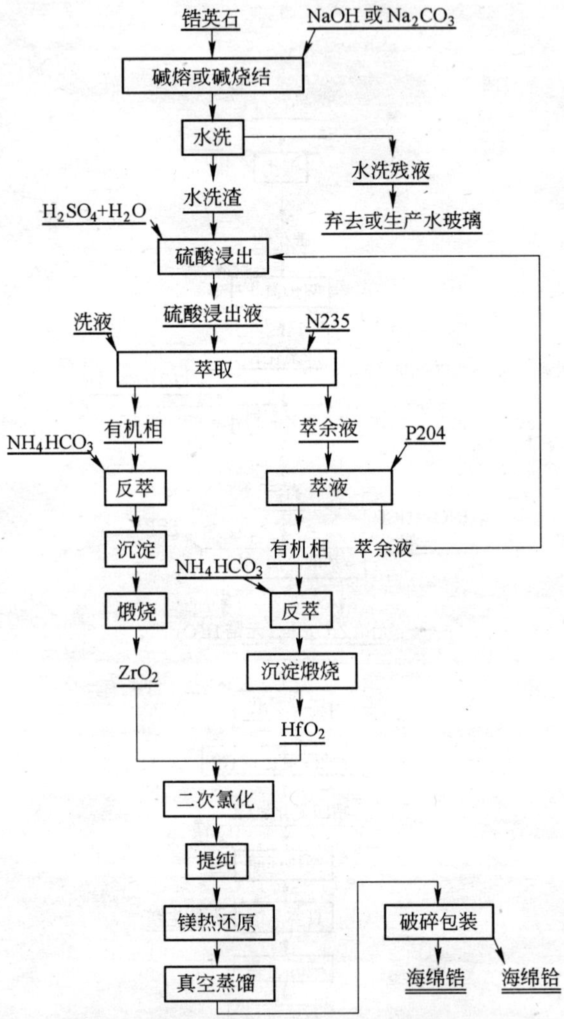


图 3-8　硫酸体系分离锆铪工艺流程

## 3.2 铪的工业生产方法

长期以来,铪的工业生产一直采用 $ZrO_2$ 氯化—镁或钠镁混合还原 $HfCl_4$ 的传统工艺,见图 3-9。除镁还原法外,生产铪的方法还有铪氟酸钾($K_2HfF_6$)的钙还原,熔盐电解和无水铵溶液电解,但都未在工业上应用。

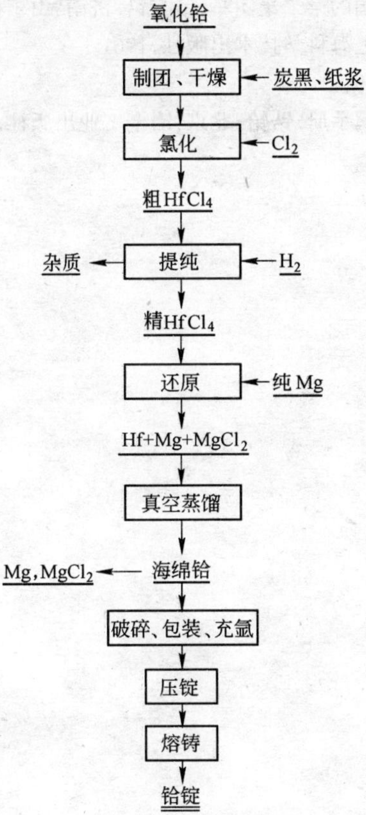


图 3-9 铪的生产工艺流程

## 参考文献


1　郭观慈.美国锆铪工业,北京有色金属研究总院,1962

2　熊炳昆,郭靖茂,侯嵩寿.有色金属进展,锆铪,中国有色金属工业总公司,1984

3　北京有色金属研究总院编.稀有金属矿冶,1971

4　大塚毅矣.日本礦業學會志,84,No.963,1968

5　杨遇春.金属王国的第二集团军,锆与铪.济南:山东科技出版社,2001

6　王强.锆.上海:上海科学技术出版社,1961

7　新金属(日).1999,11

8　侯嵩寿.稀有金属手册.锆铪.北京:冶金工业出版社,1992

# 4 锆英石精矿的处理

锆英石是生产锆铪产品的主要矿物原料，性质非常稳定。为了分解锆英石精矿，可采用不同的冶金方法，其目的是将硅酸锆分解而除去二氧化硅，而获得品位较高的锆化合物[1]。

锆英石的处理工艺有：

(1)苛性钠和苏打烧结法。与苛性钠共熔或与苏打烧结，制得锆酸钠或硅锆酸钠等。

(2)碳酸钙烧结法。与石灰或碳酸钙烧结制得锆酸钙。

(3)硅氟酸钾烧结法。与硅氟酸钾($K_2SiF_6$)熔合，制得锆(铪)氟酸钾($K_2ZrF_6$、$K_2HfF_6$)。

(4)等离子法。在等离子设备中，直接分解 $ZrSiO_4$ 而获得粗二氧化锆。

(5)碳热法。在电炉中进行碳还原，生成 ZrC 或 Zr(C,N)，然后进行氯化以制取粗四氯化锆、二氧化锆。

(6)氯化法。直接氯化锆英石与碳的混合料，获得粗四氯化锆(铪)。

(7)从盐酸和硫酸溶液中分离出锆和铪化合物。

方法(1)、(2)、(4)可用来生产初级和工业级二氧化锆或进一步生产锆的硫酸盐、锆酰基硫酸盐和氯氧化锆。也可以在生产流程中采用萃取等锆铪分离工艺，以生产无铪二氧化锆和二氧化铪。

方法(3)的硅氟酸钾烧结法在前苏联被应用，它与繁杂的分步结晶分离锆铪的工艺相结合，可以提供熔盐电解法和钠还原法生产锆粉用的 $K_2ZrF_6$。

方法（5）、（6）两种分解法与纯 Zr（Hf）$O_2$ 的加碳氯化法均能生产四氯化锆（铪），并进一步生产海绵锆（铪）。现分别叙述如下。

## 4.1 苛性钠和苏打烧结法

### 4.1.1 原则流程

苛性钠和苏打烧结法的原则流程如图 4-1 所示。

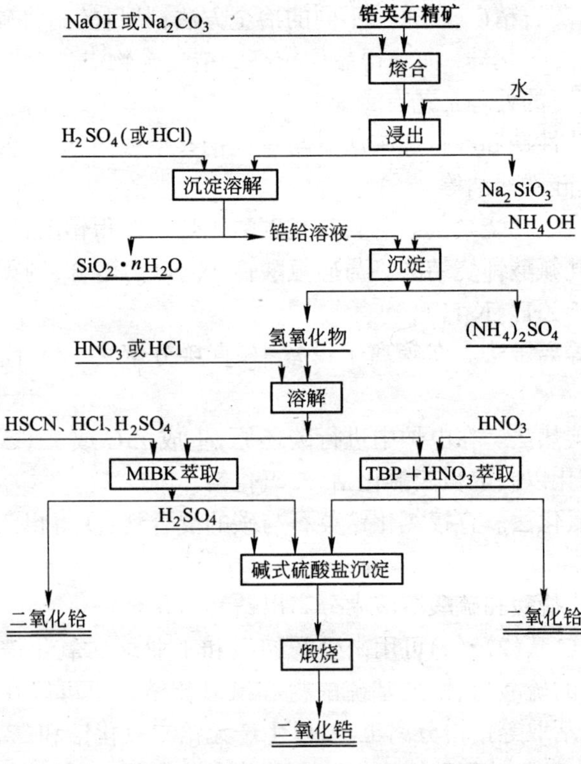


图 4-1 碱法分解锆英石精矿的原则流程

苛性钠烧结法是比较老的一个分解方法，在生产规模不大时，可用此法分解锆英石精矿，其分解温度低，分解率较高，但由于大量消耗熔炼坩埚，费用较高，在车间大气中有碱的悬浮微尘，易造成污染。在 750℃左右的温度下，按 $ZrSiO_4$ : NaOH = 1 : 1.3(质量比)配料,分解时间约 2h,可得到疏松状烧结料,使 98%以上的 $ZrSiO_4$转化为能溶解于酸的 $Na_2ZrO_3$ 和溶解于水的 $Na_2SiO_3$,水洗料中含 $SiO_2$ 在 5%以下,一般为 1%~2%。

### 4.1.2 主要反应[2]

氢氧化钠烧结主要反应为:

$$ZrSiO_4 + 2NaOH = Na_2ZrSiO_5 + H_2O(g) \quad (4\text{-}1)$$

$$ZrSiO_4 + 4NaOH = Na_2ZrO_3 + Na_2SiO_3 + 2H_2O(g) \quad (4\text{-}2)$$

$$ZrSiO_4 + 6NaOH = Na_2ZrO_3 + Na_4SiO_4 + 3H_2O(g) \quad (4\text{-}3)$$

$$ZrSiO_4 + 2Na_2ZrSiO_5 = Na_4Zr_2Si_3O_{12} + ZrO_2 \quad (4\text{-}4)$$

$$ZrSiO_4 + Na_2ZrO_3 = Na_2ZrSiO_5 + ZrO_2 \quad (4\text{-}5)$$

$$2ZrSiO_4 + 3Na_2SiO_3 = Na_4Zr_2Si_3O_{12} + Na_2Si_2O_3 \quad (4\text{-}6)$$

$$ZrSiO_4 + Na_4SiO_4 = Na_2ZrSiO_5 + Na_2SiO_3 \quad (4\text{-}7)$$

$$ZrSiO_4 + Na_4Zr_2Si_3O_{12} = 2Na_2ZrSi_2O_7 + ZrO_2 \quad (4\text{-}8)$$

$$Na_2SiO_3 + ZrO_2 = Na_2ZrSiO_5 \quad (4\text{-}9)$$

$$Na_4SiO_4 + Na_2ZrSi_2O_7 = Na_2ZrSiO_5 + 2Na_2ZrO_3 \quad (4\text{-}10)$$

$$Na_2ZrO_3 + Na_2Si_2O_5 = Na_2ZrSiO_5 + Na_2SiO_3 \quad (4\text{-}11)$$

锆英石($ZrSiO_4$)与各反应物的反应速度为:

$ZrSiO_4/Na_2ZrO_3 > ZrSiO_4/Na_4SiO_4 >$

$ZrSiO_4/Na_2SiO_3 > ZrSiO_4/Na_2ZrSiO_5$

若系统中氢氧化钠含量高,则发生下列反应:

$$Na_2ZrSiO_5 + 4NaOH = Na_2ZrO_3 + Na_4SiO_4 + 2H_2O_{(g)} \quad (4\text{-}12)$$

$$Na_2SiO_3 + 2NaOH = Na_4SiO_4 + H_2O_{(g)} \quad (4\text{-}13)$$

$$ZrO_2 + 2NaOH = Na_2ZrO_3 + H_2O_{(g)} \quad (4\text{-}14)$$

除按 4-2 式反应外,尚有部分 $NaSiO_3$ 可与 NaOH 生成正硅酸盐 $Na_4SiO_4$。也有部分锆英石与 $Na_2ZrO_3$ 反应生成 $Na_2ZrSiO_5$。得到的烧结料中含 $ZrO_2$ 约 30%,$SiO_2$ 约 14%。锆英石中锆、硅的转化率均可达 98%以上,铀的转化率则小于 90%,钍的转化率小于 60%。

### 4.1.3 工艺过程[3]

烧结块用热水可以洗去 98%以上呈 $Na_2SiO_3$ 形态存在的硅。以碱熔料与水之比为 1∶5 进行水洗，水洗后的固体料中主要含有 $Na_2ZrO_3$，部分有 $Na_2SiO_3$、$Na_4SiO_4$ 和少量的 $Na_2ZrSiO_5$，用盐酸或硫酸可使其中的锆溶解出来，然后进行锆、铪分离或制备含 $HfO_2$ 的工业二氧化锆。

### 4.1.4 纯碱烧结

当生产规模大时，采用纯碱作为分解试剂比较经济，劳动条件也有所改善，但分解温度较高。根据混合料的不同组成，纯碱烧结法分解锆英石精矿有两种方案：

(1)制得锆酸钠和水溶性硅酸钠的“完全”分解法；

(2)制得锆硅酸钠的烧结法。

在方法 1 中，混合料由 3mol 纯碱与 1mol 的锆英石配料，反应如下：

$$ZrSiO_4 + 3Na_2CO_3 \xlongequal{} Na_2ZrO_3 + Na_4SiO_4 + 3CO_2 \tag{4-15}$$

在碳酸钠含量较低时，按下列反应进行：

$$ZrSiO_4 + Na_2CO_3 \xlongequal{} Na_2ZrSiO_5 + CO_2 \tag{4-16}$$

$$ZrSiO_4 + 2Na_2CO_3 \xlongequal{} Na_2ZrO_3 + Na_2SiO_3 + 2CO_2 \tag{4-17}$$

若系统中碳酸钠含量高，则发生下列反应：

$$Na_2ZrSiO_5 + 2Na_2CO_3 \xlongequal{} Na_2ZrO_3 + Na_4SiO_4 + 2CO_2 \tag{4-18}$$

$$Na_2SiO_3 + Na_2CO_3 \xlongequal{} Na_4SiO_4 + CO_2 \tag{4-19}$$

$$ZrO_2 + Na_2CO_3 \xlongequal{} Na_2ZrO_3 + CO_2 \tag{4-20}$$

首先用水处理烧结块，使大部分硅酸钠溶解，然后用酸将锆洗入溶液中。

在制取锆硅酸钠的烧结法方案中，混合料由 1mol 纯碱对 1mol 锆英石配制并按反应 4-16 进行。

如果在精矿中含有过量的 $SiO_2$，则形成较复杂的硅酸盐：$Na_4Zr_2Si_3O_{12}$或 $Na_2ZrSi_2O_7$。

生成的硅酸盐用酸($HCl$、$HNO_3$、$H_2SO_4$)分解，锆进入溶液，硅酸留在沉淀中。

这一方案与方法(1)相比，优点是可将纯碱的消耗大量减少。但酸的消耗较高。选择何种方案，取决于酸的选择。用硫酸分解锆硅酸烧结块时，允许高温(150～200℃)处理，这将导致硅酸脱水和较好地将它与溶液分离。用盐酸处理时，硅酸的分离稍困难，但采用凝聚剂和新的浸出方法，盐酸浸出液的过滤问题可得到解决，效率可提高几十倍[4]。

用纯碱烧结法的任何一个方案分解锆英石，都需要在 1100℃下才能进行完全。这一过程可以在连续操作的回转窑内进行，供料采用粒度 3～10 mm 的球状混合料。球粒是用湿的混合料在制粒机上制得。

以金红石和钛铁矿形态存在的钛杂质，在与纯碱烧结时生成钛酸钠。氧化铁和氧化铝以铁酸盐 $Na_2O\cdot Fe_2O_3$ 和铝酸盐 $Na_2O\cdot Al_2O_3$ 形态存在于烧结产物中。

如果烧结按完全分解方案，用水处理经粉碎过的苏打烧结块，使 $Na_2SiO_3$ 进入溶液，而 $Na_2ZrO_3$、$Na_2ZrSiO_5$、正硅酸盐、水合氧化钛和氧化铁则进入固相沉淀中。再以盐酸或硫酸处理这些沉淀。硅通常不能完全分离，因为硅酸盐部分地水解，析出硅酸或羟基锆硅酸盐，会干扰硅的完全分离。

用水处理烧结块和锆酸钠时，部分水解生成羟基氧化锆：

$$Na_2ZrO_3 + 2H_2O = ZrO(OH)_2 + 2NaOH \tag{4-21}$$

钛酸钠杂质与锆一起留在沉淀中，铝酸钠进入溶液。铁酸盐按下式分解：

$$Na_2O\cdot Fe_2O_3 + H_2O = Fe_2O_3 + 2NaOH \tag{4-22}$$

摩尔比为 $Na_2CO_3:ZrSiO_4 = 1:1$ 的混合料所得的碱烧结块(见反应 4-16)，由锆硅酸钠组成，不能水浸，因为 $Na_2ZrSiO_5$ 实际上不能被水分解。

水浸后的锆硅酸盐的烧结块或沉淀物用盐酸或硫酸处理，用20%～25%盐酸浸析时，锆以氯氧化锆($ZrOCl_2$)形态进入溶液，而在沉淀中生成硅酸。

$$Na_2ZrO_3 + 4HCl = ZrOCl_2 + 2NaCl + 2H_2O \tag{4-23}$$

$$Na_2ZrSiO_5 + 4HCl = ZrOCl_2 + SiO_2 \cdot 2H_2O + 2NaCl \tag{4-24}$$

$$Na_2SiO_3 + 2HCl = SiO_2 \cdot H_2O + 2NaCl \tag{4-25}$$

$$ZrO(OH)_2 + 2HCl = ZrOCl_2 + 2H_2O \tag{4-26}$$

$$Na_4SiO_4 + 4HCl = SiO_2 \cdot 2H_2O + 4NaCl \tag{4-27}$$

$$Na_2Si_2O_5 + 2HCl = 2SiO_2 \cdot H_2O + 2NaCl \tag{4-28}$$

加热溶液并加入凝结剂(粘木胶、聚丙烯酸酯醯胺)以促进硅胶沉淀。在溶液中有 $SO_4^{2-}$ 离子存在时，同样也能起凝结作用。

用95%的 $H_2SO_4$ 处理烧结块时，反应物有明显的自热现象，能促使硅酸脱水和简化其分离过程。用水处理硫酸化产品时，锆以 $ZrOSO_4$ 和 $H_2[ZrO(SO_4)_2]$形态进入溶液。

用硝酸分解烧结块是有意义的。在此情况下能减少有害物的排出量，因为从提取锆后的硝酸母液中可以提取用作肥料的硝酸盐。但在硝酸浸析硅酸时，生成难以从溶液中分离的明胶状物质。此时要分离硅酸应把溶液蒸干，重复用硝酸处理。

## 4.2 碳酸钙烧结法

### 4.2.1 主要反应

在1400～1500℃下，锆英石与碳酸钙(如白垩石等)能以满意的速度进行反应。当 $ZrSiO_4 : CaCO_3 = 1:3$(物质的量比)时，生成锆酸钙和正硅酸钙：

$$ZrSiO_4 + 3CaCO_3 = CaZrO_3 + Ca_2SiO_4 + 3CO_2 \tag{4-29}$$

若混合料中碳酸钙不足，会生成 $ZrO_2$、$CaSiO_3$ 和 $Ca_3ZrSi_2O_9$：

$$2ZrSiO_4 + 4CaCO_3 = CaZrO_3 + Ca_3ZrSi_2O_9 + 4CO_2 \tag{4-30}$$

$$ZrSiO_4 + CaCO_3 = CaSiO_3 + ZrO_2 + CO_2 \quad (4\text{-}31)$$

烧结过程是在固态下进行,反应速度受扩散因素控制,向混合料中加入锆英石量为5%左右的氯化钙使料中的$ZrSiO_4$晶体结构产生缺陷,并起催化作用,使烧结温度可降到1000～1100℃:

$$2CaCl_2 + ZrSiO_4 = ZrCl_4 + Ca_2SiO_4 \quad (4\text{-}32)$$

$$ZrCl_4 + 3CaO = CaZrO_3 + 2CaCl_2 \quad (4\text{-}33)$$

铁的氧化物在烧结过程中与石灰反应生成亚铁酸钙$CaFeO_2$,钛铁矿与石灰反应则生成钛酸钙$CaTiO_3$。

### 4.2.2 原则流程

包括烧结块处理流程在内的碳酸钙烧结法原则流程如图4-2所示。

### 4.2.3 工艺过程[1,3]

在工业实践中分解剂使用的是石灰石或白垩。锆英石精矿和白垩混合时,根据生成$Ca_2SiO_4$和$CaZrO_3$反应的计算,应过量10%～20%。在混合料中添加的氯化钙量大约为锆英石精矿重量的5%。为了使其分布均匀,可使用氯化钙溶液。烧结在回转窑中于1100～1200℃下进行。经磨细的0.16mm以下的锆英石精矿,经过4～5 h的烧结后,分解率可达97%～98%。与苛性钠或苏打烧结法相比,用此法分解剂便宜,利于大规模生产,但其产物处理过程比较复杂。

为了除去烧结块中过量的氧化钙和氯化钙,先以5%～10%的冷盐酸处理,使大部分正硅酸钙被分解,生成的胶状硅酸和钙盐随同溶液被除去,而锆酸钙则不溶解。随后用25%～30%的盐酸在70～80℃下浸出烧结块,锆呈$ZrOCl_2$进入溶液。硅酸钙在酸分解时生成硅胶,为加速其凝聚,需添加一定量的聚丙烯酰胺溶液或粘木胶作凝聚剂,澄清后将溶液和沉淀分离。也可用硫酸浸出烧结块,此时钙留在沉淀中成为硫酸盐的成分。但是在高温下生成细小分散状,实际上不能过滤的无水$CaSO_4$沉淀。二水化物

$CaSO_4 \cdot 2H_2O$ 或它与半水化物 $CaSO_4 \cdot 0.5H_2O$ 混合的沉淀易于过滤。为了保证生成水化形态的硫酸钙,应降低过程的酸度和温度。必须多次洗涤硫酸钙沉淀,以减少与它们在一起的锆的损失,因为滤饼的量很大,1 t $ZrO_2$ 有 6 t 滤饼,石膏滤饼可以在真空过滤机上过滤和洗涤。还可用硝酸浸出含锆酸盐和正硅酸钙的烧结块,此时锆以 $ZrO(NO_3)_2$ 形态进入溶液中。

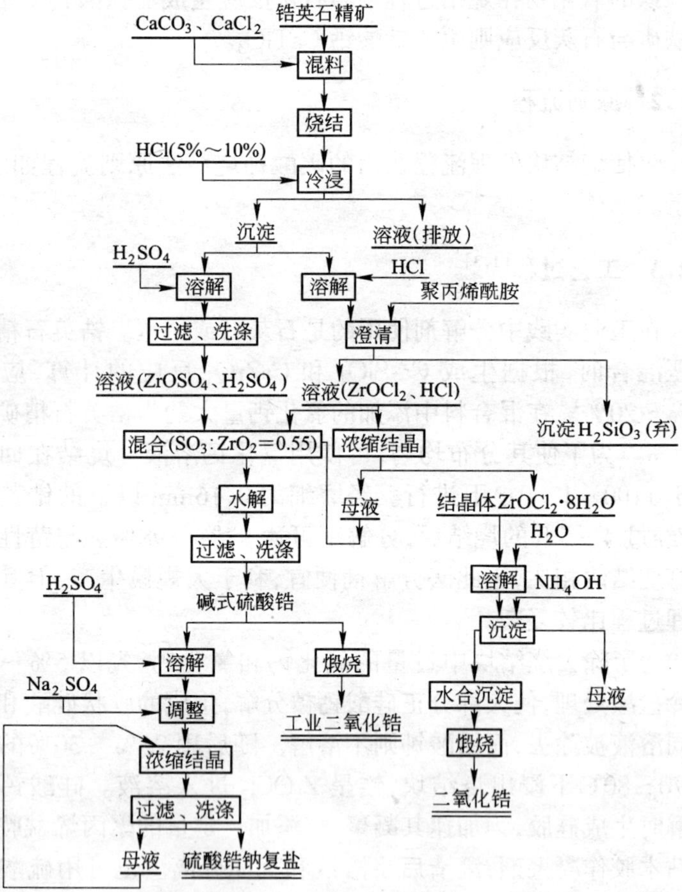


图 4-2 碳酸钙烧结法处理锆英石原则流程

在某些生产流程中烧结块也可采用盐酸(或硝酸)和硫酸结合的浸出方法,可制得各种不同的锆化合物。

## 4.3 硅氟酸钾烧结法

### 4.3.1 热力学分析[1,3]

工艺流程是由前苏联 H. П. 沙仁和 E. A. 别里亚耶娃所研究。从 KF-$ZrF_4$ 体系状态相图(图 4-3)可以看出,高于 600℃ 时,$K_2ZrF_6$ 分解生成 $K_3ZrF_7$ 和含 KF 和 $ZrF_4$ 的熔化物:

$$2K_2ZrF_6 \longrightarrow K_3ZrF_7 + \underbrace{KF + ZrF_4}_{\text{熔化物}} \tag{4-34}$$

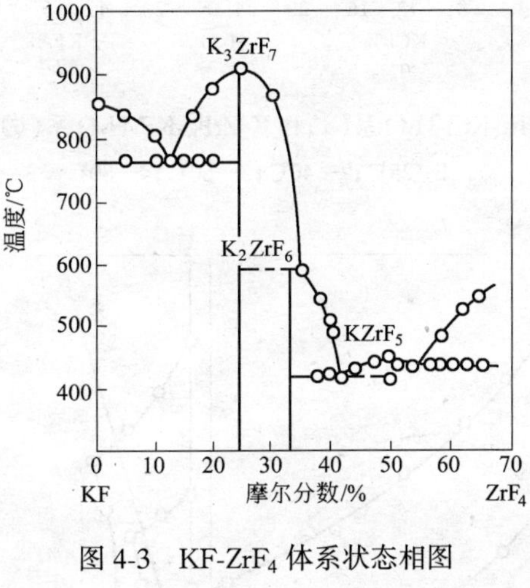


图 4-3 KF-$ZrF_4$ 体系状态相图

从图 4-4 中可以看出锆在 $K_2ZrF_6$-KCl-$H_2O$ 系和 $K_2ZrF_6$-KF-$H_2O$ 系中的溶解度。

从图 4-5 中可以看出铪在 $K_2HfF_6$-KCl-$H_2O$ 系和 $K_2HfK_6$-KF-$H_2O$ 系中的溶解度。

向混合料中添加氯化钾使 $K_2SiF_6$ 离解生成挥发性的 $SiF_4$,温度在 650~700℃时,锆英石可完全分解。混合料中各组分相互作

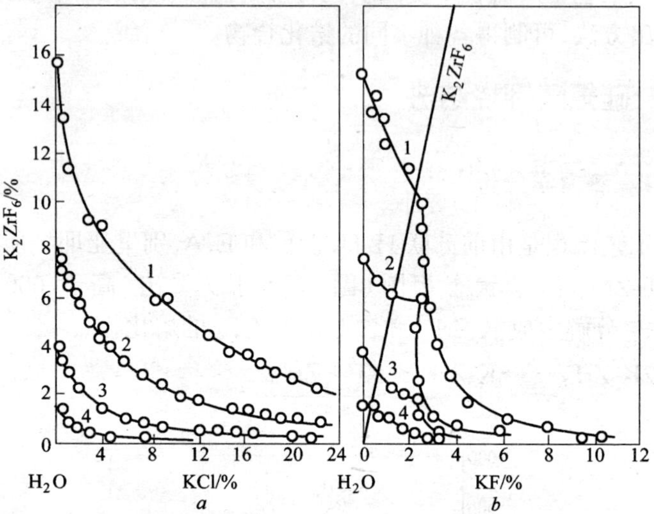


图 4-4 $K_2ZrF_6$-KCl-$H_2O$ 系(*a*)和 $K_2ZrF_6$-KF-$H_2O$ 系(*b*)中锆的溶解度

1—25℃;2—40℃;3—60℃;4—80℃

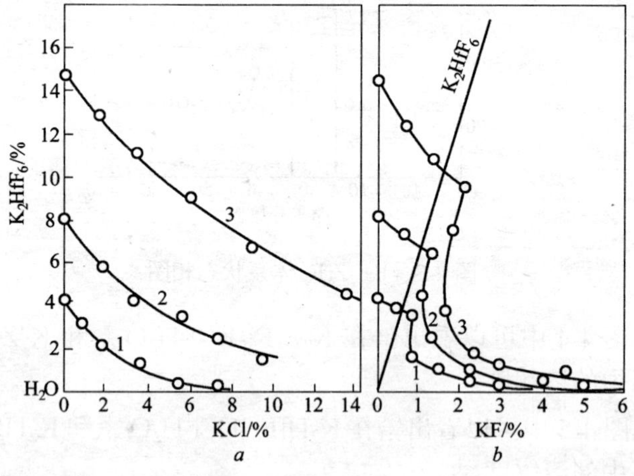


图 4-5 $K_2HfF_6$-KCl-$H_2O$ 系(*a*)和 $K_2HfF_6$-KF-$H_2O$ 系(*b*)中铪的溶解度

1—25℃;2—40℃;3—60℃

用生成液相，促使反应过程快速进行。烧结块分解后所得的产品用水浸出。然后从溶液中结晶出锆氟酸钾。过程所必须的硅氟酸钾容易从硅氟酸钠 $Na_2SiF_6$ 制取，硅氟酸钠是过磷酸钙、氢氟酸或冰晶石生产中的废料。$Na_2SiF_6$ 饱和溶液与氯化钾饱和溶液反应时，可沉淀出 $K_2SiF_6$，因为 $K_2SiF_6$ 的溶解度（约 1.13g/L）比 $Na_2SiF_6$ 的（约 6.7g/L）要小。

$$Na_2SiF_6 + 2KCl \longrightarrow K_2SiF_6 + 2NaCl \tag{4-35}$$

### 4.3.2 工艺流程

锆英石的硅氟酸钾烧结法工艺流程见图 4-6。

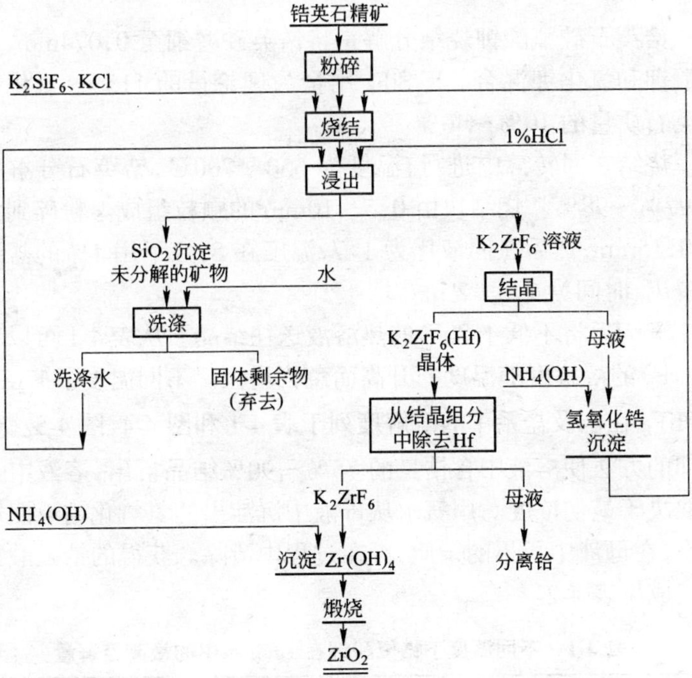


图 4-6 锆英石硅氟酸钾烧结法制取二氧化锆工艺流程

### 4.3.3 主要反应

烧结：

$$ZrSiO_4 + K_2SiF_6 = K_2ZrF_6 + 2SiO_2 \quad (4\text{-}36)$$

$$ZrSiO_4 + K_2SiF_6 + KCl = K_3ZrF_6Cl + 2SiO_2 \quad (4\text{-}37)$$

$$ZrO(OH)_2 \cdot nH_2O + K_2SiF_6 = K_2ZrF_6 + SiO_2 + (n+1)H_2O(g) \quad (4\text{-}38)$$

氨水沉淀：

$$K_2ZrF_6 + 4NH_4OH + (n-1)H_2O = ZrO(OH)_2 \cdot nH_2O + 2KF + 4NH_4F \quad (4\text{-}39)$$

### 4.3.4 主要工艺条件

锆英石硅氟酸钾烧结分解是将锆英砂磨细至 0.074mm，与硅氟酸钾和氯化钾混合。$K_2SiF_6$ 用量为理论量的 115%，氯化钾为锆英石质量的 10%～40%。

烧结在回转窑中进行，温度为 650～700℃，锆英石分解率可达 97%～98%。烧结块由 0.5～10mm 的颗粒组成。粉碎到大小为 0.15mm，然后在固液比为 1∶7，温度在 85℃ 下用 1% 的盐酸溶液浸出，时间为 1.5～2 h。

澄清后将不低于 80℃ 的热溶液送往结晶。从表 4-1 可以看出 $K_2ZrF_6$ 的溶解度随温度的升高而急剧增大。不同温度下 $K_2ZrF_6$、$K_2HfF_6$ 在水及盐系中的溶解度列于表 4-1 和图 4-4，图 4-5。通过冷却的方法使溶液中含锆量的 75%～90% 结晶析出，溶液中锆含量取决于最初浓度。用氨水从母液中沉淀出的氢氧化锆返回烧结工序，在母液中积累的杂质，可在过程中清除。获得的锆氟酸钾结晶组成见表 4-2。

**表 4-1 不同温度下锆氟酸钾在 100g 水中的最高溶解量**

| $t$/℃ | 10 | 20 | 30 | 40 | 50 | 60 | 70 | 80 | 90 | 100 |
|---|---|---|---|---|---|---|---|---|---|---|
| 最高溶解量/g | 1.22 | 1.55 | 1.92 | 2.37 | 2.94 | 3.81 | 5.06 | 6.90 | 11.11 | 23.53 |

**表 4-2 锆氟酸钾结晶成分组成**

| 组　成 | Zr(Hf) | K | F | Fe | Ti | Si | Cl | Hf/Zr |
|---|---|---|---|---|---|---|---|---|
| 含量/% | 31.9<br>~32 | 27.2<br>~27.6 | 39.9<br>~40.05 | 0.044<br>~0.045 | 0.041<br>~0.042 | 0.06<br>~0.07 | 0.006<br>~0.008 | 1.5<br>~2.5 |

然后可采用分步结晶法使铪与锆分离。

浸出和结晶作业都在不锈钢设备中进行，由于设备内壁上涂有一层不溶的氟化物薄膜，因而所受腐蚀很轻微。

## 4.4 等离子法[5,6]

### 4.4.1 概述

等离子技术由于具有温度高、能量集中、容易控制、设备简单等优点，因而是较理想的高温热源，已在切割、焊接、喷涂方面得到应用。近几十年来在化学、冶金过程的研究和应用中已取得显著进展。

等离子法分解锆英砂制取 $ZrO_2$ 与其他制取 $ZrO_2$ 的方法相比，具有简化工艺、三废少、过程连续，产品优良、设备产能高，生产成本低、能得到多种用途的产品等优点。

从 1965 年起，不少研究者用直流电弧等离子和高频感应等离子装置进行了分解锆英砂的试验，最突出的是美国离子弧熔炼有限公司，从 20 世纪 60 年代末就开始应用等离子技术分解锆英砂，再从卤化物生产金属以及生产致密金属和陶瓷微粒。该公司建造了多用实验室；1971 年建立了试验工厂；1972 年设备能力达年产 454t $ZrO_2$；1977 年扩大至 4540 t。1976 年底，离子弧生产 $ZrO_2$ 工艺的世界专利权由澳大利亚伴生矿物联合有限公司（AMA）所获得，目前该公司已成为美洲的 $ZrO_2$ 供应商，并开始向欧洲和日本开辟出口市场。

此外，英国国家物理实验室（NPL）完成了直流转移弧分解锆英石的试验。我国也进行了等离子分解锆英砂制取 $ZrO_2$ 的研究，曾采用非转移型等离子弧装置，进行炉型和锆英砂粒度对分解率的影响等试验。也进行了高频等离子体分解锆英砂制备 $ZrO_2$ 的试验，对反应器的设计及工艺条件等进行了研究[7]。

从图 4-7 的 $ZrO_2$-$SiO_2$ 体系状态图上可以看出，在 1775℃ 以上，锆英砂可分解为 $ZrO_2$ 和富集 $SiO_2$ 的熔体：

$$ZrSiO_4 \rightleftharpoons \underbrace{ZrO_2 + SiO_2}_{\text{熔体}} \tag{4-40}$$

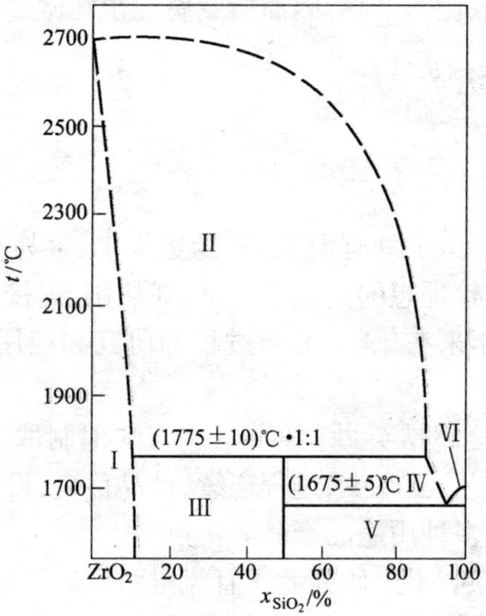


图 4-7　$ZrO_2$-$SiO_2$ 体系状态图

Ⅰ—$ZrO_2$（固溶体）；Ⅱ—$ZrO_2$（固溶体）+ 液体；Ⅲ—$ZrO_2$（固溶体）+ $ZrSiO_4$；Ⅳ—$ZrSiO_4$ + 液体；Ⅴ—$ZrSiO_4$ + $SiO_2$；Ⅵ—$SiO_2$ + 液体

### 4.4.2 工艺流程

锆英砂精矿等离子分解法生产二氧化锆的工艺流程见图 4-8。

在等离子炉内的 10000～13000℃ 下，细粒锆英砂以很快的速度熔化并发生化学分解，产物用碱液溶解并分离硅后，得到工业纯的二氧化锆。

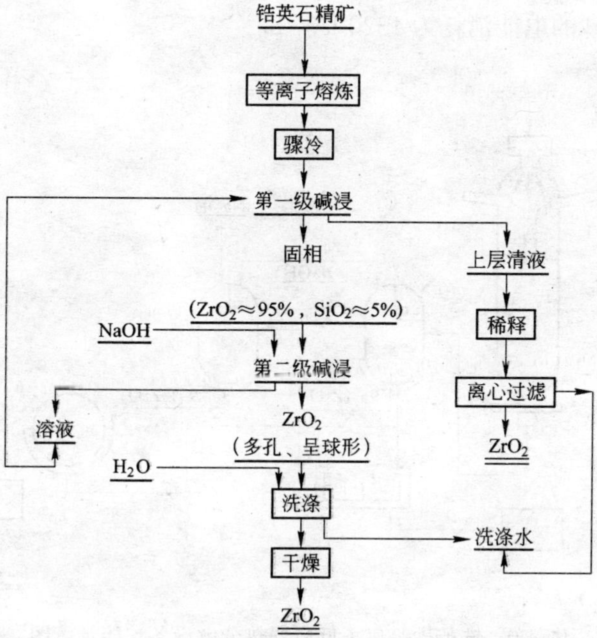


图 4-8 锆英砂精矿等离子熔炼工艺流程

### 4.4.3 工艺设备

分解流程的工艺设备如图 4-9 所示。

### 4.4.4 工艺条件

粉状的锆英砂均匀地加入反应器，在等离子发生器产生的高温下，99%的 $ZrSiO_4$ 按反应发生分解（条件不同亦可以发生逆反应）。反应产物迅速冷却后进入第一个 NaOH 浸出槽，在浓度高达 50% 的 NaOH 溶液中，120℃ 下使无定形的 $SiO_2$ 转化成 $Na_2SiO_3$ 进入溶液中。一段浸出后，经离心过滤机，滤渣进行二次浸出，再用真空圆盘过滤机滤去 $Na_2SiO_3$ 溶液，真空过滤所得到的固体物经干燥便得到纯度 99%、平均粒度为 0.1～0.2μm、树枝状结晶的二氧化锆产品。产品在浓硫酸中有很强的反应能力。分解1t锆英砂的电能消耗为1320 kW·h。

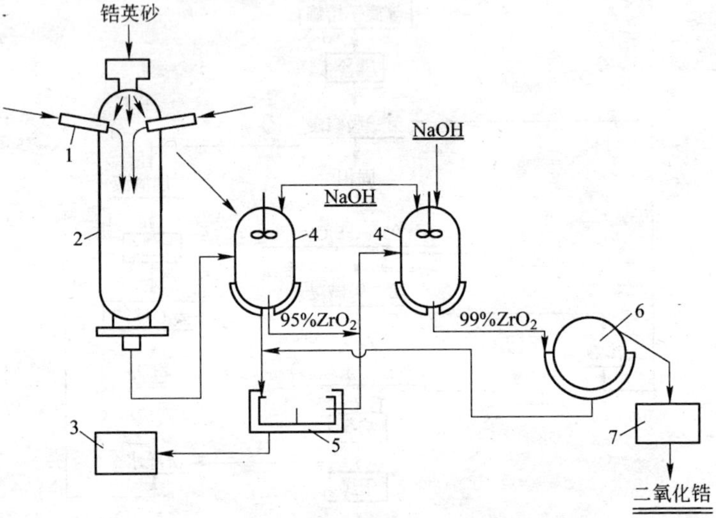


图4-9 锆英砂等离子反应器热分解设备连接示意图

1—等离子发生器;2—等离子反应器;3—$Na_2SiO_3$溶液贮槽;4—NaOH溶液浸出槽;5—离心过滤机;6—真空过滤器;7—干燥器

### 4.4.5 装置与产品

美国离子弧公司所用的等离子装置有直流等离子炉和交流等离子炉两种,公司采用流体对流扩大等离子装置,其结构见图4-10。

三根碳阳极横向安装在同一水平,上方垂直轴线上设置水冷尖头钨阴极。围绕阴极四周有多个进料口。碳棒缓慢地转动可使其均匀消耗,并自动向前送进以弥补损耗。

离子弧公司的等离子装置炉还包括水冷罐及壳体。它与AMA的产品有三种规格,其成分组成见表4-3、表4-4。

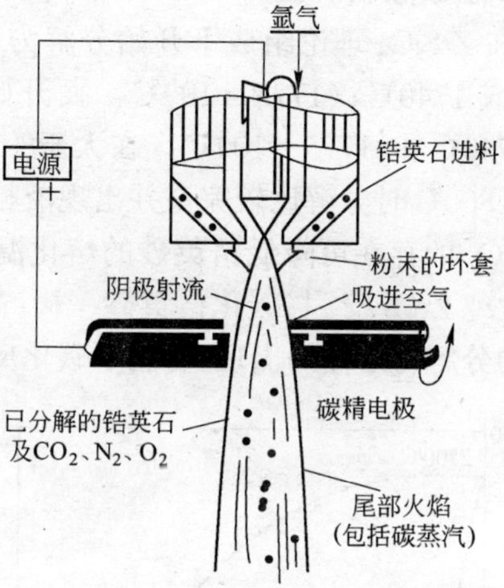


图 4-10 美国离子弧公司等离子装置示意图

**表 4-3 离子弧公司试验工厂产品规格** (单位:%)

| 组 分 | $ZrO_2$ | $SiO_2$ | $Al_2O_3$ | $TiO_2$ | $Fe_2O_3$ | $Na_2O$ | 硫酸盐 |
|---|---|---|---|---|---|---|---|
| 70% $ZrO_2$ | 70 | 30 | 0.20 | 0.10 | 0.08 | 无 | 无 |
| 95% $ZrO_2$ | 96 | 4 | 0.15 | 0.15 | 0.08 | 0.02 | 无 |
| 99% $ZrO_2$ | 99.1 | 0.5 | 0.15 | 0.15 | 0.08 | 0.02 | 无 |

**表 4-4 AMA 的 $ZrO_2$ 规格** (单位:%)

| 组分 / 级别 | 保证的 $ZrO_2$ | 典型的 $ZrO_2$ | $SiO_2$ | $Fe_2O_3$ | $Al_2O_3$ | $TiO_2$ | 杂质限度 |
|---|---|---|---|---|---|---|---|
| 标准级 | 97.5 | 97.7 | 2.0 | 0.025 | 0.2 | 0.12 | |
| 优 级 | 99.0 | 99.2 | 0.5 | 0.02 | 0.08 | 0.06 | |
| 电工级 | 99.5 | 99.7 | 0.12 | 0.02 | 0.06 | 0.06 | 0.10 |

## 4.5 碳热法[8]

### 4.5.1 热力学

用碳热法分解锆英砂精矿制取锆的碳化物及碳氮化物,同时硅以一氧化硅形态被除去。$ZrO_2$-$SiO_2$ 系平衡状态见图 4-11、图 4-12、图 4-13。在 $ZrSiO_4$ 理论组成下开始分解为 $ZrO_2$ 与 $SiO_2$ 的温度为:1540℃或 1740℃;(1775±10)℃。而开始出现液相的温度为:1675℃、1740℃和(1775±10)℃。在大于 1540℃,$ZrSiO_4$ 时开始缓慢分解,1800℃时分解比较完全并出现液相,2200~2500℃下完全熔化。$SiO_2$ 的存在可降低锆英砂的熔化温度,实践中亦得到证明。在碳化纯 $ZrO_2$ 时,与碳化锆英砂一样,高温下亦无液相出现。锆英砂的分解与熔体的出现,有利于碳化反应。

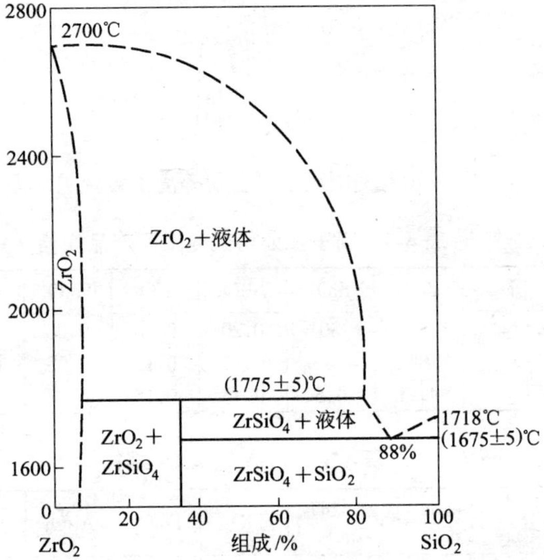


图 4-11 $ZrO_2$-$SiO_2$ 系平衡状态图

### 4.5.2 SiO 的平衡蒸汽压

碳化的主要目的是将 $ZrSiO_4$ 中的 $SiO_2$ 除去,最好的办法是将其转化为气态 SiO 排出。计算 $SiO_2$ 在高温下的平衡蒸汽压,以确定气态 SiO 排出的可能性。

$$SiO_{2(固)} + C = SiO_{(气)} + CO \tag{4-41}$$

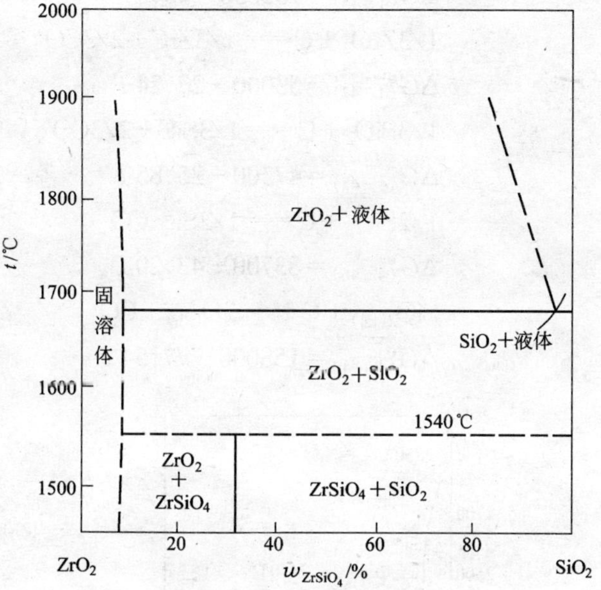


图 4-12 $ZrSiO_4$、$ZrO_2$-$SiO_2$ 系平衡状态图

大于 1800℃时，$\Delta G^{\ominus} = 158000 - 77.54T$

$$\Delta G^{\ominus} = -RT\ln(p_{SiO} \cdot p_{CO})$$

则可算出不同温度下 SiO 的平衡蒸汽压：2100K－180.35kPa；2200K－427.59kPa；2300K－936.24kPa。

### 4.5.3 $ZrO_2$ 与 $SiO_2$ 的碳化反应

锆英砂在 1800℃ 即可迅速地分解为 $ZrO_2$ 和 $SiO_2$，可认为 $ZrSiO_4$ 在炉内以 $ZrO_2$和 $SiO_2$ 存在。锆英砂的碳化可列出以下反应：

$$ZrO_2 + 2C = ZrC + 2CO \tag{4-42}$$

$$\Delta G^{\ominus}_{(4-42)} = 245800 - 81.0T$$

$$1/2ZrO_2 + C = 1/2Zr + CO \tag{4-43}$$

$$\Delta G^{\circ}_{(4-43)} = 103850 - 43.34T$$

$$1/3ZrO_2 + C = 1/3ZrC + 2/3CO \quad (4\text{-}44)$$

$$\Delta G^{\circ}_{(4-44)} = 53000 - 27.24T$$

$$1/3SiO_2 + C = 1/3SiC + 2/3CO \quad (4\text{-}45)$$

$$\Delta G^{\circ}_{(4-45)} = 47500 - 25.85T$$

$$1/2SiO_2 + C = 1/2Si + CO \quad (4\text{-}46)$$

$$\Delta G^{\circ}_{(4-46)} = 83700 - 43.20T$$

$$SiO_{2(固)} + C = SiO_{(气)} + CO \quad (4\text{-}41)$$

$$\Delta G^{\circ}_{(4-41)} = 158000 - 77.54T$$

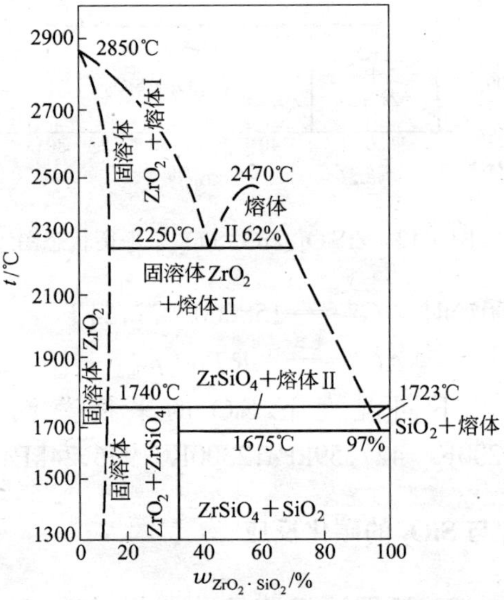


图 4-13 $ZrO_2$ 与 $SiO_2$ 系状态图

不同温度下,反应 4-41～4-46 的标准自由能($\Delta G^{\circ}$)数值见表 4-5。

表 4-5 锆英砂碳化反应不同温度下的标准自由能 $\Delta G^{\ominus}$

(单位:$J \cdot mol^{-1}$)

| 反 应 | 1946K① | 2415K | 3035K | 1838K | 1938K | 2038K | 2200K | 2400K | 2600K |
|---|---|---|---|---|---|---|---|---|---|
| (4-42) | | | 0 | | | | +283838 | +215057 | +147276 |
| (4-43) | | 0 | | | | | +38334 | +2318 | −33698 |
| (4-44) | 0 | | | | | | −28987 | −51781 | −74576 |
| (4-45) | | | | 0 | | | −39205 | −60835 | −82467 |
| (4-46) | | | | | 0 | | −47447 | −83596 | −119746 |
| (4-41) | | | | | | 0 | −52668 | −117553 | −182590 |

①$\Delta G^{\ominus}=0$ 时的温度,即为该反应的起始温度。

根据表 4-5 数据作图 4-14。

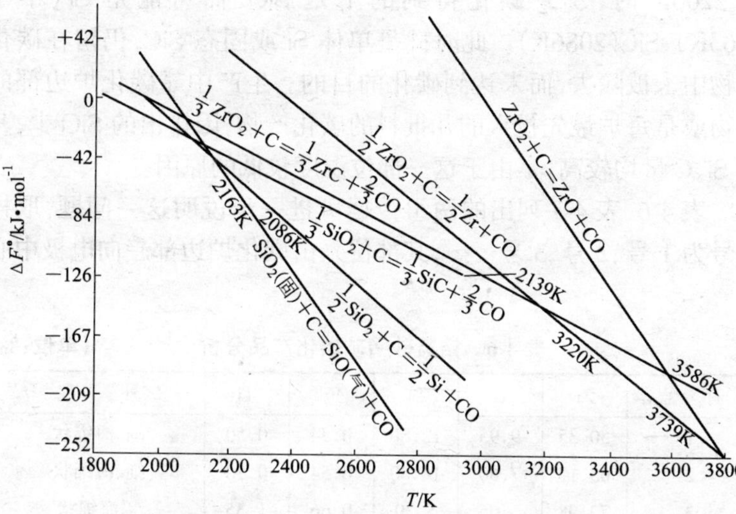


图 4-14 锆英砂碳化标准自由能变化与温度的关系

从表 4-5、图 4-14 可以看出:在 2200~3200K 时,反应生成物的难易是:SiO>Si>SiC>ZrC>Zr>ZrO。值得注意的是,在此温度下,最易生成气态 SiO,其平衡蒸气压≫101.325kPa,并不断地被排出,故 $SiO_2$ 的碳化反应不可能得到 Si 或 SiC。与此同时,

$ZrO_2$ 的碳化反应只能得到 ZrC,不可能得到 Zr 或 $ZrO_2$。上述结论是在配碳量按反应式:$ZrSiO_4 + 4C = ZrC + SiC + 3CO$ 得到的结果。如碳量不足,则碳化反应不完全,残留较多的 $ZrO_2$,即使配碳量合适,由于局部碳量不足,碳化产物中仍会残留未碳化的 $ZrO_2$;如碳量过剩,则 SiO 有被进一步碳化成 SiC 的趋势。

$$SiO + C = Si + CO \tag{4-47}$$

$$\Delta G^{\ominus}_{(4-47)} = 9400 - 8.86T$$

$$Si + C = SiC \tag{4-48}$$

$$\Delta G^{\ominus}_{(4-48)} = -24900 + 8.85T$$

上述两反应,在此温度下容易进行。但大于 3200K 时,优先得到的已不是 ZrC,而可能是 Zr(大于 3320K)、ZrO(3739K)。小于 2200K 时,$SiO_2$ 碳化得到的不是 SiO,而可能是 Si(小于 2163K)、SiC(2086K)。此时硅呈单体 Si 或固态 SiC,仍留在碳化产物中未被除去,而未达到碳化的目的。生产中靠碳化炉边部的产物或是每炉最先投入的几批料的碳化产物,因排出的 SiO 少,其含 Si、C 量均较高,是由于这一部位温度较低的原因。

表 4-6、表 4-7 列出的两组数据可进一步说明这一问题,取样序号为 1 号、2 号、3 号……,其部位系由碳化炉边部趋向电极中心区。

**表 4-6 锆英砂精矿碳化产品分析** (单位:%)

| 序 号 | Zr | C | Si | Fe | Ti | 外 观 |
|---|---|---|---|---|---|---|
| 1 | 50.35 | 9.95 | 12.80 | 0.54 | 0.50 | 细、海绵状 |
| 2 | 63.13 | 7.60 | 14.40 | 0.54 | 0.50 | 细、海绵状 |
| 3 | 72.98 | 5.05 | 5.30 | 0.66 | 1.35 | 粗海绵状 |
| 4 | 70.06 | 4.12 | 6.50 | 0.68 | | 红粒、有孔 |
| 5 | 67.14 | 4.30 | 7.80 | 1.30 | 1.16 | 块、有孔 |
| 6 | 78.45 | 4.15 | 4.50 | 0.26 | 1.50 | 半金黄色、半灰色 |
| 7 | 80.28 | 3.40 | 3.50 | 0.24 | 0.82 | 金黄色 |
| 8 | 84.65 | 7.06 | 1.65 | 0.23 | 1.08 | 银灰色 |

表 4-7 无铪二氧化锆碳化产品分析 （单位：%）

| 序号 | Zr | C | Si | Fe | Ti | 外观 |
|---|---|---|---|---|---|---|
| 1 | 78.45 | 4.17 | 0.06 | 0.18 | 微量 | 灰色、多孔、无光泽 |
| 2 | 82.10 | 4.75 | 0.20 | 0.26 | 微量 | 灰褐色、致密 |
| 3 | 82.28 | 3.10 | 0.08 | 0.154 | 微量 | 灰、淡紫、有细孔 |
| 4 | 83.56 | 3.30 | 0.06 | 0.084 | 微量 | 灰黄色交错、黄色发亮 |
| 5 | 83.56 | 3.39 | 0.06 | 0.14 | 微量 | 老黄、细晶体发亮 |
| 6 | 88.30 | 4.85 | 0.06 | 0.106 | 微量 | 金黄、大晶粒、发亮 |
| 7 | 88.66 | 6.30 | 0.13 | 0.29 | 微量 | 金黄、部分灰色、大晶粒发亮 |

由上表可看出，无铪二氧化锆碳化产品质量较稳定，温度不同的部位产品中 Zr、C 含量波动不大。而在距电极中心较远、温度较低的炉边部产品，含 Zr 量明显降低，含 C、Si 量显著增加。表明低温区（小于 2200K）有 Si、SiC 生成，同时，配碳量一定，用于碳化 $SiO_2$ 的碳量增加（生成 Si、SiC），则用于碳化 $ZrO_2$ 的碳量减少，使 $ZrO_2$ 碳化不完全。

ZrC 产品成分实例见表 4-8。

表 4-8 美国锆生产厂家 ZrC 产品成分分析实例

| 元素 | Zr | C | Si | Fe | Ti | N | O |
|---|---|---|---|---|---|---|---|
| 质量分数/% | 75～85 | 3～5 | 2～4 | 1～2 | ～2 | ～2 | 1～10 |

### 4.5.4 ZrN 的生成

锆英砂碳化产品常含有一定量的 ZrN。当碳化炉中有 $N_2$ 存在时有下列反应：

$$ZrC + 1/2N_2 = ZrN + C \quad (4\text{-}49)$$

$$\Delta G^\circ_{(4\text{-}49)} = -42200 + 19.47T$$

对上述反应的正逆反应进行了研究，而

$$K_P = \sqrt{p_{N_2}}\frac{[ZrC]}{[ZrN]}$$

在 1800～2500℃ 下的 $K_P$ 值为 2～7。若 $p_{N_2} \approx 9.12$kPa，则

$\sqrt{p_{N_2}}\approx 3.02\text{kPa}$;由上式可得:

$$\frac{\sqrt{p_{N_2}}}{K_P}=\frac{[ZrN]}{[ZrC]}\approx 0.15\sim 0.043$$

即[ZrN]约为[ZrC]的4.3%~15%。若碳量不足,则[ZrN]增大;反之,则[ZrN]减少。

综上所述,可得出以下结论:

(1)考虑到锆英砂的分解、熔化,以及生成ZrC、SiO的需要,碳化反应温度必须大于1900℃。小于1900℃时,反应生成Si、SiC,在一定配碳量下并影响$ZrO_2$的碳化完全。温度过高(大于2950℃)也是不必要的,因为不仅增加电耗,反而不利于ZrC的生成。生产中,碳化作业采用的温度是2000~2500℃。

(2)碳化作业配碳量应按$ZrSiO_4$:C=1:4(物质的量比)计。配碳量过低,$ZrO_2$碳化不完全,电极消耗过快;配碳量过高,可生成SiC,增加碳化产物中的C、Si含量。

(3)高温下,$SiO_2$比$ZrO_2$较易于与碳反应,已由生成气态SiO并不断被排出所证实。其氧化物的生成自由能的比较见图4-15。

锆英砂中各氧化物的生成自由能,在温度高于500K时,由大至小的顺序为$Al_2O_3$、$HfO_2$、$ZrO_2$、$TiO_2$、$SiO_2$、$Fe_2O_3$,这也是这些氧化物稳定性大小的顺序。表明用碳还原剂进行碳化熔炼时,碳化顺序为$Fe_2O_3$、$SiO_2$、$TiO_2$、$ZrO_2$、$HfO_2$、$Al_2O_3$。也表明$SiO_2$比$ZrO_2$易于与碳反应。

(4)高温下可以生成ZrN。

碳化作业的主要反应式为:

$$ZrSiO_4+4C = ZrC+SiO+3CO\ (2000\sim 2500℃) \tag{4-50}$$

$$ZrSiO_4+5C = ZrC+Si+4CO\quad(配碳量过多时) \tag{4-51}$$

$$ZrSiO_4+6C = ZrC+SiC+4CO\quad(配碳量过多时) \tag{4-52}$$

$$ZrSiO_4+3C = 2/3ZrC+SiO+1/3ZrO_2+2\frac{1}{3}CO\quad(配碳量不足时) \tag{4-53}$$

$$ZrSiO_4 + 4C \longrightarrow 2/3ZrC + Si + 1/3ZrO_2 + 3\frac{1}{3}CO$$

（<1900℃）　　(4-54)

$$ZrSiO_4 + 4C \longrightarrow 1/3ZrC + SiC + 2/3ZrO_2 + 2\frac{2}{3}CO$$

（<1800℃）　　(4-55)

$$ZrC + 1/2N_2 \longrightarrow ZrN + C \qquad (4\text{-}49)$$

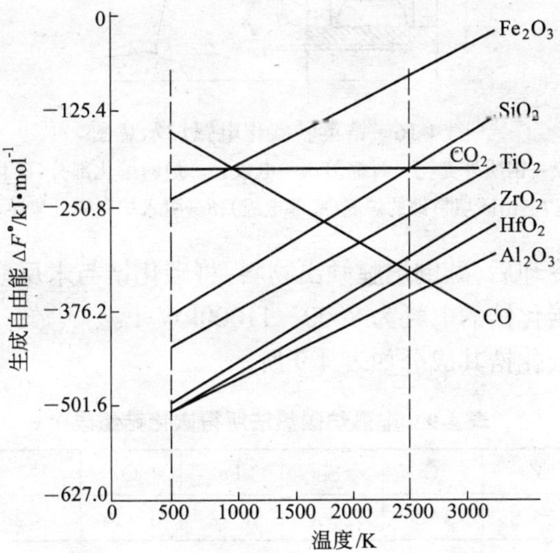


图 4-15　氧化物生成自由能与温度的关系

### 4.5.5　锆英砂碳化的实践

图 4-16 为美国矿务局早期碳化熔炼锆英砂所用的单相电弧炉示意图[1]。

炉膛为一直径 2140mm 的钢质圆筒。电极之一是由碳填料筑成的炉底。直径为 600mm 的另一碳质电极装于炉中心。靠近炉壁的部分炉料不反应，而形成一个隔热层。电极通以约 50V 的低压电流，作业在短弧下进行。在此情况下，由侧面辐射到炉壁上的热损失较小，因为电极本身就是屏板，从炉顶辐射出去的辐射能的损失不大。炉子总功率为750kW。

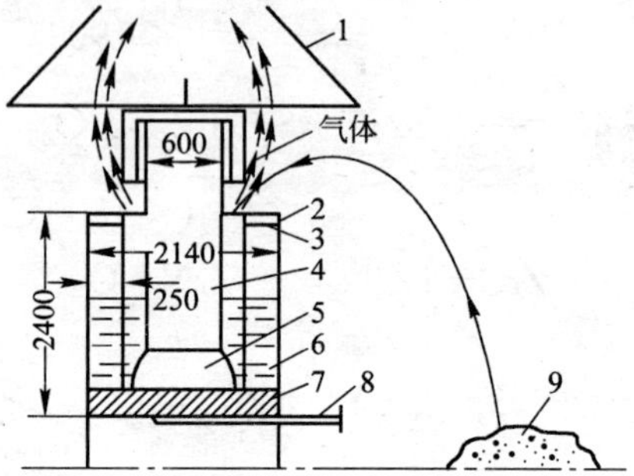


图4-16　锆英砂碳化电弧炉示意图

1—通风罩;2—钢质外壳;3—石棉盖;4—电极;5—炉料熔化部分(碳化物);6—炉料的绝热层;7—由碳填料做的炉底(底部电极);8—引入炉底的电流导线;9—炉料

炉子冷却后,翻倒炉膛倾出物料,将碳化锆与未反应的炉料分开。每吨碳化锆的电耗为8000～11000kW·h。

所得碳化锆其成分如表4-9所示。

**表4-9　电弧炉碳热法所得碳化锆组成**

| 成　分 | Zr | C | Si | Fe | O | N | Ti |
|---|---|---|---|---|---|---|---|
| 含量/% | 75.8 | 3～5 | 2～4 | 1～2 | 1～10 | <2 | <2 |

我国曾在敞开式电弧炉内制得碳化锆并氯化获得四氯化锆[9];其后在图4-17所示的单相碳化炉中研究了影响碳化过程的主要因素:温度、配碳量和熔炼时间及过程通入氮气的影响,以期改善配料比,确定合适的配碳量,确定合理的熔炼时间,提高转化率、增加除硅效率。

曾用圆形石墨坩埚代替方形坩埚,以提高产品质量。锆英砂与碳的配料比为2.8～3.0:1(质量比)。每批料(约160kg)熔炼时间为50min左右。所制得碳化锆的氯化效率可达94%。

同时我国还研究了三相电弧炉进行锆英砂的碳化工艺。设备为三相电弧炉,内有石墨坩埚,三根石墨电极。炉内尾气经烟道进布袋收尘器,每批料碳化时间约50min。除分析ZrC的成分外,还以小型氯化炉检验碳化锆的质量。

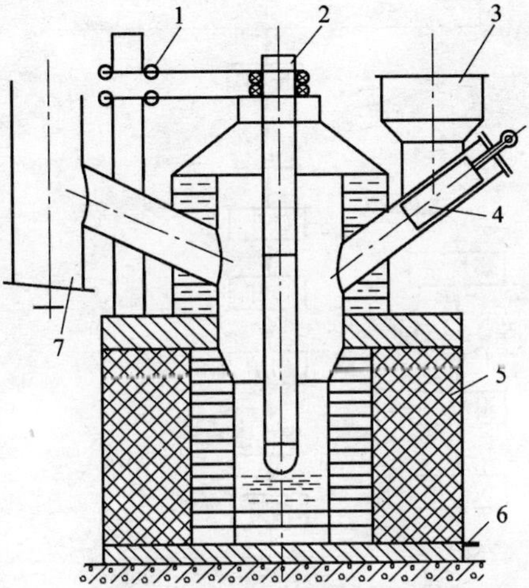


图4-17 单相锆英砂碳化炉示意图

1—电极自动升降系统;2—有水冷电极头的石墨电极;3—加料斗;4—加料闸;5—含隔热层的人工砌筑石墨坩埚;6—电极;7—排气通道

研究表明,三相电弧炉用于锆英砂碳化,经济指标已达到并部分超过当时采用的国外单相电弧炉的水平,有产量大、电流稳定、易起弧、噪声小等优点,生产中已被采用,规模与国外相当。其工艺流程见图4-18;设备流程示意图见图4-19;碳化设备结构示意图见图4-20。

(1)碳化炉打结炉衬与烘炉。碳化炉在结构上使用电极糊烧结炉衬代替石墨砖砌筑,形成了无缝炉衬,大大延长了使用寿命。

打结炉衬是在炉心内径处,砌一层耐火砖做固定支架(炉胎),在炉胎与外层耐火砖之间填充电极糊。在炉膛中心烧煤或烧焦炭,使电极糊熔化。在一批电极糊熔化后再继续添加,直到充满为止。然后仍继续加热,使整个电极糊烘干,待冷却后,将炉胎除去,即可使用。

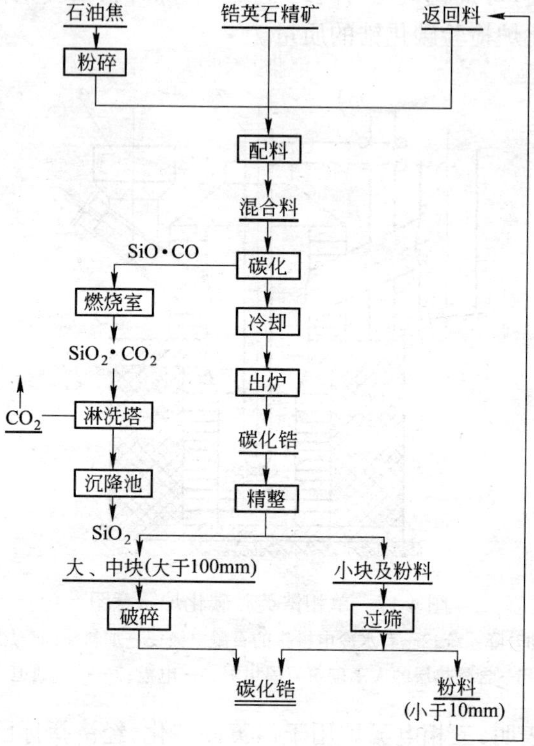


图 4-18　锆英砂精矿碳化工艺流程

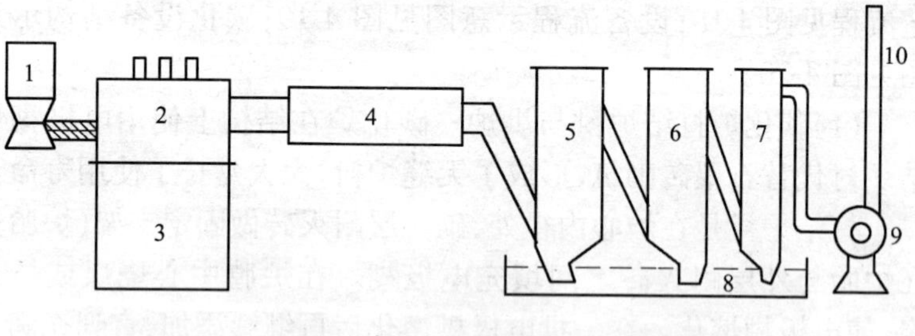


图 4-19　锆英砂碳化工艺设备流程示意图

1—加料漏斗及螺旋给料机;2—碳化炉炉帽;3—三相电弧炉;4—燃烧室;5、6—淋洗塔;7—气液分离器;8—沉降池;9—排风机;10—烟囱

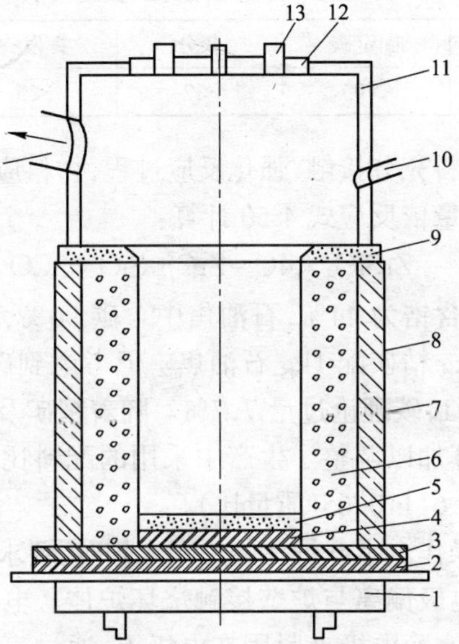


图 4-20 锆英砂碳化用三相电弧炉结构示意图

1—小车;2—耐火砖 3—石墨砖;4—耐火砖;5—返回料(起弧用);6—石墨糊炉衬;7—耐火砖;8—炉壳钢板;9—返回料(密封用);10—加料孔;11—炉盖(帽);12—小炉盖(帽);13—电极孔;14—排风孔

(2)碳化过程的主要设备。三相电弧炉可获得 2000~2500℃的熔炼温度。可用一辆平板车承载炉体。小车上先砌一层耐火砖,其上再砌一层碳砖,炉体吊放在碳砖上。炉膛内先砌一层耐火砖,在其上再铺一层返回料,厚度为 100~150mm,供炉底密封及引弧用。如引弧困难时,可加入少许块状碳化锆或碳块。炉体与炉盖接触处,亦铺一层返回料密封。

(3)碳化要求。锆英砂、石油焦和还原剂成分见表 4-10、表 4-11。

**表 4-10 锆英砂成分及粒度要求**

| 成 分 | Zr | Fe | Si | Hf | 粒度/mm |
|---|---|---|---|---|---|
| 含量/% | >44 | <0.4 | <13 | ≥2.8 | 小于 0.147 |

表 4-11 石油焦成分及粒度要求

| 成分 | 固定碳 | 灰分 | 挥发物 | 粒度/mm |
|---|---|---|---|---|
| 含量/% | >93 | <2 | <5 | 0.088 |

为了使物料充分接触,强化反应过程,物料应充分混匀。配料时还原剂的用量依反应式 4-50 计算:

$$ZrSiO_4 + 4C = ZrC + SiO + 3CO$$

如精矿中含锆为 44%,石油焦中含碳 90%,则理论上所需的配碳量为 3.8kg 精矿配 1kg 石油焦。但考虑到碳的其他损失,实际配比为 3.6∶1,碳理论过量 7.7%。随着精矿及石油焦成分的改变,可通过计算加以调整。生产中采用的配料比为:锆英砂∶石油焦∶返回料=3.6∶1∶0.65(质量比)。

(4)碳化操作。承载炉体的小车入炉时,要求电极圆心对准炉膛中心,以防电极偏离与炉壁接触烧坏炉体。电流通过水冷电极夹导入电极。水冷电极夹紧固在电极上,通过直流电机的传动系统上下移动石墨电极,借以调整电流。起弧后,进入正常熔炼,每批(t)料的熔炼时间约 45min。每 kg 碳化锆电耗为 10~11kW·h 时,耗精矿 2~2.1kg,回收率为 88%±3%。

熔炼结束后,加入一些返回料并拉出炉体,立即盖上密封盖,以免冷却时渗入空气,造成碳化锆氧化或燃烧。严重氧化或燃烧还可造成炉体胀裂。

供氯化用的碳化锆,要求 Zr 大于 75%,Fe 小于 0.5%,Si 小于 3%,C 为 5%~7%,$N_2$ 为 2%~3%,粒度应小于 100mm。出炉的碳化锆应进行破碎。将大于 100mm 的碳化锆,破碎至 20~50mm。小于 100mm 的小块及粉料,经过筛(小于 10mm)后,筛下物作为返回料重新熔炼。

碳化熔炼时,生成大量的 SiO 及 CO,熔炼开始应不断将其排出。另外,CO 浓度达 12.5%~74.2%时会形成爆炸性气体,遇火花或高温即可引起爆炸而造成事故。烟道及燃烧室积存的 $SiO_2$ 应经常清理,防止堵塞通路。尾气须经过淋洗,使 $SiO_2$ 沉降在沉淀池中,含 $CO_2$ 的气体经气液分离后再排入大气。

(5)碳化锆英砂所得产品。碳化锆英砂所得产品具有不同的外观颜色,金黄色产品以碳化锆为主体并含有部分氮化锆;银灰色产品为较纯的碳化锆;灰黑色含锆的氧化物稍多。从各种产品在炉内分布的状况来分析,黄色及银灰色产品集中在炉内电弧区,结构较致密、质量高。红色、灰黑色及其他产品集中在熔区的周围及炉子的顶部和底部,质量差,可能是温度低的原因造成的。

(6)影响碳化锆质量的主要因素。

1)还原剂的质量及数量。通常使用的还原剂有石墨粉、木炭、焦炭、煤及石油焦等。对还原剂的质量要求主要有两点,一是含碳高、灰分少;此外还应考虑到是否来源广,价格便宜。在生产上多采用石油焦。还原剂的数量配比按反应式 4-50 计算,可适当过量。粒度过大则与锆英砂精矿混合不好;过细则粉尘损失大。

2)熔炼温度。碳化温度低,反应不完全,生成夹生料,使质量低的产品增多。

3)炉膛与电极的截面比。炉膛与电极的截面应选择合理的比值。比值过大电弧区较小则会在炉膛周围生成不合格料,影响碳化锆质量;若比值过小,炉温高,会生成坚硬的碳化锆,影响氯化效率。实践表明,比较合理的截面比为 10。圆形电炉,电极应排列成等边三角形,以保持炉内温度均一。

4)电弧炉的密封。炉体密封不好会进入空气,使电极被氧化烧断,并造成还原剂的氧化,使配碳减少,还原不完全,ZrC 也会氧化。

### 4.5.6 沸腾床碳化[1]

研究表明,锆英砂精矿的碳化还可以在连续投加粒状炉料的沸腾炉中进行。由锆英砂加焦炭的炉料,用亚硫酸—纸浆碱液作黏结剂,在盘式制粒机上制成 0.3～1mm 炉料。沸腾碳化的半工业装置见图 4-21。炉体由石墨材料制成,高 2700mm,料层区内径

200mm,上部直径 360mm。炉体由石墨柱加热。在炉的下部吹入流量为 3~3.5$m^3$/h 的氮气,相应气体线速度为 0.3m/s。当温度在 1900~2000℃时,碳化物的组成见表 4-12。除硅率约 95%,产量比电弧炉高 10 倍。

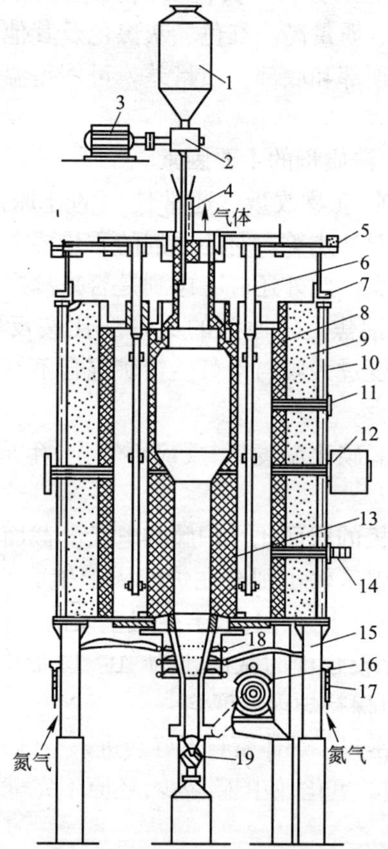


图 4-21 锆英砂的沸腾碳化炉示意图

1—料仓;2—分格加料器;3—电动机;4—装料管;5—供电器;6—加热器;7—炉盖;8—屏板;9—石墨填料;10—炉体;11—光学高温计;12—放射性同位素水平测量仪;13—炉膛;14—辐射高温计;15—柱;16—转数计;17—风口;18—孔形卸料器;19—碳化物收集器

表 4-12 沸腾床焙烧所得碳化锆成分

| 成 分 | Zr | Si | Fe | Ti | $C_{总}$ | $C_{化合}$ | N | O | MgO | CaO |
|---|---|---|---|---|---|---|---|---|---|---|
| 含量/% | 70～73 | 2～4 | 0.26 | 0.6 | 6～8 | 4.5～5.5 | 3～5 | 0.5～0.8 | <0.12 | <0.07 |

## 4.6 氯化法

用锆英砂加碳氯化除硅的方法生产四氯化锆将在第 6 章叙述。

## 4.7 从盐酸或硫酸溶液中析出锆和铪化合物[1]

含锆(铪)的锆英砂无论是用苛性钠熔合或苏打烧结或用碳酸钙烧结分解,都应再经湿法处理,得到不同的含锆(铪)溶液,为了从溶液中析出锆(铪)化合物,可以采用如下几种方法:

(1)从盐酸溶液中沉淀出碱式氯氧化锆(铪)$Zr(Hf)OCl_2 \cdot 8H_2O$ 或 $Zr(Hf)(OH)_2Cl_2 \cdot 7H_2O$;

(2)从盐酸或硝酸溶液中水解沉淀出碱式硫酸锆(铪)$Zr(Hf)O_2 \cdot SO_3 \cdot 5H_2O$;

(3)从硫酸溶液中析出 $Na_4[Zr(Hf)(OH)_6(SO_4)_7(H_2O)_2] \cdot nH_2O$ 和 $(NH_4)_4[Zr(Hf)_4(OH)(SO_4)_7(H_2O)_2] \cdot nH_2O$ 晶体。

### 4.7.1 从盐酸溶液中沉淀出碱式氯化锆

碱式氯化锆在浓盐酸中的溶解度比在稀盐酸中低得多。从图 4-22 中可以看出,20℃时当盐酸浓度为 318g/L,碱式氯化锆的溶解度最小(10.8g/L),而在稀盐酸溶液中的溶解度可为它的 40～50 倍;

$ZrOCl_2 \cdot 8H_2O$ 热分解产物中氯含量与温度的关系见图 4-23。从 100℃至 200℃,产物中含氯量急剧下降。

$ZrOCl_2 \cdot 8H_2O$ 的脱水曲线见图 4-24。

其脱水机理为:$ZrOCl_2 \cdot 8H_2O \xrightarrow[\leqslant 66.5℃]{-3H_2O} ZrOCl_2 \cdot 5H_2O \xrightarrow[\leqslant 102℃]{-H_2O} ZrOCl_2 \cdot 4H_2O \xrightarrow[\leqslant 118℃]{-H_2O} ZrOCl_2 \cdot 3H_2O \xrightarrow[212℃]{-2HCl} ZrO_2 \cdot 2H_2O$(非晶)$\xrightarrow[350℃]{-2H_2O} ZrO_2$(四方)。

在 $ZrO_2$-HCl-$H_2O$ 系中锆的溶解度见图 4-25。

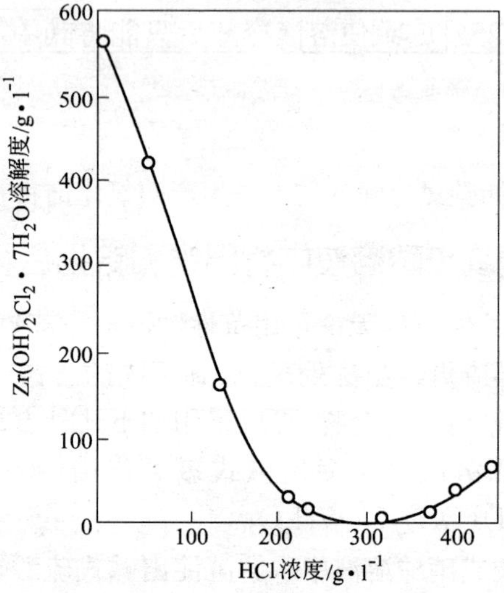


图 4-22　$Zr(OH)_2Cl_2 \cdot 7H_2O$ 溶解度与 HCl 浓度的关系(20℃)

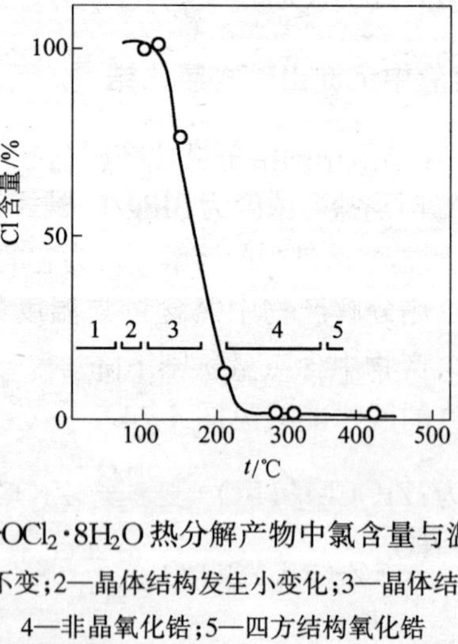


图 4-23　$ZrOCl_2 \cdot 8H_2O$ 热分解产物中氯含量与温度的关系

1—晶体结构不变；2—晶体结构发生小变化；3—晶体结构几乎不变；

4—非晶氧化锆；5—四方结构氧化锆

（287℃时[Cl]=2%，305℃时[Cl]≈0）

蒸发稀盐酸溶液不能将盐酸浓度提高到220g/L(20.2%)以上,因此时已形成恒沸混合物。但在此浓度的酸中,$ZrOCl_2 \cdot 8H_2O$的溶解度仅为25g/L,致使溶液冷却后只能将其中不到90%的锆结晶析出。

采取这种方法可以得到纯度很高的锆化合物,因为大部分的铁、铝和部分钛等均留在盐酸母液中。这种盐也还可以经过重复结晶加以净化。由氯氧化锆很容易制得其他纯的锆化合物——氢氧化锆、氟化锆、硝酸锆或硫酸锆。为此,将氯氧化锆溶解度于水,加氨使氢氧化锆沉淀出来,然后将其溶于相应的酸中。用这种方法制得的二氧化锆纯度达99.6%~99.8%。

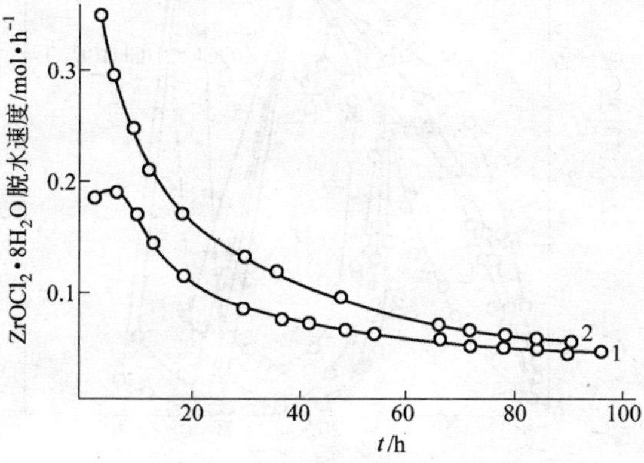


图4-24　$ZrOCl_2 \cdot 8H_2O$脱水曲线

1—55℃;2—65℃

## 4.7.2　从盐酸或硝酸溶液中水解沉淀出碱式硫酸锆(铪)

从盐酸和硝酸溶液中分离出锆广泛应用于工业实践中。当用纯碱或氨中和过量的硫酸溶液时,并不发生碱式硫酸锆的水解。这是由于在溶液中锆处于牢固的络合阴离子$[ZrO(SO_4)_2]^{-2}$的组成中,与钠阳离子和铵阳离子生成易溶解的盐。为了使硫酸锆水解,只确定溶液有一定的酸度是不够的。补充的条件是不应有太

过量的 $SO_4^{-2}$ 离子存在，因为络合离子形成的程度并不取决于溶液的酸度，而取决于其中硫酸根离子的浓度。当往溶液中加 $BaCl_2$ 或 $CaCl_2$，取走部分 $SO_4^{-2}$ 离子时，才会发生水解，但这里使工艺变得非常复杂。因此，从硫酸溶液中水解沉淀锆的方法，在工艺上并不采用。

从盐酸或硝酸溶液中水解分离出碱式硫酸盐是易行的，因为此时可向溶液中加入 $H_2SO_4$ 或 $Na_2SO_4$ 而存在一定量的硫酸根离子。

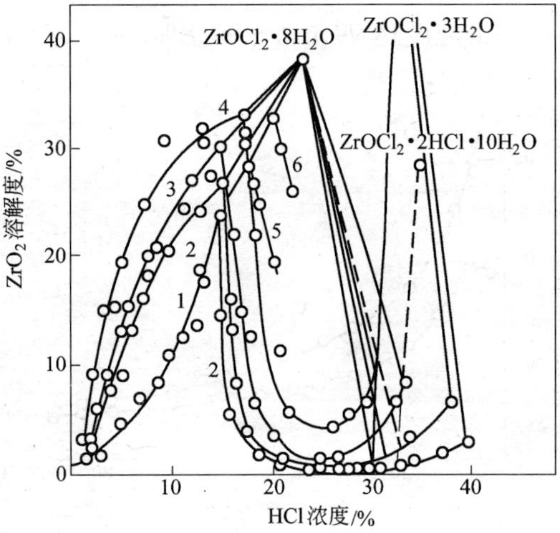


图 4-25　$ZrO_2$-HCl-$H_2O$ 系中锆的溶解度

1—0℃；2—30℃；3—50℃；4—75℃；5—80℃；6—90℃

在含 Zr40～60g/L 的盐酸或硝酸溶液中，按 1mol $ZrO_2$ 加入 0.5～0.7mol 的 $H_2SO_4$，然后中和并稀释到按 HCl 计算大约 1～1.5g/L 的酸度，加热至 70～80℃，便析出组成为 $2ZrO_2 \cdot SO_3 \cdot 5H_2O$ 的碱式硫酸锆沉淀。往溶液中加入的硫酸可用可溶性硫酸盐（$Na_2SO_4$、$MgSO_4$）代替，锆的回收率可达 97%～98%。

碱式硫酸盐沉淀经过滤、洗涤，并在 850～900℃下在衬有高铝耐火材料的炉中煅烧，除去 $SO_3$ 和 $H_2O$，用这种方法可以获得各种纯度的二氧化锆。

盐酸分解锆英砂精矿与碳酸钙的烧结块后，从溶液中得到的 $ZrO_2$ 的组成见表 4-13。

**表 4-13 盐酸分解锆英砂与碳酸钙的烧结块后从溶液中所得 $ZrO_2$ 组成**

| 组成 | $ZrO_2$ | $TiO_2$ | $SiO_2$ | $Fe_2O_3$ | CaO |
|---|---|---|---|---|---|
| 含量/% | 97～98 | 0.25～0.5 | 0.2～0.5 | 0.05～0.15 | 0.2～0.5 |

在锆和铪分离以后可从氯氧化锆溶液或提取物溶液中获得更纯的产品。

## 参考文献

1 A.H.泽列克曼，O.E.克列茵，Г.B.萨姆索诺夫.稀有金属冶金学.北京：冶金工业出版社，1982
2 林振汉.有色金属提取冶金手册.锆铪.北京：冶金工业出版社，1998
3 李洪桂主编.稀有金属冶金学.北京：冶金工业出版社，1990
4 王善作，于金凤.氯氧化锆生产工艺流程研究，北京有色金属研究总院，1984
5 杜华唐.等离子法制取 $ZrO_2$ 技术的发展，稀有金属，1981
6 杜华唐.电弧等离子分解锆英砂的研究，稀有金属，1984
7 何芬.高频等离子体热分解锆英砂制备二氧化锆，稀有金属，1988
8 汪珂.锆冶金学.东北工学院，1974
9 熊炳昆，郭靖茂.锆英砂碳化的研究，北京有色金属研究总院，1967

# 5 锆与铪的分离

锆与铪由于它们具有相似的外层电子结构，受镧系收缩的影响，其原子半径、离子半径、结构都十分接近，因此化学性质非常相似。在自然界中锆与铪总是共生在一起，没有单独的锆矿或铪矿，所以锆铪必须进行分离，使原子能级锆中铪的含量小于0.01%，这样的铪含量几乎不增加锆的热中子吸收截面。0.1%的截面小于$5\times10^{-24}m^2$(5b)的普通元素可以允许作为杂质或锆合金元素而存在。除铪以外还有少数吸收截面较大的元素，如硼和镉的含量也应保持在较低的水平。原子能级铪要求锆含量低于2%。

由于锆和铪的化学性质十分相似，它们的水溶液化学也十分复杂。锆和铪都是很强的亲氧元素，在水溶液中，锆铪离子有很强的水解和聚合倾向，形成不同配位数的络合物，这样就更增加了锆铪分离的难度。尽管如此，它们在不同介质的水溶液中表现出一些微小的化学差别，正是这些差别奠定了锆铪分离的基础。

国内外曾经研究了很多锆铪分离方法，比较成熟的方法有以下几种：(1) 分步结晶法；(2) 离子交换法；(3) 溶剂萃取分离法；(4) 氯化物选择性还原法；(5) 熔盐精馏法。现对这几种分离方法分别阐述如下。

## 5.1 分步结晶法

### 5.1.1 基本原理

分步结晶法是利用某些锆铪化合物溶解度的微小差异和它们的溶解度随温度的下降而明显减小的性质来进行分离。在分步结晶过程中溶解度小的化合物结晶首先析出，而溶解度大的化合物则留在母液中，从而使两种化合物分离。研究得最早的是锆铪的络合氟化物。有关 $K_2ZrF_6$ 和 $K_2HfF_6$ 在水中的溶解度有过很多报道,但数据差异较大,这可能是由于不同作者所采用的实验条件的不同所造成的,但 $K_2HfF_6$ 的溶解度比 $K_2ZrF_6$ 在水中的溶解度大,它们的比率约为 1.5~2.5,这一点是一致的,这就给我们提供了利用 $K_2Zr(Hf)F_6$ 化合物重结晶分离锆铪的可能性。现将这些数据列入表 5-1 和表 5-5。从表 5-1 中看出,$K_2HfF_6$ 溶解度比 $K_2ZrF_6$ 大,且随温度的降低溶解度减小,而铪与锆的溶解度比率增大。

**表 5-1 $K_2ZrF_6$、$K_2HfF_6$ 在 100g 水中溶解度与温度的关系[1~4]**

| 温度/℃ | $K_2ZrF_6$/g | | | | $K_2HfF_6$ 溶解度/g | | 溶解度比率 |
|---|---|---|---|---|---|---|---|
| | 文献[1] | 文献[2] | 文献[3] | 文献[4] | 文献[3] | 文献[4] | 文献[4] |
| 0 | | | | 0.936 | | 2.254 | 2.4 |
| 10 | 1.22 | | | | | | |
| 20 | 1.55 | 1.96 | 0.0576mol/L | 1.822 | 0.0834mol/L | 4.308 | 2.36 |
| 30 | 1.92 | | | | | | |
| 40 | 2.37 | | | 4.222 | | 9.584 | 2.27 |
| 50 | 2.94 | | | | | | |
| 60 | 3.81 | 9.60 | | 9.336 | | 20.757 | 2.27 |
| 70 | 5.06 | | | | | | |
| 80 | 6.90 | | | 17.404 | | 37.231 | 2.17 |
| 90 | 11.11 | | | | | | |
| 100 | 23.53 | 30.50 | | 36.20 | | 74.10 | 2.04 |

曾经应用过以铵代钾的复盐,所得锆和铪的两种盐的可溶性均比相应的钾盐大,这样的溶解度对于分离并不有利。铵复氟化物的溶解度列于表 5-2。

表 5-2 锆和铪的含铵复氟化物的溶解度[5]

| 盐　类 | 温度/℃ | 溶　剂 | 溶解度/mol·$L^{-1}$ |
|---|---|---|---|
| $(NH_4)_2ZrF_6$ | 20 | 0.125N HF | 0.06545 |
| $(NH_4)_2HfF_6$ | 20 | 0.125N HF | 0.10080 |
| $(NH_4)_2ZrF_6$ | 20 | 5.89N HF | 0.1297 |
| $(NH_4)_2HfF_6$ | 20 | 5.89N HF | 0.1942 |
| $(NH_4)_2ZrF_6$ | 20 | $H_2O$ | 1.05 |
| $(NH_4)_2HfF_6$ | 20 | $H_2O$ | 1.45 |
| $(NH_4)_3ZrF_7$ | 20 | $H_2O$ | 0.56 |
| $(NH_4)_3HfF_7$ | 20 | $H_2O$ | 0.60 |

锆和铪的铵复氟化物的溶解度随温度的变化列入表 5-3。

表 5-3 $(NH_4)_2ZrF_6$、$(NH_4)_2HfF_6$ 溶解度(mol/L)与温度的关系[6]

| 盐　类 | 0℃ | 20℃ | 45℃ | 90℃ |
|---|---|---|---|---|
| $(NH_4)_2ZrF_6$ | 0.611 | 1.050 | 1.842 | 2.960 |
| $(NH_4)_2HfF_6$ | 0.890 | 1.425 | | |

除了复氟化物以外,卤氧化物在溶解度方面的差异也已用来分离锆和铪,见表 5-4[5]。

表 5-4 锆铪的卤化物在卤酸溶液中的溶解度 (单位:mol/L)

| 卤　酸 | 当 量 度 | $HfOX_2$ | $ZrOX_2$ |
|---|---|---|---|
| HCl | 6.35 | 0.1030 | 0.1037 |
| | 11.61 | 0.1509 | 0.334 |
| | 12 | 0.090 | 0.310 |
| HBr | 13 | 0.0038 | 0.0172 |
| HF | 20 | 1.22 | 2.34 |

表 5-5 $K_2ZrF_6$ 和 $K_2HfF_6$ 在 6 g/L $NH_4F$ 溶液中的溶解度与温度的关系[7]

| No. | 温度/℃ | $K_2ZrF_6$ 溶解度/% | $K_2HfF_6$ 溶解度/% |
|---|---|---|---|
| 1 | 20 | 2.232 | 3.638 |
| 2 | 30 | 3.341 | – |
| 3 | 40 | 4.435 | 9.058 |
| 4 | 50 | 6.648 | – |
| 5 | 60 | 8.799 | 17.104 |
| 6 | 70 | 11.980 | 22.970 |
| 7 | 80 | 15.773 | 29.580 |

### 5.1.2 分步结晶工艺

前苏联的 Н.П.Сажин 和 Е.А.Пепеляева 在研究了用硅氟酸钾烧结分解锆英石制取粗 $K_2ZrF_6$ 的基础上，进一步研究了 $K_2ZrF_6$ 分步结晶工艺，并于 20 世纪 50 年代用于工业生产。该工艺包括重结晶分离，无铪二氧化锆的制取和富铪料的制取三步工序。重结晶分离的工艺见图 5-1。

A 重结晶分离

首先将粗 $K_2ZrF_6$ 在加热的不锈钢槽中溶解，每份晶体都溶解于上周期第三次结晶的母液中，溶解温度为 90℃，溶解时保持固∶液=1∶7 的比例关系，相应的 $K_2ZrF_6$ 的浓度为 0.5mol/L。为使 Fe、Ti 等杂质以氢氧化物的形式沉淀分离，并使杂质 $Na_2SiO_3$ 更好地溶解，向溶液中加入容积 1/100 的用水稀释到 1∶9 的氨水，在沉淀以后，上清液送到重结晶系统中进行第一次到第十五次的重结晶，得到的 $K_2ZrF_6$ 结晶就是含铪量<0.01%的无铪 $K_2ZrF_6$，可以用来制取无铪二氧化锆。

B 无铪二氧化锆的制取

将无铪 $K_2ZrF_6$ 溶解于水，使溶液锆浓度为 18～20 g/L，在 353K 下加入理论量 150%的氨水，便发生生成 $Zr(OH)_4$ 的反应：

$$K_2ZrF_6 + 4NH_4OH = Zr(OH)_4 \downarrow + 4NH_4F + 2KF$$

用热水洗涤 $Zr(OH)_4$，除去氟和钾离子，然后在 1173K 煅烧 $Zr(OH)_4$ 就可制得无铪二氧化锆。

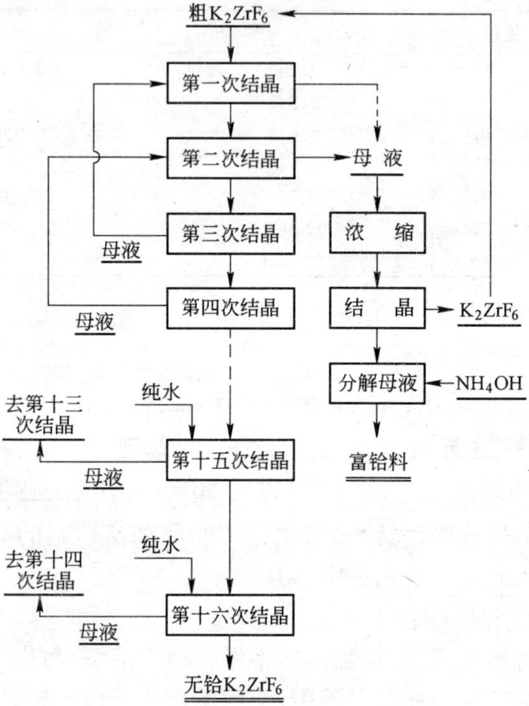


图 5-1 分步结晶法分离锆铪工艺流程图

C 富铪料的制取

将第一次和第二次结晶的母液从结晶循环中引出，送到一、二次母液的贮槽中，此溶液为富铪溶液，溶液中 $K_2ZrF_6$ 的浓度为 20～25 g/L。溶液蒸发浓缩到原体积的 1/4～1/5，冷却结晶，此时析出的 $K_2ZrF_6$ 返回到 $K_2ZrF_6$ 溶解槽，结晶后的母液送到分解槽中以过量氨水进行中和，得到的便是富铪 $Zr(OH)_4$，其中铪含量约为 6%～7%，作为进一步制取纯铪的原料。

### 5.1.3 分步结晶法的分离效果

(1) 各项结晶后 $K_2ZrF_6$ 中含铪量与结晶次数的关系，见图 5-2。

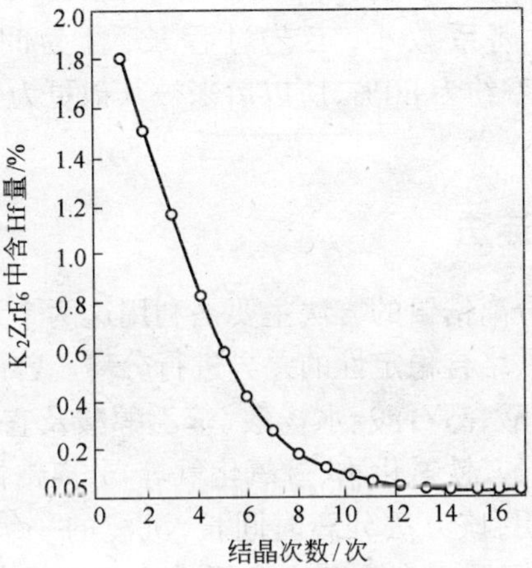


图 5-2 $K_2ZrF_6$ 中 Hf 含量与结晶次数的关系

(2) 粗 $K_2ZrF_6$、无铪 $K_2ZrF_6$、无铪氧化锆的典型组分，见表 5-6。

**表 5-6 粗 $K_2ZrF_6$、无铪 $K_2ZrF_6$ 和无铪 $ZrO_2$ 的典型组分[8]** （单位：%）

| 名称 | Zr | F | K | Hf | Si | Al | Fe | Ti |
|---|---|---|---|---|---|---|---|---|
| 粗 $K_2ZrF_6$ | 32.00 | 40.05 | 27.0 | 1.5~2.5 | 0.07 | | 0.042 | 0.045 |
| 无铪 $K_2ZrF_6$ | 32.08~32.21 | 40.0~40.2 | 26.9~27.2 | <0.01 | 0.033~0.036 | | 0.014~0.017 | 0.02~0.03 |
| 无铪 $ZrO_2$ | ~74 | 0.2~0.3 | 0.1~0.4 | <0.01 | ~0.05 | 0.004~0.007 | ~0.005 | 0.004~0.006 |

(3) 富铪氢氧化物的组分，见表 5-7。

**表 5-7 富铪氢氧化物的组分**

| 成　　分 | $MeO_2$ | $Fe_2O_3$ | $TiO_2$ | $SiO_2$ | $HfO_2/MeO_2$ |
|---|---|---|---|---|---|
| 含量/% | 16 | 0.57 | 2.00 | 0.11 | 7.7 |

(4) 分步结晶法的优点是操作简单,不需要消耗化学试剂。它的缺点是分离系数小,工艺过程长,且为间歇操作。无铪 $K_2ZrF_6$ 的产出率约为 80%,所以后来被其他更为先进的分离方法所代替。

## 5.2 分级沉淀法

分级沉淀分离锆铪的方法主要是利用这两个元素的某些化合物的溶解度及其络合稳定性的差异进行分离。曾研究过用它们的有机化合物(苯酸、酒石酸、水杨酸、苯乙醇酸及它们的衍生物)和无机化合物(磷酸、铁氰化物、过氧化氢等)分离锆铪的方法。多年的研究结果表明,该方法分离时间长,沉淀的一级所得富集度较小,所以该方法只限于在实验室应用。这些方法中最有效的方案是磷酸盐沉淀法和铁氰化物沉淀法。

### 5.2.1 磷酸盐沉淀法

这是最广泛使用的一种分离方法。锆、铪在酸性溶液中都可以生成不易溶解的磷酸盐,但它们的溶解度不同,磷酸锆的溶解度为 $1.2\times10^{-4}$mol/L,磷酸铪仅为 $9\times10^{-5}$mol/L,利用它们溶解度的差异使其分离。把沉淀的磷酸盐溶于氢氟酸、浓草酸、浓硫酸等,然后再加入硼酸钠或硅酸钠或其他氟化物络合物破坏锆铪氟的磷酸络合物,使磷酸盐重新沉淀,铪的络合物更不稳定,且磷酸铪的溶解度低,故铪富集于沉淀中使锆铪得到分离。

为了提高锆铪的分离系数,采用含硫酸根的原液,因为锆比铪可与硫酸根生成更稳定的络合物,可使锆与铪更好地分离[9,10]。例如,将含 $ZrO_2$ 2%～5%的 10%的硫酸溶液和 2%～5%的磷酸溶液在 70～75℃下同时喷入 10%的硫酸溶液中,这样就可以得到致密的大颗粒沉淀。为了使磷酸盐沉淀重新转入溶液,将过滤后的沉淀物在 0～10℃下用氢氧化钠和过氧化氢进行处理,然后在 50～70℃浸煮,使锆铪转化成其水合过氧化物的沉淀,再将沉淀溶解于硫酸中,重新进行磷化盐沉淀。经过 4 次沉淀后,二氧化铪的含量从59%上升到97%;7次沉淀后,从13%提高到93%,每次沉淀都有55%的锆铪进入沉淀中。

利用磷酸三乙酯在锆(铪)的6mol/L $HNO_3$中水解,可得到$HfO[H(C_2H_5)(PO_4)]\cdot 2H_2O$沉淀,铪优先沉淀下来,这样也可以使锆铪得到分离。用磷酸三甲酯,分离效果更好,在一组5次沉淀中,氧化铪含量从16%富集到91.1%。

### 5.2.2 铁氰化物沉淀法

锆铪的铁氰化物溶解度更低,分离更迅速有效。该法是将所沉淀的氢氧化锆(铪)的稀硫酸溶液加入一定量的硫酸铵,煮沸数小时,再加入饱和的冰草酸,然后将足量的铁氰化物加到预热的锆铪溶液中,经过数小时后,就有黄色的铁氰化锆(铪)沉淀下来,用过量的NaOH处理,使之转化为氢氧化物,这样就可以再溶于硫酸,进行下一步的分级沉淀。在经过三次分级沉淀以后,就可以得到含$HfO_2$95%的铪产物。

斯楚博等[11]研究了上述流程的影响因素,提出了如下的方案,即以氢氧化锆铪为原料,经浓硫酸、硫酸铵和草酸处理后得到清亮的溶液,然后用铁氰化钠溶液沉淀锆铪,煮沸数小时后过滤,用氢氧化铵处理沉淀,使锆铪转化成氢氧化物,进行下一步再沉淀,经过四次分级沉淀,使含铪12%的原料富集成含$HfO_2$ 80%的富铪料。

该方法虽然分离效果较高,但在沉淀过程中,铁氰化钠被硫酸部分分解,产生HCN蒸汽污染大气,故不宜在大生产中使用。

## 5.3 离子交换法

锆和铪能够水解成几种不同形式的阳离子或者形成带负电荷的络阴离子,因此有可能用阳离子或阴离子交换树脂来分离它们。阳离子交换法能减少因水解带来的复杂性,优点较多,但这两种方法都已成功地把锆铪分离开来。

### 5.3.1 阳离子交换法

Street 和 Seaborg[12]在 1948 年首先发现了这个方法。他们用的是苯基磺酸型强酸性阳离子交换树脂 Dowex-50，首先将树脂的粒度调整到 250～500 0.736～1.47mm，此树脂在 2 mol/L 高氯酸中制成悬浮液，然后在不断搅拌下，将 0.01mol/L 铪含量为 30％的锆的氯氧化物加入，达到平衡后，有 80％的锆(铪)被吸附到树脂上，再将此树脂悬浮液倒在事先准备好的长 30cm、截面积为 1cm 的树脂柱的顶部，最后用 6 mol/L HCl 淋洗，这时铪首先被洗出，可回收 66％的起始氧化铪，其中 $ZrO_2$ 的含量约为 0.1％。这个程序的最初规格很小，只用了 35mg $ZrO_2$ 和 15mg $HfO_2$。Cooper 和 Dinzey[13]后来用同样的方法处理 2.3g 含铪为 3.6％的混合氧化物，他们认为用此方法制取无铪氧化锆比制取不含锆的氧化铪更为合适。Newnham[14]同样处理了 2g 含铪为 20％的混合氧化物，使用的树脂柱高 150 cm，直径为 3.5 cm，填充 0.074～0.147 mm(100～200 目)的 Dowex-50，树脂吸附锆铪以后，用 6 mol/L HCl 以 0.5 ml/min 的速度淋洗铪，得到的五份连续流分的第一个流分中含原始氧化铪的 42％，其纯度为 99.9％，五个流分的分析结果列于表 5-8。

**表 5-8 各流分的 $HfO_2$ 含量**

| 淋洗流分 | $HfO_2$ 的回收率/% | $HfO_2$ 含量/% |
|---|---|---|
| 1 | 42 | 99.9 |
| 2 | 18 | 90 |
| 3 | 10 | 75 |
| 4 | 10 | 52 |
| 5 | 10 | 34 |

Lister[15]用同样的树脂，研究了硫酸、盐酸、硝酸、高氯酸和草酸的淋洗特性，指出：硫酸优先洗出锆，是最有效的分离锆铪的淋洗剂；并且发现，锆在硝酸溶液中比在高氯酸溶液中可以更好的被

吸附到树脂上。此外,他们发现用 3mol/L HCl 淋洗比 6mol/L HCl 淋洗时,分离效果更好,但不完全。最开始的流分是 34% 的氧化铪,而锆产品中含铪为 0.14%。用 0.01 和 0.001mol/L 的草酸淋洗时,淋洗速度很快,但分离效果不好,因为草酸对锆铪的络合能力都很强,故草酸不适用于锆铪分离。分析表明,草酸洗锆最快,3mol/L $HNO_3$ 洗锆和盐酸相似,但分离不好。高氯酸与锆生成的络合物最弱,所以淋洗的最慢,且分离不好。

Lister[16]在比较大型的实验中采用了直径 2.5cm、高 120cm 的树脂柱,内装 350g 粒径为 0.5mm 的树脂 Zeocarb 225(与 Dowex-50 相似),使含有 20g 硝酸氧锆的 1 L 酸度为 2 mol/L 硝酸溶液缓慢通过此柱,然后用 0.5mol/L $H_2SO_4$,以 100 ml/h 的流速淋洗吸附的物料。最初流出的 9 L 洗出液中含有 95%~98% 的锆,铪少于 0.01%。用低浓度的硫酸(0.4mol/L)分离效果更好,但淋洗时间更长。锆洗出后,用 1.5 mol/L $H_2SO_4$ 或草酸可以很快的洗出铪。

Benedict,Schumb 和 Corgell[17]对不同浓度的硫酸、盐酸和硝酸的影响作了全面研究,指出:从 0.2~11.5 mol/L HCl,0.5~14.8 mol/L $HNO_3$ 和 0.39~4.7 mol/L $H_2SO_4$ 中,Dowex-50 吸附锆铪的百分率相同,只用无机酸时,分离效果最好的是 0.39 mol/L 的 $H_2SO_4$,这一结果和 Lister 的研究是一致的。但是如果在硝酸中加入络合剂,则分离效果更好。酒石酸与锆铪之间络合能力的差别最大,锆形成络合物的能力强于铪,用柠檬酸也是如此,用 0.45 mol/L $HNO_3$-0.091 mol/L 柠檬酸的混合液,从 Dowex-50 树脂柱上可优先淋洗出纯度为 99% 的锆,实际上不含铪,这时锆的分配系数为 8,而铪的分配系数为 100,故可以做到锆铪完全分离。上面所有的实验都是用放射性同位素示踪剂在极稀的溶液中进行的。

Larsen 和 Wang[18]研究了锆和铪在高氯酸溶液中的吸附,发现锆优先被吸附到 Amberlite IR-120 树脂上。

英国原子能研究中心[19]采用这一方法进行了规模较大的研

究,他们所用的树脂为 Zeocarb-225。整套装置由两个柱子组成,见图 5-3 所示,*A* 为饱和柱,由硬质玻璃做成,直径为 152.4 mm,内装树脂 13.3 kg;B 柱为主柱,由有机玻璃做成,内装树脂 21.3 kg。操作时,将硝酸氧锆(铪)溶液用泵送入 *A* 柱,由 *A* 柱流出的原液再回到原液罐,这样循环几次,使原液中的锆 60%吸附到树脂上,然后用 2 mol/L 硝酸洗涤,再用水洗涤,最后串联饱和柱和主柱,由上而下地通入 0.5 mol/L 硫酸,到洗出液中铪的含量达到允许量时,向主柱通入 1.5mol/L 硫酸,使柱上锆铪迅速洗出,流出的溶液分别收集,并用氨水沉淀。

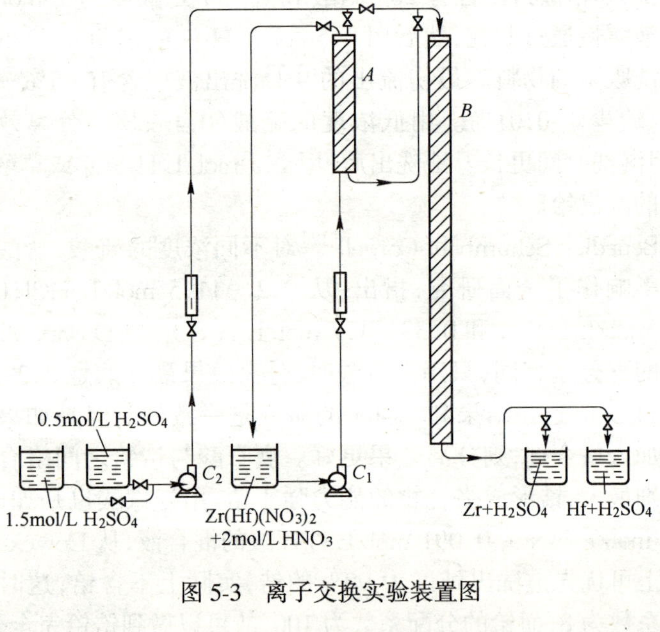


图 5-3 离子交换实验装置图

前苏联采用 $K_2SiF_4$ 烧结分解锆英石,$K_2ZrF_6$ 重结晶分离锆铪的流程获得成功并实现了工业化,在得到含铪小于 0.01%的 $K_2ZrF_6$ 的同时,得到铪含量为 4%~6%的富铪产物。该富铪产物采用了离子交换法进一步分离锆铪,制取纯 $HfO_2$[20]。中国在 $K_2ZrF_6$ 重结晶法制取原子能级氧化锆中工业实验成功的基础上,也进行了离子交换法处理富铪料制取纯 $HfO_2$ 的实验，并得到了95%～99%的纯 $HfO_2$[21]。

### 5.3.2 阴离子交换法

锆、铪与氟离子，硫氰酸离子等形成稳定的络阴离子，故可以用阴离子交换树脂对其进行分离。

最早是 Krans 和 Moore[21]用季胺型强碱性 Dowex-1 型树脂，淋洗液为 0.5 mol/L HF + 1.0 mol/L HCl 的混合溶液，以 0.3 ml/cm$^2$·min 的流速，淋洗了微量的 Zr-95 和 Hf-181，交换柱高 107cm，截面积 0.0226 cm$^2$。锆被优先淋洗下来，最后部分的铪含量达到 95%以上。他们研究了不同淋洗液浓度的影响，指出[22]，锆的淋洗速度与盐酸浓度的平方成正比，而与氢氟酸的浓度无关。

Huffman 和 Lilly[23]将 20 mg 锆，10 mg 铪溶解于 10 ml 0.32 mol/L HF 中，有 96%的金属被吸附在 600 mg Amberlite IRA-400 树脂上，水洗后倒入柱高 30 cm，截面积 0.78 cm$^2$ 的交换柱里，用 0.2mol/L HCl + 0.01mol/L HF 的混合液作为淋洗液，以 6ml/h 的流速进行淋洗，在最初 69%的锆中几乎不含铪，最后的流分中含铪 83%，锆 0.03%。后来，他们又研究了分配系数和淋洗液成分的关系[24]，指出，盐酸浓度的降低导致淋洗速度下降，解吸速度和洗出元素的量随盐酸浓度的提高而增加。当氢氟酸的浓度在 0.25～4mol/L 的范围内，解吸速度与氢氟酸的浓度无关。Forsling[25,26]用 0.22 mol/L HCl 和 0.00002～0.02 mol/L HF 的混合液进行淋洗，结果没发现氢氟酸的浓度对分离有明显的影响。

除氟化络阴离子以外，还可用锆铪的氯阴离子在阴离子交换柱上进行分离。Huffman，Iddings 和 Lilly[27]是先在浓盐酸中使锆铪形成氯化络阴离子，将各为 3.8g 的锆铪缓慢吸附到高 11cm、直径为 6.5 mm 的交换柱的上部，树脂是季胺强碱性 Dowex-2，用 9mol/L HCl，以 10～12ml/h 的速度淋洗树脂，这使铪优先被淋洗下来。

Rajan 和 Gupta[28]用 2mol/L $H_2SO_4$ 从 Amberlite IRA-400 上

淋洗铪。他们采用 55 cm 高，2.2 cm 直径的柱中进行。先用 0.5mol/L $H_2SO_4$ 洗铪，然后用 1 mol/L $H_2SO_4$ 洗锆，这样可以得到 90%的无铪氧化锆。

柳青和上田等[29]将锆铪的硫氰化络阴离子，在阴离子交换树脂柱上进行分离。该方法是 $3.09\times10^{-5}$ mol/L 的锆和铪在 $NH_4CNS$ 水溶液中形成络阴离子，将它们吸附到 Dowex-1X4 的 Cl 型阴离子交换树脂上，然后用 0.052mol/L $NH_4CNS$ + 0.26mol/L HCl 做淋洗液在 70℃以 0.3ml/min 的流速进行淋洗，在这样条件下，Zr-Hf 分离效果最好。

## 5.4 硅胶吸附法

Hansen 和 Gunnar[30]首先报告了用活性硅胶选择性地吸附铪的化合物。他们用 1:5 的锆铪的四氯化物在甲醇中的溶液，缓慢通过 76cm 长的，装有在 300℃活化了 4h 的活性硅胶的柱子，最初的流分是不含铪的。吸附在硅胶上的锆铪化合物用含 1.2mol/L 无水氯化氢的甲醇溶液进行解吸。研究发现，与丙酮、乙酸、水、乙醇或异丙醇相比，甲醇是最好的溶剂。含铪为 2%的四氯化锆吸附到 0.074～0.589mm(28～200 目)的硅胶上，用含 HCl 1.9～2.5mol/L 的甲醇可将大部分锆淋洗下来，其组成为 77% $ZrO_2$ 和 14% $HfO_2$，然后用 3.5mol/L $H_2SO_4$ 溶液解吸被硅胶吸附的铪。这样第一次循环所得产物中含 $HfO_2$ 42%～50%。经过两个循环，铪便可以富集到 90%。

曾用连续生产的分离塔进行锆铪的硅胶吸附法分离试验[31]，由含 $HfO_2$ 2%的原料，制得了含 $HfO_2$<0.01%的二氧化锆。

由于该分离方法使用对人体有害的甲醇，影响了此法在工业生产上的推广应用，目前仅用于化学分析。

## 5.5 液液萃取分离锆铪

### 5.5.1 萃取分离的基本原理

锆和铪虽然外层电子结构、原子半径、离子半径都非常近似，但它们的内层电子结构不同,离子半径也稍有差异。这就决定了它们化学性质的差别。锆的离子半径比铪的稍小,它的水解倾向比铪大;它和水接触时,生成水合物,并随即分解,放出 $H^+$。锆和铪的分步水解常数如下[32]:

| | Zr | Hf |
|---|---|---|
| $M^{4+}+H_2O \rightleftharpoons M(OH)^{3+}+H^+$ | $K_1=2.1$ | $K_1=1.3$ |
| $M(OH)^{3+}+H_2O \rightleftharpoons M(OH)_2^{2+}+H^+$ | $K_2=1.83$ | $K_2=0.77$ |
| $M(OH)_2^{2+}+H_2O \rightleftharpoons M(OH)_3^{+}+H^+$ | $K_3=0.83$ | $K_3=0.30$ |
| $M(OH)_3^{+}+H_2O \rightleftharpoons M(OH)_4+H^+$ | $K_4=0.115$ | $K_4=0.10$ |

上述数据说明,$Zr^{4+}$ 比 $Hf^{4+}$ 容易水解。

锆铪离子在水解的同时,发生复杂的聚合作用,它们通过氢氧基—OH、氧基—O—、或 $>SO_4$ 基等联结起来,生成含有两个以上锆离子的多核聚合物。多核聚合物的生成是与水溶液的酸度、金属离子浓度、阴离子性质以及溶液制备条件,如加热温度、置放时间等因素有关。铪也生成类似的多聚物,但铪开始聚合的浓度比锆高,表明锆比铪容易聚合。

此外,由于锆(铪)的价态较高,易作为中心离子形成许多络合物,与不同的配位体生成络合物的稳定性是不同的。Zr(Hf)和 $OH^-$、$CO_3^-$、$F^-$ 络合物很稳定,与 $NO_3^-$、$Cl^-$ 络合物不太稳定。锆在 $H_2SO_4$、$HNO_3$、HCl 溶液中生成的络合物比铪相应的络合物稍稳定些。相反,铪与 $CNS^-$ 生成的络合物比锆络合物稳定。

在萃取过程中由于萃取剂的结构特性不同,它们分别与锆铪生成稳定性不同的络合物,扩大了锆铪本身化学性质上的差异,使之得到分离。

烷基磷酸类萃取剂,从锆铪硫酸溶液中优先萃取铪。这是因为溶液中 $Zr^{4+}$ 与 $SO_4^{2-}$ 生成的络合物比 $Hf^{4+}$ 的络合物稳定。由于这类萃取剂的萃取机理是属于阳离子交换机理,在萃取过程中要进行这样的反应的首要条件,就是要破坏硫酸络合物成简单的阳离子。而 $Hf^{4+}$ 和 $SO_4{}^{2-}$ 的络合物比锆的络合物稳定性差，即容易离解。因此 $Hf^{4+}$ 优先置换了萃取剂中的 $H^+$，生成有机盐溶于有机溶液，锆则留在水相中。

胺类萃取剂如 TOA，萃取金属离子一般是阴离子交换机理。溶液中的金属络阴离子取代萃取剂中的阴离子。萃取反应进行的首要条件是金属离子要生成络阴离子。$Zr^{4+}$ 与 $SO_4^{2-}$ 生成的络阴离子比相应的 Hf 络阴离子稳定，因此锆优先被萃入有机相。

中性磷萃取剂从 $HNO_3$ 溶液中优先萃取锆。中性磷萃取剂的萃取机理是将水溶液中水合离子变成中性分子，然后与萃取剂中的磷氧基 $R_3P=0$ 之间形成配位键，生成溶剂络合物。$Zr^{4+}$、$Hf^{4+}$ 与 $Cl^-$、$NO_3^-$ 生成很弱的络合物，其稳定性差别微小，但是锆与中性磷萃取生成的络合物比铪同类物稳定。因此锆优先被萃入有机相，铪则留在水相。

由于铪与 $CNS^-$ 生成络合物比锆的稳定，在同类萃取剂如甲基异丁基酮由 $NH_4CNS$ 溶液中萃取时，铪优先进入有机相，锆留在水相。

锆铪的萃取分离就是利用它们的这些差异，最后得到锆和铪的纯产品。

### 5.5.2 萃取工艺

A MIBK-$NH_4CNS$ 体系：

1947 年德国费希尔等人[33,34]首先研究了在硫氰酸盐溶液中用溶剂萃取法分离锆铪。与此同时，美国联合碳化物公司也进行了此项研究。最初使用的萃取剂是二乙醚，但二乙醚在水中的溶解度大、易挥发、可燃，硫氰酸盐在该体系中的分解速率很高，因此不适用于大规模生产。进一步研究发现，甲基异丁基酮萃取锆铪不仅分离效果好，而且硫氰酸盐的分解速率大大降低。1949 年美国碳化物公司橡树岭实验室进行了中间规模试验，于美国田纳西州的橡树岭建立了工厂。采用的方法就是硫氰酸铵系统中用甲基异丁酮（MIBK）萃取分离锆铪[35,36]。

MIBK萃取锆铪的反应与酸度有关，在低酸度时：

$$HfO^{2+} + 2SCN + H_2O + 2MIBK \longrightarrow Hf(OH)_2(SCN)_2 \cdot 2MIBK$$

在高酸度时：

$$Hf^{4+} + 4SCN + 2MIBK \longrightarrow Hf(SCN)_4 \cdot 2MIBK$$

铪的硫氰酸盐络合能力比锆的大，所以铪优先被萃入有机相，锆留在水相。增加溶液中的 $SCN^-$ 含量，不仅能提高锆、铪的分配系数，也可提高锆、铪的分离系数。一般在水相中加 $NH_4SCN$，而有机相则用HSCN来饱和。锆和铪的分配系数和分离因素列入表5-9，工艺流程见图5-4。

**表5-9 MIBK萃取锆铪的分配、分离因素**

| 项目 | $D_{Zr}$ | $D_{Hf}$ | $\beta$ |
|---|---|---|---|
| 萃取 | 0.3 | 1.5 | 4～5 |
| 洗涤 | 0.15 | 0.7 | 4～5 |

工厂萃取工艺条件如下：

料　液　[Zr]120g/L；[$NH_4SCN$]2.6mol/L；[HCl]1 mol/L

洗涤液　3.5mol/L HCl

反萃液　2.5mol/L $H_2SO_4$

萃取剂　含2.7mol/L HSCN的MIBK

流　比　料液:萃取剂:洗涤液:反萃液＝1:2.8:0.4:0.7

萃取设备　萃取柱(3根)总长54.2m；洗涤柱(2根)总长37.6m；反萃取柱(1根)总长19.55m；$NH_4CNS$回收柱(一根)总长16.7m。

料液的配制：萃取所用料液是将锆英石经碳化、氯化所得含铪1.5%～2%的四氯化锆溶解于水中，加入硫氰酸铵和氢氧化铵，过滤后备用。该料液中锆浓度为125g/L，硫氰酸铵2.5mol/L，盐酸1 mol/L，进行萃取时用泵将料液泵入萃取柱上部，水相向下流行，有机相由柱底向上运行，水相和有机相在萃取柱内对流接触，硫氰酸铪选择性地被萃入MIBK溶液。含铪有机相从萃取柱进入洗涤柱，在这里与3.5mol/L HCl溶液对流接触，有机相中少量的锆

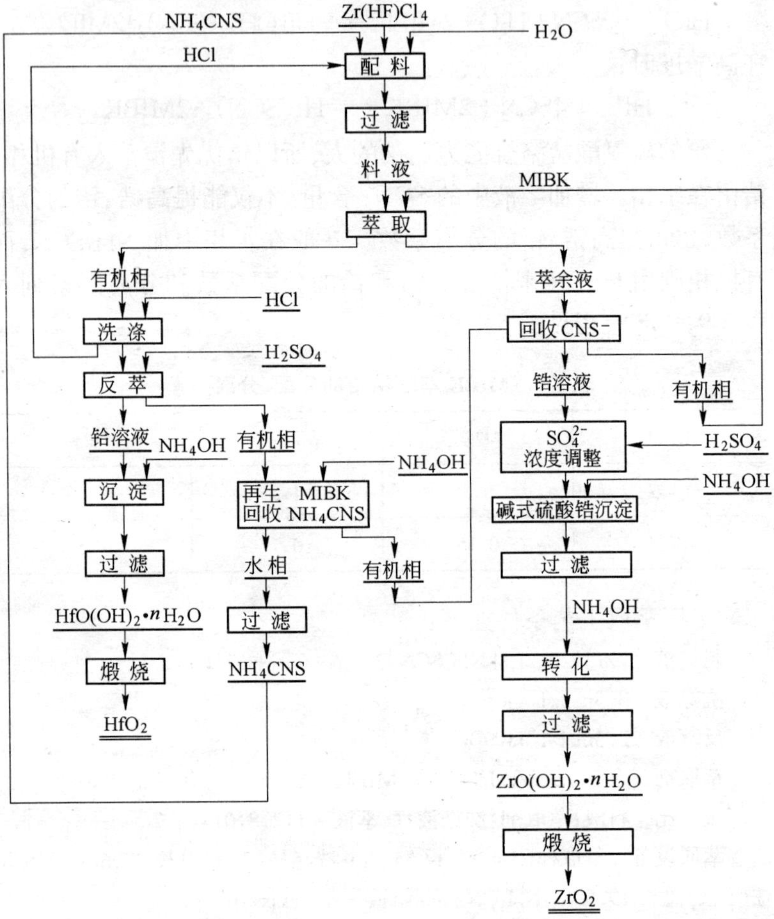


图 5-4　MIBK-$NH_4$CNS-HCl 体系萃取分离锆铪工艺流程图

被反洗出来。洗涤液与料液一起进入萃取柱。从洗涤柱出来的有机相含很纯的铪，再进入反萃柱，用 2.5 硫酸溶液将铪反萃到水相中。

硫氰酸盐的回收：从萃取柱出来的水相中是含铪量小于 100 $\times 10^{-4}$%的锆溶液。为了回收其中的硫氰酸盐，把它打入回收柱，在这里与粗酮进行对流接触，经对流后，水相中的硫氰酸转入酮中，作为萃取用的有机相进入萃取系统。进入回收柱的粗酮是反萃以后的有机相经过铵中和除去了其中的硫氰酸，回收所得的硫氰酸供配制料液用。脱除了硫氰酸的酮进入回收柱。由回收柱出来的无铪锆溶液供进一步纯化制取 $ZrO_2$。

含锆溶液的纯化和 $ZrO_2$ 的制备：在萃取过程中，料液中的大部分复杂不被萃取，与锆一起留在水中，为了把锆与其它杂质进行分离，采用了选择性沉淀法，沉淀剂开始用水杨酸，后来改用邻苯二甲酸铵，用该沉淀剂沉淀锆的选择性好，铜、铁、镉等金属都不会沉淀。然后将邻苯二甲酸锆过滤，滤饼用 $NH_4OH$ 再制浆，即转化为纯氢氧化锆。在后来的生产上又用硫酸制成碱式硫酸锆或用亚硫酸钠沉淀锆，再转化为氢氧化锆。经过滤、烘干、煅烧制得纯的无铪 $ZrO_2$，其中铪含量小于 $100\times10^{-4}\%$。

铪的回收：反萃液用氨水沉淀即可得到氢氧化铪，其中含锆量为 0.5%～3%，如果需要纯产品，则用盐酸制浆，用邻苯二甲酸沉淀铪，再用氨水转化为氢氧化铪，经过滤、干燥、煅烧得到纯 $HfO_2$。

1956 年美国特尼达因-华昌公司所建大规模锆厂中，锆铪分离也采用此流程，后来在法国、德国、日本、英国等西方国家也都采用这一流程。工艺条件虽有所改进，但都大同小异，现将 $NH_4SCN$ 溶液中用 MIBK 萃取分离锆铪的工艺条件列于表 5-10。

**表 5-10　MIBK 萃取工艺条件**

| | | | | | |
|---|---|---|---|---|---|
| 料液 | $MeO_2/g\cdot L^{-1}$ | 125 | 1.3M | 90～100 | 1.0M |
| | $HfO_2:MeO_2/\%$ | | 2.0 | | |
| | $HCl/mol\cdot L^{-1}$ | 1.0 | 1.0 | 1.0 | |
| | $NH_4SCN/mol\cdot L^{-1}$ | 2.5 | 2.8 | 1.0 | 1.2～1.3 |
| 萃取剂中 $HSCN/mol\cdot L^{-1}$ | | 2.7 | 2.8 | 2.7 | 2.0 |
| 洗涤液 $HCl/mol\cdot L^{-1}$ | | 3.5 | 3.5 | | 4.0 |
| 反萃液 $H_2SO_4/mol\cdot L^{-1}$ | | 2.5 | 2.5 | 2.5 | 3.0 |
| 流比：料：有：洗：反 | | 1:2.8:0.4:0.7 | 3:8:1:2 | 1:0.5:0.25 | 1:2:0.4:0.5 |

续表 5-10

| 萃取设备 | | 萃取塔 | 萃取塔 | 混合澄清器 | 混合澄清器 |
|---|---|---|---|---|---|
| 萃取级数 | | 54.2m | 6～8 | 9 | 15～17 |
| 洗涤级数 | | 37.6m | | 3 | 15 |
| 反萃级数 | | 19.55m | | | 6～7 |
| 产品质量 | 锆中铪/% | <0.01 | 0.006 | <0.01 | 0.008 |
| | 铪中锆/% | 0.5～3 | 10～30 | 2 | |
| 文献 | | [37] | [5] | [4] | [39] |

锆产品中的杂质含量列入表 5-11。

**表 5-11 $ZrO_2$ 产品中杂质含量[37,38]**

| 元 素 | Hf | Ti | Al | Fe | Ni | Si | Ca | Mn | Mg | V |
|---|---|---|---|---|---|---|---|---|---|---|
| 含量/% | $<100\times10^{-4}$ | $<20\times10^{-4}$ | $<50\times10^{-4}$ | $<20\times10^{-4}$ | $<10\times10^{-4}$ | $<30\times10^{-4}$ | $<20\times10^{-4}$ | $<10\times10^{-4}$ | $<10\times10^{-4}$ | $<10\times10^{-4}$ |

B $TBP\text{-}HNO_3$ 体系

硝酸溶液中用磷酸三丁酯(TBP)萃取分离锆铪是除 MIBK-$NH_4CNS$ 体系以外,在工业上用得最多的工艺。该分离方法首先是法国的 J.V.Kerrigan 发明的[39,40]。

磷酸三丁酯为中性萃取剂,其化学结构式为:$[CH_3(CH_2)_3-O]_3P=0$。萃取时,它通过 $O=\overset{|}{\underset{|}{P}}-$ 键的氧原子与金属原子配位,形成中性萃合物。萃取反应式为:

$$ZrO^{2+}(HfO^{2+})+2H^{+}+4NO_3^{-}+2TBP=Zr(NO_3)_4\cdot2TBP+H_2O$$

这个反应的平衡常数:

$$K=\frac{[Zr(NO_3)_4\cdot2TBP]}{[ZrO^{2+}][H^{+}]^2[NO_3^{-}]^{4+}[TBP]^2}$$

锆在有机相和水相中浓度的比例关系称分配系数

$$D_{Zr}=\frac{[Zr(NO_3)_4\cdot2TBP]}{[ZrO^{2+}]}$$

$$D_{Zr}=K[H^+]^2[NO_3^-]^4[TBP]^2$$

由此可得出，增加酸度、硝酸根离子浓度和TBP浓度可提高锆在萃取剂中的分配比。锆和铪分配系数之比为分离因素 $\beta$。

$$\beta=D_{Zr}/D_{Hf}$$

该萃取体系为中性萃取机理。由于锆的离子半径略小于铪，锆与 $NO_3^-$ 的结合能力比铪的大，故锆优于铪被萃入有机相，铪留在水相。

锆铪的分配系数、分离因素与硫酸浓度的关系见图5-5。

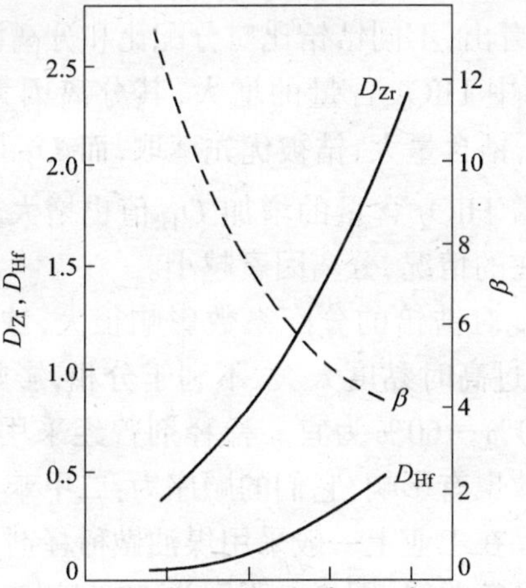


图5-5 $ZrO(NO_3)_2$-20% TBP+80%煤油-$HNO_3$ 体系中的分配比及分离系数($Zr^{4+}$ 10g/L)

从图中看出，随着酸度的升高锆和铪的分配系数都升高，但分离因素降低，当酸度由 $6mol·L^{-1}$ 提高到 $9mol·L^{-1}$ 时，分离因素 $\beta$ 由12降至4，综合考虑分配和分离因素，萃取的适当酸度为5～6N。

当料液中的含铪量不同时，分配和分离因素也有所不同。表5-12是TBP-$HNO_3$ 体系在萃取过程中，料液中不同锆铪比对分配系数和分离因素影响的一组数据。实验条件为：有机相50%

TBP,水相 6mol/L $HNO_3$,相比 o/a=1/1,混合时间 30min。

**表 5-12 锆铪比对分配和分离系数的影响**

| 原料中 $HfO_2$/% | 总 $MeO_2$ 浓度/$g \cdot L^{-1}$ | | 平衡后 $HfO_2$/% | | 分配情况 | | | 分离因素 |
|---|---|---|---|---|---|---|---|---|
| | 水相 | 有机相 | 水相 | 有机相 | $D_{总}$ | $D_{Zr}$ | $D_{Hf}$ | $\beta$ |
| 2.4 | 39.4 | 18.4 | 3.0 | 0.14 | 0.47 | 0.48 | 0.023 | 20.9 |
| 16.2 | 35.2 | 17.2 | 23.9 | 1.8 | 0.49 | 0.63 | 0.040 | 15.6 |
| 50.0 | 37.8 | 14.6 | 69.5 | 11.7 | 0.38 | 1.23 | 0.072 | 16.9 |
| 95.8 | 34.0 | 6.2 | 97.5 | 85.9 | 0.18 | 1.0 | 0.16 | 6.3 |

从表 5-12 看出,不同锆铪比对分配比和分离因素的影响都很明显,随着原料中 $HfO_2$ 含量的增大,其分离因素减少。因为在 $HfO_2$ 含量小时,锆含量大,锆被优先萃取,而 $D_{Hf}$因竞争作用的结果而减小。随着 $HfO_2$ 含量的增加 $D_{Hf}$值也增大,$HfO_2$ 含量越高越接近单独存在的情况,分离因素越小。

TBP 的浓度对锆铪的分配系数影响很大,浓度越高,分配系数越大,但浓度过高时黏度太大,不利于分相,影响操作的正常进行,一般采用 50%～60% 为宜。稀释剂曾经采用二甲苯,由于稀释剂对分配系数也有影响,它们的顺序为:二甲苯＜环己烷＜苯＜脂肪酸＜煤油。在工业上一般采用煤油做稀释剂。

锆铪萃取平衡曲线:图 5-6 所示为 50% TBP + 50% 二甲苯在 TBP-$HNO_3$ 体系萃取锆铪混合物的萃取平衡线。

从图中看出,在萃取过程中有机相最高浓度可达到 20g/L $MeO_2$。

TBP 萃取分离锆铪的工艺研究很多,最初采用的工艺条件是以含 0.55mol/L $ZrOCl_2$,1.64mol/L $CaCl_2$,0.6mol/L HCl 和 2.88 mol/L $HNO_3$ 的水溶液为原料,用含 2.13mol/L $HNO_3$ 的 60% TBP-40%二丁醚来进行萃取[41]。后来在料液浓度、TBP 的稀释剂方面进行了改进[42,43]。典型的工艺流程图示于图 5-7,几种工艺条件列入表 5-13。

**表 5-13 TBP-$HNO_3$ 萃取分离锆铪工艺条件**

| | | | | |
|---|---|---|---|---|
| 料液 | $ZrO_2$/g·$L^{-1}$ | 125 | 1mol/L | 80 |
| | $HfO_2$:$MeO_2$/% | 2.5 | 2 | 2 |
| | $HNO_3$/mol·$L^{-1}$ | 5.0 | 8.0 | 8.0 |
| 有机相 | | 40% TBP+庚烷 | 50% TBP+庚烷 | 50% TBP+甲苯 |
| 洗液 | | 5.4 mol/L $HNO_3$ | 5mol/L $HNO_3$ | 5mol/L $HNO_3$ |
| 反萃液 | | $H_2O$ | $H_2O$ | $H_2O$ |
| 萃取器类型 | | 混合-澄清器 | | 混合-澄清器 |
| 萃取级数 | | 7 | — | 4 |
| 洗涤级数 | | 5 | | 6 |
| 反萃级数 | | 2 | | — |
| 流比:料:有:洗:反 | | — | 1:3.6:0.6:0.9 | 1:2.5:0.5:2.5 |
| 产品 | 锆中铪/% | <0.01 | 0.006 | <0.01 |
| | 铪中锆/% | <10 | <10 | 5.5 |
| 文献 | | [4] | [5] | [39] |

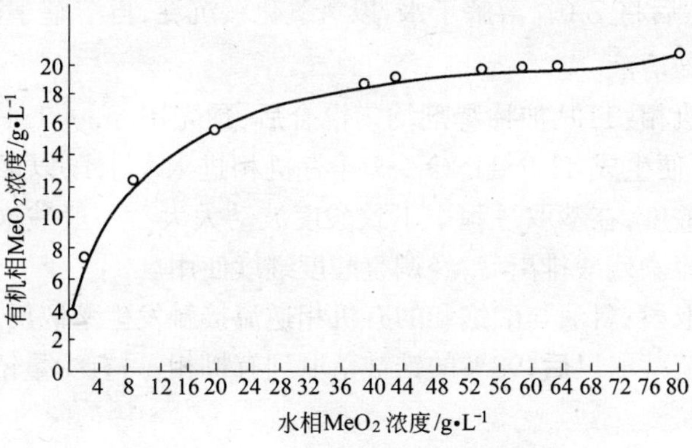


图 5-6 锆铪混合物萃取平衡线

有机相—50% TBP+50% 二甲苯;水相—锆铪混合物($HfO_2$ 占 2.4%)硝酸溶液,$HNO_3$ 为 6N

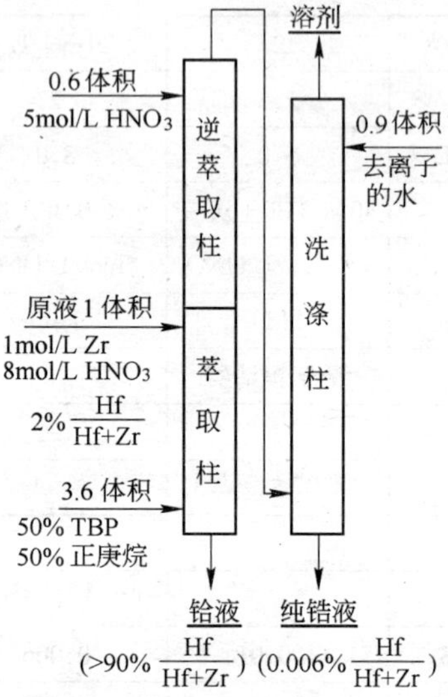


图 5-7 TBP-$HNO_3$ 萃取流程图

原料液的制备：锆英石经过炭化、氮化或者沸腾氯化生成 $ZrCl_4$，然后将 $ZrCl_4$ 溶解于水，以氢氧化铵沉淀，再溶解于硝酸，配成硝酸锆溶液。

有机相：TBP 加稀释剂均匀混合后，预先用 6mol/L $HNO_3$ 进行饱和，便生成 TBP·$HNO_3$，这样有机相进入萃取段以前已达到一定的酸度，在萃取过程中不致酸度波动太大。一般酸饱和段为三级逆流。残酸排出后，经调整酸度继续使用。

萃取段：料液与酸饱和的有机相逆流接触发生萃取反应，经过几级逆流萃取以后，98％的锆被萃取到有机相，另有少量铪同时被萃取。

洗涤段：萃取后的有机相与 5mol/L $HNO_3$ 接触，由于铪的萃取物稳定性比锆小，在洗涤过程中优先转入水相，使锆铪进一步得到分离。经过洗涤段，有机相中的锆中铪量<0.01％，达到原子能级 $ZrO_2$ 的纯度要求。水相进入萃取段与料液合流。有机相流入

反萃段。

反萃段:反萃液为蒸馏水。由于TBP萃取锆与水相酸度成正比,当水相酸度降低为零时,有机相中的锆返回水相。一般经过三级反萃后锆绝大部分被反萃下来。

反萃后的锆溶液用$NH_4OH$将其沉淀为$ZrO_2 \cdot xH_2O$。经烘干,煅烧后成为产品$ZrO_2$。经萃取和洗涤后,铪被富集到水相,再经氢氧化铵沉淀,烘干、煅烧得到大于90%氧化铪。

C TBP-$HNO_3$ + HCl混合酸体系[44]

硝酸溶液中TBP萃取分离锆铪,虽然分离效率高,设备生产能力大,能获得原子能级氧化锆和含量大于90%的氧化铪,但该流程料液制备比较复杂,必须将$ZrCl_4$用$NH_4OH$沉淀,分离$Cl^-$,再用硝酸溶解,将锆转化为硝酸锆溶液,这样不仅需要消耗大量试剂,而且操作复杂,劳动条件差。我国研究了TBP-$HNO_3$ + HCl混合酸系统的萃取工艺。该流程直接以$ZrCl_4$为原料,加硝酸配制成锆的$HNO_3$ + HCl溶液,可省去了原配料的复杂过程,而且分配、分离系数均比纯$HNO_3$系统更高。除了有机相中可以得到合格的原子能级锆以外,在萃余液中同时得到原子能级合格的$HfO_2$。TBP在$HNO_3$ + HCl混合酸系统中萃取锆(铪)的反应如下:

$$Zr^{4+} + 2NO_3^- + 2Cl^- + 2TBP = Zr(NO_3)_2(Cl)_2 \cdot 2TBP$$

从式中可以看出,系统的酸度,$NO_3^-$、$Cl^-$浓度对萃取有直接的影响。图5-8、图5-9示出在锆铪单独存在时,$HNO_3$和HCl浓度对分配系数的影响。

在锆铪同时存在时,游离酸总浓度一定,HCl、$HNO_3$浓度对锆铪的分配和分离的影响示于图5-10和图5-11。

锆和铪的分配系数之比为分离因素$\beta$:

$$\beta = D_{Zr}/D_{Hf}$$

从图中看出,当总酸度为5mol/L时,锆铪的分配系数$D_{Zr}$、$D_{Hf}$都随盐酸酸度的增加而增大,当酸度达到3N时,$D_{Zr}$、$D_{Hf}$均达

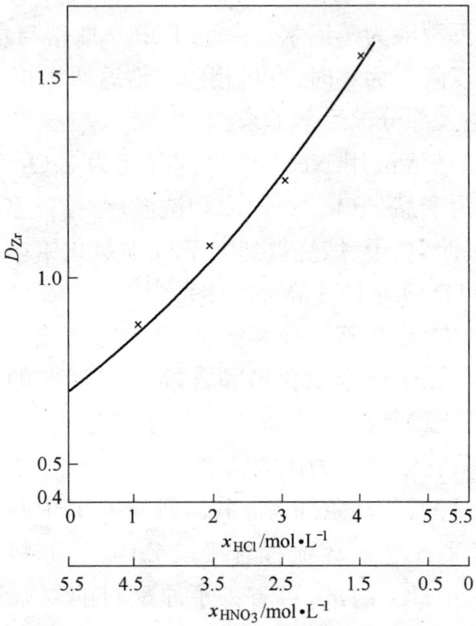


图 5-8　$HNO_3$-HCl 浓度对 $D_{Zr}$的影响
(游离总酸为 5.5mol/L)

到最大值,盐酸酸度继续增加,$D_{Zr}$、$D_{Hf}$逐渐下降,而 $\beta$ 值趋于恒定。当总酸度为 6mol/L 时,锆铪的分配系数都随盐酸酸度的增加而增大,当 HCl 浓度达到 3mol/L 以上时,分离因素 $\beta$ 不再增加,而锆的分配系数 $D_{Zr}$比在总酸度为 5mol/L 时为大,由此得出结论:(1) 在 $HNO_3$-HCl 混合酸中,以 TBP 萃取分离锆铪,比在纯 $HNO_3$ 系统中更优越,分配系统和分离因素比在纯 $HNO_3$ 系统中都有很大提高;(2) 当 $HNO_3$ HCl 浓度变化时,$D_{Zr}$、$D_{Hf}$、$\beta$ 都在变化。

此外,研究了料液中金属浓度的变化对锆铪的分配系数和分离因素的影响,研究结果列于表 5-14 中。

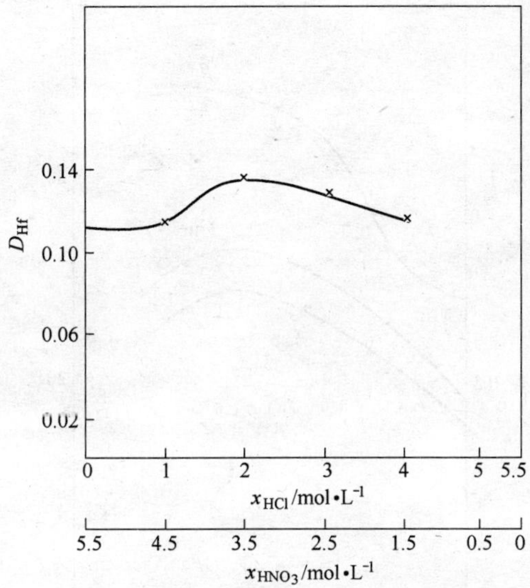


图 5-9 $HNO_3$-HCl 浓度对 $D_{Hf}$的影响

(游离总酸为 5.5mol/L)

**表 5-14 料液中金属浓度对 $D_{Zr}$、$D_{Hf}$和 $\beta$ 的影响**

| 编　号 | 料液浓度 | | 分配分离系数 | | |
|---|---|---|---|---|---|
| | $MeO_2$/g·L$^{-1}$ | $HfO_2$/% | $D_{Zr}$ | $D_{Hf}$ | $\beta$ |
| 1 | 31.10 | 2.13 | 5.53 | 0.117 | 47.24 |
| 2 | 41.63 | 2.13 | 3.92 | 0.08 | 48.70 |
| 3 | 51.73 | 2.13 | 2.98 | 0.069 | 43.03 |
| 4 | 61.87 | 2.13 | 2.38 | 0.061 | 38.80 |
| 5 | 72.17 | 2.13 | 1.89 | 0.049 | 38.71 |
| 6 | 82.27 | 2.13 | 1.62 | 0.037 | 43.75 |
| 7 | 92.07 | 2.13 | 1.42 | 0.032 | 43.80 |

用以上数据作图,得到图 5-12。

从以上数据可以看出,溶液中金属浓度越低,锆的分配系数越大,当金属浓度为 30～35g/L 时,$D_{Zr}$可达 5 以上;在金属浓度 30

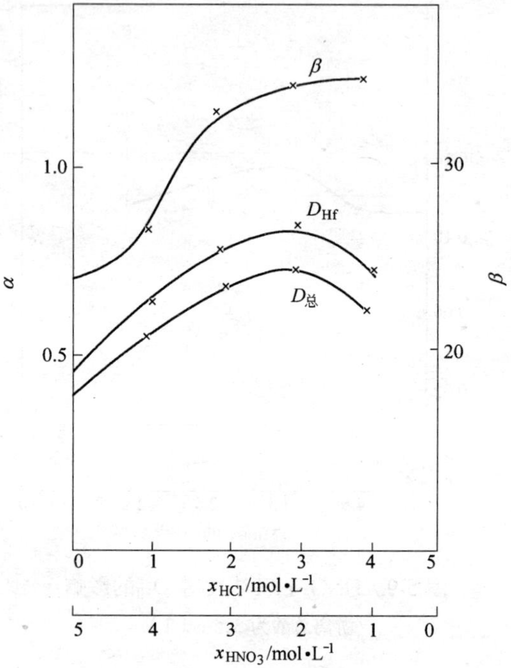


图 5-10 $HNO_3$·HCl 浓度的变化在锆铪同时存在时对 $D_{Zr}$、$D_{Hf}$和 β 的影响

（游离总酸为 5mol/L）

~90g/L 范围内 $D_{Hf}$由 0.12 降至 0.03；而锆铪分离因素均保持在较高的水平 $\beta>38$。

在 $HNO_3$-HCl 混合酸系统中锆铪的萃取等温平衡数据列于表 5-15。

**表 5-15 萃取锆铪的等温平衡数据**

| 编号 | 有机相 | | | | 水 相 | | | |
|---|---|---|---|---|---|---|---|---|
| | $MeO_2$ /g·L$^{-1}$ | $HfO_2$ /% | $HfO_2$ /g·L$^{-1}$ | $ZrO_2$ /% | $MeO_2$ /g·L$^{-1}$ | $HfO_2$ /% | $HfO_2$ /g·L$^{-1}$ | $ZrO_2$ /% |
| 1 | 9.62 | 0.56 | 0.054 | 9.57 | 1.05 | | | |
| 2 | 18.54 | 0.42 | 0.078 | 18.46 | 2.59 | | | |
| 3 | 25.77 | 0.31 | 0.08 | 25.69 | 5.33 | 12.8 | 0.68 | 4.65 |

续表 5-15

| 编号 | 有机相 | | | | 水　相 | | | |
|---|---|---|---|---|---|---|---|---|
| | $MeO_2$ /g·L$^{-1}$ | $HfO_2$ /% | $HfO_2$ /g·L$^{-1}$ | $ZrO_2$ /% | $MeO_2$ /g·L$^{-1}$ | $HfO_2$ /% | $HfO_2$ /g·L$^{-1}$ | $ZrO_2$ /% |
| 4 | 32.50 | 0.21 | 0.068 | 32.43 | 9.12 | 9.7 | 0.85 | 8.27 |
| 5 | 38.02 | 0.18 | 0.068 | 37.95 | 13.71 | 7.2 | 0.99 | 12.72 |
| 6 | 42.75 | 0.17 | 0.073 | 46.67 | 19.12 | 6.2 | 1.19 | 17.94 |
| 7 | 46.32 | 0.15 | 0.069 | 46.25 | 25.85 | 5.5 | 1.42 | 24.43 |
| 8 | 49.81 | 0.13 | 0.065 | 49.75 | 32.46 | 5.4 | 1.75 | 30.71 |
| 9 | 52.93 | 0.11 | 0.058 | 52.89 | 39.14 | 4.6 | 1.80 | 37.34 |

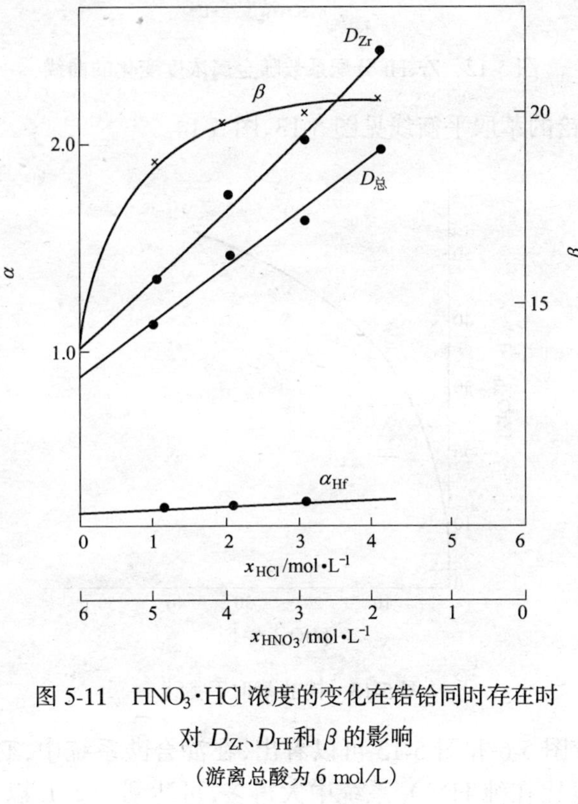


图 5-11　$HNO_3$·HCl 浓度的变化在锆铪同时存在时对 $D_{Zr}$、$D_{Hf}$和 $\beta$ 的影响
（游离总酸为 6 mol/L）

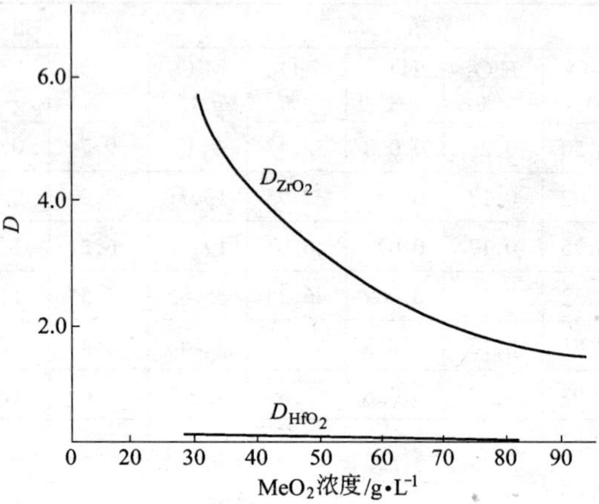


图 5-12 Zr、Hf 分配系数随金属浓度变化的曲线

锆、铪的萃取平衡线见图 5-13、图 5-14。

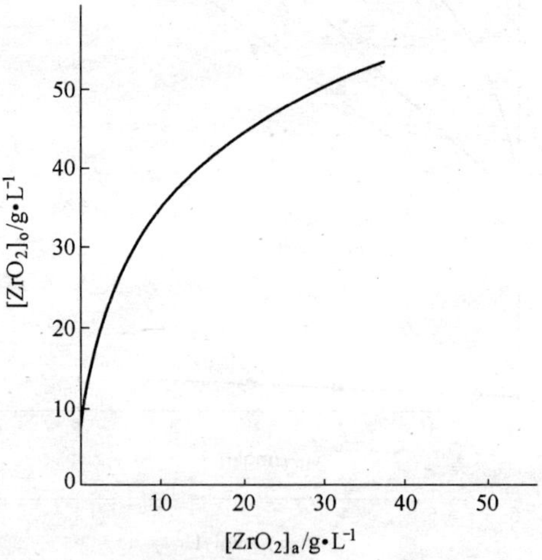


图 5-13 锆的萃取平衡线

比较图 5-6 和图 5-13 可以看出，在混合酸系统中，TBP 萃取锆的容量比在纯 $HNO_3$ 系统中大得多，可达到 50g/L 以上，而对

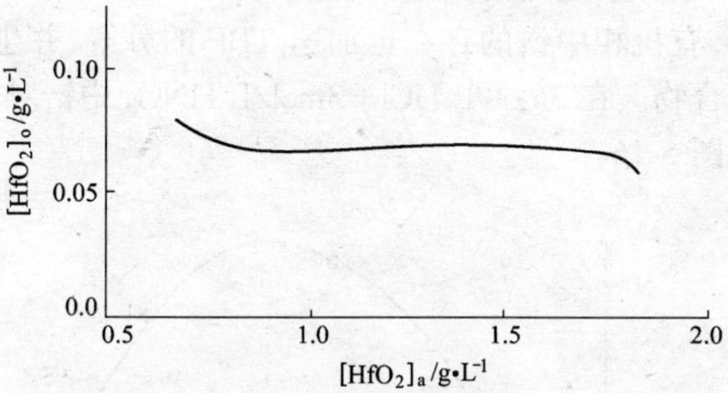


图 5-14 铪的萃取平衡线

铪的萃取却很小，锆铪得到了高效的分离。

除了水相条件对萃取有明显影响，有机相的变化对锆的萃取也有直接的影响。TBP 在酸的催化作用下，可发生分解反应，生成磷酸二丁酯。盐酸对 TBP 的作用见图 5-15。

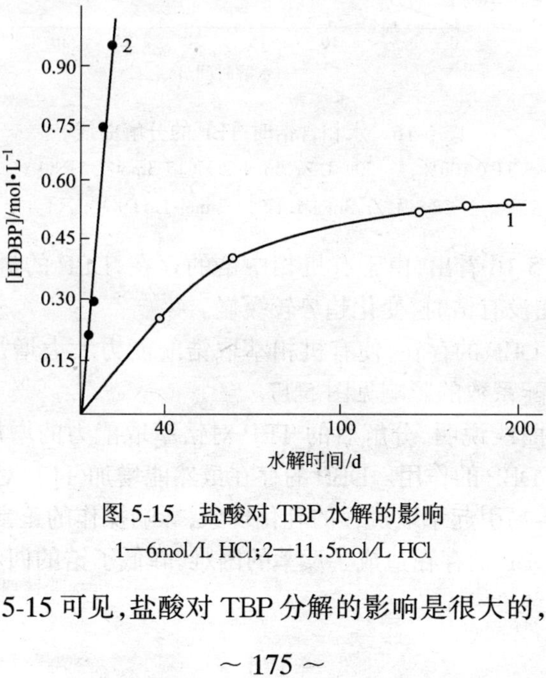


图 5-15 盐酸对 TBP 水解的影响

1—6mol/L HCl；2—11.5mol/L HCl

从图 5-15 可见，盐酸对 TBP 分解的影响是很大的，盐酸浓度越高,TBP 的分解越加剧,HDBP 浓度的升高越快。

此外,有机相中锆的存在也加速 TBP 的分解,并生成 HDBP 和锆的萃合物。在 3mol/L HCl + 3mol/L $HNO_3$ 中锆对 TBP 分解的影响见图 5-16。

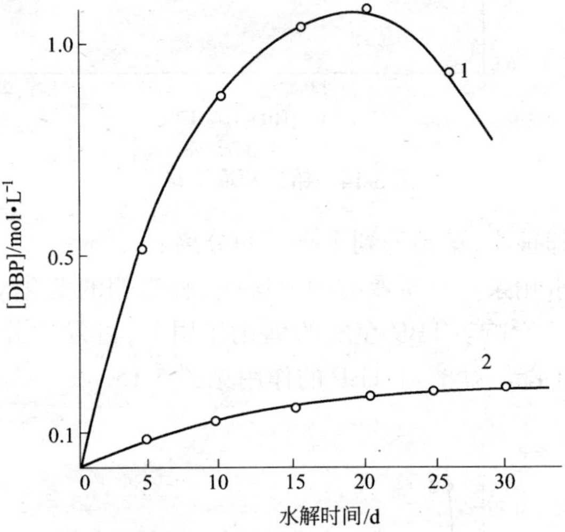


图 5-16 水相含锆时 TBP 的分解曲线

TBP 100%:1—50g/L Zr,3mol/L HCl + 3mol/L $HNO_3$;

2—无 Zr,3mol/L HCl + 3 mol/L $HNO_3$

由图 5-16 看出,由于有机相中锆的存在,DBP 的量增加非常迅速,而在没有锆时,变化趋势较缓慢。

由于 DBP 的存在,使有机相萃取锆的能力大大增加,DBP 浓度对锆分配系数的影响见图 5-17。

图中曲线说明,分解后的 TBP 对锆萃取能力的增加,主要是由于生成 DBP 的作用。DBP 的存在虽然能增加 TBP 对锆的萃取能力,但容易引起萃取过程的乳化现象,影响操作的正常进行。此外,由于 DBP 的存在造成了反萃的困难,降低了锆的回收率,也影响了铪的纯度。

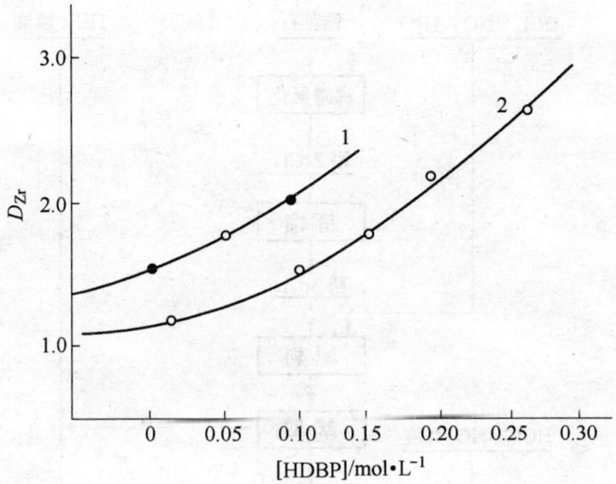


图 5-17 TBP 萃取时 HDBP 浓度对 Zr 的分配比的影响

1—外加 DBP；2—TBP 分解生成的 DBP

$HNO_3$-HCl 混合酸体系 TBP 萃取分离锆铪工艺流程见图 5-18。

从洗涤段出来的水相进入萃取段与料液合并一起从萃取段出来，此水相称为萃余液，萃余液中主要成分是含 $HfO_2/ZrO_2+HfO_2$ >98%的铪。物料中的杂质大部分都残留在萃余液中。

按上述萃取工艺进行串级逆流萃取，可得到无铪 $ZrO_2$ 的产品，质量见表 5-16。

**表 5-16 无铪 $ZrO_2$ 中杂质元素含量**

| 元 素 | 含量/% | 元 素 | 含量/% |
|---|---|---|---|
| Hf | <0.01 | Ni | <0.001 |
| Fe | >0.3 | Al | <0.003 |
| Co | <0.001 | Mo | <0.001 |
| Mn | <0.001 | V | <0.001 |
| Mg | <0.003 | Ti | 0.002 |
| Pb | <0.001 | Cu | <0.001 |
| Cr | 0.016 | Si | 痕量 |
| Sn | <0.001 | | |

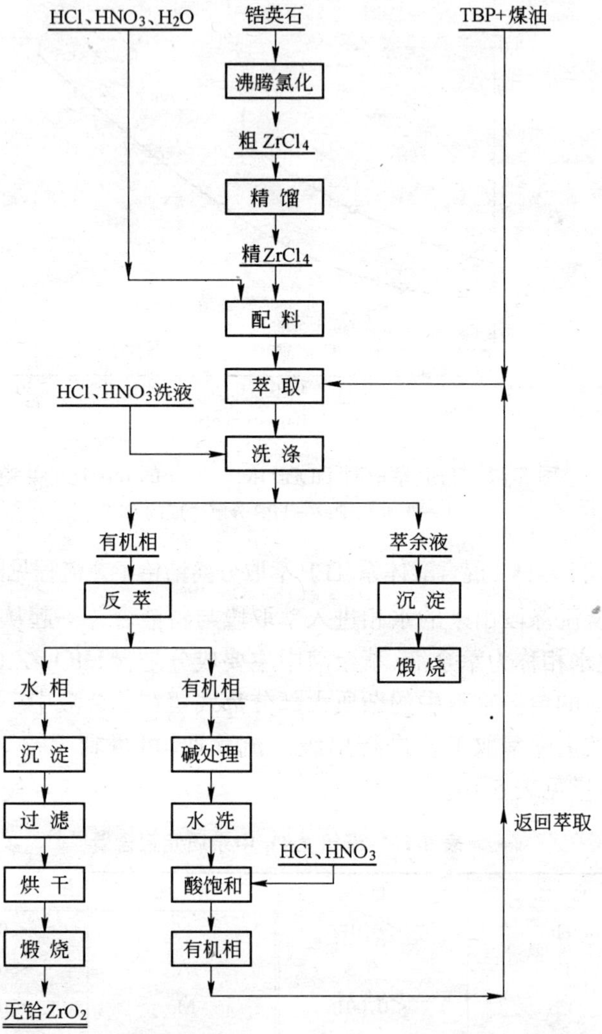


图 5-18　$HNO_3$-HCl 体系 TBP 萃取分离锆铪工艺流程

萃取过程中，水相和有机相混合时，接触面积愈大愈好，接触面积大，则两相间的传质速度大，达到平衡的时间短，为此，必须有一相分散成很小的液滴分布在另一相中,当液滴的直径在几十微米时,就形成乳状液,在正常操作下,所生成的乳状液是不稳定的,在澄清阶段会重新分成有机相和水相。但由于某种原因,生成的乳状液很稳定,致使在澄清过程中不再分相,或分相时间很长,这就是溶剂萃取过程中的“乳化”问题,它的产生直接影响了操作过程的正常进行。在 TBP-HCl + $HNO_3$ 体系中,需要解决“乳化”问题。产生乳化的原因很多,大体上有以下几种:

(1)料液夹杂有固体微粒,如硅胶、氧化铝等。

(2)料液中某些可溶性杂质含量过高,如 Si、P、F、Fe 等。

(3)萃取剂或稀释剂中的杂质或经多次循环的有机相中的萃取剂降解产物可能含有引起乳化的表面活性剂。

(4)操作不稳定,分散相和连续相发生反相等。所以预防乳化首先要对料液进行处理,尽量除去料液中的固体悬浮物,并采用纯度较高的原料,使其中可溶性杂质含量尽量低。在 TBP 萃取过程中,一般要求采用精制以后的 $ZrCl_4$ 做原料,而不能用粗 $ZrCl_4$。而且在配料过程中加适量明胶除硅。一般硅可降至 0.03g/L 以下。此外,还可在料液中加入适量的络合剂如柠檬酸钠、酒石酸钠等,可进一步降低料液中的杂质含量,如 Fe、Al、Si 等含量都有明显的降低。除了对料液进行净化以外,对有机相也要进行处理,由于 TBP 在萃取过程中发生分解,生成磷酸二丁酯 DBP,DBP 在水中的溶解度较大,使料液中 P 的含量增加,这也是引起乳化的原因之一,故在萃取过程中,反萃取以后必须对有机相进行处理,以降低有机相中 DBP 的含量。乳化的产生和破乳是一个比较复杂的问题,虽经多方研究,但都没有彻底解决,这也是妨碍该流程进一步扩大和推广的原因之一。

D 胺类萃取剂分离锆铪

日本进行了在硫酸体系中用胺类萃取剂分离锆铪的研究[45~47],日本矿业公司从 1979 年起将原来的 MIBK 流程改为 TOA-$H_2SO_4$ 流程,并用此工艺生产出合格的海绵锆[48]。1984 年美国矿务局也发表了从硫酸溶液中用胺类萃取剂分离锆铪的报告[49]。

N235是脂肪族胺类萃取剂，其分子式为$R_3N$，$R = C_8H_{17}$至$C_{10}H_{21}$，实际上是一种混合叔胺，叔胺含量约为95%，其余为仲胺和伯胺。其平均相对分子质量为390，它的萃取性能与三辛胺(TOA)相似，N235与TOA的物理常数列于表5-17。由于N235是胺类萃取剂，只有在酸性介质中生成胺盐阳离子才能和金属络阴离子发生反应，所以N235首先必须进行酸化。其反应如下：

$$2R_3N + H_2SO_4 \rightleftharpoons (R_3NH)_2SO_4$$

或 $$R_3N + H_2SO_4 \rightleftharpoons R_3NH \cdot HSO_4$$

**表5-17　N235和TOA的物理常数**

| 性　质 | N235 | TOA |
|---|---|---|
| 沸点/℃ | 180～230 | 180～202 |
| 密度 $d_4^{25}$/g·cm$^{-3}$ | 0.8153 | 0.8121 |
| 黏度 $\eta^{25}$/CP(厘泊) | 10.4 | 8.41 |
| 溶解度(水25℃)/g·L$^{-1}$ | <0.01 | <0.01 |
| 凝固点/℃ | -64 | -46 |
| 闪点/℃ | 189 | 188 |
| 燃点/℃ | 226 | 226 |

酸化后的有机相进行萃取时，其反应为[50]：

$$4(R_3NH \cdot HSO_4) + Zr(SO_4)_3^{2-} \rightleftharpoons 3HSO_4^- + H^+ + (R_3NH)_4Zr(SO_4)_4$$

也有人认为[51]反应为：

$$(R_3NH)_2SO_4 + ZrO(SO_4)^{2-} \rightleftharpoons (R_3NH)_2ZrO(SO_4)_2 + SO_4^{2-}$$

在硫酸溶液中锆以络阴离子的形式存在，这是锆铪能与N235胺盐发生反应的重要条件。在萃取反应时，锆铪络阴离子和N235胺盐中的阴离子发生交换，而与$R_3NH^+$缔合生成萃合物而进入有机相。由于锆的络阴离子比铪的稳定，因此N235优先萃取锆，铪和其他杂质留在水相，锆铪得到分离。

a 影响 N235 萃取分离锆铪的因素

(1) 有机相的浓度。有机相中 N235 的浓度直接影响萃取的容量,但由于 N235 的黏度大,容易产生第三相,因此必须选择合适的浓度,既能达到锆铪分离的目的,又不影响操作的正常进行。表 5-18 中列出 30%～60% N235 的萃取平衡分配数据。

**表 5-18 有机相浓度对萃取的影响[52]**

| 有机相 N235 浓度 | 平衡有机相 | | 平衡水相 | | 分配情况 | | 饱和浓度 |
|---|---|---|---|---|---|---|---|
| | $[MeO_2]$ /g·L$^{-1}$ | $HfO_2$ /% | $[MeO_2]$ /g·L$^{-1}$ | $HfO_2$ /% | $D_总$ | β | $[MeO_2]$ /g·L$^{-1}$ |
| 30% | 9.60 | 0.51 | 10.05 | 4.5 | 0.92 | 9.17 | 16.92 |
| 40% | 10.60 | 0.59 | 8.62 | 4.4 | 1.23 | 7.75 | 22.68 |
| 50% | 11.00 | 0.62 | 8.67 | 4.4 | 1.27 | 9.75 | 27.46 |
| 60% | 53.73 | 0.48 | 5.90 | 6.3 | 2.33 | 13.95 | 30.84 |

从表中数据看出,随着 N235 浓度的提高,有机相萃取容量增大,分配比提高,对分离系数的影响不十分明显,但浓度越高黏度越大,影响正常操作,所以应该选择合适的浓度。

(2) 料液浓度的影响。料液浓度的影响见表 5-19。

**表 5-19 料液浓度对萃取分离的影响**

| 料液浓度 $[MeO_2]$/g·L$^{-1}$ | 平衡有机相 | | 平衡水相 | | 分配情况 | | | |
|---|---|---|---|---|---|---|---|---|
| | $[MeO_2]$ /g·L$^{-1}$ | $HfO_2$ /% | $[MeO_2]$ /g·L$^{-1}$ | $HfO_2$ /% | $D_总$ | $D_{Hf}$ | $D_{Zr}$ | β |
| 2.0 | 0.68 | 0.54 | 1.3 | 3.1 | 0.52 | 0.10 | 0.54 | 5.4 |
| 4.9 | 1.6 | 0.44 | 3.3 | 2.7 | 0.49 | 0.078 | 0.50 | 6.4 |
| 9.9 | 2.9 | 0.44 | 4.9 | 2.8 | 0.59 | 0.093 | 0.61 | 6.5 |
| 19.8 | 4.7 | 0.45 | 14.8 | 2.6 | 0.32 | 0.050 | 0.32 | 6.4 |
| 29.6 | 5.7 | 0.39 | 23.9 | 2.4 | 0.24 | 0.038 | 0.24 | 6.4 |
| 43.7 | 7.8 | 0.41 | 35.5 | 2.7 | 0.22 | 0.032 | 0.22 | 6.9 |
| 49.8 | 9.7 | 0.37 | 39.2 | 2.5 | 0.25 | 0.037 | 0.25 | 5.8 |
| 68.9 | 13.0 | 0.50 | 55.4 | 2.5 | 0.23 | 0.047 | 0.24 | 5.1 |
| 89.0 | 15.8 | 0.40 | 71.7 | 2.6 | 0.22 | 0.034 | 0.23 | 6.8 |

从以上数据看出，在料液酸度为5mol/L以上时，料液浓度增加，分配系数和分离因素都没有明显的变化。

(3)水相酸度对分配、分离系数的影响。表5-20给出的数据是在0.5～2mol/L $H_2SO_4$溶液中水相平衡酸度对锆分配系数和锆铪分离因素的影响。从表中数据和图5-19、图5-20可以看出，锆的分配系数随水相酸度的提高而降低，而分离系数则提高。日本研究了$H_2SO_4$的酸度对分离因素的影响，也得出同样的结果，分离因素随酸度的增大而提高。

**表5-20 水相酸度对锆分配、锆铪分离的影响**

| 平衡水相酸度/mol/L | 平衡有机相 | | 平衡水相 | | $D_{总}$ | $\beta$ |
|---|---|---|---|---|---|---|
| | $[MeO_2]$/g·L$^{-1}$ | $HfO_2$/% | $[MeO_2]$/g·L$^{-1}$ | $HfO_2$/% | | |
| 1.02 | 9.05 | 67.5 | 1.24 | 84 | 7.30 | 2.53 |
| 1.56 | 7.16 | 64.7 | 2.61 | 84.3 | 2.74 | 2.93 |
| 2.05 | 5.86 | 60.6 | 3.86 | 89.2 | 1.52 | 5.27 |
| 2.52 | 4.72 | 53.6 | 5.12 | 85.9 | 0.94 | 5.28 |
| 3.04 | 3.76 | 46.9 | 6.03 | 84.3 | 0.624 | 6.08 |
| 3.54 | 2.93 | 43.0 | 6.92 | 85.1 | 0.424 | 7.57 |
| 4.03 | 2.22 | 37.2 | 7.64 | 83.4 | 0.290 | 8.75 |

(4) 料液浓度对萃取分离的影响。表5-21中列出一组用50% N235的有机相，料液酸度为5.5mol/L，相比o/a=1/1，接触时间为15min进行萃取时的平衡数据[53]。

(5) 料液中的$Cl^-$对锆分配系数的影响。水相中$Cl^-$离子的存在阻碍硫酸锆被萃入有机相。如图5-20所示，当水相中含有7g/L $Cl^-$，锆的分布曲线比不含$Cl^-$的低。

(6) 洗液酸度对洗涤效果的影响。表5-20中列出不同洗液酸度对洗涤效果影响的一组数据，有机相的组成为50% N235饱和有机相，经2.5mol/L $H_2SO_4$饱和以后与料液进行三次错流萃取，再用洗液错流洗涤。

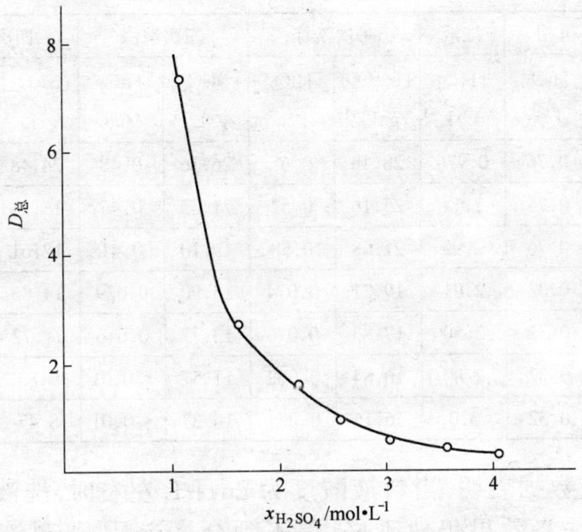


图 5-19　水相酸度对锆分配系数的影响

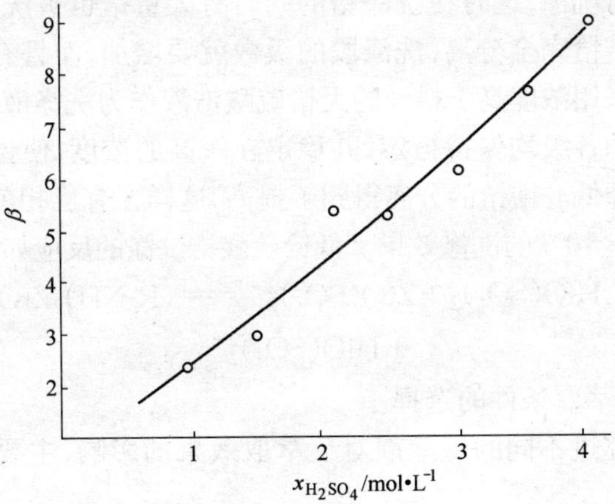


图 5-20　$Cl^-$对锆分配系数的影响

表 5-21 洗液酸度对洗涤效果的影响

| 饱和有机相 | | 洗液 | 一次洗涤 | | 三次洗涤 | | 四次洗涤 | |
|---|---|---|---|---|---|---|---|---|
| [$MeO_2$] /$g \cdot L^{-1}$ | $HfO_2$ /% | [$H^+$] /$mol \cdot L^{-1}$ | [$MeO_2$] /$g \cdot L^{-1}$ | $HfO_2$ /% | [$MeO_2$] /$g \cdot L^{-1}$ | $HfO_2$ /% | [$MeO_2$] /$g \cdot L^{-1}$ | $HfO_2$ /% |
| 31.38 | 0.76 | 0.976 | 28.18 | 0.65 | 26.16 | 0.48 | 24.48 | 0.52 |
| 31.38 | 0.76 | 2.14 | 25.16 | 0.52 | 21.35 | 0.46 | 18.26 | 0.44 |
| 31.38 | 0.76 | 2.99 | 21.68 | 0.58 | 19.10 | 0.41 | 12.61 | 0.53 |
| 22.18 | 0.32 | 2.01 | 19.21 | 0.074 | 15.90 | 0.029 | 14.86 | 0.015 |
| 22.18 | 0.32 | 2.50 | 17.83 | 0.076 | 13.77 | 0.016 | 11.72 | 0.015 |
| 22.18 | 0.32 | 2.80 | 16.84 | 0.062 | 11.57 | <0.01 | 9.83 | <0.01 |
| 22.18 | 0.32 | 3.0 | 16.16 | 0.054 | 10.37 | <0.01 | 8.47 | <0.01 |

以上数据表明，当料液酸度为 2mol/L 左右时，洗液酸度到 3mol/L，洗涤效果仍然不好，得不到合格产品，当料液酸度在 3mol/L 以上时，洗液酸度影响很大，用 6mol/L 硫酸洗涤可以得到含铪量小于 0.01%的含锆有机相。

(7) 用低铪硫酸锆做洗液的洗涤效果[54]。通常在洗涤段是用稀硫酸进行洗涤，这时在洗涤铪的同时有大量锆也被洗到水相，所以要达到锆铪完全分离，洗涤段的级数就要增加，而且有机相出口浓度低。采用浓度高于料液的无铪硫酸锆液作为洗涤液，锆的含量在洗涤段的各级均保持恒定，并稳定在较高的浓度，使铪的分配系数进一步降低。锆铪的分离得到了提高，这样在有机相就可达到含铪小于 $50 \times 10^{-6}$的洗涤效果。低铪硫酸锆洗涤的反应如下：

$$(R_3NH)_2HfO(SO_4)_2 + ZrO(SO_4)_2^{2-} \rightleftharpoons (R_3NH)_2ZrO(SO_4)_2^{+} + HfO(SO_4)_2^{2-}$$

b 反萃取条件的选择

曾研究过不同的反萃剂对反萃取效果的影响，主要有以下三种方法。

(1) 碳酸氢铵-氢氧化铵反萃。用碳酸氢铵和氨水进行反萃时，其化学反应式为：

$$(R_3NH)_2ZrO(SO_4)_2 + 2NH_4HCO_3 + 4NH_4OH \rightleftharpoons (NH_4)_2[ZrO(CO_3)_2] + 2R_3N + 2(NH_4)_2SO_4 + 4H_2O$$

按此方法反萃率高，有机相可直接返回萃取段循环使用。表5-22列出不同组成的反萃剂对含有[$ZrO_2$]18.4g/L的有机相进行反萃取的反萃率。

**表 5-22 反萃液组成对反萃率的影响**

| 反萃液组成 | 平衡水相[$ZrO_2$]/g·L$^{-1}$ | 反萃率/% |
|---|---|---|
| 10% $NH_4HCO_3$ + 2.0 N $NH_4OH$ | 18.15 | 98.6 |
| 10% $NH_4HCO_3$ + 1.35 N $NH_4OH$ | 18.15 | 98.6 |
| 10% $NH_4HCO_3$ + 2.7 N $NH_4OH$ | 17.86 | 97 |
| 15% $NH_4HCO_3$ + 2.0 N $NH_4OH$ | 18.25 | 99.2 |

(2) 硝酸铵反萃。$NH_4NO_3$ 反萃锆的反应式为：

$$(R_3NH)_2ZrO(SO_4)_2 + 2NH_4NO_3 = (NH_4)_2ZrO(SO_4)_2 + 2R_3NHNO_3$$

硝酸铵浓度对反萃率的影响列入表5-23。从表中结果看出，用2mol/L $NH_4NO_3$ 即可将有机相中的锆全部反萃下来，但这时有机相中含有 $NO_3^-$ 离子，必须再用 $NH_4OH + NH_4HCO_3$ 处理后方可返回萃取系统循环使用。

**表 5-23 $NH_4NO_3$ 浓度对反萃的影响**

| 反萃液组成 | 平衡水相 | | 反萃率 |
|---|---|---|---|
| [$NO_3^-$]/mol·L$^{-1}$ | [$NO_3$]/mol·L$^{-1}$ | [$ZrO_2$]/g·L$^{-1}$ | /% |
| 1.453 | 0.068 | 24.80 | 73.0 |
| 1.730 | 0.074 | 27.65 | 81.4 |
| 1.970 | 0.151 | 31.82 | 93.7 |
| 2.080 | 0.158 | 33.72 | 99.2 |
| 4.010 | 2.016 | 33.66 | 98.4 |

试验条件：有机相中[$ZrO_2$]16.79g/L

相比 o/a 2/1

接触时间 10min

(3) NaCl + HCl 反萃。从图 5-21 可以看出，$Cl^-$ 离子的存在对 N235 从硫酸溶液中萃取锆有抑制作用，采取适当的条件可使有机相中的锆返回水相中，其反应式如下：

$$(R_3NH)_2ZrO(SO_4)_2 + 2Cl^- \longrightarrow 2R_3NHCl + ZrO(SO_4)^{2-}$$

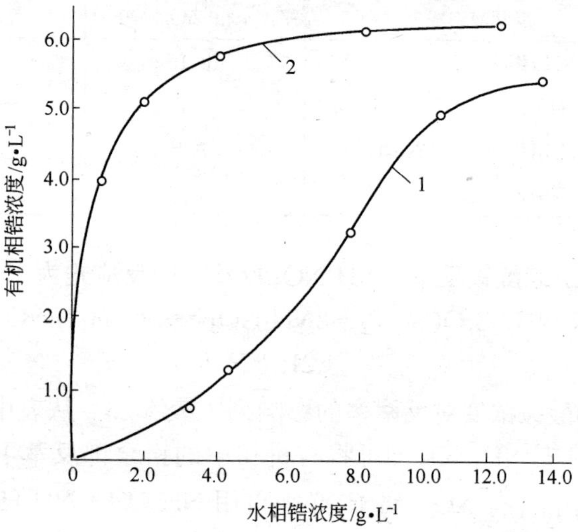


图 5-21　$Cl^-$ 对锆分配的影响

1—含 7g/L 时锆的分配曲线；2—不含 $Cl^-$ 时的锆分配曲线

因此用 1.5～3.0mol/L NaCl，2～3 级完全可将有机相中的锆反萃下来。

(4) 铀在反萃时的走向。在 N235 萃取过程中，杂质铀与锆一起被萃入有机相，为了防止铀进入产品 $ZrO_2$ 中，需将铀与锆分离。为此，研究了在用 NaCl 反萃锆时铀的走向，铀在反萃液中的浓度列入表 5-25[49]。从表中结果可以看出，在用 4mol/L NaCl + 0.5mol/L HCl 反萃时，铀大部分不被反萃，经过氯化钠盐酸溶液反萃锆以后的有机相，再用 $Na_2CO_3$ 或 $NH_4HCO_3+NH_4OH$ 反萃铀，反萃铀的含铀水相经加热至 100℃，铀即可完全水解沉淀。

**表 5-24 NaCl 浓度对反萃的影响**

| 级 数 | NaCl 浓度/mol·L$^{-1}$ | $[Zr]_o$/g·L$^{-1}$ |
|---|---|---|
| 2 | 1.5 | 0.006 |
| 2 | 3.0 | 0.009 |
| 1 | 3.0 | 0.03 |

**表 5-25 铀在反萃取水相中的含量**

| 反萃液组成 | | 水相铀浓度 |
|---|---|---|
| [NaCl]/mol·L$^{-1}$ | [HCl]/mol·L$^{-1}$ | $[u]_a$/mg·L$^{-1}$ |
| 2.0 | 0 | 4.2 |
| 2.5 | 0 | 3.5 |
| 3.0 | 0 | 2.6 |
| 3.5 | 0 | 2.4 |
| 4.0 | 0 | 1.7 |
| 4.0 | 0.1 | 1.4 |
| 4.0 | 0.5 | 0.33 |

在有机相中铀的原始浓度$[u]=6.9$mg/L。

c N235 萃取分离锆铪的工艺流程

目前用于工业生产的主要有以下工艺流程。

第一个流程是高浓度、高酸度下的萃取流程。该流程采用高浓度的有机相，N235 含量高达 50%，这样就保证了流程高的生产能力。有机相出口的锆浓度可达 16～19g/L。经过 8 级萃取，8 级洗涤可得到含铪量小于 0.01% 的原子能级 $ZrO_2$。水相中 $HfO_2/MeO_2$% 可达 70%～90%。在该条件下典型的萃取、洗涤各级平衡数据列入表 5-26。在该流程中由于放射性元素铀与锆一起被萃取到有机相，因此必须进行铀锆分离。采用分步反萃的工艺可以达到此目的。

**表 5-26 N235 萃取分离锆铪各级平衡浓度[50]**

| 级数 | 平衡有机相 | | 平衡水相 | |
|---|---|---|---|---|
| | $[MeO_2]/g \cdot L^{-1}$ | $HfO_2/\%$ | $[MeO_2]/g \cdot L^{-1}$ | $HfO_2/\%$ |
| 2 | 0.354 | 42.5 | 0.858 | 73.5 |
| 3 | 0.688 | 28.7 | 1.039 | 66.5 |
| 4 | 1.368 | 16.3 | 1.376 | 54.5 |
| 5 | 28.8 | 7.7 | 3.80 | 29.2 |
| 6 | 5.600 | 3.1 | – | – |
| 7 | 11.190 | 1.2 | 13.01 | 8.5 |
| 8 | 16.79 | 0.86 | 23.48 | 4.4 |
| 9 | 20.98 | 0.68 | 34.20 | 2.6 |
| 10 | 20.88 | 0.24 | 27.34 | 2.2 |
| 11 | 20.53 | 0.11 | 12.99 | 1.0 |
| 12 | 20.44 | 0.056 | 12.86 | 0.80 |
| 13 | 20.38 | 0.025 | 12.59 | 0.42 |
| 14 | 19.40 | 0.013 | 12.26 | 0.13 |
| 15 | 19.25 | <0.01 | 11.57 | 0.082 |
| 16 | 18.46 | <0.01 | 9.92 | 0.036 |
| 17 | 16.30 | <0.01 | 7.04 | 0.021 |

该流程萃取容量大，产品质量稳定，但由于有机相浓度较高，分相慢，劳动条件也较差。

第二个流程是日本矿业公司采用[48]，该流程的主要工艺条件为：

有机相　10％ 三辛胺(TOA)，7％ 十三醇，83％正烷烃

料　液　$(Zr+Hf)O_2$　12.5 g/L　$H_2SO_4$ 0.5 mol/L　$HfO_2/MeO_2=2\%$

洗涤液　$(Zr+Hf)O_2$　15.4 g/L　$H_2SO_4$ 1.0 mol/L　$HfO_2/MeO_2<$

0.005%

反萃液 NaCl 200 g/L HCl 0.1 M

溶剂处理剂 $Na_2CO_3$ 100 g/L

流比 有:料:洗:反=15:7.5:1:1

级数 萃取6级,洗涤9级,反萃2级,溶剂处理1级

萃取设备 箱式混合澄清器

萃取流程图见图5-22。

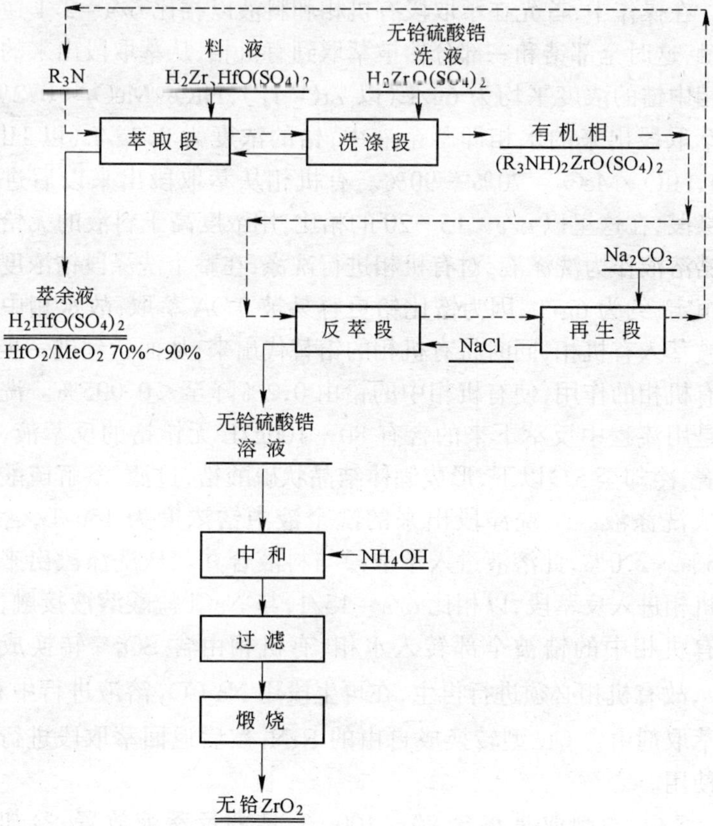


图5-22 $H_2SO_4$体系TOA萃取分离锆铪工艺流程图

在萃取过程中的主要化学反应如下：

萃取 $2R_3N + H_2SO_4 \rightleftharpoons (R_3NH)_2SO_4$

$(R_3NH)_2SO_4 + ZrO(SO_4)_2^{2-} \rightleftharpoons (R_3NH)_2ZrO(SO_4)_2 + SO_4^{2-}$

洗涤 $(R_3NH)_2HfO(SO_4)_2 + ZrO(SO_4)_2^{2-}$

$\rightleftharpoons (R_3NH)_2ZrO(SO_4)_2 + HfO(SO_4)_2{}^{2-}$

反萃 $(R_3NH)_2ZrO(SO_4)_2 + 2Cl^- \rightleftharpoons 2R_3NHCl + ZrO(SO_4)_2^{2-}$

再生 $2R_3NHCl + Na_2CO_3 \longrightarrow 2R_3N + 2NaCl + CO_2 + H_2O$

在操作中，首先在萃取段有机相和料液以相比 o/a = 2/1 逆流接触，这时全部锆和一部分铪被萃取到有机相，从萃取段出来的有机相中锆的浓度平均为 6g/L（以 $ZrO_2$ 计），$HfO_2/MeO_2 = 0.2\%$，从萃取段出来的水相即萃余液中，铪的浓度为 0.2g/L（以 $HfO_2$ 计），$HfO_2/MeO_2 = 70\% \sim 90\%$。有机相从萃取段出来以后进入洗涤段，在这里以 o/a = 15～20 的相比，用浓度高于料液的无铪硫酸锆溶液作为洗涤液，对有机相进行洗涤，在整个洗涤段锆浓度保持恒定，约为 6g/L，因为锆比铪更容易被 TOA 萃取，故水相中的锆被萃入有机相，同时将有机相的铪替代出来，从而达到进一步净化有机相的作用，使有机相中的铪由 0.2% 降至 <0.005%。洗涤液是用流程中反萃下来的含有 80～100g/L 无铪锆的反萃液，经放置，冷却至 5℃以下，形成固体结晶状硫酸锆，过滤，溶解硫酸锆配成洗涤液。从洗涤段出来的洗余液中锆浓度为 15g/L，含铪 1.5%～2.0%，此溶液进入萃取段与料液合并。从洗涤段出来的有机相进入反萃段，以相比 o/a = 15/1，与 NaCl 盐酸溶液接触，这时有机相中的锆被全部转入水相，有机相由含 $SO_4^{2-}$ 转换成含 $Cl^-$，故有机相必须进行再生，在再生段用 $Na_2CO_3$ 溶液进行中和，使萃取剂由含 $Cl^-$ 型转换成自由的 $R_3N$，然后返回萃取段进行循环使用。

$ZrO_2$ 的制取是将含 80～100g/L 锆的反萃液放置，冷却至 5℃以下形成硫酸锆结晶，过滤，溶解硫酸锆，用碱中和生成 $Zr(OH)_4$ 水洗，烘干，在 850℃煅烧成纯 $ZrO_2$。

在该流程中,其他杂质的分配以及它们与锆的分离因素列入表 5-27 中。

**表 5-27 料液中的杂质元素在萃取过程中的分配系数和它们与锆的分离因素**

| 元 素 | 分配系数 $D_m$ | 分离因素 $\beta$ | 元 素 | 分配系数 $D_m$ | 分离因素 $\beta$ |
|---|---|---|---|---|---|
| Al | 0.1～0.01 | 10～100 | Mn | 0.1 | 10 |
| Ca | <0.1 | >10 | Pb | <0.1 | 10～100 |
| Cd | <0.1 | >10 | Si | <0.1 | 10～100 |
| Co | <0.1 | 10～100 | Ti | <0.1 | 10～100 |
| Fe | <0.1 | 10～100 | V | <0.1 | 10～100 |
| Hf | 0.1 | 10～20 | Re | 0.01 | 100 |

由此可以看出,在该流程中,料液中的杂质大部分可以与锆分离。锆产品中的杂质含量列于表 5-28。

**表 5-28 产品 $ZrO_2$ 中的杂质含量**

| 元 素 | % | 元 素 | % |
|---|---|---|---|
| Al | <0.013 | Na | 0.05 |
| Ca | 0.05 | Si | 0.015 |
| Fe | 0.03 | Ti | <0.001 |
| Hf | <0.005 | Mg | 0.05 |

实践中由上述 $ZrO_2$ 生产的海绵锆的杂质含量列于表 5-29。

**表 5-29 海绵锆中杂质含量**

| 元素 | % | 元素 | % | 元素 | % | 元素 | % |
|---|---|---|---|---|---|---|---|
| Al | $25\times10^{-4}$ | Cr | $100\times10^{-4}$ | Mn | $<30\times10^{-4}$ | Si | $<30\times10^{-4}$ |
| B | $<0.2\times10^{-4}$ | Cu | $5\times10^{-4}$ | Mo | $<2\times10^{-4}$ | Ta | $<5\times10^{-4}$ |
| Ca | $<1\times10^{-4}$ | Fe | $500\times10^{-4}$ | Na | $<1\times10^{-4}$ | Ti | $<15\times10^{-4}$ |
| Cd | $<0.1\times10^{-4}$ | Hf | $<50\times10^{-4}$ | Ni | $3\times10^{-4}$ | U | $<1\times10^{-4}$ |
| Co | $<5\times10^{-4}$ | Mg | $<20\times10^{-4}$ | Pb | $<10\times10^{-4}$ | V | $<1\times10^{-4}$ |
| | | | | | | W | $<5\times10^{-4}$ |

海绵锆产品完全符合原子能级海绵锆的要求。

该流程的特点是使用含无铪锆的硫酸溶液作为洗涤液，使洗涤段锆铪分离系数提高，并使有机相锆浓度保持不变。但洗涤液的配制很不方便，操作过程复杂。另外，有机相中三辛胺的含量低，设备生产能力较小。

美国矿务局 1984 年发表用商业上出售的产品 Alamine 336 进行萃取分离锆铪的报告，Alamine 336 的主要成分也是三辛胺（约占 95%），其他为仲胺和伯胺，其所研究的流程与日本比较接近，所采用的工艺条件如下：

有机相 10% Alamine 336，5% 癸醇，85% 煤油

料 液 15g/L Zr，1.0 mol/L $H_2SO_4$，0.201 g/L Hf

洗涤液 1.0 mol/L $H_2SO_4$

反萃液 4 mol/L NaCl + 0.5mol/L HCl

再生液 6%～10% $Na_2CO_3$

级 数 萃取 3 级，洗涤 9 级，盐酸饱和 2 级，洗铀 2 级，反萃 2 级，再生 2 级

流 比 有:料:洗:反:再生 = 3.75:1:2.08:1:1.33

设 备 混合澄清器

混合室 $(57\times57\times57)cm^3$, $V = 185ml$

澄清室 $(57\times57\times122)cm^2$, $V = 396ml$

搅拌桨 $\phi = 31mm$，转速 1200～1600r/min

界面高度 有机相高度为水相的 2～4 倍

各段澄清室的澄清时间列入表 5-30。

**表 5-30 各段澄清室的澄清时间** （单位：%）

| 各 段 | 有机相 | 水 相 |
|---|---|---|
| 洗涤段 | 6 | 5 |
| 萃取段 | 6 | 4 |
| 盐酸饱和段 | 14 | 10 |
| 铀洗涤段 | 14 | 10 |
| 反萃段 | 4 | 10 |
| 再生段 | 4 | 8 |

按上述工艺条件进行逆流萃取的一组各级平衡数据列入表5-31。

**表 5-31 级样平衡数据**

| 级 序 | 有机相 | | 水 相 | |
|---|---|---|---|---|
| | $[ZrO_2]/g \cdot L^{-1}$ | $[HfO_2]/g \cdot L^{-1}$ | $[ZrO_2]/g \cdot L^{-1}$ | $[HfO_2]/g \cdot L^{-1}$ |
| 洗 1 | 3.20 | 0.00006 | 0.46 | 0.00010 |
| 洗 2 | 3.4 | 0.00014 | 0.66 | 0.00017 |
| 洗 3 | 3.5 | 0.00024 | 0.79 | 0.00036 |
| 洗 4 | 3.6 | 0.00041 | 0.88 | 0.00072 |
| 洗 5 | 3.7 | 0.00059 | 1.00 | 0.00105 |
| 洗 6 | 3.7 | 0.00081 | 1.10 | 0.00166 |
| 洗 7 | 3.7 | 0.00121 | 1.20 | 0.00251 |
| 洗 8 | 3.7 | 0.00199 | 1.30 | 0.00600 |
| 洗 9 | 4.1 | 0.00326 | 1.70 | 0.01414 |
| 萃取 1 | 4.7 | 0.00816 | 6.00 | 0.1083 |
| 萃取 2 | 4.3 | 0.01699 | 4.60 | 0.1658 |
| 萃取 3 | 3.6 | 0.06969 | 0.51 | 0.0859 |

在这样条件下所得的反萃液中 $HfO_2/MeO_2 \leqslant 40 \times 10^{-6}$，$U/Zr < 2 \times 10^{-6}$，Zr 的回收率大于 90%。该流程的缺点是有机相中萃取剂的浓度低，萃取容量小，出口有机相中锆浓度仅为 3～4g/L，设备生产能力较低。

E 烷基磷酸萃取剂萃取锆铪制取原子能级 $HfO_2$

常用的烷基磷酸萃取剂为二-(2-乙基己基)磷酸，我国商用名称为 P204，其相对分子质量为 322.43，其化学式为

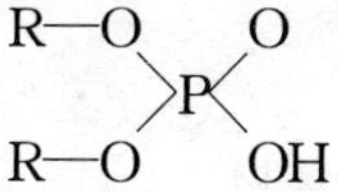

，在萃取反应中常以二聚物形式存在，故经常简变为 $H_2X_2$。在低酸度和低锆浓度下的萃取反应为：

$$ZrO^{2+} + 2H_2X_2 \rightleftharpoons ZrO(HX_2)_2 + 2H^+$$

在中酸度和常量锆浓度下的萃取反应为：

$$ZrO^{2+} + nH_2X_2 \rightleftharpoons ZrO(HX_2)_n + 2nH^+$$

在分析锆饱和的有机相时发现 P204 和锆的物质的量比为 1.8~2.1[55]。在高酸度下（$c_{H_2SO_4}$>8mol/L）萃取反应以中性络合萃取机理为主，分配系数随水相酸度的增加而上升，如图 5-23 所示[56]。也有人认为[57]在新鲜的酸性溶液中存在 $Zr^{4+}$，萃取按下列反应进行：

$$Zr^{4+} + n(HX)_2 \rightleftharpoons ZrX_{2n}H_{2n-4} + 4H^+$$

锆的分配系数和水相 $H^+$ 浓度的 4 次方成反比，如图 5-24 所示。

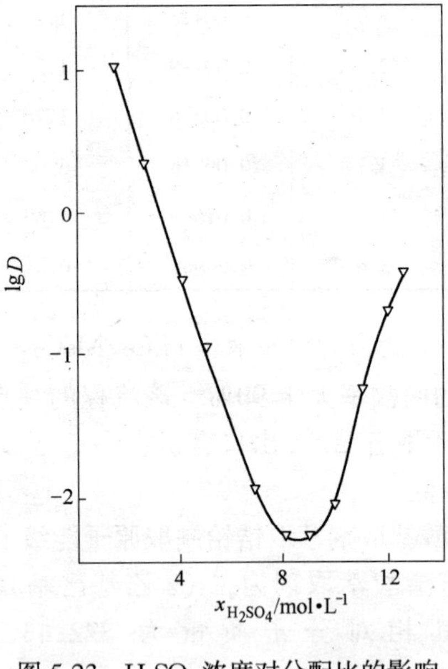


图 5-23 $H_2SO_4$ 浓度对分配比的影响

有机相—$10^{-2}$mol/L P204-苯溶液；

水相—Hf 浓度约为 $10^{-5}$mol/L，$H_2SO_4$ 介质（0~12mol/L）

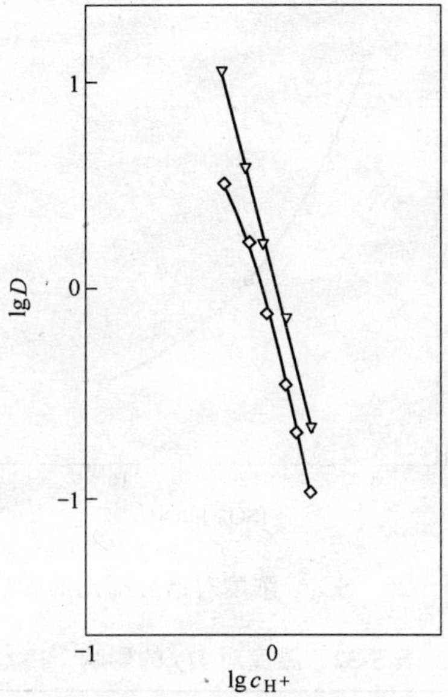


图 5-24 水相酸度对锆分配系数的影响

有机相◇—$10^{-3}$mol/L P204—正辛烷；

有机相▽—$3\times10^{-3}$mol/L P204-苯溶液；

水相—Hf 浓度 ~$10^{-5}$ mol/L，$H_2SO_4$ 介质

研究了料液中$[SO_4]^{2-}$对分配比的影响表明，随着 $SO_4^{2-}$ 浓度的增加，锆的分配系数急剧下降，这主要是由于 $SO_4^{2-}$ 浓度的增加不利于 $Zr(SO_4)^{2-}$ 络合物的解离，从而影响了锆的萃取，研究结果示于图 5-25。对饱和有机相进行分析表明，在有机相中没有发现 $SO_4^{2-}$ 的存在，即 $SO_4^{2-}$ 不被萃取。

萃取温度对锆的分配系数的影响列于表 5-32。在这里采用 0.03mol/L P204 煤油溶液，在 20～50℃ 萃取 0.0035mol/L 硫酸锆，酸度为 0.25，0.5 和 1mol/L 的硫酸溶液，结果表明锆的分配系数随温度的上升而下降。

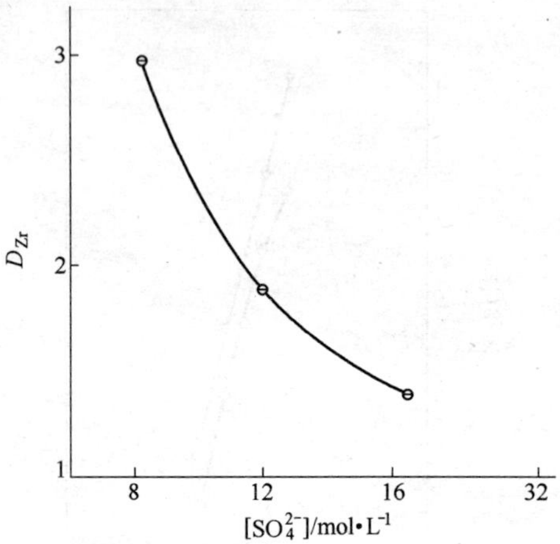


图 5-25 $SO_4^{2-}$浓度对锆分配比的影响

**表 5-32 温度对 $D_{Zr}$的影响[53]**

| 初始水相 $H_2SO_4$ 浓度/mol·L$^{-1}$ | 分配系数 $D_{Zr}$ | | | |
|---|---|---|---|---|
| | 20℃ | 30℃ | 40℃ | 50℃ |
| 0.25 | 17.3 | 17.1 | 16.9 | 16.8 |
| 0.50 | 7.00 | 6.10 | 5.58 | 4.79 |
| 1.00 | 2.02 | 1.80 | 1.41 | 0.891 |

有机相中 P204 浓度对锆铪分配和分离因素的影响列入表 5-33。

**表 5-33 有机相 P204 浓度对 $D_{Zr}$, $D_{Hf}$, $\beta$ 的影响**

| P204 浓度/% | 有机相 | | 水相 | | $D_{HfO_2}$ | $D_{ZrO_2}$ | $\beta$ |
|---|---|---|---|---|---|---|---|
| | $[HfO_2]$/g·L$^{-1}$ | $[ZrO_2]$/g·L$^{-1}$ | $[HfO_2]$/g·L$^{-1}$ | $[ZrO_2]$/g·L$^{-1}$ | | | |
| 5 | 0.681 | 1.614 | 0.065 | 1.562 | 10.5 | 1.03 | 10.2 |
| 10 | 0.747 | 2.73 | 0.043 | 1.19 | 17.4 | 2.3 | 7.6 |
| 15 | 0.804 | 3.582 | 0.024 | 0.906 | 33.5 | 3.35 | 8.5 |
| 20 | 0.816 | 3.81 | 0.020 | 0.829 | 40.8 | 4.6 | 8.9 |

从以上数据看出,P204 对锆铪的萃取的分配系数均随着有机相 P204 浓度的增加而上升,而分离因素变化不大,保持在 8~10。

萃取平衡时间对锆分配系数的影响比较明显,这主要是因为 P204 萃取金属离子时,萃合物生成速度比较慢,从表 5-34 中的一组数据可以看出,在两相接触 30min 才能达到平衡,实验条件为硫酸溶液$[H^+]=1.54mol/L$。

**表 5-34 接触时间对锆分配系数的影响**[54]

| P204 浓度/% | 接触时间/min | $D_{ZrO_2}$ | $D_{HfO_2}$ | $\beta$ |
|---|---|---|---|---|
| 10% | 20 | 1.85 | 9.5 | 5.1 |
| | 30 | 2.26 | 17.4 | 7.7 |
| | 40 | 2.17 | 18.9 | 8.7 |
| 15% | 20 | 3.22 | 20.1 | 6.2 |
| | 30 | 3.95 | 33.5 | 8.5 |
| | 40 | 4.02 | 36.8 | 9.2 |

从以上数据可以看出,P204 在硫酸体系中优先萃取铪,可以利用这一特点对硫酸体系中的锆铪进行分离制取 $HfO_2$。表 5-35 列出了 $HfO_2$ 的分析结果。

**表 5-35 $HfO_2$ 产品中杂质全分析/%**

| 元 素 | Si | Fe | Ti | Al | Mn | Pb | Mg | Cr |
|---|---|---|---|---|---|---|---|---|
| 含量/% | ~0.035 | ~0.11 | 0.0038 | 0.00062 | 0.0004 | 0.0013 | 0.0010 | 0.0076 |
| 元 素 | Sn | Ni | Mo | Ca | Cu | V | Bi,Co,Cd,Sb | |
| 含量/% | 0.050 | 0.0010 | 0.0012 | >0.01 | <0.0001 | <0.0001 | <0.0003 | |

F P204-$HNO_3$ + HCl 体系萃取浓缩含铪萃余液制取纯 $HfO_2$[55]

TBP-$HNO_3$ + HCl 体系萃取分离锆铪以后的萃余液中 $HfO_2$ 的浓度小于 2g/L,$HfO_2/MeO_2>96\%$,因为 TBP 不萃取杂质元素,所以料液中几乎全部杂质都留在水相中,且萃余液的酸度高,总酸度为 6mol/L,若直接用氨水沉淀,将消耗大量氨水,杂质元素和铪一起沉淀下来,污染氧化铪产品。经研究发现,P204 在 $HNO_3$ 和 HCl 体系中对锆铪都有极高的分配系数,控制适当的条件可使铪的浓度提高 10～15 倍,也可与其他杂质分离,是从 TBP 萃取的萃余液中制取氧化铪的较为合理的工艺。

表 5-36 中列出 P204 的浓度在 HCl 和 $HNO_3$ 混合酸体系中对铪分配系数和萃取率的影响。

**表 5-36 P204 浓度的影响**

| P204 浓度/% | 水相 $HfO_2$/g·L$^{-1}$ | 有机相 $HfO_2$/g·L$^{-1}$ | $D_{Hf}$ | 萃取率/% |
|---|---|---|---|---|
| 1 | 1.56 | 3.41 | 2.18 | 16.8 |
| 5 | 0.47 | 13.55 | 29.2 | 75.1 |
| 10 | 0.0023 | 16.95 | 73.60 | 99.98 |

10% P204 萃取时,萃取率已达 99.98%,说明 P204 在混合酸体系中对铪的萃取能力很强。

P204 萃取铪的反应以阳离子交换的形式进行,有机相中 $[HfO_2]:[P204]=1:2$。其反应式如下:

$$HfO^{2+}+2H_2X_2 \rightleftharpoons HfO(HX_2)_2+2H^+$$

萃取过程中杂质元素的分配情况列入表 5-37。

**表 5-37 铪及杂质元素的萃取平衡时间**

| 接触时间/min | 水相元素的浓度/g·L$^{-1}$ | | | | | | | |
|---|---|---|---|---|---|---|---|---|
| | Hf | Ti | Fe | Al | Si | Ca | Mg | Cr |
| 0 | 1.805 | 0.003 | 0.0054 | 0.097 | <0.001 | 0.047 | 0.011 | 0.0035 |
| 1 | 0.009 | 0.0032 | 0.0073 | 0.084 | <0.001 | 0.043 | 0.009 | 0.0041 |
| 2 | <0.002 | 0.0030 | 0.0068 | 0.083 | 0.002 | 0.043 | 0.009 | 0.0045 |
| 5 | – | 0.0018 | 0.0070 | 0.084 | 0.0012 | 0.048 | 0.010 | 0.0041 |
| 10 | <0.002 | <0.001 | 0.0068 | 0.081 | <0.001 | 0.048 | 0.009 | 0.0043 |
| 20 | <0.002 | <0.001 | 0.0070 | 0.0078 | <0.001 | 0.046 | 0.009 | 0.0043 |
| 60 | <0.002 | <0.001 | 0.0070 | 0.0081 | 0.0012 | 0.046 | 0.010 | 0.0043 |
| 240 | <0.002 | <0.001 | 0.0076 | 0.0081 | <0.001 | 0.046 | 0.013 | 0.0037 |

从以上元素萃取平衡时间的差异可以看出，铪在2min以后就达到平衡，钛在接触5分钟开始被萃取，10min以后达到平衡，其他杂质元素在接触长达4h，仍不被萃取，说明P204在$HNO_3$-HCl混合酸系统萃取铪有很高的选择性，经萃取铪显著被提纯。$HfO_2$产品中的杂质含量列入表5-38。

**表5-38　氧化铪产品中杂质含量**　　（单位：%）

| 杂质元素 | Si | Fe | Al | Ca | Mg | Ti | Mn | Cr | Ni |
|---|---|---|---|---|---|---|---|---|---|
| TBP萃余液中 | >0.34 | >0.3 | >0.1 | >0.3 | 0.025 | >0.1 | 0.025 | >0.3 | 0.018 |
| 产品$HfO_2$中 | 0.074 | 0.005 | 0.015 | 0.04 | 0.018 | >0.1 | <0.001 | <0.001 | 0.0012 |

### 5.5.3　锆铪萃取过程中的控制分析

在锆铪萃取工艺中，有机相和水相的酸度、锆铪浓度、萃取剂的浓度等对整个体系的影响是很大的，为了保证工艺过程的顺利进行，保证锆铪产品的纯度和回收率，就必须对这些主要参数进行控制，现将这些主要参数的分析方法做一简单的介绍[56]。

A　水相和有机相的酸度测定

酸度测定采用酸碱滴定法，以酚酞作指示剂，在水相或有机相中含有锆铪时，需加入络合剂柠檬酸钠将锆铪络合掩蔽。

a　试剂

NaOH　　0.2 mol/L左右的标准溶液

酚酞　　0.1%乙醇溶液

柠檬酸钠　　5%水溶液

b　分析步骤

取0.5~1ml水相（或有机相），放入250ml锥形瓶中，加入5ml柠檬酸钠，加入80~100ml去离子水，加入数滴酚酞，以NaOH标准溶液滴定至溶液刚出现粉红色为止，待1min后，红色不褪去，即为终点。

c　计算

$$[H^+]=\frac{N_{NaOH}\cdot V_{NaOH}}{V_{取样}}$$

式中　$N_{NaOH}$——NaOH 的浓度；

　　$V$——体积。

B　EDTA 络合滴定法分析锆铪浓度

EDTA 是一种广泛应用的络合剂，它与锆铪以 1∶1（物质的量比）进行络合。为了消除干扰必须控制酸度，一般是在 1.2mol/L 盐酸溶液中进行滴定。在此酸度下，大部分杂质元素不与 EDTA 形成络合物，只有 $Fe^{3+}$ 干扰滴定，因此必须用 $SnCl_2$ 将 $Fe^{3+}$ 还原为 $Fe^{2+}$ 消除干扰。指示剂为二甲酚橙，锆与二甲酚橙的络合物为红色，当 EDTA 滴定至终点时，锆与二甲酚橙的络合物被破坏，生成更稳定的无色的 Zr-EDTA 络合物，溶液即转变为游离的指示剂本身的黄色。

a　试剂

EDTA 0.01M 左右的标准溶液（视所滴溶液的锆浓度而定）

二甲酚橙　0.2%　水溶液

盐酸　1∶9

氯化亚锡　10%　的 6mol/L HCl 溶液

b　分析步骤

取 0.5～1ml 待测溶液，加 50～100ml、1∶9 的 HCl，在电炉上加热至沸，加少量 $SnCl_2$ 溶液至黄色褪去，加 2.4 滴二甲酚橙，用 EDTA 标准溶液滴定至黄色，再加热至沸，再用 EDTA 滴定，反复几次，直到溶液不再返红即为终点。

c　计算

$$[ZrO_2+HfO_2](g/L)=\frac{T_1V_1}{V_2}\times1000$$

式中　$T_1$——EDTA 对锆的滴定度，mg/ml；

　　$V_1$——所消耗 EDTA 体积，ml；

　　$V_2$——取样体积；ml。

C　苦杏仁酸重量分析锆铪

锆铪在2.5N盐酸溶液中与苦杏仁酸作用生成白色絮状的杏仁酸锆沉淀，陈化后转为结晶型沉淀，易于过滤洗涤。900℃灼烧生成$ZrO_2$，其反应式如下：

$$ZrOCl_2 + 4[C_6H_5CH(OH)COOH] = Zr(C_8H_7O_3)_4 \downarrow + H_2O + 2HCl$$

本方法有高度的选择性，铁、钛、钍、铝、锡、钒、铜、铬、铈、钙、镁、砷、锑等元素均不干扰锆的测定。但$SO_4^{2-}$、$CrO_4^{2-}$、$F^-$妨碍锆沉淀完全，使结果偏低，在溶液中应避免其存在。

a 试剂

| | |
|---|---|
| 苦杏仁酸 | A.R.16% 水溶液 |
| 洗涤液 | 500ml 水中加入 10ml HCl 和 25g 苦杏仁酸，搅拌使其溶解 |
| 盐酸 | A.R. |
| 氨水 | A.R. |
| 酚酞 | 0.1%乙醇溶液 |

b 分析步骤

取一定量试液于250ml烧杯中，加1～2滴酚酞指示剂，用氨水沉淀，用定量滤纸过滤，热水洗涤数次，将沉淀放入原烧杯中，加浓盐酸25ml，去离子水40ml，加热至沸，加入16%苦杏仁酸35ml，搅拌，煮沸，在85℃保温半小时，趁热用定量滤纸过滤，用配好的热洗涤液洗涤数次，将沉淀移入恒重的瓷坩埚中，灰化后，在900℃灼烧至恒重。

c 计算

$$[ZrO_2]g/L = \frac{G}{V_{样品}} \times 1000g/L$$

式中 $G$——样品质量，g；

$V_{样品}$——取样体积，ml。

D TBP浓度的测定

TBP是中性磷萃取剂，它能与$HNO_3$形成萃合物，其萃合物中$HNO_3$和TBP的组成是一定的，这样就可以通过碱滴定来间接测定 TBP 的浓度。本方法是用等体积的已知浓度的 TBP 溶液和经处理后成中性的待测 TBP 溶液，在相同条件下酸化后，用 NaOH 标准溶液滴定有机相和水相酸度来测定 TBP 浓度。

a　试剂

| | |
|---|---|
| 60%标准 TBP 溶液 | 准确吸取 60ml TBP + 40 ml 煤油，混匀 |
| $HNO_3$ | 13 mol/L 硝酸溶液 |
| NaOH | 0.1mol/L NaOH 标准溶液 |
| 酚酞 | 0.1% 乙醇溶液 |

b　分析步骤

循环使用的 TBP，先用自来水洗至有机相为中性(用 pH 试纸测定)，弃去水相，取 20ml 洗好的有机相，同时取等体积的标准 TBP 溶液，分别放入已干燥的两个分液漏斗中，各取 10ml 13mol/L $HNO_3$ 放入漏斗，振荡 1min，静置分层后，水相放入已干燥的 50ml 烧杯中，有机相留在分液漏斗中，取 1ml 有机相于锥形瓶中，以酚酞做指示剂，直接用 0.1mol/L 的 NaOH 标准溶液滴定，消耗的 NaOH ml 数记为 $V_0$。水相取 2ml 于 50ml 容量瓶中，稀释至刻度，摇匀，取 5ml 于锥形瓶中，加酚酞，用 NaOH 标准溶液滴定，所消耗毫升数为 $V_a$。60% TBP 标准溶液也同法进行滴定。

c　计算

$$60\%\ \text{TBP}:\frac{V_{0(\text{标})}}{V_{a(\text{标})}}=x\%\ \text{TBP}:\frac{V_{0(\text{试样})}}{V_{a(\text{试样})}}$$

式中　$V_{0(\text{标})}$，$V_{a(\text{标})}$——分别表示标准 60% TBP 酸化后，有机相和水相所消耗的 NaOH 标准溶液的毫升数；

$V_{0(\text{试样})}$，$V_{a(\text{试样})}$——表示未知的 $x$%TBP 酸化后，有机相和水相所消耗的 NaOH 标准溶液的毫升数。

E　N235 浓度的测定

由于 N235 与 $HNO_3$ 生成物质的量比 1:1 的萃合物，就可用 NaOH 定量中和萃合物中的 $HNO_3$，从中和所用 NaOH 的量间接测定 N235 的浓度。

a 试剂

$HNO_3$ 0.95 mol/L

NaOH 0.1 mol/L 标准溶液

酚酞 0.1% 乙醇溶液

b 分析步骤

取 20ml 的 N235，加入 0.95mol/L $HNO_3$ 20ml，振荡后用 NaOH 标准溶液滴定，用酸度计测定 pH 变化，同时记下所加入 NaOH 的量，经两次突跃后，停止滴定。用 pH 值与对应的 NaOH 用量做图，求出 pH 值突变时的 NaOH 用量。

c 计算

$$M_{N235}=\frac{N_{NaOH}(V''_{NaOH}-V'_{NaOH})}{V_{N235}}$$

式中 $M_{N235}$——N235 的克分子浓度；

$N_{NaOH}$——NaOH 标准溶液的浓度；

$V''_{NaOH}$——第二次突跃点对应的 NaOH 毫升数；

$V'_{NaOH}$——第一次突跃点对应的 NaOH 毫升数。

F P204 浓度测定

P204 是一种磷酸类萃取剂，它能与碱进行中和反应，生成盐和水，因此可以用 NaOH 滴定法来测定 P204 的浓度。

a 试剂

NaOH 0.1 mol/L 标准溶液

酚酞 0.1 乙醇溶液

乙醇 95%

b 分析步骤

取一定体积的 P204，加入 20ml95% 乙醇，再加 3～5 滴酚酞指示剂，用标准 NaOH 滴定至溶液呈粉红色即为终点。

c 计算

$$M_{P204}=\frac{N_{NaOH}\cdot V_{NaOH}}{V_{P204}}$$

式中 $M_{P204}$——P204 的物质的量浓度；

$V_{P204}$——P204 的取样体积,ml;

$N_{NaOH}$——NaOH 标准溶液的浓度;

$V_{NaOH}$——滴定所消耗 NaOH 体积,ml。

## 5.6 精馏法分离锆铪

锆铪的火法分离技术一直是各国锆铪科研工作的一个重要课题,这种分离方法是基于锆和铪的某些化合物,如氯化物以及由锆铪的氯化物和氯氧化磷生成的络合氯化物等具有不同的沸点,经过蒸馏使它们得到分离。氯化物精馏分离的结果,可以得到纯的 $ZrCl_4$ 和 $HfCl_4$,然后直接用来生产金属。

### 5.6.1 高压分馏法

该方法是利用锆铪氯化物或络合氯化物蒸汽压的差别进行分离。$ZrCl_4$ 的熔点为 437℃,$HfCl_4$ 为 434℃,在各自的熔点下,$ZrCl_4$的蒸馏压为 1.893 MPa,$HfCl_4$ 的蒸汽压则高达 3.226 MPa,两者蒸汽压之比为 1.7,这就是它们分馏的分离系数。

20 世纪 80 年代前后,日本研究成功四氯化物分馏分离锆铪的新工艺[57],该工艺是用精四氯化锆在一个高 10m、直径为 2m 的蒸馏塔内进行分馏,温度为 400～500℃,压力 2.03～2.53 MPa。到 1982 年,在石冢和三井的联合工厂采用新方法每月可生产 100t 海绵锆,其生产成本仅为传统方法的一半。图 5-26 为传统方法与新方法生产海绵锆流程的对比。

采用络合氯化物也可以实现锆铪分离。用氯化物和氯氧化磷相互作用或加热二氧化锆和五氯化磷都可以制取 $3ZrCl_4 \cdot 2POCl_3$。

$$3ZrCl_4 + 2POCl_3 = 3ZrCl_4 \cdot 2POCl_3$$

或

$$3ZrO_2 + 6PCl_3 = 3ZrCl_4 \cdot 2POCl_3 + 4POCl_3$$

$3ZrCl_4 \cdot 2POCl_3$ 的沸点为 360℃,$3HfCl_4 \cdot 2POCl_3$ 的沸点为 355℃,两者相差 5℃。

精馏可以在玻璃盘形筛板塔内,也可以在镍制塔内进行,当塔

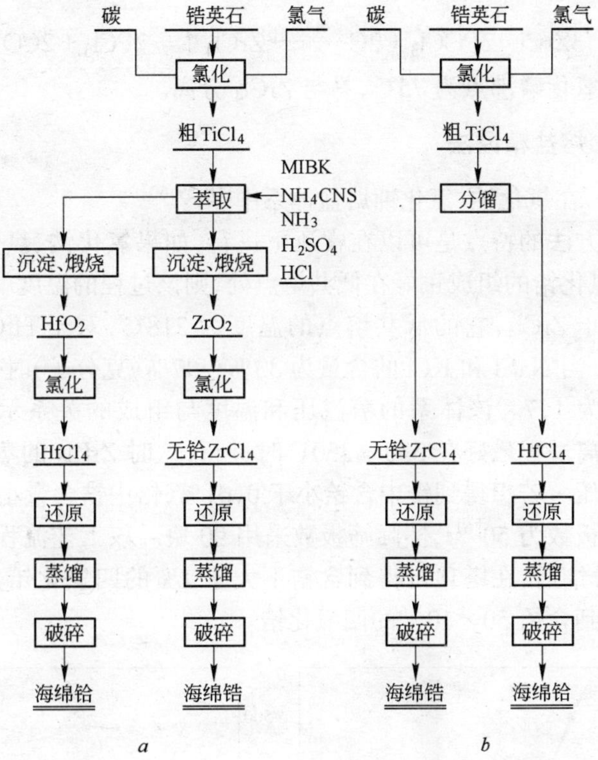


图 5-26　新方法与传统方法流程对比

*a*—传统方法；*b*—新方法

内筛板为 50 块，原料含铪 1%时，经一次精馏，锆馏分的含铪量小于 0.01%，锆的回收率为 40%。络合氯化物精馏法所得产物不能用来生产金属，需经过后处理工序。后处理的方法有两种，一种是与 NaCl 共熔：

$$3ZrCl_4 \cdot 2POCl_3 + 6NaCl \xrightarrow{300 \sim 400℃} 3Na_2ZrCl_6 + 2POCl_3 \uparrow$$

$$Na_2ZrCl_6 \xrightarrow{800℃} 2NaCl + ZrCl_4 \uparrow$$

另一种方法是将络合氯化物的蒸汽通过加热到 800℃ 的炭

层,其反应如下:

$$3ZrCl_4 \cdot 2POCl_3 + 2C \xrightarrow{800℃} ZrCl_4 \uparrow + 2PCl_3 + 2CO$$

三氯化磷沸点为75℃,易与 $ZrCl_4$ 分离。

### 5.6.2 熔盐精馏法

A 在氯化钠、氯化钾熔盐体系中[58,59,60]

该方法的特点是可以在常压下进行,如果氯化钠、氯化钾、氯化锆、氯化铪的组成正好在低共熔点处,则该过程的温度就可以较低。对于 $ZrCl_4$,它的低共熔点的温度为218℃,对于 $HfCl_4$ 一为230℃。当NaCl和KCl的含量为33%~37%(克分子)时,锆铪分离系数为1.7。该体系的蒸汽压和温度与组成的关系示于图5-27。分离过程最好在330~350℃时进行,这时 $ZrCl_4$ 的蒸汽压达到大气压。若想得到锆中含铪小于0.01%,铪中锆含量小于1%,理论筛板数为50[61],实际筛板数采用90块。该工艺流程见图5-28,经分馏后,在塔顶可得到含锆不大于1%的四氯化铪蒸汽,在塔底得到含铪 $50 \times 10^{-6}$ 的四氯化锆。

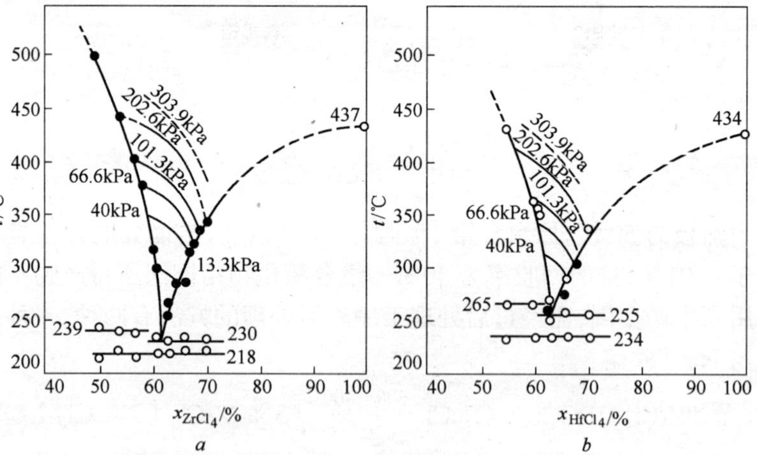


图5-27 $ZrCl_4$-NaCl-KCl(NaCl:KCl=8:29(物质的量比))

*a*—$HfCl_4$-NaCl-KCl(NaCl:KCl=8:29(物质的量比));

*b*—体系的蒸汽压与温度和组成的关系[62]

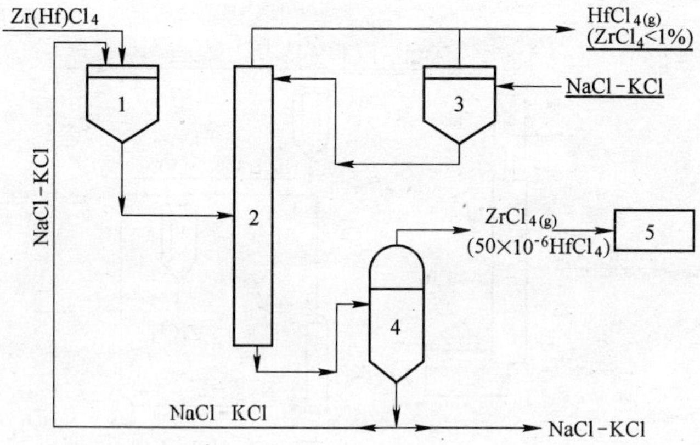


图 5-28　斯平克(Spink)熔融盐提取蒸馏分离锆铪工艺流程(大气压下操作)

1—料仓;2—蒸馏塔;3—回流器;4—蒸发器;5—镁还原

B　氯化铝、氯化钾熔盐体系[61]

法国赛佐司公司从 1971 年开始研究氯化铝、氯化钾熔盐蒸馏分离锆铪工艺,通过小型试验到工业试验,设备技术不断完善,并于 1981 年正式投入生产。其工艺流程见图 5-29。该工艺使用的原料是锆英石经沸腾氯化生产粗四氯化锆,再经沸腾提纯所得的精四氯化锆。熔盐为氯铝酸钾($KAlCl_4$),利用 $ZrCl_4$ 和 $HfCl_4$ 在该溶剂中的蒸汽压的差异,在精馏塔内进行分离。从塔顶得到含 30%~50%的四氯化铪富集物,在塔底得到含铪$<100\times10^{-6}$的原子能级四氯化锆。精馏塔为镍基合金,高 50m,直径为 1m。整个塔温度稳定在 350℃,常压下进行。精 $ZrCl_4$ 由塔的中部进入,塔中有塔板,$KAlCl_4$ 熔盐从塔顶往下流,与溶解在熔盐中的 $ZrCl_4$ 不断交换,使 $HfCl_4$ 不断富集,从塔顶出来,经过冷凝器冷下来,作为提铪的原料,塔的上部有一个 $KAlCl_4$ 的冷凝装置,控制 $KAlCl_4$ 的流量,$ZrCl_4$ 也有一个给料装置,保证 $ZrCl_4$ 均匀供料。在塔的下端有一个保温 500℃ 的贮罐,使精馏的 $ZrCl_4$ 与 $KAlCl_4$ 分离。原子能级 $ZrCl_4$ 用 $N_2$ 输送到冷凝器中冷却,$KAlCl_4$ 经净化用泵打

到塔顶贮罐。整个熔盐精馏过程各种参数都用计算机严格控制。

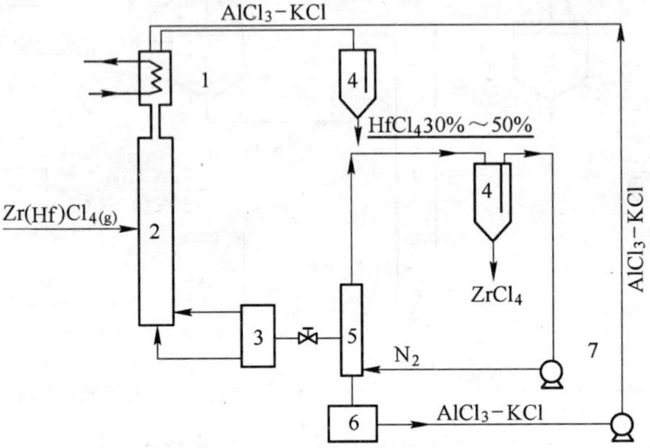


图 5-29 赛佐司(Cezus)熔盐提取蒸馏分离锆铪工艺流程图

1—冷却器;2—蒸馏塔;3—蒸发器;4—冷凝器;5—汽提塔;6—熔盐贮罐;7—泵

分离后的原子能级 $ZrCl_4$ 的成分见表 5-39。

**表 5-39 原子能级 $ZrCl_4$ 的成分** (单位:%)

| 元素 | Zn | P | Hf | Al | Na | Si | Ca | Fe | Ti | W | B | Cr,Cu,Mg,Mn,Mo,Ni,Sn,V |
|---|---|---|---|---|---|---|---|---|---|---|---|---|
| 萃取法 | $<120\times10^{-4}$ | $<100\times10^{-4}$ | $(30\sim90)\times10^{-4}$ | $(5\sim50)\times10^{-4}$ | $<50\times10^{-4}$ | $<30\times10^{-4}$ | $<20\times10^{-4}$ | $<20\times10^{-4}$ | $<20\times10^{-4}$ | $<3\times10^{-4}$ | $<0.5\times10^{-4}$ | $<10\times10^{-4}$ |
| 熔盐精馏 | $<120\times10^{-4}$ | $<100\times10^{-4}$ | $(35\sim90)\times10^{-4}$ | $(10\sim60)\times10^{-4}$ | $<50\times10^{-4}$ | $<30\times10^{-4}$ | $<20\times10^{-4}$ | $<20\times10^{-4}$ | $<20\times10^{-4}$ | $<3\times10^{-4}$ | $<0.5\times10^{-4}$ | $<10\times10^{-4}$ |

## 5.7 选择性还原法

该方法是基于在一定条件下,可使锆的四卤化物还原为三卤化物,而铪的四卤化物则不易被还原,从而达到锆与铪分离的目的。

用含 $HfO_2$ 为 1.5%的 $ZrCl_4$,在 420℃ 温度下,在真空容器内用锆还原,$ZrCl_4$ 被还原为 $ZrCl_2$,而 $HfCl_4$ 还原极少。$ZrCl_2$ 和

$HfCl_4$在该温度下蒸汽压之比为6～9,即该反应的分离系数为6～9。四氯化铪和未被还原的四氯化锆可在200～300℃真空中升华出去。这样可以得到含铪达30%的四氯化锆。经还原后所生成的 $ZrCl_3$,在真空中加热至450℃以上,则按下式发生歧化反应:

$$2ZrCl_3 \rightleftharpoons ZrCl_2 + ZrCl_4$$

$$2ZrCl_3 \rightleftharpoons Zr + ZrCl_4$$

所生成的 $ZrCl_4$ 可以升华出去,这种 $ZrCl_4$ 中的铪含量可以降低到0.05%。$ZrCl_2$ 再返回用于还原步骤。为使 $ZrCl_3$ 的歧化反应进行完全,需要加热到540℃。这个过程的缺点是 $ZrCl_3$ 和未反应的锆粉容易生成烧结块,大大阻碍了还原速度,必须设法不断暴露出新的表面。用铝还原就能消除这一缺点。半工业规模的试验是在下列条件下分三个阶段进行:在常压下,在390～405℃,$ZrCl_4$ 进行还原反应,在420～550℃进行歧化反应。第一和第二阶段是为了提纯 $ZrCl_4$。当原料中含 $HfO_2$ 为2.54%时,得到的含铪小于0.01%的 $ZrCl_4$ 的回收率达到80%～90%。第三阶段是为了得到铪的富集物,含铪量为50%的富铪物为原料中铪的70%。工艺流程示于图5-30[62]。选择性还原法还可以用来制取纯 $HfO_2$。从含铪30%的富铪料中经过上述三个阶段,可得到含铪98.5%的 $HfCl_4$。

火法分离锆铪的工艺省去了海绵锆生产过程中火法、水法间歇操作的复杂过程,简化了工艺,缩短了生产周期,节省了原材料,降低了海绵锆的成本,减少了对环境的污染,改善了劳动条件,所以火法分离锆铪的成功可以认为是原子能级海绵锆、铪生产的一次技术革命。但由于该技术需要一系列特殊的设备和材料,目前还没有普遍推广。

## 5.8 锆铪分离产品成本的比较

文献[63]给出了几种不同锆铪分离方法制得 $ZrO_2$ 后,经氯化获得精 $ZrCl_4$ 的化工原料消耗和总成本比较(从还原到海绵锆生产工艺各种流程基本相同),表明法国的熔盐精馏法成本最低,见表5-40。

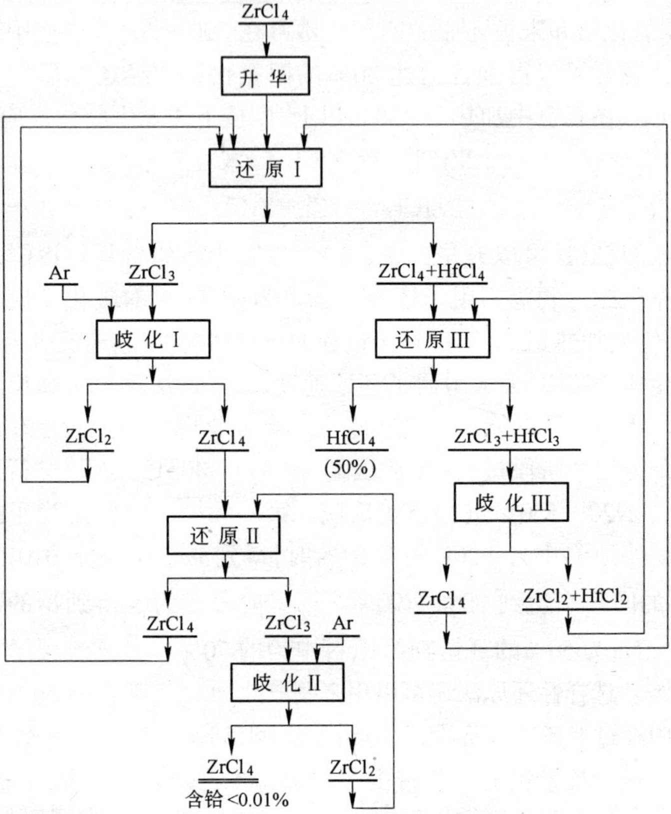


图 5-30　选择性还原分离锆铪流程图

**表 5-40　不同方法 Zr-Hf 分离每生产 1kg $ZrO_2$ 化工原料的消耗比较**　（单位:%）

| 化工原料 | TBP-硝酸盐法 | 胺-硫酸盐法 | MIBK-硫氰酸盐法 | 熔盐精馏法 |
|---|---|---|---|---|
| NaOH | 4.5 | 2.30 | 0.90 | 1.30 |
| 5% $HNO_3$ | 18.0 | 3.8 | | |
| HCl | | | 3.20 | |
| 浓 $H_2SO_4$ | 0.35 | 14.00 | 1.35 | |

续表 5-40

| 化工原料 | TBP-硝酸盐法 | 胺-硫酸盐法 | MIBK-硫氰酸盐法 | 熔盐精馏法 |
|---|---|---|---|---|
| 石灰(70% CaO) | | 8.0 | | |
| 石灰石 | | 5.3 | | |
| 溶剂 | 0.40 | 0.03 | 0.20 | |
| 煤油(稀释剂) | 0.40 | 0.1 | 0.20 | |
| $NH_4CNS$ | | | 0.13 | |
| $Na_2CO_3$ | 0.50 | | | |
| 助滤剂 | 0.60 | | | |
| $NH_3$ | 1.80 | 1.00 | 1.40 | |
| 石油焦 | 0.22 | 0.22 | 0.70 | 0.50 |
| $Cl_2$ | 1.80 | 1.80 | 5.50 | 4.00 |
| $KCl·AlCl_3$ | | | | 0.10 |
| 每千克 $ZrCl_4$ 总成本,卢比 | 187.65 | 55.65 | 53.18 | 20.39 |
| 每千克 $ZrO_2$ 总成本,卢比 | 182.0 | 50.0 | 47.53 | |
| 流程采用国 | 印度 | 日本 | 美国 | 法国 |

## 参考文献

1 Missenden J.Chem.News,124,327,1922
2 Beaves WW.BBC-54,August,1950(28)
3 Г.А.Мерсон,А.Н. Зекман.Металлурия реч.мет,1955
4 泽列克曼 A H 等著,宋晨光等译 . 稀有金属冶金学 . 北京:冶金工业出版社,1982
5 勒斯特曼 B,凯尔兹 F 等著.薛克伯,俊友译 . 锆 . 北京:中国工业出版社,1965:125
6 Рысс И Г.Химия фтора и его неорг.соед СТР,1955:647
7 李蕙媛 .TBP 萃取分离锆铪的研究,北京有色金属研究总院,1966(内部资料)
8 Сажин Н П,Пепеляева Межтунарочная конф З А.По мирному нспользаванию знергии,8,647,1955
9 Д И.Рябдков,А Н.Ермаков,В К.Беляев,ЖНХ,2,1,1962:69~75
10 Чекмарев,А М,Чидрикин В В,Ягоин Г А.Раиохимия.17.2,165~168,

1975
11 W.C.Suhumb,F.E.Pittman,Ind.Eng.Chem.Anal.Ed.14,512,1942
12 K.Street,G.T.Seaborg,J.Am.Chem.Soc.,70,4268,1948
13 R.E.Cooper.R.M.Dinzey.CREE-466,December 4,1950
14 I.E.Newnham,J.Amer.Chem Soc.,73,5899,1951
15 B.A. Lister,J.Amer.Chem.Soc.(London),3132,1951
16 B.A. Lister.J.F.Duncan,J.M.Hutcheon,USP 2759792,1956
17 J.T. Benedict, W.C.Schumb, C.D. Corgell.J.Amer.Chem.Soc., 76, 2036,1954
18 E.M.Larsen,P.Wang.J.Amer.Chem.Soc.,76,6223,1954
19 F. Hudswell,J M.Hutcheon.Peaceful use of Atomic energy(Genera)8,567, 1956
20 北京有色金属研究总院,离子交换分离锆铪,内部资料,1958
21 K.A.Krans,G.E.Moore.J.Am.Chem.Soc.,76,6223,1954
22 K.A.Krans,G.E.Moore.J.Am.Chem.Soc.,73,9,1951
23 E.H.Huffman,R.C.Lilly.J.Am.Chem.Soc.71,4147,1949
24 E.H.Huffman,R.C.Lilly.J.Am.Chem.Soc.73,2902,1951
25 W.Forsling.Arkiv Kemi,5,889,1953
26 W.Forsling.Arkiv Kemi,5,503,1953
27 E.H.Huffman,G.M.Iddings.R.C.Lilly,UCRL-1165,March 2,1951
28 K.S.Rajan,J.Gupta.J.Sci.Ind.Reseorch(India),14B 453,1955
29 柳青一郎,上田照守．名古屋工業技術試驗所報告,7,64,1958
30 R.S.Hansen,K.Gunnar.J.Am.Chem.Soc.71,4158,1949
31 P.Чалетка.Ж.анал.хим,1,82,1970
32 H.J.Emeleus.Advance in inorg.Chem.and Radio chem,13,64～65,1970
33 W.Fisher, W.Chalybaeus, M.Zumbusch, Z.amorg.u allgem.Chem, 255, 79,1947
34 W.Fisher, W.Chalybaeus, M.Zumbusch, Z.amorg.u allgem.Chem, 255, 277,1947
35 G.L.Overholser,C.J.Barton,W.R.Grimes,U.S.AEC.Reports,Y-477, CCC Y-12,1949
36 G.L.Overholser,C.J.Barton,W.R.Grimes,U.S.AEC.Reports,Y-431, CCC Y-12,1949

37 大塚毅矣．日本礦業會志,12,27,1969

38 邬安华．法国原子能级锆铪冶炼新技术综述,全国第五届锆铪学术会议文集,1990

39 И.Н.Впнаров.уси.унм.36,4,1244,1967

40 J.V.Kerrigan,As reported by Beyer and Peterson,8,1951

41 G.H.Beyer,H.C.Peterson,Rept,ISC－182,Dec.3,1951

42 J.Hure,R.Sain James,Proc.Int,Conf.on Peaceful uses of Atomic Energy,Vol.8,p.551,1956

43 F.Hudswell,J.M.Huteheon,Proc Int conf,on Peaceful uses of Atomic Energy,United Nation,New York,1956

44 曹蓉江等．TBP－盐酸－硝酸、体系分离锆铪的研究,北京有色金属研究总院,1965

45 大塚毅矣,宮奇英男．日本特許,昭45－10615,1970

46 大塚毅矣,宮奇英男．日本特許,昭45－10616,1970

47 大塚毅矣,宮奇英男．日本特許,昭45－10617,1970

48 Mitsuo Takahashi,Hideo Miyazaki and Yoshiharu Katoh.ASTM,Spec.Tech.Publ,824,45～56,1984

49 D.J.MacDoned,H.G.Henry and D.J.Bauer.BM－RI－8849,1984

50 Tareshi Otsuka,US Patent 3658466,1972

51 P.H.Tedesco,V.B.Kumi J.Inorg.Nucl,Chem,29,5,1307,1967

52 O.Navratil.J.Inorg.Nucl.Chem.,31,855,1967

53 T.Sato and T.Nakamira.J.Inorg.Nucl.Chem.,33,4,1081,1971

54 尤曙盼,张力．低铪硫酸锆在萃取过程中洗涤效果的研究,北京有色金属研究总院,1992

55 李蕙媛等．烷基磷酸萃取分离锆铪的研究,北京有色金属研究总院,1966

56 冶金部科技情报产品标准研究所编,锆和铪的冶金分析．中国工业出版社,1971

57 E/MJ 11,57,1980

58 D.R.Spink,K.A.Jonasson.AIME,297～314,1981

59 US Patent 3966458,1976

60 Н.В.Барышников.“Мегаллургия Циркония и Гафния”“Металлургия”Москва,сар.107,1979

61 D.R.Spink.Canad,Min.Metallury,Bull,70,787,145,1977
62 Н.В.Барышников.“Металургия Циркония и Гафния”“Металлургия”Москва,cap.112,1979
63 杨遇春 .金属王国的第二集团军,锆与铪.济南:山东科技出版社,2001

# 6　四氯化锆的制备

四氯化锆是生产海绵锆的原料，有还原剂碳存在时，可在高温下由氯化锆英石或二氧化锆或氯化碳（氮）化锆制得。因此，氯化是锆铪冶金的重要生产工艺。

所谓氯化，一般是指用氯气或其他氯化剂在高温下与某种矿物、金属氧化物、硫化物等作用生成氯化物的过程。所谓氯化冶金，广义而言就是通过金属氯化物来进行的一种提取冶金方法。氯化法已广泛应用于钛、锆、铪、镁、稀土、硅等的生产中。

氯化冶金得到迅速发展，其原因如下：

(1)对原料的适应性强。氯几乎能和所有的金属的氧化物、硫化物、碳化物等作用，生成金属氯化物，因此可用以处理矿物，提取有价金属。

(2)各种金属氯化物的物理化学性质不同，易于分离、提纯，获得纯的氯化物。

(3)从热力学观点看，金属氯化物的稳定性远比其同一种金属氧化物的稳定性低。因此，纯的金属氯化物容易被更活泼的金属还原成金属，也容易用电解法制得纯金属。

但氯化冶金的缺点是氯化剂腐蚀性强，易腐蚀设备，环境保护要求较高。

含锆铪物料的氯化工艺研究是在克罗尔(W.J.Kroll)确定了以镁热还原 $ZrCl_4$ 制取海绵锆的方法之后，才开始大量研究的。由于铪与锆性质类似，并且常以类质同象的杂质状态存在于锆矿物和锆成品中（Hf/Zr≈1/50，质量比），因而单独对铪原料的氯化研究较少。特别是由于 $HfCl_4$ 的性质与 $ZrCl_4$ 的性质极为相似，因而镁热还原法制取海绵铪的生产流程基本上可以用镁热还原法制取海绵锆的生产流程；另外由于铪在矿物中的含量及需求量都比锆少得多,因而铪的生产设备远比锆为小,并可采用锆的小型生产设备,但两者的生产场地必须分开,以免相互污染。

由于工业级锆不需锆铪分离,仅需氯化一次,其原料为Zr(N)C或 $ZrSiO_4$。制取原子能级锆和铪则需要经过前后两次氯化,即锆铪分离前后各一次。这两次氯化包括三种原料:(1)第一次氯化:$ZrSiO_4$ 氯化或 Zr(N)C 氯化;(2)第二次氯化:无铪 $ZrO_2$ 和 $HfO_2$ 氯化。

在第一次氯化时,有两种方案:一是 Zr(N)C 氯化;另一是 $ZrSiO_4$直接氯化。两种方案各有优缺点。在锆铪工业发展的前期,这两种方案都是采用固定床氯化炉,两者相比,国内外均倾向于第一个方案,并在生产中广泛应用。Stephens 和 Gilbert 对此作了对比分析:

(1)Zr(N)C 的氯化反应在 500℃ 以下就迅速进行,而 $ZrSiO_4$ 加碳氯化只有在高于 900℃ 下才能进行。

(2)Zr(N)C 与氯作用时放出大量的热,足以维持反应自热进行,而 $ZrSiO_4$ 直接氯化必须不断供热,才能使反应连续进行。

(3)$ZrSiO_4$ 直接氯化时 $SiO_2$ 与 $ZrO_2$ 同时被氯化,因此耗氯量较大,但在 Zr(N)C 氯化时,由于电弧炉熔炼制取 Zr(N)C 时,$ZrSiO_4$ 中约有 95% 的 $SiO_2$ 被还原为 SiO 而挥发除去,在氯化时可以省去氯化 $SiO_2$ 所需的氯气。

(4)$ZrSiO_4$ 直接氯化需增加混捏、制团和焦化工序。

早期锆生产应用的是固定床氯化,即竖式电炉氯化,缺点是炉体结构较复杂,物料反应不完全,产能较低,电极周围氯气泄漏严重,炉体寿命短和劳动条件差等。因此,世界各国都在研究新的氯化方法,例如比较先进的 $ZrSiO_4$ 流化床(又称沸腾床)直接氯化。由于该法省去了电弧炉熔炼,产能远远高于固定床氯化,同时解决了副产品 $SiCl_4$ 的回收利用问题,因此在美、法等国已用于锆生产。

## 6.1 氯化过程的热力学❶

用以生产 $ZrCl_4$ 的原料主要有 $ZrSiO_4$、Zr(N)C 和 $ZrO_2$，广泛应用的氯化剂是氯气，还原剂是碳。对以氯气氯化上述锆化合物进行了热力学计算和分析，包括不加碳氯化、加碳氯化以及比较典型的以 $ZrO_2$ 加碳氯化过程的平衡气相组成。需要说明的是，在 $ZrSiO_4$ 加碳进行电弧炉熔炼制取碳化锆的过程中，由于炉料孔隙中有氧以及炉气中混入空气，因而熔炼产品通常是碳氮化锆 Zr(N)C(ZrN 在 ZrC 中的固溶体)。在热力学计算中，ZrN 及 ZrC 应分别计算。此外，由于 $ZrSiO_4$ 或 $ZrO_2$ 加碳氯化过程不能自热进行，采取通氧并过量碳是一种补充热量的方法，现阐述其热力学原理。

### 6.1.1 没有还原剂存在时 $ZrSiO_4$、ZrC、ZrN 和 $ZrO_2$ 的氯化[1,2]

锆化合物与氯作用可能发生如下反应：

$$1/4ZrSiO_4 + Cl_2 = 1/4ZrCl_4 + 1/4SiCl_4 + 1/2O_2 \tag{6-1}$$

$$1/2ZrC + Cl_2 = 1/2ZrCl_4 + 1/2C \tag{6-2}$$

$$1/2ZrN + Cl_2 = 1/2ZrCl_4 + 1/2N_2 \tag{6-3}$$

$$1/2ZrO_2 + Cl_2 = 1/2ZrCl_4 + 1/2O_2 \tag{6-4}$$

根据反应式 6-1 至式 6-4 以 1mol $Cl_2$ 为基准计算，得到的反应自由能变化与温度的关系，即 $\Delta G^\circ$-$T$ 值列于表 6-1 中，并用图 6-1 表示。

**表 6-1 无碳存在时 $ZrSiO_4$、ZrC、ZrN 和 $ZrO_2$ 与氯反应的 $\Delta G^\circ$-$T$ 值**

| 反 应 | $\Delta G^\circ_{Cl_2}$ /kJ·mol$^{-1}$ | | | |
|---|---|---|---|---|
| | 600K | 800K | 1000K | 1200K |
| 6-1 | 104.750 | 97.921 | 91.222 | 84.657 |
| 6-2 | -303.679 | -293.270 | -282.886 | -274.295 |
| 6-3 | -244.374 | -242.603 | -241.041 | -239.061 |
| 6-4 | 92.524 | 85.344 | 77.300 | 70.028 |

❶ 本节热力学计算及分析，除个别已作说明外，其余由笔者完成。

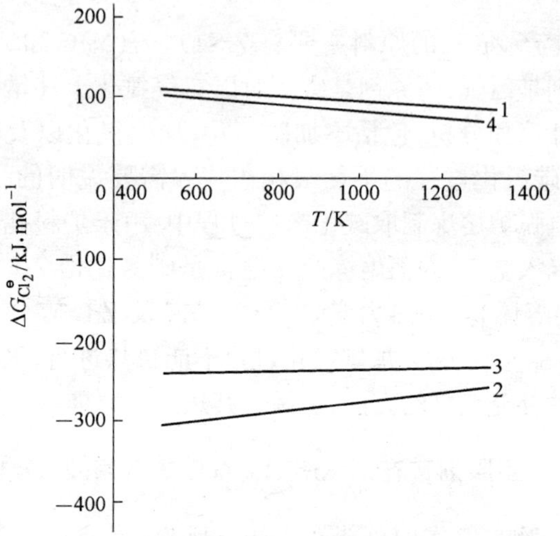


图 6-1 无碳存在时锆化合物氯化反应的 $\Delta G^{\ominus}$-$T$ 图

计算结果表明：

(1)在 600～1200K 温度范围内式 6-2 和式 6-3 的反应 $\Delta G^{\ominus}$ 均为负值，表明反应可能进行。当温度为 800K 时，反应式 6-2 的 $\Delta G^{\ominus}_{Cl_2}=-293.270$kJ/mol，其平衡常数 $K_p=1.36\times10^{20}$；当温度为 800K 时，反应(3)的 $\Delta G^{\ominus}_{Cl_2}=-282.886$kJ/mol，其平衡常数 $K_p=6.73\times10^{16}$，反应式 6-2 和式 6-3 的 $\Delta G^{\ominus}$ 值均为负值，且绝对值较大，$K_p$ 值也较大，表明 ZrC 及 ZrN 容易直接氯化制取 $ZrCl_4$。

(2)在 600～1200K 温度范围内式 6-1 和式 6-4 的反应 $\Delta G^{\ominus}$ 值均为正值，反应不可能自动进行。

(3)应当注意的是，电弧炉熔炼过程中不可能将 $ZrSiO_4$ 中的 $ZrO_2$ 全部转化成 ZrC，会残留部分 $ZrO_2$，碳化较好的也会有约 3% 的 $ZrO_2$ 未能转化成 ZrC，最多达 20%。这部分氧化物留在残渣内，应重新返回碳化。根据热力学计算，在 ZrC 原料中可多另加碳一起氯化，使残留的 $ZrO_2$ 也被氯化从而提高锆的氯化效率。工业生产已采取此方法。

### 6.1.2 $ZrSiO_4$、$ZrO_2$ 加碳氯化

由上述热力学分析可知，在无碳存在时，$ZrSiO_4$、$ZrO_2$ 不被氯化。在金属氧化物的氯化中，为了降低生成物——氧的活度，有效的措施是在氯化过程中加入还原剂。还原剂的作用是与反应生成的氧结合成稳定的化合物，使体系中氧的活度大大降低。

在有还原剂存在下，金属氧化物氯化反应（以四价金属为例）的通式为

$$MeO_2 + 2Cl_2 + 2C \xlongequal{} MeCl_4 + 2CO \tag{6-5}$$

反应式 6-5 是相应氧化物直接氯化反应式 6-6 与碳的氧化反应式 6-7 之和

$$MeO_2 + 2Cl_2 \xlongequal{} MeCl_4 + O_2 \tag{6-6}$$

$$2C + O_2 \xlongequal{} 2CO \tag{6-7}$$

因此反应式 6-5 的标准自由能变化 $\Delta G_A^\ominus$ 为直接氯化反应与还原剂碳的氧化反应标准自由能变化之代数和，即

$$\Delta G_A^\ominus \xlongequal{} \Delta G_B^\ominus + \Delta G_C^\ominus$$

由于 $\Delta G_C^\ominus$ 的负值较大，因此，虽然 $\Delta G_B^\ominus$ 为正值，但 $\Delta G_A^\ominus$ 仍为负值，故有还原剂存在时，标准状态下，氯化反应有可能自动进行。

500℃和 1000℃下某些还原剂与氧反应的 $\Delta G^\ominus$ 值如表 6-2 所示。

**表 6-2 某些还原剂氧化反应的标准自由能变化**

| 还 原 剂 | 反 应 | $\Delta G^\ominus$/kJ·mol$^{-1}$ | |
|---|---|---|---|
| | | 500℃ | 1000℃ |
| C | $C + 1/2O_2 \xlongequal{} CO$ | −180.240 | −224.179 |
| | $1/2C + 1/2O_2 \xlongequal{} 1/2CO_2$ | −197.419 | −197.838 |
| CO | $CO + 1/2O_2 \xlongequal{} CO_2$ | −214.692 | −171.460 |
| S | $1/2S + 1/2O_2 \xlongequal{} 1/2SO_2$ | −152.640 | −134.460 |
| $H_2$ | $H_2 + 1/2O_2 \xlongequal{} H_2O$ | −245.501 | −201.990 |

还原剂的种类很多，生产中常用的还原剂是碳（如石墨粉、焦炭、炭黑、石油焦和木炭）。而以碳作还原剂的氯化，常称之为加碳氯化。

据资料提供的热力学计算[3、4]，在有碳存在时，某些金属氧化物氯化反应标准自由能变化与温度的关系见图 6-2 及图 6-3。在图中所示温度范围内有碳存在时，大部分金属氧化物氯化反应的 $\Delta G^{\ominus}$ 变成负值，即在标准状态下反应有可能向生成氯化物的方向自动进行。而且根据 $\Delta G^{\ominus}$ 可计算出平衡常数 $K_p$，计算结果表明 $K_p$ 值都很大。如 $SiO_2$ 按反应（$A$）氯化时，1273K 时平衡常数 $K_p$ 达 $10^{11}$，故反应将进行得很完全。

从图 6-2 及图 6-3 可见，在 $ZrO_2$ 及 $HfO_2$ 被氯化的同时，其他杂质氧化物也同时被氯化。

在有还原剂存在下，$ZrSiO_4$、$ZrO_2$ 与氯作用可有如下的反应：

$$1/4ZrSiO_4 + Cl_2 + 1/2C = 1/4ZrCl_4 + 1/4SiCl_4 + 1/2CO_2 \quad (6\text{-}8)$$

$$1/4ZrSiO_4 + Cl_2 + C = 1/4ZrCl_4 + 1/4SiCl_4 + CO \quad (6\text{-}9)$$

$$1/2ZrO_2 + Cl_2 + C = 1/2ZrCl_4 + CO \quad (6\text{-}10)$$

$$1/2ZrO_2 + Cl_2 + 1/2C = 1/2ZrCl_4 + 1/2CO_2 \quad (6\text{-}11)$$

$$1/2ZrO_2 + Cl_2 + CO = 1/2ZrCl_4 + CO_2 \quad (6\text{-}12)$$

根据反应式 6-8 至式 6-12 以 1mol $Cl_2$ 为基准计算，得到的 $\Delta G^{\ominus}$-$T$ 值列于表 6-3，并以图 6-4 表示。

**表 6-3　$ZrSiO_4$、$ZrO_2$ 加碳氯化反应的 $\Delta G^{\ominus}$-$T$ 值**

| 反应式 | $\Delta G^{\ominus}_{Cl_2}$/kJ·mol$^{-1}$ | | | |
|---|---|---|---|---|
| | 600K | 800K | 1000K | 1200K |
| 6-8 | -92.985 | -100.036 | -106.886 | -111.780 |
| 6-9 | -59.841 | -84.720 | -109.222 | -133.356 |
| 6-10 | -72.067 | -97.306 | -123.140 | -147.969 |
| 6-11 | -105.211 | -112.614 | -120.808 | -128.164 |
| 6-12 | -138.171 | -128.122 | -118.492 | -108.443 |

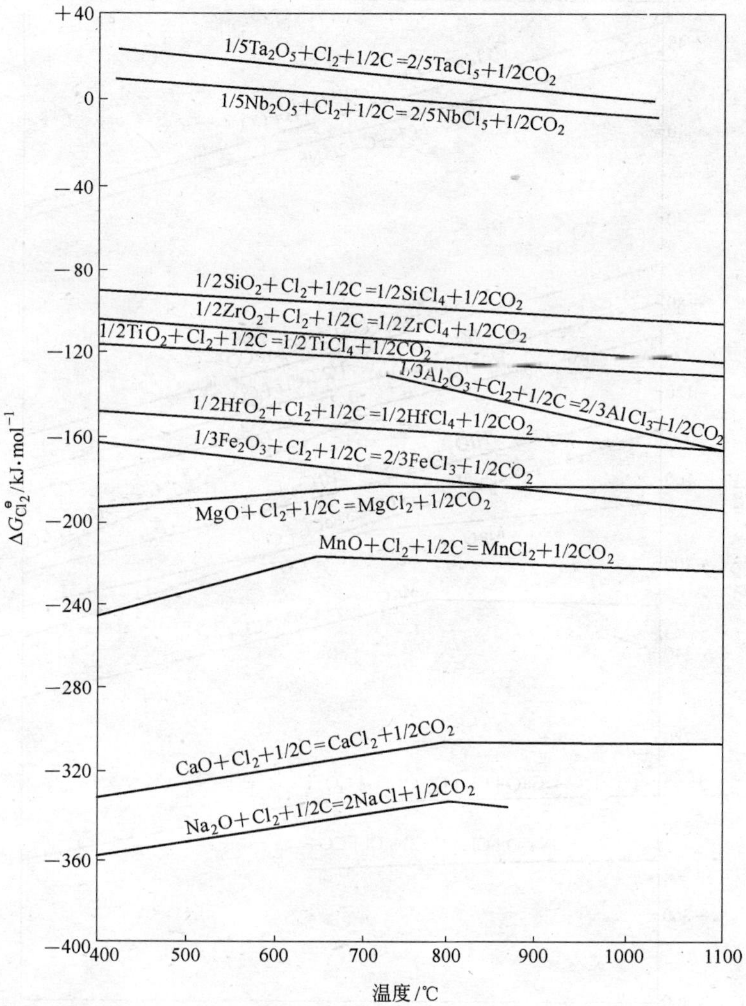


图 6-2 金属氧化物加碳氯化生成氯化物和 $CO_2$ 的 $\Delta G^{\ominus}$-$T$ 图

上述结果表明：

(1)在 600～1200K 温度范围内，$ZrSiO_4$、$ZrO_2$ 在有还原剂存在时与氯反应的 $\Delta G^{\ominus}$ 值均为负值，表明反应式 6-8 至式 6-12 均可

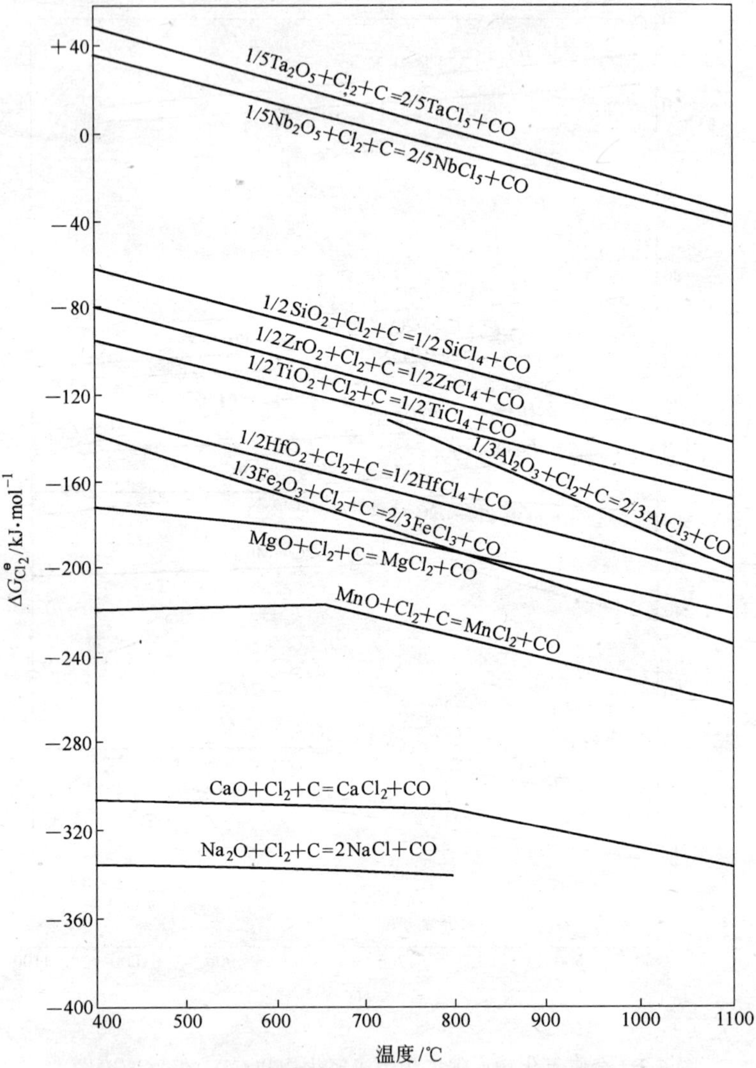


图 6-3 金属氧化物加碳氯化生成氯化物和 CO 的 $\Delta G^{\circ}$-$T$ 图

向生成 $ZrCl_4$ 方向进行。

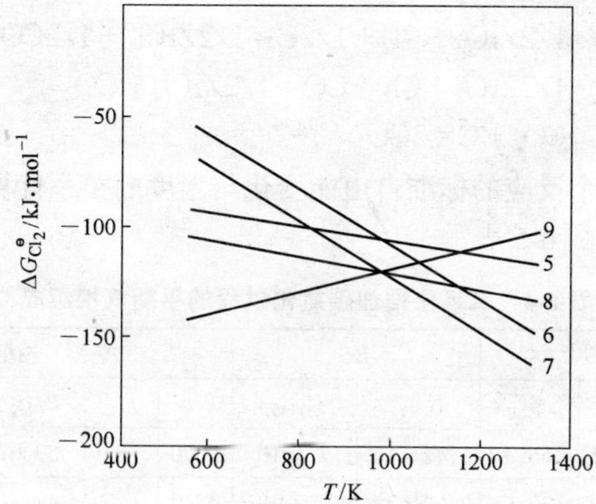


图 6-4 某些锆化合物加碳氯化反应的 $\Delta G^{\ominus}$-$T$

(2)图 6-5 中,反应式 6-8 与式 6-9,反应式 6-10、式 6-11 与式 6-12 两组直线,均相交于 980K。表明 $ZrSiO_4$、$ZrO_2$ 氯化时,小于 980K,氯化反应主要是按式 6-8、式 6-11 和式 6-12 进行;大于 980K,反应将以式 6-6、式 6-10 为主。亦即在低于 980K 时,生成物的组成除 $ZrCl_4$($SiCl_4$)外,主要是 $CO_2$;当高于 980K 时主要为 CO。

显然,在加碳氯化过程中,布多尔反应起着重要作用,它是加碳氯化反应的基础,决定了平衡气相组成中 CO 和 $CO_2$ 之间的比例关系。为此,进行了平衡气相组成研究。

### 6.1.3 $ZrO_2$ 加碳氯化过程的平衡气相组成

用 $ZrO_2$ 作原料氯化制取 $ZrCl_4$,根据热力计算须加入还原剂才能实现。而选择不同的还原剂,其平衡气相组成也不相同。计算了工业上普遍应用的以碳作还原剂,以氯作氯化剂的平衡气相组成。

$ZrO_2$ 加碳氯化反应,可按反应式 6-10、式 6-11、式 6-12 进行,但又受布多尔反应式 6-13 所制约:

$$1/2ZrO_2 + Cl_2 + C = 1/2ZrCl_4 + CO \qquad (6\text{-}10)$$

$$1/2ZrO_2 + Cl_2 + 1/2C = 1/2ZrCl_4 + 1/2CO_2 \qquad (6\text{-}11)$$

$$1/2ZrO_2 + Cl_2 + CO = 1/2ZrCl_4 + CO_2 \qquad (6\text{-}12)$$

$$CO_2 + C = 2CO \qquad (6\text{-}13)$$

上述 4 个反应的标准自由能变化与温度的关系计算结果列于表 6-4,并用图 6-5 表示。

**表 6-4　二氧化锆加碳氯化过程的平衡气相组成**

| 温度/K | $\Delta G^\ominus_{Cl_2}$/kJ·mol$^{-1}$ | | $K_p$ | | 平衡气相组成/% | | | |
|---|---|---|---|---|---|---|---|---|
| | $\Delta G^\ominus_{(8)}$ | $\Delta G^\ominus_{(10)}$ | $K_{p(8)}$ | $K_{p(10)}$ | $p_{CO_2}$ | $p_{CO}$ | $p_{ZrCl_4}$ | $p_{Cl_2}$ |
| 600 | −105.21 | 66.3 | $1.42\times10^9$ | $1.71\times10^{-6}$ | 50.0 | 0 | 50.0 | $3.52\times10^{-10}$ |
| 800 | −112.6 | 30.6 | $2.22\times10^7$ | $1.0\times10^{-2}$ | 45.0 | 6.7 | 48.3 | $2.10\times10^{-8}$ |
| 1000 | −120.8 | −4.7 | $2.02\times10^6$ | 1.75 | 3.6 | 48.6 | 37.8 | $1.12\times10^{-7}$ |
| 1200 | −128.2 | −39.6 | $3.75\times10^5$ | 53.0 | 1.3 | 64.9 | 33.8 | $1.77\times10^{-7}$ |

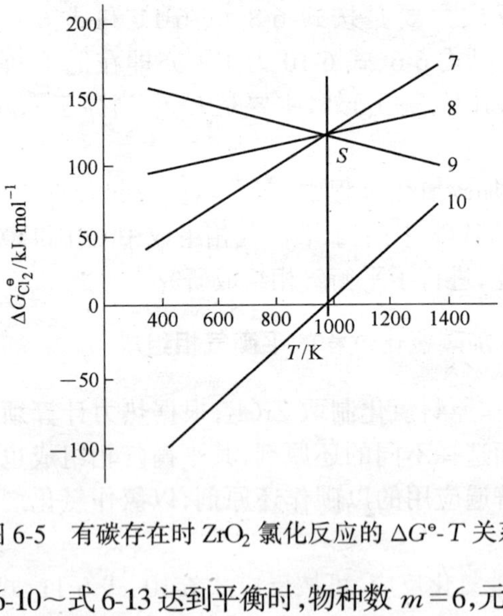


图 6-5　有碳存在时 $ZrO_2$ 氯化反应的 $\Delta G^\ominus$-$T$ 关系

反应式 6-10~式 6-13 达到平衡时,物种数 $m=6$,元素数 $n=4$,则

独立反应元数为 $m-n=2$,即上述四个反应中仅有两个是独立的,因此可以任取两个反应研究。现以反应式 6-2、式 6-4 为对象。

根据相律:$f=k-\varphi+2$,其中 $k=4$,$\varphi=3$,则 $f=3$,即温度、压力、浓度为 3 个自由度,但实际上在浓度条件中有一个约束条件,即按式 6-10、式 6-11 同时进行反应,可得 $n_{ZrCl_4}=n_{CO_2}+1/2n_{CO}$,如以压力表示,则为:

$$p_{ZrCl_4}=p_{CO_2}+1/2p_{CO}$$

式 6-14 即为约束条件,使自由度减少一个,剩下温度、压力两个自由度。

在定温、定压条件下,$K_p$ 和 $\sum_p$ 均为已知,因而可以列出下列 4 个方程式:

$$p_{ZrCl_4}=p_{CO_2}+1/2p_{CO} \tag{6-14}$$

$$\sum p=p_{ZrCl_4}+p_{CO}+p_{CO_2}+p_{Cl_2} \tag{6-15}$$

$$K_{p(8)}=(p_{ZrCl_4}^{1/2}\cdot p_{CO_2}^{1/2})/p_{Cl_2} \tag{6-16}$$

$$K_{p(10)}=p_{CO_2}^{2}/p_{CO_2} \tag{6-17}$$

可见,这是由 4 种气体的分压为未知数的联立方程组,解此方程组可得到在 $T$、$\sum p$(101325Pa,1atm)一定时的平衡气相组成。计算了不同温度下的 $\Delta G^{\circ}$-$T$ 及 $K_p$ 值,以及平衡气相组成,结果列于表 6-4,并绘得图 6-6。

根据上述分析及计算,可认为:

(1)平衡气相组成中 $p_{Cl_2}$ 很小($1.013\times10^{-2}$Pa,$10^{-7}$atm),说明反应完全,主要产物是 $ZrCl_4$、$CO_2$ 及 CO。当温度升高时,$p_{CO_2}$ 减小,而 $p_{CO}$ 却增加。$p_{ZrCl_4}$ 在 1/2~1/3 之间波动。

(2)从图 6-5 可以看出,有碳存在时,$ZrO_2$ 容易氯化,$ZrO_2$ 可能发生的三个氯化反应式 6-10、式 6-11、式 6-12 相交于 $S$ 点,所在温度为 980K。布多尔反应式 6-19 曲线与横坐标交点处,温度也为 980K,温度低于 980K,$CO_2$ 占优势;温度高于 980K,CO 占优势。可见,在加碳氯化过程中,它们受布多尔反应所制约,后者决

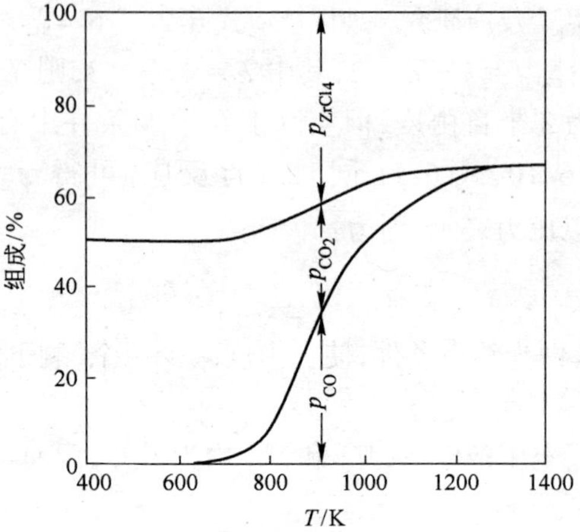


图 6-6 $ZrO_2$ 加碳氯化过程的平衡气相组成

定了气相中 $CO_2$ 和 CO 的比例关系。

曾对 $TiO_2$ 加碳氯化过程进行了平衡气相组成计算,与上述结果相似。

在氯化过程中,通常是在常压下和 600～1000℃进行,因此反应式 6-10、式 6-11 可以同时发生,只是在不同的温度下,反应进行的程度不同。假设在某一温度下达到平衡时,按式 6-10 反应占 $\eta_{(7)}$,按式 6-11 反应占 $\eta_{(8)}$,平衡时总反应式可用下式表示:

$$ZrO_2 + 2Cl_2 + [2\eta_{(7)} + \eta_{(8)}]C = ZrCl_4 + \eta_{(7)} \times 2CO + \eta_{(8)} \times CO_2$$

可见在平衡时,理论用碳量为 $2\eta_{(7)} + \eta_{(8)}$摩尔碳,从表 6-4 平衡气相组成可以计算出不同温度下 $\eta_{(7)}$、$\eta_{(8)}$及理论用碳量,结果如下:

| | | | |
|---|---|---|---|
| 平衡温度/K | 800 | 1000 | 1200 |
| $\eta_{(7)}$/% | 7 | 64 | 96 |
| $\eta_{(8)}$/% | 93 | 36 | 4 |
| 碳/mol | 1.07 | 1.64 | 1.96 |

根据上述计算结果,同时考虑生产过程所需的过量碳,即可选定合适的配碳量。

### 6.1.4 锆物料中杂质在加碳氯化过程中的行为[3]

$ZrO_2$、$HfO_2$ 和锆物料中杂质氧化物的加碳氯化反应为：

$$1/2ZrO_2 + Cl_2 + C = 1/2ZrCl_4 + CO \quad (6\text{-}18)$$

$$1/2ZrO_2 + Cl_2 + 1/2C = 1/2ZrCl_4 + 1/2CO_2 \quad (6\text{-}18a)$$

$$1/2HfO_2 + Cl_2 + C = 1/2HfCl_4 + CO \quad (6\text{-}19)$$

$$1/2HfO_2 + Cl_2 + 1/2C = 1/2HfCl_4 + 1/2CO_2 \quad (6\text{-}19a)$$

$$1/2TiO_2 + Cl_2 + C = 1/2TiCl_4 + CO \quad (6\text{-}20)$$

$$1/2TiO_2 + Cl_2 + 1/2C = 1/2TiCl_4 + 1/2CO_2 \quad (6\text{-}20a)$$

$$1/3Fe_2O_3 + Cl_2 + C = 2/3FeCl_3 + CO \quad (6\text{-}21)$$

$$1/3Fe_2O_3 + Cl_2 + 1/2C = 2/3FeCl_3 + 1/2CO_2 \quad (6\text{-}21a)$$

$$1/3Al_2O_3 + Cl_2 + C = 2/3AlCl_3 + CO \quad (6\text{-}22)$$

$$1/3Al_2O_3 + Cl_2 + 1/2C = 2/3AlCl_3 + 1/2CO_2 \quad (6\text{-}22a)$$

$$1/2SiO_2 + Cl_2 + C = 1/2SiCl_4 + CO \quad (6\text{-}23)$$

$$1/2SiO_2 + Cl_2 + 1/2C = 1/2SiCl_4 + 1/2CO_2 \quad (6\text{-}23a)$$

将上述反应式 6-18 至式 6-23 及式 6-18a 至式 6-23a，以 1mol $Cl_2$ 为基准计算得到的 $\Delta G^\circ$-$T$ 值列于表 6-5，并用图 6-7 表示。

**表 6-5 氧化物加碳氯化反应的 $\Delta G^\circ$-$T$ 值**

| 反应式 | $\Delta G^\circ_{Cl_2}$ /kJ·mol$^{-1}$ | | | |
|---|---|---|---|---|
| | 600K | 800K | 1000K | 1200K |
| 6-18 | -72.067 | -97.306 | -123.140 | -147.969 |
| 6-18a | -105.211 | -112.614 | -120.808 | -128.164 |
| 6-19 | -72.268 | -97.318 | -121.858 | -145.909 |
| 6-19a | -105.412 | -112.639 | -119.522 | -126.087 |
| 6-20 | -98.662 | -122.784 | -146.495 | -169.846 |
| 6-20a | -131.807 | -138.104 | -144.158 | -150.024 |
| 6-21 | -105.018 | -137.836 | -169.239 | -199.699 |
| 6-21a | -135.768 | -149.032 | -160.559 | -170.867 |
| 6-22 | -35.770 | -70.304 | -101.497 | -132.192 |
| 6-22a | -68.914 | -85.624 | -99.161 | -112.371 |
| 6-23 | -53.393 | -76.237 | -98.784 | -121.021 |
| 6-23a | -86.537 | -91.557 | -96.448 | -101.200 |

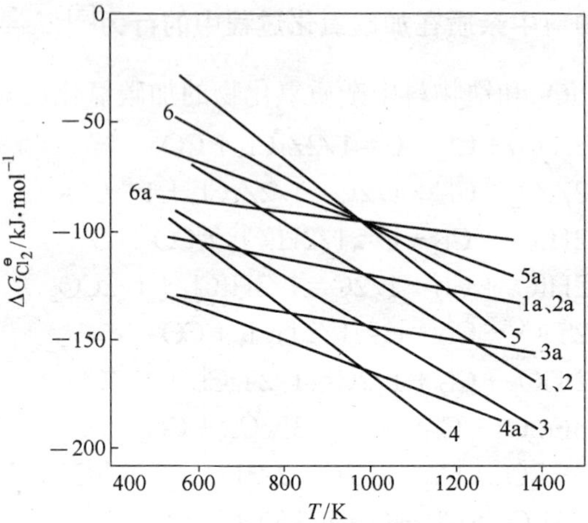


图 6-7 氧化物加碳氯化反应的 $\Delta G^{\ominus}$-$T$ 图

结果表明：

(1)在 600～1200K 温度范围内，反应式 6-18～式 6-23 及式 6-18a 至式 6-23a 的 $\Delta G^{\ominus}$ 值均为负值，且绝对值较大，表明锆物料中各种氧化物在加碳条件下均可被氯化，生成相应的氯化物。

(2)与锆化合物加碳氯化一样，锆物料中各杂质氧化物的氯化反应式 6-19 与式 6-19a、式 6-20 与式 6-20a……式 6-23 与式 6-23a 等成对的五组直线，均相交于 980K。显然，在加碳氯化过程，布多尔反应起了重要作用。

(3)锆物料中各种氧化物加碳氯化时各反应的 $\Delta G^{\ominus}$ 值，按其绝对值大小或它们与氯反应的先后顺序可排列如下：

$$Fe_2O_3 > TiO_2 > ZrO_2 > HfO_2 > Al_2O_3 > SiO_2$$

当物料存在水和有机物时，发生下列副反应：

$$C_mH_n + n/2Cl_2 + m/2O_2 = mCO + nHCl$$

$$H_2O + Cl_2 + C = 2HCl + CO$$

$$CO + Cl_2 = COCl_2$$

$$ZrO_2 + 2COCl_2 = ZrCl_4 + 2CO_2$$

$COCl_2$ 在高温时不稳定，500℃以上可完全分解，因此仅在低温下的副反应中存在。

### 6.1.5 氯化过程加氧的热力学原理[4]

为实现物料的氯化,需在给定条件下进行氯化炉的热平衡计算,若热量不足,则应补充热量,使过程能连续进行。在沸腾氯化过程中,可以考虑采用通氧多加碳的方法,即在氯气中加入适量的氧气,并在物料中配入过量的碳,使碳在炉内燃烧放热,补充正常反应所需热量。前提是不干扰氯化过程。为此,进行了热力学研究,研究了某些氯化物和氧气相互作用的自由能变化 $\Delta G^\circ$ 与温度的关系,以及 C 和 CO 分别与 $O_2$ 作用的 $\Delta G^\circ$。其结果绘于图 6-8。

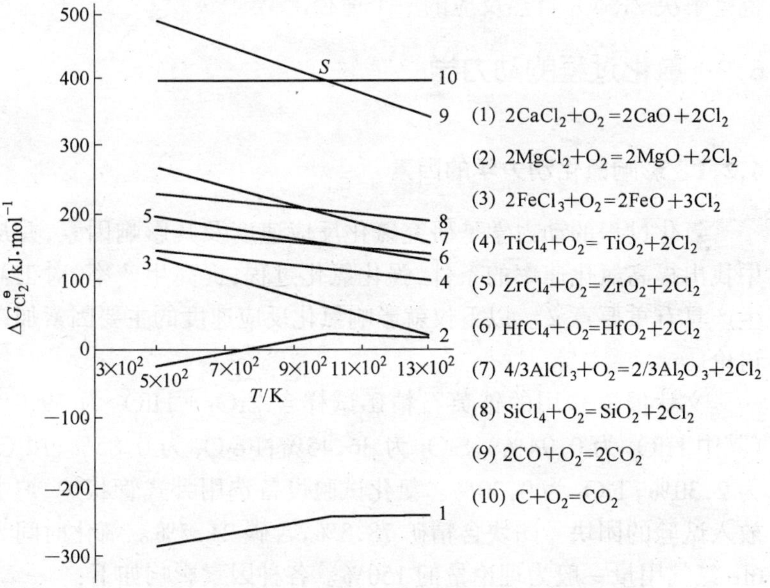


图 6-8 氯化物与氧气相互作用的 $\Delta G^\circ$-$T$ 关系

由图 6-8 可知,C 和 CO 分别与 $O_2$ 反应的 $\Delta G^\circ$ 值(在 1300K 时,分别为 −396.42kJ/mol 和 −339.43kJ/mol $O_2$)比 $ZrCl_4$ 等氯化物的 $\Delta G^\circ$ 值更负,因而碳有"优先氧化"的可能性,其关键在于通入适

量的氧气，并加相应量的碳与之反应，既可维持足够高的温度又不致干扰氯化反应的正常进行。此法已成功地应用于“钛铁矿选择氯化法制取人造金红石”、“含杂质镁钙高的钛渣无筛板沸腾氯化制取 $TiCl_4$”等工业生产过程。

用直径 0.6m 的沸腾氯化炉，在给定条件下分别氯化 ZrC，$ZrSiO_4$和 $ZrO_2$，并计算其热平衡，结果发现：(1)在氯化 ZrC 时，其剩余热量为所需热量的 2 倍多，完全可以自热氯化；(2)加碳氯化 $ZrSiO_4$ 时，其反应热仅为所需热量的 50%左右，不能自热；(3)加碳氯化 $ZrO_2$ 时，其反应热为所需热量的 92%，接近自热。显然，在第三种情况下，采取通氧加过量碳的方法可以自热反应。该法也是解决 $ZrSiO_4$ 自热反应的一个途径。

## 6.2 氯化过程的动力学

### 6.2.1 影响氯化动力学的因素

氯化过程的动力学是研究氯化反应速度及其影响因素，并从中找出提高氯化速率的条件，强化氯化过程，提高生产率，对工业生产具有重要意义。以下仅就影响氯化反应速度的主要因素加以讨论。

文献报道采用的锆英石精矿试样含 $ZrO_2$ + $HfO_2$ 为 59.0%(其中 $HfO_2$ 为 0.94%)；$SiO_2$ 为 36.45%；$Fe_2O_3$ 为 0.85%；$Al_2O_3$ 为 2.30%；$TiO_2$ 为 0.30%。氯化试验设备选用卧式管状炉，炉中放入试验的团块。团块含精矿 78.3%，含碳 21.7%。氯化时间为 6h，氯气用量一般为理论量的 150%。各种因素影响如下：

(1)氯化温度的影响。进行了 650℃，800℃与 900℃的温度试验，结果表明，当氯化温度为 650℃时，氯化率仅为 32.04%，在 850℃时，可达 93.8%(见图 6-9)，从图可见氯化温度以 900℃左右适宜。

(2)碳含量的影响。由图 6-10 可以看出，最初阶段锆的氯化率随碳含量的增加而迅速增加，但是到一定限度后，碳量的增加反而使锆氯化率大幅度下降。因为过多的碳会影响扩散过程,降低了氯化率。另外,如团块中含碳量过多也会降低氯化炉产能。含碳量取理论量的 105%～110%为宜。

(3)氯气流速的影响。图 6-11 表明,在通入氯气总量一定时,氯气速度对锆氯化率的影响,即增加氯气流速将降低氯化率,而流速为 7L/h 时,锆的氯化率会增至 96.7%。

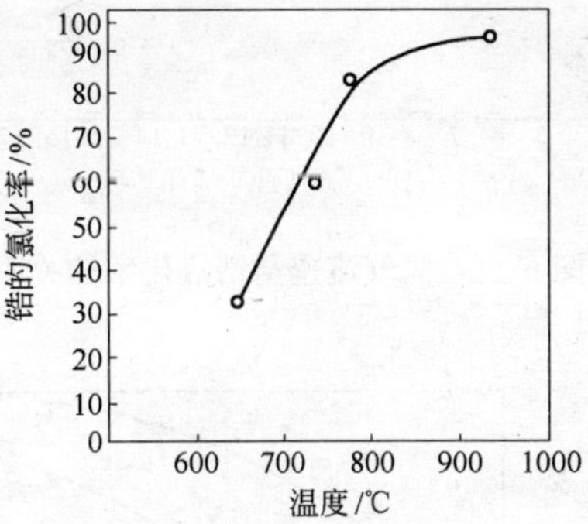


图 6-9 氯化温度与锆氯化率的关系

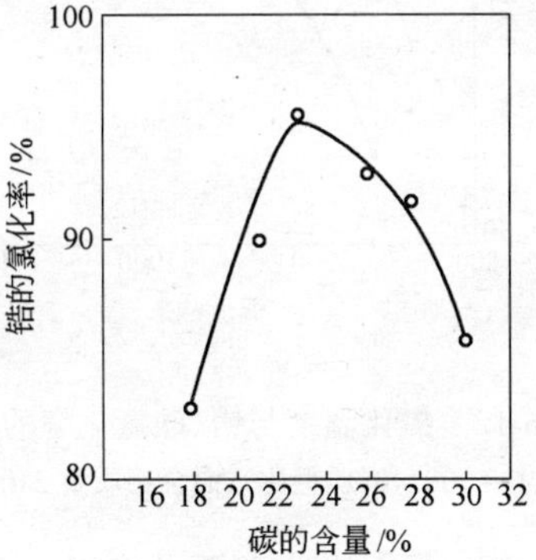


图 6-10 团块中碳含量与锆氯化率的关系

(4)锆英石精矿粒度的影响。选用了三种不同粒度的锆精矿进行研究:(1)0.124～0.175mm(－80＋115 目);(2)0.074～

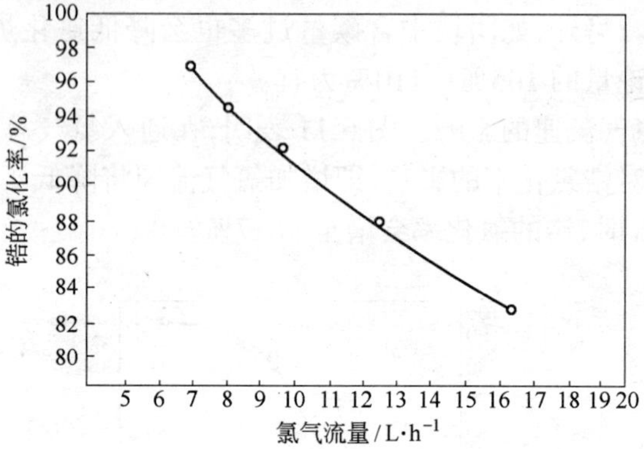


图 6-11　氯气流速与锆氯化率的关系

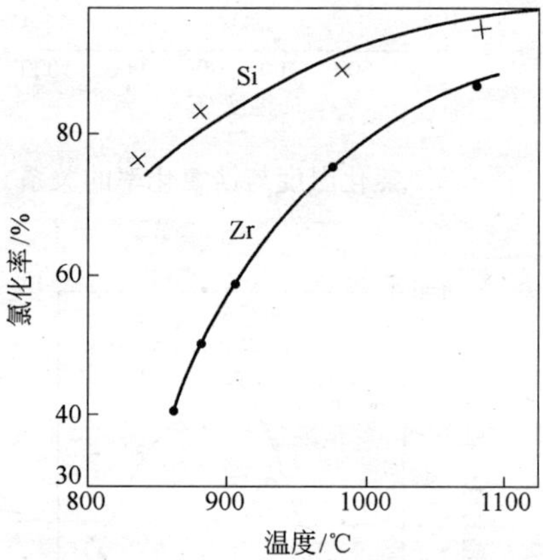


图 6-12　氯化温度与锆、硅氯化率的关系

锆英石:石油焦=100:40(质量比);混合物质量 210g;氯化时间 2h

0.088mm(-170+200 目);(3)小于 0.043mm(-325 目)。其他氯化条件是:团块质量为 100g,氯化温度 850℃,氯化时间 6h,氯气的使用量是理论量的 125%。试验结果表明,精矿粒度对锆的氯化率有着较大影响,如以小于 0.043mm(-325 目)的精矿粒度

制成团块氯化时,锆的氯化率达到98.4%,而以0.124~0.175mm(-80+115)目的粒度制成团块氯化,则只有82.47%。

### 6.2.2 影响锆英砂氯化的因素

曾采用广东锆英砂含 $ZrO_2 + HfO_2$ 为65.0%,还原剂为石油焦,含固定碳96.1%的原料,研究了一些因素对锆、硅氯化率的影响[5~9]。

(1)温度对氯化的影响。氯化温度对氯化率的影响见图6-12。实验结果表明,当氯化温度为900℃时,氯化率仅为44.9%。随着温度升高,氯化率增加,当温度达1100℃时,氯化率达82.5%。硅的氯化率也随温度的升高而增加,在同一温度下,硅的氯化率比锆高。由图可见氯化温度以1100℃左右较为合适。

(2)氯化时间的影响。氯化时间对锆、硅氯化率的影响见图6-13。结果表明,氯化时间为1.5h,锆的氯化率仅为67.4%,随着时间的增加,锆的氯化率增加。在工业氯化炉中,物料是连续加入,残渣是定期排出的,排渣周期8h以上,可以获得更高的氯化率。

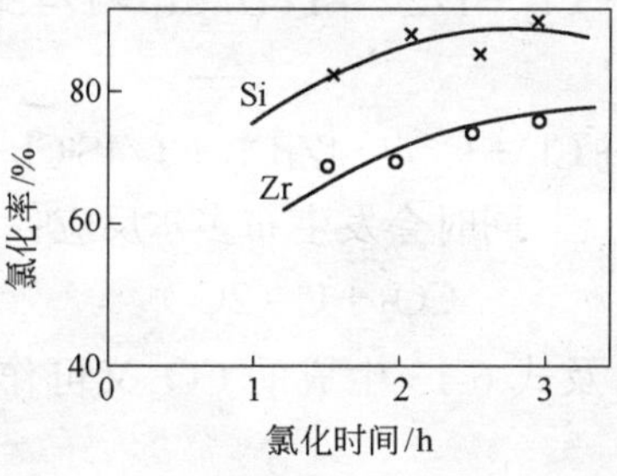


图6-13 氯化时间与锆、硅氯化率的关系

锆英石:石油焦=100:40;混合物重量210g;氯化温度1000℃

(3)原料粒度的影响。选用了三种不同的锆精矿粒度:原矿,平均粒径0.164mm;球磨精矿,平均粒径0.0656mm;细精矿,平均粒径0.0548mm。氯化结果见表6-6。

表6-6表明,精矿粒度对氯化率有较大的影响。细粒度精矿

氯化时,锆的氯化率达 82.1%,较粗粒度的精矿则只有 66.9%。

此外,还进行了锆英石与石油焦的不同配料比实验,所取配料比为锆英石:石油焦(质量比)=100:40、100:50、100:60、100:70。结果表明,配料比对锆、硅氯化率的影响不明显。

**表 6-6 氧化锆和氧化硅的氯化率与精矿粒度的关系**

| 不同粒度的锆英石精矿 | 氯化率/% | |
|---|---|---|
| | $ZrO_2$ | $SiO_2$ |
| 原 矿 | 66.9 | 85.0 |
| 球磨精矿 | 73.8 | 89.3 |
| 细 精 矿 | 82.1 | 92.8 |

### 6.2.3 锆英砂的流态化氯化模型[10]

锆英砂沸腾氯化已用于工业生产,因此研究与流化气体相反应的固体颗粒的化学变化、及其反应的动力学模型具有指导意义。

锆英砂加碳氯化反应式为:

$$1/4ZrSiO_4 + Cl_2 + 1/2C = 1/4ZrCl_4 + 1/4SiCl_4 + 1/2CO_2 \tag{6-8}$$

$$1/4ZrSiO_4 + Cl_2 + C = 1/4ZrCl_4 + 1/4SiCl_4 + CO \tag{6-9}$$

在氯化反应过程,同时会发生布多尔反应:

$$CO_2 + C = 2CO \tag{6-13}$$

而反应式 6-9 及式 6-13 生成的 CO,又可作为还原剂发生如下反应:

$$1/4ZrSiO_4 + Cl_2 + CO = 1/4ZrCl_4 + 1/4SiCl_4 + CO_2 \tag{6-24}$$

可以认为,氯化反应是在一气相(CO 与 $Cl_2$ 气体在流化床内强烈搅动之下,变成均匀的气相)和一固相 $ZrSiO_4$ 之间发生的气-固反应。根据表 6-3 及表 6-5 的热力学计算,$ZrSiO_4$ 被氯化,杂质 Hf、Ti、Fe 和 Al 也被氯化,因此,$ZrSiO_4$ 颗粒在反应过程中不断缩小,最后消失。因此,转化的动力学模型是不产生稳定产物层的反应颗粒，表示于图6-14。在这种情况下，下列步骤将相继发生：

第一步，气体从流化床的主气流通过气膜扩散到 $ZrSiO_4$ 颗粒表面；

第二步，气体经过短距离扩散，进入固体的细孔，并在这些孔的壁上反应；

第三步，气体反应产物通过细孔扩散回到固体的表面；

第四步，气体反应产物通过气膜扩散到流化床的主气流。

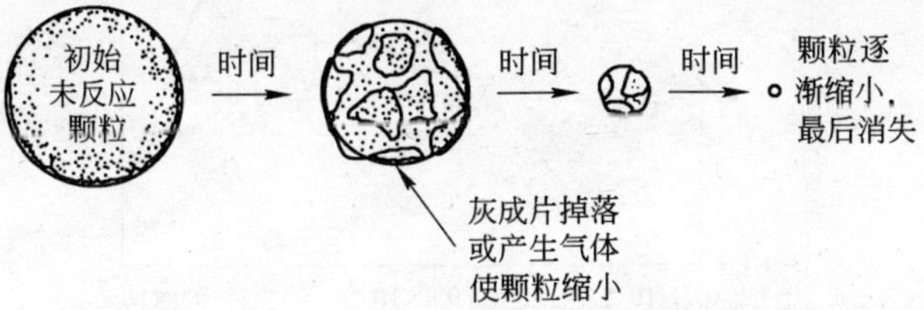


图6-14 不产生稳定产物层的反尖颗粒示意图

根据图6-12的氯化试验数据计算，并绘出锆的氯化速度的对数与绝对温度倒数的关系曲线，如图6-15所示，可以看出，试验数据连成一条折线，拐点（相应温度为916℃）相当于氯化过程由动力学区（线段a）过渡到扩散区（线段b）的转变点。根据计算，在动力学区的活化能为114.71kJ/mol；在扩散区的活化能为32.45kJ/mol。

根据研究确定的动力学模型，可以用公式来计算反应速度。

对于球形颗粒的 $ZrSiO_4$，在 $t$ 时间内，颗粒半径从 $R_i$ 逐渐缩小到 $R$，反应随时间的进度，以核的尺寸或转化率表示如下：

$$t/\tau = 1-(R/R_i) = 1-(1-X_{Zr})^{1/3} \quad (6\text{-}25)$$

其中颗粒完全消失的时间为：

$$\tau = (\rho_B R_i)/bK_c C_A = (\rho_B d_{pi})/2bK_c C_A \quad (6\text{-}26)$$

式中，$t$ 为反应时间；$\tau$ 为新鲜 $ZrSiO_4$ 颗粒完全转化的时间；$R_i$ 为反应前颗粒半径；$R$ 为颗粒半径；$X_{Zr}$为 Zr 转化率（即氯化率）；$\rho_B$ 为未反应固体中 $ZrSiO_4$ 的摩尔浓度；$d_{pi}$为平均颗粒直径；$b$ 为与1mol气体反应的 $ZrSiO_4$ 摩尔数；$K_c$ 为反应速度常数；$C_A$ 为反应气体浓度。

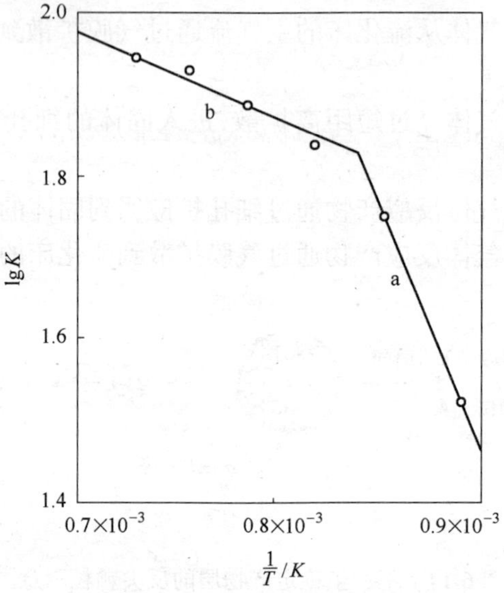


图 6-15 氯化速度与温度关系

从式 6-25 和式 6-26 可知,要获得较高的转化率 $X_{Zr}$,就需要缩短完全转化的时间 $\tau$,可通过减小 $d_{pi}$ 值,即选用较细粒的 $ZrSiO_4$ 和增大 $K_c$ 值来达到,而 $K_c$ 值受温度影响很明显,因 $K_c$ 与温度成指数关系。对一定直径的流化床而言,通常 $C_A$ 是个定数。

因此,在可能范围内宜选用较细粒的 $ZrSiO_4$,例如 0.074mm (200 目)以下,并在较高的温度下(950～1100℃)进行反应,与此同时,氯化炉应能保持稳定的流化状态,才会形成有利的反应条件。在流化床氯化一节,我们将作系统的介绍。

国外有文献报道了用电热式流化床氯化锆英砂的研究结果。

锆英砂静态氯化速度方程:

$$r = 3.04\exp(-16770/RT) \times c^{0.32} \times (z/4)^{0.15}$$

式中,$r$ 为反应速度,即反应的 $ZrSiO_4$ 摩尔数/(混合物中 $ZrSiO_4$ 摩尔数·h);$c$ 为氯气平均浓度(摩尔分数);$z$ 为 $C/ZrSiO_4$ 的摩尔比(C 与 $ZrSiO_4$ 粒度均为 0.074mm(-200 目))。

锆英砂在电热流化床氯化炉中的氯化速度：

$$-\mathrm{d}[\mathrm{Cl}]/\mathrm{d}t = 94.5AV_{\mathrm{R}}Z^{0.23}\exp(-44120/RT)$$

式中，$A$ 为锆英砂颗粒的等效球面表面积；$m^2$；$V_R$ 为单位颗粒表面床的体积，$dm^3/m^2$；$Z$ 为 $C/ZrSiO_4$ 的摩尔比的平均值（C 为煅烧的石油焦炭）。

流化床氯化时，床的高度必须大于 10cm（见图 6-16），在电热流化床氯化炉中，具有导电性的颗粒既处于流化状态又能导电，床中颗粒的电阻将电能转化为热能。炉中的温度是输入功率、流态化颗粒的电阻、床中导电颗粒的数量、床中扩大区的收缩区面积的函数。这种新型的氯化炉在氯化时气固相之间、反应物与反应器壁之间热传递极为有效，具有气相利用率高，传质好，可省去混捏、制团和焦化工序等优点。

在电热流化床氯化炉中氯气的转化率与温度和床高的关系示于图 6-16。

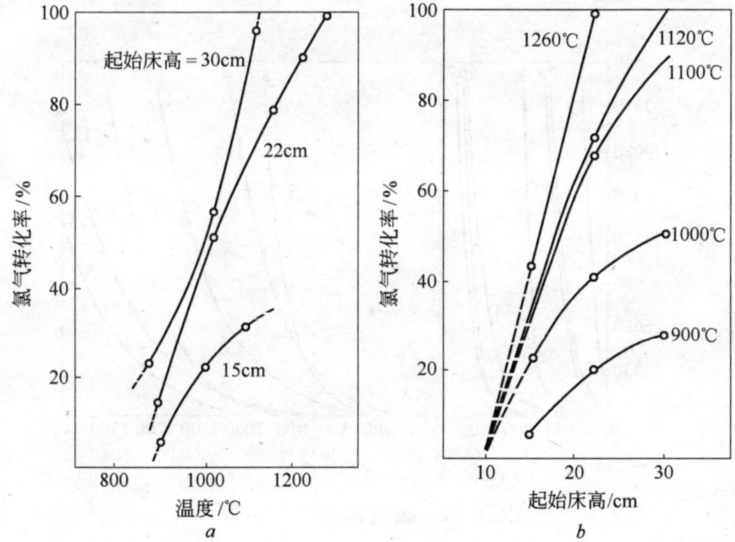


图 6-16　电热流化床氯化炉中氯气的转化率与温度（$a$）和床高（$b$）的关系

## 6.3 金属氯化物的某些性质

从氯化炉上部以气态出来的氯化产物，其主要成分为 $ZrCl_4$。此混合气体中包括有 $FeCl_3$、$SiCl_4$、$TiCl_4$、$AlCl_3$、$MnCl_2$ 和 $CO_2$ 等，当采用流化床氯化时，气流中还会夹带一些固体杂质如碳粉等。利用各种化合物的蒸气压、熔点和沸点的差异，控制一定的温度，经分段冷凝等物理方法处理，将杂质进行初步分离，制得粗 $ZrCl_4$。

某些氯化物的熔点、沸点列于表 6-7。其蒸气压曲线见图 6-17。

**表 6-7 某些氯化物的熔点与沸点**

| 氯化物 | $SiCl_4$ | $VOCl_3$ | $TiCl_4$ | $AlCl_3$ | $Al_2Cl_6$ | $FeCl_3$ | $FeCl_2$ |
|---|---|---|---|---|---|---|---|
| 熔点/℃ | -70.4 | -77.0 | -23 | 193 | 193.0 | 304 | 677 |
| 沸点/℃ | 57 | 127.2 | 136 | 180.2① | 180.2① | 319① | 1026 |
| 氯化物 | $FeCl_6$ | $ZrCl_4$ | $HfCl_4$ | $MnCl_2$ | $MgCl_2$ | $CaCl_2$ | |
| 熔点/℃ | 302 | 437 | 432 | 650 | 714 | 772 | |
| 沸点/℃ | 318① | 331① | 317① | 1190 | 1418 | 1936 | |

①为升华温度。

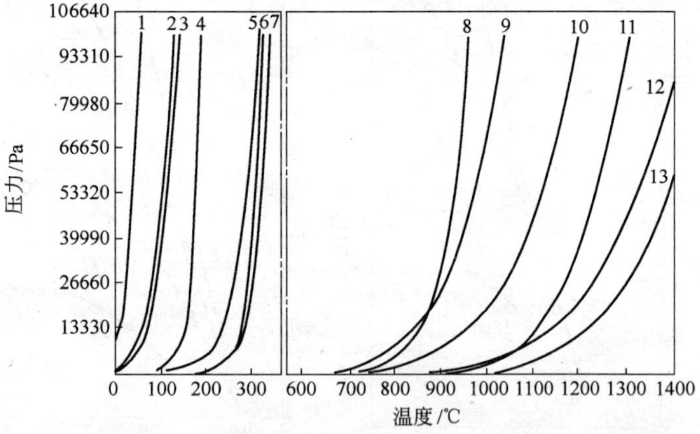


图 6-17 氯化物蒸气压曲线

1—$SiCl_4$；2—$VOCl_3$；3—$TiCl_4$；4—$AlCl_3$；5—$C_6Cl_6$；6—$FeCl_3$；7—$ZrCl_4$；8—$CrCl_3$；9—$FeCl_2$；10—$MnCl_2$；11—$CrCl_3$；12—$MgCl_2$；13—NaCl

制取 $ZrCl_4$ 时伴随产生的各种化合物的蒸气压列于表 6-8。

**表 6-8 制取 $ZrCl_4$ 时伴随产生的各种化合物的蒸气压**

| 化合物 | 压力/Pa | | | | | | |
|---|---|---|---|---|---|---|---|
| | 133.3 | 1333 | 5332 | 13330 | 26660 | 53320 | 131308 |
| | 温度/℃ | | | | | | |
| $Cl_2$ | −118.0 | −101.6 | −84.5 | −71.7 | −60.2 | −47.3 | −33.8 |
| HCl | −150.8 | −135.6 | −123.8 | −114.0 | −105.2 | −95.3 | −84.8 |
| $TiCl_4$ | −13.9 | 21.3 | 48.4 | 71.0 | 90.5 | 112.7 | 136.0 |
| $SiCl_4$ | −63.4 | −34.4 | −12.1 | 5.4 | 21.0 | 38.4 | 57 |
| $CCl_4$ | −50.0 | −19.5 | 4.3 | 23.0 | 38.3 | 57.8 | 76.7 |
| $POCl_3$ | | 2.0 | 27.3 | 47.4 | 65.0 | 84.3 | 105.0 |
| $VOCl_3$ | −23.2 | 12.2 | 40.0 | 62.5 | 82.0 | 103.5 | 127.2 |
| $S_2Cl_2$ | −7.4 | 27.5 | 54.1 | 75.3 | 93.5 | 115.4 | 138.0 |
| $AlCl_3$ | 100.0 | 123.8 | 139.9 | 152.0 | 161.8 | 171.6 | 180.2 |
| $FeCl_3$ | 194.0 | 235.5 | 256.8 | 272.5 | 285.0 | 298.0 | 319.0 |
| $ZrCl_4$ | 190.0 | 230.0 | 259.0 | 279.0 | 295.0 | 312.0 | 331.0 |
| $CoCl_6$ | 114.4 | 166.4 | 206.0 | 235.5 | 258.5 | 283.5 | 309.4 |
| $FeCl_2$ | | 700.0 | 779.0 | 842.0 | 897.0 | 961.0 | 1026.0 |
| $MgCl_2$ | 778.0 | 930.0 | 1050.0 | 1142.0 | 1223.0 | 1316.0 | 1418.0 |
| $MnCl_2$ | 固体 | 778.0 | 879.0 | 960.0 | 1028.0 | 1108.0 | 1190.0 |

## 6.4 碳(氮)化锆的氯化

碳(氮)化锆,在 350～450℃ 的低温下即进行氯化,为一强放热反应,所放出的热量在小型氯化炉中都足以使过程连续进行。

$$1/2ZrC + Cl_2 = 1/2ZrCl_4 + 1/2C + 423kJ$$

$$1/2ZrN + Cl_2 = 1/2ZrCl_4 + 1/2N_2 + 335kJ$$

此外,Hf 以及杂质 Fe,Si,Ti,Al 等都会生成相应的氯化物。

### 6.4.1　碳化锆固定床氯化

图 6-18 所示为美国某工厂的一种 Zr(N)C 氯化炉的示意图。这是一种小型氯化炉，炉壳用钢板制成，厚 6.5mm，直径 1067mm，炉高 2438mm，炉内衬硅砖，厚度为 230mm，砌砖部分高 1830mm，内径 600mm 左右。

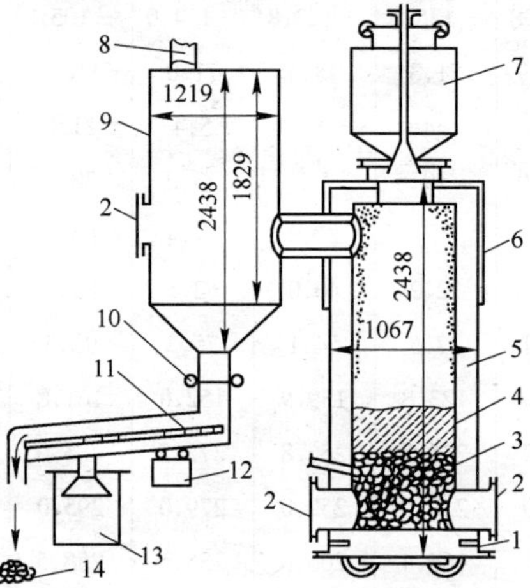


图 6-18　碳化锆氯化设备示意图

1—氯气入口；2—排渣口；3—焦炭层；4—Zr(N)C；5—硅砖；
6—膨胀补偿装置；7—料仓；8—排气口；9—冷凝器；10—挠性接头；
11—筛网；12—电磁振动器；13—筛下产物收集器；14—块状产物

氯化炉的启动：在多孔石墨板上铺一层焦炭块，再加一层 Zr(N)C，料层高约 50mm。鼓热风加热到 400℃ 左右，开始氯化，氯化温度控制在 500℃ 左右。此后反应就可依靠反应热持续进行，不须加热。间歇性加料，每批加入 135kgZr(N)C，粒度为 100～200mm。氯气量为 20.4kg/h，其利用率为 70%，后来提高到 90%以上。每天可产 680kg $ZrCl_4$。

冷凝器用镍制成，直径 1219mm，高 2438mm。冷凝器的温度控制在 150℃ 。$SiCl_4$ 和 $TiCl_4$ 在较低温度下才能冷凝，因而可

与 $ZrCl_4$ 初步分离。由冷凝器出来的 $ZrCl_4$ 要过筛。筛下部分在低真空中脱气，以进一步除去 $SiCl_4$ 和 $TiCl_4$。所得到的 $ZrCl_4$ 中含有氧及由炉中带出的颗粒杂质。产品呈淡黄色。不希望得到疏松而体积大的冷凝物。冷凝器的器壁上存在着微量的水分时，常得到此类产物。这种冷凝物的密度很小（0.25～0.8g/cm$^3$)，因而会降低 $ZrCl_4$ 提纯设备的生产率。另一种较令人满意的冷凝物是在器壁上得到的厚达25mm致密状冷凝物。当得到疏松的物料时，最好将其在惰性气氛下以8.5kg/cm$^2$ 的压力压制成直径约为38mm的小球块，保存在塑料袋内，与空气隔绝，防止水解。

我国早期曾用过旁插电极氯化炉，炉外径1536mm，炉高2515mm，炉内径620mm，炉下部有单相石墨电极加热，电极结构示意图如图6-19所示。装有炭素格子作为电阻发热体供热。其电压为14～17V，电极通电升温至280～300℃，即可加入ZrC，通入氯气开始反应。氯化炉上部温度为380～450℃，下部为500℃左右。加料是间歇性的，每4h加入40～50kg ZrC，ZrC中混有木炭，其量为ZrC的1/20，以提高锆的氯化率。因为ZrC中仍有少量 $ZrO_2$ 存在，根据热力学分析，加入木炭可使 $ZrO_2$ 进行氯化反应。氯气量为7～8kg/h，氯气其利用率在90%以上。

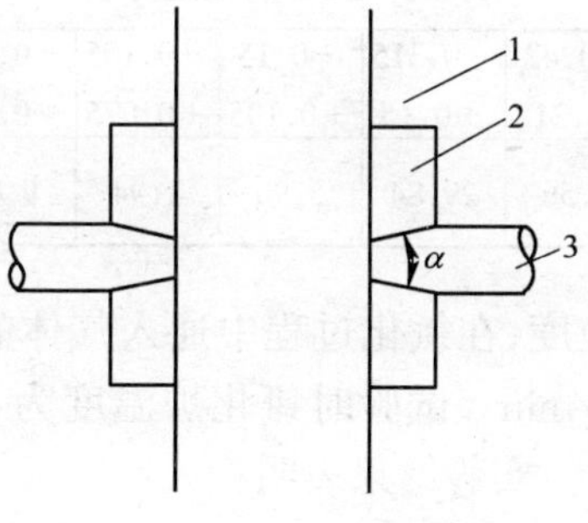


图6-19 氯化炉电极结构示意图

1—耐火砖内衬；2—石墨电极板；3—石墨电极

三个电热式冷凝器用不锈钢制成串联使用,其中第一、二冷凝器尺寸相同,直径550mm,高2080mm,内有刮刀,由电动机带动定期旋转,可将冷凝于器壁上的 $ZrCl_4$ 刮落入底部料桶。第三冷凝器较小,无刮刀。第一、二、三冷凝器温度分别控制在240℃、200℃及150℃,冷凝的 $ZrCl_4$ 量为57%、38%和5%。$ZrCl_4$ 的密度达1.05～1.19g/cm³。

我国还使用过一种大型三相旁插式电极氯化炉,炉内径为1.4m,炉下部设有三相电极加热系统,不用电极板,炉内铺设 $\phi100\times100$ 的炭素格子,并与三根电极棒相连,日产2t $ZrCl_4$。

### 6.4.2 碳化锆的流化床氯化

ZrC的流化床氯化实验所用的设备如图6-20所示,主要部分是长1m,上部直径70mm,下部直径50mm的氯化器(2),加料是用气体从炉底经气体分配阀(12)喷入炉内。氯化后的残渣(主要是炭)从溢流口进入接受器(11)。粗 $ZrCl_4$ 和未被氯化的Zr(N)C粉尘首先流入直径为40mm的石英旋风收尘器(5),再进入冷凝器(6)与(7)。(8)为布袋收尘器,收集尚未沉降的 $ZrCl_4$ 粉尘。不冷凝气体经碱中和(10)后通入排风管道。实验所使用的ZrC的粒度分析列于表6-9。

**表6-9 ZrC的粒度分析**

| 粒级/mm | +0.42 | −0.42<br>+0.315 | −0.315<br>+0.15 | −0.15<br>+0.105 | −0.105<br>+0.075 | −0.075<br>+0.058 | −0.058 | 合计 |
|---|---|---|---|---|---|---|---|---|
| 质量分数/% | 0.66 | 7.56 | 29.84 | 5.90 | 1.94 | 9.00 | 45.10 | 100.00 |

根据原料的粒度,在氯化过程中通入气体的速度为 $Cl_2$:2 L/min,$N_2$:1.5～3L/min。试验时氯化炉温度为500～600℃,第一冷凝器保持200℃。实验结果表明:

(1)锆的直接回收率为95%左右,锆在旋风收尘器中的损失为0.5%,在残渣中为2.5%,在尾气中和不可计算的损失为2.35%。

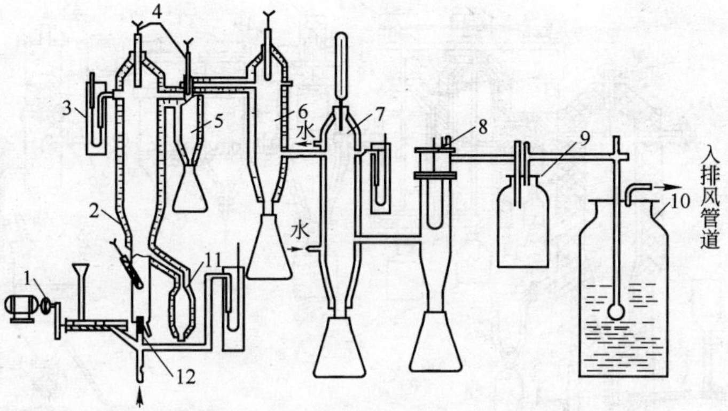


图 6-20　ZrC 流化床氯化的试验装置

1—由电动机带动的螺旋加料器；2—氯化器；3—压力计；4—热电偶；5—旋风收尘器；6—加热的冷凝器；7—水冷却冷凝器；8—布袋收尘器；9—缓冲器；10—碱液容器；11—残炭接受器；12—气体分配阀

(2)此设备的单位炉产能为 $500kg/m^2 \cdot h$，比固定床氯化高 5 倍，比固定床竖式电炉氯化锆英石的炉产能高出 10～12 倍。

(3)沸腾层氯化 ZrC 的氯气利用率较高，尾气中仅含 $Cl_2$ 0.8%(体积分数)。

(4)氯化过程中不用外部加热。旋风收尘器的直径尽管只有 40mm，但收集了 98%的固体粉尘，具有很好的收尘效率。

图 6-21 为 ZrC 流化床氯化的扩大试验设备的设计示意图。

## 6.5　锆英石的直接氯化

根据热力学分析，$ZrSiO_4$ 必须加还原剂碳才能氯化，并在 900～1100℃下才能以足够的速度氯化。在上述温度下，过程的主要反应为：

$$1/4ZrSiO_4 + Cl_2 + C = 1/4ZrCl_4 + 1/4SiCl_4 + CO$$

根据热平衡计算结果，反应热仅为过程所需热量的 50%左右，不可能自热反应，必须补充热量。固定床氯化炉用石墨电极系

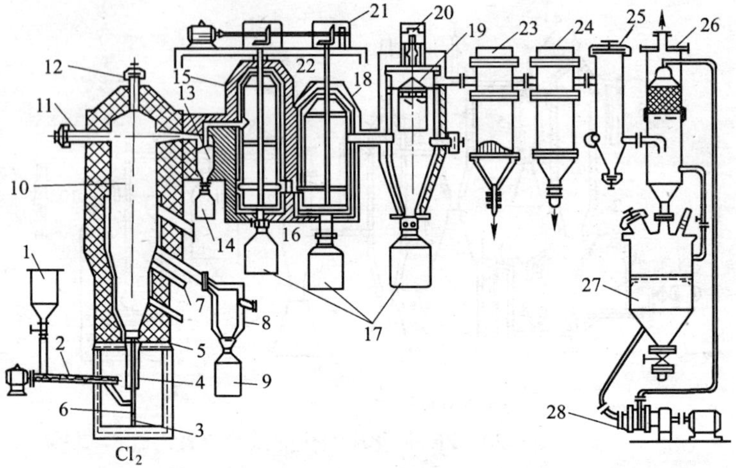


图 6-21 ZrC 流化床氯化的扩大试验设备

1—料斗;2—螺旋加料机;3—氯气进入口;4—水冷套;5—氯气分布板;6—氯气的喷入口;7—溢流管;8—收集缸;9—接受管;10—氯化器;11—清扫口;12—清理孔;13—旋风收尘器;14—密封的接受器;15—第一冷凝器;16—双螺旋卸料机;17—接受器;18—第二冷凝器;19—布袋收尘器;20—振动装置;21—传动装置;22—搅拌器;23—第一列管冷却器;24—第二列管冷却器;25—冷却器;26—洗涤塔;27—输液槽;28—离心泵

统补充热量;在流化床氯化炉,可采用其他方法补充热量。

### 6.5.1 锆英石的固定床氯化

锆英石精矿的直接氯化工艺流程如图 6-22 所示。

图 6-23 为锆英石固定床竖式电炉氯化设备示意图。

(1)竖式电热氯化炉。氯化炉外壳是由钢板焊成,直径为 3.5m,向内依次衬以辉绿岩板、石棉板、轻质黏土耐火砖和黏土耐火砖。炉内径是 2.5m,炉膛高度约为 7m。炉壁装有上下二排共 6 块石墨电极板,供通电加热之用,电阻体为氯化团块本身。氯气则由装在同一水平面上的直径为 30mm 的 6 根氯气管通入。炉料是用自动连续加料器供给,排渣也是采用自动的间断出渣设备。

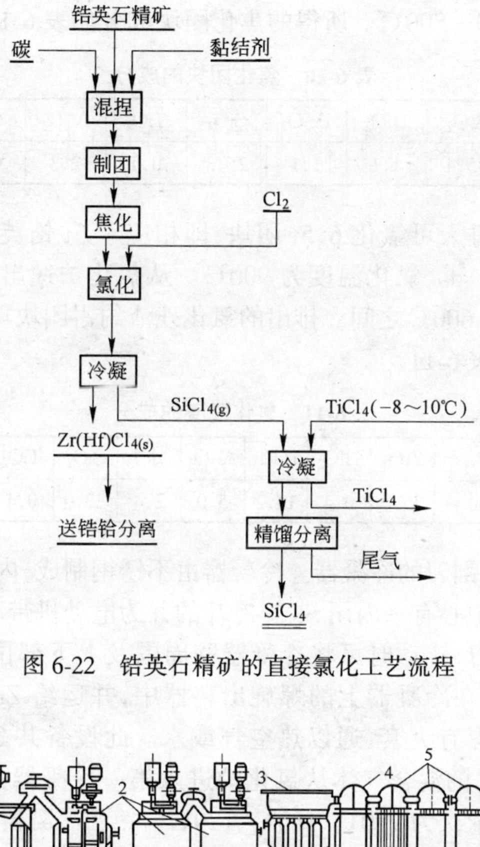


图 6-22 锆英石精矿的直接氯化工艺流程

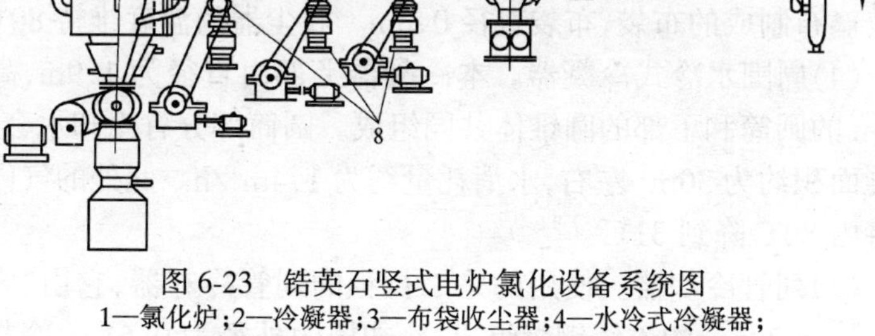


图 6-23 锆英石竖式电炉氯化设备系统图

1—氯化炉；2—冷凝器；3—布袋收尘器；4—水冷式冷凝器；
5—列管冷凝器；6—捕集器；7—淋洗塔；8—卸料装置

团块的黏结剂可为亚硫酸纸浆碱液、糖浆、煤焦油或沥青。焦化温度为 700～800℃。所得的焦化团块成分如表 6-10 所示。

**表 6-10 焦化团块的成分**

| 成 分 | $ZrO_2$ | $HfO_2$ | $Fe_2O_3$ | $SiO_2$ | $TiO_2$ | $Al_2O_3$ | CaO | C |
|---|---|---|---|---|---|---|---|---|
| 质量分数/% | 45.4 | 1.1 | 1.1 | 25.3 | 0.7 | 2.3 | 0.7 | 23.4 |

氯化炉每天可氯化 6.5t 团块，即相应于 5t 锆英石精矿。消耗氯气 7～8t/d。氯化温度为 900℃。从氯化炉逸出的混合气体温度在 500～600℃之间。排出的氯化残渣约占团块重量的 10%，其组成列于表 6-11。

**表 6-11 氯化残渣的成分**

| 成 分 | $ZrO_2$ | $HfO_2$ | $FeCl_3$ | $Al_2O_3$ | $AlCl_3$ | $SiO_2$ | $TiO_2$ | $CaCl_2$ | C |
|---|---|---|---|---|---|---|---|---|---|
| 质量分数/% | 25.0 | 0.4 | 14.2 | 5.0 | 2.4 | 27.0 | 0.4 | 2.3 | 23.2 |

(2)附有刮刀的冷凝器。冷凝器由不锈钢制成，内径为 2m，高为 6.5m，其中心有一内用 $SiCl_4$ 冷却的并为电动机带动的转动轴，轴上焊有刮刀，转动时可将冷凝器壁周围及上下部位的 $ZrCl_4$ 刮掉，落入连接在冷凝器上的螺旋出料器中，并运给 $ZrCl_4$ 接受罐。冷凝器周围焊有夹套，通以热空气或水。此设备共 3 台，串联使用。约 500℃的混合气体从氯化炉进入第一冷凝器，第一、二、三冷凝器温度依次为 220℃、180℃、120℃。第三冷凝器用水冷却。

(3)布袋收尘器。上部呈圆筒状，下部为锥形，其内径为 1.2m，外有热水套，总高约为 6.4m。内部装有带振动装置的 5 个由玻璃布制成的布袋，布袋直径 0.3m。收尘器的温度维持 80℃。

(4)周围水冷式冷凝器。本冷凝器上部由直径为 1.9m，高为 4.8m 的圆筒和下部的圆锥体共同组成。圆筒部分有冷却水套，总冷凝面积约为 30m$^2$ 左右，水消耗量约为 1.4m$^3$/h。此处的气体温度将由 80℃降到 31℃。

(5)列管冷却器。使用的是二行程的列管冷却器，它由 98 根 $\phi$38mm×2.5m 的不锈钢管组成，冷却器的外径为 0.61m，冷却高

度 2.63m。此设备共有 3 台,串联使用,冷却采用过冷的 $CaCl_2$ 溶液,其冷却温度分别为:

第一列管冷却器:30～15℃;第二列管冷却器:15～-30℃;第三列管冷却器:-30℃以下。

列管冷却器的作用主要是冷凝 $TiCl_4$ 与 $SiCl_4$。第一冷却器是将 $TiCl_4$ 与大部分 $SiCl_4$ 冷凝下来,第二冷却器是将其余的 $SiCl_4$ 冷凝下来,第三冷却器是为了进一步将残余的可冷凝气体回收起来。

(6)捕集器。捕集器的直径为 0.53m,圆筒部分高为 4m,总高为 4.3m,体积 0.9m$^3$,中间有一隔板,以增加气体的停留时间,气体进入捕集器的温度为不小于-20℃左右,装置此设备的日的是为了捕集未沉降下来的 $SiCl_4$ 液滴。

(7)淋洗塔。直径为 0.8m,圆筒部分高度为 6m,总高为 6.3m。从顶部喷淋 NaOH 溶液,用以中和氯化物、盐酸与游离氯。经淋洗的气体排入大气。

锆英石精矿团块氯化的各组成氯化率、各工序的回收率分别列于表 6-12 及表 6-13。

**表 6-12 锆英石精矿氯化的各组成氯化率**

| 组 成 | $ZrO_2$ | $SiO_2$ | $Fe_2O_3$ | $Al_2O_3$ | $TiO_2$ | $HfO_2$ |
|---|---|---|---|---|---|---|
| 氯化率/% | 95 | 90 | 100 | 83 | 95 | 95 |

**表 6-13 锆英石精矿氯化过程中各工序 Zr 的回收率**

| 工 序 | 损失/% | 工序回收率/% | 从原料起的回收率/% |
|---|---|---|---|
| 粉碎与混合 | 0.5 | 99.5 | 99.5 |
| 制 团 | 1.0 | 99.0 | 98.5 |
| 焦 化 | 1.0 | 99.0 | 97.6 |
| 氯 化 | 1.5 | 98.5 | 96.2 |
| 冷 凝 | 1.0 | 99.0 | 95.0① |

①间接回收率为 95.0%,即考虑了部分氯化残渣可以回收。锆的直接回收率应为 90.2%左右。

锆英石精矿固定床氯化的缺点之一是氯化反应所放出的热量不足以保持炉温,必须从外部补充热量才能满足工艺过程的需要。一专利研究了向精矿中添加部分反应热大的原料共同氯化,以克服外部加热的缺点。结果表明向精矿中添加75%的钛渣或加入15%的硅铁制成团块氯化,在氯化过程中就可不必再另行补充热量,锆的氯化率也比锆英石单独氯化时高。但缺点是杂质污染及分离问题。

锆英石精矿氯化的另一缺点是反应温度较高,有资料提出可向原料中加入催化剂以降低反应温度。这些催化剂可以是氧化硼、硼酸盐或者其他硼的氧化物。加入0.2%~5%甚至10%的这种催化剂,可以降低氯化温度50~200℃。但会带来杂质硼的严重污染,而原子能级锆对硼要求最为严格($B \leqslant 0.5 \times 10^{-4}\%$)。

### 6.5.2 锆英石的流化床氯化[11、12]

专利中提出了可以获得高的氯气利用率,高的Zr与Si的回收率的流化床氯化锆英石精矿的方法,流化床氯化炉的直径为203mm,高为3048mm,内衬耐火层,先加入22.7kg粒度在0.074~0.208mm(-65~+200目)的精矿和22.7kg粒度在0.149~0.417mm(-35~+100目)的焦炭。氯化过程中每小时连续地加入含4份精矿与1份焦炭的22.7kg混合物于炉内。氯气从底部以0.41~0.45kg/s的速度通入,流化床高度维持在1500~1830mm。温度保持在1045~1050℃,逸出气体中的$ZrCl_4$在保持190℃的冷凝器冷凝,$SiCl_4$则维持在-28℃的喷淋冷却器中冷凝。过程连续7.5h的氯化后得$ZrCl_4$ 197kg与$SiCl_4$ 142kg,回收率约为96%,$Cl_2$的利用率约88%。

为了避免大量未反应的细小固体颗粒被气流带出炉外,文献报道了锆英石制粒后进行沸腾层氯化的试验研究,下面介绍一下试验用设备和一些试验情况。

实验室用的小型沸腾层氯化设备示于图6-24。氯化器是用透明石英管制成,下部直径为50mm,高为510mm,上部直径是

90mm 高 650mm。氯化器上部直径之所以扩大是为了减小一些气体流速，使尚未反应的固体粉尘在氯化器内的停留时间有所增加，以提高锆的氯化率。其余设备，除了旋风除尘器是用透明石英制造外，皆为不锈钢与玻璃制成。氯化原料是按如下方法准备的。首先将锆英石精矿粉碎至 0.074mm（-200 目），石油焦粉碎至 0.175mm（-80 目），按比例混合并加入一定量的纸浆废液，混捏后在制粒机上制粒，取其 -1+0.4mm 的颗粒在 120℃下烘干，再在 800℃下焦化，即作为氯化的原料。粒状原料以 500g/h 的速率用螺旋加料器加入氯化器内，氯气则以 300L/h 的流速从底部通入，氯化器的下部（沸腾层）温度保持 900℃，上部（直径的扩大部分）维持 700℃。加热是由 Ni-Cr 电阻丝完成的。氯化反应气体流入旋风除尘器（10、12），此除尘器的温度保持 500℃，除尘器下方的接受器（11、13）保持 400℃，以免 $ZrCl_4$ 冷凝下来。混合气体再依次进入带刮刀搅动的第一、第二冷凝器与不带刮刀的第三冷凝器。第一、第二冷凝器温度控制在 200℃范围，第三冷凝器为 100℃。未冷凝的气体经布袋收尘器（温度保持 80℃）流入冷却器（21，24，26，27）冷凝 $SiCl_4$，之后经洗涤器排入大气。

还有一种与上述相类似的流化床氯化锆英石颗粒的方法，其过程大致如下。

含 $ZrO_2$ 64%，$HfO_2$ 1.0%，$SiO_2$ 31.5%，$TiO_2$、$Cr_2O_3$ 独居石等 3.5%的锆英石经粗碎、干燥、球磨等处理，使其 100%的通过 0.110mm（140 目）；98%通过 0.074mm（200 目）和 78%通过 0.043mm（325 目）。石油焦也经同样处理，使 100%通过 0.110mm（140 目）；98%通过 0.074mm（200 目）和 69%通过 0.043mm（325 目）。然后将处理过后的 79.6 份锆英石粉，12.4 份的石油焦与 21.2 份的水玻璃（$SiO_2/Na_2O=3.32$）在一起混捏 1h 后制成 0.833mm（20 目）的粒，并在 200～300℃下脱水。随后进行筛分，粒度大于 0.991mm（16 目）者返回重新破碎，小于 0.147mm（100 目）者也返回重新制粒。中间部分即 100%通过 16 目，95%通过 0.833mm（20 目），75%通过 0.417mm（35 目），0.5%

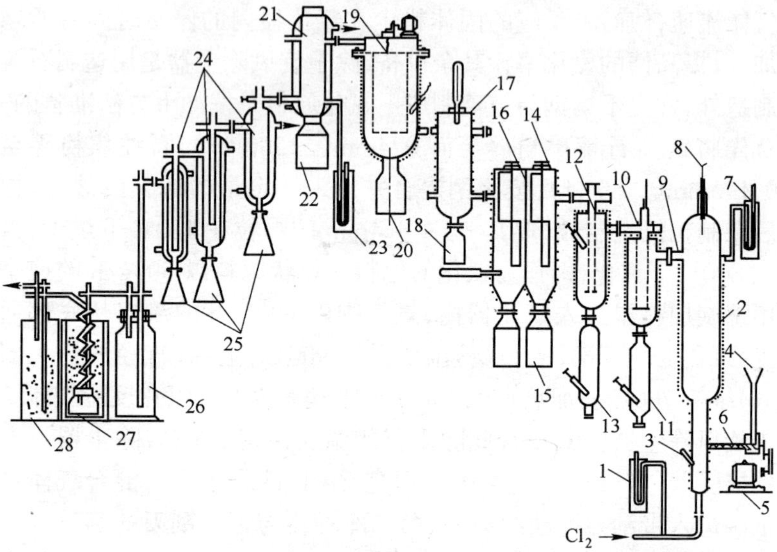


图 6-24 锆英石制粒的流化床氯化小型试验设备

1—压力计;2—氯化器;3—热电偶;4—料斗;5—电动机;6—螺旋给料器;7—压力计;8—反应器;9—连接管;10、12—旋风除尘器;11、13—粉尘接受器;14—第一、第二冷凝器;15、18—$ZrCl_4$ 接受器;16—刮料装置;17—第三冷凝器;19—布袋收尘器;20—固体氯化物接受器;21—冷凝器;22—接受器;23—压力计;24—水冷凝器;25—$SiCl_4$ 接受器;26—缓冲瓶;27—低温冷凝器(-20℃);28—水洗涤器

通过 0.110mm(140 目)的料加入预热炉,预热至 850℃。之后,连续加入沸腾炉,氯气亦预热至 850℃,并从底部通入。沸腾层高度保持 2740mm,每当通入 36.4kg 氯时,加入 45.4kg 料。渣从炉侧部流出。混合气体与未反应的固体颗粒进入分离器(保持 400℃)进行分离。

国内外锆厂早期主要采用碳化-氯化工艺。后来,当 $ZrSiO_4$ 流化床氯化实现工业化之后,便显示出很大的优越性,不但省去了耗电大、间断操作的碳化工序,而且单位面积产能大,可以连续生产,生成的 $SiCl_4$ 经回收精馏后作为副产品出售。因此,美、法、日等国已先后在生产中采用 $ZrSiO_4$ 流化床氯化法,不再用碳化-氯化法。

目前,国外在工业上采用的是工频感应加热式流化床。流化床用石墨管作内衬,内径0.6m,炉外壳为玻璃钢,外径为1m,石墨管外与炉壳间用碳粒填充作为隔热层。炉体外部有300kW工频感应线圈(水冷铜管)加热,控制炉温在1000℃以上。上部扩大段为镍板制成。

原料采用澳大利亚的$ZrSiO_4$,其品位较高,含铁量和放射性物质都较低。$ZrSiO_4$在球磨机中磨碎至50%通过0.043mm(325目)。$ZrSiO_4$和石油焦按一定比例混合配料,用风动输送到炉上方的料仓。然后用螺旋加料机加入流化床,氯气从底中通过分布器及石英层均匀进入流化床内与物料反应。氯化产物通过斜管进入冷却过滤器。冷却过滤器外壳为碳素钢板,内衬镍板,内有两层玻璃布和一层石英布,使炉气降温,滤布可以除去粉末状杂质,如碳粉、残渣等,保证了$ZrCl_4$的质量。经过滤的$ZrCl_4$进入冷凝器。$SiCl_4$等低沸点杂质进入废气冷凝器,回收的$SiCl_4$经精馏后作为副产品出售。它是生产硅的原料。也可以将$SiCl_4$经氧化处理制成售价很高的白炭黑出售。废气经水洗和NaOH中和处理后排放。

## 6.6　二氧化锆的氯化

锆铪分离后可获得含铪小于$100\times10^{-4}\%$的无铪$ZrO_2$,需进行二次氯化。根据热力学分析,温度高于700℃时,氯化反应主要按自由能降低最多的反应进行:

$$1/2ZrO_2+C+Cl_2 = 1/2ZrCl_4+CO \qquad (6\text{-}27)$$

据热平衡计算,反应热为所需热量的92%,仅需补充少量热量,便可使反应连续进行。

在工业生产中所采用的是$ZrO_2$加碳氯化。氯化之前需进行氯化团块的制备。$ZrO_2$需具有一定粒度(0.074mm,-200目),还原剂可采用炭黑、木炭或其他活性较高的炭质材料。炭的配入量约为理论量的120%～130%,为使原料成团,还需加入部分黏结剂,如糖浆、焦油或纸浆废液等,数量以能制成团块为佳。此三种原料按量配好混匀,用成团机制成团块(团块的大小为 30mm×25mm×20mm),烘干和焦化之后即可供氯化使用。提出的配料比是 81%的 $ZrO_2$,14.5%的炭黑和 4.5%的甘蔗糖。

$ZrO_2$ 的氯化一般所采用的设备多近似于美国矿物局提出的氯化设备(图 6-25)。氯化炉外壳由钢板焊制而成,内衬 230mm 厚的耐火砖,炉内径是 660mm,高约 2440mm。其中有三块相隔 120°,厚 50mm,宽 250mm,高约 1220mm 的石墨电极板,供通电加热之用。开炉时,团块装到略高于电极中点的水平。在团块上方,放置碳板(由中心至每一电极),将电极连接起来作为开始加热团块之用。然后再加入团块至所需要的水平。热团块有足够高的导电度,从而可直接通电以加热炉料。炉内温度在加热器装设区域内保持约 900℃,而在炉子的上部,则为 350～500℃。正常作业时,导入电极的电压为 15V,电流强度为 250A。

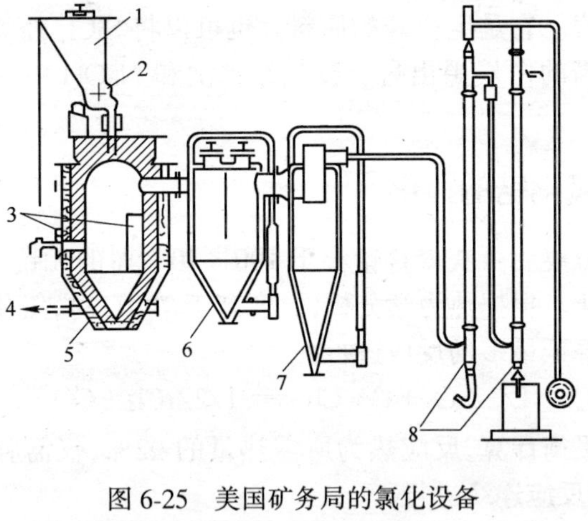


图 6-25　美国矿务局的氯化设备

1—料仓;2—加料器;3—电极;4—氯气进口;
5—氯化炉;6—冷凝器;7—第二冷凝器;8—淋洗塔

氯气导入管、装料管、排气管以及冷凝器均为镍制。冷凝器有内外层，内层由镍板制成，外层是用钢板焊就，其间可通入热、冷空气或水用以加热或者冷却。第一冷凝器的内径为1240mm，其工作温度应维持在220℃左右，第二冷凝器宜保持于150℃。有的在冷凝器中装上剥刮氯化物的刮刀，便可周期地从冷凝器内壁剥落较致密的$ZrCl_4$。得到$ZrCl_4$的密度波动范围很大，可由0.24g/cm$^3$到1.12g/cm$^3$。使用上述设备进行氯化所获得的指标和操作条件列于表6-14。连续氯化一个月后产出了17235kg $ZrCl_4$，而在稍后报道的数字是20400kg。可见氯化炉产能有了提高。

**表6-14　氯化炉的物料平衡与操作条件**

| 产　物 | 加料量/kg | 锆含量/kg | 锆回收率/% | 氯利用率/% | 工作温度/℃ |
|---|---|---|---|---|---|
| 加入 | | | | | |
| 团块 | 12546 | 7231 | | | |
| 返回的废海绵锆 | 181 | 181 | | | |
| 氯气 | 14074 | | | | |
| 产出 | | | | | |
| $ZrCl_4$ | 17235 | 6745 | 92.3 | 74.7 | |
| 残渣 | 693 | 325 | 4.5 | | |
| 氯化损失 | | 236 | 3.2 | 25.3 | |
| 总产出 | | 7307 | 100.0 | 100.0 | |
| 氯化炉 | | | | | |
| 下部 | | | | | 500～900 |
| 中部 | | | | | 400～600 |
| 下部， | | | | | 350～500 |
| 第一冷凝器 | | | | | 150～200 |
| 第二冷凝器 | | | | | 100～150 |
| $ZrCl_4$ 耗量 | 3.04kW·h/kg | | | | |
| 直接操作人员 | 每班2人 | | | | |
| 氯气量 | 20.4～22.7kg/h | | | | |

在专利中提出的另一 $ZrO_2$ 和类似的氧化物的新氯化方法，是将 $ZrO_2$ 细粉末和粉末炭用氯气在压力下从中空的石墨阳极吹入电弧炉内进行氯化的方法，其所用设备如图 6-26 所示。

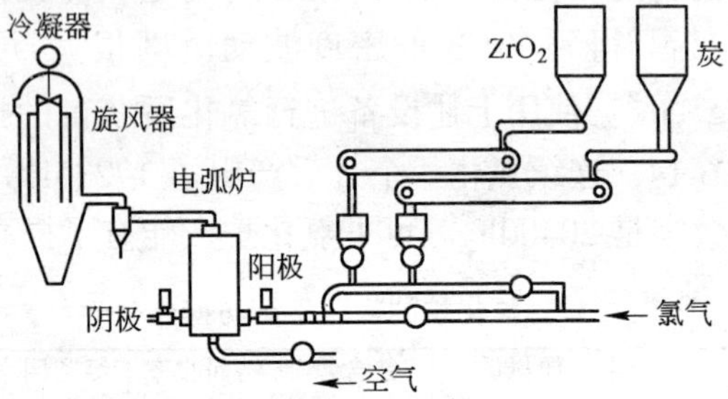


图 6-26 电弧炉氯化 $ZrO_2$ 的设备

我国对氯化工艺及设备进行了系统的研究。随着原子能级锆厂生产规模的不断扩大，先后采用了用于研究和生产的内径为 300mm、540mm 和 1400mm 的 $ZrO_2$ 氯化炉，其电极系统结构列于表 6-15。

A 电极系统结构

不同直径的 $ZrO_2$ 氯化炉电极结构列于表 6-15。电极之间的热团块通电发热，以及氯化反应放热，可使炉内团块保持所需的温度，连续进行反应。

**表 6-15 不同直径的 $ZrO_2$ 氯化炉电极系统结构**

| 内径/mm | 供电形式 | 电极直径/mm | 电极与电极板连接锥角 α① | 电极板对应的圆心角① |
|---|---|---|---|---|
| 300 | 单相，上、下两排电极 | 100 | 10° | 45° |
| 540 | 单相，上、下两排电极 | 150 | 10° | 45° |
| 1400 | 三相，上、下两排电极 | 300 | 无电极板，电极伸入炉膛内 200mm | |

①参阅图 6-19 电极结构示意图。

B 炉体的结构

炉体按部位由炉顶、炉身和炉底三部分组成。结构外层是钢板焊成的炉壳、内层是炉衬。炉衬由数层硅砖、捣固层、石棉板和防腐层砌成，要求其耐高温、耐氯气腐蚀、密封性能好，杂质的污染少。因此最内层的炉衬采用硅砖，主要成分为：94.45% $SiO_2$；0.14%～0.17% Al；0.79% Fe。其特点是杂质 Al 含量低，因此经氯化所得产品粗 $ZrCl_4$ 的 Al 含量也低，在 0.01%左右，为提纯工序创造了良好的条件。曾试验过用黏土砖作内衬（含 $Al_2O_3$），所得粗 $ZrCl_4$ 的 Al 含量高达 0.1%，给提纯工序造成了很大的困难，故不宜用黏土砖。

C 冷凝器

有三个由不锈钢制成的冷凝器。第一、二冷凝器装有刮刀，定期转动刮除内壁上冷凝的 $ZrCl_4$。外部有电阻丝加热器以保持给定温度。第三冷凝器无刮刀、无加热器。

D 原材料准备

(1)无铪 $ZrO_2$ 粒度要细小、要求 95%通过 0.074mm（200 目）。氯化所用的 $ZrO_2$ 杂质含量列于表 6-16。

**表 6-16 无铪 $ZrO_2$ 的杂质含量**

| 元 素 | Hf | Al | Ti | Fe | Pb | Ni |
|---|---|---|---|---|---|---|
| 含量/% | $<1.0\times10^{-2}$ | $3.2\times10^{-3}$ | $3.2\times10^{-3}$ | $8.18\times10^{-2}$ | $1.6\times10^{-3}$ | $1.4\times10^{-3}$ |
| 元 素 | Co | Mn | V | Bi | Sb | Cr |
| 含量/% | | | | $<1.0\times10^{-3}$ | | |

(2)还原剂。要求含碳量高、粒度细，试验结果以炭黑为好，其含碳量为 97%。

(3)黏结剂。曾试验过用煤焦油作黏结剂，需 800℃下焦化处理，制得的团块孔隙率小，氯化性能差，不宜采用。生产中采用纸浆废液作黏结剂，其成分列于表 6-17。

**表 6-17 纸浆废液化学成分**

| 成 分 | 固定碳 | 挥发分 | 灰分 | 水分 |
|---|---|---|---|---|
| 含量/% | 5.59 | 5.37 | 4.31 | 84.70 |

配料比为 $ZrO_2$∶炭黑∶纸浆废液＝100∶24∶(19～21)(质量比)。碳量按反应6-27的理论计算量过量20%。

(4)制备团块。物料经混料、混捏、制成团块，团块大小为35mm×25mm×20mm。自然阴干1天后，在250℃下烘干6h。

E　烘炉

新砌的或检修后的氯化炉都要先进行烘炉，目的是除去炉衬内水分；二是使砖缝涂料与耐火砖烧成整体；并使炉温逐渐升高至氯化炉的工作温度，进入正常操作。由于锆工业氯化炉是采用硅砖作炉衬材料，其烘炉制度十分严格。因为硅砖的特性是耐腐蚀性好，带入的杂质污染少，但耐急冷急热性差。硅砖的主要成分是 $SiO_2$(石英)，石英在不同的温度下会发生晶型的转变，并伴随着体积较大的变化：

$$\beta\text{方石英} \xrightarrow{180\sim270^\circ\text{C}} \alpha\text{方石英}$$

$$\beta\text{石英} \xrightarrow{573^\circ\text{C}} \alpha\text{石英}$$

因此，烘炉时升温速度要慢，并在晶型转变温度保温一段时间，防止硅砖破裂。

烘炉升温　氯化炉砌好后，自然阴干3天，然后按图6-27规定的升温曲线进行烘炉操作。首先在炉内放入电阻丝加热器，以3～4℃/h的速度升温至250℃，在250℃下恒温48h，再以34℃/h的速度升温至550℃，取出电阻丝加热器，加入预热至600℃的炭块(焦炭块和炭素块各占50%)，炭块量应超过上排电极板上沿200mm以上，改用电极通电，由炭块发热烘炉，至570℃恒温72h，继续以3～4℃/h的速度升温至600℃，在600℃以后，以10℃/h的速度升温至900℃，恒温72h，共计18d左右。然后用团块逐渐取代炭块，并通入氯气转入正常生产。在炭块烘炉阶段，每隔0.5h需通入 $N_2$，以帮助排除水分，每4h检查一次炭块层高度并适当补充之，以避免上排电极板氧化。此前应选通入氮气，以驱除炉内的CO，防止发生爆燃。

F　氯化炉操作条件

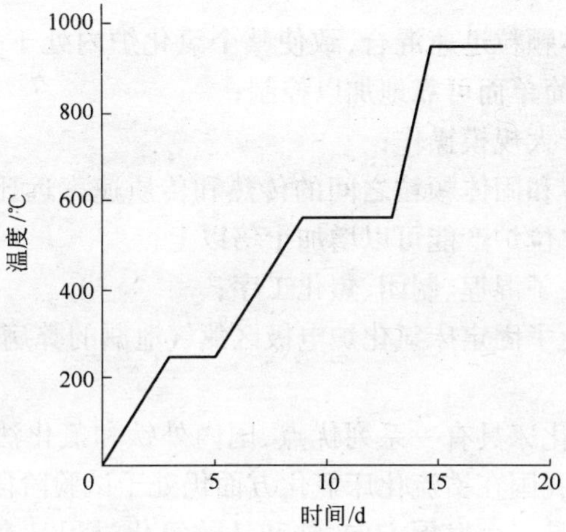


图 6-27 氯化炉烘炉升温

以内径 540mm 氯化炉为例。

(1)氯化炉温度。上部 700~800℃,下部 500~900℃。

(2)冷凝器温度。用电阻丝加热。第 1 冷凝器:200~220℃;第 2 冷凝器:160~180℃;第 3 冷凝器:自然冷却。

(3)团块加入量。每 4h 加料一次,30kg/次。

(4)氯气量。7.5~8kg/h。

(5)产量。250~260kg/d。

(6)所得粗 $ZrCl_4$ 的密度比 ZrC 氯化所得的粗 $ZrCl_4$ 密度(1.05~1.19g/cm$^3$)要小得多,而且波动范围大,为 0.37~0.8g/cm$^3$。

## 6.7 流化床氯化[12~18]

目前,流态化技术已在我国化工、石油、冶金、电力等工业中得到了广泛应用。与固定床氯化相比,流化床氯化具有以下几个优点:

(1)颗粒流动平稳,类似液体,其操作可以连续自动控制,且易处理；

(2)固体颗粒迅速混合，致使整个氯化炉内处于等温状态，因此操作可以简单而可靠地加以控制；

(3)宜于大规模操作；

(4)气体和固体颗粒之间的传热和传质速率远比固定床氯化为高，因此单位炉产能可以增加十倍以上；

(5)省去了混捏、制团、焦化工序；

(6)避免了固定床氯化炉电极区氯气泄漏的弊病，改善了劳动条件。

鉴于流化床具有一系列优点，国内外钛和氯化法钛白生产已广泛应用。我国在锆流化床氯化方面仍处于试验阶段。鉴于锆的流化床氯化是一个发展方向，锆和钛的氯化过程又有许多相似之处，值得借鉴，本节将介绍流态化原理及其特性，以及钛流化床氯化炉设计和操作等问题。其设计及操作基本上可应用于 $ZrO_2$ 流化床氯化炉，对研究和发展 $ZrSiO_4$ 流化床氯化技术亦有参考价值。

### 6.7.1 流态化过程的基本概念

流态化是一种使固体颗粒通过与气体或液体接触而转变成类似流体状态的工艺。由气-固系统形成的流化床称为聚式流化床、非均一流化床、鼓泡流化床，简称为气体流化床。由液-固系统形成的流化床称为聚式流化床、均一流化床、平稳流化床，简称为液体流化床。以下仅阐述工业上广为应用的气体流化床。

为了解气-固两相流动现象，可来观察如下的实验，其装置如图 6-28 所示。

此实验装置是由一段玻璃筒组成，筒下端有一多孔的气体分布板，用以支撑颗粒物料，并使流体在整个圆筒截面上均匀分布，分布板上的物料称为“床层”。在床层下部与圆筒体上部安一个 U 形管压差计以测量床层阻力。观察流体通过床层时，流速、床层阻力、床层高度、床层中颗粒的运动状态等相互关系。

设 $U$ 为空床速度(或表观速度),即

$U=V$s(流体的体积流量)/$A$(床层横截面积),m/s。

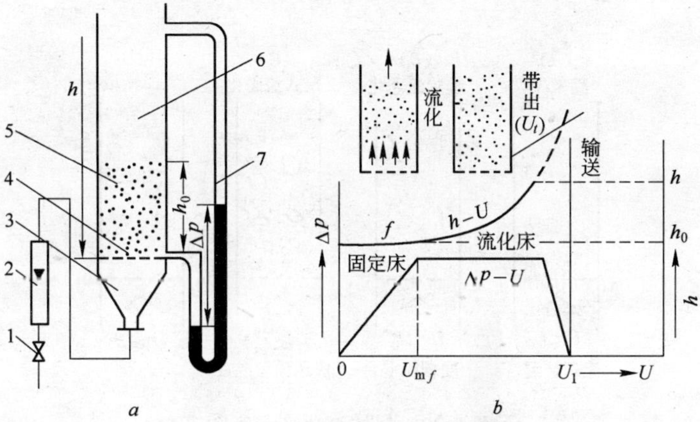


图 6-28 流态化特性示意图

1—调节阀;2—转子流量计;3—锥体;4—分布板;

5—颗粒床层;6—筒体;7—压差计

床层阻力,是指流体通过床层的压力降 $\Delta p$。当流体自下而上通过床层时,可以看到随流速的逐渐增加出现的三种基本状况。

(1)固定床阶段。当流体流速较低时,物料颗粒静止不动,床层高度 $h_0$ 不变。而压力降 $\Delta p$ 则随速度 $U$ 的增加而增大。若把相应的数据标绘在对数($\lg\Delta p-\lg U$)坐标图上,则得一直线 $of$。当流体流速 $U$ 增大到某一数值,此压力降近似等于单位面积床层上物料的实际重量时,颗粒开始松动,床层高度 $h$ 略有膨胀,床层空隙率 $\varepsilon$($\varepsilon$=颗粒间空隙体积/床层总体积)也略有增加,然而床层整体并无明显的运动,如图 6-29 ($A$)所示。

(2)流态化阶段。进一步提高流速 $U$ 到 $f$ 点,颗粒开始被流体吹起并悬浮于流体中作自由运动,颗粒间相互碰撞、混合、床层高度上升。整个床层呈现出类似液体的形态,参看图 6-29($B$)。床层顶部有一基本水平的料面,重度较小的颗粒飘其上。若在料

面以下容器壁上开一小孔，颗粒和流体的混合物则会像液体一样流出。这种现象称为“固体颗粒流态化”(或称“假液化”、“悬浮层”、“沸腾层”等)。

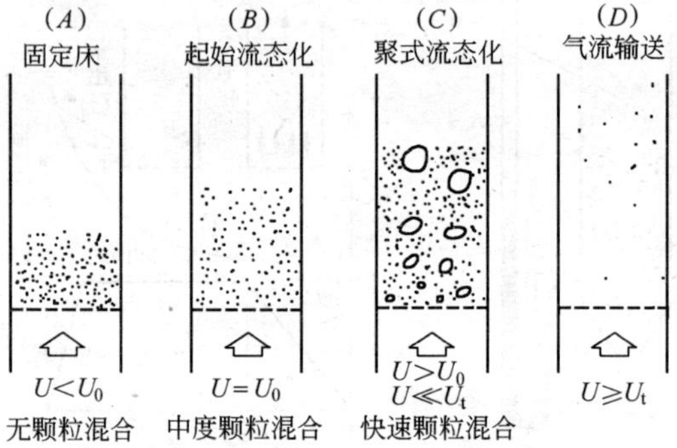


图 6-29　气体流化床示意图

$f$ 点的流速称为起始流化速度，即“临界流化速度”，也称“最小流化速度”，用 $U_{mf}$ 表示。此时的床层空隙率称为“临界空隙率”，用 $\varepsilon_{mf}$ 表示。当流速继续增加时，床层将继续膨胀，床层空隙率也随之增加。流体的压降只是消耗在托起固体颗粒的重量上。所以此时的 $\Delta pA$ 和床层颗粒重量 $hA(1-\varepsilon)\gamma_s$ 及流体对颗粒的浮力 $hA(1-\varepsilon)\gamma_g$ 达到平衡，即

$$\Delta pA = hA(1-\varepsilon)\gamma_s - hA(1-\varepsilon)\gamma_g$$

或

$$\Delta p = h(1-\varepsilon)(\gamma_s - \gamma_g)$$

式中，$\gamma_g$、$\gamma_s$ 分别为流体与颗粒的重度，$kg/m^3$；$A$ 为床层横截面积。此式表示，床层阻力等于单位面积床层的实际重量。此时流化床呈现如图 6-29($C$)所示的状况，即当 $U>U_0$ 时，任何额外的流化气体均将作为气泡通过颗粒床层，这些气泡分布板上开始是小气泡；然而它们很快合并，并且向上穿过颗粒层引起了流化床粒子的强烈混合。

(3)输送阶段　若流速继续增高，床层高度大于容器高度，颗

粒则被流体带走,床层颗粒减少,空隙度增加,床层压力减小。当流速增加到某一数值,使流体对颗粒的阻力和颗粒的实际重量相平衡,此时的流速称为“带出速度”$u_1$或“悬浮速度”(自由沉降速度)。若流体的速度稍高于带出速度,颗粒则被流体带走。此时流化床变为如图6-29($D$)所示的情况。

气体流化床在许多方面表现出类似液体的性能,如图6-30所示。床层中任意两点间的压差大致等于两点间床层静压头。流化床也具有像液体的流动性。固体颗粒可从容器壁上的小孔喷出,并从一个容器流入另一容器。利用这一类似液体的性能,可设计各种气体流化床。

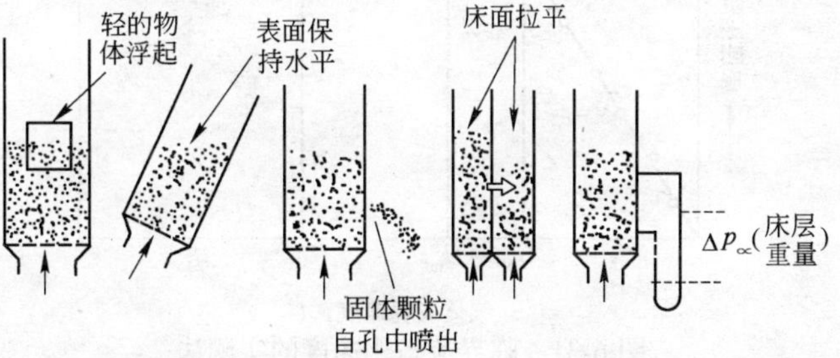


图6-30 气体流化床的类似液体的性状

## 6.7.2 临界流态化速度

临界流态化速度是流态化床操作的最低流速,也是设计流化床的基本参数之一。计算临界流态化速度的经验或半经验关联式很多,与所使用的物料性质、气体种类和工艺过程有很大关系,计算结果相关甚大。临界流态化速度可通过实验测定。小型实验流态化床可以用玻璃制造。为了测定数据可靠,流态化床的分布板需保证流体均匀分布,测定时的状态宜尽量模拟实际生产条件。用降低流速法使床层自流态化床缓慢地复原至固定床,同时记下相应的气体流速和床层压降,在双对数坐标纸上标绘得到如图6-

31 内的曲线。如果通过固定床区和流态化床区的点各自划线(撇开中间区数据),这两条直线的交点即是临界流态化点,其横坐标的值即是临界流态化速度 $U_{mf}$。图 6-31 中的 $U_{bf}$为起始流态化速度,此时床层中有部分颗粒开始进入流态化状态。$U_{tf}$为完全流态化速度,此时床层中所有粒子全部进入流态化状态。对于粒度分布较窄的床层,$U_{mf}$、$U_{bf}$、$U_{tf}$三者非常接近,较难区分。

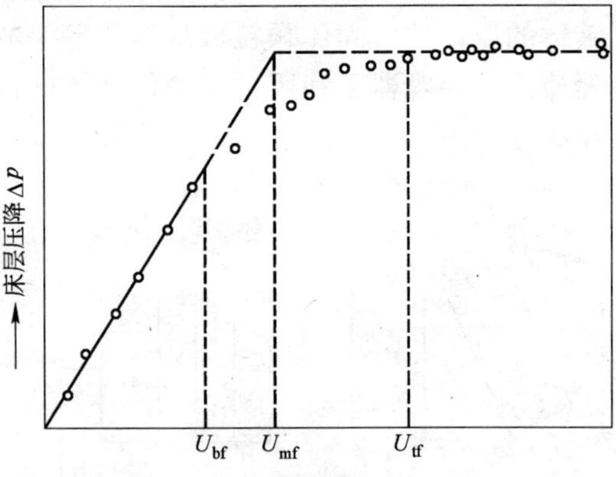


图 6-31　临界流态化速度的实测法

### 6.7.3　国井-Levenspiel 鼓泡床模型

国井-Levenspiel 鼓泡床模型是以早年的两相模型为基础的。床层表观气速超过临界流态化速度时,床层内出现体积分率为 $\delta$ 的气泡相和体积分率为$(1-\delta)$的乳化相。乳化相内的气体以临界流态化速度通过,剩余的气体形成气泡,组成气泡相。气泡相和乳化相之间,气体不断地进行交换。国井-Levenspiel 用直径为 $d_c$ 的当量气泡来表示气泡相的特征。在气泡和气泡群运动规律的研究的基础上,提出了气泡相和乳化相的流动模型,并导出了两相间气体交换速率的计算方法。这种固体运动和气体流动的主要特征示于图 6-32。

普遍认为,以液-固系统为典型的散式流化或液体流化与以

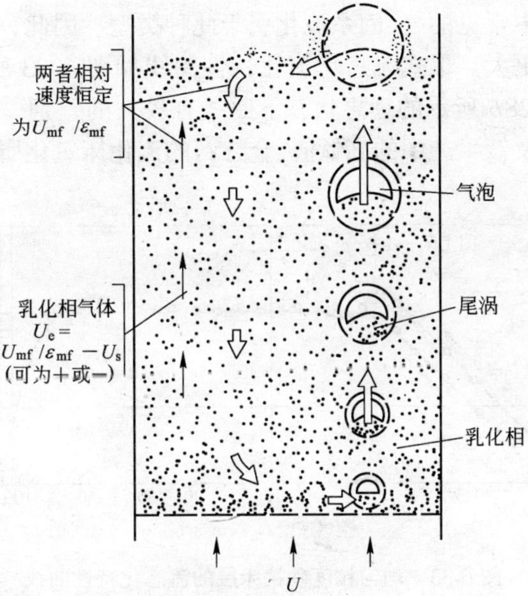


图 6-32 在鼓泡床模型中所设想的固体运动和气体流动的主要特征示意图

气-固系统为典型的聚式流化或气体流化，两者的差异归因于其中流体比重之间的巨大差别。

威廉(Wilhelm)和郭慕孙用弗劳德准数 $Fr$ 来区分这两种流态化形态。

$$Fr=\mu^2/(d_p g)$$

式中，$\mu$ 为流体流速或称空床速度；$g$ 为重力加速度；$d_p$ 为固体颗粒平均粒径。

当 $Fr<0.13$ 时，固体颗粒分散，流化平稳，接近理想流化状态，床层压降基本上不随流速的变化而变化(可以认为是一个定值)，一般液-固系统的流化属此类型。因此，液体流化床的流态化特性曲线与图 6-28$b$ 所示的理想状态下曲线十分相似。

当 $Fr<1.3$ 时，固体颗粒成团湍动，流化不平稳，床层自由面

上下流动剧烈,床层压降也随之在一区间内波动着,称谓聚式流态化。工业中常见的气-固系流化属于此种类型。因此,对它研究的实用意义更大。聚式流态化流化特性曲线如图6-33所示。该曲线与图6-28*b*所示的理想状态下曲线有较大的差别。锆英砂、二氧化锆以及钛生产中的高钛渣、金红石的流化床氯化属于此类型。

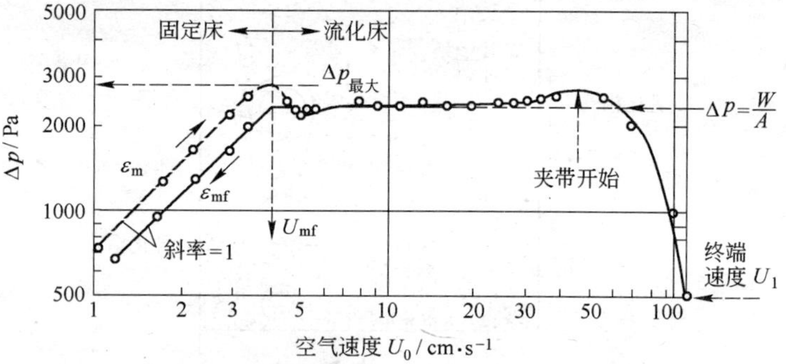


图6-33 均匀粒度砂粒床层的流态化特性曲线

聚式流态化远比散式流态化复杂,当气流通过流态化层时,多余的气体呈气泡的形式逸出床层,气泡一出床层立即破裂,被夹带的较粗颗粒物料又落回床内,引起床面波动。所以,气泡的形成、长大和崩裂会引起床层物料密度分布的不均匀性和压力的波动,大气泡的产生和运动会导致气体的短路,而破坏气固两相间的接触。故对流化床层气泡行为的研究具有重要意义。通常用床层压降的波动和流态化层密度的变化、温度的分布、气体停留时间的分布等参数来评价流化状态的好坏。从本质上看,影响这些参数的主要原因都是由气泡引起的。气泡的大小随气速和床高的增加而增加,此时的流态化床又称为鼓泡床。

床层中出现气泡是聚式流化的基本特征(参见图6-32)。较小的气泡呈球形,较大的气泡呈帽形。气泡相包含所有过量气体并且几乎不含粒子。气泡底形成一个尾涡。气泡的外层称为晕,这是渗透着气泡气流的乳化相。尾涡的体积约为气泡体积的20%~30%。在气泡上升过程中,尾涡的颗粒不断脱落,并不断引入新的颗粒。气泡上升到床面发生破裂,尾涡中颗粒撒于床面,返回乳化相中。晕和尾涡是气泡相和乳化相间发生物质交换的媒介。这些气泡迅速穿越乳化相,是乳化相产生强烈混合的主要原因。并且由于微细颗粒具有很大的比表面积,因而在粒子与流化气体之间能进行很有效的热量和质量的交换,对流化过程起着重要作用。

### 6.7.4 流化床中的不正常现象

气-固系统流化现象极其复杂,经常产生一些不正常现象,使气体与固体颗粒不能很好接触,降低了反应效率,严重的会破坏流化床。“沟流”和“腾涌”是两种常见的不正常现象。

(1)沟流和死床。气速虽然已超过临界流速 $u_{mf}$,但床层仍不流化,某些部分被气流吹成一条“沟道”,气体由此穿过床层,这种现象称为“沟流”,未流化部分称为“死床”。也有可能出现局部死床,见图 6-34*a*、*b*。产生沟流时,床层压力降低于 $\Delta pt$,其差值正好表明沟流的严重程度。

气-固接触不良,使传热传质过程不能很好进行,床层径向温度差增大,气体利用率低,产品质量和生产率下降,而死床部分容易产生物料的“烧结”现象,严重的会破坏流化床。

研究表明,颗粒性质、床层高度、设备结构、气体流速等因素,都会导致沟流的产生,例如,床层很薄;颗粒很细、反应生成黏性物料,易产生“黏结成团”;气速过低或气流分布不均匀;分布器结构不合理,床层物料静止区(死区)不断扩大等。

消除沟流与死床的办法有:加大气速;停车数分钟,重新启动;根据工艺过程特点,正确地选择和设计气体分布器等。

(2)腾涌。流化床内的气泡汇合长大,当其直径接近床层直径时,把以上的颗粒物料像活塞一样向上托起,达到一定高度以后崩裂,颗粒被抛出很高,然后纷纷落下。这种现象称为“腾涌”,又称活塞流等,见图 6-34*c* 所示。产生腾涌时,床层压降剧烈波动。此时,床层极不均匀,传质传热很难进行,固体颗粒严重磨损和带出,设备零件被冲击而损坏。颗粒性质、床层高度和气速等,都会引发腾涌产生,例如,床高 $H_0$ 与床径 $D$ 之比值 $H_0/D$ 较大时,大颗粒比小颗粒更易产生腾涌;$H_0/D$ 较大而气速又较高,也易产生此现象。一般当 $H_0/D<1$、设备比较大($D>1$m)等,均可防止腾涌。

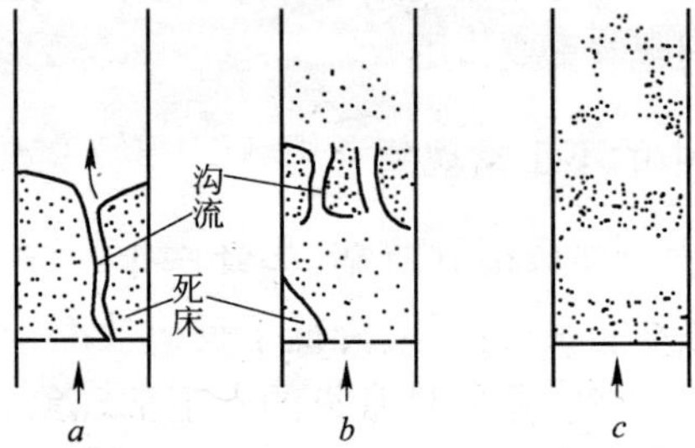


图 6-34 流化床的不正常现象示意图

*a*、*b*—沟流和死床;*c*—腾涌

(3)流化质量。对于流化状态或气体与固体接触状况的好坏,通常以“流化质量”来表明。在实验研究中,以压力降的波动(说明有沟流、腾涌以及大气泡存在)、床内各点空隙率的均匀性、床层料面起伏不平等来判别流化质量好坏。

在工业生产中,一般以产品收率高低、产品质量、设备生产效率等指标来判断流化质量的好坏。流化床中气泡直径越小,分布越均匀,固体颗粒的混合与循环越剧烈,则流化质量越好。而沟流、腾涌以及气泡直径大,分布不均,都会使流化质量下降。

影响流化质量的因素有气流速度、颗粒特性、床层构造、分布板结构和内部构件等。

### 6.7.5 颗粒状物料的性质

工程上遇到的颗粒物料种类很多,粒径大小、颗粒的形状及其物料性质也各不相同。

流化床的许多引人的特性来源于其流动性。一般认为床层的流动性与床层的黏度成反比。研究表明,固体和气体的性质对流化床的黏度影响较小。气速也有类似的情况,除非接近 $U_{mf}$,此时黏度即较快地升高。但黏度强烈地受颗粒和粒度分布所影响,粒度越大,黏度也越高。

混合物黏度与固体的粒度分布显示出有趣的关系。Matheson的研究得出结论:加入较少量的细粉到粗粒物料床层中,黏度会一直显著减小,直到成为细粉床层的黏度。为了解释这个混合效应,Trawinski 假定细粉是作为减小粗粒物料间的润滑剂,也即含有足够的细粒可以充作较粗颗粒间的滚珠,从而减少床层内部摩擦、减小黏度,有利流化。

Zenz 和 Othmer 曾做出结论,最大流度的粒度分布是接近于正态分布。粒度分布对流化床氯化有重要影响,随后将结合工业实例阐述。

在气固两相流动中,颗粒物料是成群体运动的,因此必须确定颗粒群体粒径的大小。下面简介钛、锆氯化过程确定粒径的一般常用的方法。

对于被氯化的物料和还原剂碳,可采用计算调和平均粒径的方法。

设在一定量的粉料中:

直径为 $d_1$ 的粒子的质量分数为 $X_1$,

直径为 $d_2$ 的粒子的质量分数为 $X_2$,

……

直径为 $d_N$ 的粒子的质量分数为 $X_N$,全部粒子的平均直径 $d_p$ 则为

$$d_p = 1/[\sum(X_i/d_i)] \tag{6-28}$$

如果用算术平均值计算 $d_p$,则为

$$d_p = \sum(X_i/d_i) \tag{6-29}$$

两者差别不大。

用上述方法求平均粒径 $d_p$,需要已知全部粒子的粒度和分布,它可用筛分法求取。

称取 100g 的粉料,用标准筛进行筛分。设筛孔尺寸分别为

$d'_1, d'_2, \cdots, d'_N$,

$d'_{N+1}$,筛子进行分段:

$d'_1$ 至 $d'_2$,粒级的平均粒径 $d_1$ 的质量分数为 $X_1$,

$d'_2$ 至 $d'_3$,粒级的平均粒径 $d_2$ 的质量分数为 $X_2$,

$d'_N$ 至 $d'_{N+1}$,粒级的平均粒径 $d_N$ 的质量分数为 $X_N$,

则

$$d_1 = \sqrt{d'_1 d'_2} \quad d_2 = \sqrt{d'_2 d'_3} \cdots d_N = \sqrt{d'_N d'_{N+1}} \tag{6-30}$$

根据式 6-30 求得的 $d_1, d_2, \cdots, d_N$ 和由筛分法得出的各部分粒子群的质量分数 $x_1, x_2, \cdots, x_N$,就可以按式 6-28 或式 6-29 计算平均粒径 $d_p$。

用上述方法测粒径,时间短、误差小,是较为常用的方法。

### 6.7.6 流化床氯化炉设计

流态化技术的应用领域非常广泛。由于各种用途的流态化技术不同,流态化装置及其构件,不论在型式上还是在设计和计算方法上,以及操作上,都有很大区别。当某一生产过程的物料特性、工艺条件和生产规模确定后,便可以着手进行流态化装置的设计。设计一个流态化装置的逻辑程序,可以列出许多个,一般地说来,取决于工艺过程的特点和设计经验。至今流态化技术仍然不够成熟,流态化装置的设计多停留在经验阶段。

设计一个流化床氯化炉,涉及的内容较多,仅介绍床型及其材质、床径、床高、气体分布器和预分布器以及操作速度等。

A 影响流态化质量的因素

流态化质量笼统地被用来说明气体和固体接触的好坏,接触好,即谓流态化质量好;否则,即流态化质量不好。所谓好与坏,是相对概念,在讨论流态化质量时,不应脱离具体的工艺过程特点,因为它是决定对流态化质量要求的依据。后面将讨论推导的流化质量判别式,以及在氯化生产过程判别流化质量的方法。但哪些因素影响流态化质量,首先应了解量的关系,才能进行某一有特定要求的设计。一般有五方面会影响流态化质量,即固体颗粒的性质、流体的性质、分布板与预分布器、内部构件以及床层高度与床直径之比——$H_0/D_1$ 大小。

a 固体颗粒的性质

固体颗粒的大小及其分布、颗粒的密度、形状及其流动性与流态化质量是密切相关的,这在表征床压降、临界流态化速度和颗粒终端速度的关联式中可以看出来。需要特别指出的是,有些过程所用颗粒有黏结、长大或缩小情况发生。黏结常常是不能采用流态化技术的一个重要原因,但有时候也可克服,例如,采用无筛板沸腾氯化炉可以长期稳定、连续地运转。

(1)颗粒粒度及其分布。颗粒的性质,特别是其大小和分布对流态化床的流动特性有重要影响。粒度分布以正态分布较好。应指出的是,在流化催化过程,床层内仅有一种颗粒——催化剂颗粒,它在反应器—再生器之间循环,在几个月或更长时间内,催化剂的粒度分布经定期调整,基本保持稳定。但是钛、锆氯化过程,床内却存在两种颗粒——原料及还原剂碳,而且随着反应的进行,颗粒的粒度迅速变小,因而其粒度分布也很快向细粒径方向飘移。因此必须在配料等方面预先考虑这个问题,以保持相对稳定的颗粒粒度分布。

(2)颗粒密度 $\rho_s$。颗粒密度越大,流化质量越不好,当平均粒径较大和分布较窄时,情况就更为严重。在流化床氯化时,床内存在两种颗粒且其密度相关很大。因此必须考虑两种颗粒的粒度配合问题。

(3)颗粒形状系数 $\varphi_s$。颗粒的形状对流态化的性状也很有影响。球形颗粒的流动性状最好。但是在氯化过程,由于原料及还原剂是经球磨机等磨细,由物料本身的物理性质决定的,$\varphi_s$ 差别较大,难于控制。一般不予考虑。

(4)颗粒的流动性。粒度减小、分布较宽、密度较小并且是球形的颗粒的流动性较好,固体和气体的密度差($\rho_s-\rho_g$)较小时流动性较好。当颗粒系统处于高温时,它的流动性较冷态时好。

(5)颗粒的特殊性质。所谓“颗粒的特殊性质”,是对某些颗粒在流态化过程中有明显地长大或缩小、黏结而言的,一般说来,这些情况都是流态化所不希望有的或希望尽量避免的。设计者的责任是能够人为地控制以减缓长大的速度,使过程能够平稳地进行。下面几种措施常常是行之有效的:选择适宜的床型;较大的颗粒能够随时方便地排出;较小的被带出去的细粒能连续地返回床层;选取适宜的操作速度等。

b　气体的性质

通常气体的密度 $\rho_g$ 和黏度 $\mu$ 是由工艺过程决定的,设计者很少有选择的余地。本过程的最佳选择是氯气。但是,气体的平均操作速度和进床速度,方向和分布却是可以选择的,而且如果选择不当,同样能影响过程的成败。

c　床高—直径比 $H_0/D_1$

床高 $H_0$ 和反应器直径 $D_1$ 之比 $H_0/D_1$,其值越大,气泡直径越大,气固接触效率越低;当 $H_0/D_1$ 大到某一定值后,气泡直径就会大到跟反应器直径一样大,此时就会产生腾涌。

d　内部构件

内部构件能改善流态化质量,主要是因为它能破碎气泡、限制气泡的长大,从而改善气体在床内停留时间的分布。在石油化工部门常采取这一措施。如前所述,本过程是在高温、氯气强烈的腐蚀气氛下操作,因而难以在床层内设置内部构件。

e　气体分布器和预分布器

分布器与流态化床的关系可看作是基础和建筑物的关系,将其看作是心脏与肌体的关系较恰当。从应用角度来说,两者既密切相关,而设计要求又完全不一样。随后将详细讨论这个问题,并将提供一些设计原则和方法,以及工业应用实例。

以上阐述了影响流态化的5个因素。本节就第一个因素——固体颗粒的性质,讨论解决的方法。

从上述分析可以看出,固体颗粒的性质对流化质量有重要影响。在钛或锆原料加碳氯化过程,应当考虑以下三点:一是床层中存在原料与还原剂碳两种颗粒；二是两种颗粒的密度相差很大，原料的密度是碳的2.7～3.8倍；三是正如前述研究结果表明，氯化过程的动力学模型是“不产生稳定产物层的反应颗粒”，原料颗粒随着氯化过程的进行不断缩小，最后“消失”(参见图6-15)，碳粒也是如此。它与一些流化催化过程有很大的差异。后者在床内仅有一种固体颗粒——催化剂颗粒，在反应器与再生器之间循环，在几个月或更长的时间内，经定期调整，其颗粒基本上不变化。但是，在氯化过程为使原料与碳的混合料在流化床中保持良好的流化状态，必须在配料时调整两种物料的粒度分布，使其具有与平均粒径的固体颗粒的重量相近，在同一气速下获得相近的速度，使之在流化时物料不致分层。

以钛渣加碳氯化为例(钛渣是钛铁矿 $FeTiO_3$ 经电弧炉熔炼制得，它是 $TiO_2$、$Ti_3O_5$、$Ti_2O_3$、TiO 以及杂质 Fe、Si、Mg、Ca、Al 等的氧化物的固溶体)，假定固体颗粒为球形时，则有以下近似理论计算式：

$$d_{p碳} = \rho_{钛渣}{}^{1/3} \cdot \rho_{碳}{}^{-1/3} \cdot d_{p钛渣} \tag{6-31}$$

已知 $\rho_{钛渣} = 4g/cm^3$、$\rho_{碳} = 1.5g/cm^3$，代入6-31式得出 $d_{p碳} = 1.396\ d_{p钛渣} \approx 1.4 d_{p钛渣}$。

式中，$d_p$ 为固体颗粒平均粒径；$\rho$ 为物料密度。

计算表明，在固体物料中，碳的平均颗粒粒径是钛渣平均粒径的1.4倍。

以上为理论计算结果，但在生产过程有以下四个因素应当考虑：(1)钛渣及碳的颗粒在氯化过程中迅速缩小最后“消失”，粒度分布迅速向细粒径方向移动；(2)为了加速反应，钛渣的粒径尽可能小，细粒原料的比表面积大，反应速度快，以求获得高的产量；(3)为了提高钛的氯化率，通常碳量比理论计算量过量20%；(4)碳粒性脆，比钛渣易碎裂。因此，有如下经验公式：

$$d_{p碳} = 1.5\rho_{钛渣}{}^{1/3} \cdot \rho_{碳}^{-1/3} \cdot d_{p钛渣} \tag{6-32}$$

$$\rho_{钛渣} = 4g/cm^3、\rho_{碳} = 1.5g/cm^3$$

$$d_{p碳} = 2.2 d_{p钛渣}$$

注:钛渣、碳的粒径范围常采用0.8～0.04mm。

计算式6-32适用于碳与钛渣按理论量计算时的平均颗粒粒径配合。另外多加约比理论量过量20%的碳,其粒度应当粗,称为“粗粒碳”,其粒径范围取1.6～0.4mm。

按式6-32计算的钛渣及碳粒与“粗粒碳”混合成混合料,同时在氯化过程采取了连续加料定期排出残渣的措施,这就保持了比较稳定的粒度分布,从而获得良好的流化质量。

计算式6-32也可作为锆原料氯化时的参考,试计算如下:

(1)$ZrO_2$ 加碳氯化。

已知 $\rho_{ZrO_2}=5.68g/cm^3$,$\rho_{碳}=1.5g/cm^3$,代入式6-32,得出

$$d_{p碳}=2.34d_{pZrO_2}$$

“粗粒碳”的配法与上述相同。

(2)$ZrSiO_4$ 加碳氯化。

已知 $\rho_{ZrSiO_4}=5.4g/cm^3$,$\rho_{碳}=1.5g/cm^3$,代入式6-32,得出

$$d_{p碳}=2.3d_{pZrSiO_4}$$

“粗粒碳”的配法与上述相同。

在 $ZrSiO_4$ 加碳沸腾氯化过程中,常将 $ZrSiO_4$ 磨细,有50%以上通过0.043mm(325目)筛。因为其粒度较细,为防止在加料时被气流带走,可考虑如下措施:加料口尽量接近床层上界面;或将 $ZrSiO_4$ 与碳混合后制成团块,然后在250℃下烘干后,再将其破碎、筛分,取其0.074～0.833mm(－20～＋200目)之间的颗粒作原料。

B 流化床氯化炉设计

a 流化床氯化炉的选型

根据工艺过程不同,处理起来可能有很大的差别。例如流化催化裂化等石油化工过程,它是由反应器及再生器两个流化床组成,构成循环床,工作温度低(480～590℃),流化介质为空气等,因而床体、分布器及内部构件等可以用合金钢等金属材质。但是,氯化过程却有显著的差别,它是在1000℃左右高温、氯气强烈腐蚀

气氛下操作,因而不能采用金属构件,只能采用耐火砖一类材料,这就给流化床的核心——气体分布器型式的选择及其设计带来较大困难。

现以钛的工业型直径 0.6m 流化床氯化炉作为实例,其规模与目前锆的生产规模比较匹配,可供研究和开发锆流化床氯化炉参考。近 20 年来,我们研究和开发了新型的无筛板沸腾氯化炉,我国钛工业已广泛应用了直径 1~1.2m 的无筛板沸腾氯化炉,并取得良好的技术经济效果。后面将作专题介绍。同样可供设计锆流化床氯化炉参考。

流化床的构造应力求简单,床内不宜设置附加构件,不宜采用圆柱形床,通常采用扩散型炉。其特点是下部流化段直径小,上部扩大段直径大,中间以过渡段连接。它适用于颗粒粒度较宽,特别是上述的颗粒粒度在反应过程不断变小的作业条件。物料由加料机连续送入流化床反应,部分细粒随气流进入扩大段,因气速降低避免带走,使停留时间增加并进行稀相反应;部分细粒分回流至流化床继续反应,从而提高氯化效率,减小粉尘量。

工业上常用的扩散型流化床氯化炉的结构示意图如图 6-35。炉体由炉顶、炉身和炉底三部分组成。按结构外层是钢壳,内衬由耐火材料砌成,要求能耐高温、耐氯气和酸气腐蚀,密封性能好。

(1)氯化炉直径(即流化段直径)$D_1$ 与高度 $H_1$。流化段直径 $D_1$ 与选取的流态化操作速度 $U$ 密切相关。流态化操作速度不但与氯化炉本身的尺寸、规模和效率有关,而且与辅助系统和整个过程的可行性有关。例如,当氯化炉直径已定时,操作速度的大小常常意味着氯化炉生产能力的大小;反过来,当生产能力和操作速度已定时,氯化炉的直径也就被决定了。关于操作速度的选定,没有一个严格的、统一的标准。经典流态化的速度范围是在临界流态化速度 $U_{mf}$与最大流态化速度 $U_{max}$之间,即 $U_{mf} < U < U_{max}$,这个速度范围随气体和颗粒的特性不同而有很大的差别,因此,采用特定的工艺过程的经验数据比较可靠。例如,在钛渣氯化生产过程,流态化操作速度 $U$,在此是指氯气的空床冷态表观速度 $U_0$,

其经验数据是 $U_0=0.08\sim0.14\mathrm{m/s}$。现确定流化段直径 $D_1=0.6\mathrm{m}$,再选取 $U_0$ 值,根据氯化反应式计算,并考虑氯化效率、冷凝效率,氯气利用率等,可以得出该氯化炉的产能。

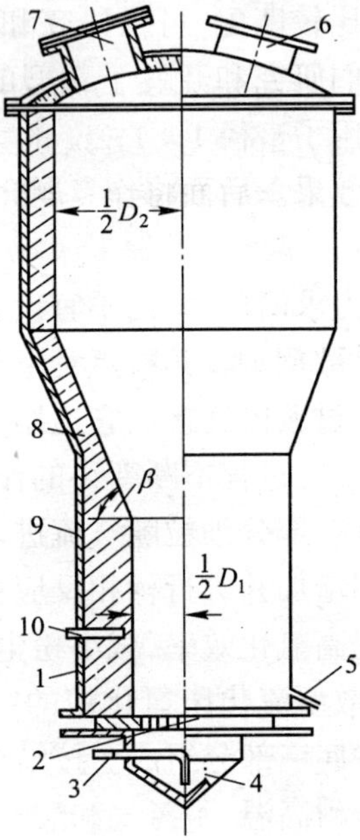


图 6-35　流化床氯化炉示意图

1—炉壳;2—气体分布板;3—进气管;4—气体预分布器;5—排渣器;6—炉气出口;7—人孔;8—炉衬;9—加料口;10—测温管

流化段高度 $H_1$ 一般取 3m 左右。但是,关键在于控制流化物料的床层高度 $H_0$。$H_0$ 是随反应进行而变化的。当加料机开始加料后,$H_0$ 是随反应进行而变化的。当加料机开始加料后,$H_0$ 随之增加,床层压力降 $\Delta p$ 也增加,根据经验数据,$H_0\propto\Delta p$。例如,当 $H_0$ 为 1m 时,$\Delta p$ 约为 1m 水柱。因此,根据压力降的指示,可以判断床层高度。一般控制 $H_0$ 的最大值为 1.5m,此时应排渣,床内剩余料量为 1/3～1/4,然后继续加料进行氯化,如此循环操作。

当氯化炉直径 $D_1$ 增加时，流化段高度 $H_1$ 并非与 $D_1$ 成比例增加，只是适当增加。$H_0$ 一般仍控制其最大值为 1.5m，以避免发生沟流、腾涌。

(2)扩大段直径 $D_2$ 与高度 $H_2$。扩大段直径 $D_2$ 与流化段直径应当保持一定的比例 $K_D$。根据我们的实践经验，一般取 $K_D = D_2/D_1 = 3.2 \sim 3.8$ 倍。这时扩大段的气流速度降低到流化段气流速度的 1/10～1/14.5，如前所述，可以使细粒沉降，增加停留时间，并进行稀相反应，以提高氯化效率。例如，直径为 0.6m 钛渣氯化炉，采用了直径为 2.26m 的扩大段，高度 $H_2$ 为 2.6m。应当指出的是，$H_2$ 与 $D_2$ 不必保持一定比例，应当与流化段一样，尽量减小高度，以节省投资费用。

(3)过渡段倾角 $\beta$。过渡段锥面母线与水平线的夹角称为倾角 $\beta$(参见图 6-35)。倾角 $\beta$ 太小，细粒物料或流化过程中偶然喷射上扬的物料易堆积在锥面上，会逐步烧结成块，长大到一定程度后，可能呈块状脱落，沉积在气体分布器上，破坏正常流化。倾角 $\beta$ 取值太大，会使过渡段高度 $H_3$ 不必要增加，投资费用也增加。

合理的倾角 $\beta$ 应根据固体颗粒的休止角 $\theta_r$ 来确定。例如，实测钛渣的 $\theta_{r钛渣} = 40°$，碳粉的 $\theta_{r碳} = 34°$，钛渣与碳粉的混合物料的 $\theta_{r混} = 36°$。以上三种物料的休止角以 $\theta_r$ 钛渣为最大，故取过渡段倾角 $\beta > \theta_{r钛渣}$，亦即取 $\beta > 40°$。

b. 气体分布器和预分布器

气体分布器是保证流化床具有良好而稳定的流态化状态的重要构件。特别是对于气-固流态化床，由于其固有的不均匀和不稳定特性，合理设计气体分布器显得尤为重要。分布器的作用有三：

(1)它必须具有均匀分布气体的作用，同时其压降又最小。这可以靠正确地选取分布器的开孔率或选择分布器型式，以及选择适当的预分布手段来达到；

(2)它必须使流态化床有一个良好的起始流态化状态，保证在分布器附近创造一个良好的气-固接触条件，使所有粒子都动起来，从而排除形成“死床”的可能；

(3)在长期操作过程中,分布器不被堵塞和磨蚀。在操作过程中或停止操作后,固体粒子不返流入分布器,以免造成恶劣后果。

分布器对整个流态化床的直接作用范围仅 0.2~0.3m,然而它对整个床层的流态化状态却具有决定性的影响。在生产过程中常会由于分布器设计不合理,气体分布不均匀,造成沟流和死区,使床层不能正常流态化。特别是对于氯化强放热反应过程,不正常流态化的出现会造成床层物料的烧结,致使生产过程无法进行。

工业上所采用的分布板型式较多,大致可分成两类,即直流型和侧流型。直流型分布板(图 6-36*a*,*b*),它是一种普通的多孔筛板,又称有筛板炉。这种分布板结构简单,易于设计制造。但气流方向正对床层,易使床层形成沟流,小孔与重力方向一致,易被坠落的物料堵塞,处理黏性物料时更为严重,停车时会加剧堵塞现象,也易产生漏料。

所谓侧流型分布板(图 6-36*c*,*d*,*e*),实际上是指在板上均匀安置了许多带侧孔的风帽而构成的一种板型。此种结构的分布板不易漏料,也不易堵塞,但结构太复杂,耐火材料制成的风帽很容易碎裂,导致气流短路。钛氯化工业初期曾采用过,不久便被淘汰。

有筛板炉筛板的设计:筛板的厚度一般取大点较好,如取 150~200mm 左右,这样筛板的刚度大,孔道长,会减少物料泄漏,但易堵塞。筛板的孔眼太大易引起气体分布不均匀和漏料,而太小则易堵塞。图 6-36*b* 型式的筛板具有较大的刚度,又减轻了堵塞现象。

筛板的计算举例如下:筛板的直径也是流化段的直径,取 $D_1=0.6\text{m}$。

第一步,先确定空床冷态表观速度 $U_0$:根据 $U_0=0.08\sim0.14\text{m/s}$,现取 $U_0=0.12\text{m/s}$。

第二步,确定开孔率 $\eta_{孔}$:

$$\begin{aligned}\eta_{孔}&=孔眼面积\times孔数/流化段面积\\&=[(\pi d_{孔}^2/4)n]/(\pi D_1^2/4)=(d_{孔}^2\,n)/D_1^2\end{aligned}\tag{6-33}$$

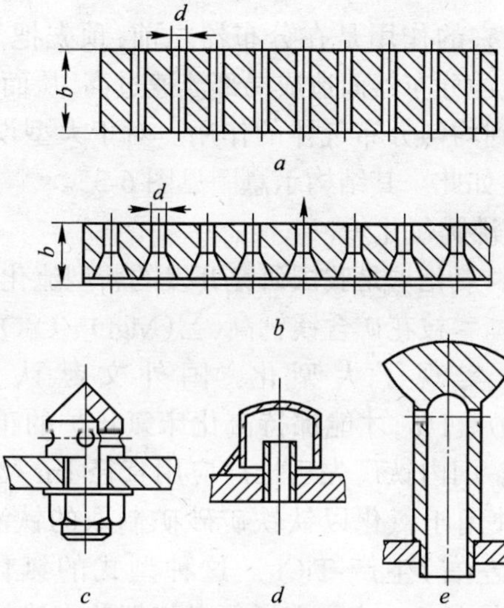


图 6-36 分布板结构示意图

式中，$d_{孔}$ 为筛板孔眼直径；$D_1$ 为筛板直径；$n$ 为孔数。

根据经验数据，$\eta_{孔}=0.7\%\sim1.5\%$，现取 $\eta_{孔}=1\%$。

第三步，求孔径和孔数：据经验数据，$d_{孔}=3,4,5$mm，孔径和孔数之间的关系可由式 6-33 求得，作表，可得出下列可能的组合：

| | | | |
|---|---|---|---|
| 孔径/mm | 3 | 4 | 5 |
| 孔数/个 | 400 | 225 | 144 |

根据上述观点，孔眼太小易于堵塞，而太大则引起气体分布不均匀。选取 $d_{孔}=4$mm，$n=225$ 个。

孔眼的排列方式：一般孔眼分布在正三角形的三个顶点上，如此排列可使相邻孔眼位置得以错开。根据 $D_1$ 及 $n$ 可以得出孔眼的排列图。

第四步，求孔眼的气体速度 $U_{孔}$：

已知 $U_0=0.12$m/s，$\eta_{孔}=1\%$，

所以 $U_{孔}=U_0/\eta_{孔}=0.12/0.01=12$m/s。也即 $U_{孔}$ 是 $U_0$ 的

100倍。

预分布器:它的作用是在分布器之前,预先把气体分均匀一些,避免气流直冲分布器而造成局部流速过高,从而可使分布器在较低阻力下达到均匀分布气体的作用。对于大型设备(如直径大于1.5m),更是如此。其结构示意图见图6-35。

c 无筛板沸腾氯化炉

无筛板沸腾氯化炉是我国研究开发的新型流化床。早期是为了用于氯化我国攀枝花矿含镁钙高($\sum(MgO+CaO)=5\%\sim8\%$)的钛物料,并实现了大型化。国外文献认为钛物料中$\sum(MgO+CaO)\leqslant1\%$,才能保持流化床氯化炉的正常流化,否则会破坏流化床。国内钛厂先后推广应用直径1m及1.2m无筛板沸腾氯化炉,并用于氯化以钛铁矿砂矿制取的钛渣($\sum(MgO+CaO)$为0.5%左右)生产$TiCl_4$。这种型式的氯化炉可供设计$ZrO_2$沸腾氯化炉参考。在采取通氧多加碳的方法补充热量时,也可供设计$ZrSiO_4$沸腾氯化炉参考。以下作一简介。

(1)流化床气体分布器的理论分析。气体分布器型式对流化床的流化质量影响极大,必须根据工艺过程的特点,选择和设计结构合适的分布器,这是获得工业应用的首要条件,同时应避免和减轻固体的团聚,防止破坏流化床。对易黏结的物料,筛板附近存在的固体物料静止区(死区)或具有间歇运动的半静止区最容易诱发固体的团聚。对非黏结性的物料,静止区及半静止区在一定条件下可以维持动态平衡而保持正常流化。

有筛板流化床用气体作流化剂时,其正常的固体流型如图6-37*a*所示。在正常流化状态,固体趋向于接近器壁处向下运动,有如波浪冲击的形式,单个颗粒可作随机游动,时而沿着器壁前进,时而淹没床中。固体可沿器壁运动直至床底,然后进入中央并向上运动。在筛板圆周环状区及筛板孔眼之间分别形成静止区及半静止区。对于上述攀矿钛渣而言,所含的杂质MgO和CaO在氯化过程中生成低熔点高沸点的黏性氯化物$MgCl_2$和$CaCl_2$,在传统的有筛板沸腾氯化炉内,它们首先在静止区、半静止区与碳粒及矿物颗粒黏结形成固体结块，堵塞筛板的小孔，并逐步扩散，破坏氯化炉的流化状态，以至在几天甚至在几小时内就被迫停炉。对于非黏性物料，例如上述砂矿钛渣，氯化炉在前期可以保持良好的流化状态。但是，由于筛板上小孔的孔径小，孔道长，而且孔眼与重力方向相同，小孔易被受重力作用坠落及向下循环运动的固体颗粒堵塞，加上频繁的停车排渣，造成后期流化状态恶化而被迫停炉。

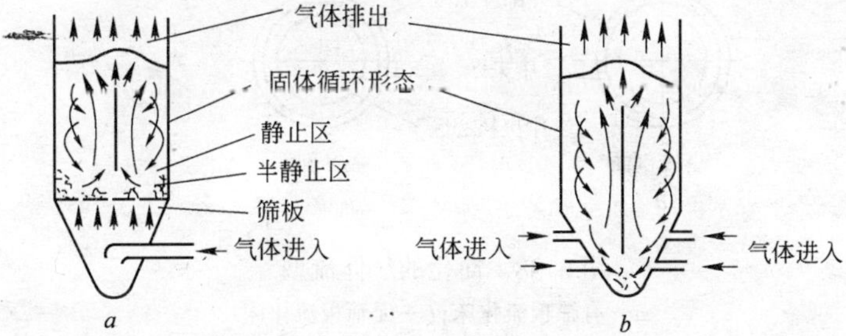


图 6-37 有筛板流化床和无筛板流化床的正常固体循环型态

*a*—有筛板流化床；*b*—无筛板流化床

无筛板流化床的设计：它除去了筛板，床内不设置任何构件，因而构成了一种新的具有流线型的流化床——无筛板流化床。此时锥体区已成为流化床最重要部分——分布器区，在锥形床底外侧设有上、下两排喷嘴，每排按等分角线布置若干个喷嘴。水平布置的喷嘴可防止受重力作用坠落的物料堵塞。根据研究，提出图 6-37*b* 的固体流型图，此时，固体的运动比图 6-37*a* 伸展得更远，形成流线型，直达锥体中部、底部，经中央倒转并向上运动。由图 6-37*b* 可见，它把固体静止区及半静止区降到很小，并可避免筛板孔眼易于堵塞、无法疏通的缺陷。图 6-38 为简化的气体流型。它与图 6-37 各自对应的固体循环型态基本相似。图 6-39 为炉底结构示意图。

(2)试验装置和物料。无筛板流化床冷态模拟试验由透明有机玻璃制成，直径 0.75m，高 2m。流化床备有不同锥角的炉底和

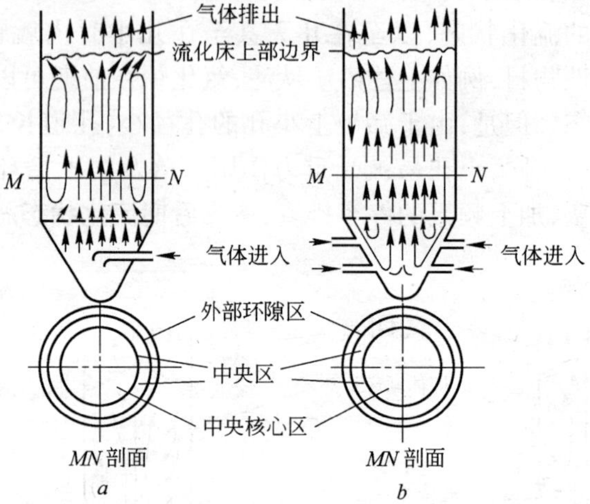


图 6-38 简化的气体流型

*a*—有筛板流化床；*b*—无筛板流化床

不同孔径的喷嘴。流化物料为攀矿人造金红石，流化介质为压缩空气。

(3)流化质量的判别。经过理论分析及实践，提出较准确的可定量判别流化质量的流化指数 $R$ 表达式：

$$R=[\Delta P/(fP_0)]\times 10^4 \qquad (6\text{-}34)$$

式中，$\Delta P$ 为测压点与大气之间的压强降脉动平均值，Pa；$f$ 为 10s 内压强降波动频率；$P_0$ 为流化点时压强降平均值，Pa。

用式 6-34 来判别流化质量，流化指数 $R$ 值越小，流化质量越好；反之，$R$ 值越大，流化质量就越差。

(4)试验方法。试验确定了 6 个物理量及其边界条件，采用了 5 种锥角 $\alpha$ 的炉底，5 套不同孔径 $D$ 的喷嘴，5 种静床高度 $L$，5 种空气流量 $V$ 和 30 种上、下排喷嘴数的组合形式 $K$。这是个多因素多水平的试验。由于涉及的参数多，离散性强，为了以较少的试验次数获得最佳的技术参数，采用正交设计方法，见表 6-18。

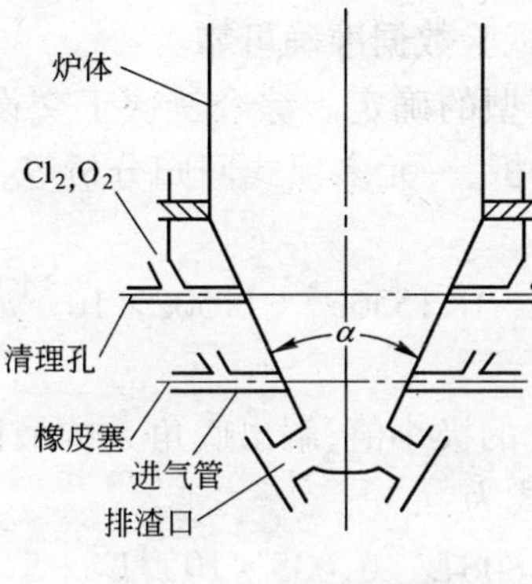


图 6-39　炉底结构示意图

**表 6-18　6 因素-30 水平表**

| 因素 | 水平 | | | | | | | | | |
| --- | --- | --- | --- | --- | --- | --- | --- | --- | --- | --- |
| | 1 | 2 | 3 | 4 | 5 | 6 | 7 | 8 | 9 | 10 |
| $\alpha$ | 35 | 45 | 60 | 75 | 90 | | | | | |
| $D$ | 22 | 26 | 20 | 24 | 28 | | | | | |
| $h$ | $h_1$ | $h_2$ | $h_1$ | $h_2$ | $h_1$ | | | | | |
| $V$ | 400 | 440 | 480 | 520 | 560 | | | | | |
| $L$ | 240 | 340 | 440 | 540 | 640 | | | | | |
| $K$ | 9:6<br>7:5<br>5:4 | 8:6<br>6:5<br>4:4 | 7:6<br>5:5<br>3:4 | 6:6<br>4:5<br>9:3 | 5:6<br>3:5<br>8:3 | 4:6<br>0:5<br>7:3 | 3:6<br>9:4<br>6:3 | 0:6<br>8:4<br>5:3 | 9:5<br>7:4<br>4:3 | 8:5<br>6:4<br>3:3 |

注：$\alpha$—炉底锥体的夹角，(°)；$D$—喷嘴孔径，mm；$h$—上、下排喷嘴至锥体法兰面之间的距离，其中当 $\alpha=60°,75°,90°$时，$h_1=h_2$；当 $\alpha=35°,45°$时，$h_1\neq h_2$。由于 $h$ 只有 2 个水平，故采用拟水平方法，使之扩至 5 个水平；$V$—空气流量，$m^3/h$，可换算为空膛线速 $v$，cm/s；$L$—静床高度，即炉底的上排喷嘴中心线至料面的高度，mm；$K$—上、下排喷嘴组合，定义为 $K=n_{上}/n_{下}$，即上排喷嘴数与下排喷嘴数的比值。

本研究采用了 IBM 计算机、单板机、信号测算仪、图像分析系统以及摄像机等先进的仪器设备，将表达式 $R$ 中的各个参数等有关数据、算式编成程序，把仪表与流化床联机操作，实时采集处理数据(100 次/s)，使试验数据准确可靠。

(5)统计数学模型的确定。综合三次正交设计安排的约 200 次试验，经过方差分析、一元多项式回归分析等，可得 $\alpha$-$R$ 特定方程式：

$$R = 43.39 + 4.033\alpha - 0.1556\alpha^2 + 1.502 \times 10^{-3}\alpha^3 \quad \alpha \in [35°, 90°] \tag{6-35}$$

对式 6-35 求 $R$ 的极小值，解出底角 $\alpha$ 的最佳值为 52°。

$L$-$R$ 特定方程式为：

$$R = 20.64 + 0.1808L - 6.635 \times 10^{-4}L^2 + 5.802 \times 10^{-7}L^3 \tag{6-36}$$

对式 6-36 求 $R$ 的极小值，解出最佳 $L$ 为 585mm。

由 $V$-$R$ 试验数据及有关计算，得出较佳空气流量 $V$ 为 $520m^3/h$(相当于空床线速 $v$ 为 32.72cm/s)。

(6)工业应用。根据上述数学模型研究结果，设计了直径 1.2m 无筛板沸腾氯化炉，在工厂进行了工业试验。

氯化炉内径为 1.2m，高 11.28m；炉底主要技术参数为：$\alpha$ = 52°；$D$ = 25mm；喷嘴数 25 个；开孔率 1.09%。

原料为亮钛渣，其化学成分列于表 6-19，粒度为 −0.074mm 占 23.3%；还原剂采用 3 号石油焦(固定碳含量为 84.73%)；氯气为液氯与阳极氯气($MgCl_2$ 电解所得)的混合氯气。

**表 6-19 攀枝花矿钛渣化学成分**

| 成 分 | $TiO_2$ | TFe | MgO | CaO | $SiO_2$ | $Al_2O_3$ | Mn |
|---|---|---|---|---|---|---|---|
| 含量/% | 84.86 | 3.19 | 5.38 | 1.33 | 2.33 | 1.54 | 0.30 |

无筛板氯化炉连续稳定运转 55d。在试验过程中，床层内 $MgCl_2$ 与 $CaCl_2$ 的含量达 18.03%，反应良好，沸腾状态稳定，炉况正常，排渣顺畅，排出的炽热炉渣呈疏松的颗粒状，流动性很好，实测炉渣温度为 1010℃。在操作过程中，可以观察到压差有规律的跳动，其脉动范围通常在几十到几百 Pa 之间，这说明沸腾状态是

稳定的。

试验取得了良好的技术经济指标：钛的氯化率达 97.23%；$TiCl_4$ 单位炉产能 22.1t/m$^2$·d；粗 $TiCl_4$ 的质量符合企业标准，并产出合格的海绵钛。

工厂采用直径 1m 无筛板沸腾氯化炉氯化砂矿钛渣生产 $TiCl_4$。氯化炉连续稳定运转 10 个月，获得良好的技术经济指标，其运转周期为原有的直径 0.6m 有筛板沸腾氯化炉的 5 倍，避免了有筛板沸腾氯化炉筛板孔眼易于堵塞、破坏流化状态的弊病。我国参考钛渣无筛板沸腾氯化的经验，在锆英砂、沸腾氯化的工业试验方面也已取得成果，因此，钛的无筛板沸腾氯化炉对设计锆沸腾氯化炉有重要的参考价值。

## 参考文献


1 韩天佑，钛锆铪的氯化问题.北京有色金属研究总院，1964

2 B. 勒斯特曼，F. 凯尔兹，等著.薛克伯，俊友译．锆.北京：中国工业出版社，1965

3 李洪桂主编.稀有金属冶金原理及工艺.北京：冶金工业出版社，1981

4 中南矿冶学院冶金研究室编，氯化冶金.北京：冶金工业出版社，1978

5 Меерсон，Г.А.Зеликман，А.Н.Металлургияредких металлов，м，《Металлугия》，1973

6 Қаплан，Г.Е.Цирконий и гафний—В кн：Основы Металлугии，Т.iv.М，《Металлугия》，1967

7 Davidson，J F，Harrison，Ed，Fluidization，Academic Press，London and New York，1971

8 Leva，M，Fluidization，McGraw-Hill Book Co.Inc.1959

9 《化学工程手册》编辑委员会.化学工程手册，Vol.5.北京：化学工业出版社，1989

10 Kunii，D，Levenspei，O.流态化工程.北京：石油化学工业出版社，1977

11 温旺光，黄权英等.锆英石沸腾氯化制取 $ZrCl_4$，稀有金属，1987

12 郭慕孙.流态化技术在冶金中的应用.北京：科学出版社，1981

13 莫畏，邓国珠，罗方承编著.钛冶金.北京：冶金工业出版社，1998

14 Нехамкина, Л. Г, Металлугия циркония иафния, 《Металлугия》, Москва, 1979
15 温旺光. 氧气在氯化过程中的作用. 广州有色金属研究院, 1973
16 陈甘棠. 梁玉衡编著 . 化学反应技术基础. 北京:科学出版社, 1981
17 Basio A, Kable R L, 化工过程放大. 北京:化学工业出版社, 1992
18 Wen Wangguang, Study on mathematical modelling of fluidized bed without perforated-plate for producing $TiCl_4$ and its industrial applications proceedings of the ninth world conference on titanium, Vol. 2, 1300～1305, Saint-Petersburg, Russia, 7～11 June, 1999

# 7 四氯化锆的提纯

锆英砂经碳化氯化或直接加碳氯化，通常在锆冶炼过程中称为一次氯化，所得粗 $ZrCl_4$ 可用于制取工业级含铪锆或作为锆铪分离的原料。而萃取分离后 $ZrO_2$ 的氯化(二次氯化)后所得的 $ZrCl_4$，由于含有 Al、Ti、Fe、Si 等杂质，需进行提纯制得精 $ZrCl_4$ 后，才能进入镁还原工序。

## 7.1 还原用 $ZrCl_4$ 的质量要求

原子能级和工业级海绵锆对杂质含量均有严格的规范，在锆的产品标准中，有对多达 30 余个杂质元素的含量及对硬度的要求，这些规范都是国内外在锆生产实践及其在原子能和其他工业中长期应用总结出来的结果。美国原子能委员会公布的原子能级锆规格、日本一些公司公布的工业级锆的规格以及美国材料协会制定了锆的质量标准，见表 7-1～表 7-3。我国也根据研究和生产应用的结果，制定出锆的质量标准，见表 7-4。锆中杂质应满足：(1)优异的核性能。减少含热中子俘获截面高的杂质如 Hf、Li、B、Cd 以及其他热中子俘获截面积比锆大的元素如稀土元素、Fe、Cr、V、Mn 等，见表 7-5，使锆用作反应堆材料时获得较好的经济性能；(2)良好的机械加工性能，减少影响锆加工性能的杂质如 Fe、Cr、Mn、$O_2$、$H_2$、N、$Cl_2$ 等元素；(3)优良的抗腐性能，减少锆在不同环境和介质中对其腐蚀性的影响；(4)其他可能影响锆材性能如产生氢脆、缺陷的其他杂质。

以镁还原为例，按反应式计算，制取 1 kg 锆需 $ZrCl_4$ 2.557kg，镁 0.533kg，并按理论量过量 20%～30%Mg，使用的 Ar 气和盛镁容器在高温下受 Mg 和 $MgCl_2$ 及 $ZrCl_4$ 侵蚀，会带入一定量的杂质进入锆中。因此，还原过程中进入锆中的杂质总量应为：$ZrCl_4$、

Mg、Ar 气、盛镁还原坩埚和反应罐可能带入的杂质总和。

根据研究和生产实践及应用结果，制定了精 $ZrCl_4$ 的质量要求，见表 7-6。而二次氯化所得的低铪粗 $ZrCl_4$ 中，杂质含量也较高，不能满足上述要求，要经过提纯除去杂质。工业级海绵锆一次氯化所得的粗 $ZrCl_4$，有时要经过两次提纯，才能达到锆的质量要求。

**表 7-1 美国原子能委员会公布的原子能级海绵锆质量要求**

| 元　素 | 质量分数/% | 元　素 | 质量分数/% |
|---|---|---|---|
| Al | 0.0075 | W | 0.1 |
| B | 0.00005 | Ni | 0.007 |
| Cl | 0.13 | O | 0.14 |
| Cr | 0.02 | Pb | 0.01 |
| Co | 0.002 | Si | 0.01 |
| Fe | 0.15 | Ti | 0.005 |
| Hf | 0.01 | V | 0.005 |
| Mn | 0.005 | Cd | 0.00005 |
| N | 0.005 | Ca | 0.0030 |
| C | 0.05 | Zn | 0.1 |
| Cu | 0.005 | Sn | |
| Cd | 0.0001 | H | 0.015 |
| Mg | 0.06 | K | |
| Mo | 0.005 | Sb | |
| P | 0.01 | Bi | |
| 稀土总量 | 0.0015 | U | 0.00035 |
| Na | 0.005 | 布氏硬度 | 150 |

**表 7-2 日本和美国一些公司工业级锆的质量要求**

| 元　素 | 日本工业级锆质量分数/% | 美国工业级锆质量分数/% |
|---|---|---|
| Al | 0.02 | 0.03 |

续表 7-2

| 元　素 | 日本工业级锆质量分数/% | 美国工业级锆质量分数/% |
|---|---|---|
| B | | 0.0001 |
| Cl | 0.06 | 0.06 |
| Cr | 0.02 | 0.015 |
| Fe | 0.15 | 0.1 |
| Mn | 0.01 | 0.04 |
| N | 0.005 | 0.07 |
| O | 0.07~0.1 | |
| Pb | 0.005 | 0.005 |
| Si | 0.01 | |
| Ti | 0.005 | 0.0076 |
| V | 0.002 | 0.002 |
| C | 0.03 | 0.02 |
| Mg | 0.06 | 0.025 |
| Hf | | |
| 布氏硬度 | 135 | 165 |

**表 7-3　美国海绵锆质量标准　　　　(单位:%)**

| 杂质元素 | ASTM B349—8C | ASTM B494—79 | | 杂质元素 | ASTM B349—8C | ASTM B494—79 | |
|---|---|---|---|---|---|---|---|
| | 原子能级 | 工　业　级 | | | 原子能级 | 工　业　级 | |
| | R60001 | R60702① | R60703② | | R60001 | R60702① | R60703② |
| Al | $7.5\times10^{-3}$ | | | Cu | $3.0\times10^{-3}$ | | |
| B | $0.5\times10^{-4}$ | | | Fe | $1.5\times10^{-1}$ | Fe+Cr= $2.0\times10^{-1}$ | |
| C | $2.5\times10^{-2}$ | $5.0\times10^{-2}$ | | Hf | $1.0\times10^{-2}$ | 4.5 | 4.5 |
| Cd | $0.5\times10^{-4}$ | | | Mn | $5.0\times10^{-3}$ | | |
| Co | $2.0\times10^{-3}$ | | | Mo | $5.0\times10^{-3}$ | | |
| Cr | $2.0\times10^{-2}$ | Fe+Cr= $2.0\times10^{-1}$ | | N | $5.0\times10^{-3}$ | $2.5\times10^{-2}$ | |

续表 7-3

| 杂质元素 | ASTM B349—8C 原子能级 R60001 | ASTM B494—79 工业级 R60702① | ASTM B494—79 工业级 R60703② | 杂质元素 | ASTM B349—8C 原子能级 R60001 | ASTM B494—79 工业级 R60702① | ASTM B494—79 工业级 R60703② |
|---|---|---|---|---|---|---|---|
| Ni | $7.0\times10^{-3}$ | | | U | $3.0\times10^{-4}$ | | |
| O | $1.4\times10^{-1}$ | | | W | $5.0\times10^{-3}$ | | |
| Si | $1.2\times10^{-2}$ | | | Cl | $1.3\times10^{-1}$ | | |
| Ti | $5.0\times10^{-3}$ | | | 布氏硬度 | HB<150 | HB≤160 | HB≤200 |

①Zr + Hf≥99.2%；

②Zr + Hf≥98.0%。

**表 7-4　中国海绵锆的质量标准　　　（单位：%）**

| 杂质 | 原子能级 | | 工业级 | 杂质 | 原子能级 | | 工业级 |
|---|---|---|---|---|---|---|---|
| | Ⅰ级 | Ⅱ级 | | | Ⅰ级 | Ⅱ级 | |
| Al | $7.5\times10^{-3}$ | | $1.0\times10^{-2}$ | Li | $1\times10^{-4}$ | | |
| B | $0.5\times10^{-4}$ | | | Mg | $6.0\times10^{-1}$ | | $6.0\times10^{-1}$ |
| Cl | $5.0\times10^{-2}$ | | $5.0\times10^{-2}$ | Mo | $5.0\times10^{-3}$ | | |
| Cr | $1.5\times10^{-2}$ | | $1.5\times10^{-2}$ | P | $5.0\times10^{-3}$ | | |
| Co | $2.0\times10^{-3}$ | | | RE | $1.5\times10^{-3}$ | | |
| Fe | $1.5\times10^{-1}$ | | $5.0\times10^{-2}$ | Na | $5.0\times10^{-3}$ | | |
| Hf | $1.0\times10^{-2}$ | $1.5\times10^{-2}$ | 2.5~3 | W | $5.0\times10^{-3}$ | | |
| Mn | $5.0\times10^{-3}$ | | $5.0\times10^{-3}$ | Zn | $5.0\times10^{-3}$ | | |
| N | $5.0\times10^{-3}$ | | $5.0\times10^{-3}$ | U | $3.5\times10^{-4}$ | | |
| Ni | $5.0\times10^{-3}$ | | $5.0\times10^{-3}$ | Sn | $2.0\times10^{-2}$ | | $2.5\times10^{-3}$ |
| $O_2$ | $1.0\times10^{-1}$ | | $1.0\times10^{-1}$ | H | $2.5\times10^{-3}$ | | |
| Pb | $5.0\times10^{-3}$ | | $5.0\times10^{-3}$ | Si | $1.0\times10^{-2}$ | | $1.0\times10^{-2}$ |
| V | $5.0\times10^{-3}$ | | $5.0\times10^{-3}$ | Ti | $5.0\times10^{-3}$ | | $5.0\times10^{-3}$ |
| Cd | $0.5\times10^{-4}$ | | | C | $3.0\times10^{-2}$ | | |
| Ca | $3.0\times10^{-3}$ | | | 布氏硬度 | ≤150 | | ≤150 |
| Cu | $5.0\times10^{-3}$ | | | | | | |

表 7-5　中子吸收截面较大的某些元素比较

| 元　素 | 吸收截面 | | 大于2000b②的共振峰/个 | 密度/$g\cdot cm^{-3}$ | 熔点/℃ |
|---|---|---|---|---|---|
| | 热中子/b② | 共振中子(括号内为峰值能量,电子伏)/b② | | | |
| W | 19.2 | 14000(18.5) | 2 | | |
| Ta① | 21.3 | 13000(4.3) | 3 | | |
| Cs | 29 | 2600(5.9) | 1 | | |
| Ag | 62 | 12500(5.12) | 1 | | |
| Ho | 64 | 5100(3.9) | 2 | | |
| Li | 71 | | | | |
| Re | 84 | 3500(2.1) | 1 | | |
| Au | 98 | 30000(4.9) | 1 | | |
| Hf | 105 | 9800(7.6) | 3 | 13.3 | 2150 |
| Lu | 112 | 1700(5.2) | | | |
| Tm | 127 | 1600(3.9) | 1 | | |
| Rh | 150 | 4700(1.26) | 1 | | |
| Er | 173 | 2600(0.46) | 1 | | |
| In | 190 | 29000(1.46) | 1 | | |
| Hg | 380 | 1000(34) | | | |
| Ir | 430 | 5600(1.3) | 3 | | |
| B | 755 | | | 2.3 | 2300 |
| Dy | 1100 | 7500(5.5) | 1 | 8.65 | 1321 |
| Cd | 2550 | 7200(0.178) | 1 | | |
| Eu | 4600 | 11000(0.46) | 3 | 5.72 | 900 |
| Sm | 5500 | 16000(0.096) | 4 | 6.93 | 1300 |
| Gd | 46000 | 1300(2.58) | | 7.9 | 1350 |

①其中$^{182}Ta$的热中子俘获截面为17000b;

②$1b=1\times10^{-24}m^2$。

表 7-6 还原用精 $ZrCl_4$ 的主要杂质要求[1]

| 元素 | 制原子能级锆质量分数/% | 制工业级锆质量分数/% |
|---|---|---|
| Al | 0.0020 | 0.0040 |
| Si | 0.0030 | 0.0050 |
| Ti | 0.0020 | 0.0050 |
| Fe | 0.030 | 0.050 |
| Cr | 0.050 | 0.010 |
| Mn | 0.0020 | 0.010 |
| RE | 不大于 0.0010 | |

## 7.2 提纯工艺

### 7.2.1 氢气法提纯

A 原理[2]

氢还原法提纯粗 $ZrCl_4$,原理是利用 $ZrCl_4$ 与杂质氯化物的沸点和蒸汽压差异,而将其分离除去。图 7-1 列出了 $ZrCl_4$ 与某些金属氯化物在不同温度下的蒸汽压。如以 $ZrCl_4$ 的沸点为参照,沸点低于 $ZrCl_4$ 的氯化物为低沸点杂质氯化物,沸点高于 $ZrCl_4$ 沸点的为高沸点氯化物,见表 7-7。在提纯过程中,控制过程使物料处于不同温度下,由于低沸点杂质在高于其沸点的温度下在气相中富集,可通过排气将其除去。而高于 $ZrCl_4$ 沸点的杂质氯化物则大部分留于残渣中,$ZrCl_4$ 被收集在适当温度的蛇形管捕集器上,达到提纯目的。但由于 $FeCl_3$ 的沸点为 319℃,与 $ZrCl_4$ 沸点十分接近,因此,用排气法将 $FeCl_3$ 除去十分困难,可采用氢气作还原剂,将 $FeCl_3$ 还原成沸点 1026℃ 的 $FeCl_2$ 使之残留在残渣中而分离。

$$FeCl_{3(s)} + 1/2H_{2(g)} = FeCl_{2(s)} + HCl_{(g)} \quad (200\sim300℃)$$

$$\Delta G^{\ominus} = -8820 + 0.99T\lg T - 24.57T$$

$$FeCl_{2(g)} + 1/2H_{2(g)} = FeCl_{2(s)} + HCl_{(g)} \quad (>319℃)$$

$$\Delta G^{\ominus} = -41646 + 0.99T\lg T + 18.73T$$

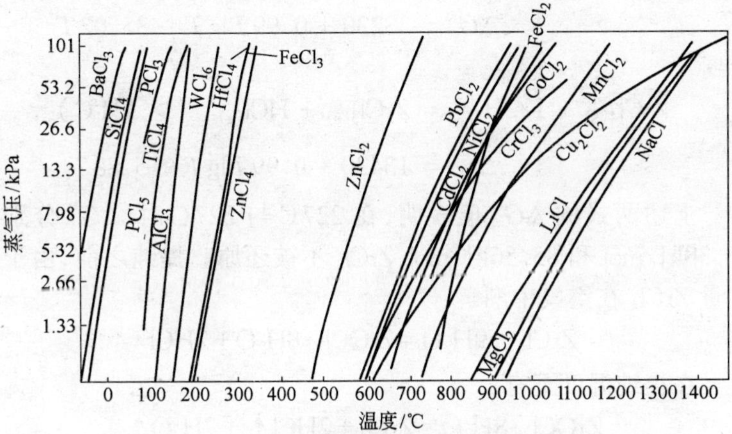


图 7-1 一些氯化物的蒸汽压

**表 7-7 氯化物的冷凝温度**

| 氯化物 | 熔点/℃ | 冷凝温度/℃ | | | | | | |
|---|---|---|---|---|---|---|---|---|
| | | 0.1333kPa | 0.6665kPa | 1.333kPa | 5.332kPa | 13.33kPa | 53.32kPa | 101.325kPa |
| $ZrCl_4$ | 437 | 190 | 217 | 230 | 259 | 279 | 312 | 331 |
| $HfCl_4$ | 422 | | | 212 | 241 | 262 | 298 | 315 |
| $SiCl_4$ | −70 | −63.4 | −44.1 | −34.4 | −12.1 | 5.4 | 38.4 | 56.8 |
| $TiCl_4$ | −25 | −13.9 | 9.4 | 21.3 | 48.4 | 71.0 | 112.7 | 134.0 |
| $AlCl_3$ | 193 | 100 | 116 | 124 | 140 | 152 | 172 | 180 |
| $FeCl_3$ | 307 | 194 | 222 | 236 | 257 | 272 | 298 | 319 |
| $MgCl_2$ | | 778 | 877 | 930 | 1050 | 1142 | 1316 | 1418 |
| NaCl | | 865 | 967 | 1017 | 1131 | 1220 | 1379 | 1465 |
| $FeCl_2$ | | | | 700 | 779 | 842 | 961 | 1026 |
| $CrCl_2$ | | | | | | | | 1300 |
| KCl | | 821 | 919 | 968 | 1078 | 1164 | 1322 | 1407 |

在 227℃ 与 527℃ 时，上述反应的 $\Delta G^\ominus$ 分别为 −82.8kJ/mol 和 −129.7kJ/mol，反应易于进行。用氢气还原 $FeCl_3$ 时：

$$ZrCl_{4(s)} + 1/2H_{2(g)} = ZrCl_{2(s)} + HCl_{(g)} \quad (< 331℃)$$

$$\Delta G^\ominus = 38230 + 0.99T\lg T - 35.02T$$

$$ZrCl_{4(s)} + 1/2H_{2(g)} = ZrCl_{3(s)} + HCl_{(g)} \quad (> 331℃)$$

$$\Delta G^\ominus = 13430 + 0.99T\lg T + 5.88T$$

上述两式的 $\Delta G^\ominus$ 值表明，在 227℃ 与 527℃ 时，$\Delta G^\ominus$ 分别为 92.38kJ/mol 和 85.56kJ/mol，$ZrCl_4$ 不被还原。提纯之前，由于有少量 $ZrCl_4$ 在空气中潮解：

$$ZrCl_4 + 9H_2O = ZrOCl_2 \cdot 8H_2O + 2HCl$$

在提纯温度下有：

$$ZrOCl_2 \cdot 8H_2O = ZrO_2 + 2HCl\uparrow + 7H_2O\uparrow$$

HCl 和 $H_2O$ 气被排出。

B　设备及操作

a　铅-锑密封型提纯设备

美国一些工厂(如华昌、金刚砂公司)早期使用的 $ZrCl_4$ 提纯设备示意图见图 7-2，简称为“铅-锑密封型”提纯炉。其外层为镍铬丝电阻电炉。中间置放的反应罐是由厚 6.35mm 的 310 号不锈钢制成；罐高一般为 1.778m，直径为 0.705m，在罐的顶上围有环槽，环槽宽5.08cm，深 22.9cm，在环槽内放有铅-锑低熔合金，合金是为了使罐顶盖与罐体密封，保持提纯罐内的压力和安全操作。在进行提纯操作时，因铅-锑合金呈熔融状态，使罐顶盖浮于其中并可上下移动。在罐顶盖上焊接两组不锈钢蛇形管，可通入空气或水，以便操作时冷凝四氯化锆。也有的设备在铅-锑合金浴池旁设水冷调温装置。

每一套电炉都有三个不同加热区：低熔合金槽周围，有一功率为 13kW，高度 27.9cm 的加热元件；中部区域加热元件的功率为 46kW，在炉底上另有一 4kW 的加热元件，在罐的顶盖上另加一

5kW 的加热元件。正常操作时，顶盖上及铅-锑合金槽周围区域内最高温度为 450℃，每一加热区都有热电偶指示温度，在罐体中部及下部用自动记录器记录反应过程中的温度变化。

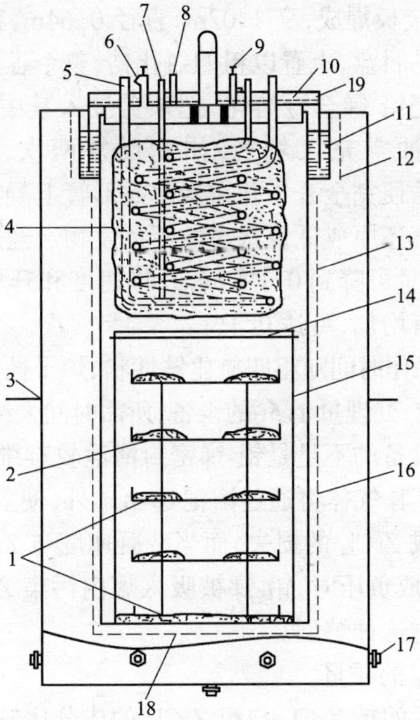


图 7-2 美国公司提纯炉的装置示意图

1—粗四氯化锆；2—旋转粗四氯化锆的格架；3—地平线；4—致密的四氯化锆；5—外旋管；6—放气阀；7—内旋管；8—真空接管；9—气阀；10—顶板加热元件；11—铅-锑合金封；12—铅-锑合金封加热元件；13—上层加热元件；14—提纯罐的提纯棒；15—提纯罐；16—下层加热元件；17—冷却系统塞头；18—底层加热元件；19—顶盖

在提纯操作时，铅-锑低熔合金维持在熔融状态，浮动顶盖可因罐体内压力变化而上下浮动，以保持罐内压力。在炉盖上还有一个配重器，可用来平衡和调节炉内压力。

进行操作时往往有气态杂质由粗四氯化锆中排出，其分压可影响四氯化锆反应,因此必须把气态杂质由罐体内排出。排出方法之一是使顶盖下沉,打开出气阀。

b　提纯实例

进行提纯操作时,罐体下部放置一只粗四氯化锆容器,容器由Inconel耐蚀合金板焊成,高1.02m,直径0.64m,容器内架有几层放粗四氯化锆的料盘,上置以粗四氯化锆,整个容器放在罐体的底上。操作前先把铅-锑合金熔化,把顶盖浸入其中,并冷却使其凝固。再把罐内抽空充入氢气,如此反复两次,加热到温度为450℃,四氯化锆便完全升华并在水冷蛇形管上凝集。铁与铬在操作过程中被氢气还原成低价状态的不挥发物。经过升华净化后的四氯化锆,铁含量可降到0.1%,若升华速度和升华温度过高时铁含量较此值略有增加,可达0.4%。

整个提纯操作时间随粗四氯化锆性状、炉子性能及粗四氯化锆中所含杂质而定,处理量1.5t的设备,所需时间大约为30h左右。

这种提纯设备的不足是铅-锑密封浴池较难维持,当提纯罐内压力过大时,$ZrCl_4$ 气体将通过浴池逸出罐外,使氢气及铅-锑合金四处迸落并造成 $ZrCl_4$ 的损失,而当冷凝速度与 $ZrCl_4$ 蒸发速度配合不当,罐内形成负压时,铅-锑被吸入罐内污染 $ZrCl_4$。我国早期的工厂曾采用过这种炉型。

c　精 $ZrCl_4$ 的质量

经过提纯后的精 $ZrCl_4$ 与粗 $ZrCl_4$ 的成分比较见表7-8。

**表7-8　提纯前后 $ZrCl_4$ 的成分比较**

| 物　料 | 杂质含量/% | | | | | | |
|---|---|---|---|---|---|---|---|
| | Al | Cu | Mg | Cr | Fe | Ni | Si |
| 粗 $ZrCl_4$ | 0.05 | 0.005 | 0.02 | 0.003 | 0.2 | 0.01 | 0.005 |
| 提纯精 $ZrCl_4$ | 0.01 | 0.002 | 0.01 | 0.002 | 0.03 | 0.005 | 0.002 |

日本使用的提纯四氯化锆设备见图7-3。设备能装载2～2.5t粗四氯化锆。在提纯罐内放置多层有四氯化锆盛料盘。冷凝

器位于设备的上部。反应罐抽真空，充以氢气并加热到300℃还原$FeCl_3$和$CrCl_3$，然后将氢气和氯化氢气体抽出，在氢气气氛中于450～500℃使$ZrCl_4$挥发，冷凝器温度保持在250～300℃，压力为(1.1～1.5)×101325Pa。挥发持续100～120h，提纯产物的产率达97%～98%。挥发后氯化物含0.01% Fe；0.008% Al；<0.003% Ti；0.006% Si。工艺条件见表7-9。

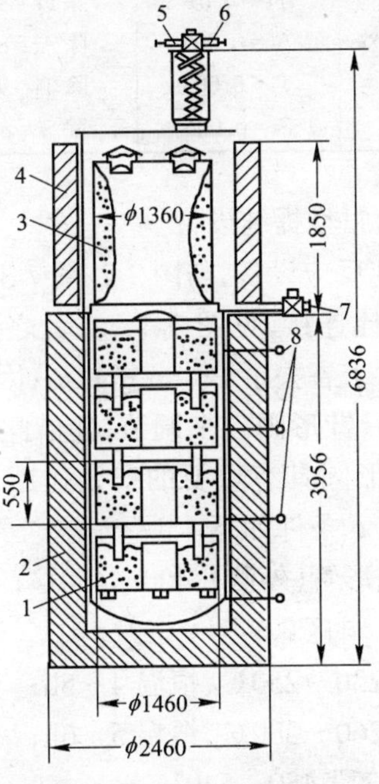


图7-3 四氯化锆提纯装置示意图

1—粗的四氯化锆；2—四氯化物蒸发炉；3—四氯化锆净化升华筒；4—冷凝炉；5—放气接管；6—蒸馏罐抽出接管；7—惰性气体进入接管；8—热电偶

**表7-9 粗$ZrCl_4$提纯的工艺条件**

| | | | |
|---|---|---|---|
| 氢还原提纯温度/℃ | | 300(200～300) | 200～300 |
| 炉内压力/kPa | 111.4～152.0 | 107.8～147.0 | |

续表 7-9

| | | | |
|---|---|---|---|
| 升华炉下部温度/℃ | 600(450～660) | 300～600 | |
| 升华炉上部温度/℃ | 200～300 | 200～300 | |
| 升华时间/h | 100～120 | 100～120 | 30 |
| 提纯 $ZrCl_4$ 回收率/% | 97～98 | 97～98 | 96 |
| 提纯 $ZrCl_4$ 纯度和除杂效果/% | Fe=0.01<br>Al=0.008<br>Ti<0.003<br>Si=0.006 | 除 Fe=92<br>除 Al=85<br>除 Ti=90<br>除 Si=83 | |

d　法兰连接密封型提纯设备

这种 $ZrCl_4$ 提纯反应设备，与图 7-2、图 7-3 不同的是其法兰盘顶盖和罐体是用螺栓连接，见图 7-4。二者之间有水冷耐热橡胶垫圈将罐体密封，由于省去了 Pb-Sb 密封浴，因此其罐内压力完全依赖其顶盖上的两只针形阀门来调节，并借此向反应器内注入氢气或排出气体。针形阀具有重要的安全作用，见图 7-5。在生产中，各加热带控制技术条件如下。

上带、顶盖及蛇形管(外测)：400～450℃；

下带和粗 $ZrCl_4$ 料区：

低温排气阶段 230～250℃，恒温 4～5h；

通氢还原阶段 260～280℃，恒温 5～6h；

提纯作业结束阶段 450～540℃。

依据上述条件，进行如下操作：自密封贮罐中取出粗 $ZrCl_4$ 分别装入盛料盘内，再装入罐内吊入加热炉体装配密封后，开始送电升温并连续用水环泵抽空，迅速把上带温度升至要求范围后恒温。下带温度达 230～250℃ 恒温 4～5h，使水气、盐酸气体及低沸杂质如 $SiCl_4$、$TiCl_4$、$AlCl_3$ 等挥发排出；接着继续升温通氢还原，氢气每次充至 26.66kPa，保温 45min 后，再用水环泵抽空，如此反复数次，使 Fe、Cr、Mn 等杂质氯化物被还原成高沸点氯化物留在残渣中。在充氢还原后，逐渐升高底部温度，同时将少量的空气和水送入蛇形管内，蛇形管内温度可测量出口处气体温度作为参考，使 $ZrCl_4$ 冷凝其上。在此过程中经常从罐内放出少量气体并用氢气补充。

由于 Al、Si、Ti、Fe 等杂质较均匀地分布在粗 $ZrCl_4$ 中，因此在提纯前期应多次通过排气阀将不断释放到气相中的气体排出罐外，并始终保持罐内有足够的氢气，使 $FeCl_3$ 充分还原。排气除杂约耗时占整个过程 60%，冷凝过程占 40%。提纯的有关工艺条件及数据见表 7-10、表 7-11。

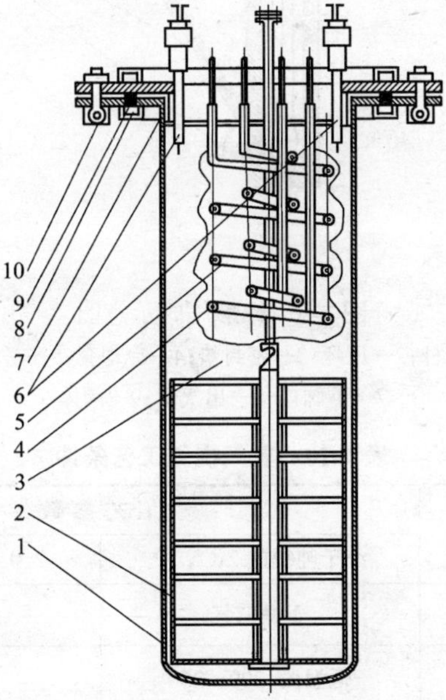


图 7-4 法兰盘连接密封型提纯设备

1—提纯罐体；2—盛料盘；3—测定管；4—外盘旋管；5—内盘旋管；6—气阀；7—密封顶盖；8—冷却水套；9—密封胶垫；10—螺栓

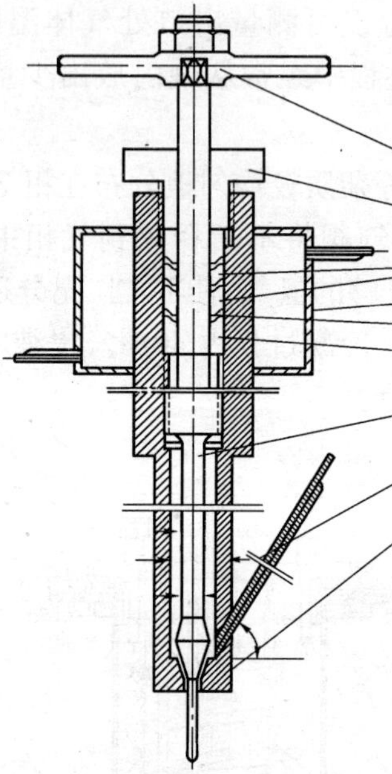


图 7-5 针形气阀示意图

1—调节杆;2—压环;3—密封垫;4—冷却套;5、6—密封垫;
7—下阀体;8—出气管;9—阀体

**表 7-10 氢气提纯工艺条件**

| 项 目 | 工艺参数 | |
|---|---|---|
| | 小于吨级的 $ZrCl_4$/炉 | 2.0～2.5 t $ZrCl_4$/炉 |
| 提纯气体 | 干燥氢气 | 干燥氢气 |
| 提纯加热温度/℃ | 低温段:200～250<br>高温段:250～450<br>升华最终温度:540 | 200～250<br>250～450<br>升华最终温度 540 |
| 冷凝温度/℃ | 200～250 | 200～300 |

表 7-11 氢气提纯后 $ZrCl_4$ 产品质量及回收率

| 原料生产规模 | 杂质含量/% | | | | | 密度 /g·cm⁻³ | 金属回收率/% |
|---|---|---|---|---|---|---|---|
| | Fe | Si | Ti | Al | Cr、Ni、Mn | | |
| 小规模 | <0.01 | <0.002 | <0.002 | <0.002 | <0.001 | 2.8 | >97 |
| 工业规模 | 0.01 | 0.002 | 0.003 | 0.003 | <0.001 | 2.6~2.8 | 97~98 |

为了提高精 $ZrCl_4$ 的冷凝效果和产量，改进了提纯装置，见图 7-6，主要是粗 $ZrCl_4$ 盛料器由几只多孔料桶代替，精 $ZrCl_4$ 冷凝也不再使用蛇形管，取而代之的是一只紧贴提纯罐内壁的圆形冷凝筒，反应罐体的 $ZrCl_4$ 挥发带直径较上部冷凝带稍小，优点是炉产出率较高。工艺条件大体与蛇形管冷凝方式的提纯方法相同。

如采用炭作为还原剂，则应在 $ZrCl_4$ 盛料盘上方与 $ZrCl_4$ 冷凝器之间增加一盛炭桶，桶边紧贴罐内壁以防止 $ZrCl_4$ 从壁缝间“短路”上行，达不到还原 $FeCl_3$ 的效果。据资料报道，前苏联早期曾采用此法，不足之处是增加罐体容积，降低了炉处理量，且炭原料较氢气价贵，后来已不再采用。

e 影响提纯过程的讨论

(1) $ZrCl_4$ 的挥发速度与冷凝速度。在不同形式的设备中，挥发速度与冷凝速度主要是由挥发带温度，冷凝带温度并配合以通水通风控制。在一定挥发速度下，冷凝温度过低，冷凝速度远远超过 $ZrCl_4$ 晶体增长速度，不仅冷凝的 $ZrCl_4$ 结晶物料疏松，且易在料中形成杂质较多的“夹层”现象。实践表明，在冷凝器温度较低部位上收集到的 $ZrCl_4$ 中杂质含量较多。但是冷凝温度过高，不仅冷凝速度减慢，炉次周期增加，而且放出气体必然较浓，增加 $ZrCl_4$ 损失。所以，对具有一定冷凝面积的设备，需寻求合适的 $ZrCl_4$ 冷凝速度，并配合以相应的挥发速度是十分重要的。

(2)放气次数与每次放气量。在提纯作业中，放气次数多、每次放气量大，则降低 $ZrCl_4$ 回收率；但是放气量太少将导致杂质不能除去。对不同的设备应寻求一最佳排气值以满足 $ZrCl_4$ 的质量要求，又能降低其损失率。

(3)粗四氯化锆的质量。粗四氯化锆中的水解物料多，将降低提纯过程实收率；这不仅由于水解料在提纯过程中转化为 $ZrO_2$；还由于这些水解料连同 $ZrO_2$ 将一部分 $ZrCl_4$“包裹”而不使其挥发残留在罐底。另外，对含低沸点杂质较多的物料应适当延长低温除气时间，增加放气次数；对含铁及高沸点杂质多的物料则应多充氢，并在提纯后期控制挥发带温度不使之过高，以防止高沸点氯化物挥发并重新冷凝在 $ZrCl_4$ 中($FeCl_2$ 在 677℃时的蒸汽压为1.26kPa)。

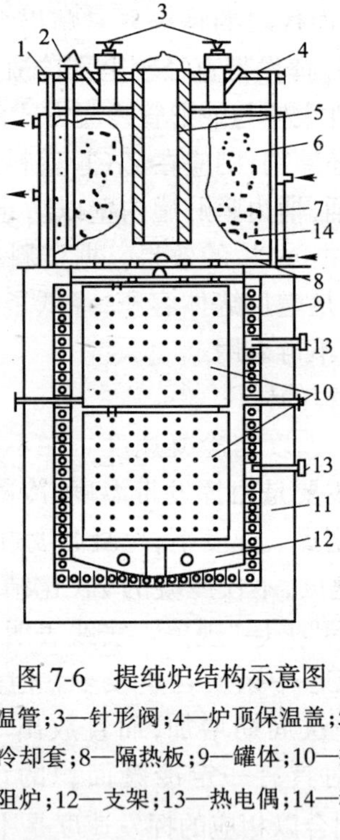


图 7-6　提纯炉结构示意图

1—炉盖；2—内测温管；3—针形阀；4—炉顶保温盖；5—中间加热炉管；6—冷凝套筒；7—冷却套；8—隔热板；9—罐体；10—挥发桶和粗 $ZrCl_4$；11—电阻炉；12—支架；13—热电偶；14—精 $ZrCl_4$

### 7.2.2　$ZrCl_4$ 的熔盐提纯

A　粗 $ZrCl_4$ 熔盐提纯理论

将粗 $ZrCl_4$ 熔于碱金属氯化物的低熔点熔盐中，镁、铝等杂质在熔盐中生成低熔点高沸点的稳定复合物，加热熔盐时，$ZrCl_4$ 重新挥发，杂质残留在熔盐中。其原理可用 NaCl-$ZrCl_4$ 相图加以说明，见图 7-7。NaCl-$ZrCl_4$ 低温共熔体组成为 $ZrCl_4$ 质量 87%（按摩尔分数计为 63%），共熔点为 314℃，在此温度下，$ZrCl_4$ 蒸汽压最小，随着温度升高，$p_{ZrCl_4}$上升，混合复盐的温度随之上升，$ZrCl_4$ 便得到了净化。熔盐提纯的优点是：(1)复盐在高温下稳定；(2)蒸汽压低；(3)黏度低，流动性好，便于补充更换，可以实现连续作业；(4)与多种氯化物共融。

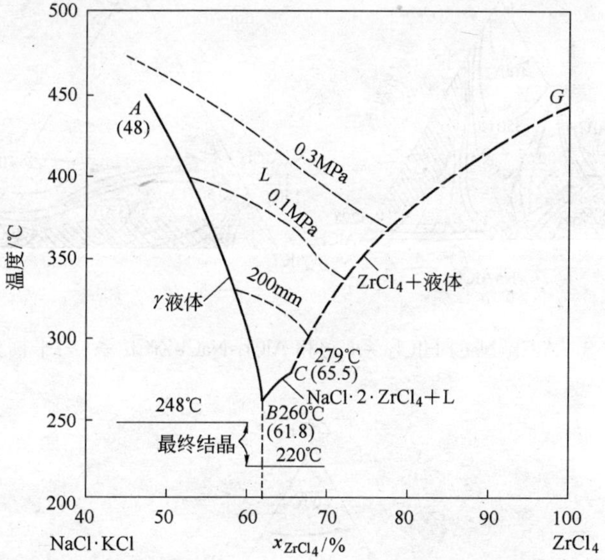


图 7-7 NaCl-KCl-$ZrCl_4$ 相图

常用的熔盐有 $ZrCl_4$-KCl-NaCl 系(85:8.4:6.6)，$FeCl_2$、$AlCl_3$、$ZrCl_4$ 与 KCl、NaCl 生成复合化合物的反应式如下：

$$FeCl_3 + Na(K)Cl = Na(K)FeCl_4$$

$$AlCl_3 + Na(K)Cl = Na(K)AlCl_4$$

$$ZrCl_4 + 2Na(K)Cl = Na_2(K)ZrCl_6$$

反应生成具有不同稳定性的复盐，但实际过程比上述反应要复杂得多。利用铝、铁在氯酸钠中的稳定性大大超过锆(铪)氯酸盐这一特点，控制温度可使铁、铝等杂质留在熔盐中，而 $ZrCl_4$、$HfCl_4$呈气态冷凝收集。

与 $ZrCl_4$、$HfCl_4$ 及杂质氯化物熔盐相关的平衡相图参见图 7-8～图 7-14。图 7-15、图 7-16 给出了 $ZrCl_4$、$HfCl_4$ 多元体气液平衡等温线和相关压力曲线，并列出了多元体系上各气相组成的计算方程式[3]。

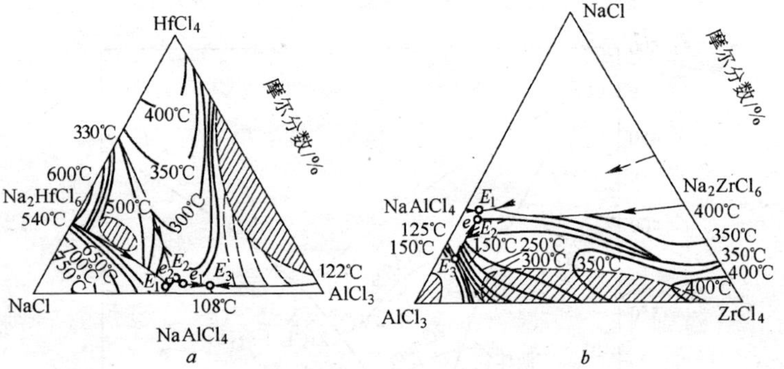


图 7-8　$AlCl_3$-NaCl-$HfCl_4$ 系(*a*)和 $AlCl_3$-NaCl-$ZrCl_4$ 系(*b*)平衡相图

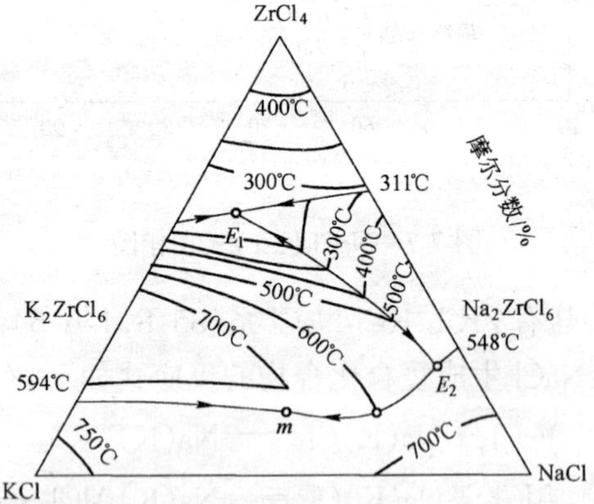


图 7-9　KCl-NaCl-$ZrCl_4$ 系平衡相图

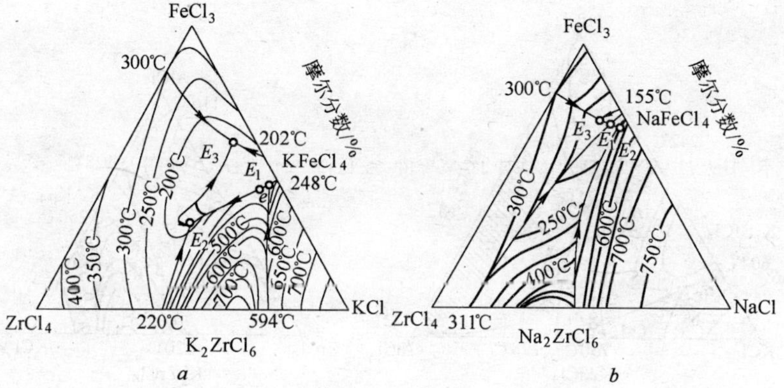


图 7-10　$FeCl_3$-KCl-$ZrCl_4$ 系（*a*）和 $FeCl_3$-NaCl-$ZrCl_4$ 系（*b*）平衡相图

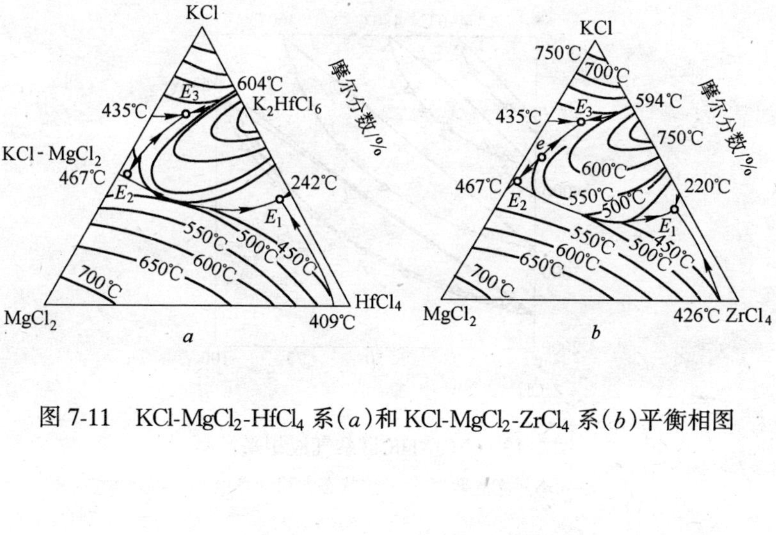


图 7-11　KCl-$MgCl_2$-$HfCl_4$ 系（*a*）和 KCl-$MgCl_2$-$ZrCl_4$ 系（*b*）平衡相图

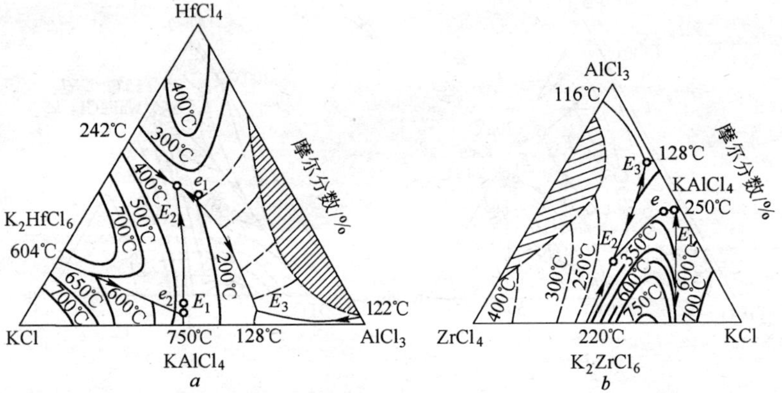


图 7-12　$AlCl_3$-KCl-$HfCl_4$ 系(*a*)和 $AlCl_3$-KCl-$ZrCl_4$ 系(*b*)平衡相图

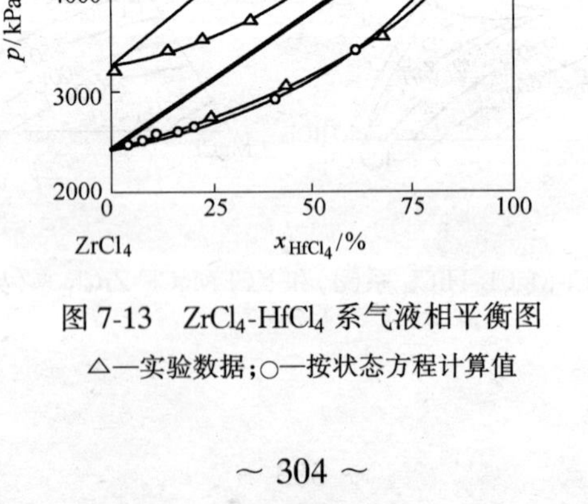


图 7-13　$ZrCl_4$-$HfCl_4$ 系气液相平衡图

△—实验数据;○—按状态方程计算值

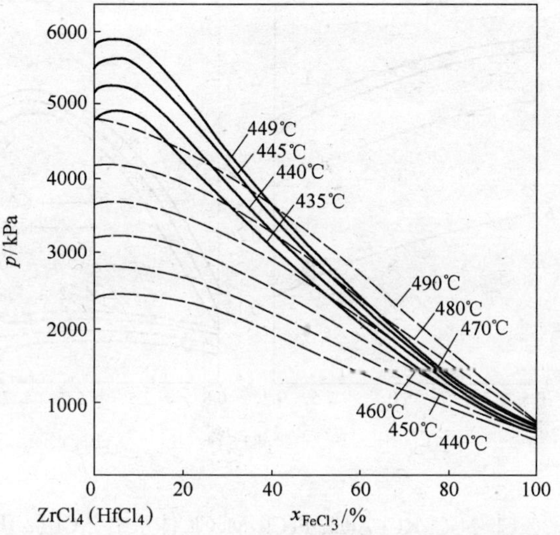


图 7-14　$ZrCl_4$-$FeCl_3$（虚线）和 $HfCl_4$-$FeCl_3$（实线）系气液平衡图

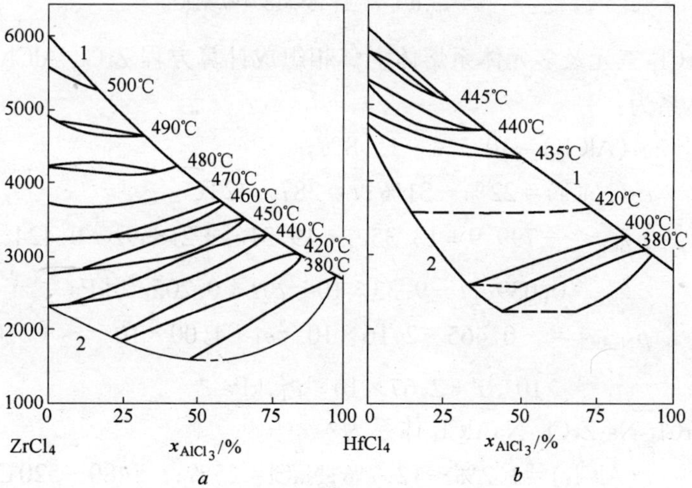


图 7-15　$ZrCl_4$-$AlCl_3$（*a*）和 $HfCl_4$-$AlCl_3$（*b*）系气液平衡等温线图

1—临界线；2—液相线

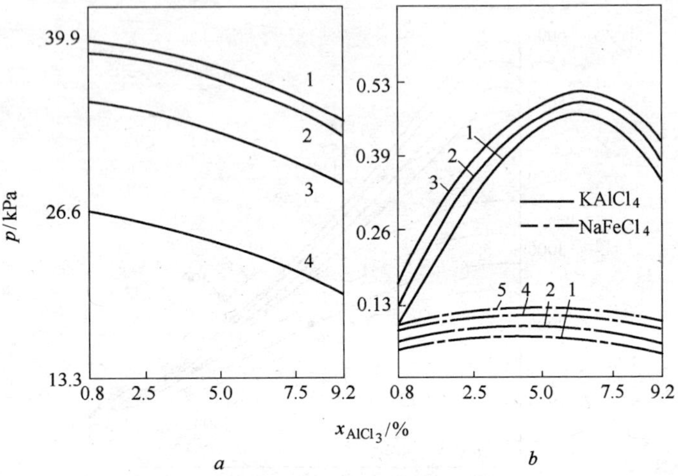


图 7-16 $ZrCl_4$-NaCl-KCl-$AlCl_3$-$FeCl_3$-$MgCl_2$ 体系中 $ZrCl_4$($a$)$KAlCl_4$ 和 $NaFeCl_4$($b$)分压与 $AlCl_3$ 含量的关系(550℃,30% NaCl-KCl(1:1),5% $FeCl_3$)

1—1.6% $MgCl_2$;2—5.0% $MgCl_2$;3—10.0% $MgCl_2$;

4—15.0% $MgCl_2$;5—18.4% $MgCl_2$

$ZrCl_4$ 三元及多元体系熔体上气相组成计算方程 $ZrCl_4$-$AlCl_3$-NaCl 体系为:

$c_1(AlCl_3) = 10.2\% \sim 15.8\%$;

$c_2(NaCl) = 22\% \sim 31\%$;$t = 387 \sim 423$℃

$$p_{ZrCl_4} = -799.9 + 13.35c_1 + 19.31c_2 + 2.859t - 0.424c_1c_2 - 0.039c_1t - 9.33\times10^{-2}c_2t + 0.205c_1^2, \text{kPa}$$

$$p_{NaAlCl_4} = -0.465 - 2.16\times10^{-2}c_1 - 1.00\times10^{-2}c_2 + 3.07\times10^{-3}t + 2.67\times10^{-4}c_1^2, \text{kPa}$$

$ZrCl_4$-$Na_2ZrCl_6$-$NaAlCl_4$ 体系为:

$c(AlCl_3) = 1.2\% \sim 12.7\%$;NaCl = 25%;$t = 480 \sim 520$℃

$$p_{ZrCl_4} = 2596.3 - 1.6Hc - 10.46t + 2.84\times10^{-1}c^2 + 1.089\times10^{-2}t^2, \text{kPa}$$

$$p_{NaAlCl_4} = -27.67 + 6.32\times10^{-3}c + 1.069\times10^{-1}t - 1.75\times10^{-3}c^2 + 1.026\times10^{-4}t^2, \text{kPa}$$

$ZrCl_4$-$Na_2ZrCl_6$-$NaFeCl_4$ 体系为：

$c(FeCl_3) = 1.2\% \sim 12.7\%$；$NaCl = 25\%$；$t = 480 \sim 520℃$

$$p_{ZrCl_4} = 866.5 - 5.85c - 2.679t + 2.36\times10^{-1}c^2 + 2.25\times10^{-3}t^2, \text{kPa}$$

$$p_{NaFeCl_4} = 12.83 - 1.45\times10^{-1}c - 4.71\times10^{-2}t + 2.98\times10^{-4}ct + 3.73\times10^{-4}c^2 + 4.76\times10^{-5}t^2, \text{kPa}$$

$ZrCl_4$ $NaCl$ $KCl$ $AlCl_3$ $FeCl_3$ $MgCl_2$ 体系为：

$c_1(FeCl_3) = 0.8\% \sim 9.2\%$；

$c_2(AlCl_3) = 0.8\% \sim 9.2\%$；

$c_3(MgCl_3) = 1.6\% \sim 18.4\%$；

$KCl$-$NaCl(1:1) = 30\%$；$t = 550℃$

$$p_{ZrCl_4} = 41.12 + 0.75c_1 - 0.143c_2 + 0.576c_3 - 0.208c_1^2 - 0.069c_2^2 - 0.099c_3^2, \text{kPa}$$

$$p_{NaFeCl_4} = -0.041 + 0.128c_1 + 1.17\times10^{-2}c_2 + 5.60\times10^{-3}c_3 + 7.86\times10^{-4}c_1^2 - 1.17\times10^{-3}c_2^2 - 1.87\times10^{-4}c_3^2, \text{kPa}$$

$$p_{NaAlCl_4} = 0.209 - 0.101c_1 + 0.185c_2 - 8.53\times10^{-3}c_3 + 1.24\times10^{-2}c_1^2 - 1.51\times10^{-2}c_2^2 + 4.27\times10^{-4}c_3^2, \text{kPa}$$

$c_1(FeCl_3) = 0.4\% \sim 0.6\%$；$c_2(AlCl_3) = 0.4\% \sim 0.6\%$；

$MgCl_2 = 10\%$；$KCl$-$NaCl(1:1) = 25\%$；$t = 445 \sim 495℃$

$$p_{ZrCl_4} = 139.8 - 20.33c_1 - 20.33c_2 + 6.11\times10^{-1}t + 2.69c_1c_2 + 1.63c_1^2 + 1.62c_2^2 - 1.33\times10^{-4}t^2, \text{kPa}$$

$$p_{NaFeCl_4} = 8.602 - 6.13\times10^{-3}c_1 - 4.27\times10^{3}c_2 - 3.786\times10^{-2}t + 2.56\times10^{-3}c_1^2 + 8.53\times10^{-4}c_2^2 4.132\times10^{-5}t^2, \text{kPa}$$

B $ZrCl_4$ 熔盐提纯的实践

美国金刚砂公司是最早于1955年研究开发熔盐提纯的公司，该公司采用NaCl-KCl熔盐体系，采用高温钢板做熔盐设备[4]，以8 t熔盐提纯的精$ZrCl_4$经镁还原后，海绵锆中几个主要杂质含量都很低，对于除Fe和$O_2$、$N_2$特别有效，降低了金属锆的硬度，见表7-12。处理尼日利亚锆矿，经熔盐提纯后的$ZrCl_4$质量比较见表7-13，表中可见，虽然该矿杂质较高，经熔盐提纯后，也取得了较好效果。

资料[5][6]在上述基础上提出了一种间歇式的提纯设备，见图7-17，并在盐浴中加入适量Zr粉，可吸收氯并加速$FeCl_3$还原，并减少设备腐蚀。

**表7-12 所得锆的几种杂质** （单位：%）

| 试验号 | Cr | Fe | $O_2$ | $N_2$ |
|---|---|---|---|---|
| Z-2984 | 0.0037 | 0.025 | 0.033 | 0.0026 |
| Z-2995 | 0.0076 | 0.037 | 0.037 | 0.0033 |
| Z-3010 | 0.0035 | 0.02 | 0.046 | 0.0022 |
| 平均 | 0.009 | 0.065 | 0.095 | 0.0045 |

**表7-13 $ZrCl_4$成分比较** （单位：%）

| 名称 | Al | Fe | Ti | V | U | Si | Th |
|---|---|---|---|---|---|---|---|
| 粗$ZrCl_4$ | 0.2 | 0.000001 | 0.1 | 0.015 | 0.06 | 0.2 | 0.000005 |
| 精$ZrCl_4$ | 0.01 | 0.01 | <0.005 | <0.002 | 0.001 | 0.01 | 0.01 |

除前述的间歇式作业外，还有鼓泡式熔盐提纯连续作业。我国也曾进行过研究[7]，采用盐系为NaCl、KCl(1∶1，物质的量比)∶$ZrCl_4$为15∶85(质量比)，熔化温度为220℃，提纯前后的$ZrCl_4$成分比较见表7-14。

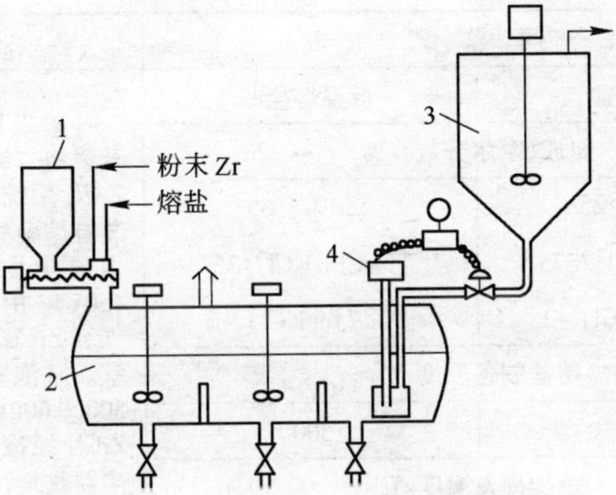


图 7-17 间歇式熔盐提纯装置示意图

1—粗 $ZrCl_4$ 料仓;2—氯化物熔盐熔解槽;3—蒸发器;4—泵

**表 7-14 鼓泡式熔盐提纯前后的 $ZrCl_4$ 成分(单位:%)**

| 名 称 | Fe | Al | Si | Ti | 密度/$g \cdot cm^{-3}$ |
|---|---|---|---|---|---|
| 粗 $ZrCl_4$ | 0.68 | 0.15 | 0.0043 | 0.010 | <1.0 |
| 精 $ZrCl_4$ | 0.06 | 0.01 | <0.01 | <0.02 | |

表 7-15 和表 7-16 中分别列出了工艺条件和三种提纯方法的 $ZrCl_4$ 纯度比较。

**表 7-15 $ZrCl_4$ 提纯后的杂质含量**

| 提纯方法 | 杂质含量/% | | | |
|---|---|---|---|---|
| | Al | Fe | Ti | Si |
| 氢还原升华提纯 | 0.03~0.008 | 0.001~0.0001 | 0.002~0.003 | 0.004~0.006 |
| 间歇式熔盐提纯 | 0.004 | 0.002 | 0.002 | 0.002 |
| 鼓泡式熔盐提纯 | 0.003~0.008 | 0.01~0.006 | 0.009 | 0.008 |

**表 7-16 熔盐提纯工艺条件**

| 间歇式 | | 连续式(鼓泡式) |
|---|---|---|
| 高温熔盐 | 低温熔盐① | 一般采用挥发(升华)及鼓泡二级提纯,固态粗 $ZrCl_4$ 用螺旋加料器加入装有熔融盐的挥发炉,炉内通电加热至 350～450℃。由挥发炉获得的气态 $ZrCl_4$ 进入双窑鼓泡室。鼓泡室温度维持在 500～600℃。提纯后的 $ZrCl_4$ 经冷凝器、管式收尘器收集,挥发炉内的熔融盐应定期更换 |
| 组成(摩尔分数)/% | | |
| [$ZrCl_4$]:25<br>[NaCl+KCl]=75<br>[NaCl]/[KCl]=1 | [$ZrCl_4$]:65<br>[NaCl+KCl]:35<br>[NaCl]/[KCl]=1 | |
| 熔盐制备温度/℃ | | |
| 300 | 300 | |
| 熔盐挥发温度/℃ | | |
| 500～600 | 400 | |

①有时加入 0.1%～0.5%的 Zr 及低价 Zr 氯化物,以提高对 $FeCl_3$、$Cl_2$ 的净化效果。

### 7.2.3 含铪粗 $ZrCl_4$ 的提纯[1]

含铪粗 $ZrCl_4$ 是指直接从锆英砂经直接氯化(固定床或沸腾床)、碳化氯化制得的粗$ZrCl_4$。这种含铪粗 $ZrCl_4$ 可作为萃取分离的原料,溶解后进入锆铪分离。为防止在分离过程中因 Si 引起的“乳化”现象,影响萃取的正常进行,在进行分离前,应将粗 $ZrCl_4$ 进行一次简单的提纯,在降低 Si 含量的同时,也除去部分 Fe、Cr、Mn、Al、Ti 等杂质。如用于作为制取工业级(含铪)海绵锆的原料,更应进行提纯以保证海绵锆的质量。但由于含铪锆用途较广,不同应用领域的工业级锆对杂质有不同的要求,因此,对精 $ZrCl_4$ 的质量可视用户对产品的要求作适当的调整。

含铪粗 $ZrCl_4$ 的提纯设备与图 7-3、图 7-4、图 7-5 相同,采用氢气提纯法。在操作上的主要不同点是前期的低温放气,即温度在 150℃的时间稍长,以便除去 $SiCl_4$、$TiCl_4$;而后期的高温排气除 $AlCl_3$时间可适当缩短,以减少 $ZrCl_4$ 的损失。粗 $ZrCl_4$ 和提纯后的含铪精 $ZrCl_4$ 见表 7-17。

表 7-17 含铪 $ZrCl_4$ 提纯前后的杂质含量

| 名称 | 杂质含量/% | | | | | |
|---|---|---|---|---|---|---|
| | Si | Fe | Al | Ti | Cu | Cr |
| 粗 Zr(Hf)$Cl_4$ 1.6~2.0g/$cm^3$ | 0.02~0.04 | 0.1~0.2 | 0.05~0.02 | 0.03~0.05 | <0.005 | <0.005 |
| 精 Zr(Hf)$Cl_4$ 2.2~2.4g/$cm^3$ | 0.015 | 0.03 | 0.01 | 0.02 | <0.005 | <0.005 |

## 参考文献


1 熊炳昆.海绵锆工厂化研究报告,北京有色金属研究总院,内部资料,1965

2 汪珂,马慧娟.锆冶金学讲义,东北工学院,1974

3 林振汉.有色金属提取冶金手册·锆铪.北京:冶金工业出版社,1999

4 Trans. AIME. No. 244,1956

5 U. S. Pat. 3098722,1963

6 U. S. Pat. 3114611,1963

7 马杰,吴洪基.$ZrCl_4$ 的熔融盐提纯研究,北京有色金属研究总院,内部资料,1962

# 8 镁热还原法及真空蒸馏制取海绵锆

金属热还原法在稀有金属生产中占有重要地位，几乎所有的稀有金属都可用金属热还原法制取。它是生产钛、锆、铪、钽、铌、钒等高熔点金属的重要方法。

## 8.1 锆化合物还原的热力学[1~5]

### 8.1.1 锆冶金中常用的金属还原剂

在锆铪冶金中，常用的金属还原剂是 Mg、Na、Ca 等金属元素。用于金属热还原过程的锆原料，一般是 $ZrO_2$、$ZrCl_4$、$ZrF_4$ 及 $K_2ZrF_6$。在还原过程中，相应生成金属还原剂的氧化物、卤化物。某些常用金属还原剂及其氧化物、氯化物、氟化物的熔点与沸点见表 8-1。

**表 8-1 某些金属还原剂及其化合物的熔点与沸点**

| 金属还原剂 | 金属元素 | | 氧化物 | | 氯化物 | | 氟化物 | |
|---|---|---|---|---|---|---|---|---|
| | 熔点/℃ | 沸点/℃ | 熔点/℃ | 沸点/℃ | 熔点/℃ | 沸点/℃ | 熔点/℃ | 沸点/℃ |
| 镁 | 650 | 1107 | | 270(升华) | 714 | 1418 | 1263 | 2227 |
| 钠 | 98 | 882 | 920 | 沸点前分解 | 800 | 1465 | 992 | 1704 |
| 钙 | 851 | 1480 | 2600 | 约 3500 | 772 | 约 2000 | 1418 | 2500 |

A 稀有金属氧化物的金属还原剂

某些金属氧化物的 $\Delta G^{\ominus}$ 值与温度的关系见图8-1。由图中可以看出如下规律：

(1)金属氧化物的 $\Delta G^{\ominus}$ 值与温度关系曲线在图中位置愈低，

则其 $\Delta G^{\ominus}$ 值愈小，表明此金属对氧的亲和力愈大，因此在标准状态下，图中位置较低的金属可将位置较高的金属氧化物还原。钙、镁、铝是较强的还原剂。

(2)所有金属氧化物的 $\Delta G^{\ominus}$ 值均随温度的升高而成直线增加，表明金属氧化物的稳定性(即对氧的亲和力)随温度的升高而降低。应指出的是曲线在金属或氧化物的相变点(特别是沸点和升华点)发生转折，金属相变点则向上转折，而氧化物的相变点则相反。

从热力学观点分析(见图 8-1)，钙和镁特别是钙对稀有金属氧化物有很强的还原能力。钙、镁与许多稀有金属不生成合金，还原后生成的氧化钙和氧化镁可以用弱酸溶除，这些都是用作还原剂的条件。钛、锆、铪、钒、铌、钽、铀等金属的氧化物都可以选用钙为还原剂。但是当用钙还原二氧化钛和二氧化锆时，由于还原不彻底，还原产品含有少量氧，故未在工业上大规模应用。镁的还原能力较钙差，当还原钛、锆氧化物时，还原产品含氧量较高，故不适于做钛、锆氧化物的还原剂。

B 稀有金属氯化物的金属还原剂

对于稀有金属氯化物而言，从热力学上分析，最有效的金属还原剂是钙、钠和镁等，见图 8-2。但因钙的生产成本高，又难提纯，且易于吸收氮气，使所制取的金属含氮，故除有时用于制取某些钇组稀土金属以外，一般很少采用。工业上应用最广的是镁和钠，理由如下：

(1)镁、钠对稀有金属氯化物的还原能力较强，通常在 800℃下即能使还原反应完全。

(2)镁、钠与多数稀有金属不会形成合金。

(3)镁、钠还原得到的 $MgCl_2$ 和 NaCl 可通过真空蒸馏或水洗方法从还原产物中除去。用真空蒸馏分离出来的 $MgCl_2$ 可通过电解制取镁，以降低生产成本。

(4)镁、钠易于净化提纯。真空蒸馏法提纯镁纯度可达

99.95%～99.99%。以金属陶瓷过滤法净化钠，其品位亦可达 99.8%以上。

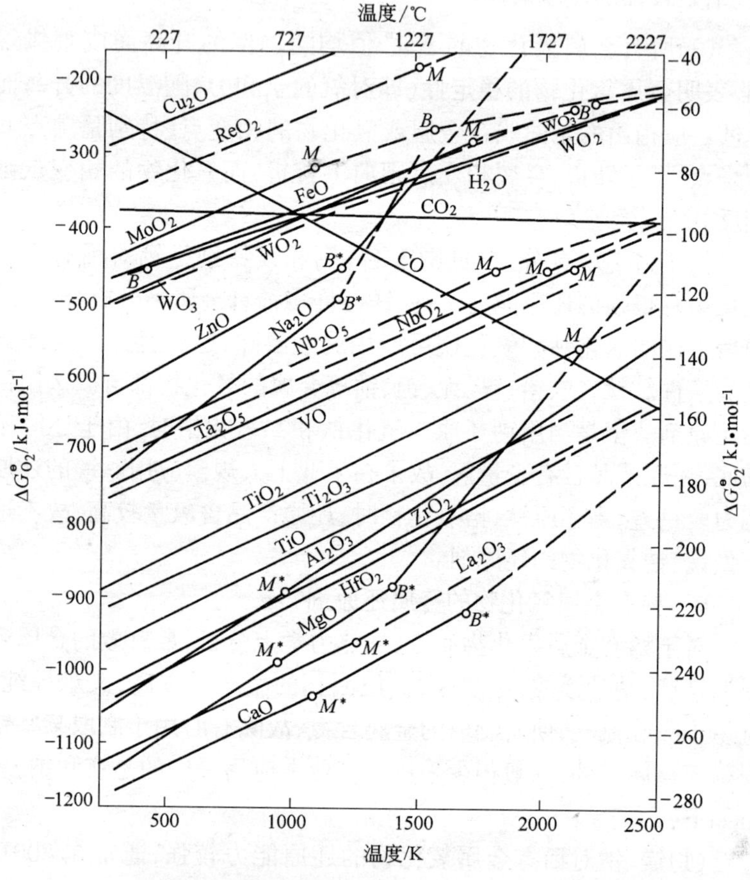


图 8-1　某些金属氧化物的 $\Delta G^{\ominus}$ 值与温度关系

$M$、$B$ 分别为氧化物的熔点与沸点，$M^*$、$B^*$ 分别为金属的熔点与沸点

(5)镁在空气中较稳定，储存、运输、使用较方便。

(6)镁、钠在自然界中蕴藏丰富，生产成本较低。

C　稀有金属氟化物(氟络盐)的金属还原剂

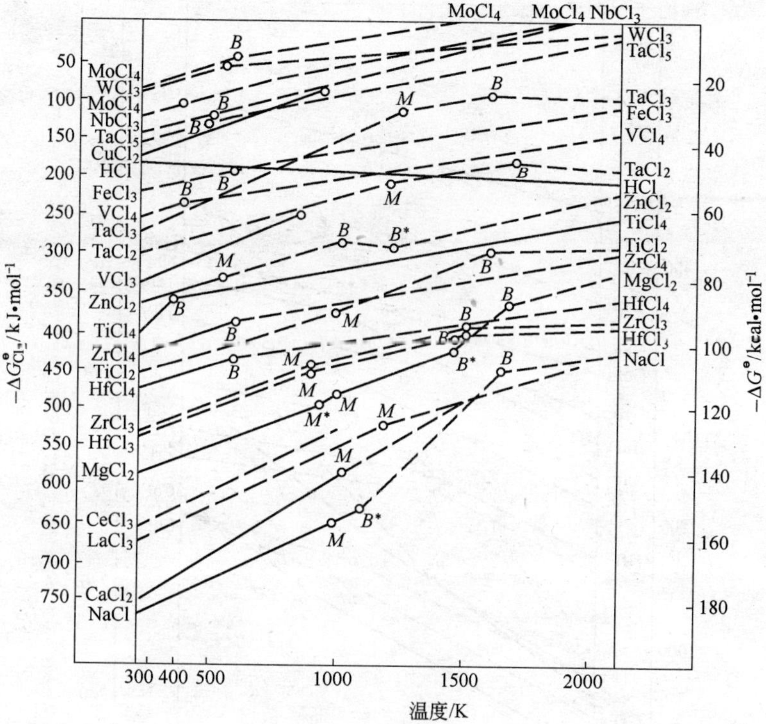


图 8-2　某些金属氯化物的 $\Delta G^{\ominus}$ 值与温度关系

$M^*$—金属熔点；$B^*$—金属沸点；$M$—氯化物熔点；

$B$—氯化物沸点；虚线表示计算值，实线表示实测值

如图 8-3 所示，钠、钙、镁对稀有金属氟化物（氟络盐）有较强的还原能力。但对高熔点稀有金属的氟络盐，实际应用的还原剂只有钠，例如用钠还原 $K_2ZrF_6$ 制取锆粉。这是因为钠还原得到的 NaF 能溶于水，可用水洗法使其与被还原金属分离。若用镁、钙还原，则因生成不溶于水和稀酸的 $MgF_2$ 及 $CaF_2$，而使渣与被还原金属的分离困难。

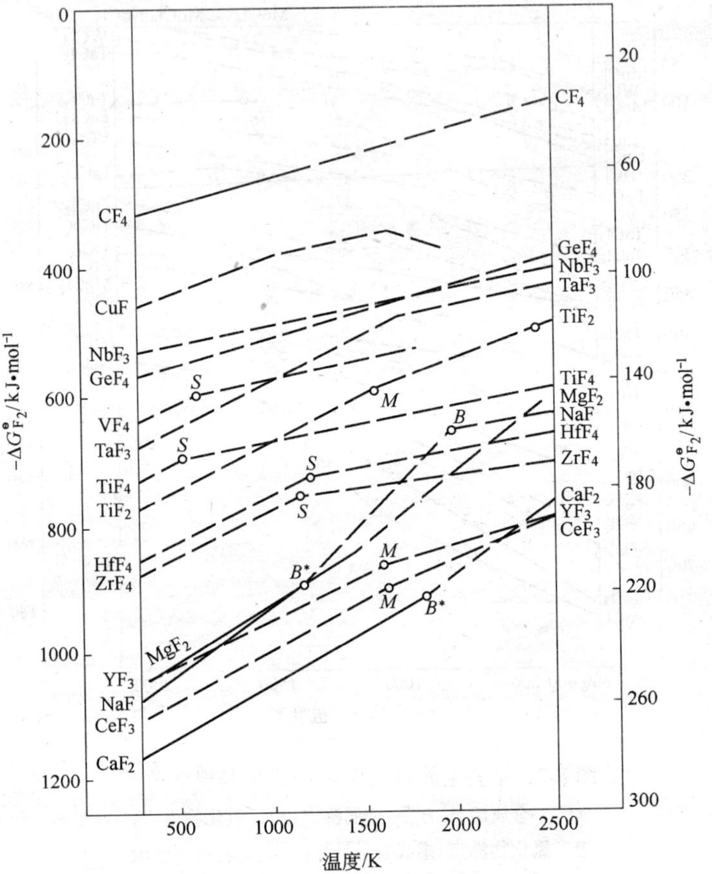


图 8-3 某些金属氟化物的 $\Delta G^{\ominus}$ 值与温度关系

*M*—氟化物熔点；*B*—氟化物沸点；*S*—氟化物升华点；$B^*$—氟化物沸点；

虚线表示计算值，实线表示实测值

### 8.1.2 还原金属卤化物的热力学

卤化物还原法是目前生产稀有金属的主要方法之一，在锆、铪的生产中主要用卤化物还原法，也在研究用钼、钨卤化物还原法，因此有必要阐述卤化物还原的热力学条件。

A　金属对氯和氟的亲和力

标准状态下，金属与一克分子氯反应生成相应的氯化物时，反应的标准自由能变化 $\Delta G^{\ominus}_{MeCl_n}$ 值可作为衡量该氯化物稳定性的标准（或作为衡量金属对氯亲和力的标准），$\Delta G^{\ominus}_{MeCl_n}$ 愈小，则氯化物愈稳定。某些金属氯化物、氟化物的 $\Delta G^{\ominus}$ 值与温度的关系分别如图 8-2、图 8-3 所示。

分析图 8-2、图 8-3 可看出下列规律性：

(1)金属的 $\Delta G^{\ominus}_{MeCl_n} - T$（或 $\Delta G^{\ominus}_{MeF_n} - T$）曲线在图中位置愈低，则其对氯（或氟）的亲和力愈大，标准状态下能将位于其上端的氯化物（或氟化物）还原成金属。

(2)金属对氯（或氟）的亲和力均随温度的升高而减小，但由于生成各氯化物（或氟化物）的 $\Delta S^{\ominus}$ 值不同，故 $\Delta G^{\ominus} - T$ 线的斜率不同，往往发生交叉，在交叉点前后，亲和力的相对次序发生改变。

(3)氢对氯（或氟）的亲和力随温度变化不大，对氯而言，随温度升高亲和力有升高的趋势，而许多金属对氯的亲和力往往随温度升高而降低，这种性质对许多氯化物（或氟化物）的还原过程而言，很有意义。图 8-2 表明，在更高的温度下氢对氯的亲和力可能超过钛和锆，因此在一定条件下，也可用氢还原钛锆的氯化物制取金属（如等离子氢还原）。

(4)在生成物或反应物的相变点 $\Delta G^{\ominus}_{MeCl_n} - T$ 曲线同样发生转折，但由于氯化物的熔点和沸点较低，因此在给出温度范围内，图 8-2 的转折点比图 8-1 为多。

B　卤化物还原的热力学条件与氧化物还原热力学条件的比较

卤化物的还原和氧化物还原同属类型反应，因此他们之间有共性，亦有其特殊性。

就共性而言，前述的氧化物还原的各种热力学条件，对卤化物

还原基本适用,即:

(1)在标准状态下,卤化物还原的热力学条件同样是 $\Delta G^{\ominus}_{AX_m} < \Delta G^{\ominus}_{MeX_n}$。其中A代表还原剂(为 $m$ 价),Me代表稀有金属(为 $n$ 价)。

(2)对变价金属卤化物的还原而言,选择还原剂时,应从其最稳定的化合物考虑。

(3)在卤化物的还原过程中,会形成复杂组成,如 $ZrCl_4$ 与镁(或钠)还原过程中,就可能先生成 $ZrCl_3$、$ZrCl_2$、ZrCl,它们会进入 $MgCl_2$ 或 NaCl 熔体中,再从熔体中进一步与还原剂作用;在镁、钠还原过程中,还原剂镁、钠还可能熔于 $MgCl_2$ 或 NaCl 熔盐,再与 $ZrCl_3$、$ZrCl_2$、ZrCl 作用;在 $K_2ZrF_6$ 钠还原时,尚未被还原的 $K_2ZrF_6$ 也会熔于还原产物 NaF 和 KF 中。

(4)在卤化物的还原过程中,也可能形成复杂化合物,如氟化物还原时,氟化物往往以氟络盐的形态($K_2ZrF_6$,$K_2TaF_7$ 等)存在,而不是氟化物形态。

卤化物还原与氧化物还原相比其特殊性在于:

(1)对照图8-1和图8-2、图8-3,在氧化物体系中,大多数稀有金属对氧的亲和力仅次于碱土金属和铝,因此稀有金属氧化物还原时,可供选择的还原剂有限;而在卤化物体系中,稀有金属对卤素的亲和力比碱金属、碱土金属都小,因此易找到适合的还原剂;

(2)一般卤素只和稀有金属形成化合物,很少形成固溶体,或形成固溶体的溶解度较低;

(3)由于稀有金属氯化物熔点、沸点低,因此工业上加料时没有必要像氧化物还原那样一次混装,而有可能在还原过程中逐步加入,如液体 $TiCl_4$,固体 $ZrCl_4$,或把固体 $ZrCl_4$ 加热挥发成气体 $ZrCl_4$ 进入还原罐反应,这对简化操作、提高设备利用率、实现过程的连续化等提供了有利条件。

由于以上特点,加上稀有金属卤化物(特别是氯化物)易于分离提纯,因此卤化物还原法制取稀有金属得到广泛应用。

## 8.2 镁热还原四氯化锆的热力学

工业上 $ZrCl_4$ 的镁热还原过程，是在温度 800～900℃时，在充满氩气(Ar)的密闭不锈钢制反应罐中进行的。盛镁的反应坩埚坐落在罐底，炉盖蛇形管上带有冷凝的固体 $ZrCl_4$(也可用 $ZrCl_4$ 盛桶)，受热后直接挥发为气体进入坩埚与熔融镁反应。$ZrCl_4$ 的挥发速度应准确调控，以使还原反应正常进行。

锆还原反应式为：

$$1/2\ ZrCl_4 + Mg = 1/2\ Zr + MgCl_2$$

反应结果生成多孔状的金属锆即“海绵锆”。

计算了 800～1200K 温度范围内上述反应式的 $\Delta G_T^\circ$ 值，如表 8-2 所示。由表 8-2 看出，以镁还原 $ZrCl_4$ 的反应在上述温度范围内，其 $\Delta G_T^\circ$ 值有很大的负值，表明反应可进行完全。

但由于锆是典型的过渡族金属，具有多种价键，其化合物在被还原时，通常是分步进行的，即从高价化合物到低价化合物，再到金属。根据 $ZrCl_4$ 镁热还原过程的条件，此过程可能首先通过某些中间反应生成低价氯化锆：

$$2ZrCl_4 + Mg = 2ZrCl_3 + MgCl_2 \quad (8\text{-}1)$$

$$ZrCl_4 + Mg = 2ZrCl_2 + MgCl_2 \quad (8\text{-}2)$$

$$2/3\ ZrCl_4 + Mg = 2/3\ ZrCl + MgCl_2 \quad (8\text{-}3)$$

$$2ZrCl_3 + Mg = 2ZrCl_2 + MgCl_2 \quad (8\text{-}4)$$

$$2ZrCl_3 + Mg = 2ZrCl_2 + MgCl_2 \quad (8\text{-}5)$$

然后在镁量充足有利于还原反应完全进行的条件下，低价氯化锆被镁进一步还原成金属锆：

$$ZrCl_2 + Mg = Zr + MgCl_2 \quad (8\text{-}6)$$

$$2/3\ ZrCl_3 + Mg = 2/3\ Zr + MgCl_2 \quad (8\text{-}7)$$

镁热还原 $ZrCl_4$ 的总反应式 8-1 是还原反应的总和。

表 8-2 镁还原 $ZrCl_4$ 反应的 $\Delta G_T^\ominus$ 值

| 反应式 | $\Delta G_T^\ominus$/kJ·mol$^{-1}$ | | | | |
|---|---|---|---|---|---|
| | 800K | 900K | 1000K | 1100K | 1200K |
| (8-1) | 125.227 | 115.300 | 106.194 | 100.458 | 95.053 |
| (8-2) | 108.668 | 106.516 | 107.563 | 110.594 | 113.742 |
| (8-3) | 98.917 | 97.988 | 98.591 | 102.011 | 105.545 |
| (8-4) | 148.677 | 107.103 | 66.738 | 28.613 | 9.835 |
| (8-5) | 89.459 | 89.459 | 89.618 | 93.428 | 97.347 |
| (8-6) | 151.537 | 132.613 | 113.801 | 98.905 | 84.565 |
| (8-7) | 130.750 | 118.227 | 105.742 | 96.200 | 88.823 |

计算出在 800～1200K 温度范围内，反应式 8-2～式 8-7 的 $\Delta G_T^\ominus$ 值，列于表 8-2，绘成图 8-4，由图 8-4 可以看出，所有的曲线在温度 987K(即反应产物 $MgCl_2$ 的熔点 714℃)发生折变。在高温条件下除反应式 8-4，其他反应的 $\Delta G_T^\ominus$ 值都有很大的负值，故各主要反应均能自发进行。以上反应主要是在熔体表面进行的气、液相多相复杂反应，生成物 $MgCl_2$ 不与 Zr、$ZrCl_2$、$ZrCl_3$ 和 $ZrCl_4$ 作用，故不存在逆反应。

在还原过程中，当还原剂不足，或者反应温度低时，还可能出现下列二次反应，生成锆的低价氯化物：

$$3ZrCl_4 + Zr = 4ZrCl_3 \tag{8-8}$$

$$ZrCl_4 + Zr = 2ZrCl_2 \tag{8-9}$$

$$1/3\ ZrCl_4 + Zr = 4/3\ ZrCl \tag{8-10}$$

计算了反应式 8-8～式 8-10 的 $\Delta G_T^\ominus - T$，并将计算结果用图 8-5 表示。由图 8-5 可以看出，上述反应在一定温度范围内其 $\Delta G_T^\ominus$ 为负值，故上述反应都有可能进行；但其 $\Delta G_T^\ominus$ 负值比式 8-1～式 8-7 为小，故只在无镁时 $ZrCl_4$ 才与锆反应生成低价氯化物。从总体说，在还原过程进行的条件下，还原中间反应和二次反应都有自动进行的趋势，因此必须尽可能创造条件使生成金属锆的反应彻底进行，避免生成低价氯化锆。在还原条件控制不当时，可能生成大量低价氯化锆。根据热力学计算，低价氯化物在高温下可能按反应式 8-8～式 8-10 的逆反应分解成 $ZrCl_4$ 和极细的锆粉（其反应温度分别高于 885K，1052K，1164K，即分别高于 612℃，779℃，891℃）。这种锆粉通常是气相反应生成的，它除了严重影响锆的回收率以外还易着火，影响产品质量，出炉时会引起海绵锆燃烧。

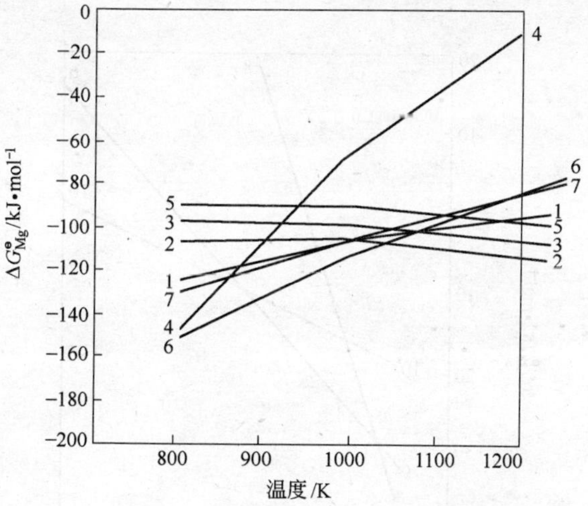


图 8-4　镁还原四氯化锆反应的 $\Delta G^{\ominus}_T$ 与温度的关系

1—1/2 $ZrCl_4$ + Mg = 1/2 Zr + $MgCl_2$；2—2$ZrCl_4$ + Mg = 2$ZrCl_2$ + $MgCl_2$；
3—$ZrCl_4$ + Mg = 2$ZrCl_2$ + $MgCl_2$；4—2/3 $ZrCl_4$ + Mg = 2/3 ZrCl + $MgCl_2$；
5—2$ZrCl_3$ + Mg = 2$ZrCl_2$ + $MgCl_2$；6—$ZrCl_2$ + Mg = Zr + $MgCl_2$；
7—2/3 $ZrCl_3$ + Mg = 2/3 Zr + $MgCl_2$

从热力学观点分析，在还原过程生成低价氯化锆可能有如下原因：

(1)反应区内还原剂不足。热力学计算表明，在还原剂镁不足的条件下，$ZrCl_4$ 不易被镁彻底还原成锆，而可能生成低价氯化锆。例如，在还原温度为 1100K（827℃）时，生成金属锆和生成低价氯化锆反应的 $\Delta G^{\ominus}_T$ 值可比较如下：

对于反应 $1/2\ ZrCl_4 + Mg = 1/2\ Zr + MgCl_2$

在 1100K 时 $\Delta G^{\ominus}_{Mg} = -100.458\ kJ/mol$

对于反应 $2\ ZrCl_4 + Mg = 2\ ZrCl_3 + MgCl_2$

在 1100K 时 $\Delta G^{\ominus}_{Mg} = -110.594\ kJ/mol$

对于反应 $ZrCl_4 + Mg = ZrCl_2 + MgCl_2$

在 1100K 时 $\Delta G^{\ominus}_{Mg} = -102.011\ kJ/mol$

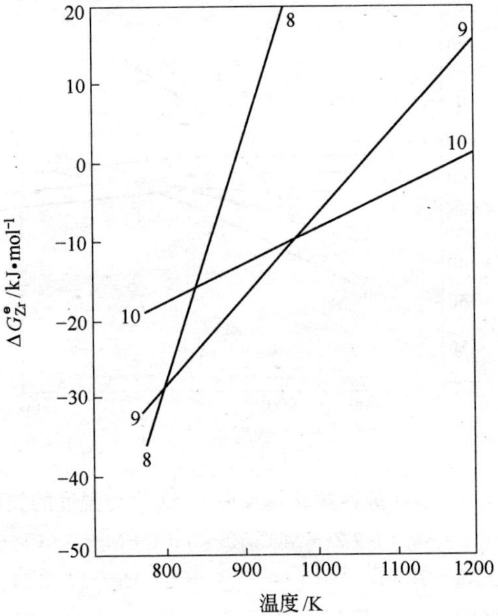


图 8-5 $ZrCl_4$ 与 Zr 反应的 $\Delta G^{\ominus}_T$ 与温度的关系

8—$3\ ZrCl_4 + Zr = 4ZrCl_3$；9—$ZrCl_4 + Zr = 2ZrCl_2$；10—$1/3\ ZrCl_4 + Zr = 4/3\ ZrCl$

可见，当镁量不足时，还原生成低价氯化锆的反应将先进行；若镁量充足，反应即使生成低价锆，也会进一步被还原成金属锆。

在还原过程中，尤其是在反应初期，氩气分压控制过高，将

导致 $ZrCl_4$ 挥发量不足；在反应中期，有时也会发生 $ZrCl_4$ 供应量不足，镁从坩埚内蒸发到坩埚外，相对于气相中的 $ZrCl_4$，镁量不足，而导致发生气相反应，生成低价氯化物。这些反应发生在坩埚外，因而直接降低了锆的回收率。在坩埚内进行还原反应时，由于镁是通过海绵锆的毛细管传输到反应区的，当 $ZrCl_4$ 的挥发速度过大，则可能超过镁的传输速度而使镁量不足；同样当坩埚反应温度太低，镁的传输速度降低，也可能造成反应区镁量不足；这些都可能导致生成锆的低价氯化物。但是，这些反应是发生在坩埚内，锆的低价氯化物随后几乎全部被镁还原成锆，但在末期坩埚内熔体表面及坩埚壁上仍会残留少量低价氯化物。

(2)在还原反应罐内存在低温区。反应坩埚的隔热罩及上部的固体 $ZrCl_4$ 都是温度较低的区域。低价氯化锆尤其是蒸气压高的 $ZrCl_3$,$ZrCl_4$ 容易挥发到低温区冷凝下来,造成锆的损失。

在一定温度条件下,低价氯化锆可能发生如下的歧化反应:

$$2ZrCl_3 = ZrCl_2 + ZrCl_4 \tag{8-11}$$

$$3ZrCl_2 = 2ZrCl + ZrCl_4 \tag{8-12}$$

$$4ZrCl = 3Zr + ZrCl_4 \tag{8-13}$$

对反应式 8-11～式 8-13 的 $ZrCl_4$ 平衡蒸汽压与温度的关系进行了计算,计算结果列于表 8-3,并以图 8-6 表示。由图 8-6 可以看出:

1)当 $ZrCl_4$ 平衡蒸汽压为 $1.013\times10^5$Pa 时,在标准状态下反应式 8-11 ~ 式 8-13 的反应温度分别为 795K、970K、1172K (522℃、697℃、899℃)。

2)$ZrCl_4$ 的压力增加,反应式 8-11～式 8-13 的起始反应温度也升高。

3)对应于某一 $p_{ZrCl_4}-T$ 点,当 $T$ 恒定时,如 $p_{ZrCl_4}$ 增大,则稳定相为 $ZrCl_3$、$ZrCl_2$、ZrCl;如 $p_{ZrCl_4}$ 降低,则稳定相为 $ZrCl_2$、ZrCl、Zr。

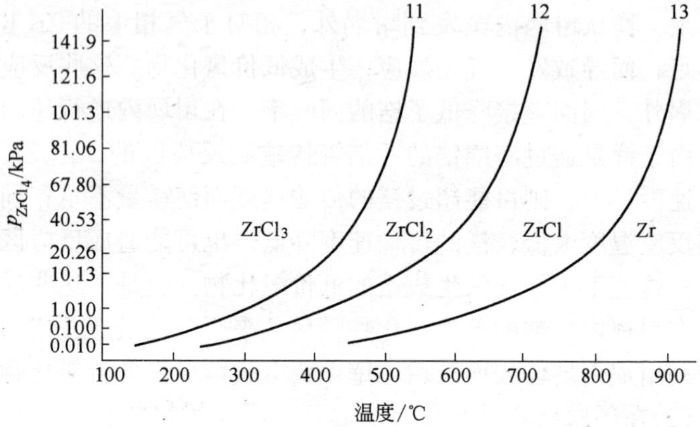


图 8-6 $ZrCl_4$ 平衡蒸汽压 $p_{ZrCl_4}$ 与温度的关系

11—$2ZrCl_3 = ZrCl_2 + ZrCl_4$；12—$3ZrCl_2 = 2ZrCl + ZrCl_4$；13—$4ZrCl = 3Zr + ZrCl_4$

**表 8-3 $ZrCl_4$ 平衡蒸汽压 $p_{ZrCl_4}$ 与温度的关系**

| 反应式 | $ZrCl_4$ 平衡蒸汽压 $p_{ZrCl_4}$/Pa | | | | | | | | | | |
|---|---|---|---|---|---|---|---|---|---|---|---|
| | $141.9\times10^3$ | $121.6\times10^3$ | $101.3\times10^3$ | $81.06\times10^3$ | $60.8\times10^3$ | $40.5\times10^3$ | $20.27\times10^3$ | $101.3\times10^2$ | $10.13\times10^2$ | 101.33 | $101.3\times10^{-1}$ |
| | 温度/℃ | | | | | | | | | | |
| (8-11) | 545 | 534 | 522 | 507 | 490 | 465 | 428 | 394 | 302 | 232 | 177 |
| (8-12) | 726 | 7413 | 697 | 678 | 657 | 626 | 580 | 537 | 423 | 337 | 270 |
| (8-13) | 923 | 912 | 899 | 884 | 866 | 841 | 800 | 763 | 654 | 566 | 494 |

上述的低价氯化锆和锆粉的混合物，在生产中称为“黑粉”。分析表明，它们是 $ZrCl_3$、$ZrCl_2$、ZrCl、$MgCl_2$ 以及锆粉的混合物。因其中 $ZrCl_3$ 为淡紫色，$ZrCl_2$ 为黑色，混合后呈黑色粉末状。$ZrCl_3$和 $ZrCl_2$ 易水解发热，并放出氢气；$ZrCl_2$ 在空气中容易燃烧。图 8-7 为 Zr-Cl-Mg 系浓度关系，根据黑粉的分析结果可用该图判断黑粉组成。

由此可知，在镁热还原 $ZrCl_4$ 的过程中，为使还原反应进行到底，减少由于某些中间反应和次生反应而生成大量低价氯化锆的不良影响,镁量必须超过理论量,通常过量20%。同时在还原反应过程中,特别是在升温阶段及反应初期,控制好氩气分压 $p_{Ar}$是操作的关键,已在生产实践中得到证明。

热力学分析可知,在还原过程中,$AlCl_3$、$FeCl_3$、$TiCl_4$、$SiCl_4$、$MnCl_2$ 也会被镁还原,故对 $ZrCl_4$ 杂质含量有严格要求。

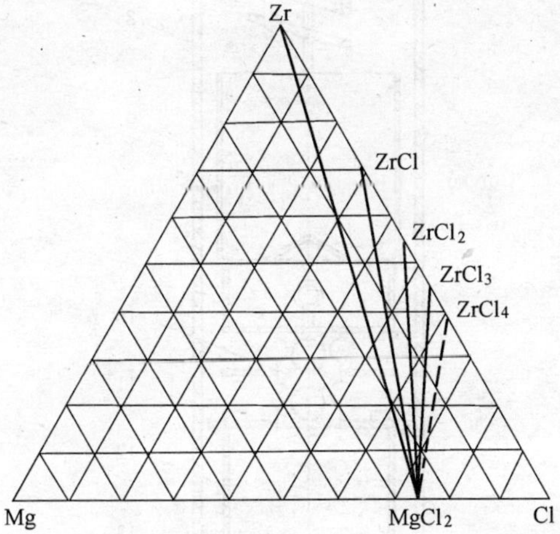


图 8-7 Zr-Cl-Mg 系浓度关系

## 8.3 镁热还原四氯化锆的动力学[6~8]

### 8.3.1 还原过程的机理

图 8-8 的还原设备示意图是我国锆试制早期有代表性的、带有盛镁反应坩埚的还原设备,反应罐尺寸为 $\phi$546mm×1800mm;每炉加入 100kg $ZrCl_4$;25kg 镁(为理论量的 120%);可产出 36kg 左右海绵锆。以该设备进行过多项研究。现以图 8-8 形式的还原设备为基础进行讨论。

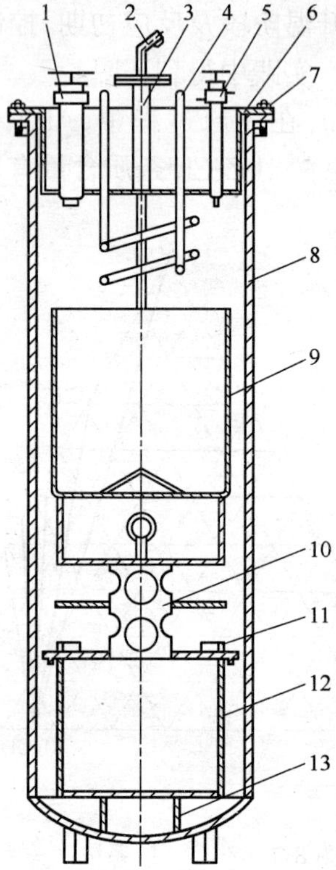


图 8-8　还原设备示意图

1—放气阀；2—热电偶；3—测温套管；4—冷却蛇形管；5—测压阀；6—炉盖；7—回转螺钉；8—反应罐；9—$ZrCl_4$ 料桶；10—隔热板；11—销钉；12—镁坩埚；13—井字形支架

根据热力学计算及分析，镁还原 $ZrCl_4$ 过程实际上是在 Zr-ZrCl-$ZrCl_2$-$ZrCl_3$-$ZrCl_4$-Mg-$MgCl_2$ 的复杂多元体系中进行的，其中除了化学变化外，还有蒸发、扩散、冷凝、吸附、溶解和结晶等物理过程，是一个复杂的多相反应过程。一般认为还原过程基本上是液体镁与海绵锆表面吸附的 $ZrCl_4$ 气体的相互作用；但也同时存在着液体镁与溶解在 $MgCl_2$ 熔体中的低价氯化锆之间的反应；镁蒸

气与 $ZrCl_4$ 气体之间也发生反应。还原过程具有自动催化作用，这种自动催化作用成为镁热还原 $ZrCl_4$ 反应的基本动力学特征，并且是使锆生成海绵状结构的重要原因。由于镁还原是一复杂的多相反应，涉及相变中成核问题，成核的核心在反应中起重要作用。新生的锆晶粒因增加了相界面需要消耗大量的能量，克服很大的能位垒方能成核，这就是新相难成、不易成核的原因。

如果反应区内出现固体微粒时，其某个表面与锆晶粒晶面上的原子排列相似，且原子间距相差不大，成核就变得容易。处于金属表面的原子与基体内部原子不同，前面具有多余的悬键，因而对空间气体分子具有一定的吸附力。在化学吸附力中，以镁的吸附力最差，而锆、铁较强。锆和铁具有 d 电子空轨道，但未结合的 d 电子数不同，锆为 0，而铁为 2.20，当吸附气体时，金属表面原子可以利用多余的杂化轨道或者未结合电子与气体分子形成吸附键。按吸附力大小的排列顺序为：Zr＞Fe≫Mg。故在镁还原过程中，一旦生成锆后，锆本身就是最佳的非均相成核核心，其次为铁壁坩埚。

镁还原反应初期，坩埚内镁熔化，镁液面充分暴露，当 $ZrCl_4$ 受热挥发，并进入坩埚后，反应主要在气-液相界面上进行，生成的锆由于密度大（6.52g/cm$^3$），而 800℃ 时镁及 $MgCl_2$ 的密度小，分别为 1.555 及 1.672g/cm$^3$见表 8-4，因此锆沉积在坩埚底部，并形成较致密的板状锆，此后反应带温度迅速升高，镁在 800℃ 下具有较大的蒸汽压，见表 8-5，镁蒸汽与 $ZrCl_4$ 气体进行反应，在接近液体镁界面处的坩埚壁上生成一层爬壁锆，锆一旦生成后，便成为新的活性中心，也可与 $ZrCl_4$ 进行反应。但是因新相生成的表观活化能高，反应速度不大。

**表 8-4 镁还原系各组分的性质**

| 性质 | | 组分 | | | | | | |
|---|---|---|---|---|---|---|---|---|
| | | Mg | $MgCl_2$ | Zr | ZrCl | $ZrCl_2$ | $ZrCl_3$ | $ZrCl_4$ |
| 密度 /g·cm$^{-3}$ | 25℃ | 1.745 | 2.325 | 6.52 | 4.5 | | | |
| | 800℃ | 1.555 | 1.672 | | | | | |

续表 8-4

| 性　质 | 组　分 | | | | | | |
|---|---|---|---|---|---|---|---|
| | Mg | $MgCl_2$ | Zr | ZrCl | $ZrCl_2$ | $ZrCl_3$ | $ZrCl_4$ |
| 熔点/℃ | 651 | 714 | 1852 | | 727 | 827① | 331① |
| 沸点/℃ | 1107 | 1418 | 3577 | | | | |

①为升华温度。

**表 8-5　镁与 $MgCl_2$ 在同一蒸汽压下的温度**

| 组　分 | 蒸汽压/Pa | | | | | | |
|---|---|---|---|---|---|---|---|
| | 10.133 | 101.33 | 1013.3 | 10133 | 25270 | 50540 | 101330 |
| Mg | 516 | 608 | 725 | 886 | 963 | 1030 | 1107① |
| $MgCl_2$ | 677 | 763 | 907 | 1112 | 1213 | 1310 | 1418① |

①为沸点。

当反应初期生成部分锆和 $MgCl_2$ 后，由于新生成的金属锆新相具有很高的活性，$ZrCl_4$ 易吸附在其表面上进行反应，但仅在其称为“活性中心”的部位，例如在尖峰和棱角上进行。由于化学吸附的结果，使反应速度提高，即具有吸附活化自催化作用。同时，$MgCl_2$ 对液态镁及被锆覆盖的反应器壁有较好的湿润性，因此虽然 $MgCl_2$ 的密度较镁大，见表 8-4，但总有一层 $MgCl_2$ 覆盖在液态镁的表面，妨碍其进一步与 $ZrCl_4$ 作用。但液态镁借毛细管作用可沿海绵锆中的孔隙上升到吸附有 $ZrCl_4$ 的海绵锆活化点上进行反应，生成的锆微粒黏结在原有的活化点上，使锆的生长优先在其尖峰或棱角上进行。但是，由于各处成核几率不等，越是锆晶体的尖端则易成核，随后平行生成初生晶枝。初生晶枝长大时又不断二次成核生长出二次晶枝，构成三维空间点阵，逐渐使锆晶体成树枝状结构。晶核长大和发展方向也因条件不同而异。就反应整体而言，由于存在众多的活性中心同时成核和长大，后来的锆晶体的生长只能在原树枝状晶枝孔隙中纵横交错地生长，逐渐填满空隙。加上随后的高温烧结，使还原产物失去了树枝原貌而形成了锆的海绵状结构。

还原过程生成的海绵体会出现“架桥”现象。因为随着反应的进行，海绵体逐渐长大，沿着块锆向三维空间生长，向坩埚中心生长的海绵体最终搭接成桥状。对于小型反应罐（坩埚直径为450mm左右）在反应中期便可形成锆桥。从其横断面观察，可看到大小不规则的洞穴。大型反应罐则在反应后期才形成锆桥，锆桥继续长大成锆柱后靠自重下沉。

随着反应的进一步进行，海绵锆增加，反应加速，大部分镁被海绵锆吸附到毛细管中，反应产物 $MgCl_2$ 逐步积累，熔池表面被 $MgCl_2$ 所覆盖，阻碍了 $ZrCl_4$ 与镁的反应，反应速度会逐渐减慢，周期会延长。根据吕·查德里的平衡移动原理，把反应产物 $MgCl_2$ 从系统中移去有利于反应进行，即有利于向生成海绵锆方向移动。因此为了加快反应速度，缩短反应周期，提高生产率，应当排放 $MgCl_2$。排放 $MgCl_2$ 的还原设备与图 8-8 有所不同。液态 $MgCl_2$ 其密度较液镁大，将坩埚底部液态 $MgCl_2$ 排放出去之后，熔体液面便随之下降，失去熔体浮力支持的海绵锆桥也会沉落底部，这时熔体表面又重新暴露出液镁的新鲜表面，有更多的海绵锆暴露于气相空间，吸附的活化中心更多，故反应速度又重新加速，如采取间断式排放 $MgCl_2$，则反应速度是周期性变化。还原末期，$ZrCl_4$ 已挥发完毕，液镁进一步将熔体中的低价氯化锆还原成锆，并使海绵锆趋于致密。

在锆生产中，影响还原过程锆回收率最重要的是黑粉的生成及数量。例如，用图 8-8 所示的还原设备生产时，最初因为难于控制氩气分压 $p_{Ar}$，亦难于控制 $ZrCl_4$ 分压 $p_{ZrCl_4}$ 及其挥发速度，导致还原过程不稳定，各炉产生的黑粉量波动在 3～18kg 之间，还原过程锆的回收率相应波动在 71%～94%之间。当采用图 8-8 形式的还原设备，其下部有一反应坩埚，因此坩埚以上的隔热板、$ZrCl_4$ 料桶等便形成了低温区；另外，如果条件控制不当，镁蒸汽一旦从坩埚内挥发到外部空间，便会与 $ZrCl_4$ 等反应生成黑粉造成损失。

关于黑粉的成因,很多学者如前苏联的一些学者[9~11]对这一问题曾进行过研究,普遍的看法认为黑粉生成是气相反应的结果,由于操作和设备的问题,使镁以蒸汽形式进入坩埚外的空间并和 $ZrCl_4$ 反应,且气相中镁量不足以将 $ZrCl_4$ 彻底还原,生成了锆的低价氯化物(如 $ZrCl_3$、$ZrCl_2$)和少量的细粒锆,这种混合物即黑粉。镁之所以能进入气相,是由于 $ZrCl_4$ 在系统中的浓度不够,换句话说是系统中氩气分压太大,当反应系统中 $ZrCl_4$ 的浓度较小时(低于某一极限值),气相反应的可能性就加大了。沙德列尔指出,在反应过程中,增加 $ZrCl_4$ 的浓度,会抑制镁的蒸发,反应将移向坩埚表面,使气相反应失去意义。而提高氩气分压会降低 $ZrCl_4$ 与镁的反应,系统中氩气分压在 20.2～30.4kPa时,黑粉很少。

国内外学者普遍认为,现行的海绵锆生产工艺存在三个难题:(1)海绵锆为间歇性生产,大多数工序为间断作业,能耗高,周期长;(2)还原反应罐的容积部分被 $ZrCl_4$ 所占,炉的产率低;(3)还原反应罐反应区的 $ZrCl_4$ 供给速度较难控制,因此还原反应速度较难掌握。

以上三个问题中，第二、三两个问题正是镁还原法制取海绵锆过程的关键。如前所述镁还原法制取海绵钛并不存在这个问题。但是镁还原法制取海绵锆过程由于原料 $ZrCl_4$ 的固有性质决定，因而困难得多，反应机理更复杂。第二个难题属于还原设备的改进，第三个难题则是本节讨论的问题。根据以上的热力学分析以及国内外学者对黑粉成因的讨论，概括起来可以认为，要减少黑粉的生成，就应当避免在坩埚外发生气相反应。其关键是随着还原反应的进行，要逐步降低氩气分压 $p_{Ar}$，逐步提高 $ZrCl_4$ 的分压 $p_{ZrCl_4}$，并相应提高温度，使 $ZrCl_4$ 的挥发速度逐步加大，从而有足够的 $ZrCl_4$ 气体进入坩埚与镁反应，抑制镁蒸汽逸出坩埚。我国成功地研究了镁还原过程的控制工艺。

### 8.3.2 影响还原速度的因素

在 $ZrCl_4$ 还原的初期、中期阶段主要为成核控制，后期阶段为扩散控制。对于初期、中期，化学反应与成核速率同步，即总的还原速率等于化学反应速率，也等于成核速率。从化学反应推导动力学速率比较简单，据此可导出初期、中期的简化速率方程式为：

$$dW_{Zr}/dt = KSv_{ZrCl_4} \tag{8-14}$$

$$= kSp_{ZrCl_4} \tag{8-15}$$

式中，$dW_{Zr}/dt$ 为锆的还原速率；$K$、$k$ 为反应速率常数；$S$ 为反应面面积；$v_{ZrCl_4}$ 为 $ZrCl_4$ 的挥发速度；$p_{ZrCl_4}$ 为 $ZrCl_4$ 的压力。

在镁还原 $ZrCl_4$ 过程中，如反应器的总压力 $p$ 为：

$$p = p_{Ar} + p_{ZrCl_4} + p_{Mg} + p_{ZrCl_3} + p_{ZrCl_2}$$

式中，$p_{Mg}$、$p_{ZrCl_3}$ 及 $p_{ZrCl_2}$ 较小，与前两项相比可忽略，可将上式简化为：

$$p = p_{Ar} + p_{ZrCl_4} \tag{8-16}$$

令 $p = 1$，可得出：

$$p_{Ar} + p_{ZrCl_4} = 1 \tag{8-17}$$

式中，$p_{Ar}$ 为氩气分压，体积分数，%；$p_{ZrCl_4}$ 为 $ZrCl_4$ 分压，体积分数，%。

一般认为影响镁热还原 $ZrCl_4$ 过程的主要因素是 $ZrCl_4$ 的挥发速度，温度、压力以及液面高度等。

A $ZrCl_4$ 挥发速度

$ZrCl_4$ 的挥发速度 $v_{ZrCl_4}$ 是决定还原过程的主要动力学因素，影响还原过程的速度、还原产物的组成和结构。由速率方程式(8-14)可知，$dW_{Zr}/dt \propto v_{ZrCl_4}$，表明在一定条件下，还原速率与 $v_{ZrCl_4}$ 成正比。但是，还原过程是一个强放热反应，速度太快会引起温度迅速升高，镁大量蒸发，以及锆与坩埚中铁反应，影响产品质量。

反应速度随着 $ZrCl_4$ 的挥发速度加大而上升是由于单位时间

内 $ZrCl_4$ 供给量增加,使其活化吸附量及海绵锆的“活化中心”数目增加,从而促进了多相催化作用。

当 $ZrCl_4$ 的挥发速度增加,$MgCl_4$ 液层厚度也随之增加,海绵锆横向截面的“活化点”数目减少,使海绵锆的横向生产受到限制。当 $ZrCl_4$ 挥发速度较小,$MgCl_4$ 液层上升慢,海绵锆的侧面部分露出,海绵锆横向截面的“活化点”增多,易于向水平方向生长,易形成“锆桥”。$ZrCl_4$ 的挥发速度较大,海绵锆的孔隙度也大;反之,海绵锆就比较致密。

$ZrCl_4$ 的挥发速度 $v_{ZrCl_4}$ 对还原过程的锆回收率具有决定性的作用。$v_{ZrCl_4}$ 太大或太小,都会生成大量的黑粉,显著降低锆的回收率。根据研究结果,在开始反应 2.5h 时,$p_{Ar}$ 应调整到 0.33 左右,根据式 8-17,则 $p_{ZrCl_4}=1-p_{Ar}=1-0.33=0.67$,亦即 $p_{ZrCl_4}$ 占总压力的 2/3 左右,可以获得最佳的 $ZrCl_4$ 挥发速度 $v_{ZrCl_4}$ 和较高的锆回收率。

B 温度

我们讨论了反应速度的浓度关系,其前提是将反应时的温度设在为等温条件下。现反应速率一般均随温度升高而增加,因为随着温度升高,分子碰撞能量增加,反应速度加快。如果温度范围不大,如 $ZrCl_4$ 还原过程,则速度常数对于温度的依赖关系可用阿伦尼乌斯(Arrhenius)方程表示:

$$k=k_0\exp(-E/RT) \tag{8-18}$$

式中,$k$ 为反应速度常数;$k_0$ 为碰撞频率因子,或称作用常数;$E$ 为活化能。

如将式(8-18)取对数,则可看出反应速度常数的对数是绝对温度倒数的线性函数。

从上式看出,反应速度常数随温度的增加呈指数关系迅速增加,因此提高还原温度可以使反应速度迅速增加。提高反应温度,不仅可使反应过程加速、缩短反应周期,提高生产率,而且还能明显地改善反应体系内熔体各组分的性质。随着温度的升高,熔融

状的镁与 $MgCl_2$ 黏度变小,流动性增加,镁与 $MgCl_2$ 间的分层得到改善,都有利于还原反应加速进行。

从动力学因素考虑,反应温度较高为好。但反应温度也不宜过高,过高会使海绵锆与不锈钢坩埚中的铁发生反应,甚至熔合成低熔共晶体(锆与铁的共晶温度为 935℃),使产品含铁量增加,导致产品不合格。从图 8-8 可见,坩埚的测温点在还原罐与坩埚之间的套管内(钛还原过程的测温套管直接插在还原罐的熔体内),所测温度比坩埚内实际的反应温度要低 100℃左右。一般该测温点的温度控制在 800℃左右。这样既保持了较高的反应温度,又保证了海绵锆的质量。

C 还原罐的压力

还原反应是在惰性气体氩气保护下进行的。在升温阶段,随着温度的升高,$ZrCl_4$ 挥发速度增加很快,引起压力增加,必须定时从针形阀向外放气,这样可以增大 $ZrCl_4$ 浓度,使还原反应加速。这里主要讨论还原罐的总压力 $P$,它由水银 U 形压力计指示。我国采用的是图 8-8 所示的法兰-真空垫圈固定密封式还原罐。垫圈上、下部均有水冷夹套冷却。结构的优越性在于可以承受较大的压力变化,而较高的压力可以抑制坩埚内镁蒸汽的蒸发。但压力过高时,易使 U 形压力计内的水银冲出,可适当由针形阀向外放气,或向蛇形管通空气或水蒸气以冷却部分 $ZrCl_4$;压力过低,有时产生负压,可充入氩气并适当提高 $ZrCl_4$ 区加热区温度。

D 液面高度

随着反应进行,不断产出的液体 $MgCl_2$ 及海绵锆会使坩埚的液面上升,按照图 8-8 所示的结构形式,这种状态一直维持到反应结束。显然,由于 $MgCl_2$ 的积累,后期的反应速度是很慢的。如果用排放 $MgCl_2$ 的结构形式(将在 8.4.4 节叙述),可以使镁的新鲜反应表面不断暴露,使还原反应顺利进行。上述因素,实质上是相互影响互为补充的。

## 8.4 镁还原四氯化锆工艺流程与设备[12~18]

### 8.4.1 镁还原四氯化锆工艺流程

镁还原四氯化锆生产海绵锆基本流程如图 8-9 所示。该流程主要包括原料组装、还原、真空蒸馏及产品处理四个过程。

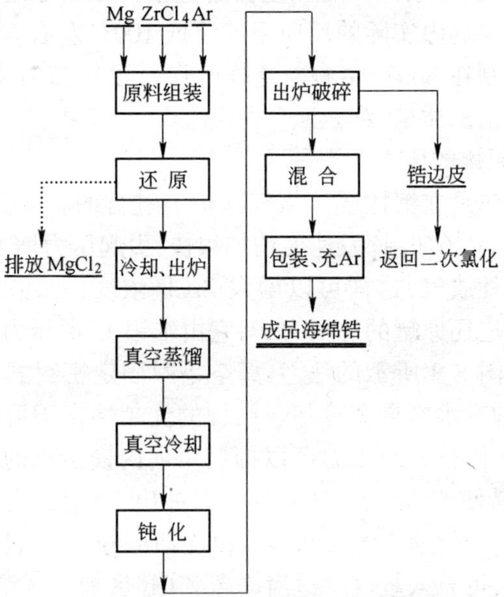


图 8-9 镁还原 $ZrCl_4$ 生产海绵锆基本流程图

还原过程中有两种方式:一是不排放 $MgCl_2$;二是排放$MgCl_2$。与海绵钛厂的情况不同,海绵锆厂一般都不用电解法回收镁和氯,而仅将过量的镁回收后再酌情使用,氯化镁运出厂外电解回收或作其他用途。回收装置不设在现场并不是技术上的原因,而是因为氯化镁量太少,出于经济上的考虑。

还原的主要原材料:主要原材料是四氯化锆、镁和氩气,对它们的要求非常严格。

(1)四氯化锆。采用氢气提纯后的精 $ZrCl_4$,重点控制杂质允许含量。

(2)镁。镁的主要物理常数如下:

原子序数 12

相对原子质量 24.305

核外电子构型 $1s\quad 2s^2\quad 2p^6\quad 3s^2$

晶格类型 六方密排晶格

熔点 650℃

熔化热 (8.78±0.4) kJ/mol

沸点 1107℃

气化热 (127.5±0.6)kJ/mol(1107℃)

升华热 (142.1±0.6)kJ/mol

燃烧热 6013 kJ/mol

固态收缩率 3.97%

结晶初始温度(最小) 150℃

镁的密度、质量热容和热导率列于表 8-6。

**表 8-6 镁的密度、质量热容和热导率**

| 项目 | t/℃ | | | | | | | |
|---|---|---|---|---|---|---|---|---|
| | 20 | 100 | 400 | 500 | 600 | 650 | 700 | 800 |
| 密度/$g\cdot cm^{-1}$ | 1.745 | | 1.692 | 1.676 | 1.672 | 1.622 | 1.575 | 1.55 |
| 质量热容/$J\cdot g^{-1}\cdot K^{-1}$ | 1.020 | | 1.191 | 1.233 | 1.250 | | 1.396 | 1.396 |
| 热导率/$W\cdot m^{-1}\cdot K^{-1}$ | 164.69 | 148.89 | | 133.76 | 131.25 | | 97.33 | 97.33 |

蒸汽压(Pa)与温度的关系式:

$\lg p=(3.27-2.95\times10^{-3}T-7.64\times10^{-3}T^1+8.74\times10^{-7}T^2+2.5\lg T)\times133$ (570~924K)

$\lg p=(11.61-7.61\times10^2T^1-1.021\lg T)\times133$ (924~

1380K)

上式蒸汽压计算值列于表 8-7。

常温下,镁在干燥的空气中具有很好的化学稳定性,这是由于表面生成一层氧化膜,可防止镁继续氧化。镁在湿空气中,其耐腐蚀性能降低。温度低于 350℃时氧化速度缓慢,高于 400℃时氧化速度加快,并随着温度的增加而迅速增加。镁在接近熔点温度或液态时很易燃烧。镁粉的化学活性更强,极易燃烧,并发生耀眼的白色火焰。

**表 8-7 镁的蒸汽压**

| $t$/℃ | 327 | 527 | 627 | 727 | 827 | 927 | 1027 | 1107 |
|---|---|---|---|---|---|---|---|---|
| $p$/Pa | 0.014 | 19 | 220 | 11158 | 5293 | 17941 | 54184 | 101325 |

温度高于 300℃时，镁和氮开始明显的反应，670℃时氮化反应很迅速，生成氮化物。在常温下，镁与煤油、汽油和矿物油不起反应。它在氢氟酸、铬酸和苛性碱中是稳定的，但被许多矿物酸和有机酸所溶解，镁在盐类（除氟盐外）的水溶液中也是不稳定的。

在高温下镁具有很高的化学活性,能把多种金属氧化物、氮化物、氯化物和氟化物还原成金属。

我国曾使用纯度较高的蒸馏镁作 $ZrCl_4$ 还原剂(Mg≥99.99%)。

(3)氩气。化学成分(%)为:Ar≥99.99;H<0.01;$O_2$<0.0015;$H_2$<0.0005;$C_mH_n$<0.001;$H_2O$<30mg/m$^3$。

## 8.4.2 美国矿务局的还原设备

A 设备

在锆工业生产前期,美国矿务局使用图 8-10 的还原设备。还原罐为竖式电加热,还原罐由 310 型不锈钢制成,厚 6.35mm,高 1778mm,内径 705mm,在顶部周围焊有一宽 50.8mm、深

228.6mm的环槽。槽内填充用作密封的铅-锑合金(熔点247℃)。操作时,炉盖可在密封槽内上下浮动。槽下面焊有一根不锈钢管,在操作过程中如必要时,可使空气或冷却水通过此管冷凝铅合金封。

每只炉子有三个加热带:在铅合金封的四周是上层区,沿还原罐向下延伸280mm,额定功率为13kW;中层区加热单元,约在上加热层以下50mm处开始,长711mm,额定功率为46kW;下层加热区额定功率也是46kW。炉顶可以置换,每一炉顶装有5kW的加热单元。炉顶和铅合金封加热区的正常操作温度最高达650℃,而中层和下层可以在高达900℃下工作。

每一加热区段与炉盖都有一热电偶并装有单独控制装置。热电偶管焊在不锈钢罐上。下区段有两个热电偶管焊在罐上对称的位置,中区段与上区段各有一热电偶管。用自动多头记录器,连续不断地记录温度,以备操作人员操作与调整温度。

在还原阶段,铅合金封是熔融的。炉盖可根据容器内部气压调整,上下浮动。还原时,可用放气阀放出气体杂质。

炉盖有一个配重器(counter weight),以调整盖沿的位置,防止盖沿在铅-锑合金中的位置过高或过低。如果炉内压力过高,气体会从合金封中冲出,使熔融铅合金泼溅到地面上。又如压力太低,浮顶便搁浅在槽底,空气可能经过合金封进入炉内,于是有一些铅合金给带入反应坩埚内。海绵锆内即使存有少量铅,也是必须避免的,因为铅锆合金极易自燃和污染产品。

B 还原操作

四氯化锆还原炉及还原罐与提纯所用的完全相同。罐体内有一只盛装镁的软钢坩埚,在还原时作为反应容器。实践表明,使用14%铬-铁坩埚更好。在坩埚顶上装有不锈钢挡板,用于挡住氯化锆内的氧化物和其他固体杂质落入坩埚,并把四氯化锆气流导向反应坩埚的中央。图8-10上还示出浮顶和旋管上面聚满了升华的四氯化锆,正如把它从提纯炉移置到还原炉中时的情况一样。

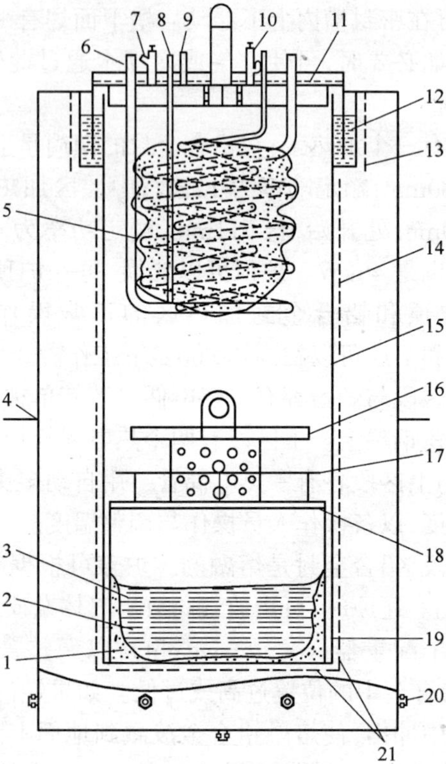


图 8-10 还原炉的示意图

1—锆;2—氯化镁;3—镁;4—地平线;5—致密四氯化锆;6—外蛇管;7—放气阀;8—内蛇管;9—真空接管;10—气阀;11—浮顶加热元件;12—铅合金封;13—铅合金封加热元件;14—中层加热元件;15—还原罐;16、17—挡板;18—坩埚提升棒;19—还原坩埚;20—冷却系统塞头;21—下层加热元件

还原罐内必须隔绝空气,因此反应是在氩气氛中进行的。还原操作是整个过程中最重要的步骤,反应速度与反应期间氩气的浓度与四氯化锆蒸汽浓度的比例密切相关。如果四氯化锆的浓度过高,反应会进行的太快,温度便会过高;四氯化锆浓度太低,则反应进行的太慢,使操作时间过分延长。因此操作者必须能发觉任

何脱离正常操作的情况,控制压力、温度等因素,及时加以纠正。如果反应呆滞不前,应提高反应器中层的温度,以增加四氯化锆的挥发,并把过多的氩气从炉内放走。如果反应迅速进行,同时下层的温度上升得太快,那就必须把氩气通入炉中以减慢反应。对于这些校正措施可觉察的反应是迟钝的,因此就需要估计必然的变化程度而适当地予以校正。当全部四氯化锆耗尽时,炉内压力急剧下降,表明反应已经结束。

C 提纯-还原联合操作

美国矿务局采用的炉料中杂质相当少,因而有可能应用提纯-还原联合法。炉子、还原罐、还原坩埚和氯化锆容器与在提纯和还原操作分别进行时相同。提纯-还原联合装置示意图如图 8-11 所示。每炉加入 54.5kg 镁、234~238kg $ZrCl_4$。采用该法,除了能把提纯炉空出使之用于提纯-还原联合过程以外,还可使操作周期从 64h 减少到 44h。

### 8.4.3 镁还原四氯化锆工业试验[19,20]

A 设备

关于还原过程的控制,资料认为[1],迄今尚未找到一种十分有效的方法能控制 $ZrCl_4$ 蒸气与氩气(或氦气)浓度之比,以便能控制反应的进行。日本学者石松一彦等认为由于惰性气体氩与 $ZrCl_4$ 气体能任意混合,目前还没有测定它们之间相互比例的实用方法,而只能根据实际操作者所掌握的熟悉程度加以判断来控制适当的混合比进行还原反应。因此各炉产品彼此之间质量、数量差别有时很大。为此,我国针对这一问题进行研究和工业试验,并采用图 8-8 所示的还原设备。

B 还原操作

还原罐尺寸为 $\phi$546mm × 1800mm,挥发桶可装入 100 kg $ZrCl_4$,坩埚装 25kg 蒸馏镁。每炉可得锆 36kg 左右,还原罐的压力用水银 U 形压力计指示。为了操作人员操作及计算,本节的压力统一采用 mmHg(1mmHg = 133.32Pa)。

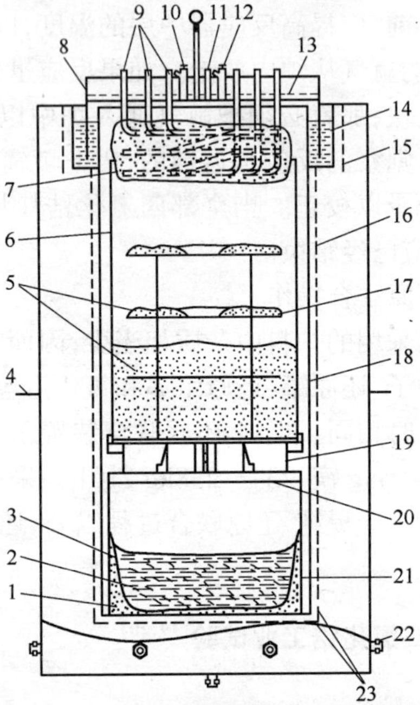


图 8-11 提纯-还原联合装置示意图

1—锆；2—氯化镁；3—镁；4—地平线；5—粗四氯化锆；6—提纯罐；7—致密四氯化锆；8—浮顶；9—冷却蛇管；10—气阀；11—真空接管；12—放气阀；13—浮顶加热元件；14—铅合金封；15—铅合金封加热元件；16—中层加热元件；17—放置粗四氯化锆的格架；18—还原罐；19—还原挡板；20—坩埚提升棒；21—还原坩埚；22—冷却系统塞头；23—下层加热元件

还原罐组装完毕后，用机械泵抽空至 $10^{-2}$mmHg（1.333Pa）后，充氩气至微正压。上、下部送电升温至250℃，并在250℃下恒温；在上、下部开始送电的同时，用水环泵连续抽空，其真空度为 -550mmHg，以排除低沸点杂质氯化物、HCl 气及水蒸气等。

排气结束，停止抽空，然后充入氩气至200～300mmHg，上、下部继续升温，此时 $ZrCl_4$ 挥发，还原罐压力增大，通过针形阀间断放气以降低氩气分压，增加 $ZrCl_4$ 的挥发，加快还原反应。但是，由于氩气分压没有一个测量或计算的方法，也没有一个适当的升温制度，操作人员只能凭经验操作，因此还原过程极不稳定，根据生产中多炉次的统计数据，产生的黑粉量波动在3.5～18kg之间，锆回收率最低只有70%左右。

可推导出以下的氩气分压 $p_{Ar}$ 的近似计算式，再对还原罐中上、下部的升温状态进行分析后，制定出上、下部的升温制度，与氩气分压的控制相互配合，按照图8-12、图8-13和表8-8所示的还原过程曲线及方法进行作业。

氩气分压计算式为：

$$p_{Ar}^{n}=[(760+p''_{Ar})/(760+p'_{Ar})]p_{Ar}^{n-1}$$

式中 $p_{Ar}^{n}$——经第 $n$ 次放气后的氩气分压，mmHg；

$p''_{Ar}$——放气前还原反应罐中的始压力，mmHg；

$p'_{Ar}$——放气后还原反应罐中的终压力，mmHg。

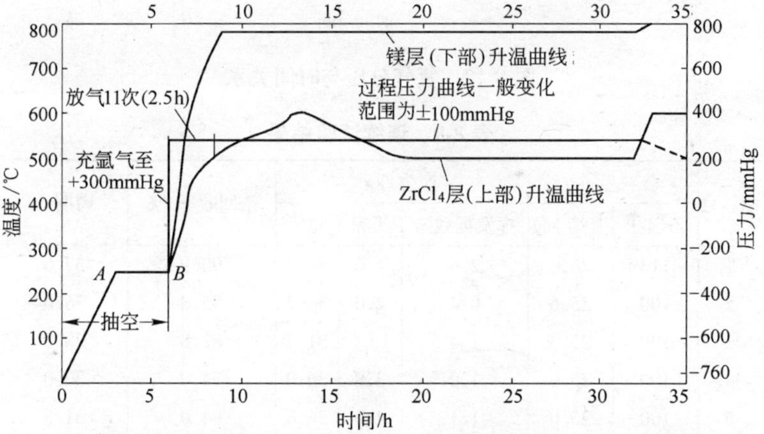


图8-12 镁还原 $ZrCl_4$ 过程曲线

**表8-8 氩气分压($p_{Ar}$)与时间的关系**

| 放气次数序号 | 1 | 2 | 3 | 4 | 5 | 6 | 7 | 8 | 9 | 10 | 11 |
|---|---|---|---|---|---|---|---|---|---|---|---|
| 时间 $t$①/min | 10 | 20 | 30 | 45 | 60 | 70 | 90 | 105 | 120 | 130 | 140 |
| $p_{Ar}$(体积分数)/% | 0.72 | 0.65 | 0.60 | 0.55 | 0.50 | 0.48 | 0.45 | 0.41 | 0.38 | 0.35 | 0.33 |

①图8-12中 $B$ 点(充入氩气后)定为时间的原点，$t=0$。

C 工业试验结果

按图8-12及表8-8的技术条件进行了工业试验,结果如表8-9所示。

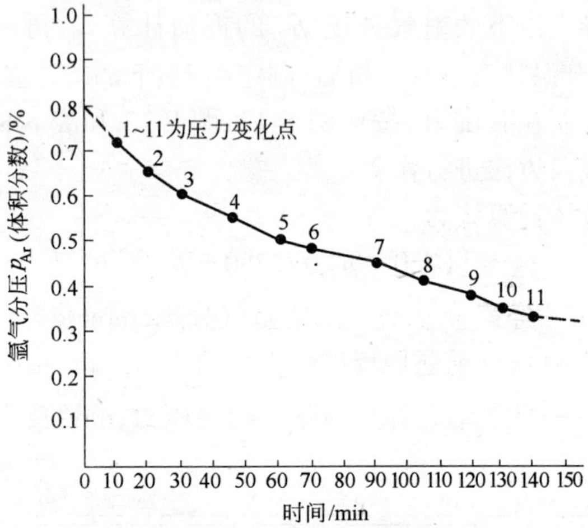


图8-13 氩气分压与时间关系

**表8-9 连续试验结果**

| 标号 | 装料量/kg | | 产生/kg | | | 锆回收率/% | 周期/h |
|---|---|---|---|---|---|---|---|
| | $ZrCl_4$① | 蒸馏Mg | 挥发桶残渣 | 黑粉 | 锆② | | |
| 1 | 113 | 28.0 | 2.6 | 4.0 | 40.2 | 92.9 | 37.0 |
| 2 | 100 | 25.6 | 0.4 | 2.0 | 36.7 | 95.8 | 36.0 |
| 3 | 100 | 25.3 | 1.4 | 10.0 | 31.7 | 82.8 | 28.0 |
| 4 | 100 | 25.0 | 1.0 | 3.8 | 36.0 | 94.0 | 30.0 |
| 5 | 100 | 25.0 | 1.1 | 4.0 | 36.0 | 94.0 | 31.5 |
| 6 | 100 | 25.0 | 1.0 | 3.0 | 37.1 | 96.9 | 42.0 |

①经分析 $ZrCl_4$ 含38.3% Zr;

②经真空蒸馏后获得的海绵锆量。

标号为"3"的试验,采用较低的氩气分压,即在 $t=90$min时,$p_{Ar}<0.28$。在放气过程中,从针形阀快速排出的气体中有时出现少量火花,并有黑粉冷凝物。火花是很细的锆粉及镁蒸汽遇空气燃烧产生

的。炉周期最短仅28h,黑粉量却高达10kg,锆回收率,只有82.8%。这是由于氩气分压太低,$ZrCl_4$ 分压太高,导致反应速度太快,温度过高,使镁大量蒸发到坩埚外,发生气相反应的缘故。标号为“6”的试验,时间在大于150min后,放气次数及放气量较少,后期反应速度较慢,因而周期长达42h,但回收率高达96.9%。

从B点升温后,还原反应逐渐加速,从U形压力计上可以看见水银液面有节奏地上下波动,5～6h后,波动频率及振幅变小,表明还原反应已变慢。如发现水银液面呆滞不动,针形阀测压管可能被冷凝的 $ZrCl_4$ 所堵塞,将测压管接至另一针形阀,徐徐打开阀门观察压力状态,并将被堵塞的测压管打通。

从表8-10所列试验结果可以看出,按照图8-12及表8-9的技术条件操作,产生的黑粉在4kg以下,锆回收率平均在94%以上。试验中发现,在 $t$ 从0～15 min的升温放气阶段,放气时间或氩气分压 $p^{n}_{Al}$ 与表8-9的预定值有时会出现小偏差,可以在下次放气时予以调整。根据式(8-17),$p_{Ar}+p_{ZrCl_4}=1$,如 $p_{Ar}$ 减小,则 $p_{ZrCl_4}$ 增加。图8-13反映了 $p_{Ar}$ 随时间不断下降的趋势,反映了 $p_{ZrCl_4}$ 随时间不断增加的趋势,反应速度也逐步加快,结果表明升温阶段按图8-12、图8-13、表8-9的规定升温、排气是决定还原过程的关键,这一技术操作条件有效地控制了整个还原过程,可以获得好的技术经济指标。

上述结果表明,这一控制还原过程反应的技术较好地解决了还原罐内反应区的 $ZrCl_4$ 供给速度问题。

### 8.4.4　氯化镁的排放

还原过程的动力学分析中指出,在还原过程将不断积累的反应副产物 $MgCl_2$ 及时排放,可以加速反应进行,缩短反应周期,提高生产率。为此,我国也进行了排放 $MgCl_2$ 的研究和应用。

A　锆还原过程排放 $MgCl_2$ 的原理

根据还原反应计算,255.7kg $ZrCl_4$ 与53.3kg Mg反应,理论

上可以生成 100.0 kg Zr 和 209.0 kg $MgCl_2$。反应中镁与 $MgCl_2$ 的密度随着温度的升高而减小，见表 8-10，但锆的密度变化极小，在 800℃下其密度仅为 6.52 g/cm³。

**表 8-10　镁及 $MgCl_2$ 密度与温度的关系**

| 温度/℃ | | 200 | 400 | 500 | 600 | 650 | 700 | 800 |
|---|---|---|---|---|---|---|---|---|
| 密度/$g \cdot cm^{-3}$ | Mg | 1.745 | 1.692 | 1.676 | 1.622 | 1.572 | 1.575 | 1.555 |
| | $MgCl_2$① | 2.325 | 1.788 | 1.759 | 1.730 | 1.716 | 1.701 | 1.672 |

①$MgCl_2$ 的密度是根据计算式 $\rho_t = 1.686 - 2.9 \times 10^4 (t - 752)$ 得出。

如在 800℃下进行还原反应，每生成 100kg 锆，镁坩埚内熔体主要组分的质量及体积的变化见表 8-11。

**表 8-11　坩埚内熔体主要组分的质量及体积的变化①**

| 组　分 | Mg | Zr | $MgCl_2$ | 总增量∑ |
|---|---|---|---|---|
| 密度 $\rho/g \cdot cm^{-3}$ | 1.555 | 6.52 | 1.672 | |
| 质量增量 $\Delta m$/kg | -53.3 | 100.0 | 209.0 | 255.7 |
| 体积增量 $\Delta V$/L | -34.3 | 15.3 | 125.0 | 106.0 |

①按反应生成 100.0 kg 锆计算，不计损失。

从表 8-11 可以看出，按还原反应式计算，当生成 100kg 锆后由于镁被消耗，生成锆及 $MgCl_2$，使坩埚内熔体质量总增量 $\sum \Delta m$ 为 255.7 kg(这正是进入坩埚内反应的 $ZrCl_4$ 质量)，熔体体积总增量 $\sum \Delta V$ 为 106L。从表 8-11 也还可以看出，坩埚熔体重量、体积的增加主要是由于副产物 $MgCl_2$ 质量、体积的增加引起的。显然，当镁坩埚直径确定之后，根据 $\sum \Delta V$ 值，可以计算出坩埚内熔体液面上升的高度 $\Delta h$。根据工艺过程可以确定排放 $MgCl_2$ 制度。

B　试验设备

试验所用设备如图 8-14 所示。该系统设备的布置呈倒“U”形。其特点是 $ZrCl_4$ 气体从外部输入还原罐进行反应，因此能够充分利用还原罐空间。还原罐尺寸为 $\phi$380mm × 800mm，坩埚尺寸为 $\phi$300mm × 400mm，$ZrCl_4$ 挥发罐尺寸为 $\phi$380mm × 600mm。

$ZrCl_4$ 挥发罐 19 预先装入固体 $ZrCl_4$，测压阀 17 与一个以甘油为介质的隔离盒连接，隔离盒另一端与一只高压压力表相接。挥发罐 19 的压力控制在 15.2kPa 左右，以便充分供给还原反应所需的 $ZrCl_4$。借助控制阀 15 可以调节 $ZrCl_4$ 气体的流量。$ZrCl_4$ 气体进入还原罐 3 并与镁坩埚 4 内的镁反应。当液面探测器 10 探测到坩埚熔体液面上升到规定高度后，往还原罐充氩加压，坩埚底部的 $MgCl_2$ 穿过马蹄形隔离罩 2 的条形齿缝进入排放 $MgCl_2$ 管，流入计量桶内。当排出的 $MgCl_2$ 达到预定量后，从放气阀 9 快速放气，使还原罐压力降至微正压，$MgCl_2$ 便停止流出。然后继续进行反应，如此循环操作。

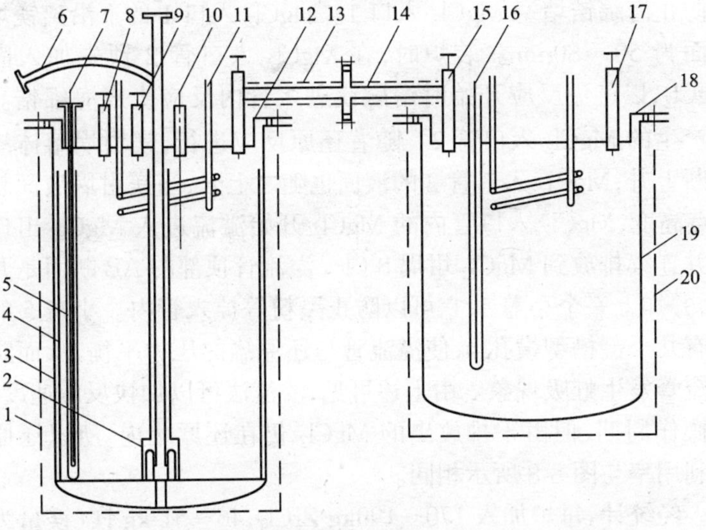


图 8-14 倒 U 形顶部排 $MgCl_2$ 系统设备示意图

1—电加热炉；2—马蹄形隔离罩；3—还原罐；4—镁坩埚；5—热电偶外套管；6—排放 $MgCl_2$ 管；7—热电偶；8—测压阀；9—放气阀；10—液面探测器；11—冷却蛇管；12—炉盖；13—煤气加热器；14—连接管；15—控制阀；16—热电偶；17—测压阀；18—炉盖；19—$ZrCl_4$ 挥发罐；20—电加热炉

挥发桶装入 46 kg $ZrCl_4$，镁坩埚装入 8.3kg 镁，还原温度为

800℃，排放 $MgCl_2$ 2 次，每次约 5kg，产出海绵锆 16kg。试验的操作周期 15～16h，比不排放 $MgCl_2$ 的工艺可缩短约 1/3。试验表明，锆还原过程可以顺利地排放出 $MgCl_2$，从而加快反应速度、缩短操作时间。

C 工业生产实践

在工业生产中有两种排 $MgCl_2$ 方法，即溢流法及顶部排放法。

(1)溢流法。在还原罐底部有一个盛 $MgCl_2$ 坩埚和 $MgCl_2$ 坩埚盖；坩埚盖以上依次为镁坩埚、隔热板、$ZrCl_4$ 挥发桶，这部分的结构类似于图 8-8。镁坩埚外壁焊有一个倒 U 形 $MgCl_2$ 溢流管，管断面为正方形，其示意图如图 8-15。$MgCl_2$ 入口 1 与镁坩埚底部连通。在坩埚底部有一个类似于图 8-14 的半圆马蹄形隔离罩，以防止海绵锆堵塞 $MgCl_2$ 入口 1。$MgCl_2$ 入口 1 的下沿离镁坩埚底面为 50～80mm。装炉时，在 $MgCl_2$ 入口管 2 预先加入固体 $MgCl_2$，以避免反应开始时熔融镁进入管内反应生成海绵锆。反应产生的 $MgCl_2$ 入口管 2。随着还原反应进行，镁坩埚熔体液面不断上升，$MgCl_2$ 入口管 2 的液面也随之上升，当镁坩埚液面超过 C 点高度，$MgCl_2$ 入口管内的 $MgCl_2$ 开始溢流进入 $MgCl_2$ 出口管 6，并连续排放到 $MgCl_2$ 坩埚 8 内。溢流管顶部的 AB 断面是开口的，并加上一个小盖 5，它可以防止黑粉等掉入管内。小盖 5 的下沿有几个键槽型横孔 4，使溢流管与还原罐的压力平衡，从而防止溢流管发生虹吸现象。由上述可见，溢流法可以加快反应速度，缩短操作周期，但由于排放出的 $MgCl_2$ 仍在还原罐内，所以还原罐的利用率与图 8-8 所示相同。

经统计，每炉加入 170～190kg $ZrCl_4$，46～51 kg 镁（镁量为理论量的 130%），溢流出的 $MgCl_2$ 为 65～80kg，产出 60～70kg 海绵锆。操作周期 20～24h，比不排放 $MgCl_2$ 的还原时间缩短约 1/3。

此法已在炉产 116kg、500kg 海绵锆还原炉中应用。

(2)顶部排放法。该法在还原坩埚底部放置 $ZrCl_4$ 挥发桶，桶上部有一个隔热罩，镁坩埚放在隔热罩上，镁坩埚配置在还原罐的上部便于从顶部排放 $MgCl_2$。排放 $MgCl_2$ 的装置及操作方法类似图 8-14。

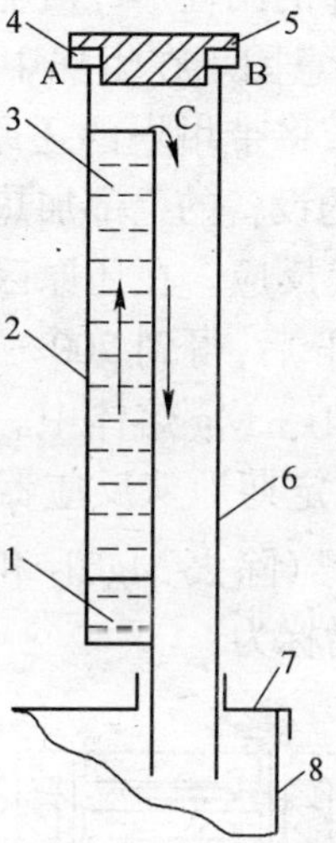


图 8-15 倒 U 形 $MgCl_2$ 溢流管示意图

1—$MgCl_2$ 入口;2—$MgCl_2$ 入口管;3—$MgCl_2$ 液;4—键槽型横孔;
5—小盖;6—$MgCl_2$ 出口管;7—$MgCl_2$ 坩埚盖;8—$MgCl_2$ 坩埚

每炉加入约 770kg $ZrCl_4$,190～200 kg 镁(镁量为理论量的 130%),间隔 2～3h 排放一次 $MgCl_2$,每次排放 150～200kg $MgCl_2$,一炉排放 3~4 次,产生约 280 kg 海绵锆,操作周期 35～40h。

试验结果表明,镁还原过程中 $ZrCl_4$ 由外部输入,生成的 $MgCl_2$排放到还原罐外为最佳方案。$ZrCl_4$ 的输入可以采用以下方式:(1)固体 $ZrCl_4$ 在挥发罐中挥发成气体进入还原罐(见图 8-14);(2)固体 $ZrCl_4$ 借助螺旋加料机定量直接加入还原罐;(3)固体 $ZrCl_4$ 借助螺旋加料机定量加入一个小型挥发罐,该罐控制在 600℃左右高温,固体 $ZrCl_4$ 受热后迅速挥发成气体并进入还原罐。$MgCl_2$ 的排放可以采用以下方式:(1)顶部排放(见图 8-14);(2)底部排放;(3)底侧部排放。如果采取以上的 $ZrCl_4$ 输入及 $MgCl_2$ 的排放方式,可以较有效地克服工艺过程中的上述难题。

### 8.4.5 日本锆厂的锆还原设备[3]

日本锆厂锆还原过程是从还原罐的底侧部排放 $MgCl_2$。将氢

气提纯工序冷凝有 $ZrCl_4$ 的圆柱形冷凝器装在还原罐的上部。图8-16所示为还原设备示意图。在坩埚中盛有镁，将设备密封，抽真空并充入氩气。然后，将带坩埚的还原罐加热到750～780℃，而将带有 $ZrCl_4$ 冷凝物的设备的上部加热到300～360℃，$ZrCl_4$ 气体进入坩埚，与熔化的镁反应。在还原区反应器壁的温度保持在780～920℃范围内。48h后，得到700～800kg的海绵锆，它混合在反应物质的 $Zr+MgCl_2+Mg$ 熔体中。所生成的熔融状的 $MgCl_2$，如生产海绵钛一样，定期地从反应器底侧部排出，因此，锆的回收率很高。每t商品锆（除去 $MgCl_2$ 和镁及去掉未冷却的金属以后）生产过程的典型指标为：

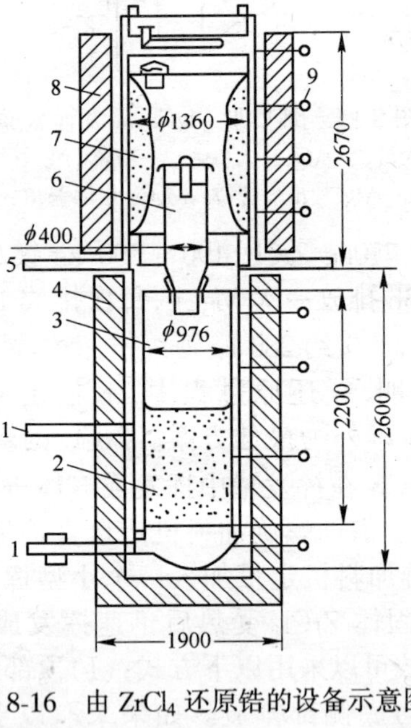


图8-16 由 $ZrCl_4$ 还原锆的设备示意图

1—$MgCl_2$ 放出接管；2—反应物（$Mg+MgCl_2+Zr$）；3—盛镁的反应坩埚；4—反应区加热炉；5—抽真空的设备接管；6—$ZrCl_4$ 蒸汽引入反应筒的连接管；7—被升华的 $ZrCl_4$；8—$ZrCl_4$ 挥发炉；9—热电偶

| | |
|---|---|
| 反应物中锆的回收率 | 98.5% |
| 电能消耗 | 13948 kW·h |
| 氩气消耗量 | $23m^3$ |

## 8.5 真空蒸馏原理与工艺条件

镁还原 $ZrCl_4$ 所得的反应产物为锆、$MgCl_2$ 和剩余镁的混合体。在不排放 $MgCl_2$ 时，反应产物含有 29% ~ 31% Zr，63% ~ 66% $MgCl_2$，4% ~ 6% Mg；在溢流法排放 $MgCl_2$ 时，反应产物含有 47% ~ 49% Zr，42% ~ 46% $MgCl_2$，7% ~ 9% Mg；在顶部排放 $MgCl_2$ 时，反应产物含有 58% ~ 61% Zr，29% ~ 33% $MgCl_2$，9% ~ 11% Mg。以上三类反应产物中熔体表面均含有少量黑粉。用真空蒸馏法，即在高温和真空条件下利用锆与 $MgCl_2$、镁的蒸汽压性质的差异，可实现锆与 $MgCl_2$、镁有效的分离。

### 8.5.1 真空蒸馏原理

A 蒸馏过程的热力学

真空蒸馏包括蒸发(或升华)和冷凝过程。

a 蒸发(或升华)过程中的热力学分析

蒸发和升华过程中两物质的分离效果主要决定于它们的蒸汽压，因此有必要研究金属及其化合物的蒸汽压。

(1)纯金属及其化合物的蒸汽压，相对挥发性能。从热力学定律可知，任何物质在一定温度下，都有其一定的蒸汽压，蒸汽压与温度的关系可用克劳修斯-克拉珀龙(Chausius-Clapeyron)方程式表示：

$$\lg p^{\ominus} = A/T + B(101.3\text{kPa})$$

式中 $A = L/2.303R$，$L$ 为蒸发热(或升华热)；

$B = \Delta S_{沸}/2.303R$，$\Delta S_{沸}$ 为沸点时的蒸发熵或升华温度时的升华熵。

应当指出，上式系设定蒸发热力学常数，若考虑到蒸发热随温度而变的因素，则

$$\lg p^{\ominus} = A/T + B\lg T + CT + D$$

式中，$A$、$B$、$C$、$D$ 均为常数。

某些金属及其氯化物、镁和 $MgCl_2$ 的蒸汽压与温度的关系如图 8-17、表 8-12 及表 8-5 所示。

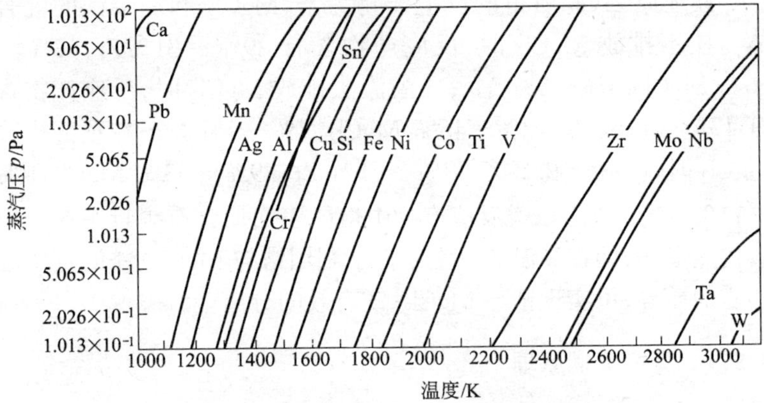


图 8-17 某些金属的蒸汽压与温度关系

**表 8-12 某些金属氯化物的蒸汽压**

| 氯化物 | 蒸汽压/Pa | | | | |
|---|---|---|---|---|---|
| | 500℃ | 700℃ | 1000℃ | 1200℃ | 1500℃ |
| $MgCl_2$ | $2.5\times10^{-8}$ | $6.5\times10^{-3}$ | 53.32 | $1.4\times10^{-2}$ | $2.9\times10^{4}$ |
| NaCl | $7.9\times10^{-12}$ | $6.0\times10^{-7}$ | 6.8 | 3.7 | $1.6\times10^{4}$ |
| KCl | $8.0\times10^{-11}$ | $2.8\times10^{-4}$ | 13.6 | $7.5\times10^{-2}$ | $2.4\times10^{4}$ |

分析上述图表可看出下列规律，在同样温度下各物质的蒸汽压不同，即其相对挥发性不同。在金属中，稀有高熔点金属最难挥发，它们在 1200K 左右蒸汽压都在 $1.013\times10^{4}$Pa 以上（钠、钾、镁的蒸汽压超过图 8-17 范围，故未列入）。镁的沸点为 1107℃，$MgCl_2$为 1418℃；在常压和 900℃ 时，镁的平衡蒸汽压为 $1.3\times10^{4}$Pa，$MgCl_2$ 为 975Pa。锆的沸点高达 3577℃，在 900℃ 下不挥

发,它与镁、$MgCl_2$ 的挥发差异很大,利于分离。

对照图 8-17 和表 8-12 可知:碱金属及碱土金属氯化物的蒸汽压比稀有高熔点金属的蒸汽压高 4～5 个数量级,因此理论上来说,稀有高熔点金属氯化物金属热还原的产品都可用真空蒸馏法分离,但对 NaCl、$CaCl_2$ 而言,在 1000℃ 左右时蒸汽压太低,蒸发速度慢,故一般不采用。

(2)溶液或固溶体中各组分的蒸气压($p_i^\circ$)(或称平衡蒸气压):实践中许多组分往往互相组成溶液或固溶体,根据溶液的理论,溶液中各组分的蒸汽压(或平衡蒸汽压)$p_i^\circ$ 可按下式计算:

$$p_i^\circ = p_i^\circ \cdot a_i$$

式中 $p_i^\circ$——处于纯物质状态时的蒸汽压;

$a_i$——$i$ 组元在溶液中的活度。

对稀溶液中的溶剂而言,可认为符合拉乌尔定律,即

$$p_{溶剂}^\circ = p_{溶剂}^\circ \times N$$

式中 $N$——溶剂的克分子分数。

对稀溶液中的溶质 $i$ 而言,可认为符合亨利定律,即

$$p_i^\circ = k_i + C_i$$

式中 $C_i$——溶质的浓度;

$k_i$——常数。

从上式可知在蒸馏过程中,随着过程的进行,挥发性物质在溶液中的浓度逐渐降低,平衡蒸汽压越来越小,分离将越来越困难。

b 冷凝过程的热力学分析

(1)露点:设某过热蒸汽,其压力为 $p$,温度为 $T$,当在恒压下将温度降低,降到 $T_0$ 时,气相恰恰达到饱和,略低于 $T_0$ 就会有液体凝聚,$T_0$ 称为压力为 $p$ 的蒸汽的露点。

对纯金属蒸汽,或气相含有其他气体但它不与此金属共同冷凝组成溶液时,露点很容易根据金属的蒸汽压方程式求出。如气相某金属蒸汽的压力为 $p$,该金属的蒸汽压与温度的关系为:

$$\lg p^\circ = -A/T + B$$

则将 $p$ 代 $p^{\circ}$ 即可求出露点为 $T_0 = A/(B - \lg p)$

对气相有两种或两种以上蒸汽，且能同时冷凝组成溶液时，其开始冷凝温度则难以计算，一般可根据气-液平衡图确定。

(2)冷凝温度的确定：从热力学上来说，如果蒸馏时不产生其他非冷凝性气体，同时在作业过程中也不通入其他惰性气体循环，即蒸馏基本上在封闭体系内进行，则冷凝的温度只要低于气相蒸气的露点，冷凝过程即可顺利地在冷凝表面进行。由于冷凝过程的进行，在冷凝表面附近的压力降低，因而蒸发的蒸汽不断向冷凝表面扩散补充，使蒸馏过程连续进行下去。但是实际上为了保证蒸馏过程的速度，冷凝温度往往要大大低于露点。冷凝温度愈低，则冷凝效率愈高。

B　蒸馏过程的动力学分析

真空蒸馏分两种情况，一是将物料中大量组分挥发，或是将物料中溶解的少量挥发性杂质(特别是气体杂质)挥发除去。这两种情况的动力学规律有许多类似处，又有差别。

在第一种情况下，蒸馏过程有如下步骤：

(1)蒸发(或升华)。被蒸馏物 $MgCl_2$、镁等从其表面挥发进入气相空间；

(2)气相扩散。$MgCl_2$、镁气体分子扩散到冷凝面；

(3)$MgCl_2$、镁气体在冷凝面冷凝。

以上三个过程是一个整体，过程的速度主要取决于其中最慢的步骤。影响各步骤速度的因素为：

a　蒸发(或升华)步骤和影响其速度的主要因素

(1)蒸发温度($Te$)：$Te$ 愈高，则在 $Te$ 温度下的蒸汽压 $p_c^{\circ}$ 愈大，因而蒸发速度愈快。

(2)在蒸发表面蒸发物质的分压 $p_1$：单位时间内蒸发的量实际上是蒸发的分子数与由气相返回到蒸发面的分子数之差，当 $p_1$ 愈大，则返回数愈多，相应地实际蒸发速度愈小。

而 $p_1$ 的大小也受着扩散过程的影响，当 $p_c^{\circ}$ 等因素一定时，系统的扩散阻力愈大，则 $p_1$ 愈大，相应地使蒸发速度降低，故扩散过程实际上将影响蒸发速度。

(3)惰性气体分压 $p'$:在蒸发表面由于受惰性气体分子弹性碰撞,可使蒸发的分子重新弹回熔池,因此惰性气体分压 $p'$愈大,则蒸发速度愈小。但一般当 $p'$小于 8Pa 时,其影响可忽略不计。

(4)熔池的表面状况:真空蒸发过程主要是表面蒸发(原因将在下面介绍)。因此熔池表面的清洁状态将对蒸发速度有很大影响,当表面局部被渣或其他物质(如氧化膜等)所覆盖,则蒸发速度变小。

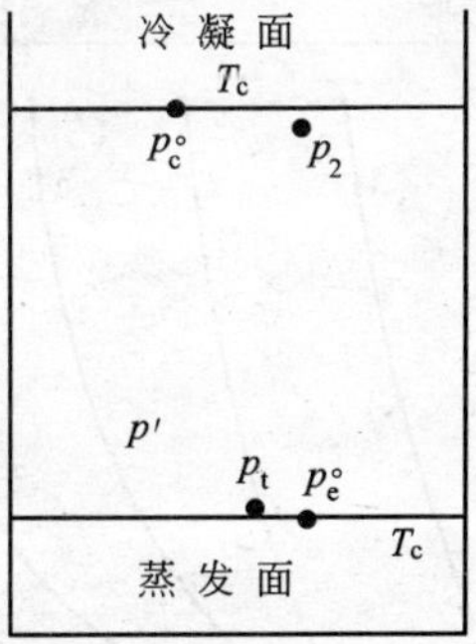


图 8-18 蒸发和冷凝示意图

关于真空下蒸发速度的具体计算,因条件复杂,难以找到通用的公式对分子蒸发时的蒸发速度加以解释。所谓“分子蒸发”是指金属蒸发气压很小,同时系统内真空度很高,气体分子的平均自由程大于蒸发表面到冷凝表面的距离,以致蒸发出来的分子在气相空间不受碰撞而直接到达冷凝表面。在上述条件下,根据气体分子运动理论推出蒸发速度可用式 8-19 表示:

$$W_{蒸} = 7.777 p_c^\circ \sqrt{M/T} \tag{8-19}$$

式中 $W_{蒸}$——蒸发速度,$g/(cm^2 \cdot s)$;

$T$——蒸发温度,K;

$p_c^\circ$——蒸发温度下金属的蒸汽压,Pa;

$M$——蒸汽的相对分子质量。

上式适用于 $p_c^\circ$ 为 0.133Pa 左右。当 $p_c^\circ$ 较大，则其在气相的分压 $p_1$ 不可忽略时，蒸发速度应用式 8-20 表示：

$$W_{蒸} = 7.777(p_c^\circ - p_1)\sqrt{M/T} \tag{8-20}$$

根据计算，某些金属在不同温度下的蒸发速度如表 8-13 所示。

В.В. Сергеев 等[14]报道了不同压力下 $MgCl_2$ 的挥发速度见图 8-19，从图可见，炉内压力愈小，$MgCl_2$ 的挥发速度愈大；温度愈高，$MgCl_2$ 的挥发速度愈大。

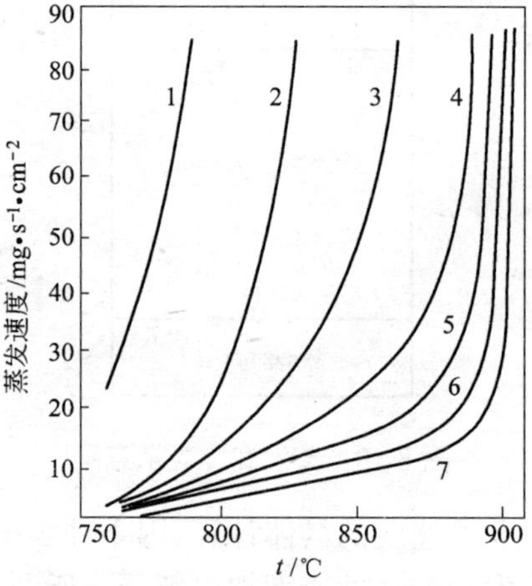


图 8-19　不同压力下 $MgCl_2$ 的挥发速度

1—80Pa；2—133Pa；3—200Pa；4—266Pa；

5—333Pa；6—399Pa；7—466Pa

Г.В. Форсблом 等的研究表明[15]，当蒸馏压力大于 0.07Pa 时，蒸馏速率与压力的大小关系不大。由于锆对杂质要求非常严格，在锆真空蒸馏生产过程，炉内蒸馏压力要求不大于 0.013Pa。

b　气相扩散步骤

蒸汽分子在气相空间扩散的速度可用式 8-21 计算：

**表 8-13 某些金属在不同温度下的挥发速度**

| 金属 | 温度 $t$/℃ 挥发速度 $w$/g·cm$^{-2}$·s$^{-1}$ | 蒸汽压/Pa | | | | | | 熔点/℃ |
|---|---|---|---|---|---|---|---|---|
| | | $133.3\times10^{-5}$ | $133.3\times10^{-4}$ | $133.3\times10^{-3}$ | $133.3\times10^{-2}$ | $133.3\times10^{-1}$ | $133.3\times10^{0}$ | |
| Na | $t$ | 158 | 195 | 238 | 291 | 356 | 437 | $8.2\times10^{-8}$ |
| | $w$ | $1.35\times10^{-7}$ | $1.29\times10^{-6}$ | $1.24\times10^{-5}$ | $1.18\times10^{-4}$ | $1.12\times10^{-3}$ | $1.05\times10^{-2}$ | |
| K | $t$ | 91 | 123 | 161 | 207 | 265 | 338 | $9.8\times10^{-7}$ |
| | $w$ | $1.91\times10^{-7}$ | $1.83\times10^{-6}$ | $1.75\times10^{-5}$ | $1.67\times10^{-4}$ | $1.57\times10^{-3}$ | $1.40\times10^{-2}$ | |
| Mg | $t$ | 287 | 331 | 383 | 443 | 515 | 605 | 2.2 |
| | $w$ | $1.21\times10^{-7}$ | $1.17\times10^{-6}$ | $1.12\times10^{-5}$ | $1.08\times10^{-4}$ | $1.02\times10^{-3}$ | $9.71\times10^{-2}$ | |
| Ca | $t$ | 408 | 463 | 528 | 605 | 700 | 817 | $8.75\times10^{-1}$ |
| | $w$ | $1.42\times10^{-7}$ | $1.37\times10^{-6}$ | $1.31\times10^{-5}$ | $1.25\times10^{-4}$ | $1.19\times10^{-3}$ | $1.12\times10^{-2}$ | |
| Al | $t$ | 848 | 928 | 1030 | 1148 | 1291 | 1465 | $1.81\times10^{-8}$ |
| | $w$ | $9.07\times10^{-8}$ | $8.74\times10^{-7}$ | $8.4\times10^{-6}$ | $8.04\times10^{-5}$ | $7.66\times10^{-4}$ | $7.27\times10^{-3}$ | |
| Ti | $t$ | 1134 | 1249 | 1384 | 1546 | 1742 | 1965 | $1.2\times10^{-2}$ |
| | $w$ | $1.08\times10^{-7}$ | $1.04\times10^{-6}$ | $9.92\times10^{-6}$ | $9.47\times10^{-5}$ | $9.00\times10^{-4}$ | $8.53\times10^{-3}$ | |
| Zr | $t$ | 1257 | 1600 | 1816 | 2001 | 2212 | 2549 | $1.7\times10^{-5}$ |
| | $w$ | $1.31\times10^{-7}$ | $1.27\times10^{-6}$ | $1.22\times10^{-5}$ | $1.17\times10^{-4}$ | $1.12\times10^{-3}$ | $1.07\times10^{-2}$ | |
| Mo | $t$ | 1923 | 2095 | 2295 | 2535 | | | $2.2\times10^{-2}$ |
| | $w$ | $1.29\times10^{-7}$ | $1.18\times10^{-6}$ | $1.12\times10^{-5}$ | $1.05\times10^{-4}$ | | | |
| W | $t$ | 2554 | 2767 | 3016 | 3309 | | | $1.75\times10^{-2}$ |
| | $w$ | $1.47\times10^{-7}$ | $1.46\times10^{-6}$ | $1.45\times10^{-5}$ | $1.43\times10^{-4}$ | | | |
| Fe | $t$ | 1094 | 1195 | 1310 | 1447 | 1602 | 1783 | $3.72\times10^{-2}$ |
| | $w$ | $1.29\times10^{-7}$ | $1.20\times10^{-6}$ | $1.1\times10^{-5}$ | $1.02\times10^{-4}$ | $1.01\times10^{-3}$ | $9.6\times10^{-3}$ | |

$$W_{扩} = (KDP/TL)\ln[(p - p_2)/(p - p_1)] \quad (g/cm^2 \cdot s) \tag{8-21}$$

式中　$p$——气相空间的总压力，即为惰性气体分压 $p'$ 与金属的蒸汽分压之和（当 $p'$ 大于 133.3Pa 时），×133.3Pa；

$K$——常数，决定于蒸汽和惰性气体的性质；

$D$——扩散系数；$cm^2/s$；

$T$——气相空间的绝对温度，设与蒸发温度相同；

$L$——蒸发表面与冷凝面之间的距离，cm；

$p_1$——蒸发表面附近金属蒸汽的分压，Pa；

$p_2$——冷凝表面附近金属蒸汽的分压，Pa。

从式 8-21 知，扩散速度随 $p_1$ 的增加而增加，随 $p_2$ 的增加而降低，随扩散系统 $D$ 的增加而增加。同时由于 $D$ 与温度的大于一次方成正比，故扩散速度随温度升高而增加。

c　冷凝步骤

单位时间冷凝的量，等于单位时间内由气相碰撞冷凝表面的蒸汽分子数与从冷凝面蒸发的分子数之差。即

$$W_{冷} = 7.777 p_2 \sqrt{M/T} - 7.777 p_c^{\circ} \sqrt{M/T_c} \tag{8-22}$$

式中　$T_c$——冷凝温度，K；

$p_c^{\circ}$——冷凝温度下金属的蒸汽压，Pa。

上述式 8-20、式 8-21、式 8-22 分别介绍了蒸发、扩散、冷凝步骤的速度公式，实际上这三个步骤是锆蒸馏系统的一个整体，蒸馏过程的总速度 $W_{总}$，主要取决于其中最慢步骤即控制步骤。在锆蒸馏过程中，蒸发步骤的速度 $W_{蒸}$ 最小，因此，锆蒸馏过程总速度 $W_{总}$ 为：

$$W_{总} = W_{蒸}$$

而在锆真空蒸馏过程中，要将残留在海绵锆内部不到 5% 的镁及 $MgCl_2$ 全部挥发除去，需要消耗蒸馏周期的 80% 以上的时间。

这些方程式中包括未知数 $p_1$、$p_2$，它们无法直接测定，故无法

进行计算，方程式只能定性地表示各种参数的影响情况。另外虽然也有人利用上述方程联立消除未知数，最后示出 $W_{总}$ 与 $T$、$T_c$、$p'$、$p_c^\circ$ 的关系，但过程繁杂，且在一系列假设的情况下才成立，故不详细阐述。

C 真空蒸馏过程的特点

真空蒸馏相对于常压蒸馏有如下特点：

(1) 真空蒸馏的过程在较低的温度下进行，有利于提高产品纯度，一方面是由于温度低，由设备材料带入杂质的可能性减少。同时真空中避免了气体杂质带入的可能性；另一方面是由于低温下各金属蒸汽压的差别加大，故分离更彻底。

(2) 在真空下一般 只有表面蒸发过程，很少产生沸腾。这主要由于在液体内部产生气泡时，其蒸汽压不仅要克服气相的压力 $p$，而且要克服表面张力和液体静压力。因此液体内部形成气泡的条件是其蒸汽压应比 $p$ 大 $\Delta p$，或者说内部应过热 $\Delta t$，方能产生气泡。

而液体的蒸汽压随温度的升高在低温时慢，即低温下 $\mathrm{d}p/\mathrm{d}t$ 小；而高温时快，即 $\mathrm{d}p/\mathrm{d}t$ 大，如图 8-20 所示。在同样的 $\Delta p$ 值，常压下沸点高因而内部只要少量过热($\Delta t_1$)就足以达到 $\Delta p$ 值即易在内部形成气泡造成沸腾；而真空下沸点低，需要较大的过热($\Delta t_2$)才能满足沸腾的条件。

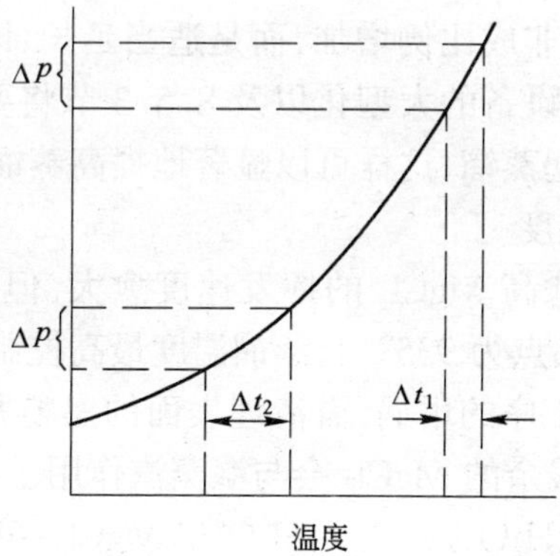


图 8-20 不同压力下沸腾所需的过热度

根据真空下不可能产生沸腾这一特点,表明真空下完全依靠表面蒸发,因此为保证高的蒸发速度,应有较大的比表面积,即采用浅熔池;同时表面应清洁,无渣层覆盖,熔体中力求有搅拌,以保证挥发性组分向表面传递。

(3) 在真空下,由于气相阻力小,因此,蒸发、扩散及冷凝的速度均比常压下大得多,有利于强化过程的速度。

### 8.5.2 真空蒸馏的工艺条件[21~25]

A 设备结构

通常采用下冷式真空蒸馏炉(见图 8-21)。其优点是由于镁坩埚是倒放在支架上,因此在高温下,大部分熔化的 $MgCl_2$ 和镁向下流进盐罐。熔化的 $MgCl_2$ 和镁从坩埚内流出后,锆海绵体内毛细孔可以暴露出来,从而增加了蒸发面积,增加蒸发速度,缩短蒸馏周期。上冷式真空蒸馏炉结构与图 8-21 不同之处是坩埚口向上,坩埚在蒸馏下部,盐罐在上部,坩埚内的 $MgCl_2$ 和镁全部靠蒸发除去;另一方面真空系统装炉、拆炉时需要吊走,装卸较繁杂,因此上冷式装置已不再用。

B 蒸馏物批量

蒸馏速率与蒸馏物料量有关。随着料量的增加,只要真空系统配置适当,包括机械泵、增压泵及扩散泵,并具有足够的排气速率,蒸馏时间并非成比例增加,而是适当延长,即能获得相同的产品质量。因此,设备的大型化以及 8.5.3 节将要介绍的把三个镁坩埚叠放在一起蒸馏,这样可以显著地提高蒸馏生产率。

C 蒸馏温度

虽然温度愈高 $MgCl_2$ 的挥发速度愈大,但为了防止生成 Zr-Fe 合金(其共晶点为 935℃),蒸馏温度最高控制在 900℃左右。

来自还原工序的坩埚,需清理表面的黑粉并取出中心部位成块的 $MgCl_2$。残余的 $MgCl_2$ 会与湿蒸汽作用生成水合物如 $MgCl_2 \cdot H_2O$、$MgCl_2 \cdot 2H_2O$、$MgCl_2 \cdot 4H_2O$ 和 $MgCl_2 \cdot 6H_2O$。它按下列转变温度脱水:

$MgCl_2 \cdot 6H_2O \rightarrow MgCl_2 \cdot 4H_2O \rightarrow MgCl_2 \cdot 2H_2O \rightarrow MgCl_2 \cdot H_2O$

上述脱水过程进行到 $MgCl_2 \cdot (2 \sim 1.5)H_2O$ 时，进一步脱除剩余的结晶水变得很困难，但在真空条件下有所改善。因此，在升温过程中，它们将发生脱水反应，产生水蒸气及 HCl 气，所以在300℃左右时应进行恒温除气。

D 真空度

真空度高，有利于 $MgCl_2$ 及镁的蒸发，也有利于减少气体污染。在真空蒸馏生产过程要求后期的真空度不大于 0.013Pa。

E 冷却水温度

蒸馏罐下部有水冷却夹套。冷却水量要适当，以保证良好的冷凝效率。冷却水温度控制在 35～50℃。

### 8.5.3 真空蒸馏设备及产品处理

A 美国矿务局的真空蒸馏设备与产品处理[1]

(1) 真空蒸馏。其设备简图示于图 8-21。来自还原工序的镁坩埚连同里面的反应产物倒放在蒸馏罐上部的支架上。暴露在炉内受热部分的蒸馏罐顶部，用厚 12.7mm 的 316 号不锈钢制成，蒸馏罐下部由软钢制成，包封在水冷套筒内。整个单元由一根重型钢梁支撑着，在进行加热循环时，把炉子放在钢梁上边，其间嵌入橡皮垫圈，造成紧密的真空封。

装在地坑中的水压升降设备系用于装卸蒸馏罐。罐盖固定在水压杆的顶部；炉子设备包括一根直径约 100mm 的不锈钢支柱、三块挡板、盐罐、坩埚支承及海绵锆支持台等都固定在罐盖上面，这些部件用不锈钢制成。坩埚倒置在坩埚支架上。海绵锆支架放在坩埚下面以承接海绵锆，否则海绵锆在蒸馏过程中会掉下来。装置的下部用不锈钢薄皮圆罩包裹，该罩用来冷凝收集炉料中蒸馏出来的 $MgCl_2$ 及镁。

每一蒸馏罐配置一组真空设备。每组包括两套真空系统；一套用于抽空蒸馏罐内部，另一套用于抽空炉子与蒸馏罐之间的空间。这样就可以平衡热蒸馏罐内外的压力，因而能防止其损毁。

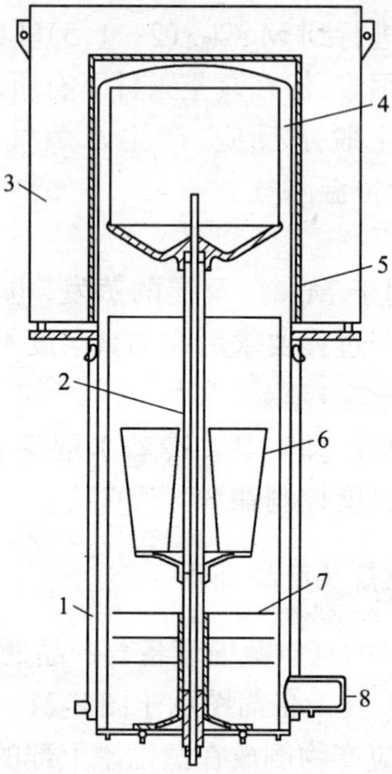


图 8-21 蒸馏炉示意图

1—水冷套筒;2—支柱;3—炉子;4—坩埚;
5—蒸馏罐;6—盐罐;7—挡板;8—接真空泵

抽空蒸馏罐内部的真空系统,由一只油扩散泵加上一只辅助机械泵组成。在泵与系统的其他部分的真空管路内设有充满 $P_2O_5$ 的塔,以保证水气不进入机械真空泵内。

每一真空系统配备一只电离放电真空计和一只热电偶真空计。两套系统都使用一般的波顿压力表,指示抽空的速度。用一只一端封闭的水银测压计检查蒸馏罐和炉子中间空间内的真空度。

记录坩埚内部温度用的热电偶放在不锈钢薄套管内,插入蒸馏罐盖的中心小孔,并通过空心支柱向上伸到恰好在海绵锆支架下面的地方。热电偶经过罐盖之处要真空封。控制用的热电偶安置在炉子内部,接近加热元件处。

擦干净罐盖上的橡皮封衬里,并在盖子升起,入位和夹牢之前,在衬里上涂少许真空油脂。盖子夹牢后就和水压杆分开,让水压杆降下,安上记录热电偶。

在主真空设备开始工作之前,先用手提真空泵把蒸馏罐抽到400～1200Pa的压力。当系统抽真空后,立即关闭真空阀,进行漏气检查。如果认为满意,再打开阀。让加热炉下降安放在罐顶部。开始抽空罐和炉子之间的空间。把炉温控制器的指针定在900℃,达到该温度后再移定到920℃,并在此温度下操作14h,然后切断电源,移出炉子。先鼓风冷却蒸馏罐,再喷水冷却。蒸馏罐内部保持真空,直到记录温度到600℃为止。关闭真空泵并把氦气充入蒸馏罐以增加冷却速度。

继续冷却蒸馏罐到温度500℃为止,然后再度抽空蒸馏罐,并充以60%干燥空气和40%室内空气。让这种情况保持约20min,使海绵锆的表面钝化,减少燃烧的危险。然后把蒸馏罐抽真空,并充以氦气。

取出炉料,把装有海绵锆的坩埚移交给海绵锆处理工序。倒空盐罐,洗涤炉子设备的其余部分并干燥之,以供下一次操作用。

(2) 产品处理。虽然每批海绵锆的性质相差悬殊,可是各种类型海绵锆的分布仍如图8-22所示的形状。

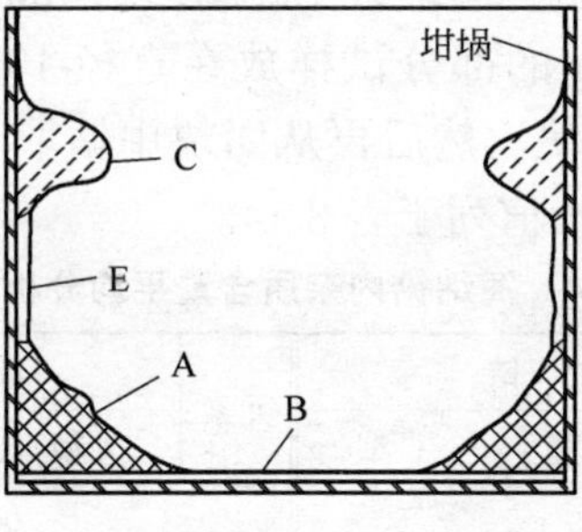


图8-22 还原坩埚中海绵锆分布

A型海绵锆是大块的致密物质,一般约占坩埚内物料重量的

35%,所含的镁和氯化镁比其他几种类型为少。

B型海绵锆是在还原反应开始时形成的,这个反应有时发生的镁熔化之前。该型海绵锆留有镁锭倒入的痕迹,通常存在于坩埚底部附近,成为一块厚约10mm的锆板,除了镁以外,所含的铁、氮和大多数金属杂质都稍高。约占总质量的20%。

C型海绵锆是非常轻而多孔的真正海绵体,杂质含量最少。但在气孔中含有大量的镁和氯化物,约占总质量的35%。

E型海绵锆是在一批还原产品中最初产生的,无法加以分类作为正规的A、B或C型的物质,这时,就把整批产品都作为E型。这种类型海绵锆的物理特性通常与A、B或C型表现的不一致。在化学性质方面,其杂质含量范围介于A型与C型之间,E型海绵锆为全部产量的5%～10%。

E型海绵锆则送至氯化炉氯化回收或电解。

坩埚内的海绵锆可用钢钎、50t框架型压力机和风镐打出。通常在打出C型海绵锆时不必把它弄碎,但在打出A型和B型海绵锆前必须先弄碎它们。在处理时偶尔有好几批会燃烧起来;因此在打挖时,坩埚内要充以氩气。用钢丝轮擦洗所有与铁坩埚接触的海绵锆,以除去上面的杂质。大块的则用凿子在200t水压机上切割以利处理。

使用回转压碎机把海绵锆压碎到约9.5mm。

将重约1.39kg的部分试样放在直径100mm的压模内,在200t压力下压成团块。然后再从团块中钻取分析试样。三类海绵锆试样的平均分析值列于表8-14。

**表8-14 海绵锆内杂质含量平均分析值/%**

| 元素 | 海绵锆 | | | 元素 | 海绵锆 | | |
|---|---|---|---|---|---|---|---|
| | A型 | B型 | C型 | | A型 | B型 | C型 |
| 化学分析 | | | | 化学分析 | | | |
| Fe | 0.035 | 0.05 | 0.02 | Mg | 0.0194 | 0.0215 | 0.0878 |
| $N_2$ | 0.0044 | 0.0099 | 0.0027 | $Cl_2$ | 0.0199 | 0.0146 | 0.0667 |

续表 8-14

| 元素 | 海绵锆 | | | 元素 | 海绵锆 | | |
|---|---|---|---|---|---|---|---|
| | A型 | B型 | C型 | | A型 | B型 | C型 |
| 光谱分析 | | | | 光谱分析 | | | |
| Al | 0.0028 | 0.0089 | 0.0024 | Pb | 0.0039 | 0.0052 | 0.0018 |
| | | | | Sn | 0.001 | 0.01 | 0.001 |
| Fe | 0.00532 | 0.06 | 0.0234 | Zn | <0.005 | <0.005 | <0.005 |
| Mn | 0.0026 | 0.0046 | 0.0011 | B | 0.00002 | 0.00002 | 0.00002 |
| | | | | Hf | 0.0067 | 0.0063 | 0.0073 |
| Si | 0.0033 | 0.0317 | 0.0028 | Cd | <0.00005 | <0.00005 | <0.00005 |
| Ti | 0.0025 | 0.0025 | 0.0025 | As | <0.005 | <0.005 | <0.005 |
| Mo | <0.002 | <0.002 | <0.002 | P | <0.01 | <0.01 | <0.01 |
| | | | | V | <0.002 | <0.002 | <0.002 |
| Cr | 0.0066 | 0.0078 | 0.0044 | Bi | <0.0001 | <0.0001 | <0.0001 |
| Cu | 0.0018 | 0.0017 | 0.002 | Co | <0.002 | <0.002 | <0.002 |
| Mg | >0.01 | >0.01 | >0.01 | Sb | <0.005 | <0.005 | <0.005 |
| | | | | Ag | <0.00005 | <0.00005 | <0.00005 |
| Ni | 0.0013 | 0.0012 | 0.0012 | Be | <0.0001 | <0.0001 | <0.0001 |

如用于熔炼生产，则使用大批量均匀的海绵锆要比许多小量而不均匀的好得多。为此，曾建造一台转盘型混料器，以混合 910 kg 或更多的许多小堆海绵锆。每堆分别一次倒入回转振动式进料器的漏斗内，随后料便进入分成 30 格的圆形分配盘。如有必要，则取任何一份（混合料的 1/30），可以在不锈钢双锥混合器里作进一步的混拌。

海绵锆装在聚乙烯袋内，然后连袋一起装入充以氩气的钢桶里，再装在木箱内运出。

B 日本锆厂的真空蒸馏设备[3]

真空蒸馏设备装置示意图见图 8-23。盛有反应物（锆、氯化镁、残余镁）的反应坩埚安装在底向上的蒸馏罐中，它能使部分氯化镁和镁在设备下部的接收器里熔化。当剩余压力为 0.013～

0.0013Pa时，为了达到分离将温度保持在 920～930℃之间，过程持续 50～60 h。在蒸馏罐与炉之间的空隙中造成真空，以平衡蒸馏罐内外的压力。

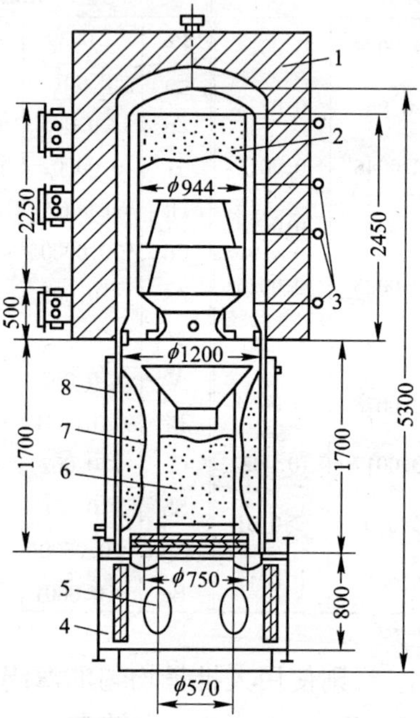


图 8-23　真空蒸馏设备示意图

1—蒸发区炉；2—反应物；3—热电偶；4—设备基座；5—真空抽气接头；6—流出的氯化镁；7—镁和氯化镁冷凝物；8—水冷却外套

分离完毕后，蒸馏罐在真空下冷却。温度降到 50℃时，向蒸馏罐中放入空气，以钝化海绵锆，这时锆表面生成氧化层以避免锆在卸出时发生自燃。

在坩埚中不同的区段可得到不同类型的海绵体。约 70%的海绵锆是几乎不含镁和氯化镁的较密实金属。

借助气动压力机或风动凿在氩气气氛中从坩埚中取出海绵锆，然后在破碎机上破碎到约 6mm 大小。大块则用 200 t 压力机加以破碎。

为获得各种品位的大量而均质的海绵锆，可将各种海绵锆放在混合机中加以混合。

分离过程的某些指标（按每吨商品锆折算）列举如下：

| | |
|---|---|
| 分离后的收得率 | 91.4% |
| 商品锆的收得率 | 78.2% |
| 电能消耗 | 13274 kW·h |
| 氩气消耗量 | 21 $m^3$ |

还原和分离过程每吨商品锆电能消耗总计大约为 2.7 万 kW·h。

海绵锆中杂质含量波动在下列范围内：0.002%～0.02% Mg，0.001%～0.04% $Cl_2$，0.08%～0.1% $O_2$，0.002%～0.004% $N_2$，0.07%～0.08% Fe，0.005%～0.006% Al。

布氏硬度（在真空中再熔炼过的试样）为 102～130 $kg/mm^2$。

关于海绵锆的精整参见铪冶金有关叙述。

## 8.6 锆还原研究进展及生产技术的改进

现行的克罗尔法海绵锆工艺中的一个不足之处是间歇性生产，整个过程分成几个独立的工序，而且大多数工序同样是间断作业，用于加热和冷却炉子的时间很长，电能消耗大，不经济。因此研究人员致力于该法的连续化研究，并在沸腾氯化、联合作业及其大型化方面取得了进展[21~25]。

### 8.6.1 美国锆公司的还原设备[26]

美国锆公司的还原工序主要向设备大型化发展，还原炉炉产量已扩大到 800～1000 kg。还原设备特点是 $ZrCl_4$ 料桶直接从氯化炉或提纯炉冷凝器接受 $ZrCl_4$，此桶用厚低碳钢板焊成，内有一个中心圆形通道，使 $ZrCl_4$ 蒸汽上升后再经通道向下进入镁坩埚。镁坩埚也是低碳钢板焊成，上口直径与 $ZrCl_4$ 料桶底部相同。下部略有收缩形成锥体，便于反应后产物的取出。坩埚衬不锈钢薄板，成分为：Cr20%，Ni＜0.5%，牌号 430 号钢，相当于我国的 Cr17 钢。坩埚内放入所需高纯镁后，将其上口与还原料桶的底部焊接,在料桶通道上加一个可开启的盖板后再往料桶上加一个炉盖。盖上有一个放气阀和一个安全阀,放气阀排气经过一个冷凝器回收 $ZrCl_4$。采用炉盖浮动-铅锑合金密封式结构。

设备装配好后经预抽空检漏,整体吊入分段控制温度的电加热炉中。其反应与操作原理与旧法相同。这种结构的优点有三个:

(1) 虽然每次有焊接、分割工序,但其他操作得到简化;

(2) 还原罐被省掉,传热效率高;

(3) 在还原过程中虽不排放 $MgCl_2$,炉子体积利用率低,但操作简便,炉内反应条件稳定。

炉料反应完毕冷却后,割开,取出坩埚内反应产物。剥离 $MgCl_2$ 层,把含有少量 $MgCl_2$、剩余镁和锆的混合体三炉产品合并,叠放至蒸馏炉进行真空蒸馏,蒸馏炉为下冷式。

### 8.6.2 法国 CEZUS 公司的还原设备[27]

欧洲锆公司全称为 La Compagnie Europeene du Zirconium,简称 CEZUS 公司,专门从事 Zr、Hf、Ti、Ta、Mg 冶炼或加工,是欧洲惟一的锆和钛的综合生产厂家,从采矿到加工成材完全一体化。该公司属下的雅列化工厂(Jarrie Chimie)主要生产原子能级海绵锆,全厂共有 300 名员工,是西方国家三大锆厂之一,从 1953 年开始生产海绵锆,随着工艺的改进,产能不断增加,到 1995 年年产能已达 2000～2500t。该厂采用熔盐精馏法分离锆铪,获得的 $ZrO_2$ 经氯化提纯制得精 $ZrCl_4$ 后,供作还原工序的原料,其成分见表 5-39。

(1) 镁还原和真空蒸馏。镁还原反应器直径 2 m,高 4 m,炉产量 1 t。还原用 $ZrCl_4$ 经压实后装入 $ZrCl_4$ 的挥发桶中,每炉加入 3.5～4 t $ZrCl_4$。还原剂为商品镁锭,置于反应器的下部,反应温度 800℃,定期排放 $MgCl_2$,操作周期约为 64 h。三炉还原产品一起加入到蒸馏炉内进行真空蒸馏。真空蒸馏炉为下冷式,有三个加热带,每个加热带功率为 75kW,真空蒸馏温度 1000℃,真空度 0.13Pa,蒸馏周期 110～120h,每炉产量 3 t 以上。

(2) 产品处理和包装。产品取出后先用压力机剪切,再经过辊齿碎机破碎到1.5～3.5mm,产品经混批、取样化验,再经人工挑选后,用氩气保护包装。该厂原子能级海绵锆的质量执行美国原子能级 ASTM B349—80,R60001 产品标准。1987 年该厂生产的原子能级海绵锆的杂质平均值均低于美国产品标准规定值。其成分列于表 8-15。

**表 8-15　法国 CEZUS 公司原子能级海绵锆成分　　(单位:%)**

| 成　分 | Al | B | C | Ca | Cd | Cl | Co | Cr | Cu | Fe |
|---|---|---|---|---|---|---|---|---|---|---|
| 1987 年平均值 | $27\times10^{-4}$ | $<0.5\times10^{-4}$ | $<50\times10^{-4}$ | $<30\times10^{-4}$ | $<0.5\times10^{-4}$ | $<57\times10^{-4}$ | $<5\times10^{-4}$ | $73\times10^{-4}$ | $<10\times10^{-4}$ | $489\times10^{-4}$ |
| ASTM B349—80,R60001 | $75\times10^{-4}$ | $0.5\times10^{-4}$ | $250\times10^{-4}$ | | $0.5\times10^{-4}$ | $1300\times10^{-4}$ | $20\times10^{-4}$ | $200\times10^{-4}$ | $30\times10^{-4}$ | $1500\times10^{-4}$ |
| 成　分 | H | Hf | Li | Mg | Mn | Mo | N | Na | Ni | O |
| 1987 年平均值 | $<10\times10^{-4}$ | $46\times10^{-4}$ | $<1\times10^{-4}$ | $<200\times10^{-4}$ | $<5\times10^{-4}$ | $<5\times10^{-4}$ | $<18\times10^{-4}$ | $<30\times10^{-4}$ | $<10\times10^{-4}$ | $523\times10^{-4}$ |
| ASTM B349—80,R60001 | | $100\times10^{-4}$ | | | $50\times10^{-4}$ | $50\times10^{-4}$ | $50\times10^{-4}$ | | $70\times10^{-4}$ | $1400\times10^{-4}$ |
| 成　分 | P | Pb | Si | Sn | Ti | U | V | W | Zn | RE |
| 1987 年平均值 | $<5\times10^{-4}$ | $<20\times10^{-4}$ | $<30\times10^{-4}$ | $<30\times10^{-4}$ | $<10\times10^{-4}$ | $<15\times10^{-4}$ | $<10\times10^{-4}$ | $<10\times10^{-4}$ | $<100\times10^{-4}$ | $<15\times10^{-4}$ |
| ASTM B349—80,R60001 | | | $120\times10^{-4}$ | | $50\times10^{-4}$ | $3\times10^{-4}$ | | $50\times10^{-4}$ | | |

### 8.6.3　还原-蒸馏联合法制取海绵锆的装置

日本专利[28]提出了一种新型的还原-蒸馏联合法制取锆的装置,如图 8-24 所示,其加料装置放大图见图 8-25。该发明如图 8-25所示进行了如下试验:将 110kg 粉状精 $ZrCl_4$ 加入贮罐 1 中。预先将超过理论量 40%的 12kg 镁装入反应器 2 中。当反应器内温度达到 750～850℃,开动螺旋加料器 3 和旋转加料器 4 加入 $ZrCl_4$ 与熔融镁进行反应。初期反应结束后,从内压调整管道通入氩气，其压力为(1.2～1.5)×$10^5$Pa，排出 $MgCl_2$ 至操作管 5 顶端水平线，然后由另一装置中将熔融镁经过管 5 加入，再加入 $ZrCl_4$ 进行反应，随后再排出 $MgCl_2$，补加熔融镁。

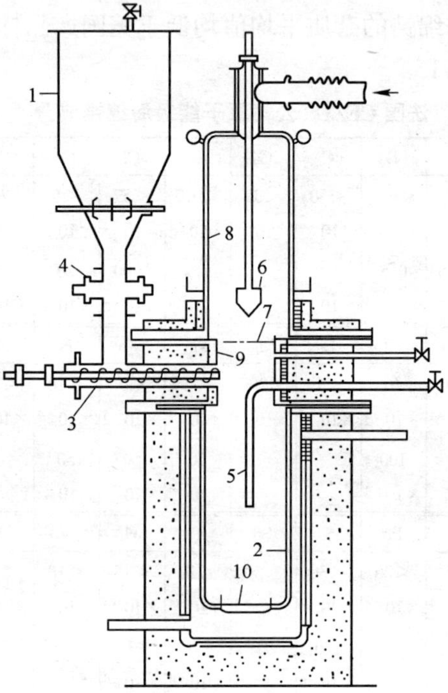


图 8-24 制取海绵锆装置的断面图

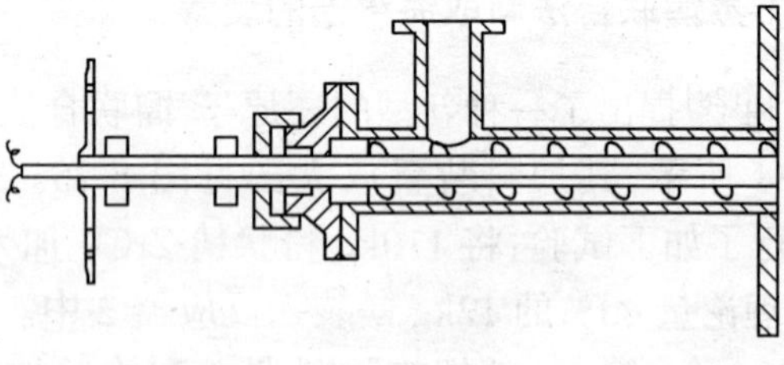

图 8-25 加料装置断面的放大图

重复上述操作进行反应,直至海绵锆堆积到操作管5的下口位置为止。

当上述反应全部结束后,使冲孔棒6下降,将孔板7打开,由排气口管抽真空进行真空蒸馏,$MgCl_2$便冷凝在冷凝器8的内壁上。上述操作结束后,拆下冷凝器8和过渡段9,从底板10的部位将反应器2内的海绵锆冲下取出。该工艺具有反应速度快(为气体$ZrCl_4$加料方式的8倍),炉产量高,产品质量好,回收率高等优点。表8-16为还原过程的物料平衡。

**表 8-16 还原过程物料平衡**

| 反应次数 | 加入 $ZrCl_4$ /kg | 加入镁 /kg | 排出 $MgCl_2$ /kg | 生成锆 /kg | 反应时间 /min | $ZrCl_{4(s)}$加入速度/$kg\cdot h^{-1}$ |
|---|---|---|---|---|---|---|
| 1 | 42.2 | 12 | 16 | 22 | 90 | 28 |
| 2 | 15.8 | 5 | 6 | 14 | 35 | 27 |
| 3 | 15.8 | 5 | 6 | 14 | 35 | 27 |
| 4 | 13.2 | 4 | 5 | 14 | 30 | 26.4 |
| 5 | 13.2 | 4 | 5 | 14 | 30 | 26.4 |
| 合计 | 100.2 | 30 | 38 | 78 | 220 | 27.0 |

### 8.6.4 输入$ZrCl_4$气体的还原装置[29]

另一种新的镁还原$ZrCl_4$的方法是将$ZrCl_4$蒸汽直接引入还原炉,即$ZrCl_4$的升华区和还原区分别置于两个独立的容器中,中间用备有加热器的管道连接,通过调节流量控制反应。新工艺的流程见图8-26,还原炉示意图见图8-27,蒸馏炉见图8-28。

图8-26设备的操作的工艺条件如下:

镁加入量850~1000kg,真空脱气温度250~300℃,充氩压力9.8kPa,熔化镁条件800℃,9.8kPa;$ZrCl_4$升华炉内压力118~147kPa,还原条件850℃,9.8~19.6 kPa,$ZrCl_4$蒸汽加入速度65 kg/h,还原时间30~40 h,真空蒸馏条件1000℃,1.3 Pa。

工艺及设备具有下列特点。

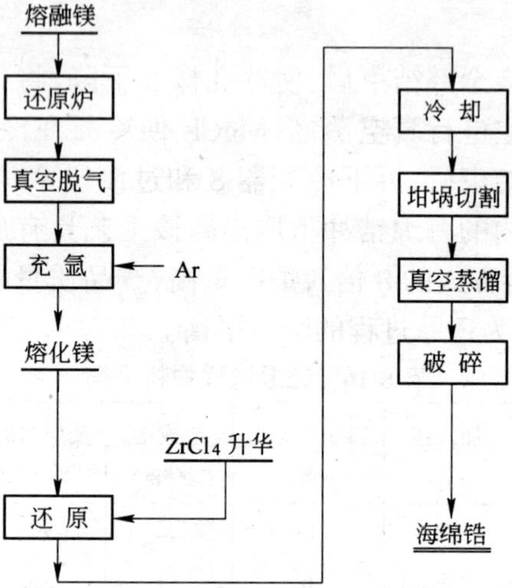


图 8-26　镁还原 $ZrCl_4$ 生产海绵锆新工艺流程图[22,24]

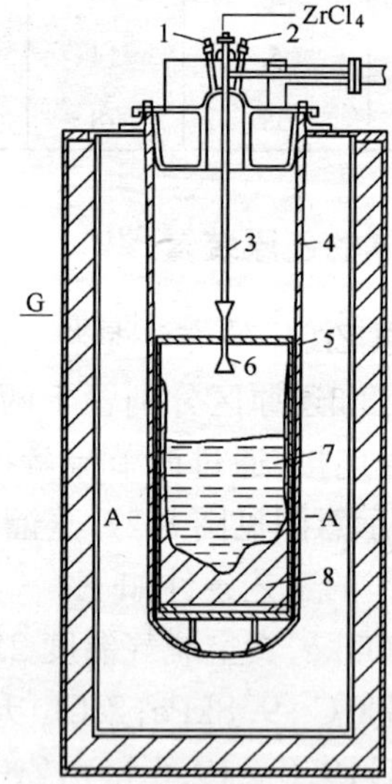


图 8-27　$ZrCl_4$ 镁热还原示意图

1—气阀；2—抽真空管道；3—加料管；4—反应罐；5—还原坩埚；6—$ZrCl_4$ 蒸汽导管；7—熔融镁；8—海绵锆；G—气体加热炉

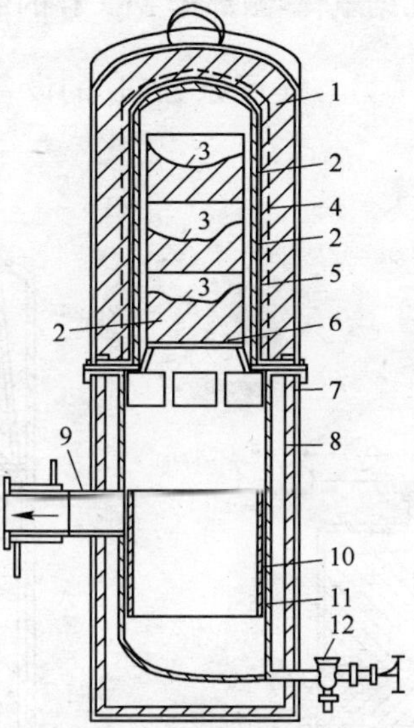


图 8-28 海绵锆真空蒸馏示意图

1—上部加热炉；2—还原坩埚；3—海绵锆；4—加热器；5—反应罐；6—支架；7—支柱；8—下部加热器；9—抽真空管道；10—缓冲板；11—蒸馏物储存器；12—蒸馏排出口

(1) 足够的 $ZrCl_4$ 蒸汽直接引到镁的表面，反应速度快。

(2) 引入的 $ZrCl_4$ 蒸汽集中在镁的中间表面，远离坩埚壁，且坩埚壁为外冷却，因此反应产生的热量不会使坩埚壁温度过高，锆与坩埚壁材料不会生成合金。

(3) 由于中心区镁的温度高，所以还原反应基本上是集中在中心区，很少在坩埚壁附近发生。$ZrCl_4$ 和镁反应速度快，因此产物海绵锆是多孔的，这有利于真空蒸馏时除去镁和 $MgCl_2$。

(4) 真空蒸馏时间较短，除 $MgCl_2$ 容易，设备利用率高，把三炉还原产品一起叠放到蒸馏炉中，真空蒸馏炉的数目可以小于还原炉的数目。

### 8.6.5　输入四氯化锆气体-侧部排 $MgCl_2$ 的还原装置

文献[30]报道了另一镁还原 $ZrCl_4$ 的设备见图 8-29。工艺条件如下。

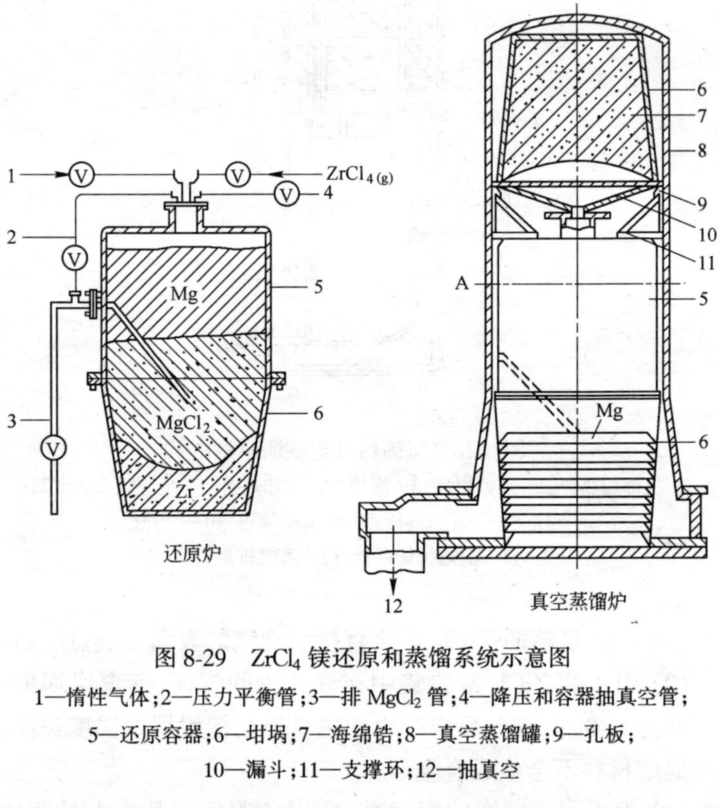


图 8-29　$ZrCl_4$ 镁还原和蒸馏系统示意图

1—惰性气体；2—压力平衡管；3—排 $MgCl_2$ 管；4—降压和容器抽真空管；5—还原容器；6—坩埚；7—海绵锆；8—真空蒸馏罐；9—孔板；10—漏斗；11—支撑环；12—抽真空

金属镁重量：过量 50%～100%；还原温度：800～900℃，还原炉内压力(表压)：6.9kPa；停止加料后保温时间：1 h(900℃)；真空蒸馏温度：开始 800℃，然后缓慢升至 900～1000℃；蒸馏真空度小于 0.133Pa。

该工艺特点是操作时间短，生产能力提高约 3 倍，海绵锆产品质量好，过量镁可以循环使用。

### 8.6.6　输入四氯化锆气体-底部排 $MgCl_2$ 的还原装置

文献[31]提出了另一种还原设备装置，见图 8-30，在反应器外部再套一个容器，并在反应器壁上部一侧安置一虹吸管。当 $MgCl_2$ 达到一定高度时，熔融的 $MgCl_2$ 就流到两个容器间的空隙里，在外部容器底部设一个排放 $MgCl_2$ 的出口。

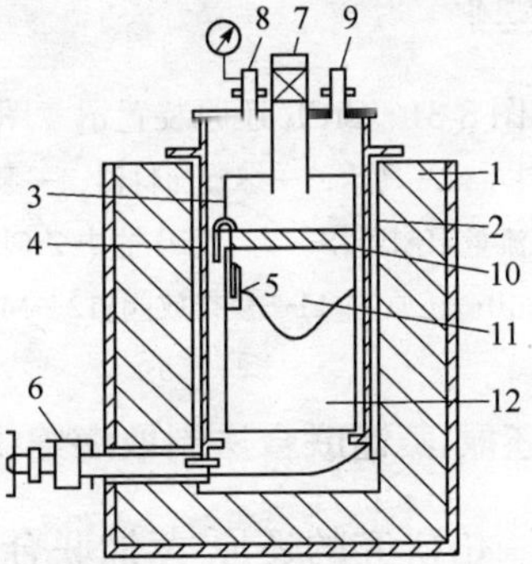


图 8-30　镁还原 $ZrCl_4$ 设备示意图

1—加热炉；2—外部加热器；3—还原坩埚；4—$MgCl_2$ 排放管；5—未反应镁的挡板；6—放 $MgCl_2$ 的阀门；7—$ZrCl_4$ 蒸气入口；8—压力控制阀；9—抽真空和排放气阀；10—未反应的镁层；11—$MgCl_2$ 层；12—海绵锆

### 8.6.7　输入四氯化锆气体-还原-蒸馏联合法装置

诺恩[32]提出了一种大批量镁还原 $ZrCl_4$ 的控制方法见图 8-31。该装置的特点是连续均匀加料，反应速度可以控制，$MgCl_2$ 可以周期性地排出，反应器生产容量大，在反应结束后，通过阀 11 将镁排净，又可作为蒸馏器用。

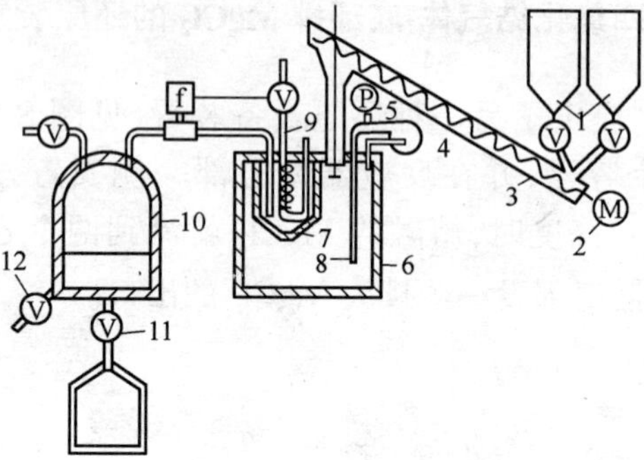


图 8-31 $ZrCl_4$ 还原装置示意图

1—固体 $ZrCl_4$ 加料斗；2—马达；3—螺旋加料器；4—泵；5—反压传感器；6—升华容器；7—流量限制器；8—测定升华器中 $ZrCl_{4(s)}$ 高度的传感器；9—冷凝器；10—还原炉；11—镁排放阀；12—$MgCl_2$ 排放阀

### 8.6.8 熔盐提纯-还原-蒸馏联合法制取海绵锆

日本学者佐滕一佑研究的还原-蒸馏联合法制取海绵锆是借助于钛还原工艺中所开发的还原-蒸馏联合炉。图 8-32 为新方法试验的流程图。还原反应容器(反应蒸馏罐：直径 484mm × 高 750mm)是用不锈钢制成的，由电炉进行加热。还原炉的试验规模为每炉产出 50kg 的海绵锆。预先将规定量的镁装到反应蒸馏罐内，组装检漏后充进氩气，加热到 750℃ 使镁熔化。这时由熔盐升华供给 $ZrCl_4$(蒸汽)，在熔融镁的上面进行。在一个周期的反应中，副产的 $MgCl_2$ 分几次排出。

还原结束后，加热中间连接部位并开始抽空，接通被镁密封盒所断开的中间连接部位，然后进行真空蒸馏。真空蒸馏从 850℃ 开始约进行 80h，在真空度为 0.13Pa，温度 1000℃ 下结束。真空蒸馏结束后，向系统内充氩，向密封盒中注入镁，断开中间连接部位，断开冷凝器，把反应蒸馏罐从电炉内吊出，进行炉外强制冷却。表 8-17 将试验结果与传统工艺的锆生产速度进行了比较，看出该方法较传统工艺具有更高的锆生成速度。

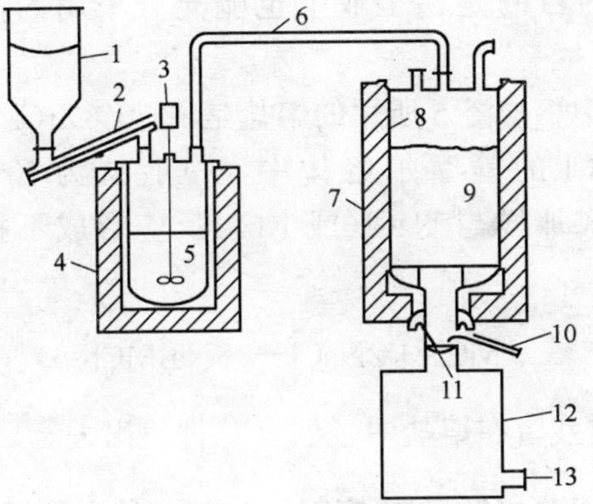


图 8-32 新还原工艺流程简图

1—$ZrCl_4$ 储罐;2—螺旋给料器;3—搅拌器;4—升华炉;5—熔盐浴;6—输送管道;7—还原炉;8—还原罐;9—海绵锆;10—$MgCl_2$ 排放管;11—$MgCl_2$ 密封盒;12—冷凝器;13—真空系统

**表 8-17 新工艺与传统工艺之间锆生成速度的比较**

| 名 称 | 锆生成速度 | 备 注 |
|---|---|---|
| ZR-512 号试验 | 40.7 kg/($m^2$·h) | 经冷却控制温度低于 900℃ |
| ZR-815 号试验 | 28.7 kg/($m^2$·h) | 经冷却控制温度低于 850℃ |
| 传统工艺 | 16.0 kg/($m^2$·h) | $ZrCl_4$ 在还原炉内升华 |

这一方法具有如下优点:

(1) 显示出与钛联合法还原工艺相似的优点,即缩短每个周期所需要的时间,降低能耗和减少氧的污染等。

(2) 采用熔盐升华炉使向还原炉供给 $ZrCl_4$ 的速度即还原反应速度容易控制,还原炉的生产率得以提高。

(3) 熔盐浴对 $ZrCl_4$ 有精制效果。获得杂质含量低的锆。例如试验所获得的产品锆的杂质 Al、B、C、Fe、$O_2$ 和 Pb 的含量均低于原子能级海绵锆的产品标准规定值。众所周知,向来高纯锆的制取是采用碘化法,但碘化法在工业上应用,由于成本高难以采纳。本研究的目的是在工业上也能充分采用的高纯锆制取工艺。

图 8-32 中熔盐浴 5 所用的熔盐是将 70% $ZrCl_4$(摩尔分数)溶解于 NaCl-KCl 的等摩尔熔盐中。一般认为 $ZrCl_4$ 中的杂质($MCl_2$)像下式那样与 NaCl(或 KCl)反应形成不挥发的稳定复盐:

$$MCl_2 + 2NaCl \longrightarrow Na_2MCl_4$$

其结果是杂质残留在熔盐中,仅 $ZrCl_4$ 挥发出去。

### 8.6.9 输入四氯化锆气体-底部排 $MgCl_2$ 的大型还原装置

美国专利[33]报道了一种大型还原装置,见图 8-33。反应器 1 用 ASIS302 号钢制成,壁厚 25mm,内径 1.6m 高 3m。离罐底 350mm 高有一个厚为 30mm 的不锈钢坩埚底 3,带有凸缘 8 的不锈钢圆筒 6 座放在坩埚底 3 的中心孔 4 内,圆筒 6 内径为 150mm。反应器内预先加入 3200kg 镁,需加入 10200kg $ZrCl_4$,充氩升温至 750℃,镁被熔化,其液面达到 19 的高度,镁液面离坩埚底 3 约 1m 高。被加热到 400℃的 $ZrCl_4$ 气体从入口管 15 输入反应器反应。炉温也从 750℃升至 900℃。$ZrCl_4$ 的加入速度为 250～500kg/h。反应生成的 $MgCl_2$ 穿过横孔 7 和 13(共有 4 个)进入圆筒 6 直至罐底,通过排出管 21 用泵把 $MgCl_2$ 分 5～8 次排出炉外。反应器内余下不足 100kg $MgCl_2$ 及 200～400kg 锆-镁混合体。剩余的镁和 $MgCl_2$ 在 1000～1100℃下用一般的真空蒸馏法除去。打开反应器炉盖后用"Γ"字形吊穿入圆筒 6 上部的横孔 7 内,把海绵锆吊出。获得 3990kg 海绵锆。锆上表面呈凹形,边缘高 600mm,中心高 400mm。锆的质量可达到产品标准规定。

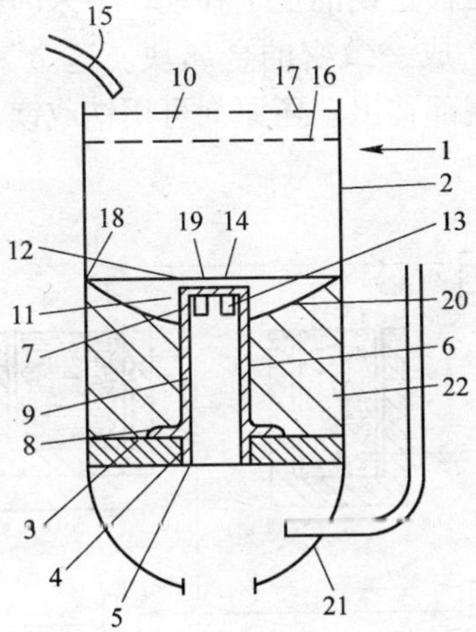


图 8-33　大型还原装置示意图

1—反应器;2—反应器内表面;3—坩埚底;4—中心孔;5—圆筒底;6—圆筒;7,13—横孔;8—凸缘;9—筒体;10—筛板;11—横孔接口;12—上盖;14—隔板;15—$ZrCl_4$ 气体入口管;16,17—$ZrCl_4$ 气体占有的上下线;18—初生锆水平线;19—镁始液面;20—熔体表面;21—$MgCl_2$ 排出管;22—锆-镁熔体

## 8.6.10　冲压式反应法

文献[34]介绍了一种名为冲压式反应器制锆的方法,这是一个很好的思路,此法可连续还原 $ZrCl_4$ 生产锆,见图 8-34。其操作过程如下:首先将粗四氯化锆在第一升华器内将不能冷凝的气体与残渣除去;再将提纯后的四氯化锆气体进入第二容器冷凝成致密固体。第二容器置于衡器上,可调节第一升华器的升华速度与第二容器向反应器的进料速度。为了保持冲压式反应器的连续操作,可用几个平行的气化器,轮流进料与蒸发。

冲压式反应器由一 $\phi$15.2cm 管制成,由煤气加热。反应器上口有一液力冲压器,钠和镁的加料口,放气口。冲压式反应器的下部充满熔盐,底部封以锆金属。反应器的靠顶的部分有熔盐溢流管,以控制盐浴的液面。四氯化锆气体的进料口则在盐浴液面之下。液力冲压器定期的上下移动，下来时将盐浴中的锆金属压在反应器底部，成一致密的金属块。这金属块达到一定的大小，就从反应器底部移出。还原剂可用钠或镁，但以二者并用效果最好。

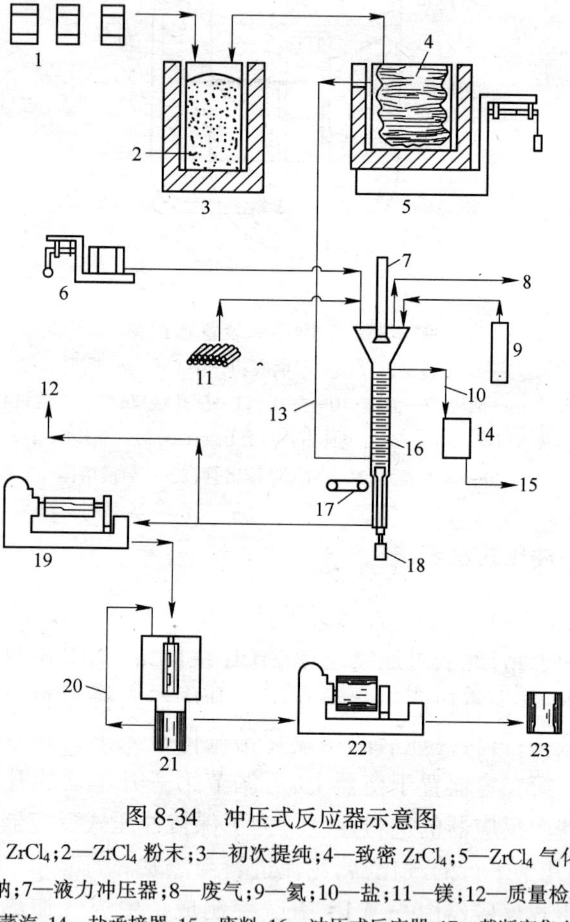


图 8-34 冲压式反应器示意图

1—桶装 $ZrCl_4$；2—$ZrCl_4$ 粉末；3—初次提纯；4—致密 $ZrCl_4$；5—$ZrCl_4$ 气化设备；6—液体钠；7—液力冲压器；8—废气；9—氦；10—盐；11—镁；12—质量检验样品；13—$ZrCl_4$ 蒸汽；14—盐承接器；15—废料；16—冲压式反应器；17—截断密集金属的锯；18—出料设备；19—车制电极；20—二次熔炼；21—真空熔炼电弧炉；22—车制锆锭；23—锆锭

从冲压式反应器中压出的金属块，车成电极后，经过自耗电极电弧熔炼的方法即可得锆锭[28]。

直径 ϕ15.2cm 的金属压块，第一次自耗电弧熔炼成直径 22.9cm的锭，第二次再熔炼，直径为 29.2cm。

利用以上方法制得的产品，据称质量比克劳尔法较优，性能相当于锆晶体棒。研制产品的分析结果见表 8-18。

**表 8-18　冲压式反应器锆锭杂质含量**

| 杂质元素 | % | 杂质元素 | % |
|---|---|---|---|
| $O_2$ | $<300\times10^{-4}$ | Si | $<20\times10^{-4}$ |
| $N_2$ | $<30\times10^{-4}$ | Mg | $<10\times10^{-4}$ |
| C | $<30\times10^{-4}$ | Ti | $<20\times10^{-4}$ |
| $H_2$ | $<10\times10^{-4}$ | Zn | $<50\times10^{-4}$ |
| Hf | $60\times10^{-4}$ | Mn | $<10\times10^{-4}$ |
| Cd | $<0.5\times10^{-4}$ | Mo | $<10\times10^{-4}$ |
| B | $0.3\times10^{-4}$ | V | $<10\times10^{-4}$ |
| Al | $20\times10^{-4}$ | Ni | $<50\times10^{-4}$ |
| Fe | $300\times10^{-4}$ | Ca | $<20\times10^{-4}$ |
| Cu | $<20\times10^{-4}$ | Sn | $5\times10^{-4}$ |
| Cr | $30\times10^{-4}$ | | |

此法另一特点是，可以同时加入还原金属和合金化元素制造合金。如氯化锡($SnCl_2$)等。

制得的 Zr-2 合金的纯度也可达到表 8-18 相同的水平。锻轧性能好，制得的 0.157cm 的锆带可以不经中间退火便轧成 0.025cm带材。用此法制成的锆-2 合金，对高压热水的抗蚀性良好。

美国国家铅公司发表了用冲压式反应器法工业生产锆锭与用克劳尔法分批生产锆锭在成本上的比较，认为，利用此法生产直径 20.3cm 金属压块的成本较低，有如下特点：

（1）设备费用较低：1 个直径 20.3cm 的冲压式反应器的产量

相当于数个标准克劳尔法分批生产设备。

(2) 减少了几个生产步骤，可降低成本，提高质量：即减少了盐的蒸馏操作与将盐溶解的步骤，分批破碎或切割海绵锆，分类、混配与包装海绵锆，压制与焊接电极等步骤。可以节约劳动力和生产车间占地。

(3) 产率高，占进料90%的锆，可挤压成电极材料。且在反应中镁过量极少，节约了附加材料的费用。

(4) 除产率高外，电极与金属锭残屑可以直接循环返回作原料利用。如冲压式反应器锆锭的杂质含量小于 $300\times10^{-4}$，再回收为原料，有把握保持产品达到美国原子能委员会的标准。其他方法产品的杂质含量不符合标准规格要求，不直接回收。

(5) 本法另一优点是可以用其他来源的锆碎片，经过表面净化，如酸浸或喷砂后，适量加入反应器，压入金属块中一起熔炼。

此法的其他优点为：可以在反应器中合金化，由于减少设备而减少厂房的空间。且此法也可用以熔炼其他高纯金属。

## 参考文献


1 B.勒斯特曼，F.凯尔兹等著，薛克伯，俊友译．锆．北京：中国工业出版社，1965

2 A.H.泽里克曼，O.E.克列茵著，宋晨光等译．稀有金属冶金学．北京：冶金工业出版社，1982

3 林振汉．有色金属提取冶金手册·锆铪．北京：冶金工业出版社，1999

4 李洪桂，稀有金属冶金原理及工艺．北京：冶金工业出版社，1981

5 Нехамкина，Л.Г，Металлугия циркония иафния，《Металлугия》，Москва，1979

6 Меерсон，Г. А. Зеликман，А，Н. Металлýргияредких металлов，м，《Металлугия》，1973

7 莫畏，邓国珠，罗方承编著．钛冶金．北京：冶金工业出版社，1998

8 Miller，G L，Zirconium，Butterworths scientific publications，London，1954

9 Решемников，Ф.Г，Обломеев，Е.Н. Атомная знергия，том 4，Вы п4，1958

10 Решемников，Ф.Г，Обломеев，Е.Н. Атомная знергия，том 4，Вы п5，1958

11 Сандлер, Р. А, Журн. Прикл. Хим, No. 5, 1960
12 戴永年,赵忠. 真空冶金. 北京:冶金工业出版社,1988
13 Winkler, O, Bakish R. 真空冶金学. 上海:上海科学技术出版社,1982
14 Сергеев, В. В. идр, Металлугия титана, 1964
15 Форсблом, Г. В. идр, Цветные металлы, 1961
16 Alcock, C B. Principles of pyrometallurgy. Academic Press, London and New York, 1976
17 Tien, J K, Elliott, J. F, 化学冶金进展评论. 北京:冶金工业出版社,1985
18 M. 贝伦斯, H. 霍夫曼. 化学反应工程. 北京:中国石化出版社,1994
19 Daniels, F, Alberty, R A. 物理化学. 北京:机械工业出版社,1984
20 温旺光,曾曙,李海涛. 恢复和发展我国原子能级锆铪研究与生产的建议,广州有色金属研究总院,内部资料,1999
21 任铁梅. 国外锆铪动向,第五届锆铪学术交流会论文集,1990
22 Ger Pat. No. 2 504 610(1975)
23 US Pat. No. 3 966 460(1976)
24 US Pat. No. 4 242 136(1980)
25 佐藤一佑. 制取金屬鋯的還原-蒸餾聯合法,國外稀有金屬,1990
26 王铁汉. 论美国锆铪冶金的技术进展,国外稀有金属,1988
27 邬安华. 法国原子能级锆铪冶炼新技术,稀有金属,1991
28 石松一彦等. 海綿鋯的制取方法,《特許公報》,昭 58 - 5252,1983
29 宮崎英男. 新金屬冶煉的最近發展——鋯,國外稀有金屬,1988
30 Spink, D R. 国外稀有金属,1980
31 US Pat. No. 3 692 294, 1972
32 US Pat. No. 4 511 399, 1985
33 US Pat. No. 4 752 331, 1985
34 郭观慈. 美国的锆铪工业,北京有色金属研究总院,1962

# 9 致密锆的生产

海绵锆或锆粉需经熔炼或粉末冶金方可制作成型件。虽然可以采用直接从碘化锆制取的方法，但是，这仅用于制作不规则形状和直径有限的少数零部件。

多年来，研究了熔炼锆的各种方法，其中电弧熔炼法[1]是生产锆锭的主要方法，可制得不影响锆的物理化学或核性能的锆锭；也可采用在石墨及其他高温耐火材料容器内的感应熔炼法和电阻熔炼法[2]，以及后来发展了的适于熔炼反应堆级无铪锆的电子束熔炼法。

## 9.1 电弧熔炼法

### 9.1.1 非自耗电极电弧熔炼法

这种熔炼法有三个基本特点：(1)有一根水冷却的电极，使电极头保持在冷却状态并减少来自电极对熔体的污染；(2)应用高纯度的氩或氦气，使在熔炼时吸收最少量的杂质，并有可能保持电弧稳定；(3)在一只水冷却的铜坩埚内熔炼金属，避免了来自坩埚的沾污。这较石墨或耐火材料所制成的坩埚为佳，因为它与锆不会起反应而将杂质引入锆内，从而使锆的物理、化学性质不受影响。

A 实验室用炉

典型的非自耗电极电弧炉示意图见图 9-1，炉内可放置尺寸不同的坩埚，借以调整锆锭的大小，炉身按坩埚的尺寸制造。坩埚座可拆卸，便于取出锆锭。如需熔炼直径 460 mm 以上的锆锭时，可改变炉子结构，使在熔炼过程中，能连续移出锆锭。每一套熔炼设备由两只炉子、一套电源供应组、一只备有辅助开关和管道系统的真空机组组成。当在一只炉子内进行熔炼时，另一只炉子可进行装料和抽真空。这样,可以连续地利用电源组和真空系统。电力可由三只并联的直流整流焊机供应,使用顺极性直流电或其他专用电源设备。正极与炉身相连,负极与水冷却的电极相接。用云母绝缘垫圈使炉身与电极、水冷却顶盖绝缘,全部使用O形环封,保证系统不漏气。

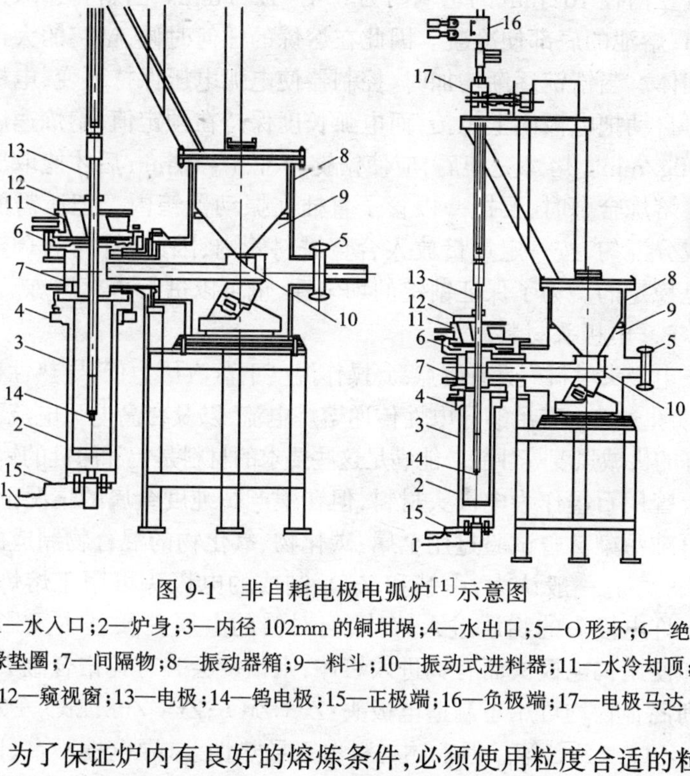


图 9-1 非自耗电极电弧炉[1]示意图

1—水入口;2—炉身;3—内径 102mm 的铜坩埚;4—水出口;5—O 形环;6—绝缘垫圈;7—间隔物;8—振动器箱;9—料斗;10—振动式进料器;11—水冷却顶;12—窥视窗;13—电极;14—钨电极;15—正极端;16—负极端;17—电极马达

为了保证炉内有良好的熔炼条件,必须使用粒度合适的粒状料。料进入料仓后,密闭炉子,经两次抽真空,再用氦气清洗后,进行第三次抽真空,炉内压力为 0.625 Pa 时再充氩气至平压作为熔炼气氛。在低电压、大电流下使电弧稳定,并可用磁力控制锆锭。铜坩埚用水进行冷却,可根据熔炼情况和坩埚大小,控制水流速度。

电弧在钨电极和置于坩埚底部的锆原料之间用低电流引发。当振动式给料器将料加进炉内,使锆熔融后可逐渐增加电压,直到获得所需的工作电流为止。

从观察孔观察熔炼的过程，调节进料速度，用电磁铁控制电弧的位置。使用磁铁的目的，在于使电弧作用于炉内的冷料附近。如果不用磁铁控制，新加入的料则不易熔化。

实践中，电弧熔炼可认为是一种逐步的熔接过程，金属熔池的深度在内径102mm的坩埚内为6.4～12.7mm。当新料进入并熔化时，熔池的底部便冷凝。因此在熔炼的任何时候，锆锭的大部分为固体。当锆锭逐渐增加时，控制器使电弧电压保持不变，电极马达可自动把电极向上拉抬，而电弧长度保持在预定值，熔炼速度约为90g/min。熔炼完毕后，应使锆锭冷却5～10min后才能取出。

熔炼合金时，要把一根管子直插在振动器箱内。把所需的合金成分混匀，按一定重量放入合金进料管内，因此，管内的合金成分是稳定的。为了保证锆锭的均匀性，也可以进行再次熔炼。

B　电极头材料

电极头材料应具有熔点高，操作温度下蒸汽压力低，导热性良好(可防止过热)，有足够导电性传递熔炼电流，以及在高电弧电流下有良好的机械强度等性能。能满足这些要求的材料是钨和涂钍的钨。

曾用石墨作为电极头材料，但在生产高纯度金属的情况下，锆锭可被污染。曾试验过用金属、碳化物、氧化物的混合物制成的电极头[3,4]。一般认为，由锆和 $ZrO_2$ 制成的电极头可用于熔炼锆，有少许电极头的物质进入熔体，但对锆的金属性质基本无影响。但如使用钨电极头而有钨进入熔体，则锆锭会含有钨锆合金夹杂。下列混合物均可用于制造电极头：$Zr+ZrO_2$；$Zr+ZrC$；$ZrO_2+ZrC$；$Zr+ZrO_2+ZrC$ 等。但上述材料由于导热性差，导电性不良，以致制成的电极头仅能短时间使用。

钨和涂钍的钨（1%～2% $ThO_2$）电极头可满意地用于熔炼锆。在1100 A、50V下操作时，这两种电极头无明显不同。

### 9.1.2　自耗电极熔炼法

用海绵锆作自耗电极的电弧炉示意图见图9-2。其优点是电极可以不受阻碍地送入电弧，直到锆锭铸成到预定的尺寸为止。二是有一只水冷的铸模，三是具备按所需速度均匀加入合金成分的结构，可生产任何规格的锆锭。例如，曾熔炼过反应堆所需的，直径为 254 mm、重 227 kg 的锆锭。

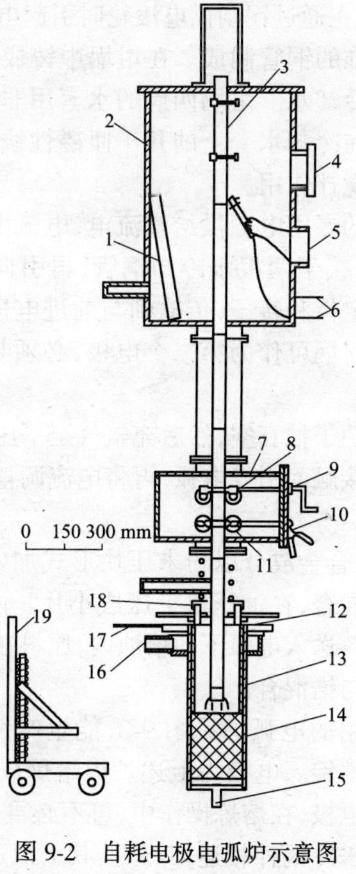


图 9-2 自耗电极电弧炉示意图

1—备用电极；2—焊接箱；3—焊接导轨；4—平板玻璃窗；5—橡皮手套；6—焊接导线；7—齿轮箱；8—钢制轧辊；9—手摇曲柄；10—电弧电源导线（阴极）；11—铜制接触轧辊；12—绝缘物；13—水套；14—锆锭；15—入水口；16—出水口；17—电弧电源导线（阳极）；18—窥视窗；19—锆锭运输小车

把压实的锆条焊接到电极的一端，使金属连续进入电弧。锆条是用油压机压成四方长条。锆条贮存在焊接箱内，根据需要与电极相焊接。操作者可操作钨电极焊弧和锆条，并从观察孔进行观察。压实锆条的截面很均匀，简化了设备设计和焊接技术。每根锆条的尺寸差别很小，锆条的焊接接头并不妨碍电极通过钢制进料滚轮，也不会在通过铜制供电滚轮时引起电流波动。

坩埚是由标准的铜管制成。在坩埚中铸成一定重量的锆锭，控制一定流速的冷却水。坩埚四周的水套用非磁性材料制成，以便能使用直接绕在冷却水套上的几千匝磁性线圈，对电弧下的金属熔池起缓慢的搅拌作用。

由三只一组的专用电源供给直流电，电流由两块重叠的铜电极输送至炉内，并接于两根水冷却铜管，再引向推进齿轮的固定板。电流经过固定板和转子，传输到与前进电极保持电接触的水冷铜滚轮。由于坩埚可作为第二个电极，必须与炉子的其他部分有良好的绝缘。

操作前先将炉子抽真空，然后充氩气至平压。降低电极，使与坩埚底部的锆粒接触而引发电弧，再将电流调整至要求数值，并使电极进入炉内。

熔炼合金时，合金成分以粉末压块形式加入。金属粉末可按锆锭所需的成分混合，在油压机上压成小片。由电机推进齿轮转动的进料器把原料送入电弧下的熔池内，原料在池内熔化，由于电磁的搅拌作用而与锆混合。

一种再熔炼用的电弧炉见图 9-3，能生产符合均匀性和含气量等特殊要求的锆锭。电极为上述炉内熔炼成的锆锭，并将其加工为尺寸合适的电极，在熔炼操作中，可不必再进行焊接。锆锭与一根传输电流的水冷铜杆相连，并悬挂其上而送进电弧中进行熔炼，可获得到优质锆锭。

再熔炼能改善锆锭的均匀性，消除了海绵锆一次熔炼后锆锭中的孔隙。直径 152 mm 的锆锭电极在 35 V、6000 A 时的熔炼速度为 4.5 kg/min。

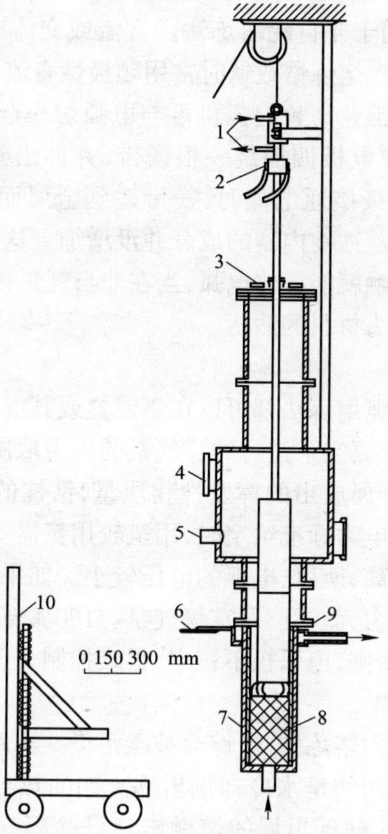


图 9-3 自耗电极再熔炼电弧炉示意图

1—电极冷却水;2—电极接头(阴极);3—观察窗;4—装配用进出口;
5—真空管道接头;6—电源接头(阳极);7—水套;8—锆锭;
9—电绝缘环;10—操纵坩埚的小车

### 9.1.3 结语

A 电源

焊接整流器、电焊机或恒压发电机都可用于电弧熔炼法。一般采用工业用电焊机较经济。非自耗熔炼法常使用电焊机并联的顺极性直流电。反极性的交流或直流电源,会导致损失过多的电极头材料,不适用于非自耗熔炼法。直流或交流电均可用于自耗熔炼法,但实际上,熔炼锆或钛时常用顺极性直流电源。

用于焊接的工业高频起弧机可与电弧炉一起用来激发电弧。另一种方法是,在电极四周绕一根镁带,并伸出到电极头下部约25mm,当降低电极接通电流时,镁带碰到金属而激发电弧,镁就在电弧内挥发掉。锆锭内镁的成分并没增加。这些方法都不需要使电极头同锆接触就能激放电弧,当在非自耗炉内熔炼时,能减少锆锭内来自电极头材料的沾污。

B　气氛

上述两种电弧熔炼法都可以在氩或氦或其混合气氛内进行熔炼,自耗法也有在真空下进行的。气氛的压力取决于多个变数,如气体量、熔炼时金属放出的挥发性物质量,锆锭的大小,以及可利用的总电力等。电力标准给定时,用氩较用氦需要更多的电流,因为氩比氦容易电离,所以,电弧的电压较小。如果发电机容量有限而需要强大的电力,就不能用富氩气氛。100%氦气氛也不宜用于非自耗熔炼法,否则,电弧极不稳定,很难控制。

C　坩埚材料

在石墨坩埚内熔炼锆,锆锭会被碳污染。实践中,在电弧炉内盛装熔融锆最实用的是水冷却铜坩埚。铜的热导率很大,不等到锆与铜形成合金,贴近坩埚的熔融锆就已冷凝,因而形成了一只"锆"坩埚。效果最好的是壁厚6.35～15.88mm的铜坩埚。如果电弧瞬间打击坩埚壁,坩埚容易被击穿,但厚壁坩埚则不易被击穿。

D　锆锭质量

不论何种方法熔炼的锆锭,都可能吸收来自气氛中的气体杂质及坩埚材料。在非自耗法锆锭内,也会有来自电极头的钨。使用真空密封炉和惰性气体熔炼碘化锆时,吸收的气体量很少,因受坩埚的影响,只有锆锭的边壁吸收铜,但是在电弧打击铜坩埚的瞬间发生的局部现象。光谱分析表明,非自耗法锆锭的钨含量少于

0.005%。虽然在熔炼的锆锭的电极中钨的质量无显著变化,可是当锆锭轧成条后,在其射线图上显示出多处都有直径约 1.59mm 或更小的富钨的钨-锆合金夹杂[1]。这些夹杂物在机械加工时会磨损刀具,在制造锆丝或锆条时会划伤模具,并引起薄板的表面缺陷等等。

只要根据正在熔炼的锆锭大小供应足够的电流,非自耗法锆锭表面光滑,其表面质量则视所熔炼的海绵锆质量和电力等因素由致密到多孔。直径 102 mm 的非自耗法锆锭可用机械加工整修,切削以除掉皱痕及溅渣。切削下的废锆可加以回收,也可在惰性气氛下用电弧补焊锭表面缺陷。

必须仔细控制熔炼条件,才能得到良好的锆锭。熔炼速度太快,电流太小,或冷却速度过快,锆锭内会产生气孔。如果氩或氦流入这些气孔,则以后即使进行锻轧,气孔也不能消除,在成品中出现缝隙。在非自耗法锆锭内曾发现有未熔化的小块,也与上述因素有关。在单次熔炼成的自耗法锆锭内气孔极多,可在真空或惰性气氛内再熔炼消除。缩孔通常发生在自耗法锆锭的顶部。

E 自耗与非自耗电极电弧熔炼法的比较

对于直径 102 mm 的锆锭,非自耗法的熔炼速度约为 4.5~9.0 kg/h,熔炼每 kg 原料需电能 6.6~13.2kW·h,比自耗法差得多。自耗法熔炼直径 152 mm 的锆锭时,熔炼速度可达 109 kg/h,电能耗为 1.23kWh·h/kg。而对于直径 254mm 的锆锭,在电耗为 0.77kWh·h/kg 的情况下,熔炼速度为 272kg/h,工业上使用自耗法,实验室则多采用非自耗法。

目前,工业上采用的方法主要是电子束焊-真空自耗电极熔炼法,其主要工艺技术参数范围如下:

| | |
|---|---|
| 坩埚比 $d/D$ | 0.63~0.88 |
| 底 垫 | 用锆 |
| 熔前真空度/Pa | $2\times10^{-1}\sim5\times10^{-2}$ |
| 熔炼真空度/Pa | $1\sim1\times10^{-1}$ |
| 起弧电流/kA | 3~3.5 |

| | |
|---|---|
| 熔炼电压/V | 30～42 |
| 熔炼电流/A | (180～370)$D$ |
| 熔化系数/kg·(kA·min)$^{-1}$ | 0.9～1.5 |
| 熔化系数: | 1～2 |

其中熔化次数可达2～3次。如在Zr-4管材的生产中，将海绵锆及中间合金及返回锆压制焊接后，往往要进行2～3次真空自耗电极熔炼，铸锭经去皮、淬火后再轧制得成品管。

## 9.2 电子束熔炼法

### 9.2.1 概述

熔炼锆等高熔点金属时广泛应用真空电弧熔炼法，且主要是自耗电极法。此方法有以下缺点：一是待熔炼的金属处于熔融态的时间短，电极熔完，过程便停止，无法长时间保持熔池，以供彻底的脱气和精制；二是被熔炼金属不制成自耗电极，便不能进行熔炼；三是熔炼时真空度在$(1.33\sim0.133)\times10^{-4}$ kPa左右，分解压力低的化合物在这样的真空度下不分解。

电子束熔炼法可以克服这些不定。这种方法的原理并不是新鲜的东西，很久以来就已经知道，当快速运动的电子冲击到一块靶上时，便以热能的方式给出其大部分动能，事实上，在设计X射线管时，常遇到的困难是防止钨靶由于上述缘故而熔化。

电子束熔炼法具有许多优点[5]：

(1)电子束是洁净的高能热源，电子的穿透深度很小，压力也极小，当加速电压为20kV时，对钨的电子穿透深度仅0.44μm，铝为3.1μm。因此，对于电子束熔炼而言，电子束作为热源不会给熔体带来污染，而且，除了为物料的沸腾挥发和分解所限制外，用电子束可获得高达5000～6000℃的温度。同时，电子束是应用高电压低电流的电源，较之产生电弧所需的低电压高电流，效率高95%以上，而且便宜。

(2)电子束熔炼要求的真空度比其他方法高，但被熔炼金属高度纯化。电弧熔炼的真空度通常在 $1.33\times10^{-4}$ kPa 左右，而电子束熔炼必须在比 $1.33\times10^{-5}$ kPa 更高的真空下进行。真空度如低于此值，电子束的动能会由于电子与残余气体分子冲撞而损失，产生放电现象，并使电子运动方向偏离，不能得到密集电子束；另外，电子发射体通常用钨或钽制成，发射体的温度在 2000℃ 左右高温下，钨及钽如果暴露在大气条件下将迅速氧化。为了能进行稳定的熔炼，要求真空度在 $1.33\times10^{-6}$ kPa 左右。

(3)熔炼速度的调节较易。在自耗电极电弧熔炼时，铸锭是由电极熔化下滴而成，以减缓熔炼速度来达到充分排气的目的很困难，因为要减慢熔炼速度，必须降低供给电力，则不能达到完善的熔炼。而电子束熔炼速度和熔炼电力是各自独立进行调节的，可以使熔炼速度极低，而熔池温度仍保持在比金属熔点高的温度下。既可使金属加热到任意温度，又可使其在高真空下长时间保持熔态，使气体杂质充分排除得到纯化。

(4)可方便地调节电子束，加热熔炼物料的各个部位。电子束可将熔池覆盖，不与水冷铜坩埚接触，因而熔炼稳定，不会如电弧熔炼因真空度改变产生侧弧，击坏水冷铜坩埚，且得到的铸锭表面光滑。

(5)电子束对熔池无机械作用，不会吹散熔池，可熔炼不同进料，如：棒、粉末、颗粒、海绵状等。在熔炼过程中可以随时启动或停止，而不会损耗物料。

电子束熔炼是一种新的熔炼方法，效果优异，应用范围广，特别适用诸如锆、铪、铌、钽、铍、钼等难熔金属的提纯[6,7]。

### 9.2.2 电子束熔炼炉

电子束炉由以下几个基本部分组成：(1)包括电子发射源和控制电子流的聚焦、偏转、加速系统电子枪；(2)真空机组；(3)高压强力直流电源；(4)熔炼时形成铸锭的结晶器和拉锭器；(5)待熔炼料的送进装置[8]。

早期用作半工业生产的典型电子束熔炼炉示意图见图 9-4。

内部装有产生环状电子束的上、下两个环状阴极。其基本特点是，熔炼料本身作为阳极，熔炼室内便存在电场；产生电子束的环状阴极位于熔炼室内，并与熔炼料靠近。待熔炼料做成自耗电极形式，从炉子上部进口闸进入炉内。当其通过上环状阴极时，受电子流高速电子的冲击，其动能完全转变为热能，电极（阳极）端便熔化。熔体下滴入水冷铜坩埚。下环状阴极与坩埚同心放置，产生的电子束使滴下的熔体在铜坩埚内保持液态。

上、下环状阴极是独立进行控制和供给电源的，因此可以独立操作与调节。两者保持一定间距，上阴极与自耗电极间由于待熔炼料放气而压力升高时，不会波及下阴极与熔池之间的压力；但是，上环状阴极不能离熔池太远，以免金属液体由电极滴下时，冲击熔池发生溅射。阴极通常用纯钨或纯钽制成，结构简单，制作容易[9,10]。

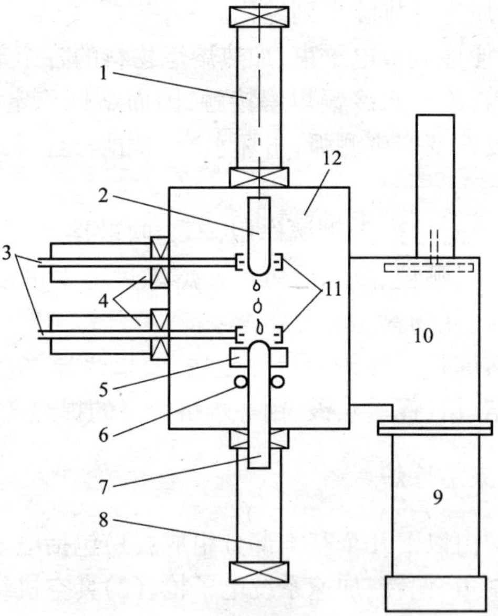


图 9-4 Temescal 电子束熔炼炉示意图[11~14]

1—自耗电极进口闸；2—自耗电极；3—高压电流；4—电子枪更换闸；5—水冷铜结晶器；6—拉锭器；7—锆锭；8—铸锭冷却室；9—扩散泵；10—闸式阀；11—环状阴极；12—熔炼室

熔炼过程的关键是使真空系统能维持熔炼室内的工作压力不高于$1.33\times10^{-5}$ kPa,才能达到纯化目的。为此,可配备两套由油扩散泵、油喷射泵和机械泵组成的真空机组,见图9-5[14]。

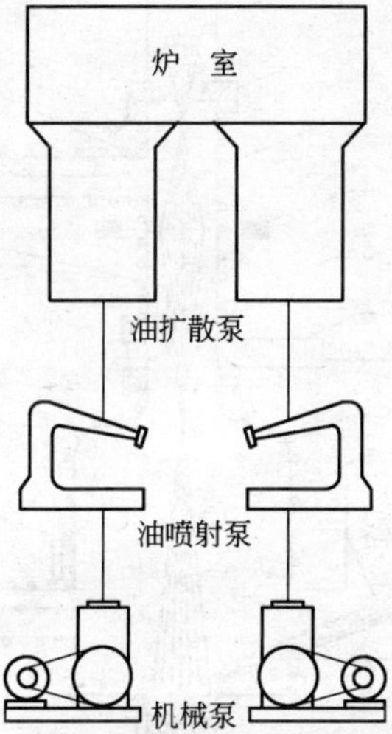


图9-5 电子束熔炼炉真空系统示意图

NRC公司生产了另一种电子束熔炼炉,见图9-6[15]。在这种炉子内,待熔炼料不作为阳极,因而,熔炼室便不存在电场,阴极也可以远离炉料;炉料以海绵状、粒状或粉末形态加入,也能熔炼不导电的材料,诸如氧化物等。电子枪置于单独的真空室内,阴极发射电子通过加速阳极和聚焦线圈成为柱状或锥状电子束。熔炼室与电子枪室隔片分隔开,电子束通过隔片冲击待熔炼料,使其熔化并保持液态。用这种炉子熔炼时,消除了辉光放电现象。由于电子枪室有自己单独的真空系统,即使在熔炼室内的压力情况最坏时,电子枪室始终可保持为$1.33\times10^{-5}$ kPa,因此,枪室内基本上不会发生放电。而在熔炼室内,由于熔体放气、压力升高,最多也只会形成不稳定的放电,因为该室不存在电场,离子、二次电子在零电场内不会加速,因而阳极电流不会增大。同时,阴极离开熔池较远,又有隔片存在,金属蒸气、挥发物等冷凝在阴极上的机会减小,从而提高了阴极寿命。

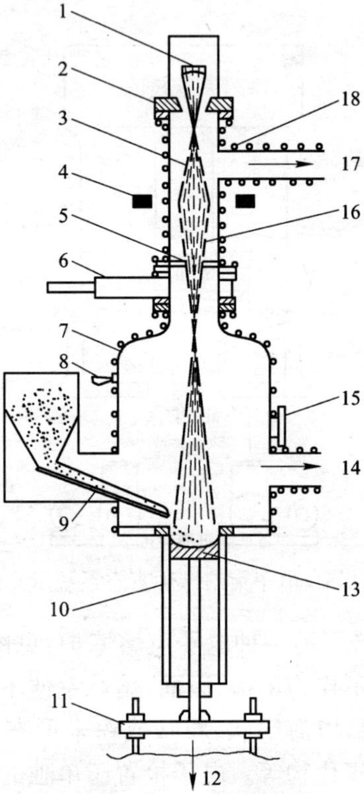


图 9-6 NRC 电子束熔炼炉示意图

1—阴极;2—加速阳极;3—电子枪室;4—聚焦线圈;5—隔片;6—4 in 闸式阀;7—熔炼室;8—离子真空计;9—振动式给料器;10—水冷铜结晶器;11—拉锭器;12—向下拉;13—锆锭;14—接 10 in 油扩散泵;15—窥视窗;16—电子束;17—接 4 in 油扩散泵;18—水冷却绕管

目前,还设计了多电子枪熔炼炉,如其中一支枪损坏也不影响熔炼过程的继续进行[10]。且已由单枪炉发展到由计算机控制的八枪系统。电子束发射装置也出现由简单、耐用、成本相对低廉的横向枪,转向复杂、昂贵但稳定性、可靠性好的轴向枪的趋势。这种枪能提供 1200 kW 的功率[16]。

选用电子束熔炼炉时,可根据所熔炼的铸锭直径,金属熔点来确定所需的功率。在炉子功率确定的情况下,熔炼金属的熔点越高,可熔炼的铸锭的直径越小,见图 9-7[17,18]。

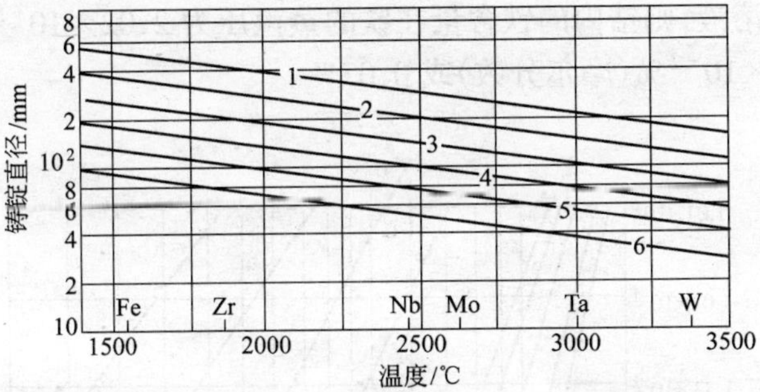


图 9-7 电子束熔炼时所需功率与金属熔点、铸锭直径之间的关系

1—960 kW;2—480 kW;3—240 kW;4—120 kW;5—60 kW;6—30 kW

电子束熔炼炉的功率正在不断增大。据报道[19],泰梅斯卡尔公司已制成各种功率不同的熔炼炉。1998 年美国建成由 4 只 600 kW、4 只 750 kW 电子枪构成的总额定功率为 5400 kW、迄今世界最大的电子束熔炼炉,可生产重达 23 t 以上的钛锭[16]。

### 9.2.3 电子束熔炼的纯化作用

电子束熔炼的金属成分与其他熔炼方法有很大差别。电子束熔炼时,熔体处于高真空下,因此挥发反应进行得很快,熔体高度纯化。纯化过程取决于金属熔态的时间、在熔点以上的过热度以及熔体内各种成分。最重要的因素是金属与杂质在所达到温度下的相对蒸汽压。研究结果表明,纯化是通过两种方式来达到的。

A 合金组元的蒸发

一般难熔金属在其熔点下的蒸气压力要比存在其中的其他金属或非金属杂质蒸汽压低。所以,金属组分的改变,可根据较易挥发金属从基体中蒸发的量，精确地估计。在设定金属间形成理想溶液的条件下，根据蒸汽表上的数据可计算出该种金属的蒸发量。如果粗略算出某组分的蒸汽压力低于 $2.02\times10^{-5}$ kPa(或低于基本金属的蒸汽压)，则该组分便不会优先挥发。锆中的铁便是一例。从金属的蒸汽压力表(图 9-8)可看出，铁在 2200℃(相当于高度过热的锆)时蒸汽压约为 2.02 kPa，在这一温度下，铁在锆内形成理想溶液，则锆内的铁含量在铁的蒸汽压为 $2.02\times10^{-5}$ kPa 时约为 $5\times10^{-2}$%(摩尔分数)或 0.03%。

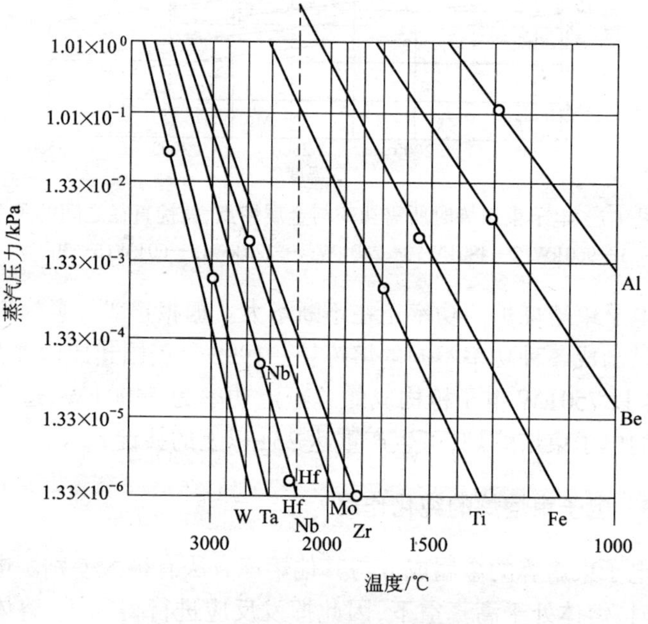


图 9-8 几种金属的蒸汽压力数据[12]

B 通过金属低价氧化物的挥发而脱氧

除钛外，在已发表的文献中未见报道其他活性金属低价氧化物的挥发性的数据。然而，曾经根据金属低价氧化物蒸汽压的热力学数据，计算了熔融金属-氧系的脱氧趋势，其结果列于表 9-1。为方便起见，表内是以金属与其一氧化物的蒸汽压比值表示。当金属与其一氧化物的蒸汽压之比小于1时,即熔炼时不可能通过氧化物的挥发而脱氧;比值大于1,则为有脱氧趋势的金属,这与实验所得结果一致。

依据该表还可以说明合金的脱氧现象。如含1%锆的铌合金,经电子束熔炼后,氧含量从原来的0.15%~0.2%降低为0.02%~0.03%,而锆含量也降为0.1%。按照金属的蒸汽压特性,锆不可能这样快地挥发掉,但从表9-1的ZrO蒸汽压表明,甚至在0.1%锆时,ZrO的挥发量约为NbO的10倍。因此,锆含量的降低与其说是由于锆的蒸发,则不如说是由于排除ZrO。

**表9-1 金属的脱氧趋势**

| 能脱氧 | 不能脱氧 |
|---|---|
| $\frac{NbO}{Nb}=10$ $\frac{NfO}{Hf}=10^4$ $\frac{BO}{B}=10^2$ | $\frac{TiO}{Ti}=1$ $\frac{MnO}{Mn}=10^{-5}$ $\frac{VO}{V}=10^{-2}$ |
| $\frac{TaO}{Ta}=10^4$ $\frac{WO}{W}=10^2$ $\frac{YO}{Y}=10^5$ | $\frac{FeO}{Fe}=10^{-6}$ $\frac{BeO}{Be}=10^{-3}$ |
| $\frac{ZrO}{Zr}=10^2$ $\frac{MoO}{Mo}=10^5$ $\frac{ThO}{Th}=10^3$ | $\frac{NiO}{Ni}=10^{-7}$ $\frac{CrO}{Cr}=10^{-4}$ |

### 9.2.4 电子束熔炼的锆锭

由于碘化锆的纯度能满足多种用途,因此,电子束提纯锆的研究不如金属铌、钽多,积累的数据也较少。曾经把海绵锆先精炼成碘化锆,随后用电子束熔炼法将其熔炼成直径100 mm的锆锭,分析不同方法获得的锆的化学成分,其结果列于表9-2[6]。结果表明,电子束熔炼的锆锭纯度很高。

**表9-2 用碘化法和电子束熔法精炼的锆的分析(单位:%)**

| 元素 | 海绵锆 | 碘化锆锭 | | 电子束锆锭 | |
|---|---|---|---|---|---|
| | | 顶部 | 底部 | 顶部 | 底部 |
| C | $7.0\times10^{-3}$ | $5.0\times10^{-3}$ | $3.0\times10^{-3}$ | $3.0\times10^{-3}$ | $3.0\times10^{-3}$ |
| N | $8\times10^{-4}$ | $1.9\times10^{-3}$ | $2.3\times10^{-3}$ | $7\times10^{-4}$ | $1.0\times10^{-3}$ |
| O | $4.3\times10^{-2}$ | $1.3\times10^{-2}$ | $1.5\times10^{-2}$ | $1.3\times10^{-2}$ | $1.6\times10^{-2}$ |
| H | $1.2\times10^{-3}$ | $3.8\times10^{-4}$ | $3.5\times10^{-4}$ | $2.6\times10^{-4}$ | $2.2\times10^{-4}$ |

同时，海绵锆精炼成碘化锆时，其硬度从91降低到约70，电子束熔炼后降低到58左右。

根据日本研究资料[5,20]，电弧熔炼的锆再经电子束熔炼后，气体杂质的含量减少，见表9-3。

**表9-3 电子束熔炼的锆内气体杂质含量的变化**（单位：%）

| 锆锭 | H | N | O | 维氏硬度 |
|---|---|---|---|---|
| 电弧熔炼的锆锭 | $2.4\times10^{-3}$ | $7.1\times10^{-3}$ | $7.35\times10^{-2}$ | $1.8\times10^{-2}$ |
| 电子束熔炼的锆锭 | $3\times10^{-4}$ | $2.2\times10^{-3}$ | $6.9\times10^{-2}$ | $1.4\times10^{-2}$ |

还曾把原子能级海绵锆作为熔炼料用电子束熔铸成锆锭，然后对锭内的金属杂质作了光谱分析，所得结果列于表9-4。锆锭内的气体杂质；氧为$5\times10^{-4}$%，氮为$23\times10^{-4}$%。电子束熔炼的锆，其耐蚀性提高了10%[20]。

**表9-4 锆内金属杂质的光谱分析**

| 锆锭 | Fe | Mn | Ni | Cr | Cu | Al | Co |
|---|---|---|---|---|---|---|---|
| 海绵锆 | +++++< | + | + | +++++< | (++) | (+++++<) | − |
| 电子束熔炼的锆 | + | +≡ | += | +≡ | (++) | (++++) | − |

| 锆锭 | Mo | Si | Sn | Ti | V | Mg | Ca |
|---|---|---|---|---|---|---|---|
| 海绵锆 | − | ++++ | − | +− | − | +++++< | +++++ |
| 电子束熔炼的锆 | − | +− | − | + | − | ++ | + |

必须指出，电子束熔炼法只用于那些在熔体表面的温度-压力条件下挥发较慢的金属。如铬不适宜用该法进行熔炼，因为铬在其熔点1891℃下，蒸汽压约8.38kPa，蒸发速度达到0.57 g/(cm²·s)[17]。因此，对于多数金属与合金的精炼很有效的电子束熔炼法，对某些合金的熔炼却完全无效。在用电子束熔炼高蒸汽压的金属时，铸锭质量不可避免的损失可达20%，为了回收这些金属蒸汽，有的炉子中装置了冷凝板[21]。

有报道指出[6]，电子束熔炼法对锆、铪、铌、钽、钨、钼等金属废料的再熔炼纯化特别有利。虽然电子束熔炼法比自耗电极真空电弧法有较多的优点,但真空电弧熔炼法对某些特种合金的处理仍有广阔的前途。

## 9.3 感应熔炼法

锆的熔点高、化学活性强,产品要求含碳量低,因而限制了感应熔炼和浇注的发展。曾经设计并使用了不同的感应炉用于熔炼锆,包括有外感应圈的石英管式炉,真空室内备有感应圈、坩埚及铸模的转动炉或底浇炉[22~24]。由于坩埚材料都会为锆所侵蚀,因此应减少锆在熔炼时受到坩埚材料的沾污。

### 9.3.1 熔炼锆的坩埚

除了石墨以外,曾小规模研究过其他坩埚材料,但迄今尚无满意的熔炼锆用的耐火材料坩埚。由氧化物、氮化物、碳化物或耐热金属制成的坩埚都易遭受熔融锆的侵蚀[25],从而使熔融锆为氧、氮、碳、硫及一些金属元素所污染。侵蚀程度和污染量取决于熔体的温度及熔融锆与坩埚接触时间长短。

氧化钍和氧化锆都会被熔融锆侵蚀,但程度比已研究过的任何其他的坩埚材料为低。这两种氧化物中的任何一种都可以用来盛装熔融锆,但会产生一些氧的污染。

### 9.3.2 从石墨坩埚吸收碳

在石墨坩埚内熔炼并浇注入石墨铸模的海绵锆或碘化锆,吸收的碳量在0.08%~0.3%。主要影响因素是熔体的温度和在该温度下的接触时间。在减少熔融金属与坩埚接触时间后,可使含碳量降低至0.05%左右。从含0.03%~0.05%碳的海绵锆制成的铸坯,其碳含量为0.1%,见表9-5。这些结果是在过热最小的情况下获得的。

每次熔炼以后,石墨坩埚内表面留有一层均匀的碳化锆薄膜。在坩埚使用期间,如果其他因素相同,则锆锭碳差是一致的。每次熔炼从坩埚到熔体的碳损失约 0.25 mm。坩埚和铸模应在 1800℃下除气,以减少熔体吸收氧。石墨坩埚可用石油沥青浸透并加热到 2000℃,采用特种的表面处理,如浇口未过分扩大,坩埚寿命可达 10～30 次。

**表 9-5 在石墨坩埚内感应熔炼锆锭的碳、氧含量及硬度[26]**

| 锆 锭 | 锆 锭 数 | 熔炼时间 /min | 平均碳含量 /% | 平均氧含量 /% | 平均硬度 HB |
|---|---|---|---|---|---|
| 海绵锆 | 7 | 3 | 0.1250 | 0.1150 | |
| 海绵锆 + 2.5%锡 | 15 | 1～2 | 0.1050 | 0.1330 | 85 |
| 碘化锆 + 2.5%锡 | 9 | 1～2 | 0.073 | 0.0545 | 76 |

熔融锆因表面张力低而有润湿,可吸附至熔体液面上方的坩埚壁,并渗入坩埚壁内,有时会损失部分金属。工业石墨都有一定孔隙,因此只能用密度较高的特级石墨制作坩埚。

### 9.3.3 感应熔炼炉

小型石英管真空感应熔炼炉见图 9-9。按照炉结构制成容量为 68 kg、石英管内径 417 mm、用粉状石墨作为绝热物、并有一只外径为 305 mm 的石墨坩埚的大型炉子[26]。

感应炉的绝热物为石墨粉,坩埚外径 180 mm,小规模熔炼时,可在其外部套一用钼或钽为衬里、或用钽和镍组合衬里的石墨屏作绝热保护。石墨粉越细,绝热越好,且便于盛装,容易除气,于真空系统中的损失也较少。使用石墨绝热时,真空部件的设置无困难。用石墨绝缘比用炭黑或其他碳制品好,因其挥发物少。石墨只要在 2000℃一次除气即可。而碳在 2000℃以上会放出气体。氧化铍可以作为在真空内于 2000℃下与碳相接触的耐火材料,曾用于小型电炉内,但在大规模熔炼时,氧化铍的用途受价格限制。在同样条件下,锆英石和氧化铝受侵蚀,但可以用在低于 1500℃的较冷部分。

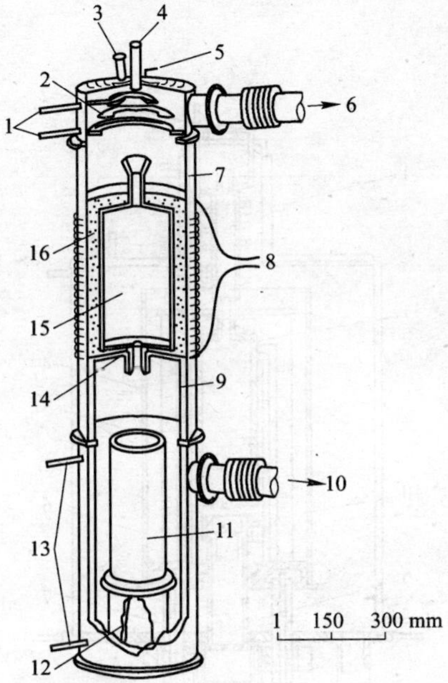


图 9-9 用于熔炼及浇注 7～14 kg 的实验室型感应炉示意图

1—冷却水；2—水冷冷凝板；3—窥视孔；4—合金元素加入管；5—帘门；6—通真空泵；7—石英管；8—通高频感应线圈的导线；9—石英支撑；10—通真空泵；11—石墨铸模；12—铸模支撑；13—冷却水；14—BeO 板或 $Al_2O_3$ 板；15—石墨坩埚；16—石墨粉

## 9.4 电阻熔炼法

曾经使用石墨电阻炉熔炼锆及其合金[2]，锆除了从坩埚吸收碳以外，对质量无其他影响，碳含量低于 0.08%，在生产条件下，碳污染量为 0.2%～0.3%。石墨电阻炉特别适用于熔炼及浇注在电弧炉内不易熔炼的废料，以及生产尺寸精确的异形铸件。

早期的石墨电阻炉的容量为 10 kg[26]。基本上是一只封装在水冷却钢壳内的电阻加热的石墨套，见图 9-10。炉料从顶部的装料口加入，装料口上有目镜，可观察熔体。

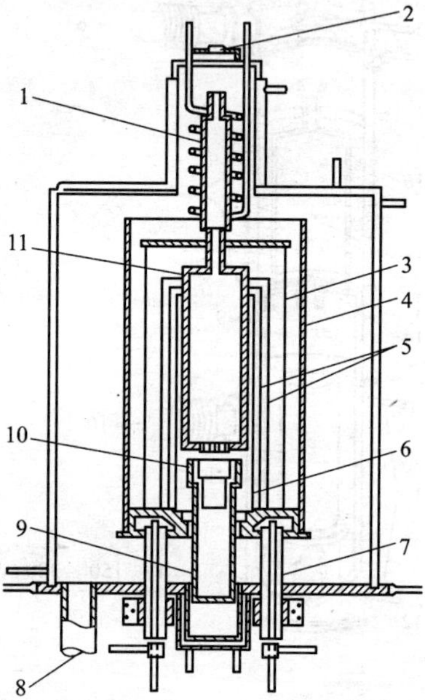


图 9-10　石墨电阻炉示意图

1—冷凝器；2—目镜；3—钼辐射屏；4—石英辐射屏；5—石墨辐射屏；6—电阻；7—电力线；8—真空管道；9—铸模；10—热顶；11—坩埚

钢壳内有四只同心圆筒形热辐射屏，最内层的两只由厚 1.6 mm 的石墨片制成，第三只的材料是厚 0.8 mm 的钼片，第四只是厚 9.5 mm 的石英。

电阻器是一根具有四条间距相等、从底部延伸到接近顶部的有槽沟的石墨管。用保证良好电接触的圆锥形钼楔将石墨管的四只脚嵌装在水冷却的铜质直角扇形物上。铸模、热顶圈、坩埚及冷凝器组合件与电阻器同心安装。

石墨铸模为内径 76 mm、长 305 mm。操作时,将铸模放于电阻器下,热顶圈向上,当铸模内大部分金属冷凝时,铸件顶部仍能保持熔化状态。冷铸模不为熔融锆所润湿,可重新使用。

坩埚用特级石墨加工制成,内径约 102 mm,高约 254 mm。底部浇注孔,熔融锆可注入铸模。炉电压为 13 V,最大电流达 2100 A。每昼夜可生产 16 块锆锭。熔炼重 7 kg 的锆锭需时 25 min,平均耗电 60 kW·h。操作程序为:(1)卸料、重新装料;(2)初步抽真空;(3)主要抽真空;(4)加热、浇注;(5)冷却。

## 9.5 粉末冶金法

### 9.5.1 概述

锆是最适合于粉末冶金方法生产的金属之一[27]。锆粉就很容易进行压实和烧结,达到锆的理论密度。烧结锆具有延性,可以辗轧、挤压或拉制。

锆粉可由碘化锆、海绵锆制成,或经电解法制得,碘化锆和海绵锆先转化成脆性的氢化锆,即可用机械粉碎;而氢化锆粉则易分解成锆粉。

表 9-6 列出锆粉与氢化锆粉末、浸沥锆粉、钙还原锆粉末之间的比较。从粉末冶金的观点来看,氢化法和浸沥法的锆粉比较好,其表观密度高,气体含量较低。钙还原锆粉和氢化法锆粉的流动性好。在压结和烧结方面,氢化锆粉末比锆粉较优,浸沥法已不使用。

氢化锆粉末具有大量非常细的颗粒,在分解成为锆时,凝聚成较大的粒子,在随后粉碎操作中,具有比氢化锆粉规则的形貌。氢化锆粉呈不规则形,这是脆性粉碎物料的典型形状。钙还原法粉末含有花边状的结块。颗粒成长形和不规则形,容易结块,粉末的表观密度低。海绵锆浸沥法锆粉由球形颗粒组成,尺寸一致,仅含少量或不含微细颗粒。

表9-6 锆粉和氢化锆粉末的成分与性质

| 粉末种类 | 气体含量/% | | 颗粒平均大小/μm | 密度/g·cm$^{-3}$ | | 在788 MPa下的压缩比 |
|---|---|---|---|---|---|---|
| | 氧 | 氮 | | 表观密度 | 在788 MPa下压实后 | |
| 从碘化锆制成的氢化锆 | 0.2~0.4 | 0.005~0.015 | 10.3 | 2.2 | 4.9 | 2.2 |
| 从海绵锆制成的氢化锆 | 0.32 | 0.006 | 6.8 | 1.96 | 4.45 | 2.27 |
| 从碘化锆制成氢化锆再分解成的锆粉 | 0.3~0.5 | 0.005~0.015 | 20.0 | 2.0 | 5.5 | 2.75 |
| 从海绵锆制成氢化锆再分解成的锆粉 | 0.4~0.5 | 0.006 | 27.4 | 2.33 | 5.10 | 2.2 |
| 用钙还原 $ZrO_2$ 得的高纯度锆 | 0.31 | 0.036 | 5.5 | 0.47 | 5.68 | 12 |
| 用钙还原 $ZrO_2$ 得的照相闪光灯级锆 | 2~3 | 0.5~2 | 3 | | | |
| 浸沥海绵锆得的锆 | 0.07~0.2 | 0.001~0.003 | 15 | 2.17 | 5.45 | 2.51 |

## 9.5.2 锆粉和氢化锆粉的压实

锆粉和氢化锆粉都可以直接加以压实,不必使用黏结剂,但涂于压模壁上的润滑剂必须是不挥发性的,粉末易流动,能很快充满压模。

这两种粉末松容积的压缩比很低,当压力630~787 MPa时,氢化锆粉的压缩比在2:1~2.5:1之间。

压力对氢化锆粉和锆粉的压块密度的影响见图9-11。这些压块是在9.5 mm×50.8 mm的模腔、单面模内压成。使用双面膜,可得到较高密度的压块。

为测定压块强度,将50%锆粉+50%氢化锆粉在472~1102 MPa的压力压制即可。每块试样为3.2 mm×9.5mm×50.8 mm,强度数据示于图9-12。锆粉压块的强度比氢化锆粉末压块约高两倍。把锆粉加入氢化锆粉末中,可增大氢化锆压块的强度。

如果压块是最后产物,锆粉显然是比氢化锆粉末更合适的原料。如后所述,要生产有良好密度的烧结原料,氢化锆粉末比锆粉压实的压力低。

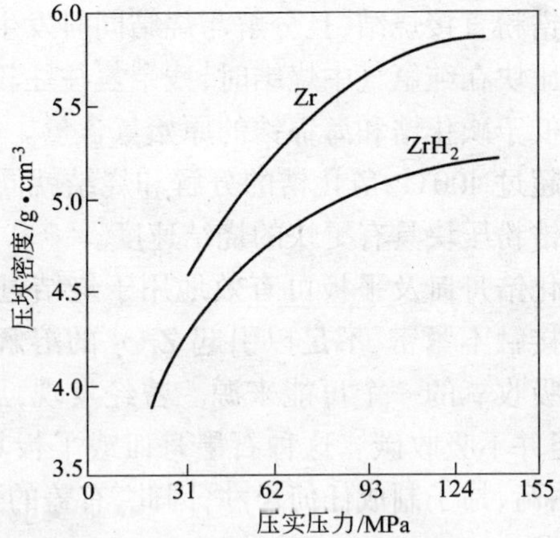


图 9-11 压实压力对锆粉和氢化锆粉压块密度的影响(在真空内烧结)

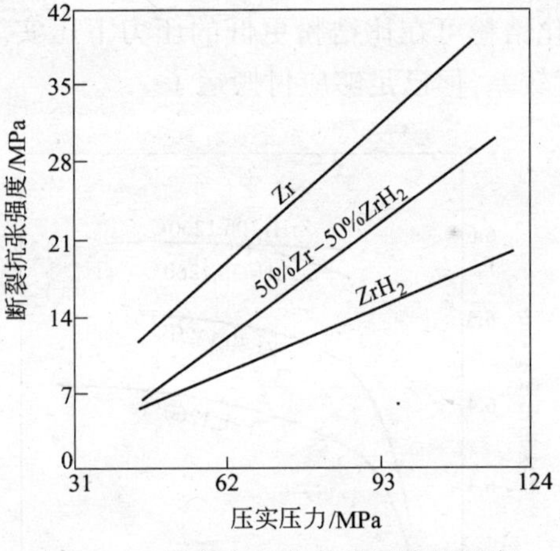


图 9-12 锆粉和氢化锆粉压块的强度

### 9.5.3 锆粉和氢化锆粉的烧结

锆对氧和氮的亲和力极大,必须在纯惰性气氛中或在高真空内进行烧结。在 $6.65 \times 10^{-6}$ kPa 左右或更高真空度内、在温度≤1300℃进行烧结,氧、氮的含量无显著增加。真空烧结优点是能把压实的氢化锆粉直接烧结，且分解与烧结同时发生，省去一道工序。氢化锆粉压块在纯氩气中烧结时，残余氢往往较高，而真空烧结可使氢含量低于碘化锆和海绵锆的原始氢含量。氢化锆粉压块在真空内加热超过400℃，氢化锆的分解和烧结就同时发生，使氢化锆粉压块比锆粉压块具有更快的烧结速度。

稳定的氧化锆舟皿及平板可有效地用于烧结过程，因为压块与耐火材料的接触不紧密，不足以引起 $ZrO_2$ 的溶解。但 $ZrO_2$ 的溶入仍是压块吸收氧的一个可能来源。曾经发现，压块虽然与石墨紧密接触，但并不吸收碳。这种石墨舟皿或平板具有较好的表面外观、没有沾污、易于制成任何尺寸，因此，有盖的舟皿是烧结锆压块的最好容器。

图9-13说明氢化锆粉压块易烧结至锆的理想密度，且在所示的压力范围内，几乎与压实压力变异无关。因此，如果要得到锆的理想密度，氢化锆粉可在比锆粉更低的压力下压实。氢化锆粉压块的新生强度较差，但已足够应付搬运了。

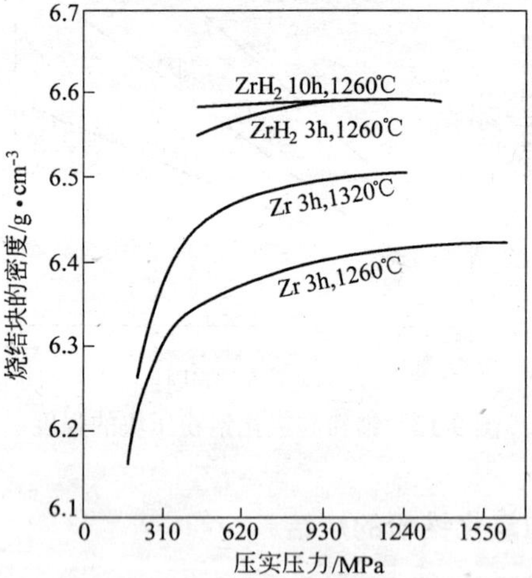


图9-13　压实压力对锆粉和氢化锆粉压块烧结后密度的影响(真空烧结)

直接利用氢化锆粉进行加压和烧结的优点：(1)降低粉末的制

造成本;(2)减少处理粉末的时间;(3)由于气体含量低,烧结过的压块有较好的物理性质;(4)在各种不同处理的阶段中,吸收杂质的机会减少;(5)较低的压实压力就可得到理想密度;(6)较低的烧结温度和较短的烧结时间就可得到理想密度。

### 9.5.4 烧结锆的性质

下列数据是用碘化锆在800℃下制成氢化锆粉,经压结再磨细0.957mm(-325目)而制成的烧结锆得到的。把7克均匀的粉末放在长宽厚约76.2mm×6.4mm×3.2mm的长方形钢模内压结成为试样。压块以450MPa、787MPa及1102MPa压力加压,并放在一只有盖的石墨舟皿内,随即放入至少抽真空约16h的真空炉内,在990℃、1150℃、1260℃及1390℃下烧结5min、1h、3h及10h。在加热过程中,由于氢化锆的分解,炉内的压力约在800℃增加到约$13.3\times10^{-2}$kPa,直到温度约950℃时才开始下降。烧结过程在装有硅线石管的硅碳棒炉内进行。一般,在该温度下的真空度约$2.66\times10^{-6}$ kPa。试样在真空中冷却,烧结后的试样表面光洁。

压实压力、烧结温度和烧结时间对烧结的压块的密度的影响示于图9-14。实践中,烧结温度低达1150℃就可得到理论密度。该温度比锆的熔点约低700℃。而氢化锆分解的锆粉需在1350℃烧结才达到理论密度。

烧结锆的硬度受氧含量、晶粒度、密度和其他因素的影响。前两个因素反映了锆的内在性质,但硬度被密度所影响时,只是孔隙度的一个指标。用这些方法制成的致密烧结锆的硬度约为HB90~94,这种差异归因于晶粒和氧含量的变化。烧结锆具有较高延性,易冷加工。

## 9.6 碘化物热离解法

镁还原法海绵锆中杂质含量变化较大,每一批甚至同一批产物都有差别,表现在成品的硬度、加工及焊接性能的差异。在熔炼

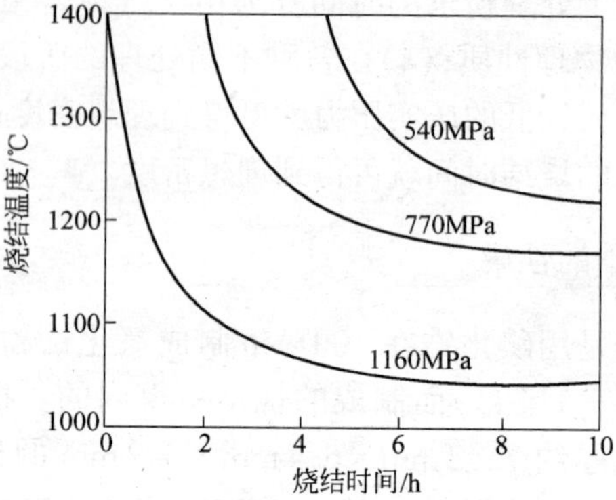


图 9-14 不同压力下团块烧结温度与烧结时间的关系

前把海绵锆混合、或者采用再熔炼来改善其均匀性的方法，可使上述缺点减到最小。另一缺点是其生产方法本身不完善，生产过程中沉积在海绵锆孔隙内的 $MgCl_2$ 与镁都不能在真空蒸馏中彻底除去，在熔炼时以气体排出，而使锆锭产生气孔。虽然这些气孔可用真空熔炼法和再熔炼的方法除去，但不仅增加成本，而且也可能改变其加工性能。因为锆锭在每次熔炼中可能吸收气体，使锆锭的延性降低。为了制成可用的成品，用碘化法精炼海绵锆。碘化法是把粗锆变成为挥发性的四碘化锆，然后使四碘化锆在炽热的锆丝上离解，锆便沉积在丝上，可得到纯净而有延性并耐蚀的固体锆，即“碘化锆”。

为使碘化过程顺利进行，必须满足以下要求[28]：

(1)必须能生成一种较易挥发的化合物；

(2)该化合物须容易在较低温度下生成；

(3)该化合物要能在较高温度下，最好在金属熔点以下离解；

(4)金属的离解速度和沉积速度必须大于其从炽热灯丝上蒸发的速度。

因此，该法只适用于在沉积温度下具有低蒸汽压力的高熔点金属。而锆完全能满足这些要求。

### 9.6.1 主要反应和各有关参数及其影响[29]

碘化精炼金属锆的主要反应如下，各有关参数及其影响见图 9-15 至图 9-19。

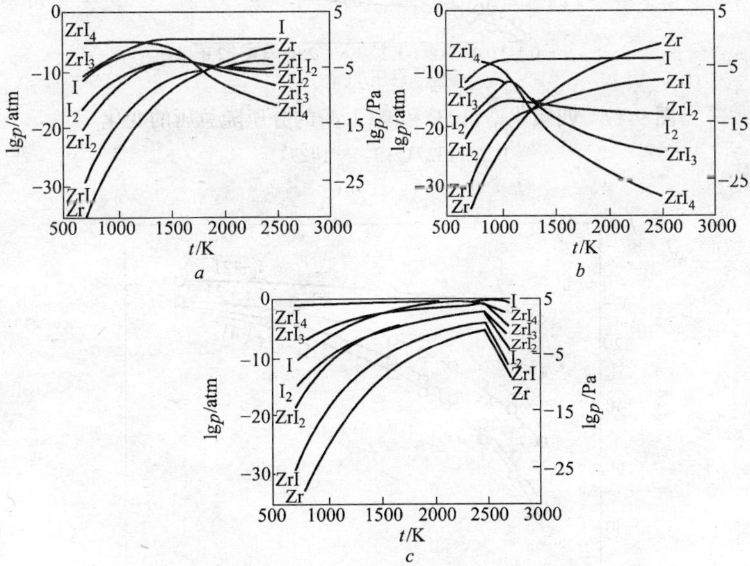


图 9-15　Zr-$I_2$ 体系各物质的分压与温度和总压的关系

$a$—$p_{总}=10$Pa；$b$—$p_{总}=10^{-3}$Pa；$c$—$p_{总}=0.1$MPa，$p_{总}=\sum p_{ZrI_4}+\sum P_{I_{总}}$

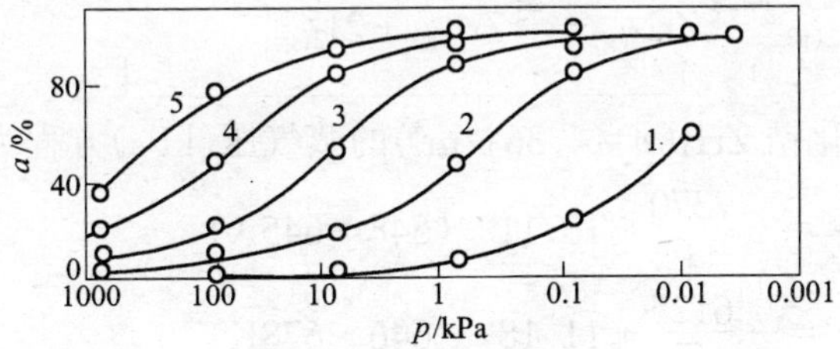


图 9-16　不同温度下碘的分解率与压力的关系

1—600℃；2—800℃；3—1000℃；4—1200℃；5—1400℃

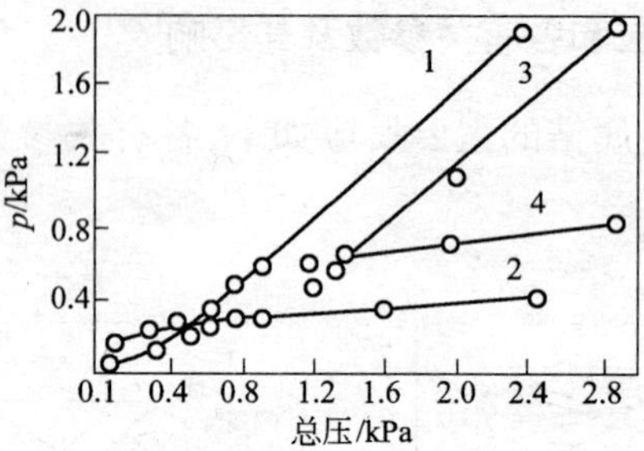


图 9-17 四碘化锆(1,3)和碘(2,4)的分压随总压的变化

1,2—1327℃;3,4—1427℃

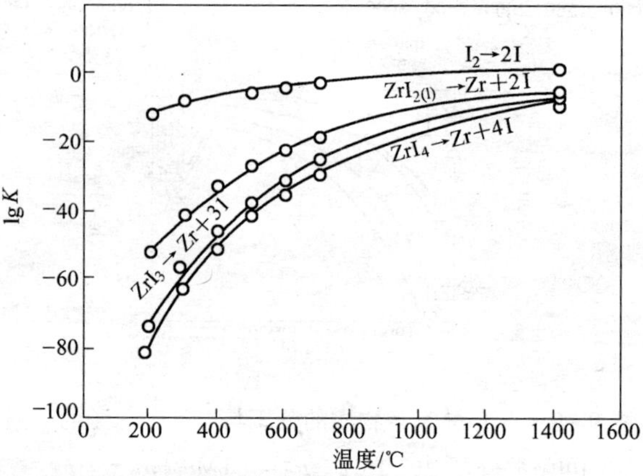


图 9-18 平衡常数的对数与温度的关系曲线

$$Zr_{(粗)} + 2I_{2(g)} \xrightarrow{低温} ZrI_{4(g)} \xrightarrow{高温} Zr_{(纯)} + 2I_{2(g)}$$

四碘化锆 $ZrI_4$($\rho = 4.36\,t/m^3$)的蒸气压(kPa)方程为:

$$\lg p_{ZrI_4} = -\frac{7370}{T} + 13.11 \quad (548 \sim 645K)$$

$$\lg p_{ZrI_4} = -\frac{6125}{T} + 11.18 \quad (646 \sim 678K)$$

离解反应 $ZrI_{4(g)} = Zr + 4I_{(g)}$ 平衡常数 $K = (p_I)^4 / p_{ZrI_4}$ 为:

$$\lg K = -\frac{32760}{T} + 13.10 \quad (1273 \sim 1583\text{K})$$

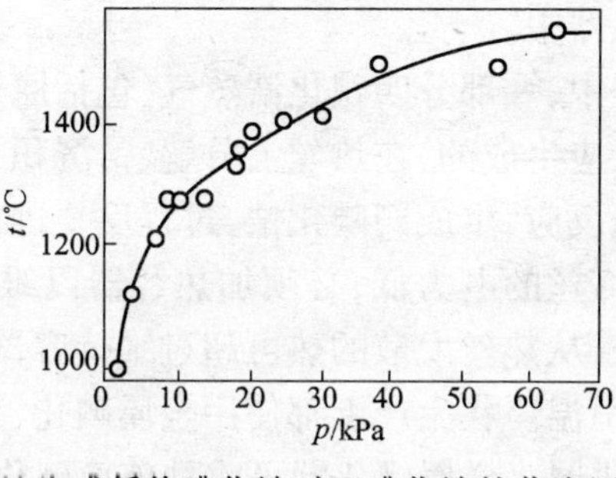


图 9-19 开始生成低价碘化锆时四碘化锆的蒸汽压和热丝温度

### 9.6.2 碘化器及设备

A 碘化器

制备碘化锆的设备是一只装有一对电极的容器，电极下挂有灯丝，及加料、抽空、密封等装置。通过电流将灯丝加热到离解温度。当碘化锆逐渐生长时，调节电压与电流以维持恒温。此外，容器本身还有一个恒温装置。

实验室规模设备示于图9-20。一根 U 形锆丝（钨丝和钼丝也能用）悬挂于封固的容器上方的两根钨电极下。锆置于钼质圆筒形多孔隔罩的外围和器壁间。抽气过程中，要冷却池中的碘，同时加热设备的其余部分，以加快除气。抽真空后，整个系统在 A 处进行密封，使碘蒸馏入容器，再把容器在

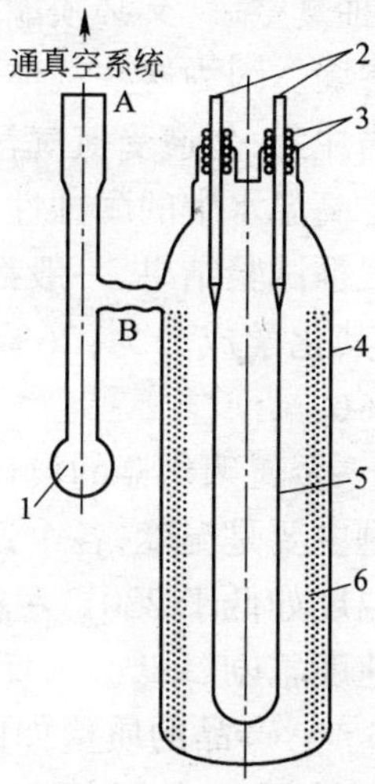


图 9-20 实验室用玻璃碘化器示意图
1—盛碘或四碘化锆的容器；2—钨电极；
3—玻璃-金属封；4—粗锆；
5—发针型灯丝；6—钼隔罩

B处密封。将两根电极连接到自耦变压器上,这个变压器是当灯丝直径增大时,调节灯丝加热电流用的。整个容器放在既可加热又能冷却的恒温器中。

在操作过程中,一部分四碘化锆蒸气(包括原先引入容器的及由碘与海绵锆反应生成的)在热丝上分解,锆沉积并放碘蒸气。碘蒸气又与海绵锆反应,生成四碘化锆,过程反复进行。

最初,输入灯丝的电力低,必须加热容器以维持操作温度,当碘化锆不断生长,从热丝发散的热可超过维持容器温度所需,应冷却容器,以保持恒温。在生产上都使用金属碘化器。

a 金属碘化器 金属碘化器可弥补玻璃碘化器的缺点,但金属容器的结构用料和设计,必须满足两个要求:一是金属必须对四碘化锆和碘蒸气耐蚀。腐蚀会缩短容器的寿命,且腐蚀产物如果是挥发性的,就会沉积在热丝上,沾污产品;二是容器必须抽成高真空,抽真空后,又必须能经受住长时间的高温,而只允许微量的气体渗漏。因为这些气体会被炽热锆丝吸收,使得锆丝变脆。尤其应当注意,勿遭受氮气污染,因为,即使极少量的氮也会严重损害锆在高温水中的耐蚀性。

根据试验结果,一般都采用 Hastelloy B 合金作为制造容器的材料,其化学成分为:26%~30% Mo,4%~6%Fe,62% Ni 及约 0.12%C。

b 金属碘化器的设计 在设计实用的金属碘化器时,所遇到的问题主要是温度,各个部分必须在这种温度下进行工作。容器内部温度如低于230℃左右时,将降低碘化物的蒸汽压力,从而使沉积速度急剧降低。韦斯廷霍斯公司研究了实验型碘化器的设计[30~33]。产品的质量如因分解或腐蚀而降低时,则不用有机材料或可被侵蚀金属。整个容器可置入恒温的流体内,示于图 9-21。

容器由 Hastelloy B 合金制成,盛海绵锆的钼隔罩与容器同心。两根电极经由 Hastelloy B 合金管进入容器头部。合金管的下端,用螺丝旋接。暴露于碘及碘化物蒸气内的部分是钼质的,与

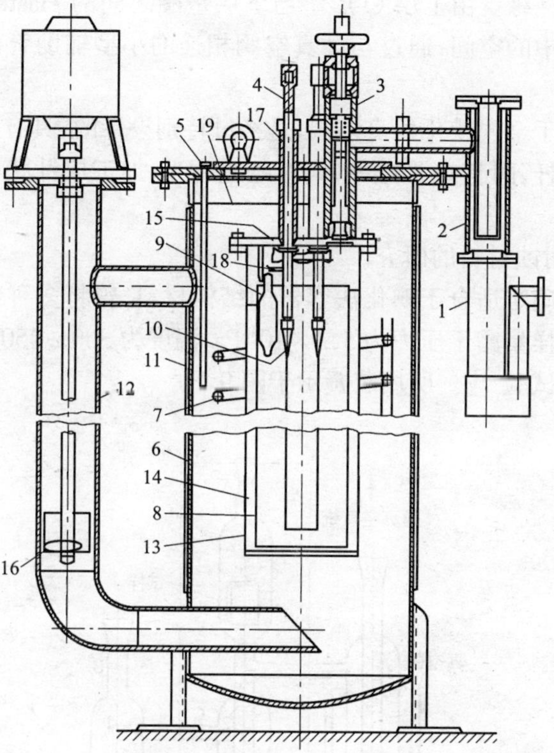


图 9-21 金属碘化器示意图

1—高真空泵；2—冷阱；3—非升式杆阀；4—铜电极；5—热电偶；6—浸液箱；7—冷却旋管；8—钼隔罩；9—$ZrI_4$ 瓶；10—钼电极头；11—加热带；12—循环器；13—Hastelloy 合金容器；14—海绵锆；15—瓷套管；16—有覆盖物的搅拌器；17—环封圈；18—悬挂 $ZrI_4$ 瓶的锆丝；19—液面

之加固并向上延伸高出头部的部分由高导热的无氧铜制成。在电极的铜质部分中心钻一小孔，在其顶部装有通冷却水用的接头。在电极钼质部分的钼突缘上下两面安放两片无松孔氧化铝、氧化锆或高温电工瓷的陶瓷套，使电极与顶板底部绝缘。电极与陶瓷套由旋入顶板的 Hastelloy B 合金环固定。并用 O 形橡皮垫圈将电极上部封入顶部的 Hastelloy 套管内。O 形垫和云母压盖使电极居中并绝缘。由上层O形垫与下层垫圈之间的 Hastelloy 合金电极套管中的空间,通过与抽真空阀相连的小型辅助管而被抽成真空。

适合于金属碘化器真空阀,是经过特别设计的,具有一根冷却的非升式杆,附有O形垫圈,阀芯经过磨光,加工成针状与阀体相互配合。

B 耐蚀材料的研究

为了确定适合于碘化法容器的结构材料,曾将多种纯金属和合金的试样暴露于压力为 $5.3\times10^4$ Pa、温度为 300~450℃ 的碘蒸气内进行试验[29]。所用装置示于图 9-22。

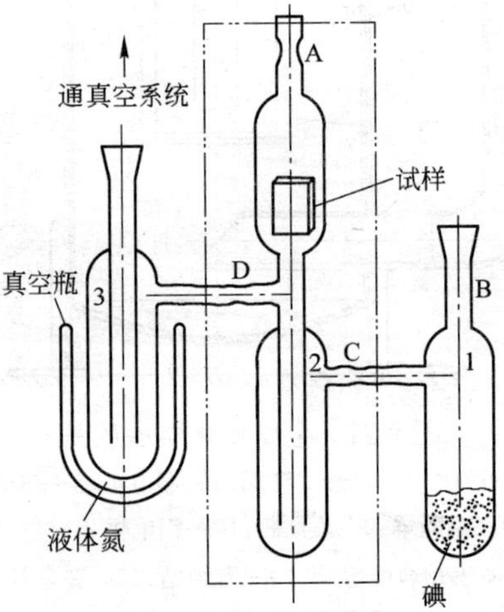


图 9-22 材料在碘气氛内进行腐蚀试验的装置

表 9-7、表 9-8 列出在 300℃、450℃,碘压力为 53kPa 时,碘对各种材料的腐蚀速度。

**表 9-7 在 300℃ 时,碘对各种材料的腐蚀速度**

| 材　料 | 渗入速度/$cm\cdot d^{-1}$ | 材　料 | 渗入速度/$cm\cdot d^{-1}$ |
|---|---|---|---|
| 铂① | 0 | 金① | 0 |
| 钨 | 0 | 钼 | $0.9\times10^{-6}$ |

续表 9-7

| 材　料 | 渗入速度/cm·d$^{-1}$ | 材　料 | 渗入速度/cm·d$^{-1}$ |
|---|---|---|---|
| 钽 | $1.2\times10^{-6}$ | 镍 | $75.2\times10^{-6}$ |
| Hastelloy-B | $12.1\times10^{-6}$ | L-镍③ | $140.0\times10^{-6}$ |
| Hastelloy-C | $15.5\times10^{-6}$ | Monel④ | $154.0\times10^{-6}$ |
| Inconel② | $29.2\times10^{-6}$ | 银 | 全部起反应 |

①除了铂与金以原供应状态作试验外，所有材料均在磨光状态下作试验；②Inconel合金的成分为(%)：14～17Cr，72Ni(最小值)，1.0Mn(最大值)，6～10Fe，0.5Si(最大值)，0.15C(最大值)。具有耐蚀、耐热、抗氧化性；③L-镍的成分为(%)：99.4Ni，0.1Cu，0.15Fe，0.2Mn，0.05Si和<0.02C。能耐热及耐蚀，常用以制浸入式加热器；④Monel合金的成分为(%)：>23 Cu、>60 Ni、<3.5Fe、<3.5Mn、<0.3C、<0.5Al、<0.5Si。耐蚀，冲击强度高；用以制化工设备、泵连杆、阀杆、阀座、涡轮叶片等。

**表 9-8　在 450℃时碘对各种材料的腐蚀速度**

| 材　料 | 状　态 | 渗入速度/cm·d$^{-1}$ | 材　料 | 状　态 | 渗入速度/cm·d$^{-1}$ |
|---|---|---|---|---|---|
| 铂 | 原供应态 | $1.5\times10^{-6}$ | 不锈钢: | | |
| 钨 | 磨光 | $2.2\times10^{-6}$ | 310 号 | 磨光 | $487\times10^{-6}$ |
| 金 | 原供应态 | $6.5\times10^{-6}$ | 316 号 | 磨光 | $563\times10^{-6}$ |
| 钼 | 磨光 | $9.0\times10^{-6}$ | 347 号 | 磨光 | $569\times10^{-6}$ |
| Hastelloy-B | 磨光 | $127\times10^{-6}$ | 310 号 | 适当的高温氧化处理 | $744\times10^{-6}$ |
| Inconel | 磨光 | $145\times10^{-6}$ | 347 号 | 适当的高温氧化处理 | $768\times10^{-6}$ |
| L-镍 | 磨光 | $209\times10^{-6}$ | 304 号 | 磨光 | $868\times10^{-6}$ |
| 钽 | 磨光 | $241\times10^{-6}$ | 304 号 | 适当的高温氧化处理 | $1340\times10^{-6}$ |
| 镍 | 磨光 | $332\times10^{-6}$ | Monel | 磨光 | $713\times10^{-6}$ |
| 316 号不锈钢 | 适当的高温氧化处理 | $439\times10^{-6}$ | 银 | | 全部起反应 |

C　热丝的连接方法

热丝与粗大电极的连接方法,是限制碘化锆最后直径大小的重要因素之一。

要使连接效果良好,要求:(1)从热丝两端传导散逸的热量必须最少;(2)系结处必须足够粗,要能传递在生长后期为保持锆条温度所需的大电流;(3)必须固定热丝,使其在生长、重量增加时不致从电极上脱落。

操作初期,锆仅在中央的一根热丝上沉积,直到碘化锆生长到能与邻近的同心钼丝相接触为止。当钼丝开始载有一部分电流时,在钼丝上也发生了沉积。因此,碘化锆连续地与同心钼丝相连,这些同心钼丝圈能提供额外的载电流容量及所需的支撑。

### 9.6.3 辅助设备及技术条件

A 恒温装置

一般采用工业亚硝酸钠与亚硝酸钾及硝酸钠与硝酸钾的混合盐浴。实验用恒温装置见图 9-23。加热带从外壳加热盐浴。用泵将有机液体打入置于盐浴内与碘化容器同心的蛇形管,然后再经过在盐浴外的热交换器形成封闭系统,使盐浴得到冷却。

B 电源

要制备杂质均匀分布的碘化锆,需用交流电加热热丝。

C 热丝的温度控制

玻璃碘化器多采用光学高温计观察热丝的温度,以调节电流输入,从而调整了容器内的热丝温度。这种方法是依据在热丝生长时所要保持的温度及热丝的长度来调整电压和电流,使电压和电流立方根的乘积等于常数。对于给定的热丝温度与长度,其关系式如下:

$$EI^{1/3} = K$$

式中,$E$ 为电压;$I$ 为电流;$K$ 为常数,随热丝的温度与长度而变。方程是设定经过电极的传导热损失与对流热损失忽略不计而得出。由于热丝的辐射,电能输入与电能损失相等。根据电能消耗与绝对温度的四次方成正比的定律,对热丝有如下关系:

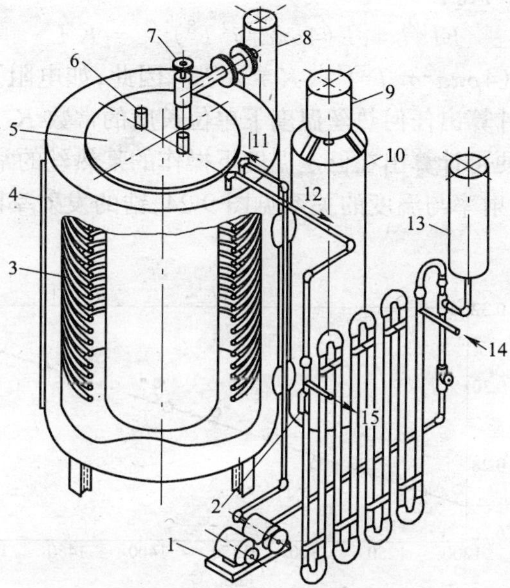


图 9-23　碘化恒温装置

1—排气阀；2—电极；3—沉积器；4—加热带；5—含有机液的冷却蛇形管；6—水的恒温控制；7—有机液的循环泵；8—冷阱；9—搅拌器马达；10—通风管；11—有机液流入；12—有机液流出；13—均流箱；14—水流入；15—水流出

$$W = a\sigma\pi DLT^4$$

式中，$W$ 为电能，W；$a$ 为发射率；$\sigma$ 为对于黑体，其值为 $5.735\times10^{-12}$ W/($cm^2\cdot K^4$)；π 为 3.1416；$D$ 为热丝的直径，cm；$L$ 为热丝的长度，cm；$T$ 为温度，K。

从上述方程式得到：

$$R = \frac{\rho L}{\frac{\pi}{4}D^2}$$

式中，$R$ 为电阻；$\rho$ 为电阻率；$W = IE = I^2R = E^2/R$，以碘化锆直径与电流及电压的关系代入上列几个方程式，可得：

$$D = \frac{4\rho a\sigma T^4 L^2}{E^2} = I^{2/3}\sqrt[3]{\frac{4\rho}{a\sigma T^4\pi^2}}$$

进一步推算可得：

$$EI^{1/3} = L(4\rho\pi a^2\sigma^2T^8)^{1/3} = K'L$$

式中，$K'=(4\rho\pi a^2\sigma^2T^8)^{1/3}$；$K=K'L$。因此，如电阻及发射率为恒定，则可计算出任何热丝温度下单位长度的常数 $K'$。如已知热丝的长度，便可计算出在已定温度下操作的某热丝的常数 $K$。

锆的发射率与温度的关系见图 9-24，锆的发射率随温度的升高而增加。

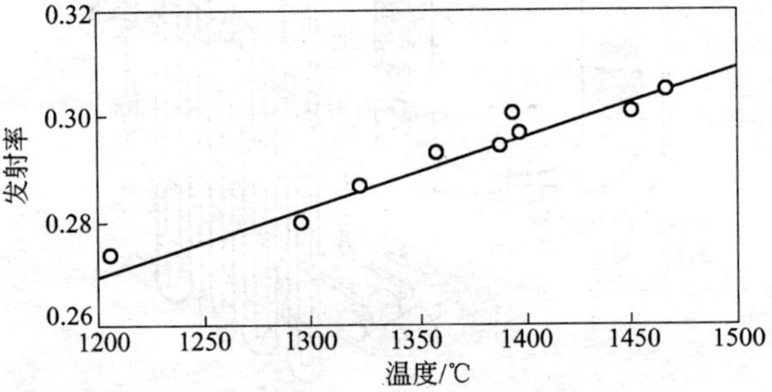


图 9-24　锆的发射率与温度的关系（发射率 = $W/\pi\sigma T^4DL$）

图 9-25 为碘化锆的黑体温度与表观温度的关系。

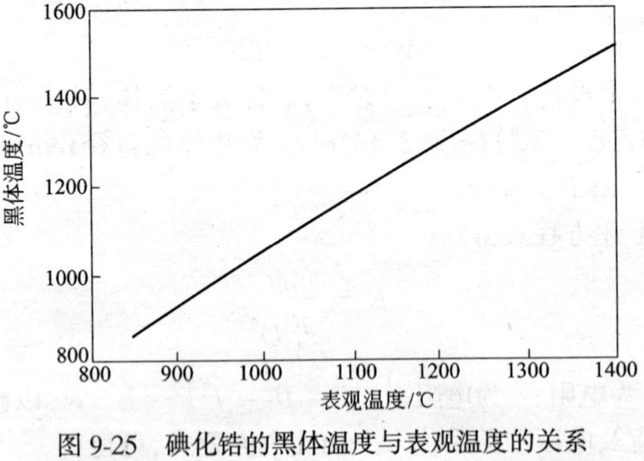


图 9-25　碘化锆的黑体温度与表观温度的关系

根据图 9-25 校正的热丝温度常数随温度的变化，见图 9-26。

如果方程式所根据的设定有效,图 9-27 则表明了热丝直径随电流而变化的情况。碘化锆的预计直径与实际直径的数据见表 9-9,这些数据说明了上列方程式的准确度在百分之几以内。

锆丝在给定温度下电压与电流的关系曲线见图 9-28。

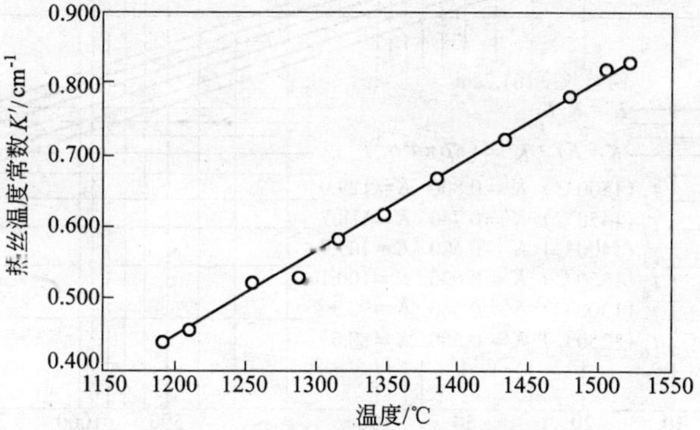


图 9-26 热丝的温度常数 $K'$ 与温度的关系

$$K'=(4\pi\rho a^2\sigma^2T^8)^{1/3}, K'=K/L=EI^{1/3}/L$$

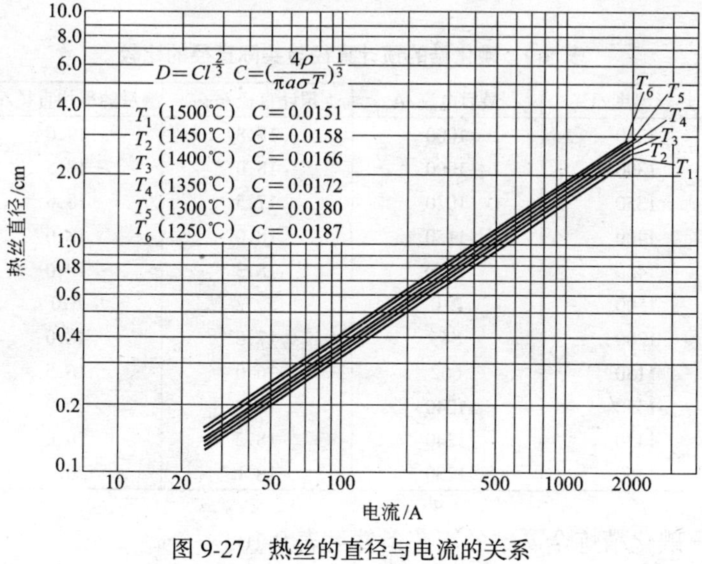


图 9-27 热丝的直径与电流的关系

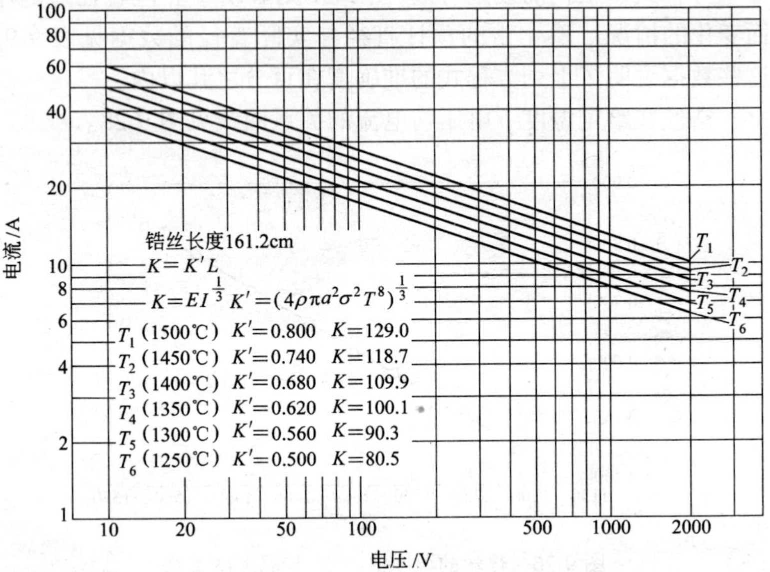


图 9-28 在给定热丝温度下电压与电流的关系曲线

**表 9-9 碘化锆的预计直径与实际直径的比较**

| 热丝温度/℃ | 最后电流/A | 预计直径/mm | 测量的平均直径/mm |
|---|---|---|---|
| 1250 | 1000 | 18.8 | 19.0 |
| 1300 | 1000 | 18.0 | 18.5 |
| 1350 | 1020 | 17.5 | 18.0 |
| 1400 | 1150 | 18.0 | 18.0 |
| 1450 | 1250 | 18.3 | 19.0 |
| 1500 | 210 | 5.32 | 6.0 |
| 1200 | 845 | 17.8 | 18.0 |
| 1150 | 662 | 16.0 | 16.5 |
| 1450 | 1240 | 18.2 | 20.0 |
| 1450 | 1240 | 18.2 | 20.0 |
| 1450 | 1230 | 18.1 | 20.0 |

碘化精炼金属锆的工艺条件见表 9-10。

**表 9-10 锆碘化精炼工艺条件**

| | | | | |
|---|---|---|---|---|
| 沉积容器尺寸/m | 直径 0.61，长 1.76，钼隔罩直径 0.57 | 内径 0.229，长 0.610，海绵锆罩直径 0.178 | | |
| 热丝起始尺寸/mm | 直径 2.4，长 15000，共 6 根，每根弯曲成等长的发针形丝圈 | 直径 2.54，总长 2030 | 直径 2 | |
| 炉料 | 136kg Zr，2.5～3.5kg $I_2$ | 9.07kg Zr，0.25kg $I_2$ | 1 kg 锆配 50g 碘 | 1 kg 锆配 50g 碘 |
| 粗锆温度/℃ | 350 | 340 | 250～300 | 300 |
| 热丝温度/℃ | | | 1300 | 1300～1400 |
| 碘升华前真空度/kPa | $1.33\times10^{-6}$ | | | $1.33\times10^{-6}$ |
| 热丝电压/V | 65～245 | 33.0(始)，14.6(终) | | |
| 热丝电流/A | 1600 | 75.0(始)，800(终) | | |
| 终了热丝直径/mm | | | 25～30 | |
| 反应时间/h | 功率小于 75kW 时停止反应 | 32 | 30～40 | 30～40 |
| 碘化锆质量/kg | 53 | 2.8 | | |
| 沉积速度/$kg\cdot h^{-1}$ | 0.4 | | | |
| 碘化锆典型分析/% | Al=0.003<br>C=0.01<br>Ca<0.005<br>Cr=0.003<br>Cu=0.0005<br>Fe=0.02<br>H=0.002<br>Hf=0.004<br>Mg<0.001<br>Mn<0.001<br>Mo<0.001<br>N=0.001<br>Ni=0.003<br>O=0.02<br>Pb<0.001<br>Si=0.003<br>Sn<0.001<br>Ti=0.001 | | Al=0.003<br>C=0.01<br>Ca<0.005<br>Cr=0.003<br>Cu<0.005<br>Fe=0.02<br>H=0.001<br>Mg<0.001<br>Mn<0.001<br>Mo<0.001<br>N=0.001<br>Ni=0.001<br>O=0.001<br>Pb<0.001<br>Si=0.003<br>Sn<0.001<br>Te=0.001 | |

D 最佳工艺技术条件的要求

为了减少在每一过程循环之间因进料成分不同可能造成的影响，曾把 $A$、$B$、$C$ 三类海绵锆混合后，作为起始进料和补充进料，并将海绵锆过筛，使每批海绵锆粒度组成一致。每一过程仅消耗约 8%的进料，然后将未用过的存料作补充。使用直径为 305 mm 的容器，热丝起端的直径为 2.03 mm，热丝长 1600 mm，恒温池温度为 280～285℃时，丝温、粗锆温度、$ZrI_4$ 量、不同原料和惰性气体对碘化锆生长速度的影响如下所述。

图 9-29、图 9-30 显示热丝温度与碘化锆生长的关系，沉积速度随热丝温度的升高而增加。

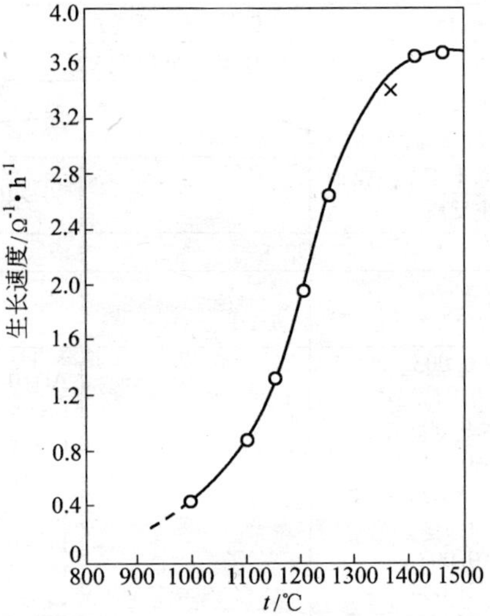


图 9-29 碘化锆的生长速率与温度的关系

图 9-31 表示粗锆温度对碘化锆生长速度的影响，在(250 ± 10)℃时生长速度最快。

图 9-32 为热丝温度 1450℃时，在不同原料的情况下，碘化锆的生长与时间的关系。沉积速度随进料品种不同而变化，随原料的表面积的增大而上升。使用粒度为 3～19 mm 的海绵锆，一般能得的最佳的效果。

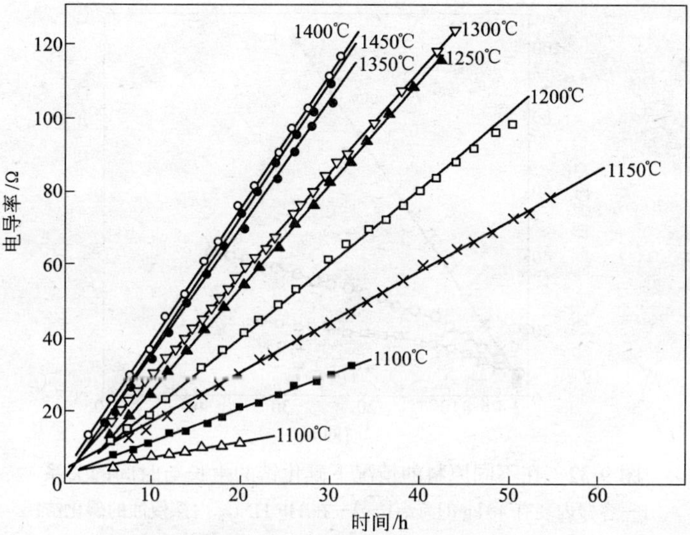


图 9-30　碘化锆的生长与时间的关系

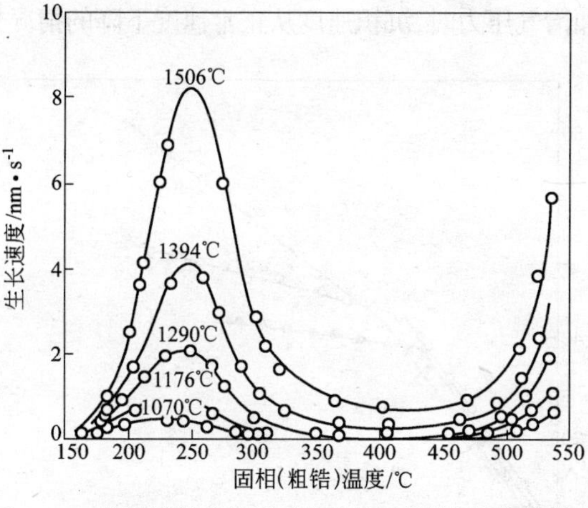


图 9-31　碘化锆的生长速率与固相(粗锆)温度的关系

图 9-33 系为热丝温度 1450℃时，惰性气体对碘化锆生长速度的影响，其起始时生长速度完全相同，但都随着惰性气体量的增多

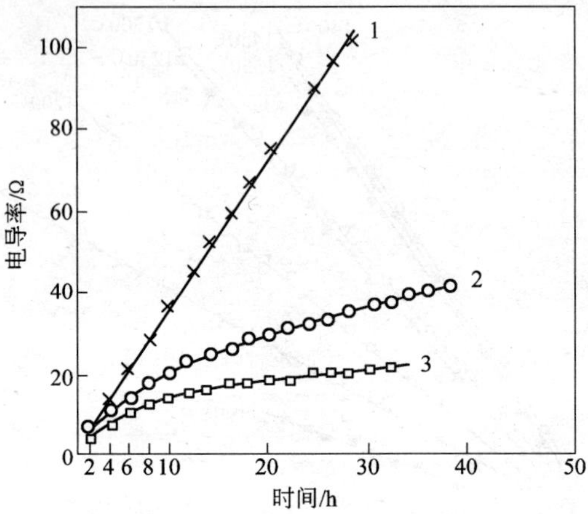


图 9-32 在不同原料的情况下碘化锆的生长与时间的关系

1—容器内装有 40 kg 的海绵锆；2—在 HF-$HNO_3$ 内深侵蚀的碘化锆；

3—装载未侵蚀、切碎的三级品碘化锆 72 kg

而连续不断地下降。曲线斜度的改变点即表示引入氩气的时间。

当增加惰气压力时，沉积速度从正常速度下降的情况见图 9-33。

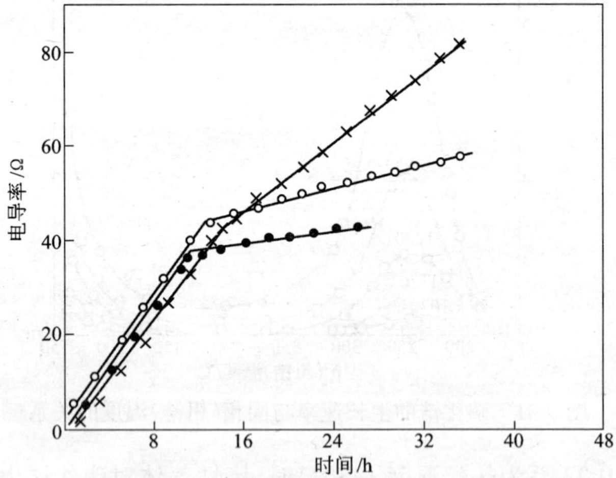


图 9-33 惰性气体对碘化锆生长的影响

氩气压力：×—$6.65\times10^{-2}$ kPa；○—$1.33\times10^{-1}$ kPa；●—$2\times10^{-2}$ kPa

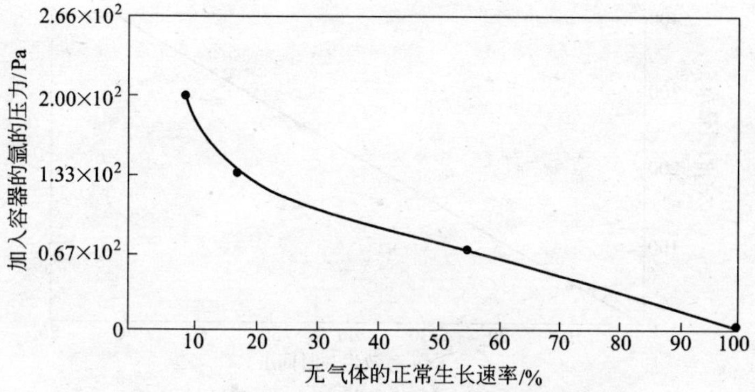


图 9-34 惰性气体的增加对生长速率的影响

图 9-35 为 $ZrI_4$ 量不同时，热丝温度 1450℃，碘化锆的生长与时间的关系。随着 $ZrI_4$ 量的增加，碘化锆的生长速度加快。还可发现，有效生长时间与加入的 $ZrI_4$ 量成正比，见图 9-36。

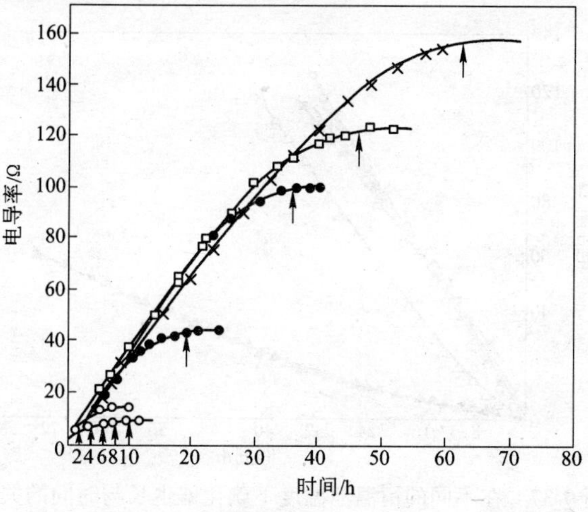


图 9-35 $ZrI_4$ 量不同时碘化锆的生长与时间的关系

$ZrI_4$ 量：×—354 g；○—252 g；●—154 g；□—52 g

图 9-37 所示的一组曲线说明，在恒温池的温度为 160℃ 和 200℃ 时，沉积速度随热丝直径的增加而提高，这是由于碘化物的

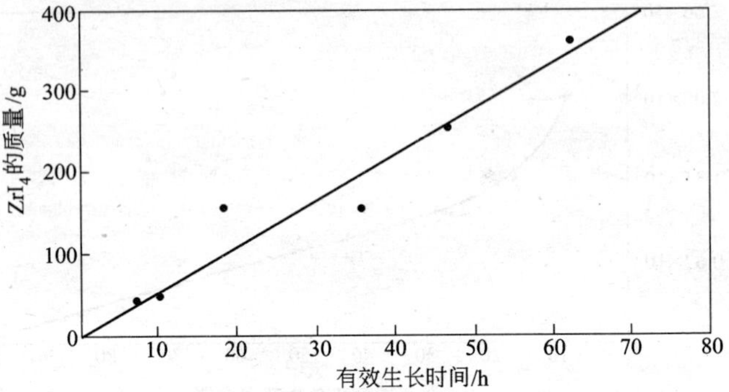


图 9-36 有效生长时间与 $ZrI_4$ 加入量的关系

蒸汽压太低,分子的平均自由程较长的原因。而恒温池温度较高,蒸汽压也较高,平均自由程则很短,沉积速度则随恒温池的温度上升而变化较大。

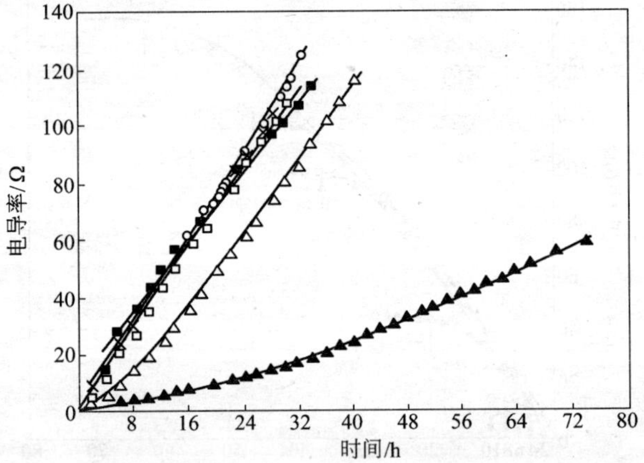


图 9-37 在不同的恒温池温度下碘化锆生长与时间的关系

热丝温度 1450℃,恒温池温度为:

▲—160℃;△—200℃;○—240℃;×267℃;□—290℃;●—320℃;■—340℃

在锆的生产中,碘化法是产品不受坩埚或气体污染的惟一方法,因此,用碘化法可以制备纯的延性好的材料。

表9-11是碘化法进料中,碘化锆内的杂质含量及其在过程中的转移系数。

**表9-11 碘化法杂质的转移系数**

| 元素 | 进料中的含量/% | 碘化锆内的含量/% | 转移系数 |
|---|---|---|---|
| Ni | 0.16 | 0.001 | 0.006 |
| Cr | 0.10 | 0.002 | 0.02 |
| Na | 0.11 | 0.0003~0.0082 | 0.003~0.075 |
| C | 0.29 | 0.006~0.031 | 0.02~0.11 |
| Si | 0.11 | 0.013 | 0.12 |
| Fe | 0.12 | 0.028~0.039 | 0.23~0.325 |
| Al | 0.11 | 0.07~0.08 | 0.64~0.73 |
| Ti | | | 1 |
| Hf | | | 1 |

注:转移系数=碘化锆中杂质含量/进料中杂质含量。

在生产过程中回收碘,碘化锆的成本可进一步降低。

## 参考文献

1 W. J. Hurford, Rept. TID-5061, p. 389, Jan. 1952, 31

2 W. J. Kroll, C. T. Anderson, H. L. Gilbert, Trans. Am. Mining Met. Engrs, 1948, 175

3 H. R. Hoge, WAPD, Private Communication, 1952

4 J. G. Kura, BMI, Private Communication, 1952

5 津谷和男.電子ビ-ム溶解の効果と應用,金屬(日文),30,No.21,1960

6 W. A. Aschoff, E. F. Baroch, Electron Beam Applications to Refractory Metals, J. Metals, 1962, 14

7 Donald Peckner, Electron Beam Melting: What it Does for Metals, MIDE, 1961

8 The Electron Beam as a Production Tool, Engineering, 1960, 189

9 Г. В. Захарова, И. А. Попов, Л. П. Жорова, Б. В. Фден, "Ниобий п его сплавы", стр. 83, металлргиздат, 1961

10 坂田崇译.电子ビ-ムによろ金属の溶解(H. Gruber)金属,1961,31

11 H. R. Smith, C. D'A. Hunt, C. W. Hanks, Electron Bombardment Melting, J. Metals, 1959, 11

12 D. E. Thomas, E. T. Hayes, editor, Electrom-beam Process for the Purification and Consolidation of Hafnium, in "The Metallurgy of Hafnium", New

York,1960
13 H. R. Smith, Jr. , Electron Bombardment Melting Techniques, in "Vacuum Metallurgy", R. F. Bunshah, editor, N. Y, 1958
14 H. R. Smith, Jr. , C. d'A. Hunt, C. W. Hanks, The Development of Large Scale Electron Bombardment Melting and its Effects on the Composition of Metals and alloys, in"Reactive Metals", W. R. Clough, editor, N. Y, 1958
15 Better Alloys and Pure Metals form Electron-Beam Furnace, Amer. Machinist, 1959, 103
16 杨遇春等.有色金属-金属王国的第二集团军,济南:山东科学技术出版社,2001
17 A. M. Суворов, Злектронно-лучевая плавка, Дпмейиое Пропщобсмво, 1961
18 津谷和男.金屬材料の特殊溶解法,鐵と鋼,1961,47
19 Huge Unit to Check Economy of Electron Beam Refining, Steel, 1960
20 津谷和男,有富敬芳.高融點金屬の電子ビ-ム溶解,日本金屬學會志,1961,25
21 N. F. Eaton, Electron Beam Fusion and its Application, J. Less-Common Metals, 1960
22 W. J. Kroll, H. L. Gilbert, Trans. Electrochem. Soc. , 1949, 96
23 E. A. Gee, W. H. van Derhoef, C. H. Winter, Jr. , J. Electrochem. Soc. , 1950
24 Vacuum Melting Titanium and Zirconium, Steel, 1951
25 P. D. Corzine, MIT, private communication, 1951
26 R. A. Beall, Bureau of Mines, private communication, 1954
27 H. H. Hausner, H. S. Kalish, R. P. Angier, Trans. Am. Inst. Mining Met. Engrs. , 1951, 191
28 林振汉.有色金属提取冶金手册·锆铪.北京:冶金工业出版社,1998
29 R. B. Gordon, W. J. Hurford, in"Zirconium and Zirconium Alloys", p. 131, ASM, Cleveland, 1953
30 F. R. Lorenz, WAPD, private communication, 1953
31 L. B. Prus, WAPD, private communication, 1953
32 W. L. Mudge, Jr. , in"Zirconium and Zirconium Alloys", p. 146, ASM, Cleveland, 1953
33 F. G. Stengel, WAPD, private communication, 1953

# 10 铪冶金

## 10.1 概述[1]

由于铪与锆的性质十分相似，铪的冶金提取方法与锆基本相同。因此，有关氯化、提纯、还原和蒸馏的原理可参阅相关锆的章节。但铪冶炼的设备规模较锆小，工艺条件也略有差别，要点如下：

(1)在约200℃的温度下脱水处理氯化所得的四氯化铪。

$$HfCl_4 + H_2O \longrightarrow HfOCl_2 + 2HCl$$

(2)在四氯化铪的挥发温度以下真空加热处理，以除去低沸点金属氯化物如四氯化钛、四氯化硅等杂质氯化物，再以氢气还原法除去铁、铬、锰等杂质。

(3)将四氯化铪从不挥发物(如二氧化铪，氯氧化铪，以及其他高沸点金属杂质)中挥发出来。

(4)气体四氯化铪可在提纯设备中冷凝在设备上部的蛇形管上，再与镁反应(提纯还原联合操作)。

(5)若不采用提纯还原联合操作，则将提纯炉的炉顶连同冷凝四氯化物的蛇形管一起装到另一设备上再挥发，并与熔融镁在炉体下部进行反应。

(6)与锆相比还原时需要较多的过量镁，生产铪时镁过量40%～60%，而生产锆时镁只须过量20%～35%。这是由于四氯化铪与镁的反应自由能和反应热较低。二者之间的溶解度是一个较重要的因素。

(7)海绵铪比海绵锆更易着火，因此，在出炉、破碎、精整时应更加小心。

美国矿务局、金刚砂金属公司、阿尔巴尼冶金厂和中国的锆冶金厂大都采用与生产海绵锆相似的设备，工艺流程见图10-1。

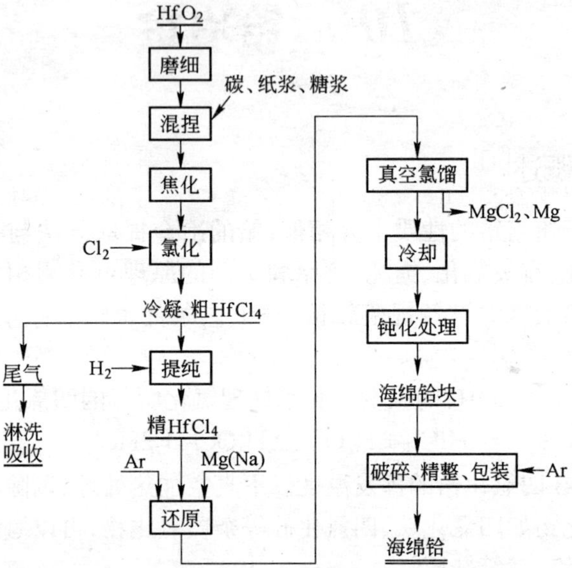


图10-1 从 $HfO_2$ 制备海绵铪的工艺流程

## 10.2 二氧化铪的氯化

### 10.2.1 热力学[2]

有关铪氯化物的一些热力学数据分别列于表10-1～表10-5。由于 $HfO_2$ 与 $ZrO_2$ 性质相近，为便于比较，表10-6和图10-2给出了 $HfO_2$ 和 $ZrO_2$ 加碳氯化时的标准自由能变化。$HfO_2$ 和 $ZrO_2$ 氯化反应如下式：

$$HfO_2 + 2Cl_2 + 2C = HfCl_4 + 2CO$$

$$HfO_2 + 2Cl_2 + C = HfCl_4 + CO_2$$

$HfCl_4$ 的生成热（$\Delta H^\ominus_{298}$）较为可靠的数值为 -1067 kJ/mol。熵（$S^\ominus_{298}$）为200.8 J/mol·K。

**表 10-1 固态 $HfCl_4$ 的蒸发热与蒸发自由能**

| $T$/K | $\Delta H^{\ominus}_{蒸发}$/kJ·mol$^{-1}$ | $\Delta G^{\ominus}_{蒸发}$/kJ·mol$^{-1}$ | $p$/kPa |
|---|---|---|---|
| 298.15 | 106.7 | 51.5 | $972.7\times10^{-10}$ |
| 400 | 104.6 | 33.1 | $486.4\times10^{-5}$ |
| 500 | 102.5 | 15.5 | $243.2\times10^{-2}$ |
| 590 | 100.4 | 0.0 | 101.3 |
| 600 | 100 | −1.67 | 141.9 |
| 700 | 97.9 | −18.4 | 243.2 |

**表 10-2 铪氯化物的生成热**

| 生成热($-\Delta H^{\ominus}_{298}$)/kJ·mol$^{-1}$ | | |
|---|---|---|
| $HfCl_2$ | $HfCl_3$ | $HfCl_4$ |
| 686 | 1013 | |
| 619 | 920 | 1054 |
| 653 | 920 | |
| | | 1073 |
| | | 1339;1046;1067 |
| 607～628 | 870～954 | 983～1226 |

**表 10-3 铪氯化物的标准熵**

| 标准熵/J·(mol·K)$^{-1}$ | | |
|---|---|---|
| $HfCl_2$ | $HfCl_3$ | $HfCl_4$ |
| 126.4 | 151.9 | 202.1 |
| 129.7 | 142.3 | |
| 129.7 | 148.5 | 197.5 |
| 126.5 | | |
| 132.6 | 150.6 | |
| | | 190.8;200.8 |
| 129.7 | 151.0 | 200.8 |

**表 10-4 $HfCl_4$ 的热焓与熵**

| $T$/K | $H^\ominus_T - H^\ominus_{298.15}$ /J·mol$^{-1}$ | $S^\ominus_T$ /J·(mol·K)$^{-1}$ | $T$/K | $H^\ominus_T - H^\ominus_{298.15}$ /J·mol$^{-1}$ | $S^\ominus_T$ /J·(mol·K)$^{-1}$ |
|---|---|---|---|---|---|
| 固态 | | | | | |
| 298.15 | 0 | 190.8 | 500 | 25188 | 255.2 |
| 350 | 6360 | 210.5 | 550 | 31547 | 267.3 |
| 400 | 12594 | 227.1 | 600 | 37949 | 278.4 |
| 450 | 18870 | 241.9 | 700 | 50877 | 298.4 |
| 气态 | | | | | |
| 298.15 | 0 | 375.8 | 1000 | 74057 | 502.7 |
| 400 | 10418 | 405.8 | 1100 | 84810 | 513 |
| 500 | 20836 | 429.0 | 1200 | 95563 | 522.3 |
| 600 | 31380 | 448.2 | 1300 | 106357 | 530.9 |
| 700 | 43095 | 464.5 | 1400 | 117152 | 538.9 |
| 800 | 52635 | 478.8 | 1500 | 127989 | 546.4 |
| 900 | 63346 | 491.8 | | | |

**表 10-5 $HfCl_4$ 的生成热与自由能**

| $T$/K | $-\Delta H^\ominus_T$ /kJ·mol$^{-1}$ | $-\Delta G^\ominus_T$ /kJ·mol$^{-1}$ | $T$/K | $-\Delta H^\ominus_T$ /kJ·mol$^{-1}$ | $-\Delta G^\ominus_T$ /kJ·mol$^{-1}$ |
|---|---|---|---|---|---|
| 固态 | | | | | |
| 298.15 | 1066.9 | 977.0 | 590 | 1058.5 | 892.4 |
| 400 | 1062.7 | 946.8 | 600 | 1058.5 | 889.5 |
| 500 | 1061.1 | 918.0 | 700 | 1055.6 | 861.9 |
| 气态 | | | | | |
| 298.15 | 960.2 | 925.5 | 900 | 956.9 | 858.1 |
| 400 | 959.4 | 912.5 | 1000 | 956.5 | 847.3 |
| 500 | 959.0 | 902.5 | 1100 | 956.0 | 836.4 |
| 590 | 958.1 | 892.4 | 1200 | 956.0 | 825.5 |
| 600 | 958.1 | 891.2 | 1300 | 955.6 | 814.6 |
| 700 | 957.7 | 880.3 | 1400 | 955.6 | 804.2 |
| 800 | 957.3 | 869.4 | 1500 | 955.6 | 793.3 |

由图 10-2 和表 10-6 可以看出，$HfO_2$ 加碳氯化时的 $\Delta G^\ominus$ 比 $ZrO_2$ 约少 63～84kJ/mol，表明 $HfO_2$ 在有碳存在时较 $ZrO_2$ 易于氯化。

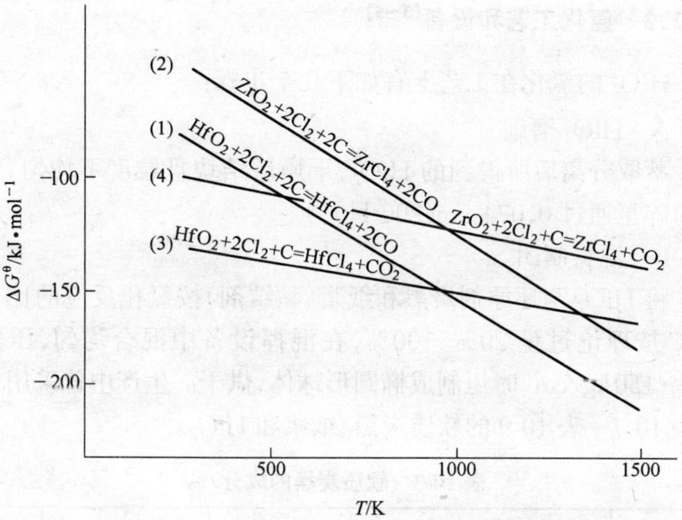


图 10-2 $HfO_2$ 与 $ZrO_2$ 氯化的标准自由能变化与温度的关系比较

**表 10-6 $HfO_2$ 与 $ZrO_2$ 氯化的标准自由能变化与温度的关系数值**

| $T$/K | $\Delta G^{\Theta}$/kJ·mol$^{-1}$ | | | |
|---|---|---|---|---|
| | 反应(1) | 反应(2) | 反应(3) | 反应(4) |
| 298.15 | −71.9 | −31.8 | −131.9 | −91.5 |
| 400 | −85.3 | −45.4 | −135.9 | −96.1 |
| 500 | −97.8 | −58.7 | −139.6 | −100.5 |
| 600 | −110.6 | −71.3 | −143.4 | −104.9 |
| 700 | −123.1 | −85.3 | −147.1 | −109.1 |
| 800 | −135.6 | −98.4 | −150.7 | −113.3 |
| 900 | −148.2 | −111.4 | −154.2 | −117.5 |
| 1000 | −160.5 | −124.4 | −157.6 | −121.6 |
| 1100 | −172.6 | −137.3 | −161.0 | −125.8 |
| 1200 | −184.5 | −149.9 | −164.3 | −129.8 |
| 1300 | −196.5 | −162.6 | −167.4 | −133.8 |
| 1400 | −208.2 | −175.4 | −170.5 | −137.5 |
| 1478 | | −185.0 | | −140.7 |
| 1478 | | −185.0 | | −140.7 |
| 1500 | −219.9 | −187.7 | −173.7 | −141.3 |

### 10.2.2 氯化工艺和设备[3~5]

$HfO_2$ 的氯化在工艺上有如下几个步骤：

A $HfO_2$ 磨细

萃取分离后所得到的 $HfO_2$，干燥后结块且粒度不均匀，应将其粉碎至通过 0.074mm(200 目)。

B 混料制团

将 $HfO_2$ 与还原剂炭黑和纸浆（黏结剂）按氯化反应的比例混合，C 按理论过量 20%～30%，在混捏设备中混合均匀，压力为 100～150kg/cm² 时压制成椭圆形球体，烘干。生产中曾采用成分为表 10-7～表 10-9 的软质炭黑、纸浆和 $HfO_2$。

表 10-7 软质炭黑的成分/%

| Fe | Si | Al | Mn | Ti | Cr | Ni | 固定炭 | 挥发分 |
|---|---|---|---|---|---|---|---|---|
| 0.15～0.20 | <0.03 | <0.05 | <0.001 | <0.005 | <0.001 | <0.005 | 95～98 | 1.0～3.8 |

表 10-8 纸浆杂质成分/$g \cdot L^{-1}$

| Si | Fe | Al | Mn | Ti | Cr | Ni |
|---|---|---|---|---|---|---|
| <0.50 | <0.03 | <0.035 | <0.001 | <0.005 | <0.001 | <0.0005 |

表 10-9 $HfO_2$ 成分/$g \cdot L^{-1}$

| $ZrO_2$ | Al | Fe | Si | Ti | Ni | Cr | Mn |
|---|---|---|---|---|---|---|---|
| <2.0 | 0.20 | 0.30 | 0.1～0.4 | <0.10 | <0.05 | <0.03 | <0.03 |

C 团块焦化

焦化的目的在于使团块充分脱去挥发分和水，并使其具有一定强度和孔隙度，以利于氯化。焦化设备示意图见图 10-3。焦化时，将已干燥后的团块装入多孔盛料盘再置于钢罐中，钢罐为法兰密封，上有开口充（放）气管。操作时，先充氮以防燃烧，再以 50℃/h 的升温速度将罐体加热到 400～450℃，视团块数量多少，恒温若干小时，将挥发分除去，再向罐内充入氮气降至常温后，启罐获得一定强度和导电性的干燥团块。

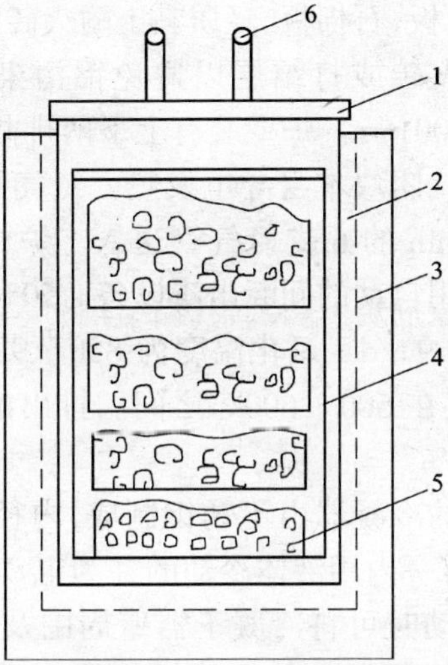


图 10-3　$HfO_2$ 团块焦化炉示意图

1—罐顶;2—焦化罐;3—加热元件;4—盛料盘;5—团块;6—放气管

D　氯化

工业上 $HfO_2$ 氯化都采用固定床氯化装置,与 $ZrO_2$ 氯化设备基本相同,只是由于 $HfO_2$ 氯化规模较小,且 $HfO_2$ 量少价高,保证氯化过程有较高的回收率十分重要。因此,$HfCl_4$ 的冷凝器较 $ZrCl_4$ 多 2～3 个,以使 $HfCl_4$ 充分冷凝回收。美国矿务局曾采用过如图 6-23、图 6-24 的与锆氯化相似的设备,并在后来改进了冷凝系统。

在实际生产中,这种冷凝系统因其设有布袋收尘和热交换器,以及后面连接了 $SiCl_4$ 和 $TiCl_4$ 回收设备,因此,大都用于 $ZrSiO_4$ 的直接氯化冷凝系统。在用于 $HfO_2$ 的固定床氯化时,不再设置布袋收尘器、热交换器和 $SiCl_4$、$TiCl_4$ 回收器。而是将 $HfCl_4$ 或 $ZrCl_4$ 的冷凝器增加到 3～4 个,以期使 $HfCl_4$ 最大限度地得以回收。美国矿务局使用如图 6-25 氯化设备,此设备也适用于 $HfO_2$

氯化，只是规模较小。

(1)竖式电热氯化炉外壳是由钢板焊成，直径为3540 mm，向内依次衬以辉绿岩板、石棉板、轻质黏土耐火砖和普通黏土耐火砖我国采用低铝耐火砖或打结层以避免铝污染。炉内径为2500 mm，炉膛高度为700 mm。炉壁装有上下两排共6块石墨电极板，供通电加热用，氯化团块本身导电发热。氯气则由装在同一水平面上的直径为30 mm的6支氯气管送入。炉料由自动连续加料器供给，排渣则采用自动的间断出渣设备。50 t团块含$HfO_2$ 81%左右，消耗氯气7～9 t/d。氯化温度为850～920℃。从氯化炉逸出的混合气体温度在500～600℃之间。排出的氯化残渣约占团块质量的5%～10%。

(2)带有刮刀的冷凝器由不锈钢制成，内径为2000 mm，高为6500 mm，其中心有一内用液体冷却的并为电动机带动的旋转轴，轴上焊有刮刀，转动时可将冷凝于器壁周围及上下部位的$HfCl_4$刮落，落入连接在冷凝器上的螺旋排料器中，输送给$HfCl_4$接受罐。冷凝器周围焊有夹套，通以热空气或水。此种同一型式设备共3台，串联使用。混合气体从氯化炉流入第一冷凝器。在第一冷凝器中气体温度可降至250℃后，流入第二冷凝器，在第二冷凝器中保持200℃，到第三冷凝器气体由200℃降至80℃，进入第三冷凝器的气体成分按设计应只剩有$AlCl_3$、$SiCl_4$、$TiCl_4$、CO和少量$HfCl_4$，冷凝总量为303 kg/h。为了使气体温度最终降低至80℃，采用水冷方法。

(3)捕集器直径为550 mm，圆筒部分高为4000 mm，总高为4300 mm，中间有一隔板，以增加气体的停留时间，气体进入捕集器的温度不小于-30℃，出口温度在-20℃左右，装置此设备的目的是为了捕集未沉降下来的$SiCl_4$液滴。

列管冷凝器和捕集器只在$ZrSiO_4$直接氯化时使用。

(4)淋洗塔直径为800 mm，圆筒部分高度为6000 mm，总高6300 mm。从顶部喷淋NaOH溶液，用以中和尾气中的酸性物质。

(5)$HfO_2$($ZrO_2$)团块氯化后的残渣回收桶，主要成分是未氯

化的 $HfO_2$($ZrO_2$),收集后用水洗再回收其中 $HfO_2$($ZrO_2$)。

用机械刮刀可定时将第一至第三冷凝器中的 $HfCl_4$ 刮下,但当 $HfCl_4$ 结晶致密时,刮刀的损坏率很高,常常出现刮刀转动失灵的情况。因此应定时刮下 $HfCl_4$,不宜让 $HfCl_4$ 冷凝厚度较大。

氯化炉的结构应保证炉膛内团块导电良好和氯气均匀通过,并使氯化层温度保持在 900℃。因此,可视处理量及炉膛高度($h$)及直径($s$)合理选择并确定炉膛尺寸以及加热电极的排列数,获得最合理的炉型结构。为使氯化炉启动时的温度能迅速达到氯化反应要求,炉底应排列填充一层碳素格子以使电流通过,并应在"开炉"时于碳素格子上面放一层焦炭,使炉温迅速上升,当炉温达 800℃时,即可送入干燥氯气开始 $HfO_2$ 的氯化反应,在实践中氯气按理论量过量 30%左右。此时,氯化系统的各管道连接系统温度应不低于 400℃,第一冷凝器温度为 200~250℃,第二冷凝器为 150~180℃,第三冷凝器 100℃,98%以上的 $HfCl_4$ 可得到冷凝回收。在冷凝器中,曾研究过以电磁或机械振打方式使 $HfCl_4$ 脱落回收,但以机械刮刀较为理想。$HfO_2$ 氯化的主要工艺条件见表 10-10,所得粗 $HfCl_4$ 成分见表 10-11。

**表 10-10 $HfO_2$ 氯化的主要工艺技术参数**

| 名　称 | 工 艺 参 数 |
|---|---|
| 氯化炉 | 三相电极加热,炉衬可采用低铝耐火砖或耐火材料打结层,炉膛内径与高度比为 1:2.5~3 |
| 炉料准备 | $HfO_2$ 磨细至 0.074 mm(200 目),与过量 20%炭黑混匀后用纸浆或糖浆粘结压制成球,在 450℃温度下干燥脱水,存放于密封容器内以免吸潮 |
| 氯　化 | 由电极导入电流加热,氯化温度 850~900℃;氯化金属回收率大于 95%,氯气利用率大于 85%,耗电 12~4 kW·h/kg 产品;炉顶温度控制在 350~400℃ |
| 冷　凝 | 采用三级冷凝,第一冷凝温度 180~220℃,收集率 90%,第二冷凝温度 150~180℃,收集率 10%,第三冷凝温度 100℃,尾气通过洗涤排放大气 |

表 10-11 $HfCl_4$ 中的主要杂质

| 杂质含量/% | | | | | | |
|---|---|---|---|---|---|---|
| Fe | Al | Si | Ti | Ni | Cr | Mn |
| 0.20～0.70 | 0.001～0.05 | 0.001～0.02 | 0.002～0.004 | | | 0.008～0.025 |

E $HfO_2$ 氯化的实践

文献[6]介绍了美国矿务局 $HfO_2$ 固定床氯化的实例。

使用的氯化原料中含 $HfO_2$ 约 98.82%，其余为 $ZrO_2$ 及少量杂质。经煅烧过的 85.5% 的 $HfO_2$，与 9.5% 炭黑、5.0% 的蔗糖混合制成团块并在 150℃下干燥 72h，在如图 6-23 的氯化设备中进行氯化。有关数据分别见表 10-12～表 10-14。

表 10-12 $HfO_2$ 的粒度组成

| 粒 度/mm | 质量分数/% |
|---|---|
| 0.417(+35 目) | 3.6 |
| 0.147～0.417(－35～＋100 目) | 13.8 |
| 0.074～0.147(－100～＋200 目) | 24.3 |
| 0.074(－200 目) | 58.3 |
| | 100.0 |

表 10-13 氯化前后各产物中的杂质含量①

| 项 目 | Al | Fe | Si | Zr |
|---|---|---|---|---|
| 煅烧过的 $HfO_2$ | 100 | 2200～4100 | 1000 | 0.3%～2.2% |
| 粗 $HfCl_4$ | 80 | 2100～4400 | 50 | 平均 1.18% |
| 致密 $HfCl_4$ | 50 | 1300～2100 | 30 | |
| 氧化物残渣 | 500 | 1.6%～7.1% | 500 | |
| 气体 | 500 | 0.9%～3.8% | 50～100 | |

①未注明%的为 $\times 10^{-4}$%。

**表 10-14　$HfO_2$ 不动层氯化的指标**

| 项目 | 产　物 | 质量/kg | 含铪质量/kg | 回收率/% | 氯利用率/% |
|---|---|---|---|---|---|
| 物料平衡及能耗 | 加　入 | | | | |
| | 氧化物 | 3330 | 2620 | | |
| | 氯气 | 3450 | | | |
| | 获　得 | | | | |
| | 粗 $HfCl_4$ | 4700 | 2580 | 96.9 | 59.8 |
| | 残渣 | 143 | 64.5 | 2.4 | |
| | 损失 | | | 17.7 | 0.7 |
| | | | 总计 266.2 | 100.0 | |
| | 实际操作连续时间 | 936 h | | | |
| | 每小时得产品 | 4.9 kg | | | |
| | 排出残渣的量 | 每 kg 粗 $HfCl_4$ 排 0.0313 kg 渣 | | | |
| | 氯气用量 | 每 kg 粗 $HfCl_4$ 用 0.742 kg 氯 | | | |
| | 电能消耗 | 每 kg 粗 $HfCl_4$ 消耗 1.66 kW·h | | | |
| | 电能消耗与温度 | kW·h | ℃ | | |
| | 氯气预热 | 0.25 | 95 | | |
| | 加料 | 5.50 | 750～1150 | | |
| | 管道加热 | 0.50 | 400～500 | | |
| | 加热冷凝器壳 | 2.00 | 150～250 | | |

美国矿务局与美国海军船舶局联合研究的铪的生产实例要点如下，含铪的氧化物与碳混合后直接氯化，氯化混合物的成分见表 10-15。

**表 10-15　团块的成分**

| 团　块 | 成　分/% |
|---|---|
| 二氧化铪 | 81.5 |
| 炭黑 | 9.5 |
| 糊精 $(C_6H_{10}O_5)_n$ | 4.5 |
| 水 | 4.5 |

混合物经混合机（ribbon mixer）混合后，放置 24 h 使水分扩散，然后用筒形制团机（Beigian roll type machine）制成 35 mm × 44 mm 的团块。在 140℃ 干燥，并在 900℃ 时在 30 cm 竖式氯化炉中进行氯化。粗制四氯化铪在 315℃ 升华，$HfCl_4$ 在空气中对氧化反

应与水解反应十分灵敏，即使在室温下也会发生水解。在将粗制四氯化铪移入精炼炉中以前，往往有水解反应发生：

$$HfCl_4 + (n+1)H_2O \longrightarrow HfOCl_2 \cdot nH_2O + 2HCl$$

在还原前，必需将氯氧化铪除去，因其中含氧。最好的除氧方法是真空加热，可经过热分解除去水分。处理最终温度为200℃。除氧后向炉内充以氦。将四氯化铪升华后，在还原炉中用过量40%的镁还原。还原温度为850℃。海绵铪中除镁的方法与锆相同即采用真空蒸馏。

同时，还报道了内径30 cm、高56 cm的试验型氯化炉的氯化数据。氯化速度为4.54 kg/h。四次氯化的结果见表10-16。

**表10-16 二氧化铪氯化的技术经济指标**

| 项目 | 质量/kg | Hf-Zr含量/kg | 收率(Hf-Zr)/% | 氯化效果 |
|---|---|---|---|---|
| 进料： | | | | |
| 氧化物 | 3336 | 2668 | | |
| 氯 | 3447 | | | |
| 出料： | | | | |
| 四氯化铪(粗制) | 4.64 | 2586 | 96.9 | |
| 残渣 | 143 | 64.5 | 2.4 | |
| 损失 | | 18 | 0.7 | |
| | | 2668 | 100.0 | |
| 实际操作时间/h | 936 | | | |
| 产率/kg·h⁻¹ | 4.94 | | | |
| 碱渣 | 0.313 kg/kg产品(粗制 $HfCl_4$) | | | |
| 氯的功率 | 0.724 kg/kg产品(粗制 $HfCl_4$) | | | |
| 所用电力 | 1.667 kW·h/kg产品 | | | |

电力消耗与达到温度为：

氯气预热：0.25 kW，95℃

加料区：5.50 kW，750～1150℃

转运管道：0.50 kW，400～500℃

冷凝器加热：2.00 kW，150～250℃

我国是可以生产金属铪的少数几个国家之一。在第一、第二冷凝器中所得粗 $HfCl_4$ 成分见表10-17，实践中铪的回收率为96%，氯气利用率为70%左右。

表 10-17 粗 $HfCl_4$ 成分 (单位:%)

| 名 称 | Fe | Al | Ti | Si | Mn | $HfOCl_2$ |
|---|---|---|---|---|---|---|
| 第一冷凝器 | 0.26 | 0.0005 | 0.002 | 0.011 | 0.008 | 0.5~1.0 |
| 第二冷凝器 | 0.71 | 0.001 | 0.004 | 0.02 | 0.030 | |

## 10.3 四氯化铪的提纯

氯化所得粗 $HfCl_4$ 由于杂质含量较高,不能直接用于还原,应进行提纯除杂,工业上采用的提纯方法有氢气提纯和熔盐提纯。

### 10.3.1 四氯化铪的氢气提纯

在氢气气氛中提纯 $HfCl_4$ 的原理,与提纯 $ZrCl_4$ 完全相同,即利用$HfCl_4$ 与杂质氯化物的沸点和蒸汽压差异,将杂质分离。$HfCl_4$的沸点为 315℃,除去低沸点杂质后,$HfCl_4$ 升华冷凝在蛇形管上,高沸点杂质及部分氧化物则留于残渣中,即达到提纯目的。

美国矿务局 $HfCl_4$ 提纯设备见图 7-2。$HfCl_4$ 冷却出炉后,可连同蛇形管顶盖移至还原反应器中进行还原操作,或将 $HfCl_4$ 取下密封贮存备用。提纯器为一直径 63.5 cm,高 102 cm 的罐体,分为五个加热带:罐体顶部,铅锑密封槽,$HfCl_4$ 冷凝带,$HfCl_4$ 蒸发带和罐底加热带。$HfCl_4$ 在蛇状盘旋管上冷却,用水和空气控制温度。将罐体抽空升温除去 HCl、$SiCl_4$、$TiCl_4$ 等低沸点杂质,在250℃充入氢气保温 4 h 之后,在氢气气氛中 $HfCl_4$ 蒸发带的最终温度为 500℃,即完成提纯操作。我国 $HfCl_4$ 的提纯设备见图 7-4。由于铪的生产规模较锆小,因此较少采用如图 7-6 的罐壁冷凝式提纯设备。提纯工艺条件也与 $ZrCl_4$ 提纯相同,但由于 $HfCl_4$ 极易水解生成 $HfOCl_2$,还原时将氧带入海绵铪中,降低铪的可锻性能,因此,应适当提高低温除气温度和除气的时间,使 $HfOCl_2$ 在真空下充分分解,并将 HCl 排出。

$HfCl_4$ 提纯生产的典型数据如下[7]:

| HfCl$_4$ 提纯过程 | 质量/kg | 回收率/% |
|---|---|---|
| 进料 | 247 | |
| 出料 | 231 | 93.7 |
| 提纯残渣 | 12.3 | 5.0 |
| 排气及其他损失 | 3.2 | 1.3 |
| 合计 | | 100.0 |

测定了连续 7 个批次的精 HfCl$_4$ 和提纯残渣的成分[3]，见表 10-18、表 10-19。

表 10-18 精 HfCl$_4$ 成分 （单位：%）

| 编号 | Fe | Si | Al | Ti | Mn |
|---|---|---|---|---|---|
| 1 | 0.019 | 0.0063 | 0.001 | 0.002 | 0.006 |
| 2 | <0.002 | 0.028 | 0.0006 | 0.002 | 0.001 |
| 3 | 0.0012 | 0.0008 | 0.002 | 0.001 | 0.001 |
| 4 | 0.008 | 0.0007 | | 0.001 | 0.0005 |
| 5 | 0.0027 | 0.0002 | 0.001 | 0.001 | 0.0007 |
| 6 | 0.0013 | 0.0003 | 0.0001 | 0.001 | 0.0020 |
| 7 | 0.002 | 0.0015 | 0.0001 | 0.002 | 0.0006 |

表 10-19 提纯残渣成分 （单位：%）

| Fe | Si | Al | Ti | Mn |
|---|---|---|---|---|
| 1.5～5.3 | 0.25～1.20 | 0.008～0.20 | 0.006～0.10 | 0.03～0.09 |

## 10.3.2 四氯化铪的熔盐提纯

粗 HfCl$_4$ 中的 $HfOCl_2 \cdot nH_2O$ 是生产海绵铪含氧量高，加工性能变坏的一个重要因素，熔盐提纯是除去粗 HfCl$_4$ 中 $O_2$、HCl 和 Ti、Al、Si、Fe 的有效方法。其依据是：

(1)含有杂质的 HfCl$_4$ 在 KCl-NaCl 熔盐中发生如下反应：

$$HfCl_4 + 2Na(K)Cl = (Na、K)_2HfCl_4$$

$$FeCl_3 + Na(K)Cl = (Na、K)_2FeCl_2$$

$$AlCl_3 + Na(K)Cl = (Na、K)AlCl_4$$

或：

$$HfCl_{4(s)} + 2MCl = M_2HfCl_6$$
$$M_2HfCl_6 + 2FeCl_3 = 2MFeCl_4 + HfCl_4$$
$$M_2HfCl_6 + 2AlCl_3 = 2MAlCl_4 + HfCl_4$$
$$M_2HfCl_6 + TiCl_4 = M_2TiCl_4 + HfCl_4$$
$$(M = Na^+, K^+, Cs^+)$$

不同温度下 Hf、Fe、Al、Cr 的复盐具有不同的稳定性。$HfCl_4$ 与 NaCl，KCl 体系的温度压力曲线、$HfCl_4$ 与 $FeCl_3$、$HfCl_4$ 与$AlCl_3$、$HfCl_2$ 与 $ZrCl_4$ 系平衡曲线分别列于图 10-4～图 10-7。

(2)金属杂质氯化物 $FeCl_3$，$AlCl_3$，$CrCl_3$ 等生成稳定的碱金属氯化物复盐，而残留于盐中。

(3)在碱金属氯化物和四氯化铪熔化反应期间，某些挥发性的杂质，如 $TiCl_4$，$SiCl_4$，HCl 被挥发除去。

(4)细颗粒的氧化物和氧氯化物被吸收在熔池中。

(5)$HfCl_4$ 于 600℃下挥发在捕集器中收集达到提纯目的。

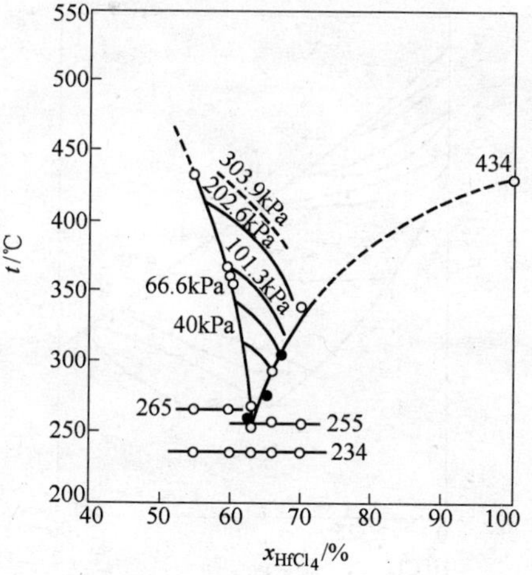


图 10-4　$HfCl_4$-NaCl-KCl(NaCl∶KCl＝8∶29(mol))体系的蒸汽压与温度和组成的关系图

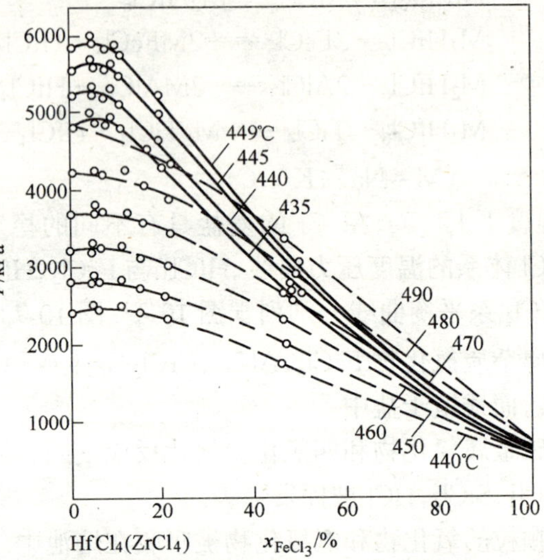


图 10-5　$HfCl_4$-$FeCl_3$（实线）和 $ZrCl_4$-$FeCl_3$（虚线）系气液平衡图

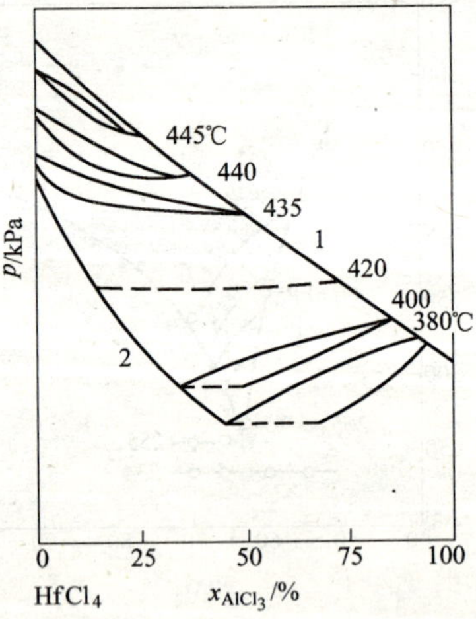


图 10-6　$HfCl_4$-$AlCl_3$ 系气液平衡等温线图

1—临界线；2—液相线

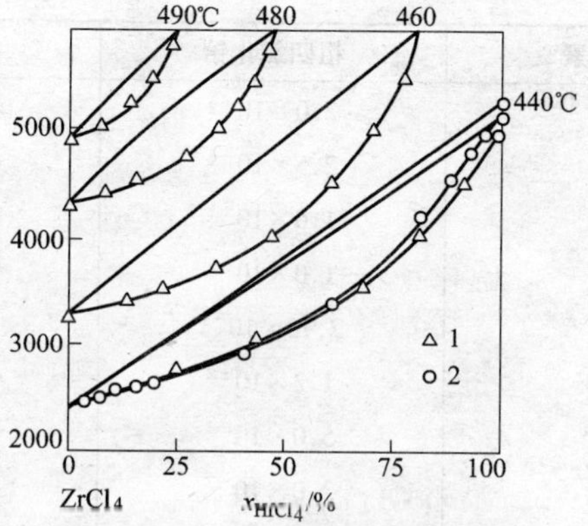


图 10-7 $HfCl_4$-$ZrCl_4$ 系气液相平衡图

1—实验数据;2—按状态方程计算值

熔盐提纯的设备与 $ZrCl_4$ 熔盐提纯设备相同。美国华昌公司一直采用熔盐提纯 $HfCl_4$,熔盐提纯后的精 $HfCl_4$ 经镁还原、电弧熔炼制得的铪锭,氧含量可由 $1500\times10^{-6}$下降到 $1100\times10^{-6}$,最低可达 $550\times10^{-6}$,硬度由 HB240 下降到 HB166,提高了海绵铪的可煅性。华昌公司的熔盐提纯主要工艺条件为:

熔体:62%(摩尔分数)$HfCl_4$-38% NaCl-KCl(1:1,物质的量比)

熔化温度:270~290℃

蒸发温度:600℃,60%~70% $HfCl_4$ 可蒸馏出来捕集

四氯化铪回收率:90%~97%

熔盐提纯后的精 $HfCl_4$ 成分见表 10-20。

**表 10-20 精 $HfCl_4$ 的成分** (单位:%)

| 元素 | 粗四氯化铪 | 精四氯化铪 |
|---|---|---|
| Cd | $<0.5\times10^{-4}$ | $<0.5\times10^{-4}$ |
| B | $1.0\times10^{-3}$ | $<0.2\times10^{-4}$ |
| Al | $1.0\times10^{-2}$ | $4.0\times10^{-3}$ |
| Fe | $3.0\times10^{-1}$ | $5.5\times10^{-3}$ |

续表 10-20

| 元　素 | 粗四氯化铪 | 精四氯化铪 |
|---|---|---|
| Cu | $2.0\times10^{-3}$ | $<1.0\times10^{-3}$ |
| Pb | $2.5\times10^{-3}$ | $<1.0\times10^{-3}$ |
| Cr | $1.0\times10^{-1}$ | $4.0\times10^{-3}$ |
| Si | $1.0\times10^{-2}$ | $<2.0\times10^{-3}$ |
| Mg | $2.75\times10^{-2}$ | $5.0\times10^{-4}$ |
| Ti | $1.2\times10^{-2}$ | $<2.0\times10^{-3}$ |
| Zn | $5.0\times10^{-3}$ | $<5.0\times10^{-3}$ |
| Ni | $2.0\times10^{-2}$ | $5.0\times10^{-4}$ |
| Mn | $7.0\times10^{-3}$ | $1.0\times10^{-3}$ |
| Mo | $<1.0\times10^{-3}$ | $<1.0\times10^{-3}$ |
| V | $<2.0\times10^{-3}$ | $<2.0\times10^{-3}$ |
| Co | $<5.0\times10^{-4}$ | $<5.0\times10^{-4}$ |
| Sn | $<5.0\times10^{-4}$ | $<5.0\times10^{-4}$ |
| Zn | 1.7 | 1.4 |

### 10.3.3 氧氯化铪的研究[8]

$HfOCl_2$ 或 $HfOCl_2\cdot nH_2O$ 据认为是使海绵铪中含氧量增加的重要因素。对氧氯化铪热性质进行了研究。

A　$HfO_2$ 在氯化过程中局部氯化不完全时产生的反应

$$HfO_2 + C + Cl_2 = HfOCl_2 + CO \tag{10-1}$$

$$2HfO_2 + C + Cl_2 = 2HfOCl_2 + CO_2 \tag{10-2}$$

$$HfO_2 + C + 2Cl_2 = HfOCl_2 + COCl_2 \tag{10-3}$$

有：$$\frac{\Delta G}{T} = \frac{\Delta H}{T} - \Delta S^{\ominus}_{298} - (M_0\Delta a + M_1\Delta b + M_2\Delta c + M_{-2}\Delta c')$$

$$\lg K = \frac{-\Delta G}{4.574T}$$

反应的 $K$ 值见表 10-21。

**表 10-21 $HfO_2$ 不完全反应时的 *K* 值**

| 反　应 | 298K | 1073K | 1273K |
|---|---|---|---|
| $10^{-1}$ | $1.56\times10^{21}$ | $8.77\times10^{7}$ | $2.54\times10^{7}$ |
| $10^{-2}$ | $3.60\times10^{23}$ | $1.39\times10^{15}$ | $6.05\times10^{15}$ |
| $10^{-3}$ | $1.08\times10^{34}$ | $4.5\times10^{6}$ | $1.81\times10^{5}$ |

计算结果表明，在氯化过程中可以发生上述反应。同时，由于 $HfCl_4$ 吸湿性较强，可以水解产生如下反应：

$$HfCl_4 + H_2O = HfOCl_2 + 2HCl \quad (10\text{-}4)$$

$$HfCl_4 + (n+1)H_2O = HfOCl_2 \cdot nH_2O + 2HCl \quad (10\text{-}5)$$

$$HfCl_4 + 2H_2O \xlongequal{\triangle} HfO_2 + 4HCl$$

B　$HfOCl_2 \cdot nH_2O$ 的脱水过程研究

热谱分析表明，$HfOCl_2 \cdot 8H_2O$ 的脱水机制与 $ZrOCl_2 \cdot 8H_2O$ 极为相似。氧氯化锆 $ZrOCl_2 \cdot 8H_2O$ 的脱水机制为：

$$ZrOCl_2 \cdot 8H_2O \xrightarrow[\leqslant 66.5℃]{-3H_2O} ZrOCl_2 \cdot 5H_2O \xrightarrow[\leqslant 102℃]{-H_2O} ZrOCl_2 \cdot 4H_2O \xrightarrow[\leqslant 118℃]{-H_2O} ZrOCl_2 \cdot 3H_2O \xrightarrow[212℃]{-2HCl} ZrO_2 \cdot 2H_2O \xrightarrow[350℃]{-2H_2O} ZrO_2$$

氧氯化铪（$HfOCl_2 \cdot 8H_2O$）的脱水过程是：当加热到 92℃、110℃和 118℃时，$HfOCl_2 \cdot 8H_2O$ 即可失去 6 mol $H_2O$，在 150℃后分解，同时失去 HCl 和 $H_2O$，并在温度高于 350℃时形成 $HfO_2$。即：

$$HfOCl_2 \cdot 8H_2O \xrightarrow[92℃、110℃、118℃]{-5H_2O} HfOCl_2 \cdot 3H_2O \xrightarrow[150℃]{2HCl} HfO_2 \cdot 2H_2O \xrightarrow[350℃]{-2H_2O} HfO_2$$

$HfO_2$-HCl-$H_2O$ 的溶解度曲线参见图 10-8。

研究结果表明，在 $HfCl_4$ 制备过程中减少与空气及水气的接触，提高 $HfCl_4$ 提纯初期温度，除去其中 $H_2O$ 及 HCl 或采用熔盐提纯的方法，都是提高海绵铪可锻性的有效方法。

## 10.4 海绵铪的生产

工业规模生产海绵铪的方法与生产海绵锆相同，一般都采用镁热还原或钠镁混合还原 $HfCl_4$ 的方法。因此，设备和工艺条件也基本相同。

### 10.4.1 镁热还原四氯化铪

A 镁热还原的热力学和动力学及工艺

镁热还原 $HfCl_4$ 的反应为：

$$HfCl_4 + 2Mg = Hf + 2MgCl_2$$

反应的生成自由能见表 10-22（同时列出 $ZrCl_4$ 还原反应的生成自由能以作比较）。

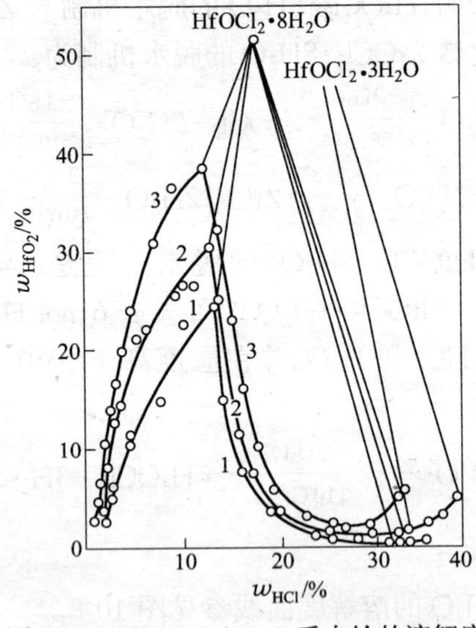


图 10-8 $HfO_2$-HCl-$H_2O$ 系中铪的溶解度

1—0℃；2—30℃；3—60℃

表 10-22 $HfCl_4$ 镁还原的焓与自由能

| T/K | Hf | | Zr | |
|---|---|---|---|---|
| | $\Delta H^{\ominus}$/kJ·mol$^{-1}$ | $\Delta G^{\ominus}$/kJ·mol$^{-1}$ | $\Delta H^{\ominus}$/kJ·mol$^{-1}$ | $\Delta G^{\ominus}$/kJ·mol$^{-1}$ |
| 298.15 | −215.1 | −205.9 | −311.7 | −302.1 |
| 400 | −215.1 | −202.9 | −311.7 | −298.7 |
| 500 | −215.1 | −199.6 | −311.3 | −295.4 |
| 590 | −214.6 | −196.6 | | |
| 590 | −315.1 | −196.6 | | |
| 600 | −315.1 | −195.0 | −310.9 | −292.0 |
| 604 | | | −310.9 | −292.0 |
| 604 | | | −416.7 | −292.0 |
| 700 | −312.5 | −174.9 | −414.2 | −272.4 |
| 800 | −310.0 | −155.6 | −411.3 | −252.3 |
| 900 | −307.9 | −136.4 | −408.4 | −232.6 |
| 923 | −307.1 | −132.2 | −407.9 | −228.0 |
| 923 | −325.1 | −132.2 | −425.9 | −228.0 |
| 987 | −236.8 | −118.8 | −337.2 | −214.6 |
| 1000 | −236.4 | −117.2 | −336.8 | −213.0 |
| 1000 | −231.8 | −105.4 | −331.8 | −200.8 |
| 1135 | | | −330.1 | −196.6 |
| 1135 | | | −326.3 | −196.6 |
| 1200 | −227.2 | −94.1 | −323.0 | −189.1 |
| 1300 | −223 | −83.2 | −318 | −178 |
| 1375 | −219 | −75.3 | −315 | −170 |
| 1375 | −479 | −75.3 | −575 | −170 |
| 1400 | −477 | −67.8 | −573 | −163 |
| 1500 | −470 | −38.9 | −567 | −134 |

从表中可见,还原反应的 $\Delta G$ 负值很大,说明在镁足够的情况下,反应可以进行到底。$\Delta H$ 计算表明,还原反应所放出的热量足

以使反应温度达1500K。但在实际生产中，由于热损失，还原过程仍需在外部加热的条件下进行。

动力学研究表明，镁与$HfCl_4$的反应起始温度为460～520℃。在700～860℃时，反应的活化能为121.8kJ/mol $HfCl_4$。说明反应为化学动力学所控制。图10-9给出了$HfCl_4$和$ZrCl_4$与镁反应时的动力学比较曲线。当温度为712～713℃时，$HfCl_4$的蒸汽压为$3.3\times10^5$Pa(3.3atm)时，$HfCl_4$与镁的反应十分迅速，从而达到动力学临界区域，瞬间即可使反应区域温度升高80～150℃。由于反应速度过快，$HfCl_4$短时蒸发量不足以弥补还原反应需要量，$p_{HfCl_4}$将急剧降低。而过快的反应速度则会导致反应区温度将超过Hf-Fe共晶生成温度934℃，使Hf中Fe含量剧增。

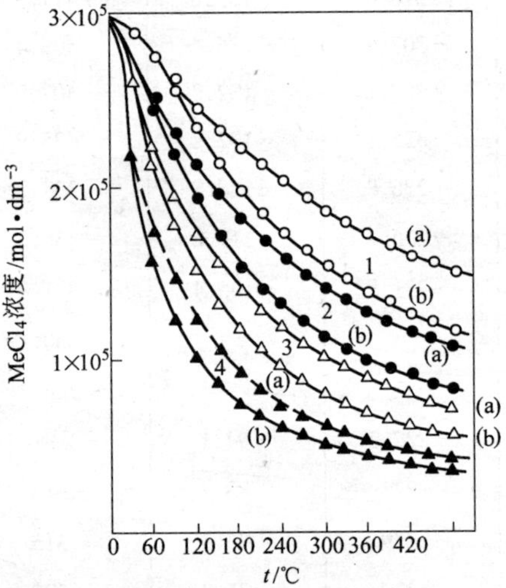


图10-9 $HfCl_4$(虚线)和$ZrCl_4$(实线)的镁还原动力学曲线

1—720℃；2—760℃；3—800℃；4—860℃

B 还原过程的机理

$HfCl_4$镁热还原是高温下在镁、$MgCl_2$熔体表面和反应坩埚器壁上进行的多相复杂反应。对$HfCl_4$还原反应机理的专门研究虽然很少，但由于 $HfCl_4$ 与 $ZrCl_4$、$TiCl_4$ 镁还原的过程及本质相似，因此可借鉴 $ZrCl_4$、$TiCl_4$ 镁还原的机理结合 $HfCl_4$ 还原过程加以解释，可参阅文献[9]和本书第 8 章。

a 海绵铪的结晶成形

在镁还原 $HfCl_4$ 的生产实践中发现，在反应坩埚底部有一层海绵铪，这是气态 $HfCl_4$ 与镁反应最初形成铪晶粒后由于铪比重较大而沉积在底部。按照成核理论和界面理论，在铪晶粒形成前，应产生相应的晶核。$HfCl_4$ 还原反应具有较大的生成自由能值，使铪在形成晶核时有足够的成核能量 $\Delta G_{核}$：

$$\Delta G_{核} = \Delta G_b \frac{4}{3}\pi r^3 + \sigma 4\pi r^2$$

式中 $\Delta G_b$ ——体积自由能；

$\sigma$ ——表面能。

在 $\Delta G_{核} = 0$ 时，临界晶核半径 $\gamma_c$ 为：

$$\gamma_c = \frac{2\sigma}{\Delta G_b}$$

当 $\Delta G_{核} < 0$ 时，铪与锆、钛一样，第一批晶核形成并成为铪晶体的活化中心。这一过程包括 $HfCl_4$ 的气化→镁化学反应→成核→形成粒状铪晶→沉积→粒状晶体黏结→生成多孔状铪海绵体。

b 桥状海绵铪的成因

(1) 润湿作用。镁还原 $HfCl_4$ 得到的产品在还原坩埚中成桥状结构，实践中常常得到与海绵锆形状相似的产品，见图 10-10。反应初期，汽相 $HfCl_4$ 与坩埚表面的液体镁和沿坩埚周边的爬壁镁进行反应，并沉积或附着在坩埚底部和周边，形成板状海绵铪（见图 10-10 中 B），并起着“清洗”镁中杂质的作用，因此一般板状海绵铪杂质含量较高。随着反应继续进行，$MgCl_2$ 不断增多，且液体 $MgCl_2$ 与液体镁的密度差异不大，使 $MgCl_2$ 浮于表面，阻碍了气相 $HfCl_4$ 与液镁的反应。由于镁对坩埚壁的润湿作用，见表 10-23，同时，反应器内压力使坩埚中 $Mg + MgCl_4$ 液面呈凹月形，见图 10-11，使得液镁沿壁上爬，在坩埚壁周围与 $HfCl_4$ 反应并不断堆积延伸、沉降形成A、C两种海绵铪。

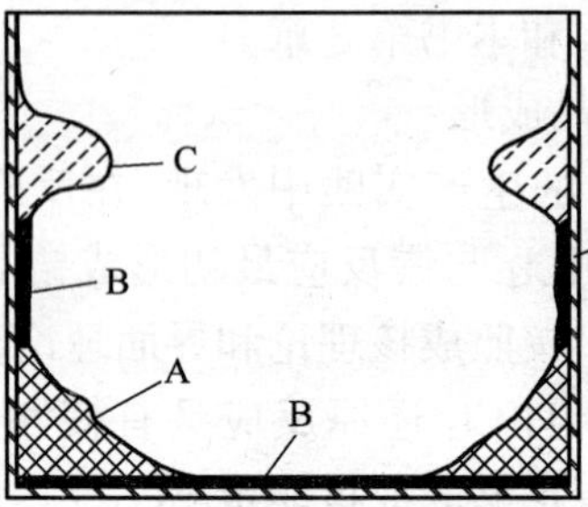


图 10-10 还原坩埚中的桥状海绵铪

A—致密状海绵铪；B—贴壁海绵铪；C—疏松状海绵铪；D—还原坩埚

**表 10-23 Mg、$MgCl_2$ 的表面张力**

| 项　目 | Mg | $MgCl_2$ | Mg + $MgCl_2$ |
|---|---|---|---|
| 润湿物 | 反应坩埚 | | |
| 温度/℃ | 750～800 | 750　800 | 750　800 |
| 润湿角 θ/(°) | >90 | 68.5 44.5 | 61　45.5 |
| 表面张力/N·m$^{-1}$ | 0.56(681℃) | 0.127→ | |

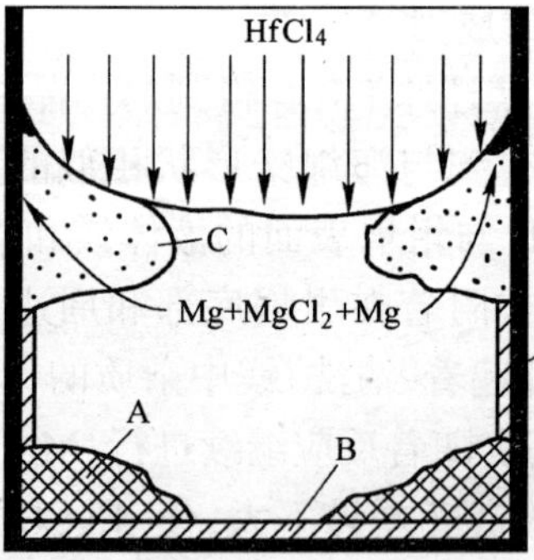


图 10-11 还原过程 Mg 对坩埚的润湿

(2)毛细现象。在还原的中后期，镁量逐渐减少，$MgCl_2$ 不断增多,海绵铪向坩埚中心生长,镁沿坩埚壁上爬的阻力增大,海绵铪晶粒之间形成不规则的孔隙并联结成管道(即海绵体孔隙)成为镁及 $MgCl_2$ 的上升通道。当毛细管吸附力为 $p_\sigma$ 时,有:

$$p_\sigma = \frac{0.2\sigma}{r}\cos\theta$$

式中 $p_\sigma$——毛细管吸附力;

$\sigma$——吸附的镁液表面能力;

$r$——毛细管半径;

$\theta$——润湿角。

由于镁对铪的润湿性较 $MgCl_2$ 大,毛细管孔隙有足够的吸附能力将镁沿毛细管输送至坩埚表面进行反应,但反应速度随着铪和 $MgCl_2$ 的增多,逐步减弱直至反应结束。

(3)歧化反应。歧化反应是镁还原 $HfCl_4$、$ZrCl_4$ 和 $TiCl_4$ 过程中都能发生的不完全反应,原因是还原过程中镁量不足使 $MCl_4$ 还原生成低价氯化物,特别是当气态镁在罐体空间发生反应以及铪与 $HfCl_4$ 反应时,有:

$$2HfCl_4 + 3Mg = Hf + HfCl_2 + 3MgCl_2$$

$$2HfCl_4 + Mg = 2HfCl_3 + MgCl_2$$

$$2HfCl_4 + 2Mg = 2HfCl_2 + 2MgCl_2$$

$$2HfCl_2 + Mg = 2HfCl + MgCl_2$$

$$HfCl_4 + Hf = 2HfCl_2$$

$$2HfCl_3 \xrightarrow{>300℃} HfCl_4 + HfCl_2$$

$$2HfCl_2 \xrightarrow{>600℃} HfCl_4 + Hf$$

铪的低价氯化物为紫黑色粉末,主要残留于坩埚上部,由于它的生成,降低了金属铪的实收率。不少研究表明,生成黑粉的根本原因是还原反应过程中镁的数量相对不足而使 $HfCl_4$ 不能还原成铪,或者是发生 $HfCl_4$ 与铪歧化反应的结果。许多镁还原过程的研究者都认为,在镁还原过程中,黑粉是由于镁与 $HfCl_4$(或 $ZrCl_4$、$TiCl_4$)在气相反应中生成的。当还原过程中 $HfCl_4$(或 $ZrCl_4$、

$TiCl_4$)的浓度低于某一极限值时,增加了气相反应的可能性。研究指出[10],当反应系统中 $HfCl_4$ 气体浓度稀薄时,气相反应的可能性增加。文献还指出:在还原过程中增加反应物的浓度,会造成如下的情况:使镁进入气相的速度不足以补充它在气相中的含量,在这种情况下,反应将向镁液面靠近,并在其上进行反应。以 $TiCl_4$ 还原为例,当 $TiCl_4$ 在气相中的浓度大于 $1.7\times10^{-2}$mol/L,坩埚表面又为某一数值时,气相反应是没有意义的。奥布拉米耶夫等人的试验表明,还原反应速度的大小,完全取决于 $HfCl_4$ 浓度的大小。根据他们的试验,还原反应的速度在反应坩埚温度从750℃升到850℃时,比 $HfCl_4$ 升华带的温度由460℃升到490℃时为慢。可见黑粉的生成主要是一个反应物料输送速度问题,而输送速度主要又取决于系统中 $HfCl_4$、$ZrCl_4$ 和 $TiCl_4$ 浓度的变化。

沙德列尔给出了反应过程的速度与速度常数关系为:

$$V = KC$$

式中 $V$——反应速度;

$K$——反应速度常数;

$C$——系统中反应物的浓度。

而在反应过程中,由于氩气分压的增加,使反应过程的速度常数减少:

| 氩气分压/kPa | 速度常数/L·(mol·s)$^{-1}$ |
|---|---|
| 60.8 | 5.41 |
| 106.4 | 2.13 |
| 177.3 | 1.82 |

研究表明,提高还原反应系统中的氩气分压会降低镁的利用率。而当系统中的氩气分压小于(0.2~0.3)×101325Pa时,黑粉不常见。说明适当的氩气分压是影响反应速度和歧化反应的重要因素。由于还原过程是一个放热反应过程,如果反应过于激烈,会使镁大量蒸发。在压力为133.3kPa和605℃时镁的蒸发速度 $W=9.71\times10^{-3}$g/(cm$^2$·s),而镁的蒸汽压与温度有如下对应的数值:

| 温度/℃ | Mg 蒸汽压/Pa |
| --- | --- |
| 781 | 20×133.3 |
| 838 | 40×133.3 |
| 868 | 60×133.3 |

因此,反应温度过高时,镁的蒸气进入坩埚处的空间的数量增加,而镁与 $HfCl_4$ 在气相中进行反应,又与气态镁在反应罐内的扩散速度有关。根据菲克定律,扩散速度 $m = dA\dfrac{dC}{dX}$,过冷的隔热板,容易使镁冷凝,增大浓度梯度$\dfrac{dC}{dX}$值。这也就解释了反应区隔热段太长,$HfCl_4$ 冷凝带温度过低会形成低价氯化物。应该指出,反应开始初期,镁有足够的表面积,反应速度很快,但是在反应进行了一段时间以后,如果仍以反应前期的速度供给 $HfCl_4$,必将造成镁的不足,产生歧化反应,研究了镁按理论过量 80%时,发现歧化反应减少。

C 还原的工艺和设备

a 不排 $MgCl_2$ 的还原设备

这种镁还原 $HfCl_4$ 的设备与 $ZrCl_4$ 还原设备相似。美国一些公司使用铅锑密封式还原炉,我国采用的是顶盖固定式密闭还原炉,见图 8-8。美国矿务局使用的还原设备见图 8-10,操作实例见图 10-12。

设备为井式镍铬丝电阻炉(Pit type Nickel-Chrome Resistance Furnace),炉壳为 310 型不锈钢制成、厚 0.64cm,高 1.78m,内径 0.7m。罐口上外圈焊有一槽,宽 5.1cm,深 23cm。槽中装有铅-锑合金。设备的上盖可插入槽中的铅锑合金中,使设备有一密封。必要时,合金可以冻结,起密封作用。

还原炉有 5 个加热区段:最上面的区段是铅锑段,电力 13kW,至槽下 27.9cm 处为止;中区段,电力 46kW,长 71cm,在上区段以下 5.1cm 处开始;最低的区段,电力 46kW,包括炉底的 4kW 加热元件。炉顶可更换,每一炉顶有一电力 5kW 的加热元

图 10-12 美国矿务局的还原设备

件。上区段最高温度为 650℃，中区段与下区段可达 900℃。上区段又称铅封区段，中区段又称冷凝区段，下区段又称蒸馏区段。

每一加热段与浮盖都有一热电偶并装有单独控制装置。热电偶管焊在不锈钢罐上。下区段有两个热电偶管焊在缸上对称的位置上，中区段与上区段各有一热电偶管。用自动多头记录器，连续不断的记录温度，以备操作人员控制与调整温度。

在还原时，铅锑合金是熔融的。炉盖可根据容器内部气压调整上下浮动。提纯与还原时，气体杂质由放气阀放出。

每个炉盖上有一炉盖配重器(Counter weight)，以调整盖沿的位置，防止盖沿在铅-锑合金中的位置过高或过低。在反应罐下部为盛镁坩埚，盛镁坩埚为一直径 63.5cm，高 51cm 的圆桶，材质为 430 号不锈钢，含 Cr 14.0%～18.0%，Ni 12%。我国则采用 1Cr13 低锰钢作为坩埚材料，成分为 Mn 0.29%，Ni 0.19%，Cr

12.5%。在 $HfCl_4$ 提纯后可保证海绵铪中锰不大于 0.0050%。

坩埚上面有一不锈钢制成的挡板，也称缓流板，其作用是承接氧化物与其他杂质，并使四氯化铪从 3 个方向均匀地流入反应坩埚中。炉盖与提纯炉的炉盖一样，是一带有蛇形管冷凝器的浮盖。操作时也必须隔绝空气，并用氦气作为保护气体。镁与四氯化铪的反应是放热反应，必需严密注视温度并加以控制。若反应过快，反应坩埚的温度就会超过 934℃，铪与坩埚接触就可能产生铁-铪低沸共熔物生成合金。经验表明：反应速度与反应时氦（或氩）气浓度-四氯化铪蒸气压浓度之比有关。若四氯化铪浓度太高，则反应进行太快，温度就过高。若四氯化铪浓度过低，则反应迟缓，使操作延长。这就需要操作人员必须按计划维持正常反应，随时调整温度，防止异常现象发生。若反应缓慢，中区段的温度可以提高，以增加四氯化铪的蒸发量，并随时从炉中放出过量的氦。如下区段的温度升高过快，则必须加入氦进行 $HfCl_4$ 浓度调整，使反应速度降低。但炉内反应情况，并不能直接反映出来，因此，必须根据经验估计变化的程度而予以一定的调节。

操作实例如图 8-16 所示。将纯镁过量 40%（有时达 60%）装入坩埚后，装配好缓流板并将其置于反应罐下部，再将提纯后的 $HfCl_4$ 顶盖置于上部铅锑密封浴槽中，抽空至 0.4kPa 后充入氦气保护。同时升温使下部还原带温度达 800℃，上部达 450℃，蛇形管内通水或空气以控制 $HfCl_4$ 蒸发速度，进行还原反应约 4～5h，再以每小时 50℃ 的升温速度使反应带温度升至 875℃，中区 $HfCl_4$ 加热带最高温度 600℃，当炉内发生压力迅速下降现象，表明 $HfCl_4$ 消耗完毕，反应结束。

美国矿务局 $HfCl_4$ 还原过程的典型回收率见表 10-24。

b　可排放 $MgCl_2$ 的 $HfCl_4$ 还原设备

这是一种与 $ZrCl_4$ 还原相似的排放 $MgCl_2$ 设备，见图 8-16。图中上部为罐壁冷凝式圆桶，上面有提纯所得的精 $HfCl_4$，装配时随顶盖装入还原炉内。排 $MgCl_2$ 的工艺与 $ZrCl_4$ 还原的操作相同，这种设备的 $HfCl_4$ 处理量可达每炉 1000kg。

表 10-24 $HfCl_4$ 还原过程的物料平衡

| 项目 | | 质量/kg | 比例/% |
|---|---|---|---|
| 进料 | 四氯化铪(冷凝物) | 231 | |
| | 镁(过量 40%) | 57.6 | |
| 出料 | 吸收的四氯化铪 | 225.1 | 97.4 |
| | 气相 | 1.81 | 0.8 |
| | 损失 | 4.0 | 1.8 |
| 合计 | | | 100.0 |

c 提纯-还原联合操作工艺

(1)美国矿务局的提纯-还原联合操作工艺。由于美国矿务局工厂生产的 $HfO_2$ 杂质含量不高,可采用提纯-还原联合操作设备,见图 8-11。联合操作的时间,可从 64h 降至 44h。

联合操作的设备及尺寸,基本上与分开操作的设备,仅将冷却用蛇形管缩短了 23cm,用以调节炉内 $HfCl_4$ 浓度。在坩埚上端应用一较短的缓流板装置,与坩埚相连,并作为坩埚的支架。镁用量为 68kg,四氯化铪的用量约 250kg。氯化物装料完毕之后,冷却铅封,并使之凝固密闭。加热下区段与中区段使温度升至 300℃,然后用水力泵抽气降低炉内压力,提高四氯化铪温度以除杂质,但不使四氯化铪挥发出来。为了不使除杂时间过短,必须如此排气除杂三次。每次除杂后,炉内充以氢气。此后,停止冷却铅封,使温度升高到 450℃。下区段与中区段的温度也升高到 350℃(每半小时升高温度 10℃)。炉内四氯化铪的温度不得低于 210℃。每炉需要放气多次以除去其他遗留的杂质。

在还原反应的准备阶段可将中区段温度调整至 200℃,下区段调整至 750℃。用冷却空气在蛇形管冷凝器中循环以调节放气间隔(bleeding interval)。待下区段温度调整在 750℃ 0.5h 后,向炉内通入氦气,并保持如此流速 2h。在这个过程中,仍不断的放气以保持炉顶不升高。这操作若掌握得好，使炉内氦与四氯化锆的比例适合，则可使镁与四氯化铪的反应速度适当。

(2)美国金刚砂金属公司的提纯-还原联合操作工艺。美国金刚砂金属公司采用一种提纯—还原联合操作工艺，用以生产海绵铪，见图 10-13[11]。设备由上下两段组成，两段之间可以连接并密封，还原坩埚在完成还原反应后可从底部卸出，炉体有三个加热带，分别用于还原坩埚加热，$HfCl_4$ 蒸馏和冷凝管的温度控制。炉子下部安装的一个 430 型不锈钢坩埚，装有经酸洗、按理论量过量60%的镁，坩埚上面装配还原— $HfCl_4$ 提纯分隔挡板，挡板上端为Inconel 的 $HfCl_4$ 盛料桶，装有 909kg 粗 $HfCl_4$。在将镁、$IIfCl_4$ 装配完毕后，用螺栓密闭罐体后，用水环泵将罐体抽空，在氢气气氛中进行 $HfCl_4$ 的提纯，罐中压力(包括还原过程)用顶部蛇形管通入空气或水来控制，压力一般保持在 $70g/cm^2$，并进行 $HfCl_4$ 的还原。当罐内还原带温度达 850℃，压力逐步下降，表明还原反应完毕，可向蛇形管通水冷却以回收剩余未反应的 $HfCl_4$。为使反应罐迅速冷却，可经由炉下部的进气口通入空气使罐体冷却。并向罐内充氦维持罐内正压，冷却时间约需 6～10 h。待反应罐体内部温度降至室温即可拆卸罐体，取出反应坩埚连同反应物送往下一道工序处理。

D 镁及其他还原用材料对海绵铪质量的影响

在还原过程中，除要求坩埚采用低锰钢以减少锰的污染外，为了使海绵铪中的氧、氮和金属杂质的含量达到质量标准，对镁、氩(氦)气都有严格要求，曾采用成分如下的纯镁和纯氩，见表10-25。

**表 10-25 $HfCl_4$ 还原用纯镁和纯氩杂质成分** （单位：%）

| 项目 | Fe | Si | Al | Mn | Ti | Ni | Cu | N | O | H | $CO_2$ | $H_2O$ |
|---|---|---|---|---|---|---|---|---|---|---|---|---|
| 镁 | $1.5\times10^{-3}$ | $1.0\times10^{-3}$ | $2.0\times10^{-3}$ | $1.0\times10^{-3}$ | $<1.0\times10^{-3}$ | $<5.0\times10^{-4}$ | $<1.0\times10^{-3}$ | $<1.5\times10^{-3}$ | $<1.0\times10^{-3}$ | | | |
| | $6.0\times10^{-4}$ | $<1.0\times10^{-4}$ | $<1.0\times10^{-4}$ | $<5.0\times10^{-4}$ | $<1.0\times10^{-3}$ | $<5.0\times10^{-4}$ | $<1.0\times10^{-3}$ | $<1.5\times10^{-3}$ | $<5.0\times10^{-4}$ | | | |
| 氩 | | | | | | | | $<3.0\times10^{-2}$ | $<2.0\times10^{-3}$ | $<5.0\times10^{-4}$ | $<5.0\times10^{-4}$ | $<3.0\times10^{-3}$ |

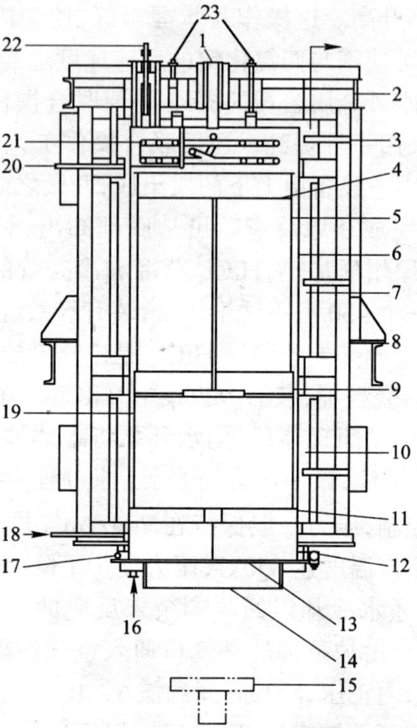


图 10-13 美国金刚砂公司的 $HfCl_4$ 和 $ZrCl_4$ 提纯-还原联合作业设备示意图

1—上加热带;2—顶盖;3—热电偶;4—$HfCl_4$ 隔板;5—$HfCl_4$ 料桶;6—蒸发罐;7—$HfCl_4$ 加热带;8—支撑器;9—坩埚分隔板;10—还原加热带;11—坩埚底座;12—风口;13—炉底座;14—环形炉底;15—液压装置;16、17—水进(出)口;18—进气口;19—还原坩埚;20—出气口;21—冷凝管;22—测压管;23—安全阀

### 10.4.2 真空蒸馏制取海绵铪

A 原理

还原后存留在反应坩埚中的产物是海绵铪、$MgCl_2$、过剩镁和少量“黑粉”,黑粉附着于上述反应物的表面,量多时可加以回收;量少时可用干燥空气将其从反应物表面除去,即可进行蒸馏作业。

蒸馏是利用蒸馏物各组分某些物理特性的差异而进行的。镁还原产物中各种成分的沸点差异比较大,相应的挥发性也有很大的差别。在标准状态下,镁的沸点为1107℃,$MgCl_2$ 为1418℃,铪为5400℃;在常压和900℃时,镁的平衡蒸汽压为 $1.3\times10^4$Pa,$MgCl_2$ 为975 Pa,而铪的蒸汽压与温度的关系式为:

$$\lg p_{Hf}=(9.46-\frac{30200}{T})\times133.3,\text{Pa}$$

不同温度下铪的蒸汽压曲线见图10-14,数值见表10-26。

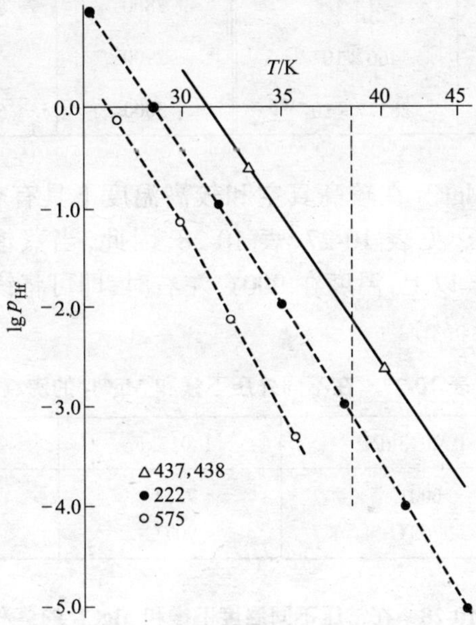


图10-14　铪的蒸汽压

△— Boer与Zwikker测定;○— Brewer测定;●— H. Несмеянов测定

**表10-26　铪的蒸汽压**[2]

| $T$/K | $p$/kPa | $T$/K | $p$/kPa |
|---|---|---|---|
| 2300 | $152\times10^{-9}$ | 3070 | $101.3\times10^{-5}$ |
| 2400 | $678.9\times10^{-9}$ | 3360 | $101.3\times10^{-1}$ |
| 2495 | $253.3\times10^{-8}$ | 3720 | $101.3\times10^{-3}$ |

续表 10-26

| $T$/K | $p$/kPa | $T$/K | $p$/kPa |
|---|---|---|---|
| 2500 | $273.6\times10^{-8}$ | 4170 | $101.3\times10^{-2}$ |
| 2600 | $932.2\times10^{-8}$ | 4740 | $101.3\times10^{-1}$ |
| 2700 | $293.8\times10^{-7}$ | 5500 | 101.3 |
| 298.15 | – | 2800 | $861.3\times10^{-7}$ |
| 2100 | $466\times10^{-11}$ | 2900 | $233\times10^{-6}$ |
| 2200 | $283.7\times10^{-10}$ | 3000 | $577.6\times10^{-6}$ |

而镁和 $MgCl_2$ 在较高真空和较高温度下具有较低的熔点和较大的蒸汽压，见表 10-27、表 10-28，因此，当蒸馏器真空度在 $1.33\times10^{-3}$Pa 以上，温度在 900℃左右时，即可将镁、$MgCl_2$ 与铪分离而获得海绵铪。

**表 10-27　在不同外压下镁和 $MgCl_2$ 的沸点**

| 名　称 | 0.1013kPa | 1.013kPa | 101.3kPa |
|---|---|---|---|
| Mg | 600℃ | 725℃ | 1105℃ |
| $MgCl_2$ | 763℃ | 907℃ | 1418℃ |

**表 10-28　在常压不同温度下镁和 $MgCl_2$ 的蒸汽压**

| $T$/℃ | $p_{Mg}$/Pa | $p_{MgCl_2}$/Pa |
|---|---|---|
| 700 | 666.5 | |
| 800 | 3332.5 | 293.3 |
| 900 | 10664 | 1066.4 |
| 1000 | 33325 | 10664 |
| 1676 | | |

B　工艺和设备

海绵铪真空蒸馏的工艺和设备与海绵锆的一样，一般是使用

图 8-21、图 8-23 的下冷式设备,因部分未融入铪毛细孔中的$MgCl_2$和镁可在温度达到其熔点时,靠自身重力流入下部,因此,这种设备比上冷式设备可减少蒸馏时间约 1/6。我国曾研究过上冷式和下冷式两种蒸馏设备,结果表明工艺和操作上均以下冷式较优。美国矿务局曾使用如图 8-21 的设备,设备的每个真空系统都装有电离式真空计(Ionization Discharge Type Vacuum Gauge)与一热偶型真空表(Thermocouple Type Vacuum Gauge)。另有一真空表(Regular Bourdon Gauge)以测量真空度。此外,还有一闭口式水银压力表,用以检查蒸馏器与加热炉之间空间的真空度。

蒸馏罐顶直接受到加热,蒸馏罐是用厚 1.26cm 的 316 型不锈钢板制成。下部由水冷套冷却,冷却套则用软钢制成。整个设备由一厚钢法兰支撑,钟型加热炉在加热时也与法兰咬合,通过一填橡皮的凹槽而达到密封。

在设备底部,液压机械装置用以装卸蒸馏器。蒸馏器的盖与液压装置的顶部相连。整个蒸馏炉内的设备,包括 4 个不锈钢支柱,3 块挡板,盐缸、坩埚、支架、支撑海绵铪的平台,都与蒸馏器相连。这些零件均为不锈钢制。盛海绵铪的坩埚,在炉中倒置于支撑台上,如蒸馏时海绵铪从坩埚中掉下,则支撑台起承接的作用。另有一个薄不锈钢屏壁,是一冷凝壁,用以收集从原料中蒸出的二氯化镁。

蒸馏器配有真空系统,蒸馏器与炉壁之间的空间,另有一组真空系统。这样,使蒸馏器内外的压力平衡。

蒸馏器真空系统,配一油扩散泵和增压泵,其后联一机械泵。真空管道上接有五氧化二磷($P_2O_5$)吸收装置以吸收机械泵中的水汽。

热电偶装在蒸馏器盖的中心,通过支柱中心的一根热电偶管,此管与蒸馏器均为密封。在炉内加热元件附近,还有一热电偶,供控制温度用。

先用水环泵将蒸馏器内抽成数毫米汞柱,再启动真空机组抽真空,达到真空要求后,即可放下加热炉体,开始将蒸馏炉逐步升至890℃,保温2h后,再升至920℃保持14h。随着海绵铪毛细孔中的镁和$MgCl_2$不断减少,新鲜的金属海绵铪不断暴露,蒸馏罐内由于海绵铪的吸气作用会使真空度上升并保持恒定,借此可判断蒸馏作业已经结束,即可停电。移去加热炉,使蒸馏罐冷却,但仍需保持真空直至温度下降至150～180℃。然后缓缓放入氦气或氩气,以使海绵铪冷却均匀,待温度降到室温,保持1h,然后充入60%干空气与40%空气的混合气体,反复2～3次,保持20min,使海绵铪钝化以适应暴露于空气中的条件,以减少燃烧的危险。然后再抽真空,并充以氦或氩,最后出料。为了防止蒸馏器在高温和真空下变形而使反应坩埚无法取出,在炉体升温的同时,要将加热炉与蒸馏罐体之间抽空至4.0kPa。

文献[12]报道了两种可用于锆(铪)蒸馏的下冷式设备,见图10-15、图10-16。这两种蒸馏设备的特点是下部有一排放$MgCl_2$装置,$MgCl_2$可以排出罐外,因此可以减少冷凝段空间,又可同时蒸馏几个还原坩埚,增加炉处理量,节约能源,降低成本。虽然这两种炉型在工业生产上尚未见报道,但类似的改进设备已在国内外采用。

文献[4]报道的一种上冷式海绵锆(铪)蒸馏设备见图10-17,这种设备的加热带在罐体下端,镁、$MgCl_2$靠蒸发冷凝在罐体上部,蒸馏周期较下冷式长,且还原生成的黑粉残留在海绵铪中的量较多。

美国矿务局海绵铪蒸馏过程的回收率数据如下:

| | | |
|---|---|---|
| 蒸馏过程: | | |
| 进料:总量 | 282.8kg | |
| 出料:海绵铪 | 119.4kg | 96.5%(占理论量) |
| 氯化镁与过量 | 161.2 | |
| 铪生产过程总回收率 | | 88.3% |

C 蒸馏炉的真空系统

a 真空系统选用的原则

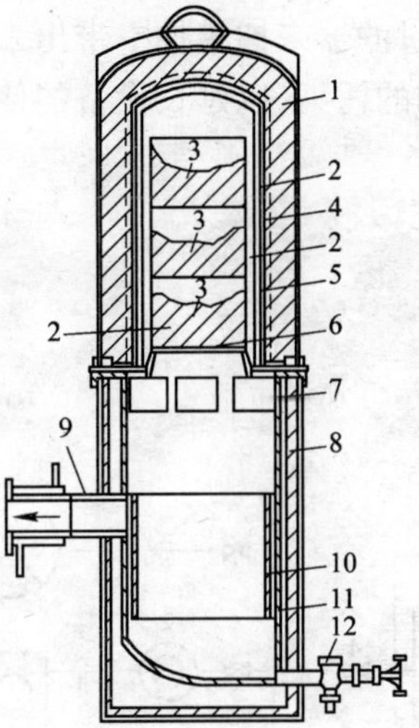


图 10-15 海绵锆、铪真空蒸馏示意图

1—上部加热炉；2—还原坩埚；3—海绵锆；4—加热器；5—反应罐；6—支架；7—支柱；8—下部加热器；9—抽真空管道；10—缓冲板；11—蒸馏物储存器；12—蒸馏物排出口

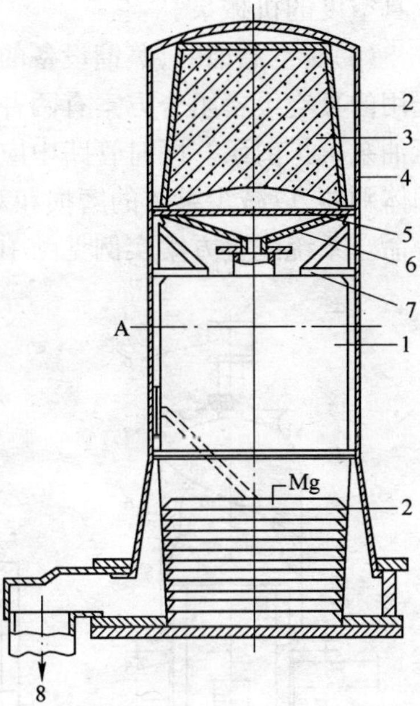


图 10-16 四氯化锆(铪)镁还原和蒸馏系统示意图

1—还原容器；2—坩埚；3—海绵锆(铪)；4—真空蒸馏罐；5—孔板；6—漏斗；7—支撑环；8—抽真空

$HfCl_4$ 还原产物的蒸馏，是在真空度为 $1.33\times10^{-3}\sim1.33\times10^{-4}$Pa 真空条件下进行的，因而需要选用既经济又适宜的真空设备组成真空系统。与 Ti、Zr 蒸馏一样，其选择的主要依据：

(1)还原反应器和蒸馏设备预抽，极限真空度需达 1Pa(1 mmHg = 1.33Pa)时，可采用精度较高的机械泵。

(2)在还原和蒸馏初期的低温脱水操作中，为了避免 HCl 气、水汽对泵体的腐蚀，应配置低真空泵，以供低温脱水单独使用，其极限真空度需达 60Pa，可采用水环泵。

(3)真空蒸馏时，炉壳真空度仅要求低于 $10^4$Pa，可采用一般低真空度的机械泵。

(4)真空蒸馏时，蒸馏设备的极限真空度需低于0.07Pa，可供选用的真空设备组合方案有两种：机械泵+油增压泵；机械泵+增压油泵+扩散泵。同时管路中应设置过滤器来捕集抽空带出来的固体颗粒，以减少泵体的磨损和对泵油的污染，以延长设备的使用寿命。系统配置方案实例见图10-18。

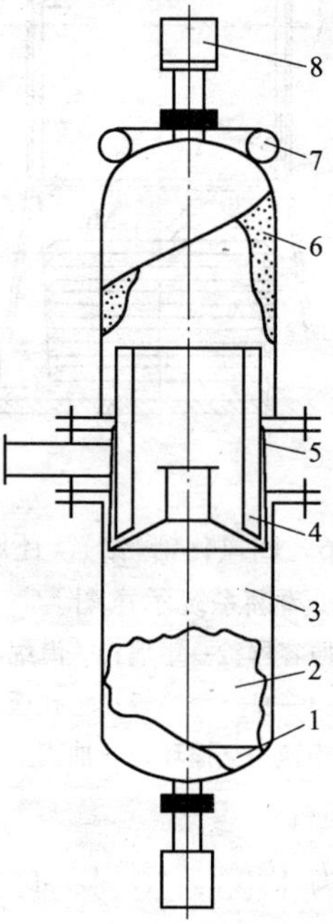


图10-17 带有倒装式坩埚的真空蒸馏设备示意图

1—反应器的锅形底；2—还原反应物；3—反应器；4—屏蔽装置；5—过滤连接器；6—倒装反应器式冷凝装置，镁、$MgCl_2$；7—冷却水套；8—真空垫圈盖帽

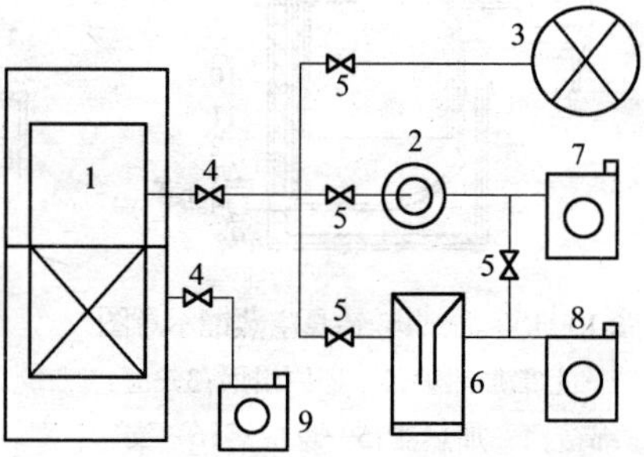


图10-18 蒸馏炉真空系统配置方案实例

1—蒸馏炉；2—过滤器；3—水环泵；4、5—阀；6—油增压泵；7、8—机械泵；9—机械泵(粗泵)

(5)最终满足蒸馏工艺要求和体现经济性能。

b 泵的选择

(1)主泵。选择合适的主泵类型和规格是真空系统设计的关键。主泵应根据反应器所要达到的真空度和工作真空度、被抽气体的种类及其中夹杂灰尘的情况,以及技术经济指标来确定。如果上述三种泵都适用作某种冶金真空系统的主泵时,必须考察其各自技术经济指标的优劣,最后确定最佳方案。由此可见,在冶金反应器工作压力($p$)状态不同的情况下,选用不同泵组会获得不同的技术经济指标。此时必须考察整套真空系统,而不能单独考察主泵。实践表明,冶金反应器工作压力在0.1~13.3Pa时,以油增压泵为主泵的真空系统比较经济;压力小于0.13Pa时,以油扩散泵为主泵的排气系统比较经济;压力大于13.3Pa时,以罗茨泵为主泵的排气系统比较经济。主泵的规格大小是按冶金反应器所需的工作压力和设备的大小等条件来确定的。

(2)副泵。主泵确定后还必须配置合适的前级泵,有时还需配置维持泵及预抽泵。复杂的真空机组常常将几种泵串联或并联使用。

前级泵的配置应通过理论计算算出,或根据经验数据选取,也可参考原机械工业部制定的推荐值。罗茨泵的前级泵抽速推荐值为罗茨泵抽速的1/10。油扩散泵和油增压泵的前级泵推荐值见表10-29。

**表10-29 油扩散泵和油增压泵配套推荐的前级泵抽速**

| 油扩散泵油速/$L \cdot s^{-1}$ | 180 | 300 | 1500 | 3000 | 6000 | 14000 | 25000 | 55000 | 100000 |
|---|---|---|---|---|---|---|---|---|---|
| 推荐前级泵抽速/$L \cdot s^{-1}$ | 2 | 4 | 8 | 15 | 30 | 60 | 120 | 240 | 500 |
| 油增压泵抽速/$L \cdot s^{-1}$ | 200 | 500 | 1000 | 2000 | 4000 | 8000 | 14000 | 25000 | 40000 |
| 推荐前级泵抽速/$L \cdot s^{-1}$ | 15 | 30 | 30 | 60 | 150 | 300 | 600 | 1200 | 3000 |

D 海绵铪的精整

a 海绵铪精整

蒸馏过程结束后将带有海绵铪的坩埚从蒸馏罐中卸下,美国工厂实例见图 10-19;用凿子十分小心地将全部海绵铪取出,见图 10-20;再送至油压机上,将海绵铪块置于槽状不锈钢板上,在清除海绵块表面不纯物后,用液压凿将海绵块切碎,见图 10-21;再用直径为 10.2cm 的液压驱动凿将大的海绵块切成 5.1cm 的碎块,然后再切成 1.3cm 的碎块,用筛孔直径为 0.833mm(20 目)筛将碎块过筛,筛下的小块回收用于电解精炼或做商品出售。筛上部分准备装运。有 90%以上的海绵铪可被回收利用。破碎好的海绵铪用聚乙烯袋包装,装入规格为 15.9L,每桶总量 34kg。桶内抽真空后充满氩气并用橡胶垫圈密封盖压住密封或电解精炼或做商品出售。

图 10-19 装有海绵铪的坩埚从蒸馏罐中取出

用于分析的样品是将海绵铪压制成坯块,再将坯块的钻屑进行光谱分析及化学分析。将海绵压块在惰性气氛中电弧熔融成锭后用于硬度测试。

b 海绵铪的质量

图 10-20 蒸馏过程从坩埚中取出海绵铪的实例

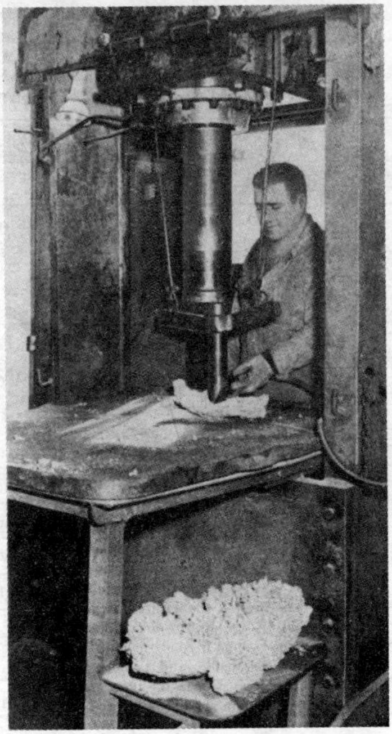

图 10-21 海绵铪的切碎实例

镁还原 $HfCl_4$ 的海绵铪质量见表 10-30。我国海绵铪的标准见表 10-31。

**表 10-30　镁还原 $HfCl_4$ 的海绵铪分析结果**　　(单位:%)

| 元素 | 美国 AEC | 美国金刚砂 | 中国生产 | 元素 | 美国 AEC | 美国金刚砂 | 中国生产 |
|---|---|---|---|---|---|---|---|
| Zr | 1.5~2.0 | 1.5 | 1.5~2.0 | Ti | $2.0\times10^{-2}$ | $<2.0\times10^{-3}$ | |
| Al | $2.0\times10^{-2}$ | $2.0\times10^{-3}$ | $<1.0\times10^{-3}$ | Mn | $2.0\times10^{-3}$ | $1.5\times10^{-3}$ | $(1.6\sim3.0)\times10^{-3}$ |
| Cl | $8.0\times10^{-2}$ | $6.5\times10^{-3}$ | $(1.5\sim6.0)\times10^{-2}$ | $N_2$ | $2.0\times10^{-3}$ | $1.4\times10^{-3}$ | $<2.0\times10^{-3}$ |
| Cr | | $8.0\times10^{-3}$ | $4.4\times10^{-2}$ | Ni | | $<1.6\times10^{-3}$ | $1.0\times10^{-2}$ |
| Fe | $1.5\times10^{-1}$ | $2.0\times10^{-2}$ | $<3.0\times10^{-2}$ | Pb | | $<1.6\times10^{-3}$ | |
| Mg | $6.0\times10^{-2}$ | $<4.0\times10^{-2}$ | | | | | |
| | | | | $O_2$ | | | $(1.5\sim2.0)\times10^{-1}$ |
| 硬度 HB | 180~200 | | | 硬度 HB | 220 | | 200~240 |

**表 10-31　原子能级海绵铪质量标准(YB772—700)**

| 产品级别 | | 原子能级 | 产品级别 | | 原子能级 |
|---|---|---|---|---|---|
| 产品牌号 | | HHf—01 | 产品牌号 | | HHf—01 |
| f含量不小于/% | | 96.0 | f含量不小于/% | | 96.0 |
| 杂质含量不大于/% | Zr | 3.0 | 杂质含量不大于/% | Sm | 0.001 |
| | Al | 0.015 | | Ti | 0.003 |
| | Co | 0.001 | | B | 0.0005 |
| | Cr | 0.015 | | Cd | 0.0001 |
| | Mg | 0.080 | | Cu | 0.005 |
| | Mn | 0.003 | | Fe | 0.050 |
| | Ni | 0.005 | | Mo | 0.001 |
| | Pb | 0.001 | | Si | 0.002 |
| | Cl | 0.030 | | W | 0.001 |
| | Na | 0.002 | | O | 0.120 |
| | P | 0.002 | | C | 0.010 |
| | V | 0.001 | | N | 0.005 |
| | U | 0.0005 | | H | 0.005 |

### 10.4.3　钠镁混合还原制取海绵锆

此法是克劳尔镁还原法的改进,即用金属钠与镁的混合物作为还原剂还原四氯化锆的方法。使用这种混合还原剂所制得的海绵锆氧含量与硬度都比镁还原法的产品低。

应用双金属还原法的优点是:

(1)熔融的钠只要在惰性气体中保护下经过滤,即可除去氧化物,使还原剂的总含氧量降低。

(2)应用混合还原剂会产生低熔点混合盐,混合盐与海绵锆分离较易,比单独利用钠作为还原剂而产生氯化钠的分离手续简便。

(3)由于镁、钠两种还原剂同时存在,氯化镁又可被钠所还原,因此,在海绵锆中没有游离钠存在。若单独用钠,就有这个缺点。

(4)由于混合盐比纯盐吸水性差,因此,将海绵锆送去熔炼的过程中,氯化物吸收水分也会减少。

美国矿务局利用此方法生产的海绵锆,氧含量仅 $300\times10^{-6}$,硬度(HB)在 190 以下,而利用镁还原法生产的产品氧含量为 1000~$1200\times10^{-6}$,硬度(HB)为 220~240。因此,美国矿务局长期应用此法生产锆。

美国矿务局用双金属还原法制海绵锆的设备是将 $ZrCl_4$ 还原法的设备经稍加改造。生产时,先将 250kg 四氯化锆加入四氯化物容器中,将 35.4kg 镁锭加入还原坩埚中。四氯化物经过加热与真空处理后,再将 27.2kg 过滤的熔融金属钠从一加热器内用氦压下加入还原坩埚。

钠液通过四氯化物罐中的凹槽加到坩埚顶部一挡板上分散开去,以防溅出。加完钠后,将下区段温度升至 725~750℃,中区段温度升至 300℃,并维持压力在 0.14~0.21kg/cm² 而不加氦。用钠的还原温度最高为 750℃,因为钠的蒸气压较高。若温度超过 800℃,则钠就成蒸气而离开坩埚与四氯化锆在坩埚与罐之间的空间反应,结果产生锆的粉末与氯化钠。产生这些物质,会造成移动坩埚时的困难。若应用超过 27.2kg 的钠与 250kg 四氯化物反应时,则困难更大。这时熔融钠在表面上与四氯化铪发生反应而产生大量的热量。由于钠与四氯化铪比镁与四氯化铪的反应放热更多,反应可以在较低的温度中进行。在双金属还原反应中,温度的提高不显著是因为氯化钠的导热率比氯化镁大二倍,因此热被传导出去使镁熔化。与钠的反应完全后,温度逐渐升高至825~850℃,以改进镁的反应。逐渐升高温度的原因是防止有钠包在海绵铪中而发生突然发热,若发现压力迅速升高则表明有游离钠存在。镁还原在825℃终结时,再保温2h以降低海绵铪的发火性能,即可降温冷却准备出炉。

## 10.5 铪的精制

海绵铪与海绵锆一样,由于氧和某些杂质含量较高,不能直接用于加工,还需要将其纯化,工业上采用电解精炼和碘化法。

### 10.5.1 电解精炼法制取纯金属铪

美国原子能委员会和美国矿务局研究发展了熔盐电解精炼制取金属铪的方法。

A 原理

将要提纯的海绵铪制成可熔性阳极,通过电解使电性正于铪的元素留在阳极中(如铁、镍、钼、钒等),电性负于铪的元素进入并留在电解质中(如铝、硅、镁等),而在阴极析出精制的金属铪,此法首先是从精制锆开始的。所采用的电解质一般为氯化物体系,也有用氯化物-氟化物体系,见表10-32,与电解制取锆和锆粉不同的是,电解精制铪采用的电解质较接近于平衡条件,即电解质中离子价数比较低,电解过程中可生成大颗粒晶体的产品。$HfCl_4$ 电解的有关基础数据见表10-33、表10-34和图10-22。

在熔融碱金属氯化物中四氯化铪分解电压的经验表达式为:

$$E_{DP}=a''-\frac{b''}{T}-\left(c''-d''r_{M^+}\times10^{-1}-\frac{10e''}{r_{M^+}}\right)\times10^{-4}T\pm\Delta,\mathrm{V}$$

式中,$r_{M^+}$ 为碱金属阳离子半径,nm(混合盐取质量平均值);

$a''\sim e''$为系数。

**表 10-32 一些融盐系的组成和熔点**

| 体 系 | 组成/% | 熔点/℃ |
| --- | --- | --- |
| NaCl-LiCl | 27.0～73.0 | 553 |
| NaCl-KCl | 50.0～50.0 | 660 |
| $NaCl-CaCl_2$ | 47.1～52.9 | 494 |
| $NaCl-SrCl_2$ | 50.0～50.0 | 565 |
| $NaCl-BaCl_2$ | 48.5～51.5 | 648 |
| KCl-LiCl | 58.0～42.0 | 348 |
| $KCl-CaCl_2$ | 75.0～25.0 | 615 |
| $KCl-SrCl_2$ | 56.0～44.0 | 575 |
| $KCl-BaCl_2$ | 55.0～45.0 | 655 |
| NaCl-KCl-LiCl | 1.8～40.8～57.4 | 357 |
| $NaCl-KCl-CaCl_2$ | 42.0～6.0～52.0 | 504 |
| $NaCl-KCl-BaCl_2$ | 33.0～39.0～28.0 | 542 |
| $NaCl-CaCl_2-BaCl_2$ | 35.75～46.75～17.5 | 454 |

**表 10-33 $K_2HfF_6$-NaCl-KCl 熔体中碱金属析出的起始电流**

| $t$/℃ | 700 | 700 | 700 | 750 | 750 | 750 | 800 | 800 | 800 |
| --- | --- | --- | --- | --- | --- | --- | --- | --- | --- |
| Hf/% | 3.8 | 7.2 | 9.4 | 3.8 | 7.2 | 9.4 | 3.8 | 7.2 | 9.4 |
| $I/A\cdot m^{-2}$ | 2000 | 6500 | 8300 | 5100 | 10200 | 12000 | 45000 | 10000 | 10000 |

**表 10-34 熔融碱金属氯化物中四氯化铪分解电压表达式的系数值**

| $HfCl_4$/%(mol) | $a''$ | $b''$ | $c''$ | $d''$ | $e''$ | $\Delta/V$ |
| --- | --- | --- | --- | --- | --- | --- |
| 1 | 3.33 | 0.61 | 15.1 | 2.9 | 5.6 | 0.037 |
| 5 | 3.31 | 0.59 | 15.0 | 2.6 | 5.4 | 0.036 |
| 10 | 3.29 | 0.58 | 14.7 | 2.4 | 5.3 | 0.035 |
| 15 | 3.25 | 0.55 | 14.1 | 2.1 | 5.0 | 0.037 |
| 20 | 3.20 | 0.51 | 13.5 | 1.8 | 4.6 | 0.037 |
| 25 | 3.13 | 0.45 | 12.8 | 1.6 | 4.1 | 0.036 |
| 30 | 3.00 | 0.35 | 11.6 | 1.3 | 3.2 | 0.034 |

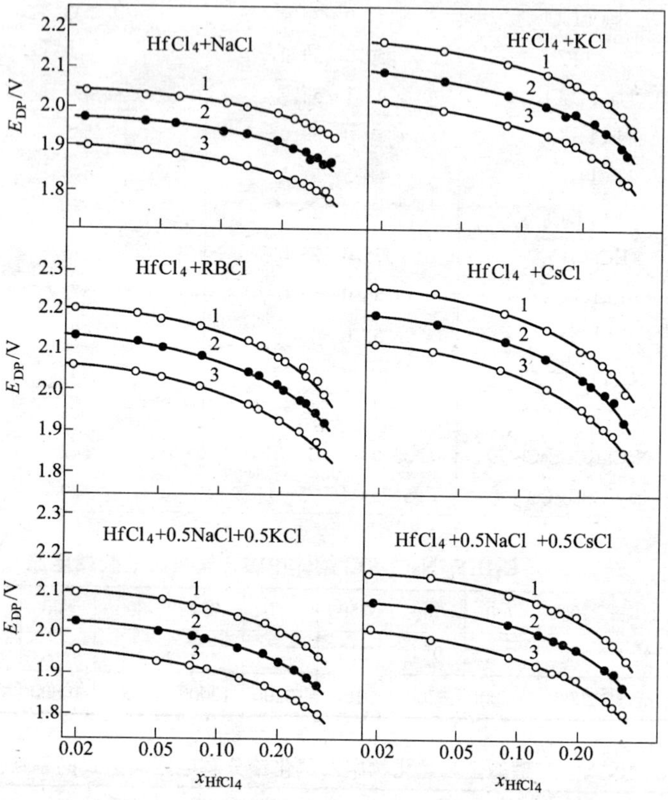


图 10-22 熔融碱金属氯化物中四氯化铪的分解电压

1—1000K;2—1100K;3—1200K

B 设备和工艺

设备是一个高 76cm,直径 30cm 的钢制电解槽,顶盖用水冷却,并用橡胶垫圈密封,电极尺寸为 1.27cm,电解槽内放置镍制熔盐坩埚,原料置于电解槽内壁与多孔型的钼柱体之间,阴极位于电解槽中部,电解槽顶盖上装有可卸式的阴极产品卸料室,见图 10-23。

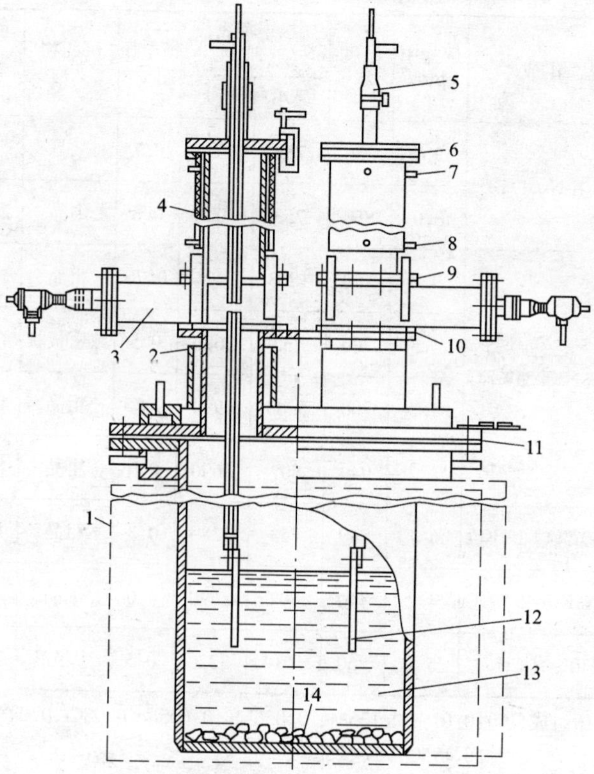


图 10-23 精制锆(铪)的电解槽

1—装有镍坩埚的钢质电解液池;2—炉子上盖;3—闸板阀;4—水冷阴极产品接收室;5—电极;6—密封圈;7—冷却水出口;8—冷却水入口;9—上法兰;10—下法兰;11—大法兰;12—阴极;13—电解液;14—阳极料筐,金属产品

电解温度为 700～940℃,采用了 $HfCl_4$-NaCl、$HfCl_4$-NaCl-KCl、$HfCl_4$-KCl-LiCl 和 $K_2HfF$-NaCl 熔盐体系,电解结果见表 10-35。由表中可以看出,当熔盐组成为 $HfCl_4$-55% NaCl-5% KCl 时,金属铪的硬度最低,其结晶见图 10-24。经电解后,金属铪的质量提高,杂质含量特别是气体杂质中氧的含量降低,见表10-36,电流效率可达到 85%～92%。

**表 10-35 铪熔盐电解精炼时各参数及产品硬度①**

| 熔盐组成 | 熔盐中 Hf/% | 温度/℃ | 阴极电流密度 $/A \cdot m^{-2}$ 最小 | 阴极电流密度 $/A \cdot m^{-2}$ 最大 | 槽电压/V | 沉积物类型 | 布氏硬度 HB 平均 | 布氏硬度 HB 最好 |
|---|---|---|---|---|---|---|---|---|
| $HfCl_4$-NaCl | 3.0 | 830 | 753 | 6026 | 0.7 | 微晶 | | |
| | 8.0 | 850 | 753 | 6026 | 0.6 | 细晶 | 200 | 181 |
| $HfCl_4$-45%NaCl-55%KCl | 8.7 | 750 | 1883 | 2421 | 0.75 | 粗晶 | 190 | 185 |
| | 4.5 | 700 | 753 | 2690 | 0.5 | 致密板状 | 183 | 173 |
| | 4.7 | 700 | 5380 | 6994 | 0.75 | 粗晶 | 190 | 185 |
| | 4.7 | 940 | 807 | 2690 | 0.6 | 粗晶 | 192 | 182 |
| $HfCl_4$-95%NaCl-5%KCl | 5.1 | 840 | 753 | 5380 | 0.3 | 粗晶 | 158 | 139 |
| $HfCl_4$-55%KCl-45%LiCl | 4.2 | 440 | 807 | 2690 | 4.0 | 细晶 | | |
| $K_2HfF_6$-NaCl | 5.1 | 850 | 1614 | 3228 | 0.5 | 中粗晶 | 205 | 187 |

①阳极铪组成(%):0.01Si,0.125Mg,0.056Mn,0.005Fe,0.08Cr,0.04Al,0.05Cu,0.175O;HB=268～323。

阴极铪典型分析(%):0.010Si,0.009Mg,0.015Mn,0.001Fe,<0.001Cr,0.001V,0.034Cu,0.039O,<0.005Na。

**表 10-36 电解精炼前后铪的杂质(%)和硬度**

| 项 目 | Fe | $O_2$ | Si | Mg | V | Cr | Mn | Cu | Na | HB |
|---|---|---|---|---|---|---|---|---|---|---|
| 海绵铪 | 0.005 | 0.175 | 0.01 | 0.125 | | 0.08 | 0.056 | 0.05 | | 268～323 |
| 电解铪 | 0.001 | 0.039 | 0.01 | 0.009 | 0.001 | <0.001 | 0.015 | 0.034 | <0.005 | <170 |

影响熔盐电解沉积物的各种因素以及对铪中含氧量的影响和不同熔盐 $HfCl_4$ 挥发损失关系,分别列于表 10-37 和图 10-25、图 10-26。熔盐沉积铪的纯度见表 10-38。

图 10-24 铪电解精炼产品结晶

**表 10-37 $HfCl_4$-NaCl-NaF 体系熔盐电解各条件对铪沉积物的影响**

| 熔体中 Hf/% | 起始阴极电流密度 /$A \cdot m^{-2}$ | 温度/℃ | 电流效率 /% | 说明 |
|---|---|---|---|---|
| 1.5 | 800 | 860 | 68 | 结晶沉积物 |
| 4.5 | 800 | 860 | 75 | 光亮树枝晶沉积物 |
| 8.0 | 800 | 860 | 69.5 | 树枝状生长 |
| 4.5 | 533 | 860 | 50.1 | 粗的粉末沉积物 |
| 4.5 | 955 | 860 | 66 | 光亮树枝晶沉积物 |
| 4.5 | 1600 | 860 | 60.2 | 光亮树枝晶沉积物 |
| 4.5 | 2400 | 860 | 51.3 | 粉末状沉积物 |
| 4.5 | 4310 | 860 | 40.0 | 粉末状沉积物 |
| 4.5 | 800 | 830 | 60.76 | 结晶生长 |
| 4.5 | 800 | 900 | 51.0 | 细针状树枝晶和粗粉 |

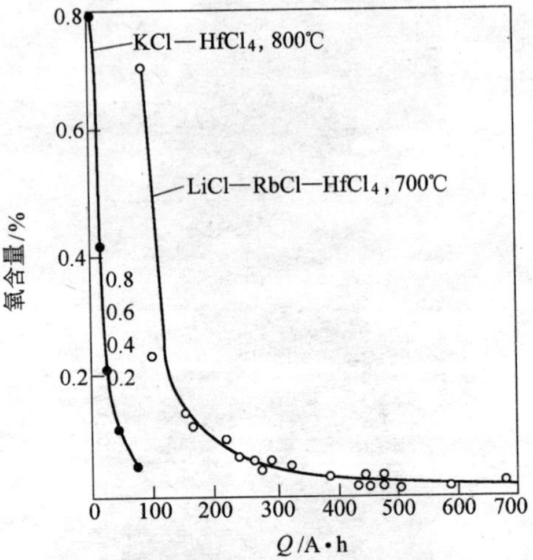


图 10-25 电解电量对电沉积铪中氧含量的影响

**表 10-38 四氯化铪碱金属氯化物中沉积铪的纯度**

| 铪中杂质含量/% \ 熔盐体系 | $HfCl_4$-KCl | $HfCl_4$-LiCl-RbCl | $HfCl_4$-LiCl-KCl | $HfCl_4$-LiCl-CsCl |
|---|---|---|---|---|
| Al | $16\times10^{-4}$ | $10\times10^{-4}$ | $10\times10^{-4}$ | $90\times10^{-4}$ |
| Co | $10\times10^{-4}$ | $10\times10^{-4}$ | $10\times10^{-4}$ | $10\times10^{-4}$ |
| Cr | $26\times10^{-4}$ | $10\times10^{-4}$ | $10\times10^{-4}$ | $10\times10^{-4}$ |
| Fe | $210\times10^{-4}$ | $26\times10^{-4}$ | $25\times10^{-4}$ | $29\times10^{-4}$ |
| H | $10\times10^{-4}$ | $13\times10^{-4}$ | $60\times10^{-4}$ | $70\times10^{-4}$ |
| Mg | $6\times10^{-4}$ | $6\times10^{-4}$ | $6\times10^{-4}$ | $6\times10^{-4}$ |
| Mn | $246\times10^{-4}$ | $25\times10^{-4}$ | $90\times10^{-4}$ | $333\times10^{-4}$ |
| N | $15\times10^{-4}$ | $10\times10^{-4}$ | $10\times10^{-4}$ | $13\times10^{-4}$ |
| Ni | $20\times10^{-4}$ | $60\times10^{-4}$ | $150\times10^{-4}$ | $118\times10^{-4}$ |
| O | $440\times10^{-4}$ | $150\times10^{-4}$ | $415\times10^{-4}$ | $380\times10^{-4}$ |
| Pb | $25\times10^{-4}$ | $25\times10^{-4}$ | $25\times10^{-4}$ | $25\times10^{-4}$ |
| Si | $15\times10^{-4}$ | $31\times10^{-4}$ | $32\times10^{-4}$ | $44\times10^{-4}$ |

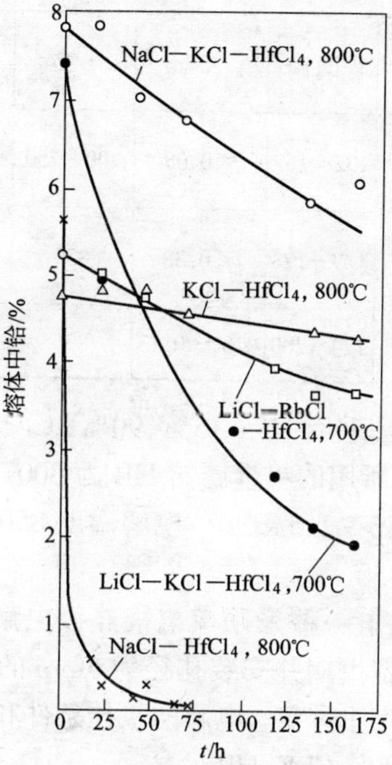


图 10-26 不同熔融碱金属氯化物中四氯化铪的挥发损失

文献[13]报道了美国矿务局熔盐电解法精制铪的另一研究结果。采用双阴极电解槽,电解槽直径300mm、高750mm,用硬度为240～300,$O_2$ 830×$10^{-4}$%、$N_2$ 70×$10^{-4}$%、Fe 250×$10^{-4}$%和 Si 50×$10^{-4}$%的海绵铪作阳极,对4种电解质体系进行了研究。结果表明,熔盐组成为45%LiCl-55%KCl-3%Hf($HfCl_4$)时,产品硬度最低,见表10-39。

**表 10-39 美国矿务局电解法研究结果**

| 电解质组成 | 硬度 HB | $d_k$/A·cm$^{-2}$ | t/℃ | 黏盐/% | 粒度(0.589mm)/% |
|---|---|---|---|---|---|
| 90%NaCl-10%KCl+7%Hf($HfCl_4$) | 139～163 | <0.25 | 850 | 10 | 90 |

续表 10-39

| 电解质组成 | 硬度 HB | $d_k$/A·cm$^{-2}$ | $t$/℃ | 黏盐/% | 粒度(0.589mm)/% |
|---|---|---|---|---|---|
| 45% LiCl-55% KCl + 3% Hf($HfCl_4$) | 132～152 | <0.08 | 700～750 | 15 | 65 |
| NaCl + KCl + 9% Hf ($K_2HfCl_4$) | 139～178 | <0.38 | 830 | 12 | 通过 |
| NaCl + 4.5% Hf ($K_2HfF_6$) | 174～209 | 0.07～0.13 | 830 | 50 | |

文献[14]报道，采用 Hf<15%、90% KCl-10% NaCl 和 NaCl-KF-KCl 熔盐体系，所用的粗金属铪 HB 为 300，并用它作阳极，在阴极电流密度为 1.5～2.5A/cm$^2$、电解温度 850℃下进行电解，得到的金属铪 HB<150。

文献[15]介绍了一种采用单电极连续电解槽进行电解的工艺，槽内有低碳钢制坩埚并安装孔径为 5mm 的阳极筐；阴极为低碳钢棒，顶部有连续加料室。电解的最佳条件和结果如下：

熔盐体系：KCl-NaCl-$K_2HfF_6$

电解质中铪浓度，%：6

电解温度，℃：825±10

阴极电流密度，A/cm$^2$：2.7～4.1

阳极电流密度，A/cm$^2$：<0.2

槽压，V：0.2～0.4

电解质制备温度，℃：635～640

铪中含 $O_2$ 由粗铪中 $1800\times10^{-4}\%$ 降至 $270\times10^{-4}\%$

铪的 HB：133～158

电流效率和回收率，%：>75%

### 10.5.2 碘化法精制铪

A 原理

由于海绵铪含氧量高，一般都经过碘化法制造铪晶体棒后才能应用。最初，夏比洛公司(Shapiro)在美国西屋电气公司所属贝蒂斯工厂(Battis plant)生产了227kg碘化法铪晶体棒，供应海军核潜艇U.S.S. Nautilus号的反应堆使用。美国原子能委员会使用的铪，都是由福特矿业公司用碘化法提纯。由于生产方法的所有权问题，文献上没有发表过详细的生产方法。不过碘化法制造铪晶体棒与碘化法制造锆晶体棒的设备与方法大致相似，即利用金属铪在较低的温度下与 $I_2$ 生成易挥发的四碘化物，然后在高温下分解成相应的金属和碘，金属铪沉积在炽热的金属丝上。控制炽热的金属丝的温度远低于金属铪的熔点，因此沉积的速度较快。这样在两个不同温度区域形成 $IIfI_4$ 和 $I_2$ 较高的浓度梯度以保证反应迅速进行。

碘化过程可以除去不与 $I_2$ 起反应的杂质，如海绵铪中的氧化物、碳化物、氮化物等，或不生成易挥发性碘化物杂质，和在炽热金属丝上不沉积的杂质，精制效果很好。反应过程如下：

$$Hf_{(\text{粗金属})} + 2\,I_{2(g)} \xrightarrow{\text{低温}} HfI_{4(g)} \xrightarrow{\text{高温}} Hf_{(\text{纯})} + 2I_{2(g)}$$

| 有关 $HfI_4$ 和 $ZrI_4$ 的热力学数据比较如下： | $HfI_4$ | $ZrI_4$ |
|---|---|---|
| 热焓，500K($H_T = H_{298}$)，J/mol: | 29.7(±5%) | 30.1(±5%) |
| 熵，500K($S_T = S_{298}$)，J/K: | 76.1(±5%) | 76.1(±5%) |
| 自由能，298K($G - H_{298}$)$T$，J/(mol·K)： | 269.9±2 | 265.3±2 |
| 500K($G - H_{298}$)$T$，J/(mol·K)： | 286.6±2 | 282.0±2 |
| 生成自由能，298K($\Delta G - \Delta H_{298}$)/$T$，J/K: | 296.6 | 294.6 |
| 500K($\Delta G - \Delta H_{298}$)/$T$，J/K: | 291.2 | 289.1 |
| 生成热，$\Delta H_{298}$，J/mol | 732±30 | 669 |
| 熔点，$T_M$，$K$ | 750 | 772 |
| 熔解热，$\Delta H_M$，J/mol | 46024 | 48116 |
| $\Delta S_M$，J/(mol·K) | 63 | 63 |

B　工艺和设备

早期铪的碘化设备是玻璃制容器，后来采用了与锆碘化相同的金属容器，见图 10-27。容器是用 Hastelloy B 合金加工，直径 30cm，高 1.22m。容器内有一带孔的钼制圆筒，直径为 26.7cm，圆筒中心与容器的中心重合，用以放置海绵铪。容器顶上有两只

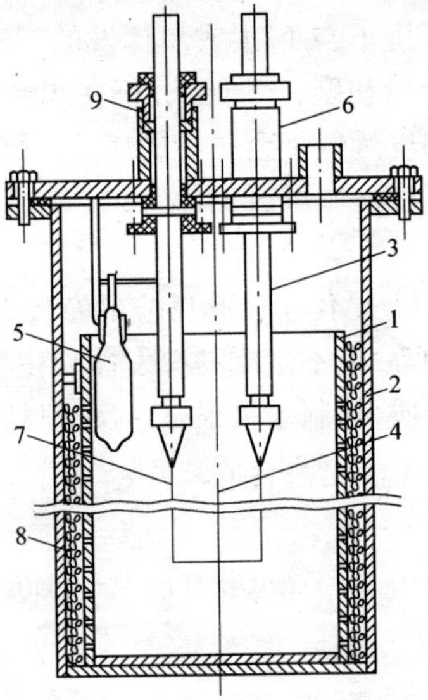


图 10-27　铪(锆)碘化设备示意图

1—多孔钼屏；2—粗锆；3—电极；4—纯锆丝；
5—盛碘瓶；6—阀杆；7—钼电极头；8—粗铪；9—密封圈

电极、穿过 Hastelloy B 合金制的电极套管进入容器内。电极直径 2.54cm，由两部分组成，在靠近电极套管的下端用螺扣旋紧。电极上端为铜导体，其中央钻有小孔，以备通水冷却。电极用两只置于钼法兰上的电瓷管与容器顶盖相绝缘。碘或四碘化铪吊在图 10-27 中 5 的位置。橡胶垫使电极上端与电极套管互相密封，用绝缘材料固定电极并使之绝缘。

此外，碘化法设备还有一些附属设备，如恒温浴槽（盐浴是硝酸钾与硝酸钠的最低共熔混合物），供电配电设备，丝温控制装置，

与高真空设备等。

在研究报告中报道的适宜温度随加入的原料与生产系统的形状而变,一般采用300℃最适宜。原料温度可以比外壁温度稍高。升温达到1600℃时,铪便开始沉积。(有些研究者认为1700～1750℃较好,也有人认为1300～1400℃较好)。总的说来,用碘化法制造铪晶体棒比锆易于沉积。因为铪熔点较高,与钼合金化的趋势较小,并且热蠕变的趋势也较小。

在玻璃碘化器中制备直径0.64cm铪晶体棒的平均沉积速度为3g/(h·cm)。在金属容器中的平均沉积速度为7.2g/(h·cm)。随沉积过程的不断的进行,铪的沉积速度增加较快,因此生产大直径铪晶体棒时,平均沉积速度较高。操作步骤如下:先把海绵铪用水喷湿,以防着火。将容器密闭后,在减压下加热使海绵铪干燥。干燥后,将温度升高到400℃,容器内抽真空达0.67Pa。将容器由炉内移出,经测漏检验合格后,加入碘。容器密闭后,浸入盐浴内,将金属丝加热至炽热程度,使铪沉积。每次操作完毕,先将反应容器在氩气或氦气中用水冷却,这样可避免空气的污染与海绵铪的燃烧。海绵铪重新洗过再用,这样,约有95%的海绵铪转移到丝上成为铪晶体棒。分析数据见表10-40。文献[4]和[12]给出的碘化工艺条件和铪晶体的成分分别见表10-41～表10-43。目前,玻璃碘化器只作研究使用。

**表10-40 碘化法铪晶体棒的分析数据**

| 元素 | 材料1/% | 材料2/% | 材料3/% |
|---|---|---|---|
| Al | $4.0\times10^{-3}$ | $6.6\times10^{-2}$ | $2.0\times10^{-3}$ |
| C | $2.0\times10^{-2}$ | | |
| Ca | $5.0\times10^{-3}$ | $1.1\times10^{-2}$ | |
| Cr | $3.0\times10^{-3}$ | | $<3.0\times10^{-3}$ |
| Cu | $8.0\times10^{-4}$ | $4.0\times10^{-3}$ | $4.0\times10^{-3}$ |
| Fe | $2.0\times10^{-2}$ | $<3.0\times10^{-3}$ | $8.0\times10^{-2}$ |

续表 10-40

| 元素 | 材料 1/% | 材料 2/% | 材料 3/% |
|---|---|---|---|
| Mg | $1.0\times10^{-3}$ | $8.0\times10^{-3}$ | $4.0\times10^{-3}$ |
| Mn | $1.0\times10^{-3}$ | | |
| Mo | $1.0\times10^{-3}$ | | $6.0\times10^{-3}$ |
| $N_2$ | $1.0\times10^{-3}$ | $4.0\times10^{-3}$ | |
| Hf | $1.0\times10^{-3}$ | $8.0\times10^{-3}$ | $4.0\times10^{-3}$ |
| $O_2$ | | $3.7\times10^{-2}$ | $1.2\times10^{-2}$ |
| Pb | $1.0\times10^{-3}$ | | |
| Si | $6.0\times10^{-3}$ | $3.4\times10^{-2}$ | $1.5\times10^{-2}$ |
| Sn | $1.0\times10^{-3}$ | | |
| Ti | $2.0\times10^{-3}$ | $<3.0\times10^{-3}$ | $1.0\times10^{-2}$ |
| V | | | $4.0\times10^{-3}$ |
| Zr | $2.0\times10^{1}$ | $7.8\times10^{-1}$ | $8.0\times10^{-3}$ |

**表 10-41 碘化提纯铪的工艺条件**

| 工序 | 工艺条件 |
|---|---|
| 原料准备 | 原料为海绵铪或铪粉时，在 $4000\times10^5$Pa 压力下压成 30mm×100mm 坯条，在 1050℃ 下真空烧结后切成小片装炉后抽空至 $1.33\times10^{-2}$Pa<br>加热丝加热到略低于最佳碘化温度进行脱气<br>碘瓶抽空至 0.133Pa |
| 碘化 | 恒温器由电加热或盐浴（$NaNO_3$ 或 $KNO_3$）加热至 240～300℃<br>加热丝加热温度：1400～1550℃<br>锆的回收率：90%～95%，碘回收率：70%<br>碘化所得金属棒直径：12～19mm |
| 后处理 | 停止碘化后，将反应器冷却至室温，并从恒温器中取出。通入氩气，灌入水，以防止细粉自燃，反应器灌满水后，打开盖，取出沉积有铪的金属丝，洗涤反应器中未反应的粗铪、烘干，供下次碘化用 |

表 10-42　碘化提纯后锆、铪成分比较

| 金属 | 杂质含量/% | | | | | | | | | | | | | | | | | | 硬度 HB |
|---|---|---|---|---|---|---|---|---|---|---|---|---|---|---|---|---|---|---|---|
| | Si | Fe | Al | Cu | Ti | Ca | Mn | Mg | Pb | Mo | Ni | Cr | Sn | N | O | H | C | B | |
| 锆 | $3.0\times10^{-3}$ | $2.0\times10^{-2}$ | $3.0\times10^{-3}$ | $<1.0\times10^{-4}$ | $1.0\times10^{-3}$ | $<5.0\times10^{-3}$ | $<1.0\times10^{-3}$ | $<1.0\times10^{-3}$ | $<1.0\times10^{-3}$ | <10 | $3.0\times10^{-3}$ | 30 | $<1.0\times10^{-3}$ | $1.0\times10^{-3}$ | $2.0\times10^{-2}$ | $2.0\times10^{-3}$ | $1.0\times10^{-2}$ | $<1.0\times10^{-4}$ | <120 |
| 铪 | $(6.0\sim34)\times10^{-3}$ | $2.1\times10^{-3}$ | $(2.0\sim4.0)\times10^{-3}$ | $(8.0\sim40)\times10^{-4}$ | $(2.0\sim10)\times10^{-3}$ | $(5.0\sim11)\times10^{-3}$ | $1.0\times10^{-3}$ | $(1.0\sim11)\times10^{-3}$ | $1.0\times10^{-4}$ | $(1.0\sim6.0)\times10^{-3}$ | | $3.0\times10^{-3}$ | $1.0\times10^{-3}$ | $(1.0\sim4.0)\times10^{-3}$ | $(1.2\sim3.7)\times10^{-3}$ | $(1.0\sim8.0)\times10^{-3}$ | $2.0\times10^{-2}$ | | <170 |

表 10-43　铪的碘化精炼工艺条件和成分

| | |
|---|---|
| 热丝材质 | W 或 Hf |
| 粗铪温度/℃ | 600 |
| 热丝温度/℃ | 1400～1600 |
| 铪晶棒纯度/% | Hf>99.9, C=0.20, O=0.01～0.04, N=0.001～0.004, Fe=0.003～0.08 |
| 硬度 HB | 170 |
| 离解反应 | $HfI_4 = Hf + 4I, \lg K = -\frac{21390}{T} + 4.463(1200\sim1600K)$ |

C　我国对铪的碘化精炼的研究[16]

最佳工艺条件为：炉温 350℃，丝温 1500℃，$HfI_4$ 温度 220℃，铪沉积速度为 $6.3\sim7.2\Omega^{-1}/h$，金属实收率达 96%以上。铪晶体 HB150～170。同时研究了用重铬酸钾氧化碘化氨溶液，回收含碘洗涤水中的碘获得成功，碘回收率大于 80%。

## 10.6　铪的熔炼

海绵铪必须经过熔炼后才能进一步加工成型。目前工业上常用的方法有非自耗电极电弧熔炼法、自耗电极电弧熔炼法、电子束熔炼法、电子轰击法和烧结法等。熔炼设备和工艺与锆熔炼大同小异，由于铪主要用于核反应堆中作为控制棒，必须在高温(260～

316℃)下耐腐蚀,因此铪中含氮与碳等会严重影响它的耐蚀性能。反应堆级铪的杂质含量要求见表10-44。

**表10-44 反应堆用标准铪带的杂质含量**

| 元素 | 含量/% | 元素 | 含量/% |
|---|---|---|---|
| Al | $50\times10^{-4}$ | Mn | $<10\times10^{-4}$ |
| B | $<5\times10^{-4}$ | Mo | $<10\times10^{-4}$ |
| Cd | $<1\times10^{-4}$ | Ni | $<10\times10^{-4}$ |
| C | $50\times10^{-4}$ | $N_2$ | $20\times10^{-4}$ |
| Cr | $<10\times10^{-4}$ | $O_2$ | $500\times10^{-4}$ |
| Co | $<10\times10^{-4}$ | Si | $<10\times10^{-4}$ |
| Cu | $<50\times10^{-4}$ | Sn | $<10\times10^{-4}$ |
| H | $<30\times10^{-4}$ | Ti | $<10\times10^{-4}$ |
| Fe | $100\times10^{-4}$ | W | $50\times10^{-4}$ |
| Pb | $<10\times10^{-4}$ | Zr | $2.25\times10^{-6}$ |
| Mg | $<10\times10^{-4}$ | | |

用非自耗电极电弧熔炼和自耗电极电弧熔炼,都可将铪晶体棒熔炼成锭,适于加工。但不宜用感应电炉熔炼,因为在感应电炉加热熔炼时,反应产物会被坩埚所污染。

## 10.6.1 非自耗电极熔炼

非自耗电极熔炼的基本特点是:

(1) 应用水冷电极使电极尖端保持冷却,以减少熔体被电极材料污染；

(2) 用高纯惰性气体氩或氦使熔体被杂质污染降到最低限度，并保持电弧稳定；

(3) 用水冷铜坩埚使熔体不被坩埚上的杂质污染。

美国贝蒂斯公司用铪晶体棒进行熔炼，其步骤是先将铪晶体棒于 1700℉ 在氩气氛下用热槽轧制法(hot groove rolling)轧成 0.635cm 的棒，然后经喷砂，用 45% 硝酸、约 3% 氟氢酸的水溶液浸洗(在 37.7～82.2℃)，最后切成 0.635cm 的方块。

熔炼时，加料 1min 后，必需将电极降低到金属池液面，使掉入池底的金属块熔化，称之“搅拌”。3min 后，将电极撤去，保持 2min，使金属池的深度变浅，称之“冻结”，然后再重复加料、搅拌与冻结的步骤。

非自耗电极熔炼的操作条件如下：

| | |
|---|---|
| 电极头 | 钨制 |
| 电流 | 1000～1100A |
| 电压 | 48～50V(电极—负) |
| 气氛 | Ar∶He＝1∶5 |
| 压力 | 101.3Pa |
| 熔炼速度 | 75.7g/min |

用碘化法铪晶体棒以非自耗电极熔炼制成的铪锭，产率一般为 97% 左右。此法有以下缺点：

(1) 铪晶体棒必需制成方块原料，这占一定的成本；

(2) 铪晶体棒在热轧制时，会污染氧、氮，棒上的缝隙会吸氧，不能在喷砂与酸渍过程中除去；

(3) 在热轧与酸渍的过程中，一部分金属以氧化物的形式损失；

(4) 熔炼速度慢，仅 75.7g/min；

(5) 铪锭中可能有孔隙或未熔化的铪。

因此，采用二次电弧熔炼，其操作简单，并消除了一次熔炼的一些缺点，方法是将直径 1/2～3in 的非自耗电极电弧熔炼铪锭熔炼成 4～5in 的锭材。操作条件如下：

| | 一次熔炼(非) | 二次熔炼(自) |
|---|---|---|
| 熔炼速度 | 454g/min | 约 1.36kg/min |
| 气氛 | Ar∶He=1∶2 | Ar∶He=1∶1 |
| 压力 | 101.3Pa | 60.8Pa |
| 电流 | 1200～1800A | 2300～2500A |
| 电压 | 38～42V | 30～35V |

### 10.6.2 自耗电极熔炼

自耗电极熔炼是从碘化法铪直接生产致密铪锭的一个较好方法，它具有如下的优点：a. 铪电极可以不受阻碍地送入电弧进行熔炼，以达到要求的尺寸；b. 有水冷却坩埚；c. 设备结构合理，可加入必须的合金元素，熔铸不同规格的合金锭。如对合金的气体成分及均匀性有特殊要求，还可进行再熔炼，自耗电极熔炼和再熔炼设备参见图 9-2 和图 9-3。其操作方法是：先将多个铪晶体棒冷锻直后，用点焊(Tack weld)的方法联结在一起成一电极，见图 10－28。每点焊 10cm 后，将其在 850℃ 真空退火 1h，以消除剩余的应力，防止正在熔炼时，电极弹出散开。熔炼电流较大(2800～2900A)。这种熔炼可控制熔锭重量误差不超过±45g。残料的处理方法与锆相同，可混在原料中加入，一般熔炼过程中加 30%残料，也可全部用残料熔炼。

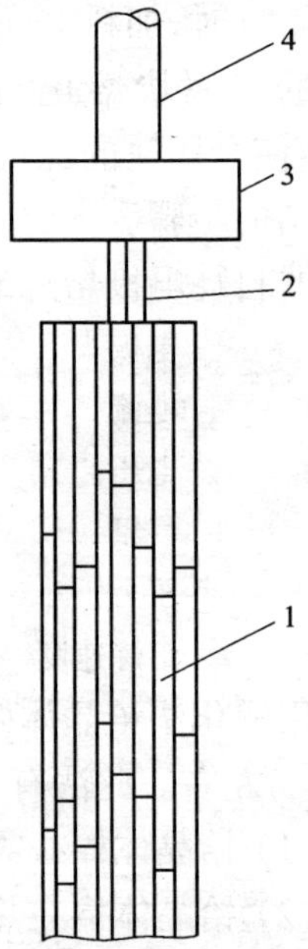

图 10-28 自耗电极联结图
1—由晶体棒焊接成的自耗电极；2—晶体棒；3—铜接头；4—铜电极

电弧熔炼铪工艺条件见表 10-45。

表 10-45 电弧熔炼铪的工艺条件比较

| 熔炼方法 | 非自耗电极电弧熔炼 | 自耗电极电弧熔炼 | 双电弧熔炼 | |
|---|---|---|---|---|
| | | | 非自耗电极① | 自耗电极 |
| 电极头 | 钨或涂 1%～2% $ThO_2$ 的钨直径 1.27～1.91cm，长 1.91～3.81cm，嵌于水冷铜电极中 | 铪 | 钨 | 铪 |
| 坩埚 | 内径 10.16～12.7cm，水冷铜坩埚中预先放置一些铪料及少量的镁 | 内径 10.16～12.7cm，水冷铜坩埚 | 内径 6.35cm，在铜坩埚底部先用铪电极头塞住 | 内径 10.16～12.7cm |
| 充惰性气体前的真空度/kPa | $1.33\times10^{-3}$ | $(1.33\sim2)\times10^{-3}$ | $(1.33\sim2)\times10^{-3}$ | $(1.33\sim2)\times10^{-3}$ |
| 气氛 | 5He+1Ar | 1He+1Ar | 2He+1Ar | 1He+1Ar |
| 总压力/kPa | 101.3 | 16.88 | 101.3 | 16.88 |
| 熔炼电压/V | 48～50 | 30～35 | 38～42 | 30～35 |
| 熔炼电流/kA | 1.0～1.1 | 2.8～2.9 | 1.2～1.8 | 2.3～2.5 |
| 铪熔炼速度/$kg\cdot h^{-1}$ | 4.54 | | 27.22 | 81.65 |
| 回收率/% | 97 | | | |
| 铪锭硬度 HB | 184 | 171 | | |

① 每根铪锭质量为 15.88kg。

### 10.6.3 电子束熔炼

电子束熔炼铪的原理、工艺和设备与电子束熔炼锆的相同，见第 9 章。下面给出电子束熔炼的参数和铪的质量比较。

D. E. Thomas 给出了铪电子束熔炼的参数为：

炉子功率：225kW（附带两台油扩散泵，排气量为 $34m^3/s$）；

铪锭直径：7.62～15.24cm；

熔炼真空度：$\geqslant1.33\times10^{-5}$kPa；

熔炼电压：4000～12000V；

电子枪轰击电流：0～15A；

月生产铪能力：1814kg；

第一阶段熔炼：4h，快速熔炼轻微压制的海绵铪成铪锭，直径 7.62cm，长 10.16cm；

第二阶段熔炼:6h,铪锭的再熔炼,保证一定的过热度,直径仍为7.62cm;

第三阶段熔炼:1h,再熔炼成铪锭,直径10.16cm,长5.08cm。

一般工艺参数见表10-46。

**表10-46 铪电子束熔炼参数**

| | | |
|---|---|---|
| 原料尺寸 | | 8.4 |
| 铪锭直径/cm | 8.4 | 11 |
| 熔炼次数 | 1 | 2 |
| 熔炼真空度/kPa | $1.33\times10^{-5}$ | $1.07\times10^{-5}$ |
| 熔化功率/kW | 46~48 | 58~60 |
| 铪熔炼速度/$kg\cdot h^{-1}$ | 12~14 | 20~24 |
| 冷却时间/h | 2.5 | 3.5 |
| 1kg铪电能消耗/kW·h | 3.4~4.0 | 2.5~3 |
| 成锭率/% | 92~94 | 96 |

电子束熔炼前后铪的杂质含量见表10-47。

**表10-47 电子束熔炼铪的杂质含量** (单位:%)

| 元素 | 原料 | | 电子束熔炼铪锭 | |
|---|---|---|---|---|
| | 顶部 | 底部 | 顶部 | 底部 |
| Al | $60\times10^{-4}$ | $75\times10^{-4}$ | $25\times10^{-4}$ | $25\times10^{-4}$ |
| B | $7\times10^{-4}$ | $3\times10^{-4}$ | $0.3\times10^{-4}$ | $0.5\times10^{-4}$ |
| C | $30\times10^{-4}$ | $30\times10^{-4}$ | $30\times10^{-4}$ | $30\times10^{-4}$ |
| Cd | $1\times10^{-4}$ | $2\times10^{-4}$ | $1\times10^{-4}$ | $1\times10^{-4}$ |
| Co | $5\times10^{-4}$ | $5\times10^{-4}$ | $5\times10^{-4}$ | $5\times10^{-4}$ |
| Cr | $40\times10^{-4}$ | $50\times10^{-4}$ | $20\times10^{-4}$ | $20\times10^{-4}$ |
| Cu | $30\times10^{-4}$ | $30\times10^{-4}$ | $30\times10^{-4}$ | $30\times10^{-4}$ |
| Fe | $110\times10^{-4}$ | $140\times10^{-4}$ | $50\times10^{-4}$ | $50\times10^{-4}$ |
| Mg | $10\times10^{-4}$ | $10\times10^{-4}$ | $20\times10^{-4}$ | $20\times10^{-4}$ |
| Mn | $10\times10^{-4}$ | $10\times10^{-4}$ | $10\times10^{-4}$ | $10\times10^{-4}$ |
| Mo | $40\times10^{-4}$ | $40\times10^{-4}$ | $40\times10^{-4}$ | $40\times10^{-4}$ |
| N | $35\times10^{-4}$ | $63\times10^{-4}$ | $28\times10^{-4}$ | $35\times10^{-4}$ |
| O | $850\times10^{-4}$ | $1100\times10^{-4}$ | $298\times10^{-4}$ | $266\times10^{-4}$ |
| Si | $200\times10^{-4}$ | $200\times10^{-4}$ | $70\times10^{-4}$ | $70\times10^{-4}$ |
| Ti | $100\times10^{-4}$ | $120\times10^{-4}$ | $10\times10^{-4}$ | $10\times10^{-4}$ |
| Zr | $2.2\times10^{-6}$ | $2.1\times10^{-6}$ | $1.8\times10^{-6}$ | $1.4\times10^{-6}$ |
| 硬度HB | 188 | | 171 | |

对生产性规模的电子束熔炼，真空自耗电极熔炼与真空烧结法制取铪的优缺点进行了比较，列于表10-48。

**表10-48 各种方法熔炼锆铪时的比较**

| 项 目 | 电子束熔炼 | 真空电弧熔炼 | 真空烧结 | 注 |
|---|---|---|---|---|
| 起始材料（待熔材料） | 采用下滴法时，待熔炼料必须制成自耗电极式；采用熔池熔炼方式时，进料形式任意：海绵状、粉末状、粒状等。在为铸造而熔炼的情况下，甚至大块废料也能加入炉内。含气量高的材料要预先真空除气 | 待熔炼料必须制成自耗电极。熔炼废料的可能性有限 | 只能应用粉末，利用废料时，废料必须先粉化 | 电子束熔炼法最优越 |
| 铸锭尺寸 | 能容易地熔炼小型、中等截面的长铸锭，对于大截面的铸锭，熔炼设备昂贵（真空泵需要有极大的排气速度） | 能容易地熔炼任意而合理的尺寸的铸锭 | 小锭（10～20kg）的烧结很容易。对于中等尺寸的铸锭则需要：(1)大型压力机，有时可用水压机；(2)为使整个铸锭保持在烧结温度下，必须供给极高的能量 | 真空电弧熔炼最优越 |
| 铸锭的电能消耗 | 随熔炼速度而变 | 需要的电能最少 | 因为烧结效率（与熔炼速度相似）极低，所需能量极大<br>理由：杂质扩散到表面极慢，需要长时间；整个铸锭必须达到烧结温度；有时需要二次烧结 | 真空电弧熔炼最优越 |
| 熔炼室内的压力 | 可以达到任意小的压力。通常在$4\times10^{-5}\sim10^{-6}$kPa左右（与金属含气量，泵的容量及熔炼方式有关） | 最好在$6.7\times10^{-3}\sim10^{-4}$kPa压力下，压力再低无用 | 可以达到任意小的压力。正常烧结在$1.3\times10^{-5}\sim6.7\times10^{-7}$kPa压力下 | 电子束熔炼与真空烧结同样有利 |

续表 10-48

| 项　目 | 电子束熔炼 | 真空电弧熔炼 | 真空烧结 | 注 |
| --- | --- | --- | --- | --- |
| 处理时间 | 中等 | 最少 | 最多 | 真空电弧熔炼最有利 |
| 年产量 | 中等 | 最大 | 最小 | 真空电弧熔炼最有利 |
| 金属的纯化程度 | 最佳(理由:真空度高,达到的温度最高,金属处于熔态的时间长) | 最差(真空度较低,温度则比电子束熔炼的低一些,处于熔态的时间短) | 比电子束熔炼得到的纯度差,但仍是良好的(真空度高、烧结时间长、温度最低) | 电子束熔炼比较优越 |
| 晶粒大小 | 极粗(由于熔炼速度小,金属纯度高) | 粗,但较之电子束熔炼的仍细得多 | 极细(由于粉末作起始原料) | 烧结的晶粒最细 |

有关铪的精炼请参阅第 9 章。

## 参 考 文 献

1 D. E. Thomas, E. T. Hayes. The Metallurgy of Hafnium, United States Atomic Energy Commission, 1960
2 韩天佑. 钛锆铪的氯化问题,北京有色金属研究总院,内部资料,1964
3 马杰,吴洪基. 金属热还原法制取海绵铪,北京有色金属研究总院,内部资料,1965
4 侯嵩寿. 稀有金属手册(下),锆铪. 北京:冶金工业出版社,1992
5 熊炳昆,俞毓秀. 锆铪生产,北京有色金属研究总院,内部资料,1965
6 H. P. Holmes. Indust Heating, 1958
7 郭观慈. 美国的锆铪工业,北京有色金属研究总院,1962
8 肖德传等. 氧氯化铪性质的研究,北京有色金属研究总院,内部资料,1968
9 莫畏,邓国珠,罗方承. 钛冶金. 北京:冶金工业出版社,1998
10 Ф. Г. Ресмичмяо 等. Атомная Знергия, 1958
11 Stephens, W. W.; Morrison, C. Q., "Zirconium and Hafnium Production Tailored to Yield Three Products", J. Metals, 8, 334, 1956

12 林振汉. 有色金属冶金提取手册,锆铪.北京:冶金工业出版社,1999
13 J.K. Nettle,et al. U.S. Burmines Rept invest, 1961
14 桐原朝夫(日)等. 日本特許,昭 38－12807,1963
15 李国勳等. 熔盐电解精炼海绵铪制取可锻性铪的研究,北京有色金属研究总院,内部资料,1966
16 邬安华等. 碘化法制取可锻性铪研究报告,北京有色金属研究总院,内部资料,1963

# 11 锆铪分析化学

随着锆铪工业的发展及应用范围的不断扩大，锆铪的分析化学研究与应用也日益发展。关于锆和铪的分析化学在 I. M. Kolthoff, P. J. Elving, Treaties on Analytical Chemistry, Part Ⅱ, Vol. 5, p. 61, Interscience, New York(1961 年)中有详细论述。我国在完成锆铪的产业化生产的同时，为了配合锆铪及其化合物的研制和生产，结合国外经验也对锆铪的分析化学进行了大量研究，取得了一批简便、快捷、准确的锆铪分析化学成果，见文献[1]，制定了一批与国际接轨又比较符合我国国情的锆铪及其化合物标准和分析方法，促进了我国锆铪工业和研究的发展。目前，锆铪工业产品的分析已有多个国家标准，如 1982 年发布的《电真空用锆粉化学分析方法》包括了 7 种方法；1981 年发布的《氧化锆、氧化铪化学分析方法》包括了 11 种方法。已有分析方法完全能满足核纯级金属锆铪及其合金的分析，大部分元素的测定由 AES 来完成，少数不能用 AES 测定的元素采用吸收光度法或其他方法。锆铪分析已转向应用仪器分析为主；XRF 在锆铪分析中，由于测定范围宽而日益得到广泛应用，除可测定地质化学样中包括 Zr 等 25 种元素外，还可测定 $ZrSiO_4$ 中 Zr。AES、ICP-AES 愈来愈多地用于微量 Zr、Hf 分析。利用锆与 8-羟基喹啉-5 磺酸-EDTA 三元体系可测定 Zr；也可用配合物极谱法，中子活化法测定等。由于锆和铪的分析化学行为完全相同，因此，无论采用何种方法测得的结果，实质上是以锆(或氧化锆)计算的锆铪总量，其分析方法也相同。

## 11.1 国外锆铪分析化学

文献[2,3]介绍了国外锆铪的分析化学。对产品的取样，锆铪分离，分析试样的制备，杂质元素的分析等进行了阐述。

### 11.1.1 金属锆的取样

要使分析结果可靠,必须要有代表性的分析试样。这对于金属海绵锆和海绵铪尤为重要,因为其中的杂质偏析很严重。

曾对海绵锆的取样技术进行了研究[4],将海绵锆粉碎到通过9.5mm的筛子,弃掉小于0.833mm(-20目)的细粒。用四分法得到数份质量1.36kg的试料,然后,用水压机把每份试样压成直径约100mm的团块。接着放到车床上钻成或车成碎屑。曾经发现,从圆柱棒表面车去一层表皮后,再得到的碎屑最有代表性。这个方法也适用于电弧熔炼锆锭的取样。为了防止锆显著地吸收氮和氧,切削速度要小些,最好用压缩空气冷却刀具同锆接触的部位。

从锆板取样时,可在低速下用钻头从其各个部位钻出小孔。如果可能的话,最好用金属固体小块作为分析氧和氮的试样。

文献[5]介绍了海绵锆的取样和分析方法。取样时要取两种样品,一种是单炉的样品(炉样),一种是多炉次的混合样品(批样)。取样方法是先将单炉次(或多炉次)的海绵锆破碎后过筛除去小于3mm、大于20mm的成品海绵锆40kg,将其装入分料机的第一级混匀,开启放料漏斗,将40kg海绵锆均匀漏入第二级的8个分料器,再混匀一次后,启动每个分料器将其漏入30个贮料仓中,随机取出1.6kg的试料若干份,在压模中压成直径100mm的柱状块,即可用刨床低速取样。

### 11.1.2 分析试样的制备

关于化学分析和光谱分析用试样的制备方法的研究表明[6~8],光谱分析试样可为氧化物、金属细屑、固体金属小块或其酸溶液等。通常,金属锆溶于氢氟酸或氢氟酸和其他无机酸的混合酸中。可将锆碎屑放入配置回流冷凝器的石英容器内,加热,使之完全溶于80%的硫酸中。或将锆溶于加有硝酸铵的浓硫酸溶液内。在测定碳时,金属应成为屑状,而分析氧和氮时,最好是固体小块状。光谱分析用的氧化物是将金属切屑置于空气、氧或氧和惰性气氛的混合气氛内燃烧而得到的。

进行上述氧化处理期间,必须采取相应的措施,防止试样有任何污染。把切屑放在铂坩埚内并在石英管或带石英衬里的马弗炉中加热煅烧,不会有杂质污染。

煅烧后,将氧化物置于适当的研钵,勿使氧化物被待分析的任何一种元素所污损。但玛瑙钵可能使氧化锆为 $SiO_2$ 污染。人造蓝宝石钵使氧化锆为 $Al_2O_3$ 污染,莫来石钵则使氧化锆为 $Al_2O_3$ 和 $SiO_2$ 污染。硼的污染无影响,因此可用碳化硼研钵来磨细氧化物。当钨不是待测元素时,可以使用碳化钨研钵。一部分氧化物可在碳化钨钵中研磨,另一部分可在玛瑙钵中研磨。前者可用于测定硅,后者可用于分析硅以外的其他元素。有一些测试采用比较纯的金属锆研钵。然而,这些研钵的工作表面需要经常磨光。

用化学分析法测定锆内其他少量元素时,照例须采用特种方法,因为大量锆的存在会干扰杂质的测定。曾经指出,锆有水解与沉淀成胶体溶液的倾向。采用络合剂或从锆中定量分离待分析元素(有无络合剂存在均可),可以消除锆的干扰作用。

应用络合剂的一个实例是把酒石酸盐或柠檬酸盐加入锆溶液内,该溶液中的铁离子必须用比色法测定。上述试剂能阻止锆的沉淀。

### 11.1.3 锆的分离方法

锆与其他元素最有效的分离方法是把锆放在按体积计 10% 的硫酸或盐酸溶液中,使锆沉淀析出;若溶液中同时含有钛、铌、钽时,需加入双氧水以防止它们沉淀。在以硫酸为介质的条件下,除了铪、镁、铌、钽外,几乎没有其他元素的干扰。单独的钽、铌在含有硫酸、双氧水、磷酸盐的溶液中,除非在室温静置很长时间,否则不形成磷酸盐沉淀,而有锆存在时部分地与锆共同沉淀。

用苯胂酸把锆由 1∶9 的沸腾硫酸溶液中沉淀出来,也能与很多元素分离,与上述方法一样,若溶液中同时含有钛、铌时,需加入双氧水。若有钍和磷存在时应用此法需进行再沉淀操作。此时钽能干扰锆的沉淀。

欲使锆和钛、铝、铬、钴、镍、铜、铀、钒、钍、钼、钨、硅等元素分离时,可事先用普通加酸蒸发干涸的方法使钨酸析出,硅酸脱水,把钨酸及二氧化硅滤掉,再于热的稀盐酸(按体积计 3 份盐酸 + 100 份水)溶液中,把锆用正丙基砷酸沉淀,然后在温热的条件下浸煮 30～60min,以过滤、用水洗涤沉淀的方法分离。如果铁含量很大时(如钢样),可把第一次沉淀洗净后,用温热的 10ml 盐酸(浓)把沉淀小心地溶解,并用 100ml 的水稀释,再进行前述的沉淀操作。锡部分地和锆 起沉淀,但锡可以在把正丙基砷酸锆灼烧成氧化锆后用磺化铵处理的方法清除。若溶液中含有相当多的磷酸根,会形成沉淀,需先把沉淀滤出,并用碳酸钠熔融的方法使锆与磷酸根分开,熔融后用水沥取,沉淀滤出,用水洗去 $PO_4^-$,灼烧,用焦硫酸钾熔融,并把熔融物以极稀的硫酸溶解。

按舒拉尔(W. R. Schoeller)等人的意见,用下述方法可以使锆和钛、铌、钽得到最有效的分离:把氧化物用酸性硫酸钾熔融后,用饱和的草酸铵溶液溶解熔物,加氯化铵(半饱和),加热煮沸,用单宁酸进行沉淀、过滤,并用含有 1%氯化铵及 1%草酸铵的洗液洗涤沉淀,沉淀经烘干后在石英坩埚中灼烧。利用这种操作方法,钛、铌、钽在沉淀中,而锆及铍、铝、铁、钍、铀则遗留在滤液中。若试样中仅含有少量锆时,则需事先把锆与大部分铌、钽分离,方法为:先把混合氧化物用碳酸钾熔融,用含有少量苛性钾的水溶液溶解熔物,把不溶性沉淀滤出以 2%碳酸钾水溶液洗涤,把沉淀及滤纸用稀盐酸加热浸煮,用氢氧化铵沉淀再过滤。当试样中仅有镤存在,以水溶解熔物时它不溶解;而镤与其他元素共存时是否溶解还不知道。

在氯化物的盐酸性溶液中用单宁酸沉淀锆,可以定量地与铝、铁、铬、钕、钇、铀、铍、锰、镍分离。先把绝大部分锆在含有氯化铵的 0.25mol/L 盐酸溶液里沉淀(若有钍及钒存在时在 0.5mol/L 的盐酸溶液里沉淀);少量残留在溶液中的未被沉淀的锆,把滤液调整到 0.1mol/L 时沉淀回收之。钛和锡与锆一起沉淀。

用铜铁试剂分离(此时锆成沉淀)也是较好的方法,若在酸度较强的溶液中几乎可使其与铝、铬、铀(六价)完全分离。

用氢氟酸或草酸可使稀土元素和锆分离。

### 11.1.4 金属锆中杂质的化学分析

通常利用化学方法来定量分析金属锆内视作杂质的多种元素。这些元素有 20 余种,见表 11-1。

**表 11-1 化学分析法测定的元素近似最小浓度**

| 元　素 | 最小浓度/% | 元　素 | 最小浓度/% |
| --- | --- | --- | --- |
| Al | 0.001 | Mn | 0.0005 |
| Cd | 0.0001 | Mo | 0.001 |
| Cr | 0.0005 | Ni | 0.0005 |
| Cu | 0.0005 | Ti | 0.0005 |
| Fe | 0.002 | W | 0.001 |
| Pb | 0.001 | V | 0.0005 |
| Mg | 0.005 | Zn | 0.001 |
| B | 0.00002 | P | 0.002 |
| C | 0.0025 | Si | 0.001 |
| Cl | 0.0005 | $O_2$ | 0.01 |
| $N_2$ | 0.0005 | | |

A 铝

应用荧光法测定锆中铝时,先用水杨酸沉淀法从酸性溶液中分离锆。在滤液中加入铬蓝黑 R、4-磺基-2-羟基-α-萘偶氮-β-萘酚钠盐溶液后,在紫外线下测量荧光,即可测定铝。曾拟定一种荧光法,在 80℃ 将溇铬蓝黑 R 加入乙酸钾或乙酸钠和乙酸溶液(pH4.8)内,但必须无氟离子存在,且只应含微量(微克级)锆。生色离子如铁、铜、铬、镍和钴,会掩蔽荧光。钛和钒则使荧光消失。

曾把粒径大于0.147mm(100目)的氢化锆和沉淀的二氧化硅混合研磨,然后在950℃的氩气中加热此混合物,使60%的金属转化为$ZrO_2$。残留的金属锆和铝于石英系统中在850℃用干燥HCl气处理之,使之挥发并收集于冷凝器内。将冷凝液洗入铂皿,加入HF和$H_2SO_4$,然后蒸发至出现$SO_3$蒸气为止。用水稀释溶解硫酸盐。把含有不多于20mg的锆放在铂皿内蒸发干,然后灼烧之。加溶剂(1份$Na_2B_4O_7$和4份$Na_2CO_3$)熔化此残渣,并用热水浸出所得熔体,即可使铝分离。在最后测定铝时,也应用上述的滂铬蓝黑R荧光法。

另一种方法是把锆溶于HCl和HF(HCl浓度为0.06mol/L,HF浓度为0.8mol/L),使这溶液通过Dowex-1树脂离子交换柱,锆吸附在树脂上,而铝通过交换柱。残留在洗出液中的铁和少量锆,可用铜铁灵-氯仿萃取法除去,而铝则可用比色法测定。

B 硼

测定金属锆内硼的化学程序为:把金属锆试样放在同石英回流冷凝器相连的石英蒸馏皿内,加入稀HF使之溶解。溶液经冷却后,滴加$NH_4OH$,至碱性反应(以甲基红为指示剂),然后再滴加HCl使呈微酸性。加入10%$CaCl_2$溶液,以防止存在的氟离子干扰。硼以甲基硼酸盐形态蒸馏入$Ca(OH)_2$悬浮液。基于硼同姜黄萃取剂的反应,用比色法测定。

C 镉

比色法可测定金属锆内的镉:用双硫腙的氯仿溶液从碱性溶液(10ml过量10%NaOH溶液)中萃取镉;经用0.1mol/L $H_2SO_4$溶液(约pH3)从氯仿溶液萃取后,加入10ml 10% NaOH,再用双硫腙萃取镉。用氯仿作比色空白,在520$\mu$m测定光密度。也可用极谱分析法来测定,将1.0g试样溶于2.0ml HF+4ml $H_2O$溶液中,待完全溶解后,加入0.5ml HCl和少些硼酸晶体(0.25g),然后对此溶液进行高灵敏度的极谱分析。在同一溶液中还可以测定铋、铜和铅。

D 铬

用二苯基卡巴肼比色法测定金属锆内的少量铬结果满意。该法系基于六价铬和二苯基卡巴肼在微酸性溶液中反应,生成鲜明而略带红色的紫色络合物。有两种稍有差别的二苯基卡巴肼比色法,可推荐作为测定金属锆内铬的标准分析法。这两种方法都是在0.1 mol/L $H_2SO_4$ 内获得有色络合物,但一种方法是用几滴0.1 mol/L $KMnO_4$ 溶液煮沸,而使铬氧化,于50ml体积中得到有色络合物,铬的存在量为1～50mg;另一种方法是在含有1～14μg铬的 $H_2SO_4$ 溶液中,加入5滴1% $AgNO_3$ 溶液和5ml 0.002mol/L $(NH_4)_2S_2O_8$ 溶液,然后加热至沸,经20 min使铬氧化,便得到25ml体积二苯基卡巴肼络合物。

E 铜

用双硫腙和二乙基二硫代氨基甲酸盐比色法,能成功地测定铜。工业上生产了两种特效铜试剂:1)2,2′-联喹啉,或称之为"去甲奎宁"(Cuproin),它不与铁生成络合物,但与一价铜离子生成鲜明紫色的络合物。它对铜特效,其灵敏度比二乙基二硫代氨基甲酸盐高9倍,但只及双硫腙的四分之一;2)2,9-二甲基-1,10-菲绕啉,或称之为"新去甲奎宁(neocuproin)"。这种试剂为分光光度测定铜的特效试剂,可溶于乙醇,与铜的络合物在pH3～10的戊醇、异戊醇或正己醇中萃取,且无金属离子的干扰。

F 铁

测定金属锆内铁含量最好的方法是比色法。最常用的试剂是1,10-菲绕啉。曾在不同条件下应用此试剂而制订出精确测定锆内铁的适当方法。曾经用氢醌还原铁而在氢氟酸溶液中测定铁,加入柠檬酸铵,使用6ml 1,10-菲绕啉在pH3.5时即显色,某研究所曾在pH5～7,在含酒石酸铵的硫酸溶液中,加1,10-菲绕啉显色,铁用盐酸肼还原。使用1ml 0.1%邻菲绕啉,铁也用盐酸肼还原。显色操作如下:滴加 $NH_4OH$ 至出现不消失的 $Zr(OH)_4$ 沉淀,而后加入乙酸至得到清液为止。亦有将锆溶于 $HF + HNO_3$,以 $NH_4SCN$ 作试剂,比色测定,结果佳。

G 铅

测定锆内铅的方法有极谱分析法和双硫腙比色法，后者比较可靠，可作为测定锆内铅的标准化学方法。此法乃是在精细控制条件下，二次萃取双硫腙铅。

H 镁

在分析指南及其他文献中都载有镁的测定方法，但一般而言，不适于测定锆内微量的镁。曾阐述过一种热 HCl 蒸发锆来分离镁的方法，此法用于测定海绵锆内镁，是令人满意的。

I 锰

根据锰氧化成高锰酸盐离子而测定其溶液的颜色的原理，可用比色法测定微克量锰。分析指南中叙述了在硝酸或硫酸溶液中氧化高碘酸盐的方法，以及用 $AgNO_3$ 作为触媒，氧化过硫酸盐的方法。有三种灵敏度足够的测定锆内 0.05% 镁的方法[7]。一种是用 $(NH_4)_2S_2O_8$ 来氧化锰，其余两种是用 $KIO_4$ 作氧化剂。

J 钼

所有钼比色法中，测定锆内微量钼的最佳方法是从硫酸溶液中用异丙醚或醋酸丁酯萃取硫氰酸钼。

K 镍

有许多种测定锆内微量镍的比色法。(1)将金属溶于稀 HF 溶液，用溴水氧化后，加入过量的 $NH_4OH$，然后加入丁二酮肟，制得到 100ml 有色溶液，在 540nm 测定之。(2)用 $CHCl_3$ 萃取丁二酮肟络合物，然后加入 0.1mol/L HCl 摇晃萃取；用溴水氧化后，在弱氨性溶液中显色，最后在 460nm 测定之。(3)在硫酸溶液中用溴水氧化镍，在氨性溶液中得到氧化了的镍的丁二酮肟络合物，然后在 520nm 测定。

L 钛

当锆中钛量低至 0.05% 时，可用过氧化氢法测定。通常在硫酸溶液中显色。也可以把硼酸加入锆的氢氟酸溶液中，用 $H_2O_2$ 来氧化。如果校正钼和钒的干扰，上述两种方法都令人满意。

M 钨

在化学分析指南中讨论过多种测定钨含量的比色法。有两种方法测定锆内的钨效果很好:一种是用氯化锡作还原剂,另一种用锡汞齐和氯化锡还原钨。这两种方法均基于还原的钨与硫氰酸盐在强盐酸中的反应,可测定低至0.001%的钨。

N 钒

根据测定锆内钒的马钱子碱方法,发展了一种简单和精确的方法,该法是基于在含微克量钒的浓硫酸溶液中加入KCl,使之生成黄色溶液,且剧烈发烟。用该法可测定锆内低至0.0005%的钒。

O 锌

曾叙述两种测定锆内锌的方法。这两种方法都需要在适当络合物形成剂存在下用双硫腙进行二次萃取,以防止其他金属离子的干扰。

P 碳

把锆置于氧内燃烧,使生成的 $CO_2$ 吸收在烧碱石棉管内,在试样燃烧前后称重烧碱石棉管,从重量增量可以计算出锆内的碳。或者把金属切屑置于石英燃烧管内,在净化的氧内于1150℃下煅烧;石英燃烧管在电阻炉中加热,能得到极良好的分析结果。也有用高频感应炉加热到更高的温度。用这种方式加热时,有时需用加速剂如铁或锡,以求锆试样完全燃烧。

Q 氯

可用重量分析法或容量分析法测定海绵锆中的氯。但是,在真空熔炼或电弧熔炼的锆内,残留其中的氯量仅百万分之几,这时,采用浊度测定法更为合适。能可靠地测定锆内微克量氯(每克锆内5~200μg氯)的浊度测定法如下:往锆的 $H_2SO_4$、$H_3BO_3$、HF 和 $HNO_3$ 混合酸的稀溶液中加入 $AgNO_3$ 溶液,用分光光度计测量溶液的浊度。有一种自动电位滴定法可测定锆内5~250μg的氯。

R 磷

测量锆内微克量磷,须要灵敏的比色法。一种被认为是可靠的方法,乃是在锆的硫酸溶液(100ml)中加入10滴0.1%2,4-二硝基苯酚的乙醇溶液。滴加$NH_4OH$至出现黄色,然后滴加浓硫酸至颜色消失。随后,加入含钼酸钠和硫酸肼的硫酸溶液,再加水稀释之,仔细搅拉。在水浴中加热到90℃,保温10min,显出钼蓝色,在760nm测定。用这个方法可以测定锆内0.002%~0.1%的磷量。

S 硅

用比色法测定金属锆中的硅,结果良好。可以把测定镁中硅的方法加以改进而用来测定锆中的硅。将锆溶于含$HNO_3$和10%HF的溶液(每克锆用15ml HF,其体积必须精细测定)的混合液内,加入大量过量的0.85mol/L $H_3BO_3$。用碳酸铵调节pH为2.5。然后,加入钼酸铵溶液,用6mol/L HCl调节pH为2.3。加入亚硫酸钠溶液,最后加入酒石酸铵溶液,便显出钼蓝色。颜色甚为清晰。把溶液稀释到200ml(稀释溶液的pH为6~7)后,在710nm测定其光密度。在加入酒石酸铵以前,所有操作均在铂烧杯或塑料烧杯中进行,同玻璃接触的机会减为最少。用此法可以测定锆内低至0.001%的硅。必须精细测量HF量,因为,这种酸内含有氟硅酸,而含量又极为不同。

测定硅的另一种方法是,在缓慢加入适量经测定的HF酸的同时,将锆溶于稀$H_2SO_4$溶液,加入硼酸和钼酸后,用专门配制的20%$HN_4OH$溶液调节pH为1.2~1.3。加入酒石酸,然后加入还原溶液,得到杂多蓝络合物。还原溶液由27g亚硫酸氢钠,2g NaOH及0.5g1-氨基-2-萘酚-4-磺酸溶于250ml蒸馏水制成。在815nm测定上述络合物的颜色。

T 氧

通常用氯化氢挥发法测定锆内的氧。这时,锆挥发,而氧以$ZrO_2$形态残留于渣内。此法是将干燥HCl和固体锆粒放在Vycor管或石英管内,在550℃发生反应。要仔细控制各种条件,以防吸收氧,或与碳反应而损失氧。同时可分析两份试样。如无污染元素存在,则称重 $ZrO_2$ 残渣就可计算出氧含量。否则,要测定残渣内的锆,并假定氧都以 $ZrO_2$ 形态存在而进行计算。

有一种改进的 HCl 挥发法可以减少操作时间,不必开启系统而很方便的移去卤化物。这时,在试样放入前后要用惰气反复冲洗反应管。用磁铁使试样移入或移出反应区。

另一种用氯来挥发金属锆的方法是使碳、$ZrO_2$ 同氯起反应生成 $ZrCl_4$ 和 CO,损失了些氧。测定原始金属和氧化物残渣中的碳量,根据反应时碳的损失而计算出氧的损失量。

应用真空熔融法来测定锆内的氧,一般说来,未获成功。但该法用于测定钛中的氧却有良好结果。

U 氢

可用真空熔融法、热真空萃取法或燃烧法来测定锆内的氢:(1)在微型燃烧管内于 700℃ 氧气中煅烧测定氢,这时,金属锆燃烧的温度须在 1000℃ 以上;(2)将锆碎屑放在标准碳设备内在 1200℃ 下燃烧,生成的水分在无水高氯酸镁管中吸收除去之,然后称重;(3)真空萃取氢法,是将 0.1~1.0g 锆试样置于石墨坩埚内,感应加热到 1200℃,根据用麦克劳压力计测量校正过的容器内氢的压力,而测定其量,此法的精确度估计为 ±0.00005%。

V 氮

测定锆中的氮,困难不大,因其很易以氨形式,用 Kjeldahl 微量蒸馏法测定。故须先溶于 HF 酸或含有 HF 的无机酸中。精细地控制分析试剂、气氛、蒸馏条件等因素,就可得到锆中氮(含量在 0.0005%~0.5%之间)的精密测定结果。主要步骤如下:(1)将锆溶于酸内;(2)加入过量 NaOH 溶液后,用蒸汽蒸馏氨;(3)氨被吸收于硼酸溶液中;(4)用标准酸溶液滴定法或使用 Nessler 试剂显色的比色法测定氮。

### 11.1.5 锆的光谱分析

除了化学分析以外,为了迅速灵敏精确地测定锆内微量杂质,可用光谱分析法。此方法表明,测定锆内常存的20余种杂质元素时,有良好的结果。下面列举出29种杂质元素及用光谱分析法测定的近似浓度见表11-2。

**表11-2 锆光谱分析测定的近似浓度** (单位:%)

| 元素 | 浓度 | 元素 | 浓度 | 元素 | 浓度 | 元素 | 浓度 |
|---|---|---|---|---|---|---|---|
| Ag | 0.00001 | Co | 0.0001 | Mn | 0.0005 | Si | 0.001 |
| Al | 0.002 | Cr | 0.001 | Mo | 0.0005 | Sn | 0.0005 |
| B | 0.00001 | Cu | 0.0001 | Na | 0.001 | Sr | 0.001 |
| Ba | 0.001 | Fe | 0.004 | Ni | 0.001 | Ti | 0.002 |
| Be | 0.00005 | Hf | 0.003 | Pb | 0.001 | V | 0.001 |
| Bi | 0.0001 | Li | 0.0001 | P | 0.002 | W | 0.001 |
| Ca | 0.001 | Mg | 0.0005 | Sb | 0.001 | Zn | 0.005 |
| Cd | 0.00001 | | | | | | |

大多数光谱分析都采用两种或多种方法。将上述杂质分为挥发的与不挥发的两类。此外,有一些光谱分析应采用特种方法测定铪的浓度。现代光谱分析设备均能保证迅速测定和令人满意的标准离差。除光学光谱分析外,还采用X射线光谱分析法来测定铪-锆比。

A 杂质元素分析

锆光谱如同铀光谱一样非常复杂。因此,要得到所预期的灵敏度,必须消除复杂光谱和强背景引起的任何干扰。为此,曾把约4%$Ga_2O_3$与氧化铀试样混合,测定氧化铀中的杂质。当在直流电弧内激发光谱时,大部分的杂质元素与$Ga_2O_3$一起蒸馏入弧焰,而铀母体的激发却被遏制。对于锆,几乎未加更改地用这种载体蒸馏法来进行分析。

除了$Ga_2O_3$以外,能成功地用作载体的还有AgCl、$SrCl_2$、$BaF_2$以及$AgCl_2$、AgB和$BaF_2$的混合物。由于杂质元素的沸点各不相同,没有一种简单的载体能满意地用于所有元素的分析,因为,任何一种在测定高熔点元素时都有误差,结果不可靠。测定高熔点元素,可使用氧化物试样的直接燃烧法或完全燃烧法。

最简单的完全燃烧方法,是将 5～10mg 试样放于石墨电极沟,在直流电弧中激发光谱。最近,有个变通方法是将 5mg 氧化物试样用一种有机树脂封入直径为 6mm 的高纯石墨电极的一端,然后借助通用发生器的电弧放电,使试样燃烧完全。已用这种方法来测定锆内的铪,以及测定更多种低挥发性的金属,诸如硅、铝、镁等。

使用导电团块法可以测定多种重要杂质元素。将 200mg 氧化物试样和 400mg 特种石墨粉混合,压成直径 6mm 的团块,然后用通用发生器的电弧激发这些团块。用锆谱线作为内标,计算强度比。曾相当成功地使用交流电弧激发金属层或氧化物试样,把这些分析试样塞入直径 6mm 的石墨电极沟内。对于所有的杂质元素,包括硼和镉,用这个方法所得的结果良好。可用氧化物试样进行金属的分析。

另一种方法是将锆试样的硫酸溶液盛于多孔石墨杯中,用电火花激发该溶液的表面。如果各种元素的浓度较小,则此法的灵敏度不够佳,但有良好的精确度。

上述方法,系应用内标线来测量谱线的黑度和计算强度比,均有良好的精确度。使用载体蒸馏法时,除载体外,还须加入内标元素。例如,可应用钴和铋作加入剂。然而,大多数的直接燃烧或电火花激发法能成功地用锆谱线作为内标。最近,美国矿务局应用导电团块法和光电记录器,用锆作为内标来分析 24 种不同的元素,在几分钟内就能完成。

B　合金元素分析

当期望精确而又快速地分析 Zr-2 合金时,广泛应用了电火花直接激发金属试样的方法。当然,金属试样应符合该法所要求的形状。有一些实验室在分析从轧制金属薄板上切截下的试条时,获得了良好的结果。然而,矿务局仅使用直径达 250mm、长

915mm 的熔炼金属锭,用一种夹持器把作为电极之一的这种大锭块固定在光电记录摄谱仪的电火花台的梁上。夹持器可使锭块作上下移动或转移,因而可以分析锭块表面的任何部分。从锭块上切下的扁平小块也可在 Petry 台上用电火花激发法分析之。曾经确定,这种锭块分析方法的精确度与化学分析的相近,当然,这就节省了许多时间。

C　稀土元素分析

由于某些稀土元素具有较高的中子吸收截面,而其对锆的腐蚀性的影响还不清楚,因此,必须加强研究满意的分析这些元素的方法。

D　低浓度铪分析

许多光谱分析者认为,应用特种方法分析锆中的低浓度铪是合理的。有一种方法是,使用 23A 直流电弧激发氧化物试样,并用 $BaF_2$ 作为缓冲剂,定量测定了 0.0065%的铪。$BaF_2$ 在这里起着两个作用:保证电弧燃烧均匀,因而改善了再现性;在电弧预燃的 20s 内,能除去大部分其他杂质元素。由于除去了这些较易挥发的杂质元素,背景便减弱,因而增大了谱线强度与背景之比。后来,用 30A 直流电弧来激发,可以测定浓度量级为 0.003%的铪。也可使用氧化物试样在直流电弧中直接燃烧的方法。另一些光谱分析者用同一方法测定其他杂质元素的同时,测定了铪。例如,有用交流电弧来激发金属碎屑或氧化物,有用通用发生器激发氧化物试样,试样则封闭在电极的一端,还有用电火花激发盛于多孔石墨杯中的溶液。

E　高浓度铪分析

有一些实验室需要分析锆和铪的混合物,其中铪含量从百万分之几到约 99%不等。对于这样宽广的浓度范围,普通光谱分析法的精确性往往不够。然而,可以仔细的选择谱线对,使用导电团块法,测定了 0.1%～100%的铪,标准误差为 1.5%～2.0%。进一步提高该法的灵敏度,其最低限可达 0.01%。也曾使用多孔杯溶液法,测定了浓度达 90%的铪。另一种直流电弧法,可测 50%

铪含量，有良好的精确度。

除了上述光学光谱分析法以外，较早提的X射线荧光光谱法，在测定铪时适用。可把试样放在高能钨靶X射线管的射线窗附近，而用Geiger计数光谱分析仪分析试样的次级发射，这样，试样处理简单化了，改进了测量X射线强度和衍射角度的仪器，使得这个方法能有广泛的运用。有一种快速X射线光谱法，分析每个试样只需5～10min，并在0.1%～99.9% Hf浓度范围内有良好的精确度，这很便于控制锆的生产过程。

### 11.1.6　放射性法

由于锆和铪的化学性质极为相似，因此，可望应用物理方法作为锆铪混合物的定量分析法。这两个元素的核性质差异极大，特别是铪吸收热中子的能力比锆约大600倍以上。吸收热中子的结果，产生了许多强烈放射性的同位素，这种特性只有铪具有。利用上述原理，就能检出微量铪杂质，而锆基质的干扰影响极小。除此以外，当具备有巨大热中子流的核反应堆时，这个方法甚为简便。下面简短介绍测定锆内微量铪的一种放射性法。

A　感应放射性

用两种热中子感应放射性同位素来测定铪。当$^{180}$Hf吸收一个中子，就变成不稳定的$^{181}$Hf(半衰期45d)，随同发射β粒子而衰变为介稳定的同分异构体$^{181}$Ta(22μs)，再经复杂γ射线发射而衰变为稳定的$^{181}$Ta。所以，当在电子系统仪器上出现β-粒子(约5μs)和γ射线的脉冲重合时，即表明有铪存在。然而，这个方法仅限用于很薄的射源，以使β粒子能逸出并被记录。

另一种获得同位素的方法是，当$^{179}$Hf吸收一个中子，就变成介稳定(19s)的同位素$^{179}$Hf。此放射性同位素再发射两个γ-量子，衰变为稳定的$^{179}$Hf。第一条γ射线(160keV)的内转换系数极高(M3)，因此，主要转换成电子发射。这可借离子室或Geiger计数器测出，但这时也必须用薄射源。使用第一γ射线技术的灵敏度限于0.001%～0.01%之间。第二条γ射线(215keV)的内转换系数不大(M1),特别适用于用 NaI-Tl 晶体闪烁计数器和振幅脉冲分析器配合进行检验。

B　实验程序

这里讨论的只是第二种方法的程序。将 1～10g 金属或氧化物试样置于约 $10^{12}/cm^2/s$ 的中子流轰击,为时约 20s。而后,借助于气动管在 1s 内移出试样,然后在 5s 内,将其置于 NaI-Tl 晶体 γ 射线计数器附近,并预先把振幅脉冲器调在 215keV 的峰值上。然后,观察到试样衰变,其活性降低到与背景相同,衰变期为 19s。图 11-1 示意说明了实验的装置系统。刻度的确定是,将已知量铪受中子流照射相同的时间,而比较照射后相同时间的强度。

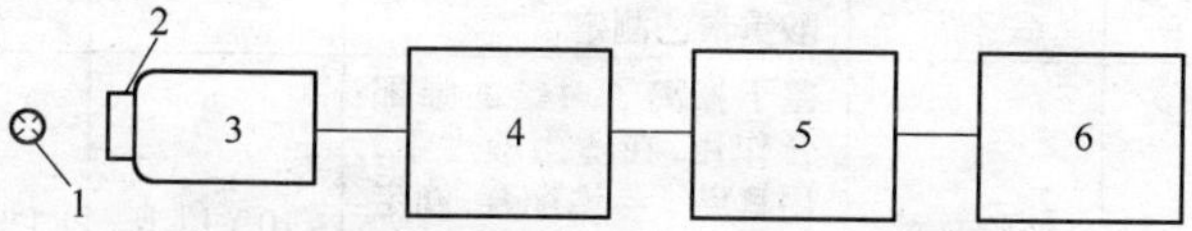


图 11-1　放射性法测定锆内微量铪的装置示意图

1—试样;2—NaI-Tl 晶体;3—RCA5819 型光电倍增管;

4—放大器;5—振幅脉冲仪;6—折算记录仪

C　实验结果

这种测量方法的误差与下列因素有关:标样与待研究试样的位置差别,背景值的大小,以及普通的统计误差等。要得到误差为 5%的结果并不困难。另一方面,灵敏度主要决定于背景值,可以达到 0.0001%。所得结果同最佳的光谱分析结果非常一致。

## 11.2　我国锆铪分析化学进展

为了配合锆铪冶金生产和应用,可测定的产品包括海绵锆、铪,金属锆、铪,锆合金,锆粉,锆英砂、$ZrO_2$、$HfO_2$、$ZrO_2$ 和 $HfO_2$ 的氯化团块,$ZrCl_4$、$HfCl_4$、$K_2ZrF_6$ 等,分别列于表 11-3、表 11-4。

表 11-3 锆铪冶炼过程物料的分析方法要点

| 试样名称 | 测定元素 | 分析方法 | 测定范围 | 方法误差（相对误差） |
|---|---|---|---|---|
| 锆英石 | 锆铪总量 | 试样于镍坩埚中用过氧化钠熔融，盐酸脱水除硅，试样经两次氨水沉淀分离，处理成盐酸介质溶液（编号1）在20%盐酸介质中，用苦杏仁酸重量法测定 | 40%以上 | |
| 锆英石 | 锆铪总量 | 试样于铂坩埚中用四硼酸钠及无水碳酸钠于900℃马弗炉中熔融，盐酸浸出，氨水沉淀分离一次杂质，处理成盐酸介质溶液（编号2），用苦杏仁酸重量法测定 | 40%以上 | ±1% |
| $K_2ZrF_6$ | 锆铪总量 | 基于氟离子对锆的强配合作用，在适当酸度下，用氟离子与锆配合，滴定前加定量铝离子进行掩蔽，在室温下用EDTA直接滴定锆铪 | 10%以上 | ±1%～±2% |
| 锆英石<br>二氧化锆 | 铪 | 在硫酸和高氯酸介质中，用732型酸性氢型阳离子交换树脂吸附锆铪，用不同淋洗剂分离锆、铪，用二甲酚橙光度法测定铪 | 0.003%以上 | ±10%～±20% |
| 锆英石 | 二氧化硅 | 试样用过氧化钠熔融，用水浸出，盐酸酸化，盐酸反复脱水12次，试样含有锡须用氢溴酸和盐酸反复赶锡，灼烧后的二氧化硅用硫酸和氢氟酸处理，由差减法求得二氧化硅含量 | 10%以上 | ±1%～±2% |
| 锆英石<br>四氯化锆<br>四氯化铪 | 钛 | 分取处理好的编号1或2的试样溶液，用硫酸蒸发冒烟，在5%～10%硫酸介质中用过氧化氢比色测定钛与过氧化氢生成的黄色络合物；四氯化锆可处理成硫酸介质后同样测定 | 0.05%以上 | ±10% |

续表 11-3

| 试样名称 | 测定元素 | 分析方法 | 测定范围 | 方法误差（相对误差） |
| --- | --- | --- | --- | --- |
| 锆英石<br>四氯化锆<br>四氯化铪 | 钛 | 当钛的含量低时，分取上述的试样，在硫酸介质，光度法测定二安替比林甲烷与钛生成的黄色络合物，锆用草酸或EDTA抑制干扰，铁(Ⅲ)用抗坏血酸还原 | 0.005%～2.5% | ±10% |
| 锆英石 | 铁 | 试样置于铂坩埚中，加入四硼酸钠及无水碳酸钠，于900℃马弗炉中熔融。用水浸出，硫酸酸化，处理成硫酸介质。按下法之一进行测定：(1)磺基水杨酸形成黄色配合物；(2)邻菲罗啉光度法，用酒石酸或柠檬酸掩蔽锆，在弱酸性介质中，$Fe^{2+}$与邻菲罗啉生成红色络合物，借此测定铁量 | 0.01%以上 | ±10% |
| 锆英石<br>四氯化锆<br>四氯化铪 | 铬 | 分取适量上述测铁处理好的硫酸介质试样，以Ag离子作催化剂，用过硫酸铵氧化 $Cr^{3+}$ 到 $Cr^{6+}$，用二苯卡巴肼光度测定 | 0.001%以上 | ±15%～±10% |
| 锆英石<br>四氯化锆<br>四氯化铪 | 铝 | 分取适量处理好的硫酸介质试样，在浓度为0.5mol/L $H_2SO_4$ 介质中，用N苯甲酰-N-苯基羟胺-氯仿溶液萃取分离主体锆，铪及铁钛等干扰元素。残留的铁用邻菲罗啉、抗坏血酸掩蔽，在pH 5.8的醋酸-醋酸钠介质中，以铬天青S-氯化十四烷基吡啶光度法测定 | 0.001%以上 | ±15%～±10% |

续表 11-3

| 试样名称 | 测定元素 | 分析方法 | 测定范围 | 方法误差（相对误差） |
|---|---|---|---|---|
| 锆英石 | 铝 | 试样铁坩埚碱熔，制成1.8 mol/L 硫酸介质，用铜铁试剂-氯仿溶液萃取分离锆和铁等，用8-羟基喹啉-四氯四碳液萃取铝，有机相光度测定 | 0.01%以上 | ±15%～±10% |
| 锆英石 | 锡 | 试样碱熔，盐酸酸化在20%～25%盐酸浓度，在装有益氏漏斗的锥形瓶中用铝箔还原，以淀粉为指示剂，用碘标准溶液滴定 | 0.2%以上 | ±10% |
| 锆英石 | 铀 | 于铂坩埚中用氟硼酸钠熔融，在浓度为2 mol/L硝酸介质中，用三辛基氧膦-环已烷萃取分离，反萃取后，用pH 7.8的三乙醇胺作缓冲溶液，在水-丙酮介质中用5-Br-PADAP作显色剂光度法测定 | 0.02%以上 | ±20%～±10% |
| 锆英石 | 钍、稀土 | 试样碱熔，在3%盐酸介质中，用氢氟酸沉淀钍和稀土。在pH 1～2.5，以磷酸三丁酯-二甲苯萃取分离稀土和钍。以偶氮胂Ⅲ作显色剂，在浓度为2～6 mol/L盐酸中，以草酸作络合剂测定钍，在pH=3时测定稀土 | 0.002%以上 | ±20%～±10% |
| 锆英石 | 稀土、铀、钍 | 试样碱熔，酸化成5%盐酸介质，加抗坏血酸，磺基水杨酸隐蔽杂质，在pH=5.5时用PMBP-苯混合液萃取，有机相首先用pH=2.4的0.5%甲酸水溶液反萃取稀土，再次以2%盐酸反萃取铀，最后以浓度为4 mol/L的盐酸反萃取钍，分别以偶氮胂Ⅲ为显色剂，光度法测定 | 0.1%以上 | ±15% |

续表 11-3

| 试样名称 | 测定元素 | 分析方法 | 测定范围 | 方法误差（相对误差） |
|---|---|---|---|---|
| 锆英石 | 磷 | 试样碱熔热水浸出，于过滤分离主体，在浓度为 1 mol/L 硝酸介质中用提磷液（正丁醇∶三氯甲烷 = 1∶3）萃取磷，用二氯化锡还原，光度法测定 | 0.005%以上 | ±20%～±10% |
| 四氯化锆<br>二氧化锆、二氧化铪团块<br>氟锆酸钾 | 锆 | 用浓度为 1.2 mol/L 的盐酸熔解，团块置瓷坩埚中，丁 800℃马弗炉中除去碳和有机物，再用过氧化钠碱熔，氢氧化物沉淀洗入烧杯，用盐酸调整酸度为 1.2 mol/L 盐酸介质；氟锆酸钾用水和硫酸溶样，硫酸冒烟除氟，硫酸冒尽后加浓度为 1.2 mol/L 盐酸溶解盐类，溶液加热至近沸点，用二氯化锡将三价铁还原为二价铁，以二甲酚橙作指示剂，用标准 EDTA 溶液滴至黄色，将溶液重新煮沸，若出现红色，再用 EDTA 溶液滴至黄色，直至不再出现红色为终点 | 10%以上 | ±2%～±1% |
| 四氯化锆<br>四氯化铪 | 硅 | 用水溶解试样，加氢氟酸使硅解聚，硼酸络合氟离子，钼蓝光度法测定硅 | $5\times10^{-4}\%$ | ±15% |
| 二氧化锆、二氧化铪团块 | 硅 | 试样先在 800℃马弗炉中灼烧去除碳和有机物，然后用氢氟酸溶解硼酸络合氟离子，硅钼蓝光度法测定 | $1\times10^{-3}\%$ | ±15% |
| 氟锆酸钾 | 硅 | 用饱和硼酸溶液溶解试样，硅钼蓝光度法测定 | $1\times10^{-3}\%$ | ±15% |

续表 11-3

| 试样名称 | 测定元素 | 分析方法 | 测定范围 | 方法误差（相对误差） |
|---|---|---|---|---|
| 四氯化锆<br>四氯化铪<br>团块<br>锆氟酸钾 | 铁 | 将四氯化锆处理成硫酸溶液；团块灼烧去碳和有机物后，氢氟酸溶样，硫酸冒烟；氟锆酸钾，硫酸冒烟除去氟。处理好的试液均可用磺基水杨酸或邻菲罗啉法测定 | $5\times10^{-4}\%$ | ±15% |
| 锆氟酸钾 | 氟 | 以水溶解试样，氢氧化钠沉淀锆，使之与氟分离，在pH=2.8的氯乙酸缓冲溶液中，以茜素-S为指示剂，用硝酸钍标准溶液滴定氟 | 10%以上 | ±1% |
| 锆氟酸钾 | 钾、钠 | 试样用水及硫酸溶解，硫酸冒烟除氟，用水稀释后，用火焰光度法测定 | 10%以上 | ±2% |
| 锆氟酸钾 | 氯 | 用饱和硼酸溶液溶解试样，在稀硝酸介质用氯化银比浊法测定 | $5\times10^{-3}\%$ | ±10%～±20% |

**表 11-4　锆铪冶炼产品的分析方法要点**

| 试样名称 | 测定元素 | 分析方法 | 测定范围 | 方法误差（相对误差） |
|---|---|---|---|---|
| 氧化锆、金属锆 | 铪 | 用一定比例的氟化钡碳粉混合物作缓冲剂，用珠光栅光谱仪测定谱线的相对强度测定含量 | 0.003%～1% | ±20% |
| 氧化锆、氧化铪、金属铪 | 锆（铪） | 采用氧化物粉末试样，以 $HfL\beta_2^I$ 为分析线，$ZrK_a^I$ 为内标线，用荧光X射线光谱仪直接测定 | 1%～99% | |
| 氧化铪 | 锆 | 以氧化铪为基体，碳粉为缓冲剂，在中型石英摄谱仪上摄谱，以 lgR-lgC 绘制工作曲线 | 0.1%～1% | ±6% |

续表 11-4

| 试样名称 | 测定元素 | 分析方法 | 测定范围 | 方法误差（相对误差） |
| --- | --- | --- | --- | --- |
| 氧化铪、氧化铪 | 锆铪合量 | 试样于压力溶样器中用氢氟酸溶解，在 20%～25%热盐酸介质中用苦杏仁酸沉淀，以重量法测定 | 75%～99% | 允许误差 1%～1.5% |
| 氧化锆、氧化铪、金属锆、铪锆合金 | 铁 | 锆合金，氧化锆（铪）用硫酸-硫酸铵溶解；金属锆（铪）用氢氟酸溶解，在氨性溶液中，用磺基水杨酸比色 | 0.03%～2.0% | ±20%～2.5% |
| 金属锆、铪 | 铁 | 试样用氢氟酸溶解后，处理成硫酸介质，用酒石酸盐掩蔽主体，盐酸羟胺还原铁至二价，pH 为 3～4.5 时 $Fe^{2+}$ 与邻菲罗啉生成红色络合物，用光度法测定 | $1\times10^{-3}$% 以上 | ±10% |
| 氧化锆、氧化铪、金属锆、铪锆合金 | 硅 | 氧化锆（铪）于聚四氟乙烯压力溶解器中用氢氟酸溶解；金属锆（铪）及锆合金用氢氟酸于塑料杯中溶解，加入硼酸掩蔽氟离子，pH＝1～1.5 时加钼酸铵，用硅钼蓝光度法测定 | $5\times10^{-4}$%～0.7% | ±10%～±5% |
| 氧化锆、氧化铪、金属锆、锆合金 | 钛 | 试样溶解后，在盐酸-硫酸体系中，以草酸掩蔽全体锆（铪），用抗坏血酸消除铁的干扰，二安替吡啉甲烷光度法测定 | 0.005%～2.5% | ±10%～±2% |
| 金属锆、铪锆合金 | 镍 | 在碱性介质并有氧化剂存在时，镍与二甲基乙二醛肟反应生成红色络合物，光度法测定；用柠檬酸络合锆，若镍含量低，可用氯仿萃取镍与镍试剂形成的络合物，使微量镍与主体分离，然后用光度法测定 | $1\times10^{-4}$%～0.14% | ±20%～±10% |

续表 11-4

| 试样名称 | 测定元素 | 分析方法 | 测定范围 | 方法误差（相对误差） |
|---|---|---|---|---|
| 氧化锆、氧化铪 | 镍 | 试样用硫酸-硫酸铵溶解，在柠檬酸钠存在下，镍与氨性介质中与 α-联呋喃甲酰二肟生成有色络合物，用氯仿萃取，光度法测定 | $5\times10^{-4}$% ～0.03% | ±20%～±10% |
| 氧化锆、氧化铪、金属锆、铪 锆合金 | 铝 | 试样处理成硫酸介质，在(1+35)硫酸浓度下，用N-苯甲酰-N-苯基羟胺氯仿溶液萃取分离主体锆(铪)及钛、铁等干扰元素，分离后残留的铁用邻菲罗啉及抗坏血酸掩蔽，在 pH 为 5.8 的醋酸-醋酸钠介质中，以铬天青 S-氯化十四烷基吡啶光度法测定 | $5\times10^{-3}$% ～0.20% | ±10% |
| 氧化锆、氧化铪 | 锰 | 硫酸-硫酸铵溶样，用过碘酸钾氧化高锰酸盐于 530nm 处测定吸光度 | 0.003%～0.03% | ±25%～±10% |
| 金属锆、铪 | 锰 | 氢氟酸溶样，于稀硫酸介质中，以 $Ag^+$ 离子为催化剂，用过硫酸铵氧化锰至七价，用比色法测定 | 0.002% 以上 | ±20%～±10% |
| 氧化锆、氧化铪 | 磷 | 试样在压力坩埚中用氢氟酸溶解，在稀硫酸介质中，磷与钼酸铵、锑盐、抗坏血酸形成钼蓝，光度法测定 | 0.05%～0.8% | ±20%～±10% |
| 金属锆、铪 | 磷 | 氢氟酸溶样，在稀硫酸介质中用甲基异丁酮萃取磷与钼酸铵形成的磷钼杂多酸，用二氯还原光度法测定 | 0.0001% 以上 | ±15% |

续表 11-4

| 试样名称 | 测定元素 | 分析方法 | 测定范围 | 方法误差（相对误差） |
|---|---|---|---|---|
| 氧化锆、氧化铪 | 钠 | 在硫酸-硫酸铵介质中，不另加消电离剂，以空气-乙炔焰原子吸收测定，钠量小于0.1%的试样用标准加入法；钠量大于0.1%的试样用标准曲线法 | 0.01%～1.0% | ±40%～±6% |
| 金属锆、铪 | 钙、钠、钾、铜、锌、镉 | 试样用氢氟酸溶解，在稀氢氟酸介质中，通过阳离子交换树脂使钙、钠、钾、铜、锌、镉吸留在阳离子交换柱上(锆形成的配合阴离子不被吸附)，然后用(1+3)盐酸洗脱，用原子吸收法测定 | 0.001%以上 | ±15% |
| 金属锆、铪锆合金 | 镉 | 按上述离子交换法分离主体后，用(1+3)盐酸洗脱，然后在高氯酸-盐酸-酒石酸的混合底液中，用方波极谱法测定 | 0.00001% | ±20% |
| 金属锆、铪锆合金 | 镉 | 在pH=5时，用吡啶氯仿溶液萃取镉与吡啶及硫氰酸盐形成的三元络合物，然后进行方波极谱测定 | 0.00005% | ±20% |
| 金属锆、铪锆合金 | 铜 | 试样用氢氟酸溶解，在pH=4～6的柠檬酸介质中，用二乙基二硫代氨基甲酸铅的氯仿溶液萃取铜，可使铜与铁、钴、镍等干扰元素分离，有机相比色测定 | 0.0005% | ±15% |
| 金属锆、铪锆合金 | 硼 | 用硫酸和硫酸铵于石英坩埚中分解试样，然后在非水介质(硫酸-醋酸)中使硼与姜黄素乙醇试剂反应生成红色络合物，此配合物在稀盐酸中沉淀析出，将沉淀过滤溶于乙醇，测定其吸光度 | 0.00005% | ±20% |

续表 11-4

| 试样名称 | 测定元素 | 分析方法 | 测定范围 | 方法误差（相对误差） |
|---|---|---|---|---|
| 金属锆、铪<br>锆合金 | 硼 | 试样先灼烧成氧化物，以氟化铝为载体，在无硼石墨电极孔穴中用直流电弧激发，在中型石英摄谱仪上摄谱 | 0.00002%～0.001% | ±30% |
| 金属锆、铪<br>锆合金 | 硼 | 试样用氢氟酸和硫酸溶解，EDTA 络合锆，在 pH5～6 时，加入乙基紫，使与 $BF_4^-$ 阴离子生成有色缔合物，用苯萃取，光度法测定 | 0.00025%<br>以上 | ±30% |
| 金属锆、铪<br>锆合金<br>氧化锆、铪 | 铀 | 在 EDTA 存在下，在硝酸和硝酸钠溶液中，用 TBP-甲苯（或二甲苯）萃取铀，使之与锆分离，反萃取后，在稀过氯酸底液中，方波极谱测定，或用 5Br-PADAP 光度法测定 | 0.00035%<br>以上 | ±20% |
| 金属锆、铪<br>锆合金 | 铀 | 试样用氢氟酸和硝酸溶解，在四丙基铵氢氧化物的硝酸铝溶液中，用甲基异丁酮萃取铀，有机相蒸干后与 NaF-LiF 共熔，用荧光计在紫外光下测量铀的荧光强度 | 0.00005%～0.0005% | ±30% |
| 金属锆、铪<br>锆合金 | 铀 | 试样经氢氟酸和过氧化氢分解，加入硼酸，通过阳离子交换吸附铀，锆流出，以（1+22）氢氟酸洗脱铀，洗脱液再次通过阴离子交换柱，进一步除去锆及干扰元素，稀盐酸洗脱，在高氯酸介质中，用偶氮胂Ⅲ光度法测定 | 0.00003% | ±30% |

续表 11-4

| 试样名称 | 测定元素 | 分析方法 | 测定范围 | 方法误差（相对误差） |
|---|---|---|---|---|
| 金属锆、铪锆合金 | 稀土 | 试样溶解后，用铜铁试剂-三氯甲烷萃取分离锆（铪）、铁、钛等，在 pH 为 0.8 的盐酸介质中，用偶氮氯膦Ⅲ光度法测定 | 0.0005%以上 | ±30% |
| 金属锆、铪锆合金 | 钼、钨 | 试样用氢氟酸溶解，硼酸络合多余氟离子，在甲苯-3,4-二硫酚在（1+3）的盐酸冷溶液中用四氯化碳萃取钼；水相提高酸度到 C(HCl) = 5～8 mol/L，在 90℃，使钨与二硫酚反应，用四氯化碳萃取钨；光度法测定 | 0.0002%以上 | ±20% |
| 金属锆、铪 | 钴 | 在微酸性溶液中，钴与亚硝基-R 盐生成红色配合物，光度测定。在 pH=1 时，用氯仿-乙酸乙酯萃取钴二乙基二硫代氨基甲酸盐，使钴与锆分离而加以富集 | 0.0001% | ±20% |
| 金属锆、铪锆合金 | 铬 | 试样氢氟酸溶解，处理成硫酸介质，以银离子作接触剂，用过硫酸铵将铬氧化到六价，在酸性介质中，六价铬与二苯卡巴肼生成紫红色络合物，光度法测定 | 0.001%以上 | ±10% |
| 金属锆、铪锆合金 | 钒 | 试样溶解后，在硫酸介质中，用高锰酸钾将钒氧化至五价，在（2+3）盐酸介质中用苯甲酰苯胺三氯甲烷溶液萃取，有机相光度测定 | 0.0003%以上 | ±15% |

续表 11-4

| 试样名称 | 测定元素 | 分析方法 | 测定范围 | 方法误差（相对误差） |
|---|---|---|---|---|
| 锆合金 | 锡 | 硫酸与硫酸铵溶解试样，在二氧化碳气氛保护下，用铝片将四价锡还原为二价锡，淀粉作指示剂，碘标准液滴定 | 0.5%以上 | ±4%～±2% |
| 金属锆、铪锆合金 | 氯 | 在高氯酸介质中，氯离子与汞盐形成氯化汞配合物，可将硫氰酸汞中的硫氰酸根置换出来，然后与$Fe^{+3}$生成硫氰酸、铁的红色络合物，光度法测定 | 0.0025%以上 | ±10% |
| 金属锆粉① | 总锆量、活性锆 | 将试样放入温度不高于200℃的马弗炉中，逐渐升温至800～850℃，保持1h，根据试样增重，计算总锆量和活性锆量 | | |
| 锆粉 | 硫 | 试样于镍坩埚中用氢氧化钠熔融，用水浸取后分离锆，在溶液中用硫酸钡重量法测定硫酸根 | 0.017%以上 | ±20% |
| 锆粉 | 硫 | 试样在氧化铜助熔剂存在下，在氧气流中于(1300±20)℃燃烧，生成的二氧化硫被水吸收生成亚硫酸，以淀粉作指示剂，用碘标准溶液滴定 | 0.010%～1.00% | ±30%～±5% |

①锆粉的详细分析方法参见有关锆粉的标准。

## 11.3 二氧化锆和二氧化铪的含量比值

光谱测定 $ZrO_2$ 和 $HfO_2$ 后，可按下式绘制锆铪混合物两者比值的工作曲线，再按表 11-5、表 11-6 查得 $ZrO_2$、$HfO_2$ 的含量。

对于 $ZrO_2$（1%～20%）： $\Delta S=\lg\frac{C_{ZrO_2}}{C_{HfO_2}}$

对于 $HfO_2$（2.5%～80%）： $\Delta S=\lg\frac{C_{HfO_2}}{C_{ZrO_2}}$

**表 11-5 $ZrO_2$ 和 $HfO_2$ 的含量及其比值(一)**

| $\frac{HfO_2}{ZrO_2}$比值 | $HfO_2$/% | $ZrO_2$/% | $\frac{HfO_2}{ZrO_2}$比值 | $HfO_2$/% | $ZrO_2$/% |
|---|---|---|---|---|---|
| 0.026 | 2.5 | 97.5 | 0.26 | 21.0 | 79.0 |
| 0.031 | 3.0 | 97.0 | 0.28 | 22.0 | 78.0 |
| 0.036 | 3.5 | 96.5 | 0.30 | 23.0 | 77.0 |
| 0.042 | 4.0 | 96.0 | 0.31 | 24.0 | 76.0 |
| 0.047 | 4.5 | 95.5 | 0.33 | 25.0 | 75.0 |
| 0.053 | 5.0 | 95.0 | 0.35 | 26.0 | 74.0 |
| 0.064 | 6.0 | 94.0 | 0.37 | 27.0 | 73.0 |
| 0.075 | 7.0 | 93.0 | 0.39 | 28.0 | 72.0 |
| 0.087 | 8.0 | 92.0 | 0.40 | 29.0 | 71.0 |
| 0.099 | 9.0 | 91.0 | 0.43 | 30.0 | 70.0 |
| 0.11 | 10.0 | 90.0 | 0.45 | 31.0 | 69.0 |
| 0.12 | 11.0 | 89.0 | 0.47 | 32.0 | 68.0 |
| 0.13 | 12.0 | 88.0 | 0.49 | 33.0 | 67.0 |
| 0.15 | 13.0 | 87.0 | 0.51 | 34.0 | 66.0 |
| 0.16 | 14.0 | 86.0 | 0.53 | 35.0 | 65.0 |
| 0.18 | 15.0 | 85.0 | 0.56 | 36.0 | 64.0 |
| 0.19 | 16.0 | 84.0 | 0.59 | 37.0 | 63.0 |
| 0.20 | 17.0 | 83.0 | 0.61 | 38.0 | 62.0 |
| 0.22 | 18.0 | 82.0 | 0.64 | 39.0 | 61.0 |
| 0.23 | 19.0 | 81.0 | 0.66 | 40.0 | 60.0 |
| 0.25 | 20.0 | 80.0 | 0.69 | 41.0 | 59.0 |

续表 11-5

| $\frac{HfO_2}{ZrO_2}$比值 | $HfO_2$/% | $ZrO_2$/% | $\frac{HfO_2}{ZrO_2}$比值 | $HfO_2$/% | $ZrO_2$/% |
|---|---|---|---|---|---|
| 0.70 | 42.0 | 58.0 | 1.17 | 54.0 | 46.0 |
| 0.75 | 43.0 | 57.0 | 1.22 | 55.0 | 45.0 |
| 0.77 | 44.0 | 56.0 | 1.27 | 56.0 | 44.0 |
| 0.81 | 45.0 | 55.0 | 1.32 | 57.0 | 43.0 |
| 0.85 | 46.0 | 54.0 | 1.38 | 58.0 | 42.0 |
| 0.89 | 47.0 | 53.0 | 1.44 | 59.0 | 41.0 |
| 0.92 | 48.0 | 52.0 | 1.50 | 60.0 | 40.0 |
| 0.95 | 49.0 | 51.0 | 1.56 | 61.0 | 39.0 |
| 1.00 | 50.0 | 50.0 | 1.63 | 62.0 | 38.0 |
| 1.04 | 51.0 | 49.0 | 1.72 | 63.0 | 37.0 |
| 1.08 | 52.0 | 48.0 | 1.77 | 64.0 | 36.0 |
| 1.13 | 53.0 | 47.0 | 1.85 | 65.0 | 35.0 |

**表 11-6　$ZrO_2$ 和 $HfO_2$ 的含量及其比值(二)**

| $\frac{HfO_2}{ZrO_2}$比值 | $\frac{ZrO_2}{HfO_2}$比值 | $HfO_2$/% | $ZrO_2$/% | $\frac{HfO_2}{ZrO_2}$比值 | $\frac{ZrO_2}{HfO_2}$比值 | $HfO_2$/% | $ZrO_2$/% |
|---|---|---|---|---|---|---|---|
| 1.94 | | 66.0 | 34.0 | 3.16 | | 76.0 | 24.0 |
| 2.03 | | 67.0 | 33.0 | 3.34 | | 77.0 | 23.0 |
| 2.12 | | 68.0 | 32.0 | 3.55 | | 78.0 | 22.0 |
| 2.22 | | 69.0 | 31.0 | 3.76 | | 79.0 | 21.0 |
| 2.33 | | 70.0 | 30.0 | 4.00 | 0.25 | 80.0 | 20.0 |
| 2.44 | | 71.0 | 29.0 | | 0.23 | 81.0 | 19.0 |
| 2.57 | | 72.0 | 28.0 | | 0.22 | 82.0 | 18.0 |
| 2.70 | | 73.0 | 27.0 | | 0.20 | 83.0 | 17.0 |
| 2.84 | | 74.0 | 26.0 | | 0.19 | 84.0 | 16.0 |
| 3.00 | | 75.0 | 25.0 | | 0.18 | 85.0 | 15.0 |

续表 11-6

| $\frac{HfO_2}{ZrO_2}$比值 | $\frac{ZrO_2}{HfO_2}$比值 | $HfO_2$/% | $ZrO_2$/% | $\frac{HfO_2}{ZrO_2}$比值 | $\frac{ZrO_2}{HfO_2}$比值 | $HfO_2$/% | $ZrO_2$/% |
|---|---|---|---|---|---|---|---|
| | 0.16 | 86.0 | 14.0 | | 0.075 | 93.0 | 7 |
| | 0.15 | 87.0 | 13.0 | | 0.064 | 94.0 | 6 |
| | 0.13 | 88.0 | 12.0 | | 0.053 | 95.0 | 5 |
| | 0.12 | 89.0 | 11.0 | | 0.042 | 96.0 | 4 |
| | 0.11 | 90.0 | 10.0 | | 0.031 | 97.0 | 3 |
| | 0.099 | 91.0 | 9 | | 0.020 | 98.0 | 2 |
| | 0.087 | 92.0 | 8 | | 0.010 | 99.0 | 1 |

## 参考文献


1　冶金工业部科技情报所编.锆和铪的冶金分析.北京:中国工业出版社,1970

2　B.勒斯特曼,F.凯尔兹.俊友译.锆(下),北京,中国工业出版社,1965

3　王强.锆.上海:上海科学技术出版社,1961

4　H. L. Gilbert and C. Q. Morrison. Rept, BM-2-41

5　后藤英二.原子能級海綿鋯的取樣和分析,チタニウム,1960:10

6　C. J. Rodden. Minutes of Zirconium Conference, Jan, g, 1950, Rept NY00-2005, 2008

7　E. B. Read. Minutes of Analytical Conference, 1952, Rept, MIT-1089

8　E. B. Read, H. M. Lawler. Rep., MIT-1110, 1953

# 12 环保安全和工业卫生

锆铪冶炼过程具有流程长、工艺技术复杂,酸、碱和氯化物等腐蚀性物质及气体物料种类较多,湿法火法过程交叉进行,产品易燃易爆以及废气废水废渣多等特点,易构成对环境、人群、设备和建筑物的危害。因此,生产企业应有必要的方法、措施和设备加以预防和处理。

## 12.1 锆铪生产中的“三废”及处理

### 12.1.1 废气的处理

在海绵锆和海绵铪生产过程中,废气主要来自锆英砂碳化,锆英砂直接氯化,碳化锆氯化,$ZrO_2$、$HfO_2$ 氯化排出的尾气以及提纯还原及真空蒸馏过程中排出的气体。

A 锆英砂碳化废气的处理[1]

锆英砂碳化过程的反应为:

$$ZrSiO_4 + 6C = ZrC + SiC + 4CO$$

$$ZrSiO_4 + 5C = ZrC + Si + 4CO$$

$$ZrSiO_4 + 4C = ZrC + SiO + 3CO$$

$$ZrSiO_4 + \frac{1}{2}N_2 = ZrN + C$$

主要反应为:

$$ZrSiO_4 + 4C = ZrC + SiO + 3CO$$

SiO 在 2000℃时蒸气压可达 101.325Pa,因此碳化炉炉口排出的气体有 CO、SiO、C、$SiO_2$ 和少量炭和锆英砂粉尘。在碳化反应起始时会因 CO 过多而引起爆炸。经测算,空气中 CO 浓度达 12.5%~74.2%时,即可形成爆炸性气体,极易引起爆炸。因此出炉口应连接一个燃烧室，使 CO 燃烧成 $CO_2$，SiO 氧化为 $SiO_2$，$SiO_2$ 经布袋吸尘器、水淋洗器处理后的尾气即可放空，见图 12-1。

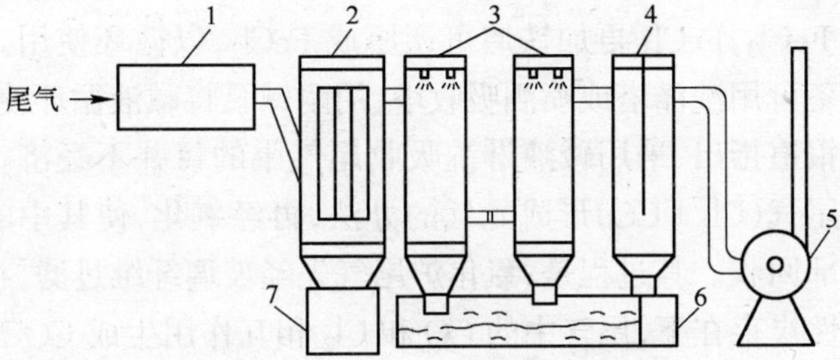


图 12-1 碳化炉尾气处理过程示意图

1—燃烧室；2—布袋吸尘；3—淋洗塔；4—气水分离塔；

5—排气；6—沉降池；7—$SiO_2$ 收集罐

B 氯化炉尾气的处理

在 ZrC(N)氯化、$ZrSiO_4$ 直接氯化或 $ZrO_2$、$HfO_2$ 的氯化过程中，由于氯气按理论量过量 30%，因此尾气中含有剩余 $Cl_2$ 和 HCl、CO、$CO_2$ 以及部分被气流带出的 $ZrSiO_4$、ZrC、$ZrO_2$、$HfO_2$ 粉尘，以及少量未冷凝的 $SiCl_4$ 和 $TiCl_4$、$ZrCl_4$、$HfCl_4$ 等。在 $ZrSiO_4$ 直接氯化时，有大量 $SiCl_4$ 产生，$SiCl_4$ 沸点为 57℃，遇空气易潮解，因此要求氯化设备的各部位必须具有良好的密封性能。一旦泄漏，车间操作恶化，污染严重。废气的处理方法为：用耐蚀塑料风机将废气排入净化设备，以水喷淋，此时 HCl 溶于水，Zr、Hf、Ti、Si 等氯化物水解，固体微粒淋洗进入水中。净化设备可采用淋洗塔、离心洗涤器、喷淋式吸收塔和泡沫除尘器及环保型标准设备。

除氯的主要方法如下[2]：

(1)排出废气中含氯气浓度较低时，可用石灰乳 $Ca(OH)_2$ 喷淋，氯气便与石灰乳反应生成 $Ca(ClO)_2$；

(2)排出的废气中氯气浓度较低，但尾气量较大时，通常采用 NaOH 或 $NaCO_3$ 喷淋，反应生成可用作漂白粉的 NaOCl。若废气

中含有 $CO_2$ 时,因其能和碱反应,将多消耗碱液;

(3)排出的废气中氯气浓度大,但尾气量小时,可用 $FeCl_2$ 喷淋吸收氯。$FeCl_2$ 淋洗液是预先将铁屑加 HCl 反应制得的,淋洗后生成 $FeCl_3$,$FeCl_3$ 再加铁屑可还原成 $FeCl_2$,以循环使用。碱液淋洗设备可用洗涤塔或喷洒吸收塔,用耐碱泵将碱液循环使用。

有报道指出,采用碱液淋洗吸收尾气中的氯并不经济。资料提出使尾气($Cl_2+CO$)形成光气的办法,再经氯化,使其中的余氯得以全部回收。其过程是:氯化炉尾气先经玻璃纤维过滤,在有催化剂活性炭存在下,尾气中的 CO 和 $Cl_2$ 相互作用生成 $COCl_2$。为了得到较快的反应速度,反应在 110～120℃ 下进行,此时可依其自热维持反应温度。在正常氯化操作时,尾气含氯量较低,有足够的 CO 量使余氯全部形成 $COCl_2$。生成的光气经冷却至约 -20℃ 时,即可制得液态碳酰氯,贮存在罐内,并和 CO 等其他气体分离。$COCl_2$ 也是良好的氯化剂,将液态 $COCl_2$ 气化后可返回氯化炉直接使用。

卸渣、出料以及因管道接口泄漏的少量炉内气体,可通过车间卫生排风系统与淋洗设备连接处理,过程见图 12-2。设备示意图见 12-3。两座用塑料制造的水洗塔,规格为 $\phi$350mm×3000mm,内装塑料环。循环水使用耐酸泵喷淋,可以制得含 HCl 18%～30%的盐酸。洗涤塔用水泥制造,规格 $\phi$1200mm×7000mm,淋洗液循环槽内衬橡胶,石灰乳喷淋液循环用衬胶泵。二次洗涤设备用玻璃钢制造,规格 400mm×400mm×6000mm,碱液循环用铸铁泵,尾气管道为塑料管。

C 提纯、还原排出气体的处理

在提纯和还原过程中,因分离低沸点杂质氯化物,采用低温放气的办法多次排出 $SiCl_4$、$AlCl_3$、$TiCl_4$,并伴有部分 $ZrCl_4$ 或 $HfCl_4$ 和 HCl 气体排出。因排出量不大,一般在提纯罐和还原罐放气管后连接一个气体回收罐,使排出物料冷凝于回收罐中处理,逸出气体含有 HCl 经淋洗处理即可。

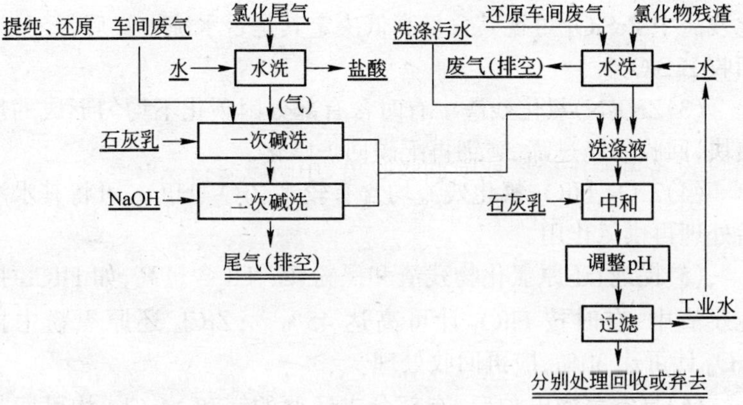


图 12-2　废气-废水综合处理流程示意图

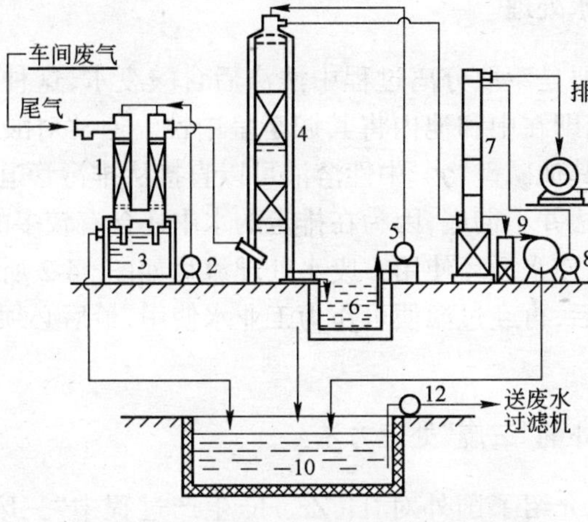


图 12-3　氯化尾气处理设备示意图

1—水洗塔;2—耐酸泵;3—贮水槽;4—一次洗涤塔;5—衬胶泵;6—硝石灰液池;7—二次洗涤塔;8—铸铁泵;9—碱液池;10—中和槽;11—风机;12—泵

### 12.1.2　废渣废料的处理

(1)碳化过程所得 $SiO_2$ 回收压密或喷淋后综合回收利用。

(2)锆英砂直接氯化可综合回收 $SiCl_4$,用作白炭黑原料。氯化残渣中 $ZrSiO_4$ 可视其含量高低决定其是否水洗去炭后,经分离回收 $ZrSiO_4$。

(3)ZrC(N)氯化残渣中有时含有部分因碳化不均匀形成的烧结块,回收后经过筛、磨细再配碳回炉碳化。

(4)$ZrO_2$、$HfO_2$ 氯化残渣均含有较多 $ZrO_2$、$HfO_2$,可将其水溶后处理再供氯化用。

(5)提纯、还原氯化物残渣和黑粉,Zr、Hf 含量高,如 $HfCl_4$ 提纯残渣中,有时按 $HfO_2$ 计可高达 45%[3];$ZrCl_4$ 还原黑粉中按 $ZrO_2$ 计可达 30%,应再回收处理。

(6)真空蒸馏出炉后,有部分未还原的镁和 $MgCl_2$,均可回收利用,但应分别贮存在密闭容器中,以免吸潮。

### 12.1.3 废水处理

废水主要是萃取分离过程中洗涤后含酸废水,这种废水常用中和法处理,即在中和池内将其调至呈中性。通常对酸性废水需要加石灰或其他碱性物。中性溶液可以直接从排污管道排走。但这种处理方法并不彻底,因为在排走的水中还含有较多的盐类,最好过滤净化,使水循环使用。废水处理流程如图 14-2 所示。废水经中和沉淀后,再经过滤便可作为工业水使用,最后必须消除滤渣或污液。

### 12.1.4 国外的“三废”处理方法

资料[4]介绍了国外对 Ti、Zr、Hg 生产过程中“三废”处理办法。由于 Ti、Zr、Hf 生产过程相似,因而锆铪“三废”的处理方法也可借鉴钛的方法。

A 从空气中除去钛、锆、铪

从空气中除去二氧化钛可采用一般适用于处理微小粒子的过滤设备如电收尘、布袋收尘及湿式洗涤器。发电厂的电收尘可除去其废气中的二氧化钛的 95%～99%,从钢铁工业酸性转炉废气中除去二氧化钛可有同样效果。从其他钢铁工业生产过程如氧气顶吹废气可达到99.8%的净化效率。使用焚化炉的布袋收尘净化二氧化钛的效率可达95%~99%,使用于钛铁矿焙烧炉的金属陶瓷过滤器净化二氧化钛的效率可达98%~100%,而使用于矿石焙烧的文丘里涤气器净化二氧化钛的效率可高于94%。

优赛勒认为,处理二氧化钛水合物煅烧过程中的废气时,采用喷淋塔与静电收尘不能完全除去废气中的气溶胶,并提出将废气通入一个由两个滤室串联的过滤器中净化,过滤器采用防水材料如硅树脂处理过的玻璃毛或合成的疏水纤维,而在第二滤室的上部与气流并行的方向用液体进行喷淋以洗下气溶胶和气体组分。

从氯化过程中产生的气态四氯化钛可采用湿式涤气器净化,在一个回收盐酸的过程中,采用两个普通的挡板涤气器,废气中含四氯化钛按体积计为0.1%,净化效率可达99%。

另一方法为首先用25%~95%的硫酸对钛铁矿氯化产生的废气进行酸洗,然后再用水进行洗涤,可以排入大气而不致产生烟雾。

将钛铁矿氯化产生的废气在排放之前用蒸汽处理,可改进这一操作过程。在用一般方法净化四氯化钛废气时,曾发现在废气风机上有胶状物质堆积,并最终导致风机堵塞。这种胶状物质主要由废气中残留的金属卤化物水解生成,而在洗涤阶段前用蒸汽处理废气可以避免胶状物质的生成。

在一个耐酸容器中向废气通入蒸汽,蒸汽的压力和温度并无特殊要求。蒸汽可由几条带有喷嘴的管路通入,以达到与废气的密切接触。加有蒸汽的废气经过一对流填料洗涤塔,使蒸汽冷凝并与金属卤化物水解产物一并排出。

采用蒸汽处理的方法可使金属卤化物水解产生的物质较少黏性,加入的蒸汽量应可使废气中所有的金属卤化物水解。一般采用对废气中残余的四氯化钛的蒸汽过量为理论量的1~10倍。但为实现这一过程,在蒸汽处理前后均应使废气加温到220℃以上,以使水解产物保持到进入水洗涤塔中并在此从系统中除去。应用于洗涤塔中的填料可为任何普通的形状，并可使用任一种可使水气密切接触的洗涤塔。洗涤塔中加入的水量应足够除去废气中所有金属卤化物的水解产物及氯气等有害组分。一般水对废气的比例为每 kg 废气约 15～20kg 水，洗涤塔排出的废气可在空气稀释到一氧化碳按体积计达到 14%以后，经烟囱出口燃烧。

大阪钛公司为节约能源而采取的一项改进方法，氯化产生的可燃气体在加热分解炉内燃烧以有效利用其热量，然后经两段收尘、盐酸吸收和废气洗涤后排放。

东邦钛公司茅崎工场粗四氯化钛尾气经六次洗涤(两次水洗、一次消石灰洗涤后再经一次氢氧化钠洗涤，一次水洗，最后用氢氧化钠洗涤)然后排入大气。精制四氯化钛尾气则经水洗和石灰乳洗涤后排放，电解阳极室废气经石灰乳洗涤两次后排放。

锆、铪的性质及其生产工艺均与钛相似，故其净化的方法亦可借鉴钛的方法。

在生产硅镁锆合金的工厂中，采用湿式洗涤器其效率可达 99%，而在锆型砂的生产中则采用布袋或涤气器，布袋对细尘及雾状粒子均可达到最大的控制。

在燃煤的工厂中，采用高效机械收尘、电收尘及湿式涤气器并联的收尘装置，锆在各收尘设备烟灰中的浓度逐步降低，其在各种灰中的分布率为机械收尘器 80%，电收尘 2%，飞灰 3%，涤气器出口飞灰 0.2%，涤气器泥浆 4%。

没有关于单独从空气中除去铪的资料，但在一般情况下，铪将与锆一同被净化除去。

B　从水中除去钛、锆、铪

对废水中微量钛的除去，汉纳等人曾进行试验，当废水中钛浓度为 500 μg/L 时，用氯化铁，明矾和石灰乳分别进行沉淀。其试验条件为：氯化铁 40 mg/L(以铁计)，pH=6.2，消石灰 415 mg/L，pH=11.5，明矾 220 mg/L，pH=6.4。三个系统均经絮凝、澄清和过滤后再用装在 5.5m 高的粒状活性炭柱中进行吸附。其结果为石灰乳沉淀时经澄清过滤后除去率为 99.5%，吸附后除去率为

99.7%,液中残余钛为 22μg/L。用氯化铁沉淀时,澄清过滤后除去率 87%,吸附后除去率 90%,液中残余液 50μg/L。用明矾沉淀时,经澄清过滤可除去 95.8%。吸附后除去率没有增加。液中残余钛约 22μg/L。可见采用石灰乳或明矾沉淀钛效果相近,而用活性炭作二级处理效果不大。

日本大阪钛公司将生产中含悬浮物质量不同的废酸及废水分别处理以保证处理的稳定性,其废酸处理设施每日可回收 18%的盐酸 600t,废水采用石灰乳或 10%的烧碱中和至 pH 为 5.8~8.6 并经澄清、浓密及真空过滤后排放。

东邦钛公司所有来自氯化及电解废气洗涤塔、设备洗水和其他过程废水等均汇集在中和槽用石灰乳中和,经浓密后底流在板框自动压滤机上过滤,溢流则与滤液均通过监视槽进行检验合格后排出。滤渣放入临时堆场以进一步作埋存处理。

前苏联查坡洛什钛、镁联合企业处理其生产废水的方法为:酸性排水送入中和站用石灰乳处理、中和并沉淀重金属和氢氧化镁。中性废水在中心净化站内加入絮凝剂聚丙烯酰胺使悬浮物的凝聚过程强化,将盐含量降至 0.5~1 g/L 的净化水返回循环系统。

对中心净化站排出的澄清水用电渗析法和离子交换法进行脱盐试验,并对蒸馏法也进行了评价。三种方法比较结果以选择电渗析法用于钛镁生产中废水脱盐技术经济指标最好。

采用电渗析法脱盐时,得到的脱盐水和盐水将各为澄清排水开始体积的 80%和 20%。脱盐水可返回生产过程,而盐水则进行蒸发以得到浓度为 32%的氯化钙溶液作为副产品,而中心净化室澄清废水时所产生的渣含 50%~55%的碳酸钙和 5%的氧化钙,可用于作酸性土壤和盐沼性土壤的改良,并已在水稻种植方面进行田间试验。

浓度为 $1\times10^{-6}$,$10\times10^{-6}$和 $100\times10^{-6}$的锆离子可用腐殖酸于 pH 值为7.4~8.2沉淀,微量锆亦可用许多沉淀剂使之迅速共沉淀,如氢氧化铁用于共沉淀锆 95。硫化镉及氢氧化铅亦曾被发现可使河水中的锆共沉淀。胶体锆则可用有机腐质、浮游生物和含硅物质吸收。

在美国华昌阿尔巴尼的锆厂中，洗涤四氯化锆尾气的废水及锆铪分离过程产出的废水均放入沉淀池中并在一个大分级机上分离出固体废料，然后将废水通过小溪和4个湖泊排入河中，据说在河内沉积物中未检出锆，所有氧化锆均进入分级机固体废料中或达到河流之前即已沉淀。

在硅镁锆合金的生产中，湿式涤气器收尘废水用石灰和氯气处理使其中的氰化物氧化，并在两个贮池中流动5～6d，用石灰及絮凝剂加入水流中以促进沉淀，底流返回到第一个池中，而废水用氯气和石灰处理以破坏残余的氰化物，处理后的废水流经一个贮池和冷却水、工厂下水及雨水等在最后一个贮池中汇合。湿的固体废料泥浆放入渣池。

使用于纺织工业的醋酸锆，于pH2.5～3即开始水解为醋酸及水合氧化锆，而于pH4.5～5水解完全。纺织工业废水一般具有碱性，可保证醋酸锆的水解，因而仅有极少量的锆进入下水。

在二氧化钛涂料生产中，金红石氯化过程所得泥浆含锆3.5%，并以氯化物或氯氧化物的形式存在，用pH≤0.5的水洗涤后，再石灰处理使锆成为不溶性的氧化锆然后排放。

铪一般存在于含锆废水中，并在处理时随锆一并进入渣中，没有单独关于含铪废水处理的报道。

C 含钛、锆、铪废料的排放

钛、锆金属的含硝酸和氢氟酸的洗涤液，可用石灰作中和处理，使钛、锆水解生成悬浮于废液中的氧化物。

用生石灰处理钛化学蚀刻废液（含10%氢氟酸），生石灰加入废液中并在混合机中混合，再经离心过滤分离出固体渣，如在混合前静置较长时间并仅混合1 min，可得到废液中残余氟小于$3\times10^{-6}$的较好效果，而剧烈的混合可引起氟化钙的重溶。用同样方法处理钛去磷废液（含40%硝酸和2%氢氟酸），可处理至废液中残余氟化物小于$1\times10^{-4}\%$。如用离子交换法净化上述废液，亦可使氟化物由$60\times10^{-4}\%$降至$1\times10^{-4}\%$。

在特莱丁-华昌阿尔巴尼的锆厂中,可自其锆铪分离的废水中回收氨。

D 有关钛锆铪“三废”的管理规定和改进措施

前苏联“海绵钛和钛粉生产安全技术规程”对钛生产中各个过程以及消防措施、收尘和气体净化乃至烟囱的各个方面均作了详细规定。实际上这些规定亦适用于生产方法与之相同的锆、铪生产。

前苏联研究成功的四氯化钛的无废料生产,提供了可在工业规模处理和利用所生成废料的方法,该法为用钛铁矿精矿进行电熔炼时采用独特的过滤器净化除尘。这一过滤器将离心净化和通过过滤衬料层净化结合起来,收集的尘粒和过滤材料一起返回熔炼,气体净化率可达 98%~99.5%。钛渣出炉后在密闭室内制粒,然后于连续氯化炉内进行氯化,氯化冷凝系统由带集尘室的颗粒过滤器,冷凝-蒸发器和喷洒式冷凝器组成,从颗粒过滤器回收的固体氯化物可用于其他工业。冷凝-蒸发器同时用于冷却炉气和蒸发返回料浆再回收四氯化钛,蒸发料浆的残渣用于提取钽、铌、钒、钪。废气在箱式炉的火焰中燃烧。净化气体得到合成盐酸和 $SiO_2$ 及 $TiO_2$ 残渣,残渣可用于陶瓷制品生产。四氯化钛净化过程得到的氯化物及氯氧化物物料在冷凝-蒸发器中处理。生成的残渣可以添加剂形式用于陶瓷和耐火材料的生产。

据说这一方法可使四氯化钛生产能力提高 30%~50%,回收了稀有金属钽、铌、钒、钪,并使生产中的废气完全净化和回收废料用于生产建筑材料,因而可以避免对大气、土壤和水系造成污染,上述方法可供锆铪生产借鉴。

如前所述,在氧化锆生产中,用等离子技术处理锆砂已进入工业化阶段。该法将锆砂粒子射入离子弧等离子炉中的 14000K 温度中熔化,并分解成 $ZrO_2$ 和 $SiO_2$。高熔点的氧化锆首先冷凝成细板状晶体,而硅石随后冷凝成非晶质透明体,但在苛性钠溶液中后者很容易浸出生成有工业价值的副产品硅酸钠。氧化锆经洗涤和进一步处理可以得到 99.9% 的产品。在这一方法中环境污染问题可以大为减少。

## 12.2 锆铪生产的工业卫生[2]

### 12.2.1 氯和氯化物对人体的危害和防护

A 氯对人体的危害

氯气进入人体呼吸道后，与水作用生成 HClO，HClO 可分解成 HCl 和新生态氧，对人体组织氧化和侵蚀，引起灼烧和对局部黏膜的强烈刺激，其危害性比单独的 HCl 大 20 倍。轻度中毒可产生头痛、头晕、乏力、恶心、呕吐和流泪、流涕、打喷嚏、咽痛、咳嗽等症状；中度中毒会引起连续性咳嗽，并有少量咯血，呼吸困难或不畅，声音嘶哑等症状；重度中毒，一般只在意外事故时吸入高浓度氯时才发生，可引起气管炎、肺炎、肺水肿、昏迷和休克，甚至死亡。

空气中不同浓度氯对人体的危害程度见表 12-1。长期接触低浓度氯气会引起上呼吸道、眼结膜及皮肤方面的刺激症状，慢性气管炎较普遍，个别会患上哮喘。

**表 12-1 氯对人体的影响**

| 空气中含氯量 | | 程　度 |
|---|---|---|
| mg/L | $mg/m^3$ | |
| 0.003 | 1.0 | 可忍耐较长时间 |
| 0.01 | 3.5 | 已辨出臭味 |
| 0.012 | 4.0 | 可忍耐 0.5～1h |
| 0.04 | 14.0 | 对咽喉有刺激 |
| 0.08 | 28.0 | 引起咳嗽 |
| 0.12～0.18 | 40～60 | 短时间接触也较危险 |
| 2.8 | 1000 | 短时间内窒息而死 |

B 氯化物的防护

HCl 气体和盐酸对人体有强烈刺激作用，但比氯气稍弱。刺激眼睛，使眼睑浮肿，患结膜炎；刺激鼻和咽黏膜，严重者鼻和齿龈出血，甚至引起急性气管炎。HCl 气体可刺激皮肤引起皮炎，若长期接触 HCl 气体后，还可以引起牙齿酸蚀症。皮肤接触盐酸后，应立即用大量水冲洗，否则皮肤会被烧伤，出现红斑或水疱。

光气（$COCl_2$）的毒性比氯约大 10 倍，且作用较持久。吸入后数小时至 48h 内发病，除染上呼吸道刺激症状外，常引起肺水肿，恢复较慢。

金属氯化物，如 $ZrCl_4$、$HfCl_4$、$TiCl_4$、$FeCl_3$、$AlCl_3$、$SiCl_4$ 等对人体的危害稍轻，但它们会在空气中潮解，释放出 HCl 气体。经常接触这些氯化物，会引起皮肤炎症和眼结膜炎、鼻炎、咽喉炎、支气管炎、甚至肺炎等，对人体有程度不同的危害。

C 空气含氯和氯化物的最高允许浓度

空气中含氯和氯化物浓度较低时对人体危害性不大，一些国家在劳动现场气氛中允许氯气、含氯物质等的最高浓度和大致安全浓度见表 12-2。

**表 12-2 车间空气中最高允许有害物质浓度**

| 物质 | 最高允许浓度/$mg\cdot m^{-3}$ | | | | 大致安全浓度/% |
|---|---|---|---|---|---|
| | 中国 1962 年 | 前苏联 1971 年 | 美国 1973 年 | 日本 1965 年 | |
| $COCl_2$ | 0.5 | 0.5 | 0.4 | | $1\times10^{-4}$ |
| $Cl_2$ | 2 | 1 | 3 | 3 | $1\times10^{-4}$ |
| HCl | 15 | 5 | 7 | 7 | |
| $CCl_4$ | 50 | 20 | 65 | 65 | $25\times10^{-4}$ |
| CO | 30 | 20 | 55 | 110 | $100\times10^{-4}$ |
| $H_2S$ | 10 | 10 | 15 | 15 | $20\times10^{-4}$ |
| $NH_3$ | 30 | 20 | 18 | 70 | $100\times10^{-4}$ |
| 硫酸、$SO_3$ | 2 | 1 | 1 | 1 | 1 $mg/m^3$ |
| $SO_2$ | 20 | 10 | 13 | 13 | $5\times10^{-4}$ |
| 盐酸 | | 5 | 7 | | $5\times10^{-4}$ |
| $V_2O_5$（烟） | | 0.1 | 0.05 | | |

续表 12-2

| 物质 | 最高允许浓度/$mg \cdot m^{-3}$ | | | | 大致安全浓度/% |
|---|---|---|---|---|---|
| | 中国 1962 年 | 前苏联 1971 年 | 美国 1973 年 | 日本 1965 年 | |
| $V_2O_3$、$V_2O_5$（粉尘） | | 0.5 | 0.5 | — | |
| 汞 | 0.01 | 0.01 | 烷基汞 0.05<br>其他汞 0.05 | 0.1 | 0.1 $mg/m^3$ |

车间空气含氯小于 $10^{-4}$% 是安全的；含氯小于 2$mg/m^3$ 时，可以进行工作；含氯大于 4$mg/m^3$ 时，不能进行工作；含氯 2～4$mg/m^3$ 时，仅能坚持短期工作，停留比较困难。如在含氯的气氛中作短时间停留时，允许浓度可稍高。应当说明的是，以上所说的最高允许浓度是指空气中只有一种含氯物质确定的标准，当存在两种以上含氯物质时，危害较大。

D 防护措施

在锆铪冶金中，接触较多的是 $Cl_2$、酸类和 $ZrCl_4$、$HfCl_4$。为了防止这些物质对操作人员的危害，必须预防为主，采取必要的防护措施。对职工进行经常性的安全和环保知识教育；采用先进工艺设备和技术，使生产工艺连续化，使物料在流程中处于密闭状态，以减少含氯物质的泄漏；积极处理“三废”；及时维修设备，杜绝跑、冒、滴、漏；建立卫生防护和保健制度，防止产生中毒事故和职业病。除按国家和企业制造的措施处理外可采取的措施还有：

（1）接触氯、HCl、$ZrCl_4$、$HfCl_4$ 等物质操作时，应佩戴好劳保用品及防毒面具等，以防止眼睛或皮肤烧伤。若 $ZrCl_4$、$HfCl_4$ 或 $SiCl_4$、$FeCl_3$ 等落于皮肤上须用干布擦净后再用大量水冲洗。若为盐酸，须立即用大量水冲洗。

（2）一旦 $ZrCl_4$、$HfCl_4$、HCl、$Cl_2$ 等出现跑、冒、滴、漏时，除迅速修好设备外，应立即通风排除有害气体，以改善劳动条件。

（3）运输和使用液氯必须小心谨慎。液氯瓶或其他容器严禁接触高温、曝晒或撞击，防止钢瓶等容器破裂，并随时检查瓶口阀门是否关好安全，以防大量冒氯事故。一旦发生大量冒氯事故，应首先关闭阀门并将该钢瓶放入预制的内装石灰或氢氧化钠的碱水池内。

(4)患有支气管炎、支气管扩张、哮喘等病症者，不宜从事接触氯化物过多的作业。

(5)在有氯环境下的操作人员可服用适量含复方樟脑酊和复方甘草合剂配制的药水。在有 $ZrCl_4$、$HfCl_4$ 环境下的操作人员可服用适量的止咳糖浆或适量低度果酿酒汁。

一旦发生氯中毒，应将患者移离现场安卧，可用2%碳酸氢钠溶液漱口洗眼，作喉头喷雾吸入。对胸闷及呼吸困难者须吸入氧气。咳嗽气急可用新针取穴于天突、丰隆，定喘，也可吸入异丙基肾上腺素，或皮下注射氨茶碱、麻黄素。并应严密观察病情，防止肺水肿。

$ZrCl_4$、$HfCl_4$、$SiCl_4$、HCl 的防护中毒治疗基本上与氯中毒治疗相同。

### 12.2.2 放射性物质的影响及防护

由于产地和矿物结构不同，锆英砂中 Th、U 等放射性元素的含量以及在锆铪冶金过程中的走向和分布也不同，国外和我国山东荣成锆砂含 Th，U 相对较低，因此，在锆铪生产过程中勿须进行特殊的放射性处理。如锆英砂本身 Th、U 超标，则从炭化过程开始，对所产生的中间物料、废水、废渣、废气均应加强检测，根据检测结果按国家放射性有关要求采取防护措施，见表 12-3[5]，在采用 P204-N235 萃取联合工艺处理某矿锆英砂时，对 Th、U 防护及三废处理有较好效果。原料 $ZrSiO_4$ 含 U 0.06%～0.10%、Th 0.08%～0.10%，在碱分解中的废水采用逆流水洗方法，废水量只有清水洗涤的 1/3，每处理 1t $ZrSiO_4$，废水 8t 左右，其中含 $Na_2O$8%～10%，$SiO_2$ 3%～5%，是生产泡化碱的原料，废水、废渣得到了综合利用，所生产的产品经鉴定符合工业原料要求，泡化碱及其废渣放射性比强度为 $3\times10^{-9}$Ci/L 和 $(2\sim4)\times10^{-9}$Ci/kg。

**表 12-3　对锆铪生产中产生的“三废”限度**

| 项　　目 | 要　　求 |
|---|---|
| 碳化废渣中放射性强度 | $1\times10^{-7}$Ci/kg |
| 一次氯化残渣中放射性 | $1\times10^{-7}$Ci/kg |
| 锆英石与石墨粉混料时粉尘浓度 | $SiO_2$ 10% 2mg/m³ |
| 一次氯化出渣时粉尘浓度 | $SiO_2$ 10% 10mg/m³ |
| 碳化锆破碎时粉尘浓度 | $SiO_2$ 10% 10mg/m³ |
| 废水中，冲洗水中放射性混合物放射强度 | $5\times10^{-11}$Ci/L |
| 碳化炉炉冷却水中 α 放射性混合物放射强度 | $5\times10^{-11}$Ci/L |
| 一次氯化炉尾气淋洗水中 α 放射性混合物放射强度 | $5\times10^{-11}$Ci/L |
| 污水泵池排出水管口 α 放射性混合物放射强度 | $5\times10^{-11}$Ci/L |
| 总排出口废水悬浮物 | 500mg/L |
| 总排出口废水 pH 值 | 6～9 |

在萃取酸浸过程中，Th、U 转入浸出液中，其中含 U 100～200 mg/L、Th 50～60 mg/L，在过程中加以回收：

(1)U 在 N235 系统中与 Zr 一起进入有机相，采用选择性反萃剂，使 U-Zr 较为完全地分离。在生产中采用 2.5mol/L $NH_4Cl$ 和 2.5mol/L HCl 混合液反萃 Zr，经选择性反萃得到的 $ZrO_2$，其放射性比强度 α 为$(4\sim5)\times10^{-8}$Ci/kg，含 U<0.0055%，而原 TBP 萃取工艺生产的 $ZrO_2$，由于未采用反萃 U 的步骤，放射性比强度 α 为$(2\sim5)\times10^{-6}$Ci/kg，含 U 量为 0.035%。

(2)反萃 Zr 后，有机相再用 10% $NH_4HCO_3$ 和 2mol/L $NH_4OH$ 萃取 U，将此反萃液进行水解可回收 U 渣，并可进一步处理得到$(NH_4)_2U_2O_7$ 水解母液，含有 2～3$NCl^-$，为了控制“三废”，可再进行调整，并作反萃 Zr 溶液循环使用。

(3)Th 随 Hf 一同时入 P204 系统，Th 残留在水相中，其含量为 10～12mg/L，$[H^+]=3\sim3.5$ mol/L，采用石墨列管式热交换器进行蒸浓(1.5 mol/L $H_2SO_4$ 浓缩至 9 mol/L)，其放射性比强度在$(1\sim3)\times10^{-5}$Ci/L 左右，可作商品出售或返回前段酸浸工序加以应用，Th 则在酸蒸浓后，经沉淀，部分残存在渣中，由于数量极少，可加以贮存。废酸中 Th 可用伯胺萃取加以回收，试验表明，其回收率可达 99%，但回收后，废酸放射性比强度不变，因此生产中没有加以应用。

(4)废氨水，经测定，放射性比强度$(1\sim2)\times10^{-11}$Ci/L，可作肥料使用或中和后弃之。

(5)$TiO_2$ 经过进一步处理，可作生产搪瓷工业原料，其放射性比强度为$(3\sim5)\times10^{-8}$Ci/kg。

(6)$HfO_2$ 是一个主要的中间产品，其放射性比强度为 $5\times10^{-6}$Ci/kg，其他杂质元素均符合标准。

(7)总排水口废水经测定，其放射性比强度为 $2.4\times10^{-11}\sim7.7\times10^{-12}$Ci/L，符合排放要求。

采用 P204-N235 联合工艺流程时，为了处理废水废渣需建立必要的辅助车间，每生产 1t 海绵锆，可生产综合利用泡化碱600 t。

人体受放射性照射产生的危害，与射线的种类和剂量有关。如 α 射线在体外照射影响稍小，但在体内破坏作用很大；β 射线的照射会引起皮炎，中子对眼睛的损害特别大，其中以 γ 射线对人体的损害最大。人体受电离辐射作用，是在一定的条件下才产生放射线损伤的。所得放射性病分两类，射线在体外照射引起的病称外照射放射病，放射性物质进入体内产生的病称内照射放射病或放射性元素中毒，这两类放射病又有急、慢、轻、重之分。

对放射性物质的毒害，应以预防为主，接触带有放射性物质，尤其是放射性可能超标的操作人员，应提高他们对放射性物质危害的认识，重视个人防护和个人卫生，严格遵守操作规程，操作时穿戴好防护用具，离开工作场所及时换下防护用具并彻底清洗。操作时严禁进食，防护用具应定期去污消毒。

### 12.2.3 一氧化碳和汞的防护

A 一氧化碳的防护

在制取 $ZrCl_4$、$HfCl_4$ 的炉气中常含有较多的 CO 气体，CO 是一种常见的窒息性气体，易燃易爆，从事锆英砂碳化、氯化炉尾气处理工作者应加小心。

CO为无色无味气体，比空气稍轻，易在空气中扩散。CO由人体呼吸道吸入，经肺在血液中与血红蛋白结合，其亲和势比氧大210倍，很快形成碳氧血红蛋白，使血失去输氧能力，引起缺氧窒息。由于中枢神经对缺氧很敏感，首先受害。人受CO中毒时引起的症状轻者头痛、眩晕、恶心、呕吐、全身乏力，重者晕厥、昏迷以至死亡。

空气中含CO小于$1\times10^{-2}\%$时对人体无甚危害；当含CO大于$1\times10^{-2}\%$时，便可引起人体中毒症状；当CO量达0.1%时，可引起人体神志不清、晕倒、痉挛。为了避免CO中毒事故的发生，应保持氯化车间通风。

一旦出现CO中毒时，应将患者抬至新鲜空气处，注意保暖。昏迷者应送高压氧仓治疗；呼吸衰竭者应立即进行人工呼吸，吸入含$CO_2$ 5%的氧气较好，遵医嘱对症处理。

空气中含CO(体积分数)12.5%～74.2%属爆炸性气体，点火后能引起爆炸。CO又是气体燃料，为了防火防爆，碳化炉和氯化炉尾气应经净化处理，最好将CO的尾气进行二次燃烧，然后排空。

B 汞的防护

在锆铪冶金过程中存有汞的部位主要是使用汞的仪表、电气设备，如温度计、各种压力计、汞整流器、汞扩散泵或荧光灯等。由于汞对人体的毒害较大，必须引起足够重视。

汞，俗称水银，常温下呈银白色的液态金属。不溶于水，与稀硫酸、盐酸和碱都不起作用，能溶于硝酸及热浓硫酸中。金、银、锡、锌、铅、钾、钠等金属都溶于汞，形成的合金称汞齐，汞齐和汞在室温下即能挥发，温度越高蒸发越快。汞蒸气的密度大(为空气的6倍)，常沉积于墙面和地面上，成为二次污染源。汞落地面为细小汞珠，由于表面积增加，更易加快蒸发。

汞侵入人体的主要途径是呼吸道，职业性中毒大部分是由于吸入汞蒸气或汞化合物粉尘引起的。进入体内的金属汞不易被消化道吸收,被氧化成二价汞离子后才能引起中毒。体内一些具有重要生物活性的酶,活性中心是巯基(—SH),汞离子易与酶中的巯基结合成硫醇盐,从而抑制了酶的功能,影响了细胞的代谢。一般轻度或早期中毒属功能性的,仍可恢复,重症及晚期可形成器质性病变,不易恢复。

职业性汞中毒绝大部分是慢性中毒,一般经过数月或数年后才出现症状。早期表现以神经衰弱症候群为主,有头昏、乏力、失眠、多梦、记忆力减退等。典型的表现为三个方面:口腔病变,精神易激动,易兴奋等症状,汞毒性震颤等。

对于汞中毒患者常用中西医结合方式进行驱汞治疗。使用的药物有二巯基丙磺酸钠、二巯基丁二酸钠等。

预防汞害,应采用无汞仪表代替有汞仪表,用硅整流器代替汞整流器,用油扩散泵代替汞扩散泵等,从根本上根治或减少汞的污染。另外,要注意改善受汞污染的环境和个人清洁卫生保健。

## 12.3 锆铪的安全防护[6~8]

使用锆和铪必须考虑的一个重要因素是,锆铪和许多其他元素、化合物之间的放热反应。锆铪棒、锆铪锭和块状锆、铪,可以加热到较高温度不燃烧。但是,微细的锆粉、铪粉散布在空气中易爆炸。锆铪细屑易着火,并在燃烧时达到极高温度。因此,在估计可能的危险性时,锆铪的物理状态是极重要的考虑因素,比表面越大,起火和爆炸的危险性也越大。同时要考虑到,锆铪同其他元素的相互作用也是可能发生危险的间接原因。例如,当锆同水或铅作用的时候,由于氢的释出和燃烧而引起爆炸。

### 12.3.1 锆铪粉尘的危险性及防护

当锆粉微尘在空气中的浓度超过了爆炸浓度底限,并存在火源的时候,就会发生爆炸。由于锆铪性质相似,关于铪的危险性的论述可参考锆。如果锆粉的颗粒平均尺寸在约 10μm 以下,则当其弥散悬浮于空气中时,常常发生自燃和爆炸现象。关于产生自燃的极限条件,目前尚无精确的资料。这可能决定于锆粉的颗粒平均尺寸、数量的分布、温度、湿度,以及表面状态。据报道[9],颗粒平均尺寸为 3.3μm 的锆尘,当用空气喷射器将其从小小的黄铜室通过圆柱形小管(内径 25.4mm)喷射时,可发生自燃现象。颗粒平均尺寸为 18μm 的锆尘,在类似条件下却未燃着,只是当圆柱形小管的温度升高到 350℃,才开始燃着。

研究了七种不同的锆粉试样,发现:点燃锆粉尘雾所需的最小能量,在 5～40 mJ 范围内。当最小能量在 0.4～240 μJ 间变动时,这种锆粉的薄层有点燃现象。点燃锆粉尘雾所需的最小能量与点燃锆粉薄层所需的最小能量之间没有明显的关系。研究确定了点燃 1 克锆粉的火花燃点能量与颗粒尺寸之间的关系。如果弥散锆粉的颗粒尺寸均在 2～10μm 之间,所需的最小火花燃点能量为 125 μJ。颗粒尺寸为 10～44μm 时,最小火花燃点能量为 20mJ;而当颗粒尺寸为 44～75μm 时,则为 12.5 J。对于不弥散的锆粉(颗粒平均尺寸为 2.05μm),火花燃点能量为 45 μJ。

最大的爆炸压力决定于锆粉的浓度及颗粒的个别性能,即颗粒尺寸和表面状态。根据试验,七个试样中的任一个试样,最大爆炸压力约为 6.3 $kg/cm^2$。爆炸压力下限为 0.012$kg/m^3$。

颗粒最小尺寸大于 10μm 的锆粉,其危险性远小于颗粒尺寸较小的锆粉。因为在某些条件下,人体能够充电和火花放电的静电能量为 10 mJ;点燃颗粒最小尺寸在 10 μm 以上的锆粉,需要的能量比这个数值为大。

也曾研究了使锆与其他元素形成二元合金来降低锆粉点燃能力的可能性[10]。实验结果表明,要使锆粉的点燃能力大大降低,必须添加大量钛、镍、铜、铁、钴或氢。当锆粉在空气中放置若干时间,由于表面的氧化作用,锆粉点燃所需的最小能量增加了,表面的这种变化也使得锆粉爆炸的特性显著不同。

在二氧化碳或氮中,锆粉的点燃温度显著增高,但是这些气体并不能完全防止爆炸。试验的一个试样的点燃温度为[2]:

| | 空气 | $CO_2$ | $N_2$ |
|---|---|---|---|
| 锆粉尘雾 | 20℃ | 650℃ | 未燃着 |
| 锆粉薄雾 | 190℃ | 260℃ | 790℃ |

在氦和氧的混合气氛中,氧含量至少需 5%,锆粉尘雾才会由于电火花而燃着。在氧和氩气氛中,所需氧含量为 4%;而在氮和氧气氛中,则为 3.3%。在纯二氧化碳中,立即燃着。显然,氦、氩气氛能阻止锆粉尘雾因电火花而发生的燃烧,而二氧化碳则无济于事。锆粉薄层则不论在氮或在二氧化碳中,均能燃着。氦和氩能防止它们燃着。

而在氦和氩的气氛中,氧含量达到 5%,锆粉尘即会被电火花所点燃;在氩和氧的混合气体中只需 4%;在氧氮气氛中则为 3.3%。

含氢量不同的锆粉,当含氢量小于 0.01%时,发火点与普通锆粉无异,含氢量大于 0.5%时,发火点升高,表 12-4 列出了锆粉发火点与含氢量的关系。

**表 12-4　锆粉含氢量与发火点的关系**

| 含氢量/% | 粒度/μm | 发火点/℃ | 点火能/J |
|---|---|---|---|
| 0 | 3.3 | 218 | 0.00009 |
| 0.07 | 3.3 | 200 | 0.000045 |
| 0.08 | 3.3 | 204 | 0.000045 |
| 0.13 | 3.3 | 208 | 0.000045 |
| 0.55 | 3.3 | 230 | 0.00008 |
| 0.10 | 3.3 | 224 | 0.000125 |
| 0.50 | 3.3 | 260 | 0.00050 |
| 1.80 | 3.3 | >400 | 0.0225 |

上述资料表明,使用微细锆粉时必须特别谨慎。锆粉尘雾极易燃着,产生相当大的爆炸压力。锆粉薄层即使不像尘雾那样悬浮于空气中,也容易燃着,并燃烧达到高温。这种锆粉如在封闭容

器内燃烧，由于容器内的空气或其他气体的膨胀，压力迅速增加。

混水的湿锆粉，不易燃着，而比干锆粉安全。然而，湿锆粉一旦燃着后，燃烧起来比干锆粉猛烈。这是因为一方面锆使水分解，夺取其氧以供本身燃烧；另一方面，可燃物质内部形成的蒸汽，可把锆粉扩散，使其具有更大的表面积和表面能。曾经确定，含水5%～10%的锆粉是最危险的。

实践证明，在使用干锆粉时，每次应少量(几百克)。同时要注意可能引起爆炸的危险因素，远离诸如热、火焰、摩擦、火花。另外，还要避免锆粉飞扬在空气或能同锆起作用的其他气体里，如氮和二氧化碳。由于氦和氩与锆粉不起作用，因此可作为惰性气氛。

在处理微细的锆粉时，应当遵循妥善的方法。要一一说明处理方法的具体细节是不可能的，因为这将涉及许多不同的因素。一般认为，有控制的燃烧是处理锆粉的最好办法。这时，必须相当仔细地让所有锆粉烧尽，否则难以保证以后不发生着火和爆炸。当然，燃烧产生的二氧化锆是惰性的。

凡与锆粉接触过的所有废料、布类、容器等，都应当放在单独的废料桶内，桶内存满含有良好润浸物质的水，并按照规定期限进行焚毁或处理。司炉工必须在收到这些废料后，立刻谨慎地装入锅炉中点燃烧毁。每批烧毁的废料数量不宜过多，以免燃烧到炉膛外面。如果这种材料是小批处理和保管的，则引起燃烧的危险性大大减少。任何废料都应贮存在防火的房间内，以免可能的火灾波及到周围的建筑物。如果锆废料只能放在室外，则必须装在不会引入火花的容器里。

海绵锆、锆屑燃烧时火焰极少，但金属烧得闪闪发光。当海绵锆处理到没有氧化薄膜的程度，例如用于碘化法精炼成晶条锆的海绵锆，一旦与空气接触就开始燃烧。当切削加工所得的锆屑和锆末在加工过程中发热达到足够的高温，也会开始燃烧。它们极易因火花或少量火焰而燃着。一旦燃烧起来，就很难扑灭。由于燃烧温度很高，发生的热量足以烧坏机床或使金属板烧穿。

因此，必须采取切实可行的措施尽力预防引起锆屑、锆粉末和海绵锆燃烧的危险性。如果在锆使用过程中形成“活性”表面,则应在与空气接触之前,采取步骤使之成为惰性表面。海绵锆在与空气接触前浇上大量水,能使其表面成为惰性,因而可减少危险性。曾试验将 510 L 水在 20 s 内倾泻到盛有 136 g 海绵锆的容器内,可得到令人满意的结果。加水的速度是一个极重要的因素,湿的海绵锆不会自燃。如果海绵锆浸在水里的时间较长,可能会析出少量氢,因此应当采取预防氢燃着的措施。

锆在切削加工时,通常使用切削油或水和油乳浊液作为冷却剂。这些冷却剂导热很快,因此,锆屑和锆末不会燃着。冷却剂必须迅速而连续不断地供给。要防止任何中断的情况。在某些场合下,加工表面可以完全浸入冷却剂中。机床附近不得堆积大量锆屑和锆末。要少量多次地清除掉这些废料,并放入带盖的金属容器里,以减少燃烧的危险。如果废料数量不多,即使它开始燃烧也可以允许其烧尽而不会损害到机床。如果在切削加工锆的时候,由于某种原因而不能采用冷却剂,则应采用很小的切削速度和进给量,以防止产生足量的热而使锆屑和锆末燃着。

曾经发现,不同批次的海绵锆的易燃性不同。海绵锆容易燃着,较致密的锆则不易燃着,这种差别的原因至今尚未完全明了。还原过程中“黑粉”较多的海绵锆、疏松多孔状海绵锆也易着火,在拟订预防措施时,应当注意。锆被铅污染,则成为自燃金属。

如果锆屑和锆末无保存的价值,即可在安全的地方用小小火焰引燃而使之烧毁。应当在屋外没有可燃物质的地方进行烧毁。在收集零散锆粉时,必须将其润湿。收集锆粉的系统应当精细设计,并且为了避免锆粉堆积而着火和燃烧,排气罩和收集器之间的空气道应稍短。

### 12.3.2 锆火的扑灭

当少量存放的锆屑燃烧时,可以用大量水迅速扑灭,或用市售 G-1 粉或 X-金属粉,使之熄灭,也可用干砂迅速覆盖,决不能把少量水浇到烧着的锆上。当大量的所浇之水能迅速淹没整个热锆时，会有效地扑灭锆火。例如，10kg 锆屑在 100 L 的铁桶里燃烧时，迅速把水灌满铁桶，就能够立即扑灭。

在扑灭锆火时，只能采用充满 G-1 粉或 X-金属粉的灭火器。必须仔细地用这种粉末覆盖住整个锆，否则会重新燃烧和蔓延开来。普通灭火器，例如二氧化碳灭火器、泡沫灭火器和四氯化碳灭火器，决不能用于熄灭锆火，它们反而会大大增长锆的燃烧速度。水和其他灭火剂仅适用于扑灭锆火附近的木材和可燃物质的着火。在封闭容器里的锆火可以用足量的氦气或氩气扑灭，这时，在燃烧物质完全熄灭及冷却至室温以前，不能让空气进入容器。

### 12.3.3 运输

根据美国州际商务委员会的规定[11]，对于锆棒、锆锭和锆板，以及颗粒尺寸大于 0.833mm(20 目)的其他形式的锆产品，运输时无须特殊包装和处理。对于湿海绵锆的包装也无特别要求。当然，盛装湿海绵锆粉的桶应当盛满水，以防海绵锆干燥，因为，运输干海绵锆有特别的要求。

运输“湿的或悬浮的金属锆粉”的容许重量为：用金属容器盛装者可达 4.5kg；用金属桶盛装者可达 23 kg，中国为 20 kg。不论用何种容器盛装，都要封闭在木箱里。连木箱在内的重量不得超过 34 kg。

运输“干的金属锆粉”，如系装在金属桶里并且外面有木箱者，重量不得超过 4.5 kg；如系装在玻璃容器或金属容器里而外加硬纸盒者，不得超过 0.45 kg。“海绵锆”可以装在 100 L 的桶里运输。

“金属锆溶液或混合物液体”只能装在单独的玻璃罐或瓷罐里运输，重量不得超过 60 g，容器四周要填满不可燃物质。外加木箱的每个金属容器内容许装 20 只罐子。

并规定，在装有像锆这样的易燃物料的箱子上面，必须贴上“黄色标签”。

中国和日本对锆铪产品的安全运输都有详细规定，可参阅相关标准。

### 12.3.4 对环境的影响、毒性及环境标准

A 大气环境和人体中的锆和铪

美国因锆及锆合金生产中进入大气环境的锆为 8.5t/a。此外，每年还约有 18t 锆来自城市垃圾的焚烧，7t 锆来自铝矾土的处理，10t 锆来自磷酸盐岩的浮选。

进入大气环境中的铪无统计，但根据铪主要存在于锆矿物中且含量约为 2% 推算，则其总量不过每年数十吨的水平(石油灰分中含铪约 $100\times10^{-4}\%$，因此进入大气中铪的主要来源仍来自工业燃料的燃烧)。

城市大气中的钛含量约为 0.01～1.33 $mg/m^3$，而郊区大气中含钛为 0.003～0.02 $mg/m^3$。大气中锆的浓度按英、美一些地区的统计，则在很大范围内波动，约为 0.0005～0.05$mg/m^3$，而大气中锆铪的含量比大致与其矿物中的含量比相当。

在人体内多种标准元素的含量中，Zr 含量小于 0.0006 g，所占体积分数小于 $8.6\times10^{-5}$，属于无害元素一类。人体从食物和水中的摄入量为 4.2000(±0.01)mg/d；每日排泄量为 4.150mg/d 接近摄入量[12]。文献[13]给出人体中的 Zr 为 $6.7\times10^{-6}$，与文献[12]一致。

B 毒性

根据现有的可靠资料，锆属低毒性元素，在毒理卫生评价学领域，虽然金属元素一般称其为“毒性”物质，但对人体是否有害，应对其摄入和排出量进行综合评价。关于人类因锆职业中毒尚未见报道。从生理作用来说，二氧化锆实际上是惰性的。当可溶性锆盐注入动物机体(家兔每千克注入 150mg)时，引起死亡[14]。动物的吸入试验证明，锆的某些化合物能从动物肺部缓慢地排出，但是，肺部组织的中毒反应标志却很小，或者完全没有。资料表明[15～16]，二氧化锆被动物吸入后，毒性很微弱。

有研究表明，口服锆化合物后，按山县登根动物试验的分类，

仅具有低的急性毒性($LD_{50}$100～1000 mg/kg)。接触或吸入某些锆化合物则可引起锆肉芽症或呼吸道刺激,某些锆化合物动物试验半致死量的结果见表 12-5。

**表 12-5 锆化合物的毒性**

| 锆化合物 | $LD_{50}$/$mg\cdot kg^{-1}$ | | | |
| --- | --- | --- | --- | --- |
| | 口服 | 静脉注射 | 皮下注射 | 腹腔注射 |
| 醋酸锆 | 1660 | | | 122 |
| 四氯化锆 | 260～660① | | | |
| 氯化氧锆 | 990～1536① | 20～25 | >65 | 121～400① |
| 锆氟酸钾 | 97.5～2500① | | | |
| 氧化锆 | | >400 | | |
| 硝酸锆 | 853 | | | |
| 硫酸锆 | 1253 | | | 63 |
| 柠檬酸锆 | | | | 710 |
| 葡萄糖酸锆 | | | | 247 |

①试验动物为小鼠,其余试验动物为大鼠,除锆氟酸钾、氧化锆、柠檬酸锆及葡萄糖酸锆外,其余均以锆含量计。

铪的毒性与锆相似,但较锆的毒性为低,动物试验口服铪化合物至 10000 mg/kg 亦未发现毒性作用。曾对锆、铪的氯化物、硝酸盐和醋酸盐进行动物试验,结果表明铪盐具有较高的半数致死量 $LD_{50}$值和较低的致死剂量。

据认为钛、锆的碳化物,氯化物和硼化物、硅化物其毒性一般表现较氧化物为大。

钛、锆对水生物的毒性作用为:钛对藻类的毒性剂量为 2 mg/L、0.5 mg/L 可抑制水体的自净作用。

C 钛、锆、铪的环境标准

美国工业卫生协会(ACGIH)建议的工作场所空气中最大允许浓度为:

| | |
|---|---|
| 二氧化钛 | 10 mg/m$^3$ |
| 锆化合物,以锆计 | 5 mg/m$^3$ |
| 铪 | 0.5 mg/m$^3$ |

前苏联国家卫生监察局认可的工作场所空气中最大允许浓度为：

| | |
|---|---|
| 二氧化钛 | 10 mg/m$^3$ |
| 四氯化钛 | 1 mg/m$^3$ |
| 碳化钛尘 | 10 mg/m$^3$ |
| 氮化钛尘 | 4 mg/m$^3$ |
| 硅化钛尘 | 4 mg/m$^3$ |
| 锆及其化合物 | 5 mg/m$^3$ |
| 氟锆酸盐 | 1 mg/m$^3$ |
| 氮化锆尘 | 4 mg/m$^3$ |
| 碳化锆 | 5 mg/m$^3$ |

日本关于二氧化钛在工作场所空气中的最大允许浓度为：

| | |
|---|---|
| 二氧化钛 | 15 mg/m$^3$ |

德国采用的标准与美国相同。

美国的研究者建议的空气中最大允许浓度为：

| | | |
|---|---|---|
| 钛 | A | 10 mg/m$^3$ |
| | B | 0.1 mg/m$^3$ |
| 二氧化钛 | A | 15 mg/m$^3$ |
| | B | 0.15 mg/m$^3$ |
| 铪 | A | 0.5 mg/m$^3$ |
| | B | 0.01 mg/m$^3$ |

其中A约相当于厂区浓度,B约相当于城市工业区浓度。

前苏联研究者建议的工作场所空气中最大允许浓度为：

| | |
|---|---|
| 硼化钛 | 2 mg/m$^3$ |
| 锆及氧化锆 | 5 mg/m$^3$ |
| 锆化合物 | 4~6 mg/m$^3$ |
| 硼化锆 | 2 mg/m$^3$ |
| 锆酸钙尘 | 2 mg/m$^3$ |
| 氮化铪 | 5 mg/m$^3$ |

碳化铪　　　　　　　　　　　5 mg/m$^3$

关于地面水中的最大允许浓度，前苏联对钛化合物的规定为：

钛化合物，以钛计　　　　　　　0.1 mg/m$^3$

虽然还未发现锆铪的工业用途对人身健康有害的实例，但如长期从事锆铪工作时，应进行相应现场人群调查和卫生评价研究，来确定工作条件的安全与否。

### 12.3.5 其他安全技术问题

当锆同水接触时，由于析出氢而可能有爆炸的危险。在室温下，反应微弱，析出氢不多，只要能连续不断的排除出去，是没有什么危险的。在较高温度下，或当锆燃烧的时候，锆同水之间的反应加速，析出大量氢气。

使用水冷却的炉子或其他任何装置，当其损坏而有大量水同大量热锆接触时，析出的氢弥散到周围的空间，必须注意随后发生爆炸的危险。在这种情况下，析出的氢可能很多，如让其充满屋内或封闭的容器里，就能造成极度毁坏性的爆炸。这种设备装置应该设计得能保证氢气流畅地排除到安全的地方。

在锆铀合金酸洗或侵蚀时，会发生爆炸。据研究，其原因是锆含量低于50%的锆铀合金，不能完全溶解于硝酸，在其沉淀残渣内含有锆和铀；在这种合金的 $\alpha$ 铀基体内含有极弥散的 $\varepsilon$ 相。在用硝酸处理时，基体迅速溶解，$\varepsilon$ 相却氧化得很慢。形成的氧化物是二氧化锆中的固溶体，物质的量浓度比约为1:3。在硝酸处理的过程中或处理后，未氧化的 $\varepsilon$ 相质点可能迅速氧化，而致猛烈爆炸。

曾经确定，添加氟离子会增加沉淀残渣的溶解速度，而防止形成爆炸性的表面涂层。含有2%、4%、10%、20%锆的合金在50～75℃的12 mol/L $HNO_3$-1.0 mol/L HF溶液中酸洗的结果令人满意。酸洗完毕后，应该添加HF，补足其在酸洗过程中的损耗。

在酸洗、侵蚀锆铀合金时，必须穿戴保护眼镜、保护面罩及防护衣服。若是酸洗某种新合金，或是试验新的酸洗方法，必须先小规格地试验测定其是否形成爆炸性涂层。应当仔细观察试样,待其干燥之后进行摩擦试验或冲击试验。这种试验也不可能最后肯定试样表面确实没有爆炸性物质,因为发现过试样在这种试验条件下并不燃烧,而在硝酸浴中却猛烈爆炸的情况。对于这种试样,必须谨慎处置。如果试样表面存在任何表皮,必须将其浸在加有少量氢氟酸的水里,除去表皮。锆铀合金的任何表皮都要看作是爆炸性物质,并采取严格的安全措施,避免人身受到伤害。

曾经有过许多种金属的沉淀残渣、表皮或活性表面发生爆炸的情况。这些金属有:Zircaloy-2;铀;与铌、锡、铅、铋、铜、金、锑或钛熔成合金的铀;钛;钛-镁合金及钍。这些情况充分说明了在制订像锆一样极易自燃的金属的操作过程时,必须预先进行详细周密的试验,采用合适的安全防身保护设备。当用硝酸或发烟硝酸处理这种金属时,特别要注意这点。

## 参考文献

1 熊炳昆,郭靖茂.锆英石碳化工厂化研究,北京有色金属研究总院,1965

2 莫 畏,邓国珠,罗方承.钛冶金(第2版).北京:冶金工业出版社,1998

3 马 杰,吴洪基.金属还原法制取海绵铪的研究,北京有色金属研究总院,内部资料,1963

4 北京有色金属设计研究总院编,国外稀有金属污染及其处理,内部资料,1971

5 熊炳昆,郭靖茂,侯嵩寿.有色金属进展,锆铪.北京:中国有色金属工业总公司,内部资料,1984

6 熊炳昆,马 杰,周华生.电真空锆粉的研制和生产,北京有色金属研究总院,内部资料,1974

7 B.勒斯特曼,F.凯尔兹,俊友译.锆,下册.北京:中国工业出版社,1965

8 I. Hartmann. Ind. Eng, Chem. , 1948

9 I. Hartmann. J. Nagg and M. Jacobson, Mines Rept Invest, 1951

10 H. C. Anderson, L. H. Belz. J. Electrochem. Soc. , 1953

11 U. S. Government printing office, Washington, 25, D. C

12 曹治权主编.微量元素与中医药.北京:中国中医药出版社,1951

13 H.A.施罗德.痕量元素与人.北京:科学出版社,1979
14 L.T.Fairhall.Industrial Toxicology,Baltimore,Md.1949
15 H.C.Hodge.University of Rochester,Personal Communication
16 "Review of Liceráture on Tokicity,Physiological Effects and Medical Uses of Zircognium and its compounds", Industrial Hygiene Foundation, Mellon Institute,Pitt Sburgh,Pa.,1954